普通高等教育"十一五"国家级规划教材

植物生理学

ZHIWU SHENGLIXUE

（第3版）

主　编　蒋德安

副主编　翁晓燕　刘建祥

编　者（按姓氏笔画排序）

王利琳　刘建祥　阮　晓　李家儒

杨建立　郑绍建　郑炳松　陆开形

翁晓燕　蒋德安

中国教育出版传媒集团

高等教育出版社·北京

内容简介

　　本书共十一章：植物的水分生理、植物的矿质营养、植物的光合作用、植物的呼吸作用、同化物的运输与分配、植物激素、植物的生长生理、植物的生殖生理、植物的衰老、植物逆境生理和植物次生代谢。除了阐明传统的植物生理基本知识和原理外，对重要知识点近年来的前沿进展、作用机制及应用等也有论述。如气孔开闭、氮磷钾转运体、光合作用机制及调节、呼吸作用 ATP 生物合成机制与 P/O、同化物运输机制、植物激素作用机制与信号转导、植物生长点分化的调控、植物成花的环境与分子机制、植物衰老的调控机制、植物抗逆的分子基础和植物次生代谢的途径与调节；在应用方面介绍如何提高水分、养分、光能利用率，延长种子与果实贮藏，植物激素生产应用及通过环境和基因工程技术提高植物对逆境的抗性、增加次生代谢物等内容。

　　本书可作为各高等学校本科生物科学、植物生产类及相关专业课程教材，也可作为植物学科和农林类各领域科研教学人员和研究生的参考用书。

图书在版编目（CIP）数据

植物生理学 / 蒋德安主编；翁晓燕，刘建祥副主编 .
3 版 . -- 北京：高等教育出版社，2024.7. -- ISBN
978-7-04-062580-6

Ⅰ . Q945

中国国家版本馆 CIP 数据核字第 2024UF5618 号

策划编辑　郝真真　　责任编辑　田　红　　封面设计　王　洋　　责任印制　高　峰

出版发行	高等教育出版社	网　址	http://www.hep.edu.cn
社　　址	北京市西城区德外大街4号		http://www.hep.com.cn
邮政编码	100120	网上订购	http://www.hepmall.com.cn
印　　刷	北京汇林印务有限公司		http://www.hepmall.com
开　　本	787mm×1092mm　1/16		http://www.hepmall.cn
印　　张	26	版　次	2000 年 11 月第 1 版
字　　数	640 千字		2024 年 7 月第 3 版
购书热线	010-58581118	印　次	2024 年 7 月第 1 次印刷
咨询电话	400-810-0598	定　价	58.00元

本书如有缺页、倒页、脱页等质量问题，请到所购图书销售部门联系调换
版权所有　侵权必究
物 料 号　62580-00

新形态教材·数字课程（基础版）

植物生理学

（第3版）

主 编 蒋德安

新形态教材网
Abooks

关于我们 | 联系我们　　登录/注册

植物生理学（第3版）

蒋德安

开始学习　　收藏

　　本数字课程资源主要包括部分插图的彩色版、教学课件、思考题解析、扩展阅读等，是对纸质教材的补充和拓展，供教师和学生参考。

http://abooks.hep.com.cn/62580

第 3 版前言

自 2011 年 4 月本书第 2 版出版至今已 13 年，期间植物生理学在很多方面取得了重大进展，这使得植物生理学教材有大量的内容需要补充和修改。本书在沿用第 2 版编写思路的基础上，尽量结合分子机制阐述植物生理学原理。与第 2 版相比，对植物生命活动规律及对环境响应机制的讨论更加深入。在水分生理中，深化水分的跨膜运输和气孔开闭等内容；在矿质营养中，增加 N、P、K 和 Si 吸收的分子机制，浓缩矿质营养的生理功能；在光合作用中，修改作用中心、聚光色素蛋白复合体，补充 NDH 介导的环式电子流、光合作用的人工设计等内容；在呼吸作用中，改写 P/O 计算及 ATP 合酶多聚体介绍；将光合作用中叶绿体同化物输出移到短距离运输中论述，使运输更具系统性；在植物激素部分，主要修改植物激素信号转导途径，新增独脚金内酯、植物多肽激素等内容；补充植物营养生长调节、向光素和光形态建成调节等，结合分子生物学研究论述春化、光周期的分子生理机制；新增甲基化调控植物衰老等内容；改写各种逆境的作用和抗性分子机制及实施的基因工程、营养胁迫；改写植物黄酮类物质分类及合成，外界环境对植物次生物质代谢的影响等内容。本书主要作为各高等学校本科专业的教科书，同时也可作为植物学科各领域科研教学人员和研究生的参考书。

本教材共十一章。编写分工如下：绪论、第三章和第五章，蒋德安教授（浙江大学）；第一章和第九章，翁晓燕副教授（浙江大学）；第二章，蒋德安教授和阮晓副教授（浙大宁波理工学院）；第四章，郑炳松教授（浙江农林大学）；第六章，陆开形副教授（宁波大学）和郑绍建教授（浙江大学）；第七章，刘建祥教授（浙江大学）；第八章王利琳教授（杭州师范大学）；第十章，杨建立教授（云南农业大学）；第十一章，李家儒教授（武汉大学）和阮晓副教授。各章经主编和副主编多次修改，全书最后由主编统一定稿。

本书出版期间，我们深切怀念第 1 版教材主编曾广文教授，是他的无私奉献和对年轻人的关爱使本书后续能顺利出版。同时我们还要感谢第 2 版的副主编杨玲教授、朱诚教授和编者沈伟其教授提供宝贵材料。感谢沈振国教授认真、仔细地审阅了本教材，并提出了宝贵的修改意见。感谢高等教育出版社及相关编辑同志在本书出版过程中付出的辛劳。

由于编者水平所限，书中定有不妥之处乃至错误，敬请读者批评指正。

编　者
2024 年 1 月于杭州

第 2 版前言　　　　第 1 版前言

目 录

绪　论

一、植物生理学的研究内容及主要任务

什么是植物生理学（plant physiology）？绝大部分中文版的《植物生理学》教材认为，植物生理学是研究植物生命活动规律的科学。这个定义虽然简洁，但不够全面。当今的植物植物生理学除了研究植物本身的生命活动规律之外，研究其对环境变化的响应也日趋重要。因此，植物生理学应定义为：研究植物生命活动规律及其对环境变化响应规律的科学。

具体地说，植物生理学是研究植物生命周期中各生长发育时期的变化规律及在遗传和外界环境因子的影响下，植物内在的物质代谢、能量转化、信息传导、形态建成等生理机制的变化及最终由此导致的植物在时间、空间上有序的生长和发育的规律的科学。植物如何从外界获取水分和矿质营养，如何把太阳能转化为糖类中的化学能，再把这些化学能转化为植物生命活动所需的能量（ATP）及如何运输有机物到需要（或贮藏）部位。在代谢的基础上和激素的调控作用下，植物如何从种子萌发、幼苗生长到成年开花、结实，直至新一代种子的形成和衰老等一系列的有序变化过程。在这些代谢、生长和发育的过程中，植物如何感受外界信息，这些信息在体内如何传递，如何引起生理反应及逆境条件下植物又如何适应和生存……这些都是植物生理学的研究内容。

植物生理学的任务显然不只是局限于认识和解释植物内在生命活动的基本规律，更重要的是运用植物与环境的关系正确指导生产实践，分析和研究解决生产中的问题。植物生理学作为植物生产类专业的基础理论课，对指导植物生产具有重大意义。如农业生产中，经常要促进或控制植物生长，调节某些器官的发育，就必须对植物生长大周期、植物生长相关性及激素和环境调节等有较深认识，才能做到事半功倍。植物转基因工程已被认为是今后培育高产、优质及抗逆植物新品种的重要途径，阐明基因在代谢中的作用，选择对植物代谢和生长发育有利的基因，将成为转基因技术能否在生产上成功应用的关键。21世纪，人类面临粮食危机、能源危机和环境污染等重大威胁，能源植物、植物修复、人工设计等新领域的开辟，也将成为植物生理学研究的重要课题。因此，植物生理学中的相关知识，将成为人们改造自然、保护自然和利用自然的重要手段。

二、植物生理学的形成与发展

纵观植物生理学的发展历程，大致可分为萌芽、形成和发展三个阶段。

（一）萌芽阶段

早在植物生理学诞生之前，人们在生产实践中已经积累了丰富的植物生理相关的感性认识，特别是在有着五千年文明史的中国，在这方面有突出的贡献。《氾胜之书》记载施肥可分基肥、种肥、追肥，提出"美田之法绿豆为上"，公元前1世纪就知道使用绿肥提高土壤肥力，开创了人类历史上最早使用绿肥的纪录。种子贮藏方面有"曝使极燥"记载，就是说要将种子曝晒干燥后贮藏。《齐民要术》记述"蒿艾箪盛之良，以艾蒿闭窖埋之亦佳"，即用蒿艾防止贮藏种子生虫。又有"日曝令干及热埋之"，将麦子用太阳晒干趁热入仓贮藏以防止生虫，这就是人称的"热进仓"。在古农书上还有如"粪水溲种""七九闷麦"等。但由于时代的限制，当时还不可能上升为理论。除了我国古代农书的这些记载外，在西欧、古罗马也有用动物排泄物做肥料的记载。这些生产上积累的感性认识孕育了植物生理学。此外，其他基础学科的发展对植物生理学的形成和发展也有很大的影响。

（二）形成阶段

14 世纪到 16 世纪文艺复兴时期，人们的思想从神学观念的束缚中解放出来，开始寻求物质世界的奥秘，到 17 世纪开始有了植物生理学的研究。最初，人们的注意力集中在植物体是由什么物质构成，植物从哪里得到它所需要的物质。如人们所熟知的 van Helmont（1577—1644）的柳枝试验，否定了植物吃土壤为生的想法。S. Hales（1672—1761）发现植物的蒸腾作用，从理论上解释植物水分吸收与运输。J. Priestley（1733—1804）指出光下独立放在密闭钟罩内的老鼠或绿色植物不久均死亡，但两者居一室可延长生存。J. Ingenhousz（1730—1799）接着说明了植物在光下可清洁空气，知道植物除利用水分外，还可以空气为生。

19 世纪自然科学的三大发现，推动了植物生理学的奠基与形成，G. Boussingault（1802—1899）建立了植物的砂培实验，J. von Liebig（1803—1873）于 1840 年出版了《有机化学在农学和生理学上的应用》，1859 年 W. Knop 和 W. Pfeffer 植物溶液培养成功，奠定了植物营养生理的基础。J. von Sachs（1832—1897）在研究植物营养、光合和生长等基础上于 1882 年编写了《植物生理学讲义》，1904 年他的学生 W. Pfeffer（1845—1920）出版了《植物生理学》，这标志着植物生理学的正式诞生。

（三）发展阶段

由于 20 世纪基础学科和生物学领域相关学科如生物化学、生物物理学、遗传学、细胞生物学、分子生物学的发展，以及研究新技术如同位素示踪、冷冻高速离心、电泳分离、生物技术、计算机、各类组学、人工智能等的发展和应用，极大地推动了植物生理学的发展，并取得了重大的突破性成果。如研究叶绿素结构和功能并成功合成叶绿素分子的 R. Wilstatter（1915）、H. Fischer（1930）和 R. B. Woodward（1965），阐明光合碳循环的 M. Calvin 等（1961），阐明 ATP 合成化学渗透学说的 P. D. Mitchell（1978），阐明光合细菌反应中心结构与反应的 J. Deisenhofer 等（1988），研究生命体系（包括光合作用）的电子传递体系的 R. A. Marcus（1992），阐明 ATP 合酶的动态结构和反应机制的 J. E. Walker 等（1997），发现水通道蛋白的 P. Agre 等（2003），分离和合成青蒿素的我国科学家屠呦呦（2015），解开动植物中普遍存在的生物钟规律的 J. C. Hall 等（2017）及温度和触觉感受器的 D. Juliust 等（2021），均通过植物生理学及其相关领域的直接和间接研究获得了诺贝尔奖。此外，植物生理学在植物组织培养（植物克隆）、植物生长调节剂的应用及植物成花调控和无公害蔬菜生产等领域发挥了巨大的作用。

我国植物生理学作为一门独立的学科起步较晚。20 世纪初，钱崇澍（1883—1965）在 1917 年发表的《钡、锶和铈对水绵的特殊作用》是我国第一篇关于植物生理的论文，他在各大学讲授植物生理学，是我国植物生理学的启业者。20 世纪 30 年代李继侗（1892—1961）、罗宗洛（1899—1978）、汤佩松（1903—2001）等相继回国，在大学开设植物生理学课程，开展科学研究，奠定了我国植物生理学的基础，成为我国植物生理学的奠基者和创始人。新中国成立后，特别是改革开放以来，党和政府十分重视和关心科学教育事业，植物生理学的研究机构和人员队伍不断发展壮大，仪器设备得到很大改善，取得了一批具有重大意义的研究成果。如汤佩松的呼吸多条途径，殷宏章的群体光合作用，沈允钢的光合磷酸化中高能态中间物质，娄成后的原生质在细胞间运动及有机物运输等。目前在植物光合复合体结构功能解析、植物人工光合作用、植物激素和光信号转导、植物春化作用机制和植物抗逆性和次生物质代谢等方面均取得重大进展。此外，我国植物生理学工作者在花药培养、单倍体育种、植物春花和光周期控制等方面的应用研究也取得可喜的成果，每年在 *Nature*、*Science*、*Cell* 等国际顶尖综合性刊物发表大量研究论文，在植物生理学国际顶级专业刊物 *Annual Review of Plant Biology* 发表大量综述，我国主办的学术刊物 *Molecular Plant* 已成为植物科学领域影响力最高的国际性刊物。我国植物生理学的整体研究水平已达国际领先水平，对国际植物科学界产生了重大和深远的影响。

三、植物生理学的展望

当今世界面临人口、资源、环境、能源和粮食五大问题。人口增长给人们的衣、食、住、行所必需的物质和能源供给带来极大压力，而为解决食物和能源，人们又去开采更多的资源，导致环境恶化。众所周知，绿色植物是自养生物，通过光合作用利用日光能将来自环境中的 CO_2 和 H_2O 制造成有机物质并放出 O_2，为人类提供食物、工业原料和能源，并在固土保水、调节气温、保护和改善环境中发挥重要作用。绿色植物在解决世界面临的五大问题中所处的地位是举足轻重、不可替代的，植物生理学的重要性也就不言而喻了。目前，它围绕如何解决食物、能源、资源、环境等全球性问题向宏观和微观两方面发展。纵观近年植物生理学的发展，随着各种研究新技术（如 GC–MS，HPLC–MS、冷冻电镜技术、生物芯片、突变体和各种组学技术等）的不断进步与生命科学相关其他学科（如遗传学、分子生物学、生物信息学、细胞生物学、微生物学、化学等）的快速发展及其交叉渗透，植物生理学迅速发展并进入新阶段。2021 年我国科学家在国际上首次在实验室实现 CO_2 到淀粉的从头淀粉生物合成（Cai et al.，2021），这是独立于植物以外在光合作用碳同化方面取得的重大突破，对人类开辟食物来源新途径具重大意义。

（一）研究层次的广度和深度不断加大，学科交叉日显重要

在宏观方面，现代的植物生理学与环境科学、生态学等学科结合，向更综合的方向拓展。由于现代工业化的加速发展，环境问题日趋严重，促进了人们对在变化的气候条件下的植物生活规律和环境变化关系的研究，也促进了生理与生态的结合，催生了植物生理生态学、环境植物生理学和空间植物学等学科，使植物生理学的研究对象从个体扩大到群体，直指地球、生物圈和宇宙的大范畴。在微观方面，生命科学及相关学科理论和技术的不断发展和交叉渗透，给植物生理学带来新概念、新观点、新技术、新方法，使植物生理学的内容不断更新，从分子水平研究植物生长发育基因表达及调控的机制已经成为主体，并正在从基因组学、蛋白质组学、代谢组学等方面系统揭示植物生命活动基本规律及环境条件对这些规律的影响。1992 年的诺贝尔奖生命体系的电子传递——跳跃的电子（leaping electron），提示生命过程的本质是生命体系中的电子的传递，将植物生理学的研究引入电子时代。1950 年开始出版的《植物生理学年评》（*Annual Review of Plant Physiology*），在 1988 年改为《植物生理与植物分子生物学年评》（*Annual Review of Plant Physiology and*

Plant Molecular Biology），再到 2002 年改为《植物生物学年评》(*Annual Review of Plant Biology*)，充分说明随着学科交叉，植物生理学已深入植物的方方面面。两个层次的发展，必将使植物生理学基础研究达到新的高度。

（二）理论与实际的联系更为紧密

除了推动对植物生命活动内在规律的认识外，植物生理学还围绕解决人类面临的重大危机开展理论和应用研究。如通过利用计算机和数学模拟，对植物某些生理问题进行定量研究，从而实现精确施肥和灌溉控制的现代农业；光合作用和固氮机制的研究不仅为获得更高产的作物，而且为人工制造食物和能源等进行理论和技术储备。植物组织培养、植物激素与信号转导的基础理论也必将推动植物发育调控、植物的定向培育技术和适合人类不同需要的转基因植物的培育。植物的发育和适应逆境的生理机制的研究，有助于人类在不良环境中获得植物的高产和优质。人工光合作用的兴起，打开了从 CO_2 直接合成淀粉的大门，预示着工厂化人工光合作用的可能。此外，植物生理学的应用领域逐步扩大到环境保护、资源开发、医药、轻工业和商业等方面。在载人航天方面，能源以及生命支持系统问题的解决也寄希望于植物生理学的发展。

四、如何学好植物生理学

Salisbury 和 Ross（1992）在《植物生理学》教科书的引言中指出 "Plant physiology is for students who are curious about what plants do and what physical and chemical factors cause them to respond as they do."，说明学好植物生理学，首先需要执着的、如饥似渴的精神，这是学好植物生理学的内在动力。其次，要善于学习和汲取相关学科的知识为我所用，这一点的重要性上面已有论述。三是要用辩证唯物主义观点指导植物生理学的学习。植物的许多生理过程是相互依存和相互制约的，生命活动和外界环境之间存在广泛的物质和能量交换。因此，我们必须用全面的综合的观点去分析和研究它们，切忌以点代面，以偏概全。植物生命活动的规律是其生长发育的本质，但它又是在一定的环境条件下的体现。因此，在处理问题时应分清内部和外部的关系、主要和次要的关系。四是要在实践中学习，在研究中深入，在理解中记忆，真正把植物生理学学好，并应用于实践。

🌐 主要参考文献

Cai T，Sun H，Qiao J，et al. Cell-free chemoenzymatic starch synthesis from carbon dioxide [J]. Science，2021，373：1523-1527.

Salisbury F B，Ross C W. Plant Physiology [M]. 4th ed. Belmont：Wadsworth Publishing Company，1992.

植物的水分生理

　　没有水就没有生命，也就没有植物。水分往往是农作物获得高产的主要限制因子之一，农谚说"有收无收在于水"和"水利是农业生产的命脉"，就是这个道理。陆生植物一方面由根系不断地从土壤中吸收水分，以满足正常生命活动的需要；另一方面又通过叶片不断地散失水分，形成了水由下而上的不断流动，这就构成了植物水分生理的主要内容，即水分的吸收、水分在植物体内运输分配以及水分的排出。本章重点讨论植物体内的水分、水势、植物细胞水势组成与细胞的吸水，根系对水分的吸收及水分在地上部分的运输、蒸腾作用、气孔开闭和合理灌溉的生理基础等内容。

第一节　水分在植物生命活动中的作用

　　水分子是由一个氧原子（O）与两个氢原子（H）以共价键（covalent bond）结合而成，两个 O—H 键之间的角度约 105°。由于氧原子的强电负性，使 H_2O 有很强的极性，水分子之间通过氢键缔合成水聚合体（H_2O）$_n$。由于水的这些特点，使水具有独特的理化性质。

一、水的理化性质

（一）水的高比热

　　比热（specific heat）是指物体在固体与液体相互转化时所要吸收或放出的热量。水在常温下为液态（H_2O）$_n$，受热时需要更多的热量来破坏分子间大量的氢键。同理，当水温度降低时，会释放出比其他液体更多的热量。除液态 NH_3 外，水的比热比其他同量的固体或液体都高。正因为水的高比热，使含有大量水的植物体可以在环境温度变化较大的情况下，保持相对恒定的体温。

（二）水的高汽化热

　　汽化热（heat of vaporization）是指物质由液体转化为气体时所要吸收的能量。水由液态转变为气态时，需要较多的能量来打断分子间的氢键。水的高汽化热使植物可以通过蒸腾作用有效地降低体温，避免强光辐射可能带给植物的伤害。

（三）水的大表面张力和附着力

　　水具有很大的表面张力（surface tension），使其表面积收缩；水具有大吸附力（cohesion），使水吸附到其他物质如纤维素、蛋白质、土壤颗粒上。因此，水能在植物细胞壁及土壤中借毛细管力移动。

（四）水的高介电常数

介电常数（dielectric constant）是指物质保持电荷的能力。水具有极高的介电常数，溶质正负离子间的静电作用可被 H_2O 中正负电荷抵消或屏蔽，离子难以结合在一起，从而增加了溶解度。水是电解质和极性物质的良好溶剂。植物体内的核酸、蛋白质及糖类等均含有—OH、—NH$_2$ 和—COOH 基团，水与这些亲水基团间形成氢键，即水可以在大分子物质带电基团周围定向排列，形成水化层，减弱了大分子之间的相互作用，增加其溶解性，维持大分子物质溶液的稳定性。

二、植物的含水量和水分存在状态

（一）植物的含水量

水分是植物体的重要组成成分。不同种类的植物以及同一种植物在不同生境中的含水量有很大差异。水生植物的含水量可达鲜重的 90% 以上，草本植物的含水量通常为 70%～85%，木本植物的为 35%～75%。同一植株中，生命活动旺盛的器官或组织的含水量较高。根尖、茎尖生长点等含水量为 90% 左右，叶为 70%～90%，风干种子为 5%～15%。通常用相对含水量（relative water content，RWC）来评价植物的水分状态：

$$RWC = \frac{鲜重 - 干重}{饱和含水量时鲜重 - 干重} \times 100\%$$

（二）自由水与束缚水

水分在植物体内的作用，不仅与其含量有关，而且与其存在状态有关。水分在植物体内常以束缚水和自由水两种状态存在。原生质中的生物大分子表面有大量的亲水基团，具有显著的亲水性（hydrophilicity），形成很厚的水化层。水分子距胶粒越近，吸附力越强。靠近胶粒而被胶粒吸附不易自由移动的水分，称为束缚水（bound water）；距离胶粒较远而可以自由移动的水分，称为自由水（free water）。这两种水分状态之间没有明显的界线，只是相对的划分。由于自由水参与各种代谢作用，而束缚水则不参与，所以自由水与束缚水之间的比例反映出植物的生命活动强度。当自由水比例增加时，植物细胞原生质体处于溶胶（sol）状态，代谢活动旺盛，但抗逆性下降；反之束缚水比例高时，植物细胞原生质趋于凝胶（gel）状态，代谢活动减弱，但抗逆性却增强，如休眠种子、休眠芽等能抵抗低温或干旱等不良环境。

三、水在植物生命活动中的作用

（一）水是原生质的主要组分

水分含量的多少直接关系到细胞原生质生命活动的强弱，水分充足，原生质代谢旺盛；水分减少，原生质由溶胶转为凝胶状态，生命活动也随之减弱或停滞；细胞原生质失水严重时，原生质正常结构受损，导致植物体死亡。

（二）水是植物代谢过程中的重要原料

光合作用、呼吸作用、有机物合成与分解都需要水参与。没有水，植物体内这些重要的生理过程便不能进行。

（三）水是植物对物质吸收和运输的介质

物质只有溶解在水中才能被植物吸收。同样，各种物质必须以水溶液状态才能在植物体内运输。

（四）水能使植物保持固有的姿态

水维持了植物细胞及组织的紧张状态，使植物枝叶挺立，便于充分接受阳光和交换气体，同时也使花朵张开，利于传粉等。

（五）水能稳定植物体的温度

强光高温环境中，植物可通过蒸腾散失水分，降低体温，免受伤害；在寒冷时，可使体温不至于骤然下降。

由此可见，水是植物体的重要组成成分，含水量常常成为影响植物生命活动的重要因素。供水量的多少直接影响植物的生长发育，这种直接用于植物生命活动与保持植物体内水分平衡所需要的水称为"生理需水"。

第二节 植物细胞的吸水

植物体内水分的移动与其他物质一样，只能沿体系能量减小的方向进行。

一、植物细胞水势

（一）水势的概念

自由能是指在恒温条件下能够做功的能量。在等温等压条件下，一个庞大体系中 1 mol 物质所具有的自由能，可称为该物质的化学势（chemical potential）。化学势是度量物质能够用于做功或发生反应的能量，衡量水分反应或转移能量的高低可用水势来表示。所谓水势（water potential，ψ_w）被定义为偏摩尔体积水的化学势（μ_w）与摩尔体积纯水的化学势（μ_w^0）之差。在一般的植物水分体系中，水溶液浓度较低，水的偏摩尔体积与纯水的摩尔体积十分接近，常用摩尔体积代替，故水势可用下式表示：

$$\psi_w = (\mu_w - \mu_w^0)/V_w = \Delta\mu_w/V_w$$

式中的 V_w 是摩尔体积，$\Delta\mu_w$ 是两者的化学势之差。水势的单位与压力单位相同，用 MPa 表示。其与巴（bar）换算如下：1 bar = 0.987 标准大气压（atm）= 0.1 MPa。

水势的数值是相对值，纯水的水势最高，设定为零。任何溶液的 ψ_w 均为负值，溶液浓度越高（所含溶质越多），水势越低。

（二）植物细胞是一个渗透系统

根据热力学第二定律，水分子将自发地从水势高处流向水势低处，沿自由能降低的方向移动，直到平衡为止。

图 1-1 表示用半透膜（semipermeable membrane）把两种不同水势的溶液隔开，a 侧为低水势的溶液，b 侧为高水势的纯水，在开始时（t_0）两侧液面高度相同，经一定时间（t_1）后，可观察到水分自发地从高水势向低水势溶液移动，a 侧水面上升。半透膜是只允许水分子（溶剂分子）自由通过，而不允许溶质分子通过的一种膜（材料）。如动物膀胱、植物种皮和人造的透析袋等。因此，膜两侧溶液的水势差只能靠水分子的移动来消除。这种水分通过半透膜从高水势向低水势移动的现象称为渗透作用（osmosis）。

一个成长植物细胞的细胞壁主要由纤维素、半纤维素和果胶物质等分子构成，是一个水和溶质分子都易通过的透性膜。而质膜和液泡膜则为近似半透性的选择透性膜，易通过

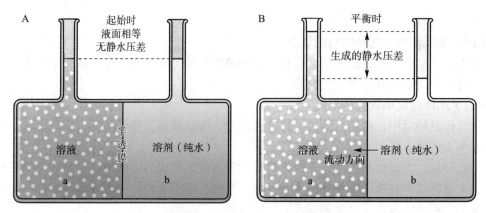

图 1-1 渗透压产生的示意图

A. 起始时渗透压；B. 平衡时渗透压

H_2O，但对溶质则有选择透性。因此，我们可以把整个原生质层（包括质膜、细胞质和液泡膜）看成是选择透性膜。植物细胞液泡内含有许多溶质，具有一定的水势。这样，液泡内的溶液与原生质层外环境溶液间就会发生渗透作用。所以，可以把液泡化的细胞看成一个渗透系统。质壁分离现象可以证明植物细胞是一个渗透系统。

（三）植物细胞水势的组成

与开放的溶液体系不同，一个植物细胞外有细胞壁，里面有液泡，液泡内有细胞液，都会影响细胞的水势。典型的植物细胞水势主要由溶质势或渗透势（ψ_s）、压力势（ψ_p）、衬质势（ψ_m）和重力势（ψ_g）等组成：

$$\psi_w = \psi_s + \psi_p + \psi_m + \psi_g + \cdots\cdots$$

溶质势或渗透势（solute potential 或 osmotic potential，ψ_s）是由于溶质颗粒（分子和离子）的存在而使水势降低的部分，可用公式 $\psi_s = -iCRT$ 计算，式中 i 为等渗系数，C 为摩尔浓度（$mol \cdot L^{-1}$），R 为气体常数（$0.008\ 3\ dm^3 \cdot MPa \cdot mol^{-1} \cdot K^{-1}$），$T$ 为绝对温度（K）。植物细胞的渗透势值随内外条件不同而异，凡影响细胞液浓度的外界条件都能改变其渗透势。如生长在温带的大多数作物叶组织的渗透势为 $-2 \sim -1$ MPa，而旱生植物叶片的渗透势可低达 -10 MPa。

压力势（pressure potential，ψ_p）是由于细胞壁膨压的存在而使水势增加的值，一般为正值（$\psi_p > 0$）。液泡内溶质的存在降低了水势，细胞从外界吸收水分，细胞体积膨胀对细胞壁产生的压力称膨压（turgor pressure），但细胞壁的伸缩性有限，对原生质产生的反作用力就构成压力势 ψ_p，它与膨压大小相等，方向相反。细胞发生初始质壁分离时，压力势为零；植物剧烈蒸腾时，细胞的压力势甚至会成为负值。

衬质势（matric potential，ψ_m）是亲水胶体对水分的吸附而使体系水势降低的值。未形成液泡的细胞（细胞组分中的蛋白质和糖类等）具有明显的衬质势，如干燥种子的衬质势可达 -100 MPa。已形成液泡的细胞，亲水胶体对细胞水势的影响很小，其衬质势约在 -0.01 MPa 左右，可以忽略不计，此时细胞水势 $\psi_w = \psi_s + \psi_p$。

重力势（gravitational potential，ψ_g）是由于重力的存在使体系水势增加的数值，可用公式 $\psi_g = P_w gh$ 计算。其中 P_w 为水的密度，g 为重力加速度，h 为水相对参考状态时的高度，$P_w g$ 约等于 0.01 MPa·m^{-1}，因此 10 m 的高度对水势产生约 0.1 MPa 的增量。如果讨论同一大气压力下上下两个细胞间的水势差时，ψ_g 可忽略不计。

二、水分的跨膜运输与水孔蛋白

现已表明，水分的跨膜运输主要是通过水孔蛋白（aquaporin）又名水通道蛋白（water channel protein）进行细胞内外水分交换的。水孔蛋白是一类小的跨膜内在蛋白，介导水分子和一些小的中性溶质的跨膜运输。水孔蛋白在植物细胞中定位极其广泛，如已发现拟南芥有 35 个，玉米有 36 个，水稻 33 个，大豆 66 个。伴随着大量植物水孔蛋白的分离和鉴定，人们发现植物水孔蛋白不仅是水选择性通道蛋白，同时还具有许多其他生理生化功能。如在植物水分的长距离运输、营养元素的运输、细胞渗透调节、植物生长发育、气孔运动等生理过程及响应逆境胁迫中都扮演着重要角色。在植物整体水平上，液体的运输大部分是由维管组织完成的。水可以通过以下几种方式运输：通过细胞壁连续体的质外体运输、通过胞间连丝的共质体运输和跨膜运输，而跨膜运输主要由水孔蛋白来完成（Maurel et al.，2015）。

水孔蛋白是由同种单体组成的四聚体，每个单体都有由 A ~ E 5 个环连接的，加上 H_1 ~ H_6 6 个高度保守的 α– 螺旋组成的跨膜螺旋结构（Maurel et al.，2008）。B 环在胞内，E 环在胞外，各自通过其高度保守 NPA（天冬酰胺 – 脯氨酸 – 丙氨酸）二级结构相互作用而形成狭窄的孔隙（图 1–2B）。水孔蛋白承担了 20% ~ 80% 的水分跨膜运输。水孔蛋白不仅参与 H_2O 的转运，而且参与营养如硼和尿素、重金属、气体分子（CO_2）和信号分子（H_2O_2）等多种物质的运输，在植物的不同生长发育阶段发挥重要的生理功能。

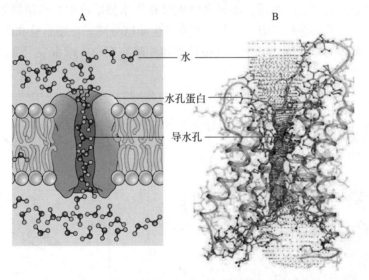

图 1-2　水分跨膜运输（A）和水孔蛋白结构（B）示意图

水孔蛋白的调控存在多条途径，包括转录调控、翻译后修饰（如磷酸化、甲基化、脱酰氨基作用和乙酰化）、门控机制和异聚化等（Chaumont and Tyerman，2014）。

三、植物细胞吸水与水势变化

未形成液泡的细胞，靠细胞组分的吸涨作用（imbibition），即衬质势（ψ_m）吸水。如风干种子的萌发吸水等，吸胀作用的大小决定衬质势的大小。含有液泡的成熟植物细胞，乃至有小液泡的分生细胞都主要依赖于渗透作用从细胞外吸水。

（一）细胞的渗透吸水

植物细胞是一个渗透系统，当植物细胞置于水势高于细胞水势的溶液中时，水会顺水势梯度向细胞内运动直至细胞内外的水势达到平衡。如果将植物细胞放在水势低于细胞水势的溶液中，细胞内的水分会向外渗透，细胞的体积将逐渐缩小。如果细胞持续失水，由于细胞壁的伸缩性有限，最后原生质体与细胞壁完全分离。植物细胞由于液泡失水而使原生质和细胞壁分离的现象，称为质壁分离（plasmolysis）。如果将发生了质壁分离的细胞置于水势较高的溶液中，外界的水分子便进入细胞，液泡变大，整个原生质慢慢恢复原状，产生质壁分离复原（deplasmolysis）现象。由此可见，水分进出成长的植物细胞主要靠渗透作用。质壁分离及复原的意义在于人们可以通过这一现象判断细胞死活，因为只有活细胞在原生质膜完整的情况下才可发生；其次可以鉴定物质进出细胞的难易程度；生产上可作为早期（萌发和幼苗）筛选的抗旱性指标。

（二）细胞相对含水量与水势组分的变化

活细胞的相对含水量通常在最大含水量的80%～100%，体积维持在完全膨胀状态的85%～100%（图1-3）。当细胞的体积达到100%时，相对含水量也达到最大。一般说来，在细胞相对含水量达到80%或体积达到85%左右时，细胞处于原始质壁分离状态，该点失去膨压（$\psi_p = 0$），细胞的水势等于溶质势（$\psi_w = \psi_s$）。当体积或相对含水量达到100%，细胞处于完全膨胀状态，该点的水势为零（$\psi_w = 0$），则 $\psi_p = -\psi_s$。因此，在细胞体积或含水量大于质壁分离和小于完全膨胀之间，组织（细胞）的水势与渗透势和压力势的关系总是可以表示为 $\psi_w = \psi_s + \psi_p$。相反，如果把细胞放在低水势溶液中，或植物处于脱水状态，细胞继续失水。由于细胞壁可塑性有限，细胞发生质壁分离，在细胞壁和原生质间充满外界溶液。原生质体的体积继续减少，细胞外形体积略有变小，细胞 ψ_s 不断降低，ψ_w 也降

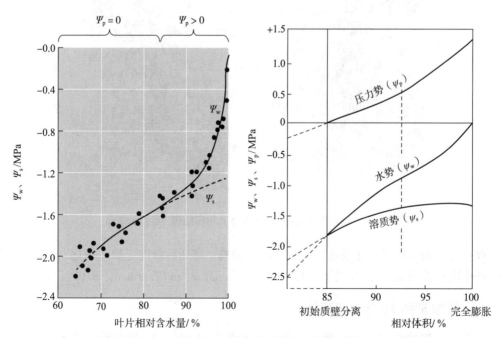

图1-3　水势、溶质势、压力势与细胞相对含水量（左）和相对体积（右）的关系
（左图引自 Taiz et al.，2015）

低，该时 $\psi_p \leqslant 0$，细胞的水势仍是 $\psi_w = \psi_s + \psi_p$。

植物细胞吸水与失水取决于细胞与外界环境之间的水势差（$\Delta\psi_w$）。当细胞水势高于外界水势时细胞失水，体积缩小；细胞水势低于外界水势时细胞吸水，体积增大。在吸水和失水过程中，细胞体积会发生变化，同时水势、渗透势和压力势等都随之改变。值得注意的是，当细胞相对含水量和细胞体积越接近 100% 时，细胞的水势和压力势由于细胞壁膨压的迅速提高而快速上升（图 1-3）。

四、植物组织水势的测定方法

水势与溶质势的测定方法较多，目前主要有液相平衡法（如小液流法、质壁分离法测溶质势）、压力平衡法（如压力室法和压力探针）和气相平衡法（如包括热电偶湿度计法、露点法）等。液相平衡法所用仪器设备简单，但操作烦琐、效率低，结果变化大；压力平衡法适于测定枝条或整个叶片的水势，对于小型样品如叶圆片等则无能为力。气相平衡法能广泛用于各种植物叶片水势和溶质势的测定，所需样品量极少、测量精度高，是近年来发展起来的一类较好的植物水势及其组分的测定技术。下面介绍当前研究上最常用的露点法和压力室法。

（一）露点法

将叶片密闭在体积很小的样品室内，样品室的上方连有热电偶。由于叶片含有水分并具有一定的水势，水分会从叶片蒸发到样品室空间内并达到温度和水势的平衡状态。此时，气体的水势（以蒸汽压表示）与叶片的水势相等。由于空气的蒸汽压与其露点温度具有严格的定量关系，露点水势仪便通过测定样品室内空气的露点温度而得知其蒸汽压，并转换成水势单位。

（二）压力室法

蒸腾中的植物，其导管汁液溶质势近似零，液流处于张力状态，水势主要取决于导管中水的压力势，当剪断叶柄或茎部时，导管液柱张力解除，液流从切口处缩进。若给叶片或带叶小枝加压，使导管液流恰好回升到切口处，表明所加压力刚好抵偿了导管中的原始负压，即：$\psi_w = -P$（外加压力）。此方法还常用于部分植物根系伤流液的获取。

五、细胞间水分的运输

水分的移动是由于细胞与其周围环境之间存在水势差而造成的，水分总是从水势高的部位向水势低的部位运转。在植物细胞与细胞之间，水分移动也遵循这一规律。如图 1-4 所示，虽然 A 细胞的溶质势（-1.4 MPa）低于 B 细胞的溶质势（-1.2 MPa），但 A 细胞水势（-0.6 MPa）高于 B 细胞的水势（-0.8 MPa），所以水分从 A 细胞流向 B 细胞，直到两个细胞水势相等为止。水势高低不仅影响水分移动方向，而且影响水分移动速度。细胞间的水势差越大，水分移动越快，反之则慢。

当多个细胞连在一起，如果一端的细胞水势高，另一端水势低，顺次下降，形成一个水势梯度（water potential gradient），水分便依水势梯度流向水势低的细胞。植物器官、组织之间水分流动均符合这一规律。植物细胞间水分移动的快慢，除水势外还与组织细胞的导水性（water conductivity）密切相关，导水性高的组织细

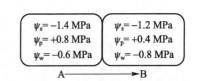

图 1-4　A、B 两个相邻细胞之间的水分移动

胞中水分移动较快。

第三节 植物根系的吸水

根系是陆生植物吸水的主要器官。植物根系从土壤吸收水分，经体内运输和分配后，大部分又从叶片散失到大气中，这一水分的转移过程是由水势差决定的。一般说来，土壤水势高于植物根水势，植物根细胞水势又高于茎木质部水势，茎木质部水势再高于叶片水势，而大气水势最低。由此，土壤中的水分可通过植物散失到大气中。

一、根系吸水的部位

根系各部分吸水能力不同。根部较老部位表皮木栓化严重，吸水能力很小。根的吸水区主要在根尖的根冠、分生区、伸长区和根毛区，其中以根毛区的吸水能力最强。因为根毛增加了根的吸收面积；同时根毛细胞壁较薄，且含有丰富的果胶质，黏性和亲水性较强，有利于与土壤颗粒黏着和吸水；而且根毛区有分化的输导组织，对水分移动的阻力小，所以根毛区吸水能力最大。

水分通过根毛、皮层、内皮层，再经中柱薄壁细胞进入导管。水分在根内的径向运转可通过质外体和共质体途径（图1-5）。所谓质外体（apoplast）是指原生质体以外的结构

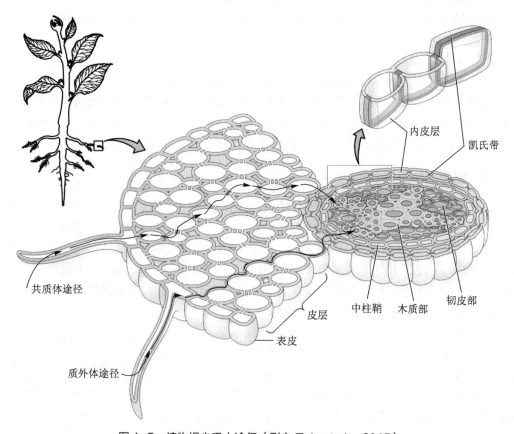

图1-5 植物根尖吸水途径（引自 Taiz et al., 2015）

部分及空间，包括细胞壁、细胞间隙和木质部的导管等组成的体系。水分子在其间移动受到的阻力小，移动速率快。由于内皮层细胞凯氏带的存在，把质外体分为两个区域，一个是表皮和皮层的细胞壁、细胞间隙；另一个是中柱各部分的细胞壁、细胞间隙和导管。凯氏带是高度栓质化的细胞壁，水不能透过，所以水分和溶质到达内皮层后，只能跨越质膜进入共质体到达中柱。共质体（symplast）是指活细胞内的原生质体通过胞间连丝互相连结成的一个连续整体。水分在其间依次从一个细胞经过胞间连丝进入另一个细胞。由于水分通过共质体运输必须先跨越质膜，故移动速率较慢。然而质外体和共质体途径运输水分的比例仍是一个未知数，因为质外体运输需足够水位差，才能形成水流，由于细小的根及内皮层的阻隔，质外体途径难以形成这种水位差。因此，质外体运输可能不是主要运输方式。

二、根系吸水的动力

（一）根压与主动吸水

主动吸水（active water absorption）是由根系本身生理活动引起的吸水过程。根系生理活动使液流从根部沿木质部导管上升的力称为根压（root pressure）。根压把根部吸收的水分压到地上部，同时土壤中的水分不断补充到根部，这就形成了根系的主动吸水。多数植物的根压为 0.1 ~ 0.2 MPa。

根的主动吸水过程可由伤流和吐水两种现象证实。将生长旺盛的植株切开，汁液从受伤（残茎）的切口溢出的现象，称为伤流（bleeding），流出的汁液是伤流液（bleeding sap）。若在茎切口连接上压力计，就可根据水银柱的上升测定根压（图 1-6）。伤流显然与地上部无关，是由根压引起的。不同植物的伤流量不同，葫芦科植物伤流液较多，稻、麦等的伤流液较少。同一植物因根系生理活动强弱、根系有效吸收面积大小等的不同，伤流液量亦

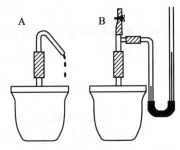

图 1-6 收集伤流的装置（A）和测定根压的装置（B）

不同。伤流液除了含有大量水分外，还含有多种无机盐、有机物和植物激素。无机盐是根系从土壤中吸收的，而有机物和植物激素则主要是由根部代谢产生的。所以，伤流液的数量和成分，可作为根系活力强弱的指标。

没有受伤的植物如处于土壤水分充足、气温适宜、空气潮湿的环境中，叶片尖端或边缘有液体外泌的现象。这种从叶片尖端或边缘向外溢出液滴的现象称为吐水（guttation）。吐水也是由根压引起的，通过叶尖或叶缘的水孔排出水分。草莓、莲等及禾本科植物常常可出现吐水现象。吐水的汁液成分较伤流液简单，这是因为吐水必须经过细胞渗出，许多有机物和盐类已被沿途细胞有选择地截留。植物生长健壮，根系活性强，吐水量也较多，所以可利用吐水现象作为壮苗的一种生理指标。

目前认为根压产生的机制是一个渗透过程。根系周围土壤溶液中的水分和溶质可以自由扩散进入内皮层以外的质外体中，离子被主动吸收进入共质体，并在共质体内经胞间连丝从一个细胞运到另一个细胞，通过内皮层进入中柱的活细胞，在中柱内离子又释放到质外体（导管），使内皮层以外的质外体中离子浓度降低而水势增大，中柱导管中的离子浓度增高而水势下降，结果水分通过内皮层细胞渗透到中柱导管，导管产生静水压力即根压，从而使水分沿导管上升。根在吸水过程中起渗透计（osmometer）的作用，水分从水

势较高的土壤溶液，经过内皮层细胞组成的"选择透性膜"，进入水势较低的木质部中。实验证明，根系在高水势溶液中，伤流速度快；如果把根系转入较低水势溶液中，伤流速度慢；当外界溶液的水势更低时，伤流停止甚至已流出的伤流液也会被收回。所以，根系吸水有无、快慢取决于导管汁液与外界溶液之间的水势差大小。

此外，主动吸水与根系的呼吸作用有密切关系，呼吸释放的能量间接参与根系的吸水过程。例如，当外界环境温度降低、氧分压下降或呼吸抑制剂存在时，根压、伤流、吐水或根系吸水便会降低或停滞；相反，低浓度的生长素溶液能提高伤流速度。呼吸作用为离子的吸收提供了能量，而离子在导管中的积累则促进了渗透吸水。

（二）被动吸水与蒸腾拉力

被动吸水（passive water absorption）是指由于枝叶的蒸腾作用而引起的根部吸水。叶片蒸腾时，气孔下腔附近的叶肉细胞水势因蒸腾失水而下降，向相邻细胞吸收水分。同理，这些细胞又向周围的细胞获取水分，直到从导管吸水，最后传导到根部，后者从土壤吸收水分。这种由于蒸腾作用产生的一系列水势梯度使水分沿着导管上升的力量称为蒸腾拉力（transpiration pull）。如果将正在进行蒸腾的植株的根用高温等方法杀死或使其失去活力，植物仍可从环境中吸水，甚至无根的切条吸水更快。根似乎只作为水分进入植物体的被动器官，因此，把这种吸水称为被动吸水。

主动吸水和被动吸水在根系吸水过程所占的比重，因植物蒸腾速率而异。一般高大的植物或蒸腾作用强烈的植物以被动吸水为主，而幼小的植株或春季叶片尚未展开，或当植物蒸腾受抑制时，主动吸水才占主导地位。

三、影响根系吸水的土壤因素

（一）土壤水分状况

对植物来说土壤中水分可分为土壤有效水（soil available water）和土壤无效水（soil inavailable water）。所谓土壤有效水是指能被植物直接吸收利用的水，其含水量高于土壤学上的永久萎蔫系数。从土壤的角度看水分可分为与土壤颗粒紧密结合的束缚水，存在于土壤空隙中的重力水和由毛细管力所保持在土壤颗粒间的毛细管水。土壤有效水相当于毛细管水，易被根毛吸收，是植物吸水的主要来源。当土壤含水量下降时，土壤溶液水势亦下降，土壤溶液与根部之间的水势差减小，根部吸水减慢。土壤含水量达到永久萎蔫系数时，土壤的水势等于或低于根系水势，土壤中尚存的水分便是植物不可利用的水分，当土壤水分过多时，占据了土壤中的空隙，造成缺氧会严重影响植物生长。

在植物体水分亏缺严重时，植物细胞失去膨压，叶片和茎的幼嫩部分下垂，这种现象称为萎蔫（wilting）。萎蔫又可为分暂时萎蔫（temporary wilting）和永久萎蔫（permanent wilting）。当蒸腾作用强烈，根系吸水及转运水分的速度较慢，不足以弥补体内蒸腾失水时，植物产生萎蔫；当蒸腾速率降低时，如晚间和遮阴时蒸腾降低，根系吸收的水分足以弥补失水，这种萎蔫消除，植物恢复原状。这种靠降低蒸腾作用就能消除的萎蔫，称暂时萎蔫。如果土壤中缺少植物可利用的水，即使降低蒸腾，植物仍不能消除萎蔫，这种只有靠浇（喷）水才能使植物恢复原状的萎蔫称为永久萎蔫。

土壤的永久萎蔫系数（permanent wilting coefficient）是指当植物发生永久萎蔫时，土壤中尚存的含水量（以占土壤干重的百分比计）。永久萎蔫系数主要与土壤质地（soil texture）有关，在粗砂、细砂、壤土、黏土中分别为 1%、3%、10% 和 15% 左右。其实质是当土壤的含水量降到永久萎蔫系数时，土壤的水势开始低于植物根系的水势，植物无法从环境中吸收水分。

（二）土壤通气状况

土壤中的 O_2 含量对根系吸水有很大影响，主要通过影响根系生长和溶质的吸收。充足的 O_2 能使根系发达，扩大吸水表面，还能够促进根的呼吸作用，提高主动吸水能力。如果土壤缺 O_2 和 CO_2 浓度过高，短期内可使细胞呼吸减弱，影响主动吸水。时间较长则引起无氧呼吸，产生并累积乙醇，根系中毒受伤，发育不良，吸水更少。所以，受涝的作物反而表现出缺水现象。土壤中具有足够的可利用水和良好的通气状况，是植物根系吸收水分的必要条件。但土壤中水分和空气的存在是矛盾的。改良土壤结构以及适宜的农业生产措施可以改善土壤的通气条件，有利于根系吸水。

（三）土壤温度

土壤温度影响到根系的生长、呼吸及其一系列的生理活动，因而对水分的吸收会有明显的影响。在一定范围内，温度增高使根系吸水增多，反之亦然。不适宜的低温、高温都会对植物根系吸水产生不利影响。低温抑制根系吸水的原因主要有低温下水分本身的黏度增大，扩散速率降低；原生质黏性增大，水分不易通过原生质；呼吸作用减弱，影响主动吸水；根系生长缓慢，有碍吸水表面的增加。土壤温度降低对根系吸水的影响常因植物种类和生长发育时期不同而有所差别。例如，喜温的柑橘、棉花和甘蔗等，当土壤温度降低到 5℃ 以下时，吸水明显下降；而油菜、冬小麦等植物，在冬季土壤温度接近 0℃ 时，其根系仍保持一定的生理活性，可继续吸水。土壤温度过高也不利根系吸水，因高温加速根的老化，使根的木质化部位几乎达到根尖，吸收面积减少，吸收速率也下降；同时温度过高还使酶钝化，细胞质流动缓慢甚至停止。

（四）土壤溶液浓度

土壤溶液浓度直接影响到土壤的水势。根系细胞水势必须低于土壤溶液水势，根才能从土壤中吸水。在一般情况下，土壤溶液水势较高（不低于 −0.1 MPa）。但当化学肥料施用过量或过于集中时，可使土壤溶液浓度突然升高，阻碍根系吸水，产生"烧苗"现象。盐碱土中盐分浓度高，水势有时低到 −1.5 MPa，低于根系水势，造成盐碱地中植物不能正常生长。因此，可通过灌水洗盐降低土壤溶液盐浓度或种植耐盐植物等措施，促进盐碱地上植物生产。

第四节　蒸腾作用

陆生植物吸收的水分，仅很少部分（<5%）用于代谢活动，绝大部分散失到体外。通常情况下水分从植物体中散失到体外的方式有两种，以液体状态散失——吐水；以气体状态散失——蒸腾作用。所谓蒸腾作用（transpiration）是指水分以气体状态通过植物体的表面散失到体外的过程，是植物水分散失的主要方式。

一、蒸腾作用的生理意义和方式

（一）蒸腾作用的生理意义

植物在进行光合作用过程中，必须与周围环境发生气体交换。在气体交换的同时，常伴随着水分大量丢失，这是由植物叶片结构所决定的。植物在长期进化中，对这种生理过程形成了一定的适应性。因此，在植物水分关系中起支配作用的蒸腾作用对植物生命过程有重要的作用。第一，通过蒸腾作用可以降低叶片的温度。植物体吸收的日光能中的绝大部分能量转变为热能，使叶片温度上升，因此通过蒸腾作用可降低叶片的温度。第二，蒸腾作用是植物体内水分吸收和运输的一个动力。特别是高大的植物，主要靠蒸腾作用产生的蒸腾拉力，使较高部分的树冠获得大量水分。第三，蒸腾作用促进植物对矿质盐类和其他各种溶解于水中的物质在体内传导与分配，以满足植物生命活动的需要。

（二）蒸腾作用的方式

根据蒸腾作用发生的部位，通常把蒸腾作用分为皮孔蒸腾、角质蒸腾和气孔蒸腾。木本植物经由茎干与枝条的皮孔和木栓化组织的裂缝而散失的水分属于皮孔蒸腾（lenticular transpiration）；通过叶片角质层散失水分称角质蒸腾（cuticular transpiration）；通过叶片上气孔散失水分称气孔蒸腾（stomatal transpiration）。皮孔蒸腾量极微，约占总蒸腾量的0.1%。角质层本身不易让水分透过，但角质层中间含有吸水能力大的果胶质，同时角质层也有孔隙，可让水分通过。角质蒸腾在叶片蒸腾中所占比重，与角质层的厚薄有关，一般植物成熟叶片的角质蒸腾仅占总蒸腾量的 5%～10%。因此，气孔蒸腾是一般植物蒸腾作用的主要形式。

二、气孔蒸腾

（一）气孔的大小、数目与分布

气孔（stomata）是植物上下叶表皮组织上的两个保卫细胞（guard cell）所围成的小孔，它控制着植物与外界的气体交换，是植物叶片与外界发生气体交换的主要通道。气孔多存在于植物的地上部分，主要分布于叶片表面，但在植物的茎、叶柄、蜜腺甚至初生根中都有发现。气孔的大小、数目与分布，随植物种类而不同。

气孔一般长 7～30 μm，宽 1～6 μm。每平方毫米的叶面约有 100 个气孔，也有高达 2 230 个的记录。植物叶片上下表皮气孔数目因植物而异，一般禾谷类植物如小麦、玉米等叶片上下表皮的气孔数较为接近，而双子叶植物主要分布于下表皮；木本植物通常只分布在下表皮，而浮水植物只分布在上表皮。因此，气孔分布特点显示出不同植物对生长环境具有的明显的适应性。

蒸腾作用相当于水分通过一个多孔表面的蒸发过程。而气体通过多个小孔表面的扩散速率并不与面积成比例，而是与小孔的周长成正比，这就是小孔扩散律（law of small opening diffusion）。

（二）气孔运动

气孔一般在白天开放，晚上关闭。引起气孔开关运动的原因主要是保卫细胞的吸水膨胀和失水收缩，即气孔开张和关闭的程度是由气孔四周的保卫细胞形状的改变而调节的。如图 1-7 所示，保卫细胞与其他表皮细胞不同，不仅含有叶绿体，还具有独特的细胞壁结构，细胞壁不均匀增厚，以及有径向排列的微纤丝（microfibril）。此外，与周围细胞也没有胞间连丝相连。双子叶植物的肾形保卫细胞的外壁薄而内壁厚，微纤丝呈扇形辐射排列。当保卫细胞吸水膨胀时，较薄的外壁易于伸展，但微纤丝难以伸长，于是将拉力传递到内壁，将内壁拉动，气孔张开。禾本科植物的哑铃形保卫细胞两端膨大部分的壁薄，中间的壁厚。当保卫细胞吸水膨胀时，微纤丝限制两端胞壁纵向伸长，而发生横向膨大，使

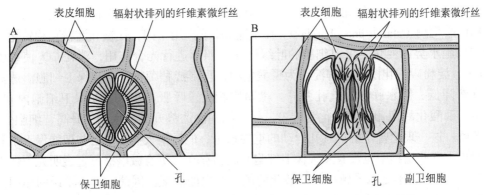

图 1-7　双子叶植物（A）和单子叶植物（B）的气孔的形态和结构

气孔张开。

（三）影响气孔运动的环境因素

气孔运动有其自身的内源昼夜节律，即使置于连续光照或黑暗之下，气孔仍会随一天的昼夜交替而开闭。此外，凡是影响光合作用和叶片水分状况的各种因素，都会影响气孔的运动。

1. 光照。光照是影响气孔运动的主要因素，光促进气孔打开。除景天科等植物的气孔外，大多数植物的气孔都是白天开放，夜间关闭。不同植物气孔开放所要求的光强不同，某些植物（如烟草）气孔只需 2.5% 的全日照的光强即可开放；而大多植物气孔则要求接近全日照下才能完全开放。气孔开放的作用光谱类似于光合作用的作用光谱，蓝光和红光均促进气孔开放。

2. 水分。叶片含水量是直接影响气孔运动的关键因素。水分亏缺条件下气孔开度减小，以降低水分损失。如果蒸腾过于强烈，保卫细胞失水过多，即使光照下气孔仍会关闭。这种气孔关闭与脱落酸密切相关。根尖可感知土壤干旱并合成信号物质——脱落酸（ABA），ABA 通过木质部液流运到地上部。其受体位点可能存在于保卫细胞内，受体与 ABA 结合后促进保卫细胞膜上 K^+ 外流通道开启，而抑制 K^+ 内流通道活性，提高了保卫细胞水势，使其失水气孔关闭；也可通过增加胞质 Ca^{2+} 浓度，间接激活 K^+、Cl^- 的流出和抑制 K^+ 的流入，降低保卫细胞膨压，使气孔关闭。此外，水分过多，如久雨后，表皮细胞被水饱和而膨胀，挤压保卫细胞，气孔在白天也会关闭。目前已知，即使在细胞水分充足的情况下，ABA 也能显著诱导气孔关闭。

3. 温度。气孔开度一般随温度的上升而逐渐增大，在 30℃ 左右达到最大；超过 35℃ 或低于 10℃，气孔部分张开或者关闭。这表明气孔运动是与酶促反应有关的生理过程。

4. CO_2。高浓度的 CO_2 会减小气孔的开度，而低浓度的 CO_2 则会促进气孔的打开。有研究证明，位于质外体的苹果酸根离子会影响保卫细胞对高浓度 CO_2 的感应。质膜上的苹果酸根离子转运蛋白——ABCB14 转运蛋白的基因被敲除后，气孔对高浓度 CO_2 响应更为敏感，而过表达植株对高浓度 CO_2 的响应则相对钝化（Lee et al., 2008）。

（四）气孔开闭学说发展

气孔开闭直接受渗透调节的影响。钾离子、苹果酸和蔗糖等物质浓度改变，引起保卫细胞水势变化，最终导致气孔开闭。根据先后顺序有下列学说解释气孔开闭。

1. 淀粉 - 糖转化学说。20 世纪初，Lioyd 提出了淀粉 - 糖转化学说（starch-sugar

conversion theory），认为气孔开闭是由于保卫细胞中淀粉和糖的相互转化所致。保卫细胞中淀粉磷酸化酶（starch phosphorylase）在不同 pH 下作用不同，使糖和淀粉互相转化，导致保卫细胞水势的变化。保卫细胞的叶绿体在光照下进行光合作用，消耗 CO_2 使细胞内 pH 升高，淀粉磷酸化酶便水解淀粉为磷酸葡糖，再形成葡萄糖，引起保卫细胞渗透势下降，水势降低，吸水膨胀，气孔张开。黑暗则相反，呼吸产生 CO_2 使保卫细胞内 pH 下降，淀粉磷酸化酶把葡萄糖转化为淀粉，保卫细胞渗透势升高，水势亦升高，细胞失水，气孔关闭。这一理论曾是解释气孔运动的重要理论，但后来人们发现有些植物保卫细胞没有叶绿体，有些植物中也没有发现保卫细胞有淀粉存在，更有微电极测定表明光下保卫细胞 pH 变化很少，不足以导致淀粉磷酸化酶催化方向的改变。因此，这一学说的作用渐渐被人们所忽略。

2. 钾离子泵学说。20 世纪 60 年代，人们发现光照漂浮于 KCl 溶液的鸭跖草表皮，能显著增加其保卫细胞 K^+ 含量，促进其气孔开放。此后大量的实验均证实，照光时保卫细胞逆着浓度梯度积累 K^+。K^+ 是引起保卫细胞渗透势改变的最重要的无机离子。深入研究发现，K^+ 的转移是由于保卫细胞的质膜上具有光活化的 H^+-ATP 酶，利用光合磷酸化或氧化磷酸化产生的 ATP，将 H^+ 泵到细胞外，使保卫细胞的 pH 升高，跨膜质子梯度驱动 K^+ 经过质膜上的 K^+ 内流通道（inward K^+ channel，K^+_{in}）进入保卫细胞，水势降低，水分进入，气孔张开。在暗中，光合作用停止，H^+-ATP 酶因得不到所需的 ATP 而停止做功，使保卫细胞的质膜去极化，以驱动 K^+ 外流通道（outward K^+ channel，K^+_{out}）使 K^+ 流向邻近细胞，并伴随着阴离子的释放，导致保卫细胞的水势升高，水分外流，气孔关闭。因此，人们把用这一理论解释气孔运动，称为钾离子泵学说（potassium ion pump theory），又名无机离子泵学说（inorganic ion pump theory）。K^+_{in} 可受向光素激活（图 1-8）。但人们怀疑在连体条件下周围细胞所有的 K^+ 转移到保卫细胞也难以达到离体实验的 K^+ 浓度。

3. 苹果酸生成学说。苹果酸生成学说（malate production theory）认为，当保卫细胞内的部分 CO_2 被利用时，pH 上升，剩余的 CO_2 就转变成重碳酸盐（HCO_3^{-1}）。而淀粉则通过糖酵解作用生成磷酸烯醇丙酮酸（PEP），在 PEP 羧化酶作用下与 HCO_3^- 作用，形成草酰乙酸，进一步还原为苹果酸（详见第三章的 C_4 途径）。苹果酸除在保卫细胞中提供 H^+/K^+ 交换所需的 H^+ 及平衡胞内 K^+ 所需的阴离子外，还可作为渗透物，降低保卫细胞水势，使气孔开放（图 1-8）。

4. 气孔开闭的多因子途径。气孔的开闭是由多种因子作用的结果，蓝光作为促进气孔打开的主要信号，首先被向光素（如 phot1 和 phot2）感受，向光素接受蓝光后，与磷酸化 14-3-3 蛋白结合（图 1-8）；再分别通过激活 Ca^{2+} 通道和磷脂酶 C（PLC），可能通过 Ca^{2+} 流出激活蛋白磷酸酶 1（PP1），并提高 K-252a（一种丝氨酸 / 苏氨酸蛋白酶广谱抑制剂）不敏感的蛋白激酶活性，使质膜 H^+-ATP 酶活性提高，促进质膜超极化；活化质膜 K^+ 内流通道，驱动 K^+ 进入细胞内使气孔开放（图 1-8，图 1-9）。该途径不仅受 ABA 和 H_2O_2 的抑制，也受胞质高浓度 Ca^{2+} 的抑制。此外，蓝光还可以通过促进保卫细胞叶绿体中淀粉水解，增加该细胞内蔗糖、草酰乙酸和苹果酸浓度，降低水势促进气孔开放（图 1-9）。红光促进气孔开放可通过保卫细胞和叶肉细胞的光合作用同化 CO_2，不仅降低胞内 CO_2 浓度（Ci），还通过提高保卫细胞内蔗糖浓度、ATP、NADPH 含量、苹果酸脱氢酶活性，关闭阴离子通道，维持膜超极化等促进气孔开放（图 1-9）。

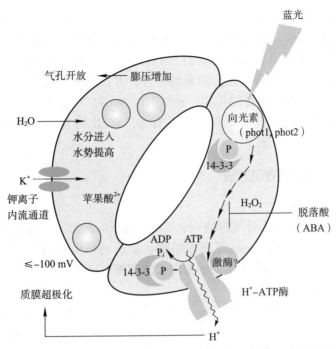

图 1-8　蓝光下气孔开启示意图（引自 Shimazaki et al.，2008）

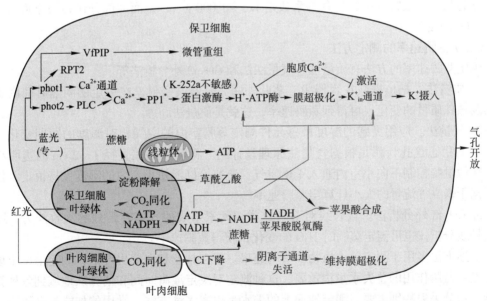

图 1-9　蓝光和红光下气孔开启的多种调节途径（引自 Shimazaki et al.，2008）

C_i 为胞内 CO_2 浓度；K-252a 为丝氨酸 / 苏氨酸蛋白酶广谱抑制剂；phot1 和 phot2 表示向光素 1 和向光素 2；PLC 是磷脂酶 C；PP1 为蛋白磷酸酶；RPT2 为根向光性 2 蛋白；VfPIP 为蚕豆向光素互作蛋白

此外，气孔开闭机制涉及更复杂的通路。如细胞内外 Ca^{2+} 梯度、胞内 NO 和活性氧（ROS）均调节气孔开闭。ABA 刺激 Ca^{2+} 从液泡和内质网释放，使胞质 Ca^{2+} 升高。胞质 Ca^{2+} 升高调节阴离子通道和 K^+ 外流通道打开，诱导气孔关闭。生物因子也会通过改变胞内 Ca^{2+} 浓度，从而影响钙依赖的蛋白激酶的活性，并最终使气孔关闭。ROS 在细胞的复杂信号网络通路中发挥着很重要的作用，其与胞内 NO 的产生、Ca^{2+} 浓度的变化都有着紧密的联系。水杨酸诱导的气孔关闭也与 ROS 有关，NO 作为 ROS 的下游信号成分，也参与 ABA 和 SA 诱导的气孔关闭。

三、蒸腾作用指标和测定方法

（一）蒸腾作用指标

蒸腾作用的强弱是植物水分代谢的一个重要生理指标，常用下列几种指标。

1. 蒸腾速率（transpiration rate）。植物在单位时间内单位叶面积蒸腾的水量，一般用 $g \cdot dm^{-2} \cdot h^{-1}$ 或 $mmol \cdot m^{-2} \cdot s^{-1}$ 表示。通常白天的蒸腾速率是 $0.5 \sim 2.5\ g \cdot dm^{-2} \cdot h^{-1}$，晚上为 $0.1\ g \cdot dm^{-2} \cdot h^{-1}$ 以下。

2. 蒸腾效率（transpiration efficiency）。植物每消耗 1 kg 水所形成干物质的质量（g）。一般野生植物的蒸腾效率是 $1 \sim 8\ g \cdot kg^{-1}$，而大部分作物的蒸腾效率为 $2 \sim 10\ g \cdot kg^{-1}$。蒸腾效率越大，表明该植物利用水分越经济。

3. 蒸腾系数（transpiration coefficient）或需水量（water requirement）。植物制造 1 g 干物质所需水分的质量（g）。它是蒸腾效率的倒数，植物蒸腾系数越小，表明利用水分的效率越高。一般野生植物的蒸腾系数是 $125 \sim 1\ 000\ g \cdot g^{-1}$，而大部分作物的蒸腾系数为 $100 \sim 500\ g \cdot g^{-1}$。

（二）蒸腾速率的测定方法

测定蒸腾速率的方法有质量法、气量法法和 CO_2 红外分析法等。

1. 质量法。把植株栽在容器中，茎叶外露，容器口密封，在一定的间隔时间内测定容器及植株质量的变化，可得到蒸腾速率，这就是质量法。

2. 气量法。应用灵感的湿度敏感元件测定蒸腾室内的空气相对湿度的短期变化。目前常用的稳态气孔计就是根据气量法原理设计的。将叶片夹在直径 $1 \sim 2$ cm 的透明小室间，在微电脑控制下向小室内通入干燥空气，流速恰好能使小室内的湿度保持恒定，然后可根据干燥空气流量的大小计算出蒸腾速率。

3. CO_2 红外分析法。红外线对 H_2O 这类双元素组成的气体有强烈的吸收能力，因此用红外线分析仪也可测定蒸腾时 H_2O 的变化，获得蒸腾速率。

上述方法多用于测定单株植物的蒸腾速率。但在林业和农业生产中，测定单位土地面积蒸发 – 蒸腾作用的总失水量很重要，这种测定对决定灌溉时间和估算从地域到各种类型植物的水分丢失特别重要。测定地面上的失水量也有多种方法，常用的如能量平衡法，测定地表以上水蒸气的净上升流。

四、影响蒸腾作用的内外因素

水气从气孔下腔通过气孔口扩散到大气中的速率，取决于气孔下腔的水汽压大小与扩散途径的阻力（图 1–10）。因此，蒸腾速率 ∝ 扩散力 / 扩散阻力。扩散力大小取决于气孔下腔水蒸气与叶外空气中水蒸气压力差，即蒸汽压梯度（vapor pressure gradient）。蒸汽压

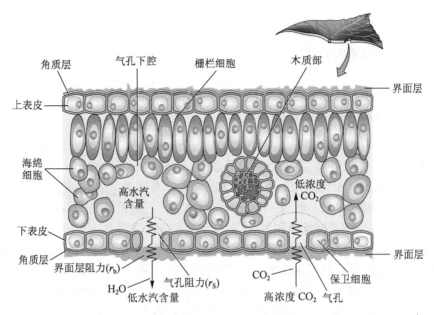

图 1-10　水分从叶片向大气扩散的水汽压差与阻力（引自 Taiz et al., 2015）

差越大，蒸腾速率越快；反之，则慢。扩散阻力包括气孔阻力和扩散层阻力，其中气孔阻力主要受气孔开度制约，扩散层阻力主要取决于扩散层的厚薄。气孔阻力大，扩散层厚，蒸腾速率慢；反之则快。

（一）内部因素对蒸腾作用的影响

气孔构造、密度、大小和开度均直接影响蒸腾速率。气孔下腔体积大，内蒸发面积大，内外蒸汽压差大，水分蒸发快；气孔密度、孔径和开度大，内部阻力小，蒸腾快。反之，蒸腾则慢。气孔内陷，气孔扩散阻力增大，蒸腾较慢。

（二）环境因素对蒸腾作用的影响

光照、温度、大气相对湿度和风是影响植物蒸腾作用的主要环境因素。

1. 光照。光照是影响蒸腾作用的最主要外界条件。光照促进气孔开放（图 1-8，图 1-9），减少气孔阻力。光照还通过提高气温和叶温，增加叶内外的蒸汽压梯度，加快蒸腾速率。

2. 温度。在一定范围内，温度升高使水蒸气分子通过气孔的扩散过程和水分从细胞表面蒸发的过程都加速，促进了蒸腾作用。当气温过高时，叶片过度失水，气孔会关闭，蒸腾减弱。

3. 大气相对湿度。在温度相同时，大气的相对湿度越大，空气的蒸汽压就越大，叶内外的蒸汽压越小，蒸腾速率也越低。

4. 风。风对蒸腾的影响比较复杂，微风促进蒸腾作用，因为风能吹散气孔外围的水蒸气，减少界面层阻力，增大了叶内外蒸汽压差。但强风会引起保卫细胞失水，气孔关闭或开度减小，同时强风降低叶温，内部阻力加大，因而降低蒸腾。

第五节 植物体内水分的运输

一、植物体内水分运输的途径

通常植物体内水分运输的途径是从土壤依次进入根毛、根的皮层和根的中柱鞘细胞，进入根的导管（管胞）、茎的导管（管胞）、叶柄的导管（管胞）、叶脉的导管（管胞）到达叶肉细胞和叶细胞间隙，在气孔下腔汽化，再通过气孔扩散到大气中。由此可见，从土壤到植物再到大气，形成一个土壤–植物–大气连续体系（soil–plant–atmosphere continuum），水势梯度逐渐降低（图 1-11）。

如果从运输的方向看，水在整个运输过程中分为径向（横向）运输和纵向运输。径向运输是在根部是由根毛到根木质部的导管（管胞）（见图 1-5），在叶内由叶的导管（管胞）到气孔下腔的叶肉细胞（见图 1-10）的运输。由于其运输距离往往不足 1 mm，故又称短距离运输。纵向（向上）运输根据不同的植物高度从几厘米到上百米甚至更长的距离，故又称长距离运输。

（一）水分的径向短距离运输

植物体内水分的径向运输是通过质外体扩散和共质体集流运输的。但在由质外体转入共质体，或由共质体转入质外体的跨膜运输中，则是严格按水势梯度进行渗透吸（排）水的。由于根部内皮层细胞的凯氏带阻碍了水分的运输，对水分运输的阻力很大。而叶片的输导系统分布密集，其末端距气孔下腔很近。所以，根系吸水和水分运输的速率往往低于蒸腾失水的速率，特别是在强光、高温下蒸腾强烈时，植物易发生暂时萎蔫现象。这还解释了没有真正输导系统的植物（如苔藓和地衣）不能长高的原因。水在活细胞中运输速率要比木质部中运输慢得多，据测定，水在向日葵根和叶内流动时，每小时水流经过共质体

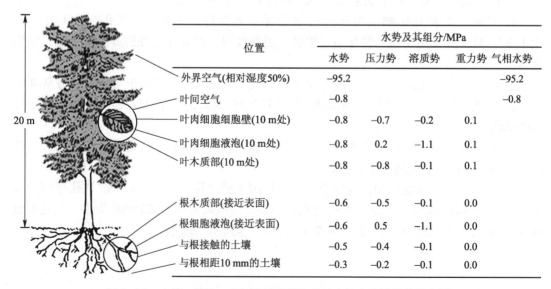

位置	水势及其组分/MPa				
	水势	压力势	溶质势	重力势	气相水势
外界空气(相对湿度50%)	−95.2				−95.2
叶间空气	−0.8				−0.8
叶肉细胞细胞壁(10 m处)	−0.8	−0.7	−0.2	0.1	
叶肉细胞液泡(10 m处)	−0.8	0.2	−1.1	0.1	
叶木质部(10 m处)	−0.8	−0.8	−0.1	0.1	
根木质部(接近表面)	−0.6	−0.5	−0.1	0.0	
根细胞液泡(接近表面)	−0.6	0.5	−1.1	0.0	
与根接触的土壤	−0.5	−0.4	−0.1	0.0	
与根相距10 mm的土壤	−0.3	−0.2	−0.1	0.0	

图 1-11　土壤—植物—大气连续体系中各位点的水势及组分示意图

的距离只有 10^{-3} cm。

（二）水分的纵向长距离运输

它是指从根的木质部导管（管胞）到叶片小叶脉的导管（管胞）的水分运输。其运输的主要通道是输导组织中木质部的导管或管胞。导管和管胞都是中空无原生质体的长形死细胞，细胞与细胞之间有孔，特别是导管细胞的横壁几乎消失殆尽（图 1-12），它们对水分运输的阻力很小，适于高大树木的体内水分运输。裸子植物的水分长距离运输途径是管胞，被子植物是导管（到叶的小叶脉处变为管胞）。用热电偶等方法可测出水分在木质部中的运输速率，一般为 $3 \sim 45$ m·h^{-1}。具体速率以植物输导组织隔膜大小和环境条件而定。具单孔导管的树木，导管较大而且较长，水流速率可达 $20 \sim 40$ m·h^{-1}，甚至更高；具复孔导管的树木导管较短，流速慢，只有 $1 \sim 6$ m·h^{-1}；裸子植物水在管胞中流速还不到 0.6 m·h^{-1}。草本植物通过导管的水流速率与单孔导管的树木相近。对于同一枝条来说，被太阳直接照射的水流速率快于不直接照射的。同一植株，白天水流速率高，晚上低。

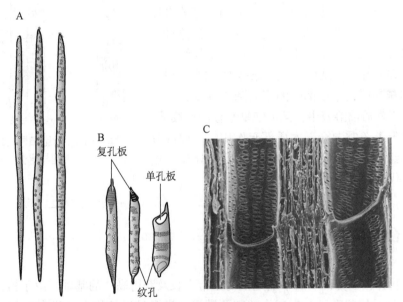

图 1-12　植物管胞和导管的结构（改自 Taiz et al.，2015）

A. 管胞，裸子植物的水分主要运输通道；B. 导管，被子植物的水分主要运输通道；

C. 导管内部结构

二、水分在木质部上升的动力

水分在导管中集流的主要动力是下部的根压和上部的蒸腾拉力。根压能使水分沿导管上升，但根压一般不超过 0.2 MPa，即使真空下也只能使水分上升 20.4 m，所以高大乔木水分快速上升的主要动力不是根压，只有在芽叶尚未展开以前，以及土温高、水分充足、大气湿度大、蒸腾速率很低情况下，根压对水分上升才起主导作用。

一般情况下，蒸腾拉力才是水分上升的主要动力。蒸腾越强，失水越多，水势越小，从导管拉水的力量也越强。茎内导管中的水分必须形成连续的水柱，蒸腾拉力才能把下部的水分拉上去。那么，导管中的水分依靠什么力量保证水柱连续不断呢？

实验证明，水分子间的内聚力可达 −200 MPa 以上。叶片蒸腾失水后，便向导管吸水，而水本身的重量又使水柱下降，这样上拉下拖使水柱产生张力。木质部水柱张力为 −0.5 ~ −3.0 MPa，远比水分内聚力小；同时水分子与导管壁纤维素分子之间还有附着力，因而可使水流成为连续的水柱。这种由于蒸腾拉力和分子间内聚力大于张力，使水分在导管内连续不断向上输送的学说，称为蒸腾 – 内聚力 – 张力学说（transpiration-cohesion-tension theory），也称内聚力学说（cohesion theory）。对这一学说的争论焦点有两个方面：一是水分上升是不是也有活细胞参与？有人认为导管和管胞周围的活细胞对水分上升也起作用，但更多的研究指出，茎部局部死亡（如杀死或烫死）后，水分照样能运到叶片；二是木质部里的气泡为什么不中断水柱的上升？对这个问题的解释是，茎中存在导管（管胞）束，植物体内所产生的连续水柱除了在导管（管胞）腔之外，也存在细胞壁的纹孔及细胞间隙中，当个别导管的水柱暂时中断后，由于导管（管胞）分子间的纹孔阻挡，使气泡局限在一条管道中，水分可通过侧壁的纹孔和微孔进入相邻的导管，从而形成一条旁路（图 1–13）。到夜间蒸腾减弱时，木质部中的张力随之降低，气体逸出并溶解于木质部溶液中，又可恢复水柱的连续性。所以水分上升并不需要全部木质部起作用，只要部分木质部输导组织畅通即可。总的来看，目前还没有更好的学说替代内聚力学说。

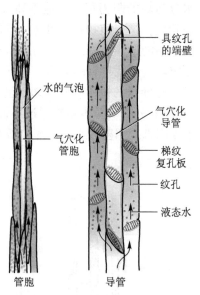

图 1–13 管胞和导管分子束中的气泡与水分运输

第六节 合理灌溉的生理基础

保持植物体内水分的动态平衡是植物正常生长及获得高产的基础。由于植物常处于不同程度的水分亏缺状态，在生产中就需要灌溉。灌溉是以植物水分代谢为其生物学基础的，应根据植物需水规律，保障水分在植物关键生育期的动态平衡。

一、作物的需水规律

不同作物对水分的需要量差异很大，可根据蒸腾系数大小来估计。一般需水量小的作物相对来说可以利用较少的水分制造较多的干物质，因此受干旱影响较小，或说其抗旱性较强，如玉米和高粱等；而需水量大的作物其抗旱性较弱，如菜豆、水稻等（表 1–1）。C_3 植物蒸腾系数为 400 ~ 900，而 C_4 植物只有 250 ~ 400，所以就利用相同单位的水分所产生的干物质而言，C_4 植物比 C_3 植物多 1 ~ 2 倍。

表 1–1 不同作物的蒸腾系数

作物	玉米	高粱	大麦	小麦	水稻	菜豆	马铃薯	棉花
蒸腾系数	370	322	520	540	680	700	640	570

同一作物在不同生育期对水分的需要量也不相同，因为作物在不同生育期蒸腾面积以及作物本身生理特征均在不断地发生变化。如小麦，以其对水分的需要来划分，整个生育期可分为 5 个时期。

①种子萌发至分蘖前期。这个时期主要进行营养生长，根系发育快，而蒸腾面积小，植株耗水量不大。②分蘖末期至抽穗期。此时小穗分化，茎、叶和穗开始迅速发育，叶面积快速增大，代谢亦旺盛，耗水量最多。如果缺水，小穗分化不佳，茎生长受阻，结果植株矮小，产量减低。③抽穗期至灌浆期。叶面积增大基本结束，主要进行受精和种子胚胎生长。如果水分不足，上部叶片因蒸腾强烈，开始从下部叶片和花器官夺取水分，引起粒数减少，导致减产。④灌浆期至乳熟末期。这个时期营养物质从母体各处运到籽粒。如果缺水，有机物液流运输变慢，造成灌浆困难，籽粒瘦小，产量下降；同时也影响旗叶的光合速率和缩短旗叶的寿命，减少有机物的制造。⑤乳熟末期至完熟期。灌浆过程已经结束，种子失去大部分水分，逐渐风干，植株枯萎，已不需供水，尤其进入蜡熟期，根系开始死亡。此时如灌水反而有害，因为水多会从老茎基部再生出新分蘖，消耗养分，导致减产。此外，成熟时籽粒水分过多，蛋白质含量降低，品质变劣。

尽管不同作物各时期对水分需要不同，但各种作物均有一个对水分缺乏特别敏感的时期——水分临界期（critical period of water），这个时期最易受缺水危害，缺水对产量的影响最大，但这个时期的需水量不一定多。大多数植物是在花粉母细胞发育时期，尤以减数分裂到四分体时期最为敏感。对禾谷类作物而言，通常有两个水分临界期。小麦的第一个水分临界期是孕穗期（外观上处于拔节期），也就是从四分体到花粉粒形成阶段；第二个水分临界期是灌浆期。在水分临界期，植物生长较快，水分利用率较高。因此，在农业生产上，特别注意保证水分临界期水分供应。只靠雨水灌溉的田地，水分临界期应雨水充沛。

二、合理灌溉的指标

作物是否需要灌溉有不同的依据，如依土壤的湿度决定灌溉时期，目前仍为较普遍的一种方法，一般作物生长较好的土壤含水量为田间持水量的 60% ~ 80%，低于此值应考虑灌溉。所谓田间持水量是指毛管悬着水达到最大时的土壤含水量。但真正灌溉的对象是植物，根据植物本身的变化进行灌溉往往更为有效。常有形态指标和生理指标可供参考。

（一）形态指标

就是根据植物的长势长相进行判断是否进行灌溉的指标，如①幼嫩的茎叶易发生凋萎。这是因为水分供应不上，细胞膨压减小；②茎叶颜色转深。可能是由于细胞生长缓慢，细胞积累叶绿素；③茎叶颜色有时变红。可能是干旱时，细胞中积累较多的糖类，形成了较多的呈现红色的花色素；④植株生长速度下降等。

（二）生理指标

生理指标能较早地反映植物内部的水分状况，是较为灵敏的指标。常用的生理指标有叶组织的相对含水量、叶片水势、溶质势、细胞汁液浓度和气孔开度等。当植株缺水时，叶组织的相对含水量下降；叶片水势和溶质势均降低；细胞汁液浓度升高；气孔开度减小甚至关闭。在上述各指标中，最受重视的是叶片的水势，因它反应最灵敏，水分亏缺时，叶水势明显下降。由于不同的植物受水分胁迫时，水势也会有较大的差异，因此用水势的日变化能更好地反映植物是否缺水。植物的水势一般早晨高，随后逐步下降，中午前后达到最低，后随光强下降、气温回落、大气相对湿度回升等在午夜前恢复。如水势到第二天清晨尚未恢复，则该植物有必要灌水。

三、灌溉的方法

根据当地的习惯、土壤、水质、作物和地形，目前主要的方法有以下几种。

（一）地面灌溉法

地面灌溉法，又称漫灌，水通过沟渠在农田表面形成水层或水流，渗入土壤内，此方法对水的浪费较大。目前，为了提高灌水效果，通常采用隔沟灌水（交替灌溉）、分段灌水，并且灌溉后要适时将土壤板结层耕松。

（二）喷灌法

喷灌法（sprinkling irrigation）是借设备把水喷到空中形成水滴降落到植物和土壤中。此法可解除大气干旱和土壤干旱，保持土壤团粒结构，防止土壤碱化，节省劳动力和水。城市草坪和发达地区的经济作物的灌溉大多采用这一方法。

（三）滴灌法

滴灌法（dripping irrigation）是通过埋入地下的或设置于地面的管道网络，按时定量缓慢地或连续地往植物根系供水和营养物质。它能在最接近植物的位置精确供应已知量的水，从而减少来自渗漏和蒸发的损失。这种方法特别适用于缺水或高盐的国家或地区。由于滴灌使作物根系最发达区的土壤局部湿润，地表大部分是干燥的，还有有利于防止杂草生长，是精准农业发展的一个方向。

（四）精准灌溉

精准灌溉（precision irrigation）是一种以作物需水规律为依据，通过建立现代灌溉系统，以计算机全自动控制和遥感等信息技术为手段的、智能化的节水灌溉方式。运用先进的信息化技术，主要是遥感技术和计算机自动控制技术，满足作物生长过程中对灌水时间、灌水量、灌水位置和灌水成分的精确要求，按照田间每个操作单元的具体条件，精细准确调整灌溉用水的措施。精准灌溉能最大限度提高水的利用效率，并保护农业生产环境，实现农业水资源的可持续利用和农业数字化管理。

（五）调亏灌溉

调亏灌溉（regulated deficit irrigation）是一种根据作物的生理特性，在作物营养生长旺盛期适度干旱（亏水），在水分临界期充分供水，促控结合的节水灌溉方式。它可调节光合产物在不同器官的分配比例，协调地上部和地下部、营养生长和生殖生长的关系，从而节约用水，提高产量。

四、提高植物水分利用效率的生理基础

水分利用效率有两种定义，广义上说相当于植物的蒸腾效率。生理学上狭义的水分利用效率（water use efficiency，WUE）是指单位面积在单位时间内光合作用吸收的 CO_2 与蒸腾作用散失的 H_2O 量的比值，目前常用的公式为：

$$水分利用效率（WUE）= \frac{光合速率（\mu mol\ CO_2 \cdot m^{-2} \cdot s^{-1}）}{蒸腾速率（mmol\ H_2O \cdot m^{-2} \cdot s^{-1}）}$$

WUE 的单位为 $\mu mol\ CO_2 \cdot mmol\ H_2O$。因此，提高水分利用效率的方法是在不影响光合速率的情况下，减少气孔开度，降低蒸腾速率。大量研究已表明，当气孔开度达到一定值后，光合速率不会增加，但蒸腾速率仍可增加，结果白白消耗水分。方法二是在同样的

蒸腾速率下，增加光合速率。总之，在生产上增加光合速率大于增加蒸腾速率的措施均可提高水分利用效率。通过现代栽培、育种和分子生物学技术，提高植物水分利用效率将是作物生产的重要目标。

灌溉不仅可满足作物的生理需水还可满足作物的生态需水。如合理灌溉使植株生长加快，叶面积扩大，增加了光合面积；使根系活动增强，增加对水分和矿物质的吸收，从而提高光合速率，同时改善光合作用的"午休"现象；使茎、叶输导组织发达，提高水分和同化物的运输速率，改善光合产物的分配利用，提高产量。灌溉还可改善栽培环境，如调节土壤温度、影响肥料的分解和利用、改善田间小气候等，间接地对农作物产生影响。例如，在盐碱地灌水，有洗盐和压制盐分上升的作用；旱田施肥后灌水，有助肥料渗入土中，提高养分利用效率；早稻秧田在寒潮来临前灌深水，有保温防寒作用；晚稻在寒露风来临前灌深水，有防风保温作用。要提高水分的利用率，除从灌溉本身考虑外，还应结合其他栽培措施综合进行。例如，合理间作，使作物在尽可能长的时间内覆盖尽可能多的田地，以降低土表的水分蒸发作用；合理施肥，一方面可以通过促进光合作用使蒸腾效率增大，另一方面可扩大叶面积，提高蒸腾作用在蒸发（散）作用中所占的比例。总之，如何提高对水分利用效率，是一个综合性的系统工程。

✿ 小结

没有水就没有生命，水分在植物生命活动中起着极大的作用。一般植物的含水量约占鲜重的 3/4。水分在植物细胞内以自由水和束缚水两种状态存在，两者比值大小与植物代谢强弱、生长快慢和抗逆性大小有关。

水分在植物体内的跨膜运输，可分为扩散、集流和渗透作用，液泡化的细胞以渗透性吸水为主。植物细胞是一个渗透系统，细胞吸水是由水势决定的，$\psi_w = \psi_s + \psi_p + \psi_m$……，但在不同在的情况下，某些组分可忽略不计。细胞与细胞（或溶液）之间的水分移动取决于两者的水势差，水分总是从水势高处流向水势低处。

根是植物主要的吸水器官。根压和蒸腾拉力是根系吸水的动力。蒸腾拉力主要取决于叶片的蒸腾速率，根压主要与根的生理活动有关。一切影响蒸腾速率和根系代谢的内外因素均影响根系的吸水。植物不仅吸水，而且不断失水。气孔蒸腾是陆生植物的主要失水方式，气孔开闭学说历经发展，目前以多种因素综合作用解释气孔开闭。促进气孔开放的内外因素均提高气孔蒸腾速率，其中以光照最为明显。

水分在植物体内运输是吸收与蒸腾之间的必不可少的环节，运输途径可分为径向短距离和纵向长距离运输，前者经质外体和共质体途径，后者通过输导组织木质部导管（管胞）途径，前者水分移动阻力大，移动慢。后者的水分运输阻力小，移动快。目前用蒸腾 – 内聚力 – 张力学说来解释高大树木体内的水分沿木质部导管上升机制。

生产实践上要创造条件，使植物的水分吸收与散失达到动态平衡。灌溉是防止干旱最可靠的方法。作物需水量因种类、生育期而定。灌溉生理指标可客观、灵敏地反映植株水分状况，有助于人们决定灌溉时期。如何提高水分利用效率是植物生理学在农业生产上应用的重大课题。

Q 思考题

1. 水分子的理化性质与植物生理活动有何关系？简述水分在植物生命活动中的作用。
2. 什么叫水势、溶质势与压力势？它们之间的关系如何？

3. 简述植物细胞吸水的方式。

4. 甲、乙、丙三个细胞相邻，甲细胞的 $\psi_s = -0.9$ MPa、$\psi_p = 0.4$ MPa，乙细胞的 $\psi_s = -0.8$ MPa、$\psi_p = 0.5$ MPa，丙细胞的 $\psi_s = -0.8$ MPa、$\psi_p = 0.4$ MPa，说明水流方向。

5. 根置于纯水中的植物，当向水中加入糖时，会发生暂时萎蔫，但经数小时后，植株又会重新恢复（变得坚硬），为什么？

6. 为什么移栽苗木时要带土移栽，并去掉部分枝叶？

7. 植物受涝害后，叶片萎蔫或变黄的原因是什么？化肥施用过多为什么会产生"烧苗"现象？

8. 试述气孔开闭机制发展及对气孔开闭的认识。

9. 论述如何提高水分利用效率。

🌐 主要参考文献

Chaumont F，Tyerman S D. Aquaporins：highly regulated channels controlling plant water relations [J]. Plant Physiol，2014，164：1600–1618.

Lee M，Choi Y，Burla B，et al. The ABC transporter AtABCB 14 is a malate importer and modulates stomatal response to CO_2 [J]. Nat Cell Biol，2008，10：1217–1223.

Maurel C，Boursiac Y，Luu D T，et al. Aquaporins in plants [J]. Physiol Rev，2015，95：1321–1358.

Maurel C，Verdoucq L，Luu D T，et al. Plant aquaporins：membrane channels with multiple integrated functions [J]. Annu Rev Plant Biol，2008，59：595–624.

Shimazaki K，Dio M，Assmann S M，Kinoshita T. Light regulation of stomatal movement [J]. Annu Rev Plant Biol，2008，59：219–248.

Taiz L，Zeiger E，Moller I M，et al. Plant Physiology and Development [M]. 6th ed. Sunderland：Sinauer Associates Inc Publishers，2015.

🅔 网上更多资源

📚 扩展阅读   🖥 教学课件   📝 思考题解析

第二章

植物的矿质营养

除了水分和二氧化碳外，植物还需要氮和矿质元素来维持其正常的生命活动。它们有的是植物体内重要化合物的组成成分，有的作为激活剂参与酶促反应或能量代谢，有的则具有缓冲或渗透调节等，还有的是多功能兼有。植物的氮和矿质元素主要由根系从土壤或溶液中吸收，也可以通过叶面进行吸收。植物对氮和矿质元素的吸收、转运和同化，被称为矿质营养（mineral nutrition）。本章着重讨论植物氮和矿质元素的生理功能及吸收，氮的同化利用及合理施肥的生理基础。

第一节　植物的必需元素

一、植物体内的元素

植物烘干后的物质称为干物质，通常仅为鲜重的 5% ~ 20%，干物质在高温下充分燃烧后的剩余物质称灰分。在燃烧过程中碳（C）、氢（H）、氧（O）、氮（N）等元素以 CO_2、H_2O、N_2、NH_3 和 N_xO_y 等形态散失，少量硫（S）以 H_2S 和 SO_2 的形式挥发。灰分中留下的是少量的 N，大部分的 S，全部的磷（P）和金属元素氧化物，一般占干物重的 1% ~ 5%。植物的灰分含量因不同植物、器官及不同环境等差异较大，一般水生植物的灰分含量较低，约占干重 1%；而盐生植物最高，可达 45% 以上。器官间以叶片的灰分含量最高；老年植株或部位的含量大于幼年植株或部位，但木材中含量很低。凡是在矿质元素含量高的土壤中生长的植物，其灰分含量通常也高，灰分中的元素称灰分元素或矿质元素。N 在燃烧过程中基本散失，不属于矿质元素。但由于其与灰分元素一样，通常是从土壤中吸收的，对植物生长发育具有非常重要的作用，所以也常被列在一起讨论。植物体内的矿质元素种类很多，有 60 多种，约占地壳所含元素（90 多种）的 70%，其中较普遍的有十多种。在植物干物质中，C、H、O 和 N 四种元素占总元素含量的 95% 以上，构成了植物有机体的骨架。表 2-1 是植物体内的元素含量。

应该指出的是，在地壳表面有些元素的含量极低，难以用常规的化学方法测出，但在植物体内却积累得相当多。例如，碘在海带中的含量比海水高 2 000 倍。此外，不同种类的植物所含元素的多少也不一样。如马铃薯富含钾，豆科植物富含钙，烟草积累砷，毛茛科植物积累锂，紫云英含硒多，而禾本科植物（尤其水稻）则含硅多等。

表 2-1　植物体中化学元素的含量

元素	占干重 /%	元素	占干重 /%	元素	占干重 /%	元素	占干重 /%
O	70	Al	2×10^{-2}	Ti	1×10^{-4}	Mo	2×10^{-5}
C	18	Na	2×10^{-2}	V	1×10^{-4}	Li	1×10^{-5}
H	10	Fe	2×10^{-2}	Cd	1×10^{-4}	F	1×10^{-5}
N	3×10^{-1}	Cl	$n \times 10^{-2}$	B	1×10^{-4}	I	1×10^{-5}
K	3×10^{-1}	Co	2×10^{-3}	Ba	$n \times 10^{-4}$	Cs	$n \times 10^{-6}$
Si	1.5×10^{-1}	Mn	1×10^{-3}	Sr	$n \times 10^{-4}$	Se	$n \times 10^{-7}$
P	7×10^{-2}	Cr	5×10^{-4}	Zr	$n \times 10^{-4}$	Hg	$n \times 10^{-7}$
Mg	7×10^{-2}	Rb	5×10^{-4}	Pb	$n \times 10^{-4}$	Ra	$n \times 10^{-4}$
S	5×10^{-2}	Zn	3×10^{-4}	Ni	5×10^{-5}		
Ca	3×10^{-2}	Cu	2×10^{-4}	As	3×10^{-5}		

二、植物必需元素及其确定方法

如前所述，植物体内所含元素种类很多，但这些进入植物体内的元素不一定都是植物所必需的。人们一般将植物体内的元素分成两大类：必需元素（essential element 或 essential nutrient）和非必需元素（non-essential element），而对那些严格的必需性尚未确定，而对某些特定的植物却是不可缺少的元素，称为有益元素（beneficial element）。

（一）植物必需元素的标准

早在 1939 年，Arnon 和 Stout 就研究了何为必需元素的问题，并提出了确定植物必需元素的三条标准：第一，这种元素是完成植物整个生长周期（从种子到种子）所不可缺少的，完全缺乏此种元素，植物不能完成完整的生活史。第二，这种元素在植物体内的功能是不可替代的，植物缺乏该元素时会出现专一的缺素症状，且只有补充该元素之后症状才会消失。第三，这种元素的功能必须是直接的，而不是通过改变植物的生长条件或其他元素的有效性所产生的间接效应。因此，对于某一种元素来说，只有完全符合上述三条标准才能称为植物必需元素。不然，即使该元素能改善植物的生长状况，也不能列为必需元素。

（二）植物必需元素的确定方法

要确定某种元素是否为植物所必需，最好的办法就是采用溶液培养法（简称水培法）或砂培法。水培法（solution culture 或 hydroponics）就是把植物生长所需的各种元素按一定的比例，适宜的 pH 配制成溶液，用以培养植物的方法；而砂培法（sand culture）则是以洁净的石英砂或细玻璃球代替土壤，再加入上述营养液培养植物的方法。利用这两种方法研究植物是否绝对需要某种元素，必须严格控制化学试剂的纯度和营养液的元素组成，有目的地提供或缺少某一种元素，然后按照上述三条标准进行对照检查，即可确认该种元素是否为植物必需。

进行水培时首先要选择合适的培养液。其次，应定期更换培养液，调节 pH。再次，要提供足够的 O_2。此外，还要注意根系避光，采用不透光的培养容器。目前，已采用溶液流动培养、营养液膜培养、气培法和间歇水培法（图 2-1），培养液中各有效成分的离子浓度，pH 等都由计算机控制的自动测控系统自动调节，大大提高了溶液培养的精度。至今溶液培养已不单单用于研究植物必需元素的生理功能和观察缺乏症，而且已成为一种切实可行的工厂化农业手段，广泛用于大棚蔬菜、花卉甚至粮食生产。专供大棚等生产性培养蔬菜、花卉等用的混合配方已有专著论述，并已工厂化生产。

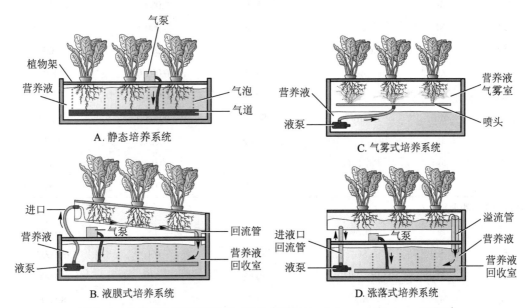

图 2-1　几种植物溶液培养的示意图（引自 Epstein and Bloom，2005）

（三）植物必需元素的种类

迄今已被确认的有 19 种元素，包括碳（carbon，C）、氢（hydrogen，H）、氧（oxygen，O）、氮（nitrogen，N）、磷（phosphorous，P）、钾（potassium，K）、钙（calcium，Ca）、镁（magnesium，Mg）、硫（sulfur，S）、硅（silicon，Si）铁（iron，Fe）、锰（manganese，Mn）、硼（boron，B）、锌（zinc，Zn）、铜（copper，Cu）、钼（molybdenum，Mo）、氯（chlorine，Cl）、镍（nickel，Ni）和钠（sodium，Na）。植物必需元素根据其在植物体内含量多少可进一步分为大量元素和微量元素两大类。大量元素（major element 或 macroelement）是指植物需要量较大的元素，在植物体内含量较高，占干重的 0.1% 以上，它们是 C、H、O、N、P、K、Ca、Mg 和 S 等。微量元素（trace element 或 microelement）是指植物需要量较少的元素，它们是 Fe、Mn、B、Zn、Cu、Mo、Cl 和 Ni 等，在植物体中含量相对较低，常占干重的 0.01% 以下（表 2-2）。

此外，还有一些元素仅为某些植物必需，如铝（aluminium，Al）对茶树，这些元素称为有益元素。

三、植物必需元素的生理功能及其缺乏症

必需元素在植物体内的一般生理作用可归纳为 4 个方面：一是细胞结构物质的组成成分；二是生命活动的调节者，参与氧化还原反应和酶活性的调节；三是参与电化学平衡及渗透调节；四是参与能量贮存与物质代谢及运输。

表 2-2 高等植物的必需元素及其在组织中的含量

元素	化学符号	植物利用的形式	相对原子质量 (A_r)	在干组织中的含量 /%	与钼相比较的相对原子数
来自土壤中的微量元素					
钼	Mo	MoO_4^{2-}	95.95	0.000 1	1
镍	Ni	Ni^{2+}	58.69	0.000 1	2
铜	Cu	Cu^{2+}, Cu^+	63.54	0.000 6	100
锌	Zn	Zn^{2+}	65.38	0.002 0	300
钠	Na	Na^+	22.99	0.001 0	400
锰	Mn	Mn^{2+}	54.94	0.005 0	1 000
硼	B	BO_2^{3+}, $B_4O_7^{2-}$	10.82	0.0020	2 000
铁	Fe	Fe^{2+}, Fe^{3+}	55.85	0.010	2 000
氯	Cl	Cl^-	35.46	0.010	3 000
来自土壤中的大量元素					
硅	Si	H_4SiO_4	28.09	0.1	30 000
硫	S	SO_4^{2-}	32.07	0.1	30 000
磷	P	$H_2PO_4^-$, HPO_4^{2-}	30.98	0.2	60 000
镁	Mg	Mg^{2+}	24.32	0.2	80 000
钙	Ca	Ca^{2+}	40.08	0.5	125 000
钾	K	K^+	39.10	1.0	250 000
氮	N	NO_3^-, NH_4^+	14.01	1.5	1 000 000
来自水或二氧化碳中的大量元素					
氧	O	O_2, H_2O	16.00	45	30 000 000
碳	C	CO_2	12.01	45	40 000 000
氢	H	H_2O	1.01	6	60 000 000

（一）大量元素的生理功能及缺乏症

在大量元素中，碳元素是所有植物的生命基础。首先，植物干物质中 90% 是有机化合物，而有机化合物中 C 约占 45%，因而使碳素成为植物体内含量最多的元素之一；其次，C 原子是组成一切有机化合物的骨架，并与其他元素具有各种各样的结合方式，因而决定了有机化合物的多样性。C 主要来自大气 CO_2，而 H 和 O 主要来自环境中的 H_2O，一般不会缺乏。此外三者作为体内有机物的基本组成，不单独在植物体内发生生理作用，因此，不在营养元素中进行讨论。

在大量元素中，植物对 N、P、K 三种元素的需要量较大，为了保证作物获得高产，经常需要人为地向土壤补充，即所谓施肥。因此，把 N、P、K 三种元素称为肥料的"三要素"。

1. 氮（N）。一般植物体内含 N 量为干重的 0.3% ~ 5%。含 N 量的多少与植物种类、器官、生育期和营养水平等有关。植物吸收的氮素以无机氮为主，即硝态氮（NO_3^-）和铵态氮（NH$_4^+$ 或 NH$_3$）；植物也可吸收尿素、氨基酸等有机氮化合物。

氨是 N 吸收的优先形式，因为氨同化比硝酸盐同化需要的能量少。N 同化的第一步是将硝酸盐还原为铵，再将铵同化为氨基酸。质膜中的特异性转运体可通过根细胞吸收这些离子，高等植物基因组有两个氨转运蛋白家族，即 AMT1 和 AMT2。最早确定的 AMT1，是拟南芥中的高亲和力 NH$_4^+$ 转运蛋白，目前在水稻、番茄、油菜、小麦等植物中均发现 AMT 转运蛋白。有的成组成型表达，有的由缺 N 氮诱导表达，有的还与逆境条件有关（Filiz and Akbudak，2020）。有研究表明，旱地植物水培时使用单一铵态氮会发生 NH$_4^+$ 中毒。

植物硝酸盐的吸收是通过根系细胞质膜中特定的硝酸盐转运蛋白实现的，它属于肽转运蛋白家族（PTR）又名质子依赖性寡肽转运蛋白系列（POT），有低亲和（$K_m \approx \mu mol \cdot L^{-1}$）的 NRT1/PTR 和高亲和（$K_m \approx mmol \cdot L^{-1}$）的 NRT2 两基因家族。它们使用质子电化学梯度来驱动底物摄取进入细胞，转运体通过位于中心的结合位点重新定向到膜的任一侧，以摄取和释放底物。拟南芥硝酸盐转运蛋白 AtNRT1.1 有两个硝酸盐 K_m 值，在硝酸盐有效性高（> 1 mmol·L^{-1}）条件下，NRT1.1 表现为低亲和力转运体特性；当硝酸盐水平降至 1 mmol·L^{-1} 以下时，NRT1.1 转换为高亲和力模式。这种调节机制允许在表达专用高亲和力 NRT2 转运体家族之前快速适应硝酸盐水平的变化（Parker and Newstea，2014）。NRT1.1 位于根部吸收细胞的质膜上，其吸收过程是在膜外侧吸收硝酸盐，通过变构把硝酸盐转运至膜内侧释放（图 2-2）。

N 被称作为生命元素，其功能首先是植物体内许多重要化合物的组成元素。核酸、蛋白质和酶、磷脂、叶绿素、光敏色素、植物激素（如 IAA、CTK）、维生素（如 B$_1$、B$_2$、B$_3$、B$_6$、B$_{12}$、PP）、生物碱（如烟碱、黄碱、可可碱、咖啡碱、吗啡、奎宁等）等都含有

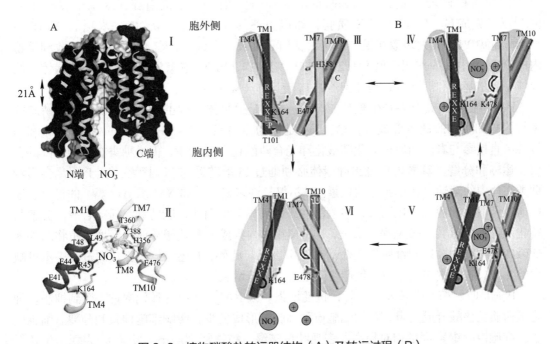

图 2-2 植物硝酸盐转运器结构（A）及转运过程（B）

Ⅰ 和 Ⅱ. 拟南芥 NRT1.1 的空间结构；Ⅲ. 膜外侧开放接受 NO$_3^-$ 状态；Ⅳ 和 Ⅴ. 接受 NO$_3^-$ 后发生结构变化；

Ⅵ. 进一步发生结构变化，在内侧释放 NO$_3^-$

N；其次，N 参与物质和能量的代谢，组成高能三磷酸化合物（ATP、UTP、GTP、CTP、ADP 等）、辅酶 [CoA、CoQ、NAD(P)、FAD、FMN 等] 和铁卟啉等。上述物质有的构成生物膜、细胞质和细胞核等结构物质，有的参与和调节植物体内的代谢活动，控制植物的生命活动过程。

N 充足时枝叶繁茂，叶色浓绿，生长健壮，籽粒饱满。N 不足时蛋白质形成减少，细胞小而壁厚，特别是植物细胞分裂及伸长受阻，发育停滞，导致植株矮小、直立、瘦弱，分枝或分蘖少或无；叶绿素合成受阻，老叶失绿发黄，导致全株色较淡，但一般无斑点。有些植物由于糖类积累导致花色苷含量上升，可发现叶或茎部发红（或紫红）。由于 N 在植物体内有高度的移动性，老叶中含 N 化合物如叶绿素、蛋白质等分解后的 N 可转移到幼叶，在幼叶中合成新的含 N 化合物，使缺 N 症状从基部老叶开始向上扩展，表现老叶易早衰、脱落。缺 N 作物根系通常细长而老黄，根的总量减少（但拟南芥缺 N 表现根系缩短）。叶、果实、种子少而小，开花、结实提早。

N 过多时会促进植物体内氨基酸、蛋白质和叶绿素的大量合成，导致叶色深绿、叶片披散、茎叶徒长，易受病虫危害和倒伏，表现贪青迟熟。叶菜类蔬菜氮过量时，导致体内亚硝酸盐累积影响品质，并威胁人类健康。

2. 磷（P）。一般植物体内含 P 为植物干重的 0.1% ~ 0.5%，含 P 的多少也与植物种类、生育期、器官、生长环境等有关。植物以无机磷酸盐的形式吸收，其中 $H_2PO_4^-$ 最易吸收，HPO_4^{2-} 次之，PO_4^{3-} 最难吸收。环境 pH 制约着这 3 种离子存在的数量，pH 低时以 $H_2PO_4^-$ 居多，pH 高时以 HPO_4^{2-} 为主。植物也可吸收偏磷酸盐（PO_3^-）和焦磷酸盐（$P_2O_7^{4-}$），它们被吸收后能很快转化为磷酸盐供植物同化利用。种子中 P 以植素（phytin）的形式存在，萌发时在植素酶作用下分解出磷酸，供幼苗生长用。植物根系无机磷（Pi）的吸收依赖无机磷转运蛋白（phosphate transporter，PHT），在拟南芥、水稻中发现了其多个亚家族成员。PHT1 定位于质膜，如拟南芥的 AtPHT1；1/4/5/8/9、水稻的 OsPHT1；1/2/4/6/8/9/10/11/13 大多数在根中表达，受到 P 饥饿的上调，并在土壤中的 Pi 吸收和植物内的 Pi 转运中发挥作用，而 PHT2、PHT3 和 PHT4、PHT5 亚家族分别定位于叶绿体、线粒体、高尔基体和液泡等，是细胞器的 Pi 转运体（Wang et al.，2021）。

P 在植物体内具有多种生理功能。第一，P 是植物体结构主要成分，如核酸和磷脂等是细胞核和生物膜的重要成分；第二，P 是植物体内能量（AMP、ADP、ATP）转化和信号转导直接参与者。如通过氧化磷酸化和光合磷酸化合成 ATP，促进糖类在植物体内的合成、运输和分解。磷酸丙糖进出叶绿体必须通过 Pi 运转器与 Pi 对等交换，P 不足会影响糖类在体内的运输，造成花色素积累。P 不仅是许多辅酶（如 NAD/NADP 等）的组分、还可通过磷酸化和脱磷酸化调节许多酶活性，因而参与蛋白质、脂肪和淀粉的合成、分解与转化及许多信号转导等过程。第三，P 在植物体内组成磷酸盐缓冲体系，增加植物对外界酸碱的缓冲能力，以利细胞的生命活动正常进行。此外，P 还是体内氮代谢过程中不可缺少的元素，它促进固氮作用，生产实际中有 "以磷增氮" 措施。

P 充足时，植物生长发育良好，抗性增强。缺 P 时，体内各种代谢过程受到抑制。细胞蛋白质及核酸合成受阻，新的细胞质和细胞核形成较少，影响细胞伸长和分裂。细胞变小，细胞内叶绿素含量相对提高，表观叶色暗绿，植株特别矮小（发僵）。表现出生长迟缓，发育受阻。植株瘦弱、直立、分蘖分枝少、根系发育不良；花、果实、种子都减少，开花结实延迟，产量低，抗性减弱等。缺 P 土壤栽种玉米，因其雌蕊生长慢，影响受精，常引起"秃顶"现象；体内糖运输受阻，在叶片、叶鞘和茎等部位，可见花色素苷积累。缺 P 引起多种植物的茎叶上出现（紫）红色，症状从老叶开始。

P 过多会产生中毒现象。它使植物呼吸作用过于旺盛，消耗大量的糖类。导致禾谷类作物无效分蘖增加，表现为丛生，繁殖器官过早发育，茎叶生长受到抑制，引起植株早衰，空秕率增加。P 过多还会导致植株缺 Zn 和 Fe 等元素。

3. 钾（K）。一般植物体内 K 的含量为干重的 1%～5%，K 以 K^+ 的形式被植物根系吸收。与 N 和 P 等营养元素不同的是，K 不是植物体内有机物的成分，是以离子形式存在植物体内，或游离或被吸附于原生质表面。因 K^+ 在植株体内易移动，体内的再利用率较高，因此，K^+ 相对集中分布在芽、根尖等代谢旺盛部位。

植物通过钾离子通道 / 转运体从外界吸收 K^+。这些通道 / 转运体，包括 Shaker（最早以果蝇抖腿突变体命名）内流（inword recitifying）、弱内流和外流 K^+ 通道，以及 Ca^{2+} 激活的外流 K^+ 通道（K^+ channel Ca^{2+}-activatived，outward recitifying，KCO）家属。植物中的高亲和钾转运体（high affinity K^+ transporter，HKT）属于鲨鱼型通道，包括同时存在于单子叶植物和双子叶植物中的 HKT1，和只存在单子叶植物中的 HKT2。HKT 对 K^+ 浓度敏感，在大多数环境条件下由控制质膜对 K^+ 传导的电压门控通道组成，以及 HKT K^+/Na^+ 转运蛋白家族。拟南芥钾离子通道（AKT1）是介导拟南芥根细胞从土壤中吸收钾离子的重要通道，其活性由丝氨酸 / 苏氨酸蛋白激酶（CIPK23）以及 B 样钙调磷酸酶（CBL1/9）信号通路磷酸化激活。AKT1 还可以与 α 亚基 AtKC1 形成异源四聚体抑制通道的钾离子转运活性，防止钾离子的渗漏。近期研究已揭示了拟南芥根细胞中 AKT1 吸收钾离子的分子机制及处于不同活性状态下的构象差异、不同构象的状态之间转换的分子机制（Lu et al.，2022）。

K 的生理功能首先是调节水分代谢。细胞和组织水的获取通常与其对 K^+ 的吸收密切相关，它是细胞中渗透势的主要调节者。在根内，K^+ 从薄壁细胞吸入导管，降低根木质部导管水势，从而使水分通过蒸腾流从根部导管沿水势梯度向上运输。K^+ 影响气孔运动，从而调节蒸腾作用。其次，K^+ 是许多酶的激活剂。K^+ 可作为 60 多种酶的激活剂，包括合成酶类：如谷胱甘肽合成酶、琥珀酰 CoA 合成酶、淀粉合成酶；氧化还原酶类：如琥珀酸脱氢酶、苹果酸脱氢酶、甘油脱氢酶；转移酶类：如果糖激酶、丙酮酸激酶、腺苷激酶、磷酸果糖激酶、肽基转移酶等，因而在糖类与蛋白质代谢以及呼吸作用中具有重要功能。K^+ 活化的酶达到最大活性时通常所需 K^+ 浓度为 50～100 mmol·L^{-1}。第三，K^+ 参与细胞能量代谢。它是氧化磷酸化过程中的一些关键酶，如磷酸果糖激酶和丙酮酸激酶的激活剂，还在光合磷酸化中作为 H^+ 的反向离子，使 H^+ 从叶绿体间质向类囊体转移，促进光合磷酸化。第四，K^+ 参与光合产物运输。它在韧皮部糖装入过程作为 H^+ 的反向离子，促进糖和质子共运输；减少可溶性糖和游离氨基酸含量，降低病虫害。此外，K^+ 能提高植物抗逆性。包括抗寒、抗旱、抗盐、抗碱、抗酸及抗病虫等。K^+ 还促进固氮作用和硝态氮还原，提高 N 的吸收和利用，促进淀粉、蛋白质和脂肪的合成。

K 充足时，糖类合成加强，纤维素和木质素含量高，茎秆坚韧，抗倒伏。K 不足时，植株较矮小，叶片起初呈暗绿色，根系活力差，易发生腐烂。植株茎秆柔弱，易倒伏。K^+ 在植物体内较易移动，缺 K 症状先在老叶出现。K^+ 由叶脉向叶尖或叶缘输送，缺 K 时靠近叶脉附近的叶肉细胞 K^+ 含量明显高于叶缘附近。由于叶尖或叶缘 K^+ 含量低，其持水力下降，导致失水变黄，进而变褐、焦枯，俗称"火烧状"；双子植物叶大豆、棉花等由于叶片中间部分能继续生长，而叶缘生长较慢，叶片常向上拱起，俗称"杯状叶"。叶片上的斑点或斑块逐步增加，但叶的中脉或靠近叶脉附近还保持绿色，随着缺钾程度的加剧，整个叶片变成红棕色或干枯状。缺 K 常导致叶片有褐色斑点，可能与 NH_3 中毒或蛋白质水解，导致胺积累毒害有关。

4. 钙（Ca）。一般植物含 Ca 量占干物质质量的 0.5%~3%，但在老叶，特别是在喜 Ca 植物中，Ca 含量可高达 10%。豆科植物、甜菜、莴苣、番茄和甘蓝需 Ca 较多，而禾谷类作物、马铃薯等需 Ca 较少。从单个细胞看，Ca 主要富集于细胞壁，特别是集中在细胞壁的中胶层与果胶中的羧基结合，细胞内各细胞器中 Ca^{2+} 的浓度均处于低、恒、稳的状态（一般只有 $10^{-8}~10^{-6}$ mol·L^{-1}），而质外体则可达 10^{-3} mol·L^{-1} 或以上。细胞器（内质网、液泡）中的 Ca^{2+} 可出现连续交替充满和放空的现象，这也称为细胞内 Ca^{2+} 振荡（Ca^{2+} oscillation）。当内质网中 Ca^{2+} 放空时，Ca^{2+} 从原生质体进入内质网；相反，则从内质网释放到原生质体。植物细胞就是通过振荡将外界信号传递到各细胞器，从而启动一系列的生理生化反应。植物以离子形式吸收 Ca^{2+}。植物体内的钙有三种存在形式：离子形式、盐的形式（草酸钙、碳酸钙或磷酸钙等）以及有机物结合的形式（与羧基、羟基、磷酰基和酚羟基等结合）。

Ca 的生理功能，第一是细胞某些结构的组分。Ca 与果胶酸形成果胶酸钙，起到稳定细胞壁结构的作用；作为磷脂中磷酸与蛋白质羧基联结的桥梁，对生物膜结构具有稳定作用，能增强膜选择吸收养分的能力；它还参与染色体的组成并保持其稳定性。第二，Ca 行使第二信使功能，它与钙调蛋白（CaM）结合成 Ca^{2+}-CaM 系统。CaM 是由 150 个左右氨基酸组成的单链蛋白质，它与 Ca^{2+} 结合后构型发生变化而成为一些酶类必不可少的激活剂。由 Ca^{2+}-CaM 激活的酶类很多，如催化作为第二信使的 cAMP 的合成与分解的腺苷环化酶、磷酸二酯酶、磷酸激酶、蛋白质磷酸激酶、蛋白质去磷酸化酶等，还有起钙泵作用的 Ca^{2+}-ATP 酶，可能调节 DNA 的生物合成等。第三，Ca 是某些酶类（如 ATP 水解酶、琥珀酸脱氢酶等）的活化剂和光合作用放氧复合体的组分。第四，Ca 还有解毒、贮藏和提高抗性等功能，如在液泡中 Ca^{2+} 常与草酸形成草酸钙结晶，避免草酸的伤害；Ca 与 P 和 Mg 形成植酸钙镁存在种子中，供萌发时需用；Ca 能降低原生质的水合度，提高植物适应干旱与干热的能力。

Ca 是植物体内最难移动的元素。缺 Ca 时，首先是茎与根的生长点及幼叶表现出症状。生长点死亡、植株呈簇生状；缺 Ca 植株的叶尖与叶缘变黄，幼叶有缺刻状，枯焦坏死，植株早衰，结实少甚至不结实。甘蓝、莴苣和草莓等会出现"叶焦病"（嫩叶边缘呈烧灼状），大白菜出现"干心病"，番茄、辣椒、西瓜等"脐腐病"等都是缺 Ca 的典型症状。

5. 镁（Mg）。一般植物含 Mg 量为干物质质量的 0.05%~0.7%，叶片 Mg 的含量一般为 0.2%~0.25%，低于 0.2% 时则可能缺 Mg。各种作物对 Mg 的需求不同，一般大田作物中，块根类作物大于豆科作物，大于禾谷类作物；蔬菜作物中，果菜类和根菜类大于叶菜类。Mg 以离子（Mg^{2+}）形式被植物吸收，Mg^{2+} 的吸收较易受元素间拮抗作用的影响，如 NH_4^+ 和 K^+ 可明显影响 Mg^{2+} 的吸收，植物体内镁主要以 Mg^{2+} 或与有机物结合的形式存在。

Mg 的功能首先是参与光合作用。Mg 是叶绿素的成分，存在于叶绿素分子结构的卟啉环中心，Mg 在光能的吸收、传递、转换过程中起重要作用；Mg^{2+} 与 K^+ 一起作为 H^+ 的反离子促进光合磷酸化；Mg^{2+} 是光合作用固定 CO_2 的 RuBP 羧化酶活化剂，促进光合碳循环的运转。因此，缺 Mg 时，光合作用受阻。其次，Mg 是许多酶的激活剂或组分，尤其是转移磷酸基酶类的活化剂。这是因为 Mg 能在 ADP 或 ATP 的焦磷酸与酶蛋白之间形成 Mg 桥，有利于 ATP 或 ADP 中高能键的转移，促进磷酸化作用。由 Mg 所活化的酶类关系到糖类、脂类、蛋白质、核酸等的物质代谢与能量转化。此外，镁能促使核糖体大小亚基间的结合，有利于蛋白质合成；镁还是种子内植酸钙镁的组分。

在植株中 Mg 是较易移动的元素。因此，缺 Mg 症状往往先在老叶出现。Mg 不足，表现为脉间失绿，即两叶脉间逐步由淡绿转为黄褐或白色，但叶脉仍保持绿色。常可见明显的绿色网状脉（双子叶植物）和条状脉（单子叶植物），叶脉有时呈紫红色；严重缺 Mg，会形成大片坏死斑块。

6. 硫（S）。植物含 S 量一般为干重的 0.1% ~ 0.5%，平均为 0.25%。十字花科、百合科、豆科等作物需 S 较多，而禾本科作物需 S 较少。植物所需的 S 来自土壤中的 SO_4^{2-}，或是大气中的 SO_2。此外，根系和叶子还可以吸收极少量的 S^{2-}，SO_3^{2-} 和含 S 的有机化合物。根系吸收的 SO_4^{2-} 主要随蒸腾流通过木质部向叶部输送，以后在叶部的叶绿体中同化。植物吸收 SO_4^{2-} 后，要先经过三步还原过程，即活化 SO_4^{2-}、将 SO_4^{2-} 还原为 S^{2-} 和将 S^{2-} 合成半胱氨酸之后，才能同化形成含 S 的氨基酸。在供 S 充分的条件下，硫在各个器官中的分布比较均匀。

S 的生理功能。一是植物体重要物质的组成成分。如含 S 氨基酸（半胱氨酸、胱氨酸和蛋氨酸）和硫脂的组分，它们分别是蛋白质和生物膜的组分，也是叶绿体膜的重要结构物质。缺硫时，蛋白质和叶绿体膜脂下降，叶绿素不能结合到膜上导致叶片失绿。二是 S 参与各种生化反应。S 作为辅酶 A（CoA）的组分而参与物质（糖与脂肪）代谢和能量代谢；作为铁氧还蛋白、硫氧还蛋白与固氮酶（酸性可变硫原子）的组分能够传递电子，因而在光合、固氮、硝态氮还原过程中发挥作用。硫氢基（—SH）是某些酶类的活性中心，另一方面由于 2 个—SH 与二硫基（—S—S—）可相互转化，参与氧化还原反应，稳定蛋白质空间结构等。S 作为谷胱甘肽和维生素 B$_1$ 的成分调节体内氧化还原平衡，参与消解氧化胁迫反应。

S 缺乏症表现为细胞分裂受阻，植株生长矮小，新叶均一失绿，直到黄白色，易脱落；茎细僵直，分蘖分枝少。外观症状与缺 N 相似，但由于 S 在体内移动性较差，缺硫症状先出现在幼叶。供 S 过多对植物产生毒害作用，叶片常呈暗绿色，植株生长缓慢。植物可通过释放 H_2S 来调节自身的硫素营养。植物释放 H_2S 不仅是在过多的 SO_2、SO_3^{2-}、SO_4^{2-} 环境中发生，而且在贮藏蛋白中富含 S 的种子萌发时或在种子成熟过程中含 S 少的蛋白质合成时，也均有 H_2S 的释放。

7. 硅（Si）。Si 被认为是至今最后一个被确认的大量必需元素，但也有人认为仍是有益元素。禾谷类作物，特别是水稻生长所必需。按体内含 Si 量可将植物分为三大组：莎草科中的一些植物和禾本科的湿生种，如水稻，含 Si 量可高达 10% ~ 15%；禾本科的旱生种及几种双子叶植物，含 Si 量在 1% ~ 3%；大部分双子叶植物，含 Si 量较低，如豆科植物 < 0.5%。Si 是细胞壁成分之一，它与硅藻酸或果胶酸共价结合，增加机械强度，Si 化细胞有利光能透过进入绿色细胞，加之使叶片挺直，改善受光姿态，促进光合作用。Si 增加角质层厚度减少水分蒸腾，利于经济用水。Si 还能降低转化酶、过氧化物酶、多酚氧化酶、磷酸酶等活性，促进蔗糖合成。Si 提高抗病虫能力，可能与角质层厚、机械强度大有关。

21 世纪初 Ma 等（2007）从低 Si 含量的水稻突变体中发现控制 Si 从溶液进入细胞和

从木质部薄壁细胞输出至导管的转运子 *Lsi1*，目前已解析了 Lsi1 的晶体蛋白结构（Saitoh et al.，2021）。Lsi1 属于水通道蛋白中的类球蛋白亚家族，对硅酸具有高选择性，不同于其他水通道蛋白的跨膜螺旋方向，其特点是由五个氨基酸残基组成的独特的、广泛开放的亲水选择性过滤器。蛋白晶体结构如图 2-3，从细胞膜外侧观表明其是呈钻石形对称的 4 聚体（A），每个单体由 6 个跨膜螺旋（TM1~TM6）和两个半跨膜螺旋（HE，HB）组成（B），跨膜螺旋间有大量亲水基因是 Si 通过部位（C）。

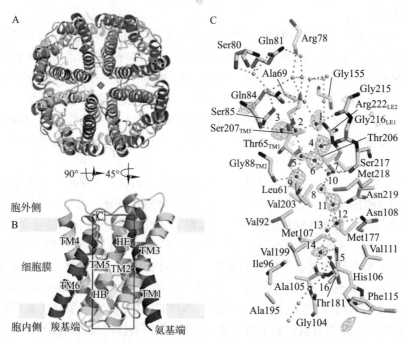

图 2-3 水稻硅通道蛋白（Lsi1）的晶体结构（Saitoh et al.，2021）

A. 呈钻石形对称的 4 聚体；B. 单体结构；C. 单体中 C 区域的通道亲水氨基酸组成

（二）微量元素的生理功能及缺乏症

1. 铁（Fe）。植物体内全铁含量为 $25 \sim 500$ mg·kg^{-1}。一般而言，植物体中 80% 左右的 Fe 存在于迅速生长叶片的叶绿体中。Fe 在土壤中的含量很高，可高达 5%，但主要是矿物成分或不溶性 Fe 的氧化物形式，在好气条件下溶解度极低（pH 7 时，Fe^{3+} 的溶解度仅为 10^{-17} mol·L^{-1}），而植物正常生长所需的土壤溶液中的 Fe 浓度为 $10^{-7} \sim 10^{-5}$ mol·L^{-1}。因此，在石灰性或碱性土壤上，土壤中的可溶性 Fe 往往不能满足植物的正常生长所需。有研究表明，植物对 Fe 的吸收有两种机制（strategy）。即机制 I 存在于双子叶植物或非禾本科植物的单子叶植物，主要通过根系细胞质膜上缺 Fe 诱导的 Fe^{3+} 还原酶将 Fe^{3+} 还原为 Fe^{2+}，然后再通过质膜上特异的 Fe^{2+} 转运子将 Fe^{2+} 转运进入体内，此外，这类植物还可同时通过质子和小分子有机质（有机酸和酚类化合物等）来提高土壤中 Fe 的溶解度，促进植物对 Fe 的吸收；机制 II 存在于禾本科植物，主要通过分泌植物 Fe^{3+} 载体（phytosiderophore，PS）螯合土壤中的 Fe^{3+} 形成 Fe^{3+}-PS 螯合物，并与细胞质膜上的专一性受体（specific receptor，SR）结合成为 Fe^{3+}-PS-SR 复合物后，再通过质膜上专一性的转运子运输进入膜内并将 Fe^{3+} 释放，完成吸收过程。但水稻吸收铁兼具以上这两种机制。

Fe^{2+} 和 Fe^{3+} 的变价是其参与体内多种氧化还原反应的基础，Fe 在植物体内有多种生理功能。第一，Fe 是许多酶的辅基。在呼吸和光合作用中发挥重要功能，如 Fe 能与卟啉结合成 Fe 卟啉，成为细胞色素氧化酶，抗氰氧化酶，过氧化物（氢）酶、超氧化物歧化酶（Fe-SOD）等成分；Fe 还是琥珀酸脱氢酶、NADH 脱氢酶、丙酮酸脱氢酶、乌头酸酶和黄嘌呤氧化酶等多种氧化还原酶的组分，起着连接酶和底物的桥梁作用。第二，Fe 多方面参与光合作用。它是叶绿素合成所必需，叶绿素的前体 δ-氨基酮戊酸（δ-aminolevulinic acid，ALA）的合成和合成速率均受铁的控制；铁又是细胞色素、Fe-S 中心、Fd 等的成分组成光合链，参与光合电子传递过程。研究表明光系统 I（PS I）的活性比光系统 II（PS II）受缺铁影响更为严重，重新供铁时对 PS I 活性的恢复也比 PS II 快。第三，Fe 参与氮代谢。它作为固氮酶中 Fe 蛋白和 Fe 钼蛋白的成分，作为硝酸及亚硝酸还原酶等组分参与生物固氮及硝酸还原。

铁在植物体内不易移动，缺铁时首先表现为幼叶"脉间失绿"，但叶脉仍为绿色。严重时整片新叶变为黄白甚至灰白；叶薄而柔软，表面光滑、表皮毛少。在石灰性土壤和施 P 过多时易导致缺 Fe，在强还原性或强酸性土壤中易发生 Fe^{2+} 中毒。

2. 铜（Cu）。一般植物体内 Cu 含量为 $2\sim20$ mg·kg^{-1}。土壤供 Cu 充足时，植株体内的 Cu 较易从叶片向繁殖器官或贮藏器官转移，如小麦成熟时叶中的 Cu 有 60% 转移到籽粒中；但在缺 Cu 时，其在体内的转移是较难的。Cu^+ 以 Cu^{2+} 形式为植物吸收，Cu^+ 和 Cu^{2+} 的变价是其参与氧化还原反应的基础。一般情况下，植物体内 50% 以上的 Cu 以质蓝素（PC）的形成存在于叶绿体中。Cu 的生理功能首先是体内多种 Cu 蛋白的组分。如 PC 参与光合电子传递，细胞色素氧化酶参与呼吸电子传递。缺铜时通常叶片中的糖酵解照常进行，消耗了糖类和淀粉，使叶片中的淀粉含量降低。也是抗氧化体系中多种酶的成分。如抗坏血酸氧化酶，由于其对体内铜营养状况特别敏感，可作为缺 Cu 的指示指标；多酚氧化酶成分，缺 Cu 时活性下降，从而间接推迟植物开花和成熟期。Cu-Zn SOD 的组分，参与消除生物体内超氧阴离子自由基（O_2^-）的作用。其次，Cu 影响细胞壁的形成。由于影响木质化过程，缺 Cu 时细胞壁纤维素含量增加而木质素含量下降；影响花粉的形成和受精作用，从而造成减产。

在土壤 Cu 含量低或有机质含量高的土壤上生长的植物容易缺 Cu。缺铜植株生长僵化、新叶畸形、顶尖分生组织坏死、幼叶褪色（白尖病）等。在柑橘中常见缺 Cu 症状是叶暗绿而扭曲，渐呈现脉间失绿及坏死，树皮、果皮粗糙，而后裂开，引起树胶外流。禾谷类作物缺 Cu 时叶细而扭曲，叶尖变白，节间生长受抑制，严重缺乏时花序及穗都不能正常形成。蚕豆缺 Cu，花瓣上黑色"豆眼"褪色。Cu 过多时一般会出现失绿症，根系生长受阻，侧根和根毛较少。

3. 锌（Zn）。一般植物含锌量为 $10\sim100$ mg·kg^{-1}。Zn 主要以 Zn^{2+} 被植物吸收，在根系的细胞质膜上存在有两种亲和力不同的 Zn 转运子，负责在不同外界锌浓度水平下对锌的吸收。Zn 的主要生理功能是一些酶的成分和活化剂。如 Zn 是色氨酸合成酶（tryptophan synthetase）的组分，能催化丝氨酸与吲哚形成色氨酸。而色氨酸又是生长素（IAA）合成的前体。所以，缺锌时 IAA 合成前体色氨酸含量降低。Zn 是碳酸酐酶的组分，催化 CO_2 的水合作用。其反应速率很快，每秒钟可使 6×10^5 CO_2 分子发生水合作用。该酶存在于叶绿体内，与光合作用的 CO_2 供应有关。Zn 也是植物体内 Cu-Zn SOD 的组分，参与植物抗氧化胁迫反应。Zn 还是羧肽酶等十多种酶类的辅基，多种脱氢酶、激酶的活化剂；通过维持酶蛋白的结构，使酶蛋白与辅基或底物结合，提高反应速率。此外，Zn 对 DNA 复制、RNA 转录和基因的表达调控都具有十分重要的作用。Zn 是一些转录调节蛋白的重要结构单元，如锌指结构（Zn finger），锌簇（Zn cluster）和环指结构（ring finger）的组成分。缺 Zn 导致 RNA 转录受阻，RNA 酶活性提高，RNA 降解加快，造成氨基酸含量较高而蛋白质含量较低。

缺 Zn 时体内 IAA 合成受阻，表现为植株矮小，节间缩短，叶片扩展和伸长受抑制，出现小叶，叶缘常呈扭曲和褶皱状。中脉附近首先失绿，并出现褐斑，组织坏死。一般症状先在新生组织出现，新叶失绿（呈灰绿或黄白色）。生长发育推迟，果实小，根系生长差。果树小叶病是缺 Zn 的典型症状，北方果园中较常见。小叶病又称斑叶病，因其叶片上有黄色斑点，叶小而脆，丛生，故又名"簇叶病"。玉米苗期缺锌，出现"白芽病"，3~5 叶期出现症状，幼叶失绿。拔节后如缺 Zn，则在叶片中脉和叶缘间出现黄白失绿条斑，甚至叶肉消失；水稻缺锌，如持续时间较长，常使植株矮化，形成"缩苗"，均影响产量。阔叶作物缺 Zn 时，较老叶脉间失绿，常有坏死斑块，叶小，节间短。

4. 锰（Mn）。一般植物含 Mn 量为 $10 \sim 300 \ mg \cdot kg^{-1}$。主要以 Mn^{2+} 形式被根系吸收，并优先运到分生组织，叶绿体中含锰较多。Mn 以多种价态存在，在生物系统中可以相互转化，Mn 主要在氧化还原系统中发挥作用。Mn 的生理功能包括：首先，锰参与光合作用。Mn 是光合放氧复合体的核心组分（Mn_4CaO_5 簇），不仅参与光合放氧，还对维持叶绿体片层结构有作用。其次，Mn 是多种酶的组分或活化剂。如 Mn-SOD、某些转移磷酸基团的酶类、多种脱氢酶、硝酸还原酶、IAA 氧化酶和某些二肽酶等。

植物缺 Mn 时，新叶"脉间失绿"发黄，但叶脉仍保持绿色。严重缺 Mn 时，叶面发生黑褐色的细小斑点，并逐步扩大至整个叶片；缺 Mn 植株瘦小，花发育不良，开花结实少，根系细弱，不发达。燕麦、甜菜、烟草、马铃薯、苹果、桃等对 Mn 很敏感。燕麦"灰斑病"，甜菜"黄斑病"都是由缺 Mn 所致。Mn 过多产生中毒症状，老叶边缘和叶尖出现许多焦枯棕褐色的小斑（醌类化合物积累），并逐步扩大。

5. 硼（B）。一般植物含 B 量为 $2 \sim 100 \ mg \cdot kg^{-1}$，通常双子叶植物含 B 量比单子叶植物高。B 主要以不解离的硼酸（H_3BO_3）形式通过水通道蛋白、硼酸通道（boric acid channel，NIP5；1）和硼酸输出体（boric acid/borate exporter，BOR）被植物吸收（Takano et al.，2008）。B 主要通过木质部向上运输，而在韧皮部的移动比较复杂，不同植物间的区别较大，根据其在韧皮部的移动性可将植物分为 B 低移动性植物和 B 高移动性植物，目前已确定梨、苹果和李属等植物是 B 移动性植物。B 在韧皮部是以 B- 多糖复合物的形式移动的，不同植物产生的 B- 多糖复合物也不同。B 在植物体内分布不均匀，以花中含量最高，又以柱头和子房最多。缺 B 时，细胞壁中 B 浓度最高。

B 的生理功能第一是其参与植物生殖过程。B 能促进花粉萌发与花粉管伸长，缺 B 时花药与花丝萎缩，绒毡层组织破坏，花粉发育不良，妨碍受精。第二，B 参与细胞壁的合成，B 在植物体内主要通过与二元醇和多元醇，特别是与顺式二元醇结合形成复合物。B 能与糖类及其衍生物和一些木质素前体中所含的顺式二元醇结构部位形成稳定的复合物，这类复合物是细胞壁半纤维素的组成成分。第三，B 参与核酸、蛋白质和糖类代谢。如 B 参与尿嘧啶的生物合成，进而影响 RNA（尤其 rRNA）与蛋白质的合成，作为尿苷二磷酸葡糖（UDPG）的前体物质之一，进一步影响糖类的代谢。B 能以硼酸的形式与游离态的糖形成带负电性的复合体，容易透过质膜，促进糖的运输，缺 B 特别影响糖向繁殖器官的运输，从而导致落蕾、落花、落果。B 还能增加作物的抗逆性（如抗寒、抗旱等），这可能是由于 B 能够促进糖类的合成和运输，提高原生质的黏滞性、降低原生质的透性，增加胶体结合水的含量；抑制酚酸（如咖啡酸、绿原酸）的形成，保护根尖与茎尖不受这类物质的伤害。

缺 B 时生长点先出现症状。根尖、茎尖、生长点停止生长，细胞壁结构异常，组织易碎、撕裂，严重时生长点萎缩死亡。侧芽、侧根大量发生，继而生长点又死亡，成簇生状。缺 B 对繁殖器官影响最为明显，表现为开花结实不正常，花粉变小、畸形，蕾、花和子房均易脱落，果实、种子不充实。严重时见蕾不见花，或见花不见果，即使有果也不见仁或秕粒多、花期长。叶片肥厚、粗糙、发皱卷曲，似凋萎状，叶柄和茎变粗、厚或开裂，枝扭曲畸形，茎基部肿胀膨大。油菜"花而不实"，大麦、小麦"穗而不实"，棉花"蕾而不花"，甜菜"心腐病"，萝卜"黑心病"和黄瓜开裂等都是典型的缺 B 症状。

6. 钼（Mo）。一般植物需 Mo 量低，为植物需要量最少的必需元素，正常植物的 Mo 含量为 $0.2 \sim 20 \text{ mg} \cdot \text{kg}^{-1}$。Mo 以 MoO_4^{2-} 和 HMO_4^- 的形式被植物吸收。Mo 的生理功能：一是参与氮代谢，是硝酸还原酶、豆科植物固氮酶钼铁蛋白和黄嘌呤氧化酶的催化和组成成分，缺 Mo 导致植物体内硝酸盐积累和固氮受阻；二是参与 P 同化，缺 Mo 使掺入磷脂和核酸中的磷减少；Mo 还能增强植物抵抗病毒的能力，如施钼使烟草对花叶病具有免疫力，使其免受病毒感染，并使患萎缩病的桑树恢复健康。

缺 Mo 时常常表现出缺 N 表型，植株生长不良，植株矮小，幼叶失绿或叶片扭曲。豆科作物缺钼时叶片褪绿，叶上有细小灰褐斑点，叶片变厚发皱，叶片向上卷曲呈"杯状"；豆科植物根瘤发育不良是缺 Mo 典型症状。

7. 氯（Cl）。Cl 是植物必需元素中唯一的一价非金属元素。植物含 Cl 量差异很大，由痕迹到百分之几或更多。以 Cl^- 形式被植物吸收，虽吸收的速度快量多，但除盐生植物外，植物对 Cl 的生理需要仅为几 $\mu g \cdot kg^{-1}$。Cl^- 参与光合作用中放氧反应，并与 H^+ 一起由间质向类囊体腔转移，起平衡电性的作用。Cl^- 作为液泡中溶质的成分，与 K^+、Na^+ 一起参与渗透调节，并与 K^+ 一起调节气孔开闭。

缺 Cl 时，植株生长缓慢，叶小，易萎蔫。番茄叶尖首先发生凋萎，接着叶片失绿，进一步变为青铜色并坏死，由局部遍及全叶，最后植株不能结实。甜菜需 Cl^- 量较多，缺 Cl 时则发生叶片脉间失绿，严重时出现镶嵌状坏死斑点。一些对 Cl 敏感的植物在外界 Cl^- 浓度过高时会发生中毒现象，如马铃薯 Cl^- 中毒时叶片变厚、卷曲，块茎中水分多而淀粉少，不耐贮藏。

8. 镍（Ni）。Ni 是 1987 年才正式确定的必需元素，以 Ni^{2+} 形式被植物吸收。Ni 在植物体内含量很低，营养器官一般含镍 $1 \sim 10 \text{ mg} \cdot \text{kg}^{-1}$。Ni 最明确的生理作用对维持脲酶的结构和功能是必需的。Ni 还能提高过氧化物酶、多酚氧化酶和抗坏血酸氧化酶的活性。Ni 能够增加植株叶片中的叶绿素和类胡萝卜素含量。低浓度镍亦可以增强萌芽种子对氧气的吸收，加速种子贮藏蛋白质的转化，促进幼苗的生长。Ni^{2+} 还可以替代某些酶中的 Cu^{2+} 或 Mg^{2+} 或 Mn^{2+}。此外，Ni 对防治禾谷类作物的锈病具有十分明显的效果。大田情况下，植物极少发生缺 Ni 症，但常易发生镍过多中毒，镍毒害浓度变动为 $0.5 \sim 300 \text{ mg} \cdot \text{L}^{-1}$。镍中毒首先表现为叶片失绿，继而在叶脉间出现褐色坏死。

9. 钠（sodium，Na）。Na 对许多 C_4 植物和 CAM 植物是必需的，可能与 Na^+ 通过活化 C_4 植物 NAD– 苹果酸酶活性和 PEP 羧激酶活性等促进光合作用有关。Na^+ 能部分代替

K⁺ 的部分生理功能，在保卫细胞中 Na^+ 参与渗透调节气孔开闭；盐生植物常常以 Na^+ 调节渗透势，促进吸水；Na^+ 有利于甜菜叶片淀粉转化为糖，促进同化物运输。Na^+ 可提高质膜 Na^+–K^+ ATP 酶活性，促进呼吸作用。但 Na 对大多数植物是有害的，根据对 Na 的生长反应和吸收能力，以及向地上部分长距离运输 Na 的能力，植物可明显区分为喜 Na（natrophilic）和嫌钠（natrophobic）二类。因此，有人认为 Na 仍是有益元素。

表 2-3 是相关症状制成的作物营养元素缺乏症检索表，以供大田诊断时参考。

表 2-3 作物部分元素缺乏症检索简表

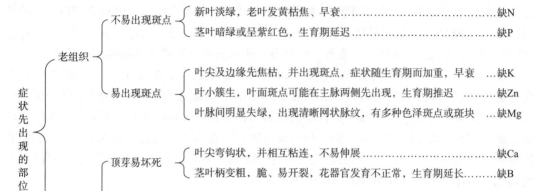

（三）有益元素

对生长有促进作用但不是必需的或只对某些植物种类、或在某些特定条件下是必需的矿质元素，通常定义为有益元素（beneficial element）。在有益元素中了解得较多的有铝（Al）、钴（Co）、钛（Ti）、钒（V）、锂（Li）、铬（Cr）、硒（Se）、碘（I）等。

1. 铝（Al）。Al 对大多数植物是有害的，但也对某些植物，特别是一些富 Al 植物有促进生长的作用。如茶树只有在可溶性 Al 存在的介质中才能良好生长，低浓度 $1 mg \cdot L^{-1}$ 以下对豌豆、菜豆、甜菜、树胶桉、栲树、杜鹃、水稻、玉米、小麦等作物生长有良好的促进作用。Al 可能是某些酶的非专一性活化剂，也是抗坏血酸氧化酶的专一性激活剂。低浓度的 Al 可增强茶树、桉树和水稻对磷的吸收和运输，但当 Al 浓度略高（$10 \mu mol \cdot L^{-1}$）时，大豆、水稻等出现 Al 中毒。表现主根伸长停止，尖端生出侧根，不久侧根伸长也停止，尖端又长侧根，如此往复，使根系呈珊瑚状，外包一层褐色膜，吸收功能下降。叶色暗绿，叶脉及茎呈紫色，叶尖或脉间失绿，后呈黄色或白色，严重时失绿部位坏死。Al 中毒首先是影响细胞壁的结构和延伸性，产生氧化胁迫，破坏细胞膜的完整性，进而影响植物对养分和水分的吸收和利用。抗 Al 植物可通过细胞外螯合和排除，使其不能进入植物细胞，通常称为外部排斥机制。包括能螯合 Al 的配体（有机酸及磷酸盐）的分泌、细胞壁对 Al 的固定、诱导产生的根际 pH 屏障、Al^{3+} 被主动输出细胞外等。Al 通过质外体进入植物细胞后，在细胞内通过一系列的措施尽可能地降低铝与敏感代谢位点的结合，使其免受伤害，这通常被称为内部忍耐机制。包括铝在运输和储存过程中与有机酸和酚类物质等的络合、将铝分室在液泡、表皮等代谢相对较弱的部位，或者诱导形成一些蛋白或改变相关酶的活性来适应铝胁迫环境。

2. 钴（Co）。Co 为豆科植物固氮所必需，参与生物固氮、核酸和蛋白质代谢，根瘤菌中已知有三种依赖于钴胺素的酶系统，钴诱导甲硫氨酸合成酶、核糖核苷酸还原酶、甲基丙二酰 –CoA 变位酶活性。Co 能提高过氧化物（氢）酶活性，参与呼吸代谢。Co 还能减少 IAA 氧化，促进 CTK 合成。

3. 钛（Ti）。Ti 可提高叶绿素含量，增强光合作用，促进希尔反应。促进固氮酶、脂肪氧合酶、果糖 –1,6– 二磷酸酶等磷酸酶活性，促进植物对 N、P、K、Ca、Mg、Mn、Fe、Cu、Zn 等吸收。

4. 钒（V）。V 可与固氮酶蛋白结合，促进固氮作用；可促进叶绿素合成和 Hill 反应从而提高光合速率；促进铁的吸收和利用，促进含钼酶的合成，促进种子萌发等。

5. 锂（Li）。Li 可激活乙酰磷酸酶，为离子主动吸收提供能量；影响膜透性，促进植物对 K、Na、Ca、Fe、Mn 等元素的吸收。Li 还可代替 Na 使盐生植物中的聚 –β– 羟基丁酸解聚酶活化。Li 还可提高叶绿体光化学活性和叶绿素含量，促进光合作用，增强植物的抗病性。

6. 铬（Cr）。Cr 能促进固氮酶和硝酸还原酶活性，增加气孔数目和开放度。Cr 也是重金属元素，过多对植物和人体有害。

7. 硒（Se）。少量的 Se 可促进植物生长，可能是 Se 可代替硫的部分作用，Se 还是谷胱甘肽过氧化酶的必要成分。

8. 碘（I）。I 为某些藻类的必需元素。已知 I 可影响呼吸作用和糖类代谢，促进光合作用。

（四）稀土元素

自 20 世纪 80 年代以来，我国农业生产中开始大面积推广应用稀土微肥，并取得可喜的效果。所谓稀土微肥，就是含有稀土元素（rare earth element）的肥料的简称。稀土元素包括性质相近的镧系元素和钇、钪，共 17 种元素。根据原子结构、理化性质及在矿物中的共生情况，可分为两组：一是轻稀土组（铈组），包括镧（La）、铈（Ce）、镨（Pr）、钕（Nd）、钷（Pm）、钐（Sm）、铕（Eu）、钆（Gd）；二是重稀土组（钇组），包括铽（Tb）、镝（Dy）、钬（Ho）、铒（Er）、铥（Tm）、镱（Yb）、镥（Lu）、钪（Sc）、钇（Y）。农业生产中应用的稀土基本上是以轻稀土组中的前 4 种元素（镧、铈、镨、钕）为主，主要是硝酸稀土 $[R(NO_3)_2]$，含稀土氧化物 38.7%。作为肥料，稀土元素与微量元素一样，具有短暂性、突发性和敏感性等特点。

就目前所知，稀土元素中的任何一种都不是作物所必需的，但对作物产量构成因素却产生良好的效应，其原因可能与稀土改善作物的营养状况，提高某些酶类的活性，促进光合作用和增强抗逆性有关。

第二节　植物细胞对矿质元素的吸收

细胞从外界环境中有选择性地吸收矿质元素是植物维持生命活动的必要条件。同位素示踪研究得知，不仅无机物质的离子能透过生物膜进入细胞质和液泡，而且分子量较大的有机物（如氨基酸、抗生素、糖等）也可通过。矿质离子由外界进入细胞的第一道屏障就是原生质膜。

生物膜对不同的物质具有不同的透性，亲脂性的非极性分子或不带电的极性小分子能以简单的扩散形式透过质膜。而极性大分子或带电离子则要借助膜上的某些蛋白，如通道蛋白、载体蛋白或泵才能通过，这种借助膜上蛋白进行物质跨膜转移的过程叫转运（transport）。如果转运是顺浓度（通常为不带电分子）或电化学势梯度（通常为离子）转运，可以不消耗生物能量而自发进行，直到达到电化学平衡，称为被动转运（passive transport）；相反，如果转运是逆浓度或电化学势梯度的，转运过程需要直接消耗能量，称为主动转运（active transport）（图 2-4）。养分离子通过根系原生质膜的转运过程习惯上也称为离子吸收（ion absorption），相应地也分被动吸收（passive absorption）和主动吸收（active absorption）两种形式。我们可以用 Nernst 方程来计算和区分主动或被动转运。

$$E(mV) = -59 \lg \frac{质膜内侧离子浓度}{质膜外侧离子浓度}$$

按此方程，在细胞内外电势为 −59 mV 时，质膜内侧一价阳离子浓度比质膜外侧高 10 倍，而一价阴离子则低 10 倍，阴、阳离子之间达到电化学平衡；而二阶离子达到电化学平衡时，两侧的浓度差可达 100 倍。表 2-4 表示了在一定的外界离子浓度下，用 Nernst 方程预测的豌豆根组织内部的浓度和实测浓度的情况。显然，所有阴离子实测浓度都远高于预测浓度，说明其依赖主动吸收；而除 K⁺ 外的其他阳离子则相反，说明它们是以被动扩散的形式进入细胞内，并且有一个主动外排的过程。K⁺ 在这种情况下与预测相近，看似被动吸收。

表 2-4 豌豆根组织中离子预测浓度和实测浓度的比较
（引自 Taiz et al., 2015）（测定膜电势为 −110 mV）

离子	外部介质中的浓度 / ($mmol \cdot L^{-1}$)	内部浓度 / ($mmol \cdot L^{-1}$)	
		预测浓度	实测浓度
K^+	1	74	75
Na^+	1	74	8
Mg^{2+}	0.25	1 340	3
Ca^{2+}	1	5 360	2
NO_3^-	2	0.027 2	28
Cl^-	1	0.013 6	7
$H_2PO_4^-$	1	0.013 6	21
SO_4^{2-}	0.25	0.000 05	19

一、被动转运

被动转运是指溶质沿电化学势梯度通过生物膜的运转过程，除了部分中性分子可以直接透过细胞膜外，通常离子跨膜过程需要借助通道蛋白或载体蛋白进行（图 2-4），且具

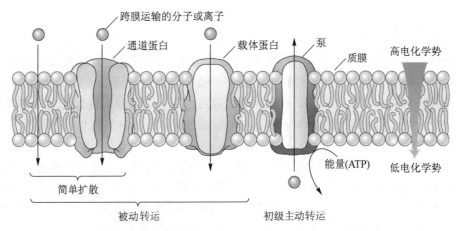

图 2-4　跨膜转运示意图（引自 Taiz et al., 2015）

专一性和饱和现象。

（一）离子通道

离子通道（ion channel）是指在生物膜上的一些贯穿磷脂双分子层的蛋白质，其分子中的多肽链以某种形式折叠成为多个跨膜螺旋结构，从而形成了一条能透过一定类型离子的通道。离子通道是转运蛋白中十分独特的一种，它能通过改变通道蛋白的物化环境来调节或控制离子流。离子通道具有两大共同特征，即离子选择性和门控特性。根据离子通道门控特性的不同，离子通道可以分为非门控离子通道（resting ion channel）和门控离子通道。后者又根据控制通道启闭的信号不同分为：

（1）电压门控离子通道（voltage-gated channel）。该通道在膜内外电压差到达一定程度时，引起通道蛋白去极化，通道被打开。

（2）配体门控离子通道（ligand-gated channel）。当配体与通道上的特异结合位点结合后，离子通道被打开。

（3）信号门控离子通道（signal-gated channel）。当某种信号刺激通道蛋白后，通道被打开等。离子通道一旦打开，离子将以极快的速度进入细胞。据报道，通道开启时，每秒钟可允许 $10^6 \sim 10^8$ 个离子通过膜。

分子生物学技术发展，特别是膜片钳（patch-clamp）技术的应用，人们对离子通道的研究也愈来愈深入。目前已证实，在原生质膜上存在有阳离子通道（如 K^+、Ca^{2+}、Na^+ 和 H^+）和阴离子通道（NO_3^-、Cl^- 和有机酸根）。离子通道的存在与离子吸收、渗透压调节及外界环境信号的传递（如 Ca^{2+} 通道）密切相关。按养分的转运方向，还可将离子通道分为内流型（inword）和外流型（outword）两大类，分别承担离子的流入和流出。

（二）载体蛋白

载体蛋白（carrier protein）是膜上存在着这样一类跨膜的蛋白，其在离子和电化学势的作用下，首先与被转运的离子相结合，引起蛋白质构型的变化，从而将离子翻转进入膜内。鉴于离子与转运蛋白结合具有较高的专一性，从而表现出细胞对离子吸收的专一性。由于这一过程涉及蛋白质构象的改变，因此，其转运离子的速度要远小于借助离子通道的转运，其通常的转运速度为每秒 100 ~ 1 000 个离子，较离子通道低 10^6 倍。借助载体蛋白完成的转运过程有时也称为协助扩散（facilitated diffusion）。

二、主动转运

主动转运（active transport）是指植物细胞需要能量的逆电化学势吸收的过程。由于能量主要来自呼吸代谢故称代谢性吸收。任何呼吸抑制剂和解偶联剂都将抑制离子主动吸收。主动吸收有如下特点：①离子逆电化学势梯度积累；②需要消耗代谢能量；③具有严格的底物专一性；④大部分符合 Michaelis-Menten 曲线的底物饱和动力学原则等。

（一）初级主动转运

初级主动转运是指直接利用能量（ATP），使被转运的离子逆电化学势梯度转运的过程。行使这一功能的蛋白称为泵（pump）（图 2-4 所示）。在植物细胞质膜上，H^+ 泵和 Ca^{2+} 泵是两类主要的泵。H^+ 泵在质膜 H^+-ATP 酶（ATPase）的作用下，产生了 H^+ 的跨膜电化学梯度。而液泡膜上的 H^+-ATPase 和 H^+-焦磷酸酶（H^+-PPase）将 H^+ 泵入液泡和高尔基体。此外，还有一类叫 ABC 转运体—— 一种 ATP 结合盒转运子（ATP-binding cassette transporter，ABC transporter），主要作用是将细胞次生代谢产物和生物异源物转运到液泡，从而维持细胞正常的生理生化功能。由于 H^+ 泵和 Ca^{2+} 泵都是朝向膜外的，不能产生离子向质膜内的转运，因此，必须有另一种转运机制来进行离子的主动吸收，这就是所谓的次级主动转运。

（二）次级主动转运

次级主动转运中 ATP 虽然没有直接参与到离子的转运过程中，但其原动力仍来自 H^+-ATP 酶作用下产生的 H^+ 的跨膜电化学梯度（$\Delta\mu_{H}^{+}$），可用质子动力势（proton motive force，pmf）来表示，pmf $= 0.059 \Delta pH + \Delta\psi$ 表示。它由跨膜的 pH 差（ΔpH）和跨膜的电位差（$\Delta\psi$）组成。图 2-5 为次级主动转运的示意图。

植物细胞膜上的次级转运有两种类型（图 2-6）。一种是同向转运（symport），即被转

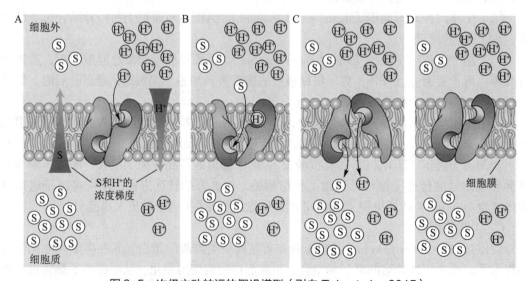

图 2-5　次级主动转运的假设模型（引自 Taiz et al.，2015）

A. 次级转运的起始阶段，在质子电化学势梯度的推动下，跨膜转运蛋白朝向胞外，可以结合 H^+；B. 转运蛋白结合一个 H^+ 后，发生构象的改变，使得被转运的离子 S 可以结合到跨膜蛋白上；C. 转运蛋白结合被转运离子 S 后，再发生构象的改变，使得结合位点和所结合的离子转向膜内；D. 被转运离子 S 和 H^+ 释放到膜内后，转运蛋白恢复到原构象，这样反复循环而将外界离子源源不断地转运到膜内

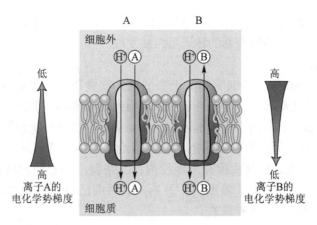

图 2-6 同向转运（A）与反向转运（B）模型（引自 Taiz et al., 2015）

运离子与 H^+ 是以相同的方向转运的，这类蛋白又可称为同向转运体（symporter），另一种是反向转运（antiport），伴随着 H^+ 顺电化学势梯度从高到低的转运，陪伴离子则逆电化学梯度从低到高进行转运，这类蛋白又可称为反向转运体（antiporter）。

植物细胞质膜和液泡膜上存在上述的多种跨膜转运方式，图 2-7 对包括上述多种机制

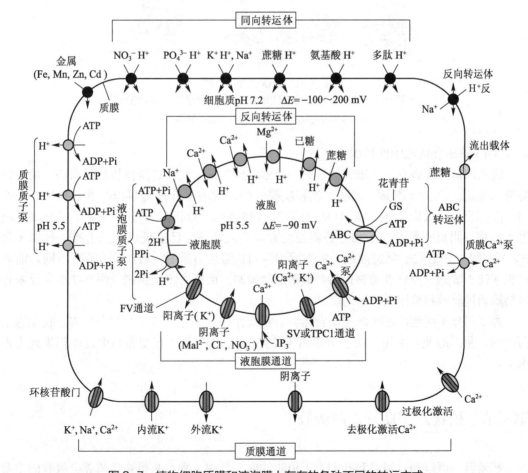

图 2-7 植物细胞质膜和液泡膜上存在的各种不同的转运方式

FV，液泡上快速的（fast vacuolar）；SV，液泡上慢速的（slow vacuolar）；TPC，双孔区域通道（two-pore domain channel）

的转运方式作了概括，其中有大量的转运体（transporter）参与其中。随着离子跨膜转运的分子机制的深入研究，不断有新的转运蛋白被发现。

（三）胞饮作用

胞饮作用（pinocytosis）是细胞类似于变形虫吞饮食物的一种特殊的摄取物质方式。被细胞摄取的物质首先被吸附在膜的外表面，而吸附物质的那一部分质膜在感应某种刺激后，向内凹陷成为囊泡，并向细胞内部转移，从而将外界物质吞饮到细胞中，细胞这种吸收物质的方式叫胞饮作用。吞饮囊泡把物质转移给细胞的方式有两种：一是在移动过程中，囊泡逐渐溶解消失，把物质留在细胞质内；二是囊泡一直向内转移，直至液泡，并与其融合，将摄取的物质释放于液泡中（图2-8）。目前已知，南瓜和番茄的花粉母细胞，蓖麻和松树的根尖细胞均有这种现象。

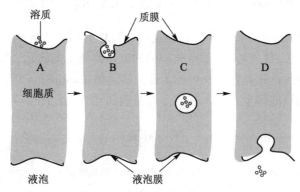

图2-8 胞饮过程示意图

A. 溶质附着到外侧质膜；B. 质膜内陷包围溶质；C. 包裹溶质的小囊泡向液泡移动；
D. 囊泡的膜与液泡膜融合，向液泡释放溶质

（四）溶质在液泡中的累积

成熟的植物细胞有一个很大的液胞，液泡里贮藏许多物质，维持较低的水势，使水分易进入液泡，维持细胞膨压。液泡膜和质膜一样，对溶质在液泡累积起着选择性屏障作用。液泡膜上有反向转运，在 H^+ 从液泡排出到细胞质的同时，糖分或阳离子就从细胞质进入液泡；阴离子则被质子动力势驱使经通道进入液泡。已发现液泡膜上有一种质子泵 H^+-ATP 酶，它把质子泵进液泡。液泡膜 H^+-ATP 酶与质膜 H^+-ATP 酶的特征不同，前者对钒酸盐不敏感，但后者敏感；前者被硝酸盐抑制，而后者不被抑制。图2-7 也是反映各种物质通过质膜和液泡膜转运的图解。

离子和分子跨越液泡膜的主动转运具有重要作用：①它可以作为贮存形式，在细胞质需要时，重返胞质。②可以防止某些离子（如 Na^+、Ca^{2+} 等）在细胞质中过度积累到毒害水平。

第三节 植物对矿质元素的吸收

矿质营养可以通过根系和叶面进入植物体内，其中，根系是植物矿质养分吸收的主要器官，本节将对养分到达细胞质膜前的过程进行详细地叙述。

一、植物根际效应

植物根系在土壤中生长过程中，与根系密切接触的土壤是相当有限的。1904年 Hiltner 首次提出了根际（rhizosphere）的概念，是指受植物根系活动的影响，在物理、化学和生物学特性上不同于原土体的特殊土壤微区，是植物 – 土壤 – 微生物及其环境条件相互作用的场所，同时也是各种养分、水分、有益和有害物质及生物作用于根系或进入根系参与食物链物质循环的门户。

通常根际的范围在 1 ~ 2 mm，但也因植物种类（根毛的长度和密度、根系分泌物、吸收和补充到根际的养分的相对数量等）和土壤环境条件而异。在某些特殊情况下，如受外生菌根感染的根系，根际的范围可以达数厘米以上。根际土壤与土体在许多方面表现出差异，如养分离子的浓度、pH、E_h、根系分泌物及微生物种群和数量等。根际发生的变化对植物生长发育有着深刻的影响。根系对水分和养分吸收速率的不同使根际养分出现亏缺（如 P、K、Zn）和富集（如 Ca、Mg）；植物对阴阳离子吸收的不平衡常造成根际 pH 的变化，这不仅直接影响根际养分的有效性，而且对根系生长和微生物活性也有重要影响；根际的有机物质不但可使微生物活性增加，而且可以活化或固定各种养分。

二、养分向根表的迁移

植物生长介质（土壤）中的养分要先迁移到根系表面后才能被根系所吸收。养分的迁移主要有截获、集流和扩散等几种形式。

（一）截获

截获（interception）是指植物根系在生长过程中直接接触到养分而使养分迁移到根表的过程。其实质是土壤表面的离子与根表离子通过离子交换作用而到达根表。养分依靠截获迁移到根表的数量取决于根系接触到的土壤体积。但通常根系接触到的土壤体积是非常有限的，一般只有土壤体积的 1% 左右。表 2-5 表示了几种迁移方式对几种常见的营养元素的贡献。由表可见，根系截获所得的养分往往不能满足植物所需，植物根系还必须吸收除了它本身直接接触的土壤以外土体的养分。也就是说，大部分养分离子必须从远距离向根表迁移。养分的这种远距离迁移有集流和扩散两种方式。

（二）集流

集流（mass flow）是指由于水分吸收形成的水流而导致养分离子向根表的迁移过程。

表 2-5　在肥沃粉沙壤土上截获、集流、扩散对玉米需要养分供应的相对重要性（引自 Barber，1984）

养分	生产 9 500 kg 籽粒所需养分 / (kg · hm⁻²)	供应量 / (kg · hm⁻²)		
		截获	集流	扩散
N	190	2	150	38
P	40	1	2	37
K	195	4	35	156
Ca	40	60	150	0
Mg	45	15	100	0
S	22	1	65	0

水流通量和离子在溶液中的浓度直接决定了离子通过集流迁移到根表的数量。水流通量是由植物蒸腾作用的大小决定的，因此，集流的量通常与蒸腾作用呈正相关。

（三）扩散

植物根系对养分的吸收往往会导致根表的离子浓度下降（Ca、Mg 除外），这样就形成了土体与根表之间的浓度梯度，养分离子也就可以通过扩散的形式迁移至根表。

三、养分进入质外体

养分进入质外体就是进入根内细胞间的空隙、细胞壁微纤丝之间的空隙和一些死组织中。从图 2-9 可见，当把玉米离体根浸入含放射性铷（$^{86}RbCl$）溶液中，最初 10～15 min 内根吸收 $^{86}Rb^+$ 速率很快（曲线陡峭部分），之后进入缓慢阶段（曲线倾斜部分），吸收达 1 h 时，将根转移至纯水中（箭头 1），则有相当多的 $^{86}Rb^+$ 从根中渗出到水中（上部虚线），这部分 $^{86}Rb^+$ 是可以被水提取出来的，它所在的空间称为水自由空间（WFS）。随后将根再转移至 KCl 溶液中（下部虚线），这是细胞壁与原生质表面负电荷吸引 $^{86}Rb^+$ 所占据的空间，称为杜南自由空间（DFS）。WFS 与 DFS 合称为表观自由空间（apparent free space，AFS）。不同组织的 AFS 大小不同，一般在 5%～20% 范围内。但在 1 h 之内和之后玉米根细胞还吸收一部分 $^{86}Rb^+$，既不能被水提取出来，也不能用 K^+ 交换出来，这部分 $^{86}Rb^+$ 已进入细胞内部。这个实验说明，根系吸收离子是分两个阶段进行的。一是离子由外部进入根 AFS，这是快速阶段，是不需代谢能的物理过程。因为低温、缺氧和呼吸抑制剂对这一阶段的离子吸收影响甚小。由于 AFS 的存在和根对离子的迅速吸收，会使根部内皮层以外的细胞在极短的时间内便接触到外界溶液。二是离子由 AFS 通过质膜进入细胞内部，这是缓慢阶段，而且是以消耗代谢能为主的主动吸收过程。

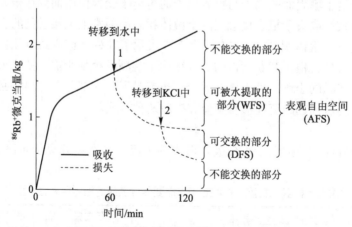

图 2-9　玉米离体根吸收 $^{86}Rb^+$ 的时间进程

尤其值得注意的是，根内皮层细胞存在着凯氏带，进入根内部的离子必须通过共质体途径进入细胞内部，然后再进入导管。图 2-10 是离子从外液进入根系输导组织的示意图。

离子从外部进入根质外体的过程首先是离子被吸附在根细胞表面，然后通过交换进入 AFS，根据矿质离子存在的部位，可分为 3 种情况。

（一）根对溶液中矿质离子的吸收

根呼吸产生的 CO_2 与 H_2O 作用形成 H^+ 与 HCO_3^-，然后与土壤溶液中的正负离子（如

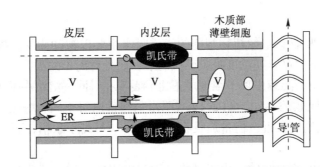

图 2-10 水分和离子从外界溶液进入导管示意图

V- 液泡，ER- 内质网 ---▶ 质外体运输 ·······▶ 共质体运输 ● 载体系统

K^+、Cl^-）交换，后者被吸附在根的表面，并进入 AFS。

（二）根对吸附在土壤胶体上离子的吸收

一是通过土壤溶液进行交换，即根呼吸过程释放的 CO_2 在土壤溶液中形成 H^+ 和 HCO_3^- 并逐渐接近土粒表面，土粒上的阳离子（K^+）便可与 H^+ 交换，通过溶液阳离子到达根表面，进一步被根系吸收（图 2-11A）。二是接触交换，若根表面吸附的 H^+ 与土粒表面吸附的阳离子（如 K^+）之间的距离小于离子振动的空间（约 10 nm），二者便可直接交换（图 2-11B）。

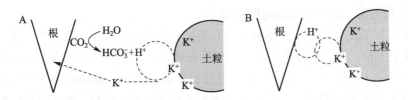

图 2-11 植物根部通过土壤溶液交换（A）和直接接触土粒进行离子交换（B）的示意图

（三）根对难溶于水的矿质元素的吸收

植物不仅能吸收溶于水中的矿质元素，而且能吸收难溶于水的矿物质。这是因为，根呼吸除了产生 H_2CO_3 外，在生命活动过程中还向周围介质分泌有机酸，如苹果酸、柠檬酸等。在上述酸类物质作用下，难溶性矿物质逐渐被溶解，经溶解后释放出的矿质元素或者存在于土壤溶液中，或者被吸附于土粒表面上，然后再被根交换吸收。

四、植物根系吸收矿质元素的特点

（一）根系对水分和养分的相对吸收

根系主要从土壤溶液中吸收养分，但吸收水分和养分在吸收区域，吸收机制和吸收量上都有相对独立性。

1. 离子的吸收区域。尽管植物根系的大部分或多或少能吸收一些养分，但实验证明植物吸收离子（吸肥）的主要区域是根毛形成区至根尖的区域，不同于吸收水分的主要区域根毛区。根毛形成区呼吸代谢旺盛，紧靠输导组织发育完善的根毛区，吸收的离子易于运输，加之有根毛正在形成，吸收的表面积巨大。这些特性都有利根系从外界溶液吸收矿质离子。

2. 离子的选择吸收。不像植物细胞的渗透吸水主要以被动为主，根吸收矿质离子则以主动为主。根系不仅可以逆浓度吸收矿质离子，而且对离子的吸收还具有选择性。即根系吸收离子的数量不与溶液中离子浓度成正比。表现在对同一溶液中的不同离子或同一种盐分中的阴阳离子吸收的不同。图 2-12 表明水稻和番茄对不同养分吸收的差异。两种植物 N、P、K 的吸收比例相近，但番茄吸收 Ca 和 Mg 明显高于水稻，而水稻吸收 Si 大大高于番茄。

3. 养分和水分的相对吸收。由于植物一般只能吸收溶解于水中的矿质元素，所以人们总以为水分和养分是按比例吸收的，但实验表明两者间吸收不成比例（图 2-12）。如以开始时各种矿质元素的比例是 100% 计，经水稻和番茄培养后，N、P、K 的浓度均降至很低水平。番茄培养后 Ca、Mg 的浓度下降及 Si 浓度上升，水稻培养后 Si 下降而 Ca、Mg 上升，说明吸水和吸肥的不一致性。甘蔗在白天吸水速率比晚上大 10 倍左右，而白天吸收 P 的速率只比晚上稍大。菜豆吸水量增加约 1 倍时，NO_3^-、K^+、$H_2PO_4^-$ 和 Ca^{2+} 的吸收量只增加 0.1 ~ 0.7 倍。大麦幼苗在溶液温度 0℃ 时，K^+、$H_2PO_4^-$ 和 NO_3^- 的吸收比吸水受影响的程度大，而 NH_4^+、Ca^{2+}、Mg^{2+} 的吸收比吸水受影响小。尽管吸收养分和水分具有相对独立性，但两者并非毫无关系。一方面根系吸收养分后使组织水势下降，又促进根系吸水。另一方面水分沿木质部导管上升（尤其在蒸腾强烈时），把根吸收的矿质营养带到植物的其他部位，降低根中矿质离子浓度，又有利于根系吸收矿质离子。有些矿质离子，如 K^+ 还直接参与气孔开闭，调节蒸腾作用。

（二）单盐毒害、离子拮抗和协助作用

把植物培养在低浓度的，即使是必需元素组成的单一盐类（如 KCl）溶液中，植物根系随之会停止生长，地上部亦生长不良，最后植株死亡。这种单一盐类引起植物中毒的现象，称单盐毒害（toxicity of single salt）。离子拮抗作用（ion antagonism）是指另一种离子可减轻或消除单盐毒害现象。图 2-13 表明单一的 KCl 或 CaCl 引起小麦苗生长不良，但二者混合或再与 NaCl 混合培养，麦苗就生长正常。这种拮抗是由于一种离子抑制了另一种离子的吸收，通常表现在阳离子与阳离子之间或阴离子与阴离子之间。物理化学性质相近的离子间的竞争主要是竞争原生质膜上的结合位点，这些离子具有较相近的化合价和水化半径，如 K^+ 和 Rb^+ 间的竞争；不同性质的阳离子之间发生的拮抗作用主要是离子竞争细胞内部的负电势。结合到原生质膜上位点能力强的离子优先进入原生质，消耗细胞内

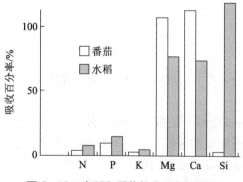

图2-12 水稻和番茄养分吸收的差异

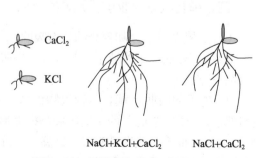

图2-13 单盐毒害和离子拮抗示意图

的负电势，从而对其他阳离子的吸收产生抑制作用，如 Ca^{2+} 与膜上位点的结合能力远强于 Mg^{2+}，所以 Ca^{2+} 能有效地抑制 Mg^{2+} 的吸收；而阴离子间的拮抗作用也可能源于不同的阴离子竞争原生质膜上的结合位点，或共用相同的阴离子通道和转运子，如 AsO_4^{3-} 和 PO_4^{3-} 间的拮抗作用。离子协助作用（ion synergism）是指一种离子的存在能促进另一种离子吸收的现象。不同电性之间的协助作用可能是电性平衡的需求所致，因此，通常表现为阳离子的吸收可促进阴离子的吸收，反之，阴离子的吸收可有效地促进阳离子的吸收；而相同离子之间的协助作用主要表现在阳离子之间。其中最为典型的是 Ca^{2+} 能显著地促进 K^+、Rb^+ 及 Br^- 等的吸收，这种效应可能是高价离子特别是 Ca^{2+} 对质膜 ATP 酶的活化，促进跨膜电位和稳定细胞膜引起的。

（三）生理酸性盐和生理碱性盐

由于根系对养分的选择性吸收，导致同一种盐的阳离子与阴离子的吸收速率不同。如 $(NH_4)_2SO_4$，植物吸收 NH_4^+ 较多，使 SO_4^{2-} 留在溶液中，因为 NH_4^+ 的吸收要有 H^+ 排到溶液中，使溶液 pH 下降。因此，由于植物对离子的选择性吸收，引起阳离子吸收量大于阴离子吸收量使根系生长介质 pH 下降（变酸）的这一类盐，称为生理酸性盐（physiologically acid salt），如 NH_4Cl、$(NH_4)_2SO_4$、KCl、$CaCl_2$ 等。相反，植物对阴离子的吸收量大于阳离子的吸收量，使根系生长介质 pH 上升（变碱）的这一类盐，称生理碱性盐（physiologically alkaline salt），如 $Ca(NO_3)_2$、KNO_3。还有一类盐，植物对其阴阳离子的吸收相等，不因植物的吸收引起介质 pH 改变的盐类称生理中性盐，如 NH_4NO_3。

五、影响根系吸收矿质元素的因素

（一）温度

在一定的范围内根系吸收矿质元素随土壤温度的升高而加快。土温过高（超过40℃）或过低（低于0℃），根系吸收矿质元素的速率均下降。因为温度影响呼吸速率，进而影响主动吸收。温度过高，通道、载体与离子泵活性降低甚至丧失。细胞透性增大，导致养分外流；同时，温度过高加速根的木质化进程，降低根系吸收矿质元素的能力。温度过低，通道、载体与离子泵活性低，代谢活性下降；水分及细胞质黏性增大，离子进入困难。例如，水稻生育期最适水温为28～32℃，高于或低于这个温度都会妨碍水稻根系对矿质盐的吸收。其中，以对钾和硅酸吸收的影响为最明显（图2-14）。长时间的低温会导致根系发育不良，降低对矿质元素的吸收。

（二）O_2

通气良好，一方面提高土壤 O_2 分压，一方面降低土壤中 CO_2，有利根系呼吸、生长

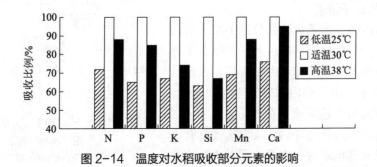

图2-14　温度对水稻吸收部分元素的影响

和矿质元素的吸收。实验表明当 O_2 分压低于 3% 时，水稻离体根的 K^+ 吸收量随 O_2 浓度的提高而不断增加。土壤中 O_2 分压的提高，还可有效地防止无氧呼吸及强还原性造成的有害物对根系的毒害，使好氧微生物活动增加，提高一些养分的有效性。在农业生产中开沟排水降低地下水位，中耕及稻田落水晒田等措施能提高土壤中 O_2 分压。溶液培养中的流动培养，营养液膜培养等都是增加根部 O_2 分压的措施，是高产栽培不可缺少的环节。

（三）pH

土壤溶液的 pH 一方面影响根系的带电状况，另一方面影响矿质元素的有效性。构成原生质胶体的蛋白质是两性电解质，在弱酸性条件下氨基酸带正电荷，易吸收生长介质中的阴离子；在弱碱性条件下氨基酸带负电荷，易吸收生长介质中的阳离子。

$$\underset{\substack{|\\NH_2}}{\overset{\substack{H\\|}}{R-C-COO^-}} \xleftarrow{+OH^-} \underset{\substack{|\\NH_3^+}}{\overset{\substack{H\\|}}{R-C-COO^-}} \xrightarrow{+H^+} \underset{\substack{|\\NH_3^+}}{\overset{\substack{H\\|}}{R-C-COOH}}$$

$$pH > 6 \qquad pH5 \sim 6 \qquad pH < 5$$

土壤溶液碱性加强时，Fe^{2+}、PO_4^{3-}、Ca^{2+}、Mg^{2+}、Cu^{2+}、Zn^{2+} 等离子变为不溶状态，不利于植物的吸收；土壤酸性加强时，K^+、PO_4^{3-}、Ca^{2+}、Mg^{2+} 等离子易溶解，植物来不及吸收就被雨水淋溶掉；在酸性土壤中重金属盐溶解度加大，导致植物中毒。我国南方地区红黄壤 pH 很低，导致许多植物 Al^{3+}、Fe^{2+}、Mn^{2+} 中毒。图 2-15 显示土壤 pH 与各种养分的有效性关系。由图可见，N 在中性条件下最有效，K、Mg、Fe、Cu 及 Zn 在土壤 pH 微酸性条件下最有效，而 P 和 B 元素在微酸性和碱性时有较大的有效性，S、Ca 和 Mo 从中偏酸到碱性时均有效。Mn 在酸性和碱性时有效性高。大多数植物在微酸至中性下生长好，但马铃薯、茶、番薯、烟草喜偏酸性条件，甘蔗和甜菜在中性偏微碱性下生长好（表 2-6）。

（四）离子间的相互作用

前面所述的离子间的拮抗或协助作用也影响着植物对养分的吸收。我们可以利用离子间的拮抗作用来降低或消除有毒有害元素的毒害作用。相反，可利用离子间的协助作用来促进或提高对某种必需营养元素的吸收和利用。如在光下 NO_3^- 促进 K^+ 的吸收，NH_4^+ 促进 PO_4^{3-} 的吸收。

（五）溶液离子浓度

在较低浓度下，离子吸收的数量随浓度的升高而增加，但当浓度增到一定后离子的吸收不再增加，即达到饱和，呈单相动力学特征，人们认为这种饱和现象是由于根内载体有限所引起的。有些离子浓度与吸收速率的关系表现为双相或多相饱和动力学曲线（图 2-16）。认为这是具有不同亲和力的转运体的缘故，在低浓度时由高亲和

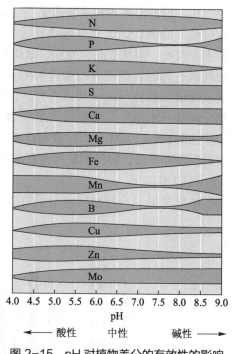

图 2-15 pH 对植物养分的有效性的影响（引自 Taiz et al., 2015）

深色代表供植物吸收的养分溶解度

表 2-6 植物生长的最适 pH 范围

作物	pH	作物	pH	作物	pH
马铃薯	4.8 ~ 5.4	柑橘	5.0 ~ 7.0	西瓜	6.0 ~ 7.0
茶	5.0 ~ 5.5	水稻	5.0 ~ 7.0	油菜	6.0 ~ 7.0
番薯	5.0 ~ 6.0	小麦	6.0 ~ 7.0	棉花	6.0 ~ 8.0
花生	5.0 ~ 6.0	大麦	6.0 ~ 7.0	苹果	6.0 ~ 8.0
烟草	5.0 ~ 6.0	玉米	6.0 ~ 7.0	桃	6.0 ~ 8.0
油桐	5.0 ~ 6.0	大豆	6.0 ~ 7.0	梨	6.0 ~ 8.0
松	5.0 ~ 6.0	紫云英	6.0 ~ 7.0	葡萄	6.0 ~ 8.0
杉	5.0 ~ 6.0	番茄	6.0 ~ 7.0	甘蔗	7.0 ~ 7.3
胡萝卜	5.3 ~ 6.0	甘蓝	6.0 ~ 7.0	甜菜	7.0 ~ 7.5

力的转运体转运，在高浓度时由低亲和力的转运体转运。

（六）有毒物质

这类物质存在于土壤（溶液）中，往往对植物根系造成不同程度的伤害。这些有毒物质包括植物无氧呼吸产生的乙醇和在强还原性条件下，由土壤含有的物质转变而来的物质。

1. H_2S。当土壤的温度在 20℃ 以上、氧化还原电位降低，且含有较多的未腐熟有机质时，反硫化细菌的产物——H_2S 便会大量产生。由于 H_2S 是细胞色素氧化酶的抑制剂，所以根系周围介质中 H_2S 增多时，根系就会中毒，表面出现黑色的 FeS 沉淀。

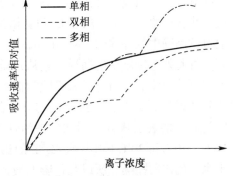

图 2-16 离子浓度与吸收速率的关系（单相、双相和多相动力学）

2. 某些有机酸。含有机质过多的低洼地块，随着土温升高，有机质分解。当土壤氧化还原电位降至 0.1 V 左右时，可生成正丁酸、乙酸、甲酸等有毒的有机酸。这些有机酸也能抑制根系吸收营养元素，抑制磷酸的吸收既明显又持久，严重时引起烂根。

3. 过多的 Fe^{2+}。含有机质过多的湿田也可形成大量的可溶性 Fe^{2+}，抑制细胞色素氧化酶的活性和对 K_2O、P_2O_5、SiO_2、MnO 等营养元素的吸收，从而抑制根的伸长、严重时可出现"狮尾根"。

4. 重金属元素。土壤中含重金属元素过多会引起缺绿症。过量的 Cu^{2+} 会使水稻呈现因 Fe^{2+} 的吸收受阻而发生的缺绿症。Mn^{2+}、Zn^{2+}、Co^{2+}、Ni^{2+} 所引起这种缺绿症的能力依次增强。

此外，土壤微生物的活动也影响矿质元素的有效性，如反硝化导致氮损失，而有机物的分解，能增加养分的有效性。

六、植物叶片对矿质元素的吸收

除根系外，植物的地上部特别是叶片也可吸收矿质元素。在农业生产上常采用给植物地上部喷施肥料，这种措施叫根外追肥或叶面营养（foliar nutrition）。

（一）根外追肥的优点

与根部（土壤）施用肥料相比，根外追肥具有补充养料、节省肥料、见效迅速和利用率高等优点。针对幼苗根系不发达，或生育后期根系吸收能力衰退，叶面喷肥更易被吸收；叶面喷肥所用的肥料数量远比根部施肥量少得多。例如，一株 20 年生的果树根施尿素如需 2.5 kg，那么叶面喷肥只需 0.1~0.2 kg 就足够了；叶面喷肥的效果比根施来得快、来得早。例如，用 KCl 喷叶 30 min 内 K^+ 进入细胞。喷施尿素 24 h 内便可吸收 50%~75%，肥效可延长 7~10 d；叶面喷肥可减少肥料的损失和被土壤的固定，提高利用率。过磷酸钙施入土中，PO_4^{3-} 易被 Fe^{3+}、Al^{3+} 等离子固定而不能被作物吸收，叶面喷施则可减少这种损失。对微量元素，效果更佳。此外，还可肥药混合同时喷洒，既可同时发挥作用又可节省一部分劳力。

（二）矿质营养由叶片吸收的途径

1. 表皮细胞途径。表皮细胞上面有一层通透性很差的角质层，角质层是表皮经过角质化加厚的保护组织。它由三层组成，即由角质、纤维素、半纤维素和果胶共同构成的角化层，由角质和蜡质构成的角质层及位于最表面的由蜡质构成的蜡质层。蜡质层是高碳脂肪酸和高碳一元醇的混合物，本身不易透水，但是角质层在湿润时有裂缝（甘蓝叶片角质层小孔的直径为 6~7 nm），可让溶液通过。溶液经角质层裂缝进入到表皮细胞外壁后，通过细胞壁中的外连丝（ectodesma）到达表皮细胞的质膜。据电子显微镜观察，外连丝是表皮细胞外边细胞壁的通道，它从角质层的内表面延伸到表皮细胞质膜。当矿质离子由外连丝到达质膜后，由与根系吸收相似机制进入细胞，通过韧皮部送到植物的各个部位。叶片吸收矿质元素的速率或数量与叶片的内外因素有关。嫩叶比成熟叶吸收快且多，这是因为两者的表层成分不同和生理活性不一所致；温度直接影响矿质离子进入叶内，如在 10℃、20℃和 30℃下叶片吸收 ^{32}P 的相对速率分别是 53、71 和 100；由于叶片只能吸收溶于水中的矿质盐类，所以凡是影响液体蒸发的外界环境如风速、气温、湿度等气象条件均会影响叶片对矿质元素的吸收。

2. 气孔途径。气孔除进行光合作用的气体交换和蒸腾作用水分散发外，也可以作为养分进入叶肉细胞的通道。对于气态养分，气孔是它们进入植物体的必经之路。一些离子态的养分也可以扩散进入气孔中，然后被毗邻的叶肉细胞吸收。

（三）根外追肥需注意的问题

要使叶片吸收营养，首先是要保证营养液能吸附在叶面上。由于叶片的角质层等的亲水性差，人们常在营养液中加入表面活性剂或沾湿剂，如少量吐温或洗涤剂等以增加营养液在叶面的吸附力。其次浓度不要过高，过高会引起"烧苗"，一般大量元素 1% 左右，微量元素 0.1% 左右为宜。三是挥发性强的肥料不能用作根外追肥，否则不仅肥效差，而且易引起挥发，导致毒害。四是注意追肥时间，以傍晚或阴天为佳。

第四节　氮同化

高等植物不能利用空气中的 N_2，只能吸收化合态氮作为营养。植物虽可吸收氨基酸、酰胺和尿素等有机氮化物，但主要氮源是无机氮化物，主要是 NO_3^- 和 NH_4^+。植物从土

壤中吸收 NH_4^+ 后即可直接被利用合成氨基酸。如果吸收的是硝酸盐，则必须经过还原成 NH_4^+ 后才能进一步转化为氨基酸。

一、硝酸盐的同化

硝酸盐（NO_3^-）中的 N 呈高度氧化状态，而氨基酸和蛋白质中的 N 则呈高度还原态。因此，被植物吸收的硝酸盐必须经过代谢还原之后才能被利用。硝酸盐还原为氨（NH_3）可分为两个阶段，一是在硝酸还原酶作用下，由硝酸盐还原为亚硝酸盐（NO_2^-）；二是在亚硝酸还原酶作用下，将亚硝酸盐还原为氨。全过程可用下式表示：

$$NO_3^- \xrightarrow[\text{硝酸还原酶}]{2e^-} \overset{+3}{NO_2^-} \xrightarrow[\text{亚硝酸还原酶}]{6e^-} \overset{-3}{NH_3}$$

据研究，硝酸盐还原既可在根内进行，也可在枝叶中完成，二者所占比例与植物种类及环境条件有关。通常情况下，温带起源的植物较热带和亚热带起源的植物更趋向于在根部还原大部分的硝酸盐。在农作物中根内还原硝酸盐的量依次为燕麦>玉米>向日葵>大麦。同一植物中，硝酸盐的供应量不同，其主要还原部位也会发生变化。如豌豆在供应 $10\ mg \cdot L^{-1}$ 硝酸盐时，差不多全在根内还原；供应 $50\ mg \cdot L^{-1}$ 以上时，多在叶中还原。白天硝酸盐还原的速度大于晚上。

（一）硝酸盐还原为亚硝酸盐

这一过程是在细胞质中进行的，催化这一反应的是硝酸还原酶（nitrate reductase，NR），它是含有 FAD、Cytb 和 Mo 的钼黄素蛋白。还原力为 NADH，其还原过程是 FAD 从供氢体 NADH 接受质子（H^+）及电子（e^-）而被还原，然后将 e^- 依次传给 Cytb 及 Mo，最后传至 NO_3^-，使其还原为 NO_2^-，并生成 H_2O（图 2-17）。由于硝酸还原酶含有 Mo，所以当植物缺 Mo 时，植物体内积累大量的硝酸盐。缺 Mo 时番茄植株积累的硝酸盐可达干重的 12%，供 Mo 后 24 h 内积累的硝酸盐下降至 1.5%。由于缺 Mo 而使积累的 NO_3^- 不能被还原，植物依然呈现出缺氮的症状。硝酸还原酶是一种诱导酶（induced enzyme），它是指植物本来不含此种酶，但在特定的外来底物的影响下形成的酶，这一现象叫作酶的诱导形成或适应形成，而所形成的酶叫作诱导酶或适应酶。例如，水稻幼苗体内本无硝酸还原酶，但培养在含 NO_3^- 的溶液中其体内即形成硝酸还原酶；如把幼苗再转入不含 NO_3^- 的溶液中硝酸还原酶又逐渐消失。外源 NO_3^- 既可诱导该酶基因的表达，亦可对酶蛋白转变成具有催化活性的酶产生激活作用。

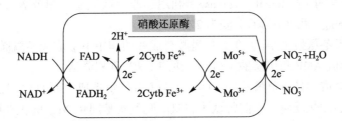

图 2-17　硝酸还原酶所催化的硝酸盐还原过程

（二）亚硝酸盐还原为氨

这一过程在叶片和根内均可进行，由亚硝酸还原酶（nitrite reductase，NiR）催化。在

叶内 NO_2^- 以 HNO_2 分子形式从细胞质通过叶绿体膜转移到叶绿体内，然后接受由还原型铁氧还蛋白（Fd）传递的电子而还原成氨（图 2–18）。在根部进行的亚硝酸盐还原，其还原力不是来自光合作用，而是间接来自呼吸作用磷酸戊糖途径中形成的 NADPH。

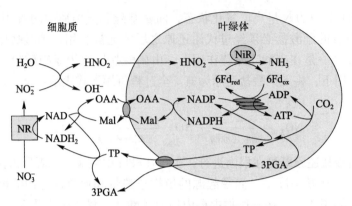

图 2-18 光合作用与硝酸盐同化的关系

Fd_{ox} 和 Fd_{red} 分别代表铁氧还蛋白氧化态和还原态；Mal，苹果酸；OAA，草酰乙酸；PGA，磷酸甘油酸；TP，磷酸丙糖

硝酸盐的还原与光合作用有密切关系（图 2–18），光合作用中形成的磷酸丙糖可以通过磷运转器由叶绿体输送到细胞质，在细胞质内经糖酵解产生 NADH，为硝酸盐还原提供还原力。光合电子传递产生的还原态 Fd 又为 HNO_2 还原为 NH_3 提供还原力（图 2–18）。

二、氨同化

植物吸收铵盐中的 NH_4^+ 或 NO_3^- 还原后生成的 NH_4^+ 必须立即同化，因为游离的 NH_4^+ 含量稍高就会引起中毒，如光合磷酸化和氧化磷酸化解偶联。NH_4^+ 在植物体内的同化主要是用于氨基酸和酰胺的合成。

植物体内 NH_4^+ 被同化为氨基酸主要是通过谷氨酰胺合成酶–谷氨酸合酶途径。谷氨酰胺合成酶对 NH_4^+ 的亲和力很高（K_m 值为 $10 \sim 39 \ \mu mmol \cdot L^{-1}$）。$NH_4^+$ 同化为氨基酸和酰胺的过程如图 2–19 所示：

（1）谷氨酰胺合成酶（glutamine synthetase）利用水解 ATP 产生的能量推动谷氨酸（Glu）和 NH_4^+ 合成谷氨酰胺（Gln）。

（2）谷氨酸合酶（glutamate synthase）利用还原态铁氧还蛋白或 NAD(P)H 的电子把 1 分子 Gln 和 α- 酮戊二酸（α–KG）变为 2 分子 Glu。

（3）Gln 和天冬氨酸（Asp）在天冬酰胺合成酶的作用下形成天冬酰胺（Asn）和 Glu，同时消耗 ATP 形成 AMP 和焦磷酸（PPi），该酶受 Cl^- 强烈激活；

（4）Asp 的合成则是由草酰乙酸（OAA）与 Glu 转氨形成，而 OAA 则来自磷酸烯醇式丙酮酸（PEP）的羧化反应。以前曾认为谷氨酸脱氢酶是同化 NH_4^+ 的主要酶，但它对 NH_4^+ 的 K_m 值却相当高（常在 $5 \sim 30 \ mmol \cdot L^{-1}$，甚至高达 $100 \ mmol \cdot L^{-1}$），而在叶绿体中 NH_4^+ 的浓度达到 $2 \ mmol \cdot L^{-1}$ 就足以使光合磷酸化解偶联。因此，人们认为谷氨酸脱氢酶不是用于氨的同化而是用于脱氨。

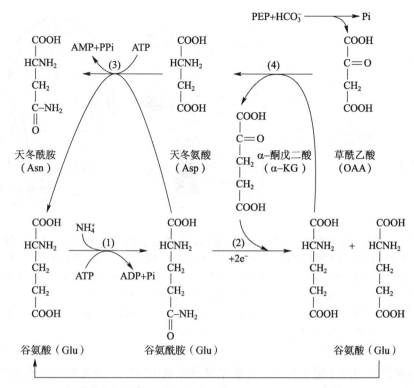

图 2-19　氨同化为氨基酸和酰胺的途径（引自 Salisbury and Ross，1992）

三、生物固氮

生物固氮是指利用微生物或与植物共生的微生物直接把空气中的 N_2 还原为 NH_4^+。到目前为止已知主要固氮微生物包括一些土壤自生细菌，生长于土表和水中的自生蓝细菌（蓝绿藻）、与真菌共生在地衣、苔藓类中的蓝细菌和与根，特别是豆科植物根共生的细菌、内生真菌和其他微生物。已知 20 000 种豆科植物中约 15% 被观察到有固氮能力。其中 90% 含有根瘤。重要的非豆科固氮植物是解剖结构各异的树和灌木。如桤木、秋油橄榄等，8 科 23 属，它们是典型的缺氮土中的先锋植物。某些热带树木中进行固氮的是各种蓝细菌，更多的是放线菌。而在豆科植物中是近缘的三个固氮菌属 *Rhizobium*、*Bradyrhizobium* 和 *Azorhizobium*。一种根瘤菌或拟根瘤菌通常只对一种豆科植物有效。毫无疑问的是，微量营养元素 Co 对所有固氮微生物都是必需的。

（一）根瘤的形成

根瘤菌侵染根毛前都腐生在土壤中，根瘤的形成首先是植物根系和根瘤菌相互识别的过程（图 2-20A），包括①植物根系释放根瘤菌基因（*Nod*）表达的激发子，②细菌释放结瘤因子和③植物根系产生离子流，表达结节蛋白，根瘤菌浸染，并开始根瘤形态发生。其次是根毛卷曲并包围根瘤菌，卷曲由一种根瘤菌分泌的不明物分子所引起，而这种分泌物又由根或根毛产生的化合物所激活，在紫花苜蓿、白三叶草和蚕豆中是一种黄酮类化合物。根瘤菌分泌酶降解部分细胞壁使其能进入根毛，然后根毛产生侵染线。它是线状结构，由被侵染细胞的非折叠、伸展的原生质膜组成，随后在侵染线内形成纤维素，根瘤菌沿侵染线不断内侵直到内皮层（图 2-20B）。在内皮层中，根瘤菌释放到细胞质，刺激这

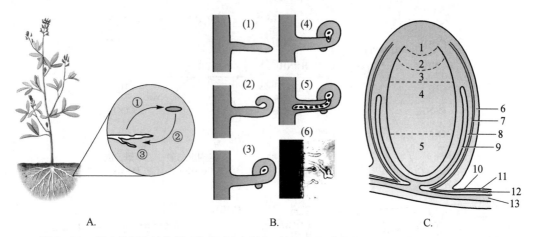

图 2-20 根瘤菌侵染植物根系与根瘤形成过程的示意图（改自 Buchanan et al.，2015）
A. 根系与根瘤菌相互识别 ①植物根系释放根瘤菌基因（*Nod*）表达的激发子，②细菌释放结瘤因子，③植物根系产生离子流，表达结节蛋白，根瘤菌侵染并开始根瘤形态发生；B. 根瘤菌侵染根系过程（1~5）根瘤菌浸染根毛直到内皮层形成侵染线，（6）侵染线电镜图；C. 根瘤与根的连接 1.根瘤分生组织形成层，2.感染线生长和细胞穿透区，3.侵入细胞扩大区，4.含成熟根瘤菌的组织，5.含衰老根瘤菌的组织，6.外皮层，7.根瘤内表皮，8.内皮层，9.根瘤维管束，10.根表皮，11.根皮层，12.根内皮层，13.根木质部和韧皮部

些细胞（特别是四倍体细胞）分裂，分裂结果导致组织增生，最后形成成熟的根瘤，根瘤由含菌的四倍体和不含菌的二倍体细胞组成（图 2-20C）。一个根瘤常含有几千个增大的、不活动的称为变形细菌（bacteroid）的根瘤菌。根瘤中固氮直接在变形菌内进行，寄主植物供给变形菌糖类，其氧化为固氮提供能量。

（二）固氮反应和固氮产物的运输

固氮反应需要电子、质子和大量的 ATP，其总反应式如下：

$$N_2 + 8e^- + 8H^+ + 16Mg \cdot ATP + 16H_2O \longrightarrow 2NH_3 + H_2 + 16Mg \cdot ADP + 16Pi$$

催化固氮的酶是固氮酶复合体，由双固氮酶还原酶（Fe 蛋白）和双固氮酶（MoFe 蛋白）组成（图 2-21）。它催化若干种底物还原，包括乙炔、氧化物、叠氮化物、一氧化二氮和肼。乙炔的还原常被用于测定土壤、湖泊、溪流中的固氮速率。固氮酶从还原态的黄素蛋白、铁氧还蛋白（Fd）或其他有效的还原剂获得电子用作固氮。Fe 蛋白是含 Fe_4S_4 的蛋白，MoFe 蛋白含 28 个铁和 2 个钼原子。在把还原态 Fd 等的电子传给 N_2 的过程中，固氮酶中的铁和钼分别被还原和氧化。在有 Mg^{2+} 存在情况下，ATP 与 Fe 蛋白结合使后者变为强烈还原剂，Fe 蛋白伴随着 ATP 水解成 ADP + Pi，把电子传给 MoFe 蛋白，最后再把电子传给 N_2 和 H^+，产生 2 分子 NH_3 和 1 分子 H_2。固氮酶催化的全过程如图 2-21。

固氮酶对 O_2 十分敏感，Fe 蛋白和 Fe-Mo 蛋白都易氧化失活，豆血红蛋白部分地控制根瘤菌中 O_2 的有效性。但根瘤本身复杂的结构看来作为一个空气扩散障碍对维持固氮酶周围的低 O_2 更重要。NH_3（可能是 NH_4^+）在被进一步代谢前运输出根瘤菌为寄主植物所用。在含变形细菌的细胞中，NH_4^+ 转化为 Gln、Glu 和 Asn，在许多种中转化为富含氮的脲（豆科主要为尿囊素和尿囊酸）。不同的豆科植物占优势的化合物各异，在温带豆科植物中，包括豌豆、紫花苜蓿、三叶草等以 Asn 占优势。而热带豆科植物，包括大豆、豇豆和其他豆类以尿囊素占优势。在非豆科桤木中，另一种叫瓜氨酸的尿囊素是根瘤输出的主要氮化物。

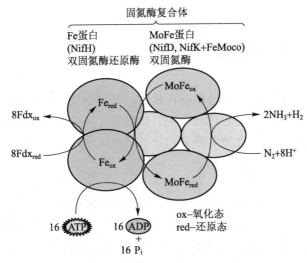

图 2-21　固氮酶的组分及其催化反应（引自 Buchanan et al., 2015）

Asn 或尿囊素由含菌细胞进入中柱鞘细胞，这些植物种的许多中柱鞘细胞已变为转移细胞，它们活跃地分泌氮化物到木质部导管，并经木质部导管输送到地上部。这些含氮化合物被水解成 NH_4^+（大部分在叶片中）并迅速转变为氨基酸、酰胺和蛋白质。令人奇怪的是结瘤植物的非结瘤根系，不能直接从结瘤根系中获得根瘤固定的氮素，但能获得已上运到叶片的，通过韧皮部和蔗糖一起下运来的氮化物。

（三）影响固氮作用的因素

1. 光合作用。光合作用为固氮提供物质和能量。研究表明，凡是促进光合作用的因素，如充足水分、适宜温度、充足阳光和高 CO_2 浓度均促进固氮作用。一天中固氮常以午前为高，因这时不仅光合速率高有利固氮，而且蒸腾强烈有利固氮产物向地上部运输及降低固氮细胞内的氮化物浓度。

2. 遗传因素。有一些遗传因素控制豆科植物的产量和固氮能力。其中之一是怎么提高结瘤效率。在豆科植物和根瘤菌之间有遗传控制的识别反应，人们希望通过遗传改良来提高根瘤菌与寄主的亲和能力。另一个遗传相关的因素是固氮酶还原 H^+ 和 N_2 的竞争。如前所述，每固定 1 分子 N_2 放出 1 分子 H_2，这 H_2 在土壤中释放，造成能量浪费。在某些自生固氮细菌中已发现有一种氢酶（hydrogenase）可以使 H_2 氧化为 H_2O 并形成 ATP。已有证据表明，含有固氮菌 *Rhizobium* 菌株的大豆和少数其他具有产氢酶活性的豆科植物，其产量高于另一些豆科植物，也许是因为其能量浪费少。因此人们试图通过基因工程的技术来提高豆类产量。此外，人们也试图利用基因工程技术把固氮基因引入非豆科植物。

3. 生长期。生长期也影响固氮作用，对三种豆科植物，大豆、木豆和花生的研究表明，最大的固氮速率发生在开花后，种子和果实发育需氮最高的时期。这些豆类种子含氮量高达 40% 以上，其中占总氮量的 90% 在生殖生长期固定，2 个月的营养生长只提供 10% 左右的氮。

4. 土壤氮状况。生长在正常肥力的土壤中，固氮只占植株体内总氮的 1/4 ~ 1/2，还有 1/2 ~ 3/4 来自吸收土壤中的 NO_3^- 和 NH_4^+。土壤肥力过高和施用化学氮肥都会抑制生物固氮。NO_3^- 抑制固氮是由于其抑制根瘤菌与根毛接触，使侵染线发育不全和根瘤生长缓慢。NO_3^- 和 NH_4^+ 都可抑制已形成的根瘤固氮并使根瘤早衰。

第五节   矿质元素在植物体内的运输

根部吸收的矿质元素，有一部分贮存在根内，大部分被运输到植物体的其他部分；叶片吸收的矿物质的去向也是如此。广义上说，矿质养分在植物体内的运输，包括其在植物体内向上、向下的运输，以及在地上部分的分布和再次分配等。

一、矿质元素运输的形式

不同的元素在植物体内运输的形态不同。以必需的矿质元素而言，金属元素以离子状态运输，非金属元素以离子状态或小分子有机化合物形态运输。根部吸收的无机氮化合物绝大部分在根中柱薄壁细胞转化为有机氮化物，再运往地上部，也有一部分 NO_3^- 运至叶片进行代谢还原，并同化为氨基酸。有机氮化物主要是氨基酸（如 Asp、Glu，还有少量 Ala、Met、Val 等）和酰胺（Gln 和 Asn）。磷主要以正磷酸形态运输，但也有一部分在根内转变为有机磷化物（如磷脂酰胆碱、甘油磷脂酰胆碱）再向上运输。硫元素主要以 SO_4^{2-} 形态进行运输，但也有少部分转化为蛋氨酸和谷胱甘肽向上运输。

二、矿质元素运输的途径

（一）根内的径向运输

根系吸收的矿质元素径向运到中柱有两条途径：一是质外体途径，外界的离子通过扩散作用迅速地进入根系皮层细胞的质外体空间，但此途径受到内皮层凯氏带的阻隔；二是共质体途径，外界离子可通过杜南平衡、胞饮作用，尤其是主动吸收进入根细胞内，然后通过胞间连丝在细胞之间转移，最后进入中柱（见图 2-10）。当内皮层木栓化后，Ca^{2+}、Mg^{2+} 运入枝条的数量往往显著减少，但 K^+、NH_4^+、$H_2PO_4^-$ 的运输却不受影响，由此表明这些离子易于在共质体内径向运输。

（二）植物体内的纵向运输

矿质元素在植物体内的纵向运输包括木质部运输和韧皮部运输。介质中的矿质元素通过径向运输进入根的木质部导管后，再通过木质部向上运输到地上部各器官。木质部运输是单方向的、由下至上的运输，而韧皮部运输是双向的、由"源"到"库"的运输。

1. 木质部运输。如将一株双分枝的树苗，在两枝的对应部位把茎中的一段木质部韧皮部分开，并在其中的一枝夹入蜡纸，而另一枝重新接触（对照）然后在根部施入 $^{42}K^+$，5 h 后测定 $^{42}K^+$ 在茎中分布状况（图 2-22）。结果表明，夹有蜡纸的枝条，在木质部内存在大量的 $^{42}K^+$，而在韧皮部内几乎没有。但在韧皮部与木质部未分开部位或已分开，但未夹蜡纸的部位，韧皮部中反而存在较多的 $^{42}K^+$。这说明根系吸收的 $^{42}K^+$ 是通过木质部的导管向上运输，但 $^{42}K^+$ 可以从木质部活跃地横向运输到韧皮部。

2. 韧皮部运输。利用 ^{32}P 证明，叶片吸收的矿质元素可进行双向运输，但不管是向上运输还是向下运输，均以韧皮部的筛管为主。同时，^{32}P 还可从韧皮部活跃地横向运输到木质部，然后再向上运输。因此，叶片吸收的矿质元素在茎部向上、下运输以韧皮部占主导（图 2-23），也可通过木质部运输。

矿质元素在植物体内运输的速度相当快，为 $30 \sim 100\ cm \cdot h^{-1}$。韧皮部运输的养分浓

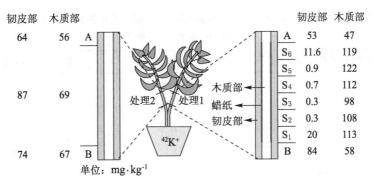

图 2-22 K⁺ 主要经木质部运输实验

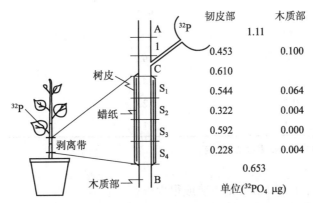

图 2-23 ³²P 运输的实验（省略了切开后不放蜡纸的结果）

度一般比木质部高（表 2-7），仅 Ca 为例外。钾是韧皮部中含量最高的无机离子。

三、矿质元素在植物体内的分配与再利用

矿质元素进入根部导管后，便随着蒸腾流上升到地上部分。除硅外，其他元素大部分运至生长点、幼叶、幼枝、幼果等生长旺盛部位，少部分运至功能叶与老叶。

存在于成熟或衰老器官中的元素还会根据新生成器官的需要而再次转移的现象，称为元素再利用（reutilization 或 retranslocation），其实质是元素的重新分配过程，其运输通道有韧皮部（老叶到新叶）和木质部（茎到新叶）。能被再利用的元素称可再利用元素，可再利用元素缺素症从老叶开始，这类元素有 N、P、K、Mg、Zn，尤其是 N 和 P 最易被再利用。B 曾被认为不能再利用，后来发现植物体内有 B 库存在，组成细胞壁的 B 不能被再利用，但存在于胞质 B 库中的 B 在富含山梨糖醇的蔷薇科植物中形成 B- 糖复合物可以再利用。另一类元素被植物地上部分吸收后，即形成永久性细胞结构物质，即使叶片衰老也不能被分解，因此不能被再利用，称不可再利用元素。这类元素器官越老含量越高，缺乏时幼嫩部位先出现病症。它们是 S、Ca、Fe、Mn、B、Zn、Cu、Mo 等，其中以 Ca 最难被再利用。

可再利用元素的重新分配，也表现在植株开花结实和落叶植物落叶之前。例如，小麦籽粒达到 25% 的最终饱满度时，植株对氮磷的吸收已完成 90%，籽粒在最后充实中完全靠体内已有的营养元素进行再度分配，一直达到成熟。据分析小麦叶片衰老时有 85% 的 N、90% 的 P 都由叶片转移到穗部。落叶植物在叶片脱落之前，叶中的 N、P 等元素运至

表 2-7 光烟草 *Nicotiana glauca* 韧皮部和木质部汁液中各种养分离子含量比较
（引自 Hocking，1980）

养分	韧皮部汁液 / ($\mu g \cdot mL^{-1}$)	木质部汁液 / ($\mu g \cdot mL^{-1}$)	含量比例（韧皮部 / 木质部）/%
硝态氮	nd	na	–
铵态氮	45.3	9.7	4.7
K	3673.0	204.3	18.0
P	434.6	68.1	6.4
Cl	486.4	63.8	7.6
S	138.9	43.3	3.2
Mg	104.3	33.8	3.1
Na	116.3	46.2	2.5
Fe	9.4	0.6	15.7
Ca	83.3	189.2	0.4
Zn	15.9	1.47	10.8
Mn	0.87	0.23	3.8
Cu	1.20	0.11	10.9

注：nd 表示低于检测限；na 表示没有测定。

茎秆或根部，而 Ca、B 和 Mn 等则不能或很少外运。

　　根系吸收的矿质营养如何分配到生长所需要的部分还不十分清楚。长成的叶片有高的蒸腾速率可以截获来自木质部蒸腾流的矿质营养，而正在伸展中的幼叶和生殖器官蒸腾速率低，但他们所需要的矿质元素多。通过对水稻、大麦等禾本科植物的节的详细解剖和相关矿质元素转运体的细胞定位，从新的视角揭示了一些矿质元素的运输和分配的机制。Yamaji 和 Ma（2014）发现每个节都是由十分复杂但有序的维管系统与其上下节相连，每个节上有三种不同类型的轴向维管束：即扩大维管束（EVB）、过渡维管束（TVB）和弥漫维管束（DVB）。每种维管束都会对应其发育阶段的节和叶片，如某节（n）的 EVB_n 和叶维管连接其下一节的 TVB_n–1，而该 TVB 又连接起其下一节 DVB_n–2。节维管束的这种垂直结构在每个节上重复，具有前进的相位。EVB 在节处通过显著增加木质部导管和筛管的数量而增大，TVB 是一个在节中没有额外放大的过渡阶段，并连接到每个上下节。DVB 起源于节，围绕 EVB，并在节上方组装。在节的基部，轴向的维管也通过节维管结（nodal vascular anastomosis，NVA）相互水平连接，TVB 和 EVB 还通过位于节底部的冠状 NVA 进行物理连接。这种三节点连接的 VB 系统，是除发育不全的胚芽鞘节及茎尖分生组织被圆锥花序所取代时的旗叶和穗颈节外的每个节点的基本结构，可能在禾本科植物中也是保守的。

　　矿质元素转运体的不同转运模式，是通过细胞免疫定位和基因敲除发现的。Lsi6 定位于水稻节中 EVB 的木质部薄壁细胞，主要是木质部转移细胞，Lsi6 参与了 EVB 蒸腾流中的 Si 卸载，这种转动方式被定义为木质部转换（xylem-switch）模式，它需要不同维管间的装卸。OsHMA2 属于重金属 ATP 酶家族，对 Zn 和 Cd 具有内流转运活性。在水稻节中，OsHMA2 定位于 DVBs 和 EVBs 的韧皮部区域，敲除 OsHMA2 会降低茎分生组织、上部节和圆锥花序中的锌浓度，导致生长抑制。它被认为是参与 Zn 韧皮部转运，称趋韧皮部（phloem-tropic）模式。OsHMA5 是 HMA 家族的一员，表现出对 Cu 的转运活性。在根中 OsHMA5 定位于中柱鞘，参与 Cu 木质部的装载。它也定位于节中 DVBs 的木质部薄壁细胞。水稻黄色条纹状家族的转运蛋白（OsYSL16），用于运输 Cu– 烟酰胺复合物，其在节 EVB 的韧皮部区域和节中的 DVB 中特异性表达，它定位与 OsHMA2 相似。在叶片的维管组织中也高度表达，敲除导致铜 – 烟酰胺复合物从老叶到新叶以及从叶片到圆锥花序的再活化减少，Cu 在下部老叶中的积累增加，但在上部新叶中的累积减少。由于植物对 Cu 的缺乏和中毒范围较窄，在节木质部导管中不积聚，因此不是通过木质部运输，可能是直接从老叶的韧皮部向幼叶或穗转运，故称这种 Cu 的转运为"韧皮部扣留（phloem-kickback）"模式。植物如何针对土壤中营养元素量的巨大差异，使其吸收适合的量，低浓度时不缺乏，高时不中毒？如 Mn 在土壤溶液中的浓度从旱地的低于 $\mu mol \cdot L^{-1}$ 到水田的数百 $\mu mol \cdot L^{-1}$ 不等。研究发现 Nramp 家族的转运蛋白 OsNramp3 在响应环境 Mn 变化，将 Mn 分布到不同组织中发挥着重要作用。它是质膜定位转运蛋白，定位于 EVBs 的木质部转移细胞和 DVBs 的韧皮部区域的基部营养节和上部生殖节。虽然 OsNramp3 基因的表达水平对外部 Mn 浓度没有反应，但蛋白质在高 Mn 时会迅速降解，以减少 Mn 吸收。在 Mn 限制的条件下，转移细胞处的 OsNramp3 从 EVBs 中卸载 Mn，然后将 Mn 重新加载到节中 DVBs 的韧皮部，将有限的 Mn 优先输送到发育中的新叶和圆锥花序。OsNramp3 的敲除导致新叶和发育中的圆锥花序出现严重的缺锰症状。这种转运称最小变移（minimum-shift）模式。

第六节　合理施肥的生理基础

由于土壤中的矿质元素不断地被作物吸收利用而逐渐减少，因此，在农业生产中常常需要人为地给予补充，以满足作物生长发育之需要。为提高产量、改善品质，不仅需要供给充足的肥料，而且应根据作物的需肥规律合理施肥，这是作物栽培中极为重要的一项措施。据统计，化肥对提高作物产量的贡献率可达 30% ~ 50%。此外，通过使用化肥改善植物矿质营养也是提高作物品质的主要措施之一，进而对减轻或消除因矿质营养元素缺乏而引起的人类健康危害和疾病作出重要的贡献。

一、作物的需肥规律

（一）作物一生的需肥特点

无论何种作物在不同生育期对矿质元素的吸收是不均衡的（表 2-8）。一般说来，在种子萌发和幼苗阶段，吸收量较少；随着幼苗的成长，吸收量逐渐增多，拔节抽穗期或开花结实期，吸收量达到高峰；此后随农作物生长势的减弱，吸收量也渐渐减少，最后完全停止甚至因雨水冲刷等原因引起"倒流"。但必须指出，在作物生长发育初期，对肥料需要量虽然不大，但对矿质元素的缺乏很敏感，如果此时缺乏某些必需元素，就会对今后作物的生长和产量造成不可弥补的损失。

植物对缺乏矿质元素最敏感，缺乏后最易受害的时期，称为营养临界期（critical period of nutrition）。在营养临界期如果施肥不及时，常易出现营养元素缺乏症。生产上

表 2-8　几种主要作物不同生育期吸收 N、P、K 的比例

作物	生育期	吸收率 /%		
		N	P_2O_5	K_2O
水稻	秧苗期	0.50	0.26	6.40
	分蘖期	23.16	10.58	16.95
	圆秆期	51.40	58.03	59.74
	抽穗期	12.31	19.66	16.92
	成熟期	12.63	11.47	5.99
冬小麦	越冬期	14.37	9.07	6.95
	返青期	2.17	2.02	3.41
	拔节期	23.64	17.73	29.75
	孕穗期	17.4	25.74	36.08
	开花期	13.89	37.91	23.81
	乳熟期	20.31	—	—
	成熟期	7.72	—	—
玉米	幼苗期	5.0	5.0	5.0
	孕穗期	38.0	18.0	22.0
	开花期	20.0	21.0	37.0
	乳熟期	11.0	35.0	15.0
	成熟期	26.0	21.0	21.0
粟	幼苗期至分蘖期	3.37	1.57	3.26
	拔节期至孕穗期	20.54	19.41	45.52
	抽穗期至灌浆期	25.86	37.96	37.77
	乳熟期	50.03	41.06	15.85
棉花	出苗期至真叶期	0.78	0.59	0.21
	真叶期至现蕾期	9.96	5.21	1.90
	现蕾期至开花期	52.76	28.80	17.29
	开花期至成熟期	36.50	65.40	80.60

"麦浇芽"就是为了满足营养临界期的养分需要。在作物一生中，还有一个施肥效果最好的时期，这个时期对矿质营养需要量大，吸收能力强，若能满足肥料要求，增产效果十分显著，称为营养最大效率期（maximum period of nutrition）。生产上"菜浇花"就是我国农民对营养最大效率期的施肥的经验总结。

综上所述，营养临界期和营养最大效率期是作物一生中施肥的两个关键时间。在这两个关键时间必须保证有适当的养分供应，才能满足作物生产需要，获得高产。

（二）根据不同作物收获对象施肥

各种作物都需要有一定的营养元素，但不同作物所需的营养元素在数量和比例上是不同的。叶菜类、桑、茶、麻等以生产茎叶类的作物，对 N 肥的需求量较大，应多施 N 肥，

以增加营养体量。N 抑制豆科植物固氮，但这类植物对 P、K、Ca 需要则较多，因此，可不施或少施 N 肥，增施 P、K、Ca 肥。而甘薯、甜菜、马铃薯等块根，块茎类作物应多施 P、K、B 以利光合产物向地下器官运输，促进块根、块茎膨大。禾谷类、棉花等需要 N、P、K 配合使用，适当增 P 可以使谷类籽粒饱满。此外，水稻还需较多的 Si，油菜还需较多的 B 肥，马铃薯、烟草、茶树等一些忌 Cl 作物，应不施含 Cl 肥料；但 Cl 促进麻类纤维发育，KCl 用于麻类作物更适合。

二、合理施肥的指标

合理施肥包含两层意思：一是满足作物对必需元素的需要，二是使肥料发挥最大的经济效益。确定作物是否需要施肥？施什么肥？施多少肥？有各种指标。例如，土壤的营养水平、作物的长势、作物体内某些物质的含量及代谢情况均可作为施肥的指标。施肥可分基肥和追肥等形式，这里介绍追肥时的两种指标。

（一）形态指标

能够反映植株需肥状况的外部形态，称为追肥的形态指标。

1. 长势。作物长势可反映田间作物肥料是否充足，例如，N 肥过多时植株生长过快，叶长而软，株型松散；N 肥不足时植株生长缓慢，叶短而直，株型紧凑。因此，可以把作物的长势作为追肥的一种指标。

2. 叶色。肥料是否充足还可从叶片的颜色来判断，这是因为叶色反应快，敏感。追肥 3～5 d 后叶色即发生变化，比生长反应还快。叶色是反映作物的营养状况最灵敏的指标。如 N 素充足，叶色就深，叶绿素含量高；如叶色浅，则表明 N 与叶绿素含量均低。叶色还是反映植物代谢类型的良好指标。叶色深的植株为以氮素代谢即扩大型代谢为主，叶色浅的植株为以碳素代谢即贮藏型代谢为主。此外，绝大部分的矿质元素缺乏症都可以根据叶片上出现的症状判断。

（二）生理指标

所谓生理指标就是根据作物的生理活动与某些养分之间的关系，确定一些临界值，然后再进行追肥。当然，这些临界值依作物的种类、生育时期、栽培措施和土壤营养水平而呈现出一定的差异，只有经过多次试验才能获得。目前采用的生理指标主要有以下几种。

1. 叶绿素。由于目测叶色有较大的误差，目前可用活体叶绿素计准确分析叶绿素的含量，可快速诊断作物氮肥营养情况。

2. 酶类活性。植物组织中各种酶类活性的高低常常与许多营养元素有关，例如，缺 K 使丙酮酸激酶活性下降，缺 Cu 时抗坏血酸氧化酶和多酚氧化酶的活性下降，缺 Mo 时硝酸还原酶和固氮酶的活性减弱。对过氧化物酶来说，缺 Fe 时活性降低，缺 Zn 时活性升高。所以，对比植物组织中某些酶类的活性，可以判断植物体内某些元素的含量水平，故可作为追肥的生理指标。

3. 矿质元素含量。分析叶片矿质元素的含量和对比试验，可以确定追肥的临界值以用作指标。例如，水稻心叶下第 3 叶鞘为测定部位，氨基酸含量在 150～200 mg·L^{-1} 为 N 正常，低于 150 mg·L^{-1} 为低量，低于 100 mg·L^{-1} 为缺乏，高于 200 mg·L^{-1} 为充足，达到 250 mg·L^{-1} 为过剩。表 2-9 为几种作物不同时期体内 N、P、K 的临界浓度。

4. 酰胺与淀粉含量。植物体内酰胺含量的高低可作为 N 素营养水平的标志。含有酰胺表示 N 素营养充足，否则缺乏。幼穗分化期，在水稻未展开的新叶中，如无 ASn，则表

表 2-9　几种作物的矿质元素临界浓度（干重 %）

作物	测定时期	分析部位	N	P_2O_5	K_2O
春小麦	开花末期	叶子	2.6 ~ 3.0	0.52 ~ 0.60	2.8 ~ 3.0
燕麦	孕穗期	植株	4.25	1.05	4.25
玉米	抽雄期	果穗前一叶	3.10	0.72	1.67
花生	开花期	叶子	4.0 ~ 4.2	0.57	1.20

明水稻缺氮，需施氮肥。此外，氮肥不足往往引起水稻叶鞘中积累淀粉，因此也可以根据叶鞘中所含淀粉的多少作为追施氮肥的生理指标。

三、提高养分利用效率的途径

养分利用效率（nutrient use efficiency）是指单位养分所得到的作物产量，其中包括两个因素，一是养分使用效率（nutrient utilization efficiency，NUE）——作物单位吸收养分得到的产量，二是养分吸收效率（nutrient uptake efficiency，NPE）——单位施用养分所得到的产量。从施肥的角度来看人们更加关注养分吸收效率。可以综合考虑以下措施来提高养分利用效率。

（一）优良品种利用

1. 高产和高收获指数品种的推广。联合国粮农组织（FAO）的统计资料表明，近 50 年来，世界粮食总产呈不断上升的趋势，这一方面与化学肥料供应的增加有关，其贡献率超过 50%，但另一方面，从 1990 年以来，粮食产量进一步提高，化肥的施用却呈减缓甚至局部下降的趋势，这与高产品种和高收获指数品种的推广，从而导致养分利用效率和吸收效率也得到提高密切相关。

2. 养分高效品种的推广。大力培育和推广养分利用效率和吸收效率高的品种，从而可有效地提高单位养分所生产的产量。

3. 有效基因的发掘与转基因。人们通过基因突变和基因定位，已找到一些 N、P、Fe、Zn 等高效利用的相关基因，这些基因转入农作物将可能提高养分利用率。

（二）合理施肥

施用化学肥料对提高粮食产量的作用有目共睹，但过量施用肥料，养分利用效率将明显下降，经济效益也明显受损。合理施肥要遵循以下三个基本原理：①养分归还说。植物以各种方式从土壤吸收矿质养分，久而久之，土壤中的矿质元素就会消耗减少，因此必须把植物吸收带走的养分以肥料的形式还给土壤，土壤肥力才能得以保持；目前，秸秆还田是养分归田的有效措施。②最小养分律。作物的生长和产量受供应最为缺少的养分元素所限制，产量常因该因子的供给水平的变化而出现浮动；通过土壤普查和作物需肥特点，建立以人工智能为基础的针对性施肥，能有效提高养分综合利用率。③报酬递减率。在技术和其他投入量在一段时期相对不变的情况下，作物产量的增加量随着一种肥料投入量的不断增加，依次表现为递增、递减的变化，这种情况就称为肥料的报酬递减率。因此，在生产实践中，在充分利用土壤和环境养分的基础上，综合考虑各种因素及过量施肥可能对生态环境造成不良影响，要通过合理施肥来提高肥料的利用率。具体要注意以下几个方面：

1. 大力推广配方施肥技术。根据作物的需肥规律、土壤测试结果以及拟施用肥料的利用率，调整 N、P、K 和其他元素的合理用量和比例，使作物得到全面合理的养分供应，最大限度地发挥作物的增产潜力、提高经济效益。

2. 改变肥料性状。推广复合（复混）肥料、控释肥料和有机无机复合肥料等，以提高肥料的利用率。

3. 改进施肥方法。根据作物的需肥规律，在作物生长的各个阶段合理地分期施肥，以满足作物整个生育期的养分供应，达到经济施肥的目的；大力提倡深施肥，最大限度地减少肥料的损失。

4. 精准施肥。通过与建立现代灌溉系统结合，以人工智能全自动控制和遥感等信息技术为手段的现代化、智能化的施肥方式。土壤营养状态传感器感知土壤养分信息，并传递到中心控制计算机。中心控制计算机通过计算分析获得是否需要施肥的信息，再指令其他集群控制设备开启或关闭各种营养配方溶液，完成施肥。目前已在设施农业中和部分大田使用，其广泛应用还有待于建立各种作物田间养分状况的详细信息和以发达的经济技术体系作支撑。

❀ 小结

利用溶液培养和砂基培养法，已知植物的必需元素有 19 种，C、H、O、N、P、K、Ca、Mg、S、Si、Fe、Mo、B、Zn、Cu、Mo、Cl、Ni 和 Na。除 C、H、O 外其他 16 种元素根据需要数量的多少，分为大量元素和微量元素。

必需元素在植物体内综合功能，一是作为结构碳化物组成成分，二是参与能量储存和生物膜等构建，三是作为酶辅基或调节剂参与氧化还原反应，四是调节电化学势和渗透平衡。但每一种必需元素又有其特殊的生理功能和缺乏症。

植物细胞通过生物膜吸收矿质有被动和主动两种方式。被动吸收需离子通道，吸收的多少取决于细胞内外的电化学势。主动吸收依靠呼吸能量，逆电化学势吸收，是离子吸收的主要方式。离子通道、载体蛋白、转运体和泵等参与离子的跨膜运转和在液泡中积累，细胞还以胞饮方式吸收大分子。

尽管矿质离子在水中被植物吸收，但吸水和吸肥是相对独立，而又有联系的过程。根毛形成区是离子吸收的主要区域，由于通道、载体蛋白和转运体的差异，植物吸收离子具有选择性，导致溶液 pH 变化。根据 pH 变化的不同，盐类可分为生理酸性盐、生理碱性盐和生理中性盐。影响根系对矿质离子吸收的因素有溶液温度、O_2、pH、离子间互作、离子浓度等。除根系外，植物叶片也可吸收矿质元素。矿质元素在根内的径向运输是通过质外体和共质体途径的，从根毛到内皮层，再入导管。

植物只能利用 NO_3^--N 和 NH_4^+-N，但 NO_3^- 必须在植物体内还原为 NH_4^+ 后才能被利用。催化 NO_3^- 还原为 NO_2^- 的酶为硝酸还原酶，催化 NO_2^- 还原为 NH_4^+ 的是亚硝酸还原酶，两者都是诱导酶。NO_3^- 还原与光合作用有密切关系。共生固氮菌能固定空气中的 N_2，形成 NH_4^+，固氮需寄主提供光合产物。固氮与光合作用、遗传因子和生育期等有关，土壤中游离氮抑制根瘤菌固氮。

根吸收的矿质元素进入导管，沿木质部蒸腾流上运到全株，叶吸收的矿质元素沿韧皮部双向运转。根据矿质元素是否被再利用，把它们分为可再利用元素和不可再利用元素。前者缺乏时发病从老叶开始，后者从幼嫩部位开始。

生产上施肥应根据不同生育期，不同作物及收获对象施肥，首先满足营养临界期和最大营养效率期对养分的需要。施肥诊断有植物长势、生理指标和元素成分分析等方法。人们可通过现代生物技术和人工智能等手段提高作物养分利用率。

Q 思考题

1. 怎样用实验的方法确定植物必需元素？
2. 溶液培养应注意哪些问题？有何应用价值？
3. 试述 N、P、K 的主要生理功能及缺素症。
4. 比较缺 N、Mg 和 Fe 的异同点。
5. 植物细胞如何吸收矿质营养？
6. 盐的生理酸性、碱性是怎样引起的，并举例说明。
7. 外界条件如何影响矿质营养的吸收？
8. 光合作用如何促进 NO_3^- 同化？
9. 影响生物固氮的因素有哪些？
10. 谈谈矿质营养在植物体内的运输。
11. 怎么理解"麦浇芽""菜浇花"？
12. 如何提高养分利用效率？

🌐 主要参考文献

Barber S A. Soil Nutrient Bioavailability：A Mechanistic Approach [M]. New York：John Wiley，1984.

Buchanan B B，Gruissem W，Jones R L. Biochemistry and Molecular Biology of Plants [M]. 2nd ed. London：John Wiley and Sons，2015.

Epstein E，Bloom A J. Mineral Nutrition of Plants：Principles and Perspectives [M]. 2nd ed. *Sunderland*：Sinauer Associates Inc Publishers，2005.

Filiz E M A. Ammonium transporter 1（AMT1）gene family in tomato（*Solanum lycopersicum* L.）：bioinformatics，physiological and expression analyses under drought and salt stresses [J]. Genomics，2020，112：3773-3782.

Hocking P J. The composition of phloem exudate and xylem sap from tree tobacco（*Nicotiana glauca* Grah）[J]. Ann Bot，1980，45：633～643.

Lu Y，Yu M，Jia Y，et al. Structural basis for the activity regulation of a potassium channel AKT1 from Arabidopsis [J]. Nat Comm，2022，13，5682.

Ma J F，Yamaji N，Mitani N，et al. An efflux transporter of silicon in rice [J]. Nature，2007，448：209-213.

Parker J L，Newstea S. Molecular basis of nitrate uptake by the plant nitrate transporter NRT1.1 [J]. Nature，2014，507：68-74.

Saitoh Y，Mitani-Ueno N，Saito K，et al. Structural basis for high selectivity of a rice silicon channel Lsi1 [J]. Nat Comm，2021，12：6236.

Taiz L，Zeiger E，Moller IM，et al. Plant Physiology and Development [M]. 6th ed. Sunderland：Sinauer Associates Inc Publishers，2015.

Takano J，Miwa K，Fujiwara T. Boron transport mechanisms：collaboration of channels and transporters [J]. Trends in Plant Sci，2008，13：451-457.

Wang Y，Wang F，Lu H，et al. Phosphate uptake and transport in plants：an elaborate regulatory system [J]. Plant Cell Physiol，2021，62：564-572.

Yamaji N，Ma J F. The node，a hub for mineral nutrient distribution in graminaceous plants [J]. Trends in plant science，2014，19：556–563.

网上更多资源

扩展阅读　　　教学课件　　　思考题解析

第三章

植物的光合作用

光合作用（photosynthesis）是指绿色植物在光下，把 CO_2 和 H_2O 同化成有机物，并放出 O_2 的过程。它是地球上最重要的化学反应。绿色植物作为地球上最大规模的自养生物，通过光合作用合成了自身 95% 以上的有机物质，不仅满足自身的需要，还为地球上的异养生物提供有机物质。人们栽培植物的目的就是利用植物的光合作用，获得食物、能源和工农业生产原料。此外，光合作用中释放的 O_2 为地球上生物的进化及生存奠定基础。因此，研究植物的光合作用不仅对揭示绿色植物的起源和植物利用太阳能的机理，而且对提高植物光能利用率及太阳能资源的开发利用都具有重要的意义。本章将从光合细胞器的结构、光能吸收、转化的过程，环境条件对光合作用的影响及提高光能利用率的途径等方面进行系统介绍。

第一节　光合作用的概念和意义

一、光合作用的概念

自 18 世纪发现植物的光合作用至今，人们对光合作用的认识逐渐深入。人们最初从绿色植物中认识光合作用，利用光能，把 CO_2 和 H_2O 变成有机物（CH_2O），并放出 O_2。因此，光合作用总反应式可表示为：

$$CO_2 + H_2O \xrightarrow[\text{绿色植物}]{\text{光能}} CH_2O + O_2$$

随着对光合器官显微结构的认识，人们发现光合作用的全过程可以在绿色植物和某些藻类的叶绿体中进行，认识到叶绿体是进行光合作用的场所。因此，光合作用的总反应式应写成：

$$CO_2 + H_2O \xrightarrow[\text{叶绿体}]{\text{光能}} CH_2O + O_2$$

与绿色植物不同，对细菌的光合作用研究表明，其光合作用中形成 CH_2O 的氢源不是 H_2O，也不放出 O_2。如紫色硫细菌利用 H_2S 作为氢供体，在光下将 CO_2 还原为有机物；而紫色非硫细菌则在光下利用异丙醇或脂肪酸等作为氢供体，将 CO_2 还原为有机物。细菌没有叶绿体，其叶绿素结合在绿色细胞的载色体上。因此，综合所有的光合作用，光合作用的总反应式要用以下通式来表示：

$$CO_2 + 2H_2A \xrightarrow[\text{光合细胞}]{\text{光能}} CH_2O + 2A + H_2O$$

在绿色植物和藻类的光合作用中，上式中的 A 就是 O，H_2A 就是 H_2O；在细菌光合作用中，A 可以是其他元素或有机物，如以 H_2S 作为氢源的紫色硫细菌，A 就是硫（S）。尽管人们后来用 $^{18}O_2$ 证明光合作用放出的 O_2 来自 H_2O，但这个光合作用的反应通式也可证实这一点。因此，综合上述的反应，将光合作用定义为光合生物利用光能和氢供体，把 CO_2 同化为糖类的过程更为确切。

从进化的角度看，细菌的光合作用应早于绿色植物。在出现绿色植物前，地球上并无 O_2，因此最初的光合细菌是厌氧的，它们在光照下利用硫化氢、异丙醇等还原剂把 CO_2 还原成糖类再转变为其他有机物。由于这些氢源并不普遍，这些光合生物发展受到限制。后来经过多次突变、演化，最后进化出分解 H_2O 并放出 O_2 的光合生物，这种光合作用所需的原料是地球上广泛存在的，加上光合过程中释放大量的 O_2，进而使好氧生物在自然界中取代了厌氧生物而占据统治地位。绿色植物的光合作用成为地球上最大规模的光合作用，引发地球上生命发展过程的飞跃。此外，还有一些不含色素的细菌，能利用氧化 H_2S、H_2、NH_3 等所产生的化学能来同化 CO_2，称为化能合成作用。这类化能合成细菌需要用 O_2 去氧化其他物质，所以出现最晚，由于其能量来源不普遍，这类自养生物在自然界中分布也不广泛。

二、光合作用的意义

地球上生物的生命活动所需的有机物、能量和 O_2，绝大部分是由绿色植物通过光合作用提供的。因此，光合作用在许多方面，具有重要意义。

（一）光合作用是把无机物变为有机物的重要途径

植物通过光合作用制造有机物的规模非常庞大。据估计，地球上每年通过光合作用同化的 CO_2 约 2.25×10^{12} t，折合有机物 1.5×10^{12} t，其中陆生植物约占 1/3，水生植物约占 2/3。在陆生植物中，森林约占一半，栽培植物占近 1/10。因此，人们把绿色植物喻为合成有机物的"绿色工厂"，我们所需的一切食物及许多工业原材料都是光合作用直接或间接的产物，可以说没有光合作用，就没有人类的生存和发展。

（二）光合作用是一个巨大的能量转换过程

植物通过光合作用把太阳能转化为有机物中贮存的化学能。据估计，每年光合作用所积蓄的太阳能约为 9×10^{21} J，约为全人类每年所需总能量的几十倍。有机物中所贮藏的化学能，除了供植物本身和全部异养生物之用外，更重要的是可供作人类营养和活动的能量来源。人类所利用的煤炭、天然气、木材、石油等能源，都曾是植物光合作用的直接或间接产品。当前，人们利用能源植物（藻），直接把植物产品转化为乙醇等其他生物能源，以解决能源短缺问题。

（三）光合作用能维持大气中 O_2 和 CO_2 的相对平衡

在地球上由于燃烧和生物呼吸，耗 O_2 量可达每秒万吨以上。然而，大气中的含 O_2 量却能维持在 21% 左右。这是由于植物每年在光合作用过程中放出约 1.5×10^{12} t 的缘故。植物的光合作用虽能清除大气中大量的 CO_2，但目前大气 CO_2 浓度仍以每年约 2 $\mu L \cdot L^{-1}$ 的速率增加，至今已达 400 $\mu L \cdot L^{-1}$，这主要是由于城市化及工业化导致大量化石燃料的使用及植被被毁，这些问题已引起各国科学家和政要的高度重视。

　　世界范围内的大气 CO_2 及其他温室气体（greenhouse gases），如甲烷等浓度的加速上升，引起了温室效应（greenhouse effect）。因为，阳光主要以短波辐射照到地表，使地面及物体温度升高，并以长波辐射的形式向宇宙空间散失热量，由于温室气体不能透过长波辐射，把一部分地球上辐射出去的能量又反射到地球，使地球散热量下降。这一现象与天然温室加热相同，故称温室效应。温室效应会对地球的生态环境造成怎样的影响，这是人类十分关注的问题。为使人类免受气候变暖的威胁，2015 年 12 月 12 日在第 21 届联合国气候变化大会（巴黎气候大会）上通过《巴黎协定》（the Paris Agreement），并于 2016 年 4 月 22 日在美国纽约联合国大厦签署，于 2016 年 11 月 4 日起正式实施。由全世界 178 个缔约方共同签署，对 2020 年后全球应对气候变化的行动作出的统一安排。该协定的长期目标是将全球平均气温较前工业化时期上升幅度控制在 2℃ 以内，并努力将温度上升幅度限制在 1.5℃ 以内。《巴黎协定》是对已经到期的《京都议定书》的后续。

　　综上所述，光合作用的研究无论在理论上和实践上都具有重大意义，弄清光合作用的机理，为人工利用太阳能，模拟光合作用合成清洁可再生能源、食物乃至国防科学和航天技术等领域提供强有力的武器。光合器官分子生物学的研究，对揭示细胞起源，生命进化有重要作用，也必将促进自然科学其他相关学科的发展。

第二节　叶绿体及其色素

　　叶片是高等植物进行光合作用的主要器官，但其光能的吸收、CO_2 的固定及还原，以及淀粉的合成，都可在叶绿体内独立完成。因此，叶绿体是植物整个光合作用的功能单位，是植物光合作用的细胞器。

一、叶绿体的结构、化学组成与发育

（一）叶绿体的结构

　　高等植物的叶绿体（chloroplast）多呈扁平的椭圆形，直径 3～6 μm，厚 2～3 μm，在阴生条件下发育的阴叶（shade leaf）的叶绿体较在阳光下生长的阳叶（sun leaf）的叶绿体大。每个叶肉细胞有 20～200 个叶绿体，栅栏组织中的叶绿体比海绵组织要多。高等植物的叶绿体，在细胞中可随光照方向与强度发生位移和转向。在弱光下叶绿体多排列在与光源垂直方向的细胞壁上，并将扁平面朝向阳光，以利最大限度吸收光能；在强光下叶绿体多排列在与光源平行方向的细胞壁上，并将窄面朝向阳光，以减少光能的吸收。这种叶绿体的移动在阴生植物中比阳生植物中要明显得多，它可有效地降低强光对光合作用的抑制和对光合器官的破坏，这是植物长期对光环境适应的结果。

　　图 3-1 是叶绿体结构模式图和电镜图片。叶绿体有内外双层被膜（envelope），其外膜透性较大，可通过一些低分子物质，如核苷、蔗糖等。内膜有较强的选择透性，只有 CO_2、O_2 和 H_2O 可以自由通过，Pi、磷酸丙糖、二羧酸及其氨基酸等物质借助内被膜上的各种"运转器"能进出叶绿体。

　　叶绿体内电子密度较小的部分为淡黄色的液体，称间质（stroma）或基质，其主要成分是可溶性蛋白质，包括光合作用中同化 CO_2 及合成淀粉的所有酶系，其中最多的是 1,5- 二磷酸核酮糖羧化酶 / 加氧酶（简称 Rubisco）。此外，叶绿体还含有 DNA、RNA 和

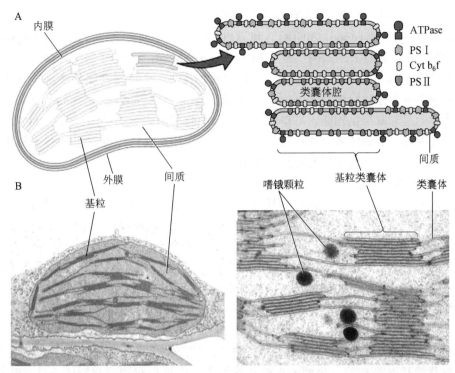

图 3-1 叶绿体的结构模型图（A）和电镜图（B）（改自 Buchanan et al., 2015）

70S 的核糖体，具有合成部分自身蛋白的能力和一定程度上的遗传自主性。间质中还含有多种糖类，有的还含有淀粉粒与嗜锇颗粒。嗜锇颗粒在叶绿体中可起脂质库的作用。比如，光下合成片层结构需要脂类时，嗜锇粒变小，而叶片衰老膜系统解体时，嗜锇粒又变大。

在叶绿体内部的间质里分布着许多复杂的膜系统，它们由一些内充液体的扁平囊状物——类囊体（thylakoid）或片层组成。若干类囊体垛叠（更可能是一个的囊状结构折叠）在一起的结构称基粒（granum），其类囊体称为基粒类囊体；连接基粒与基粒之间的类囊体称间质类囊体，有的一个间质类囊体可穿过数个基粒把类囊体连接成一个复杂的膜系统。在类囊体膜上分布着 ATP 合酶（ATPase）、光系统 I（PS I）、光系统 II（PS II）和细胞色素 b_6f 复合体（Cyt b_6f）等。几乎所有的光合色素都结合在这些膜上，光合作用中光能的吸收、传递、转化，电子传递和光合磷酸化均在类囊体膜上进行，故人们把类囊体膜称为光合膜（photosynthetic membrane）。

一个典型的叶绿体中有 40～60 个基粒，每个基粒又有若干个类囊体，但叶绿体片层结构受植物种类、年龄与环境条件的影响较大。玉米与甘蔗等 C_4 植物叶片中，维管束鞘细胞的叶绿体几乎无基粒，仅由间质类囊体组成；未充分发育的新叶和衰老的叶片基粒比功能叶少，如同一株冬小麦中，基粒的类囊体数目以旗叶最多。同一植物处于强光或蓝光下，叶绿体的基粒数及每个基粒的类囊体数均较少，反之在红光或弱光下均较多。

（二）叶绿体的化学成分

叶绿体含有 75%～80% 的水分。在干物质中，蛋白质占 30%～50%，脂类占 20%～30%，色素约占 8%，还有 10% 左右的灰分元素和 10%～20% 的贮藏物质。蛋白质与膜脂是构成叶绿体光合膜系统的物质基础，大量的蛋白质与糖和色素结合成糖蛋白（glycoprotein）和色素蛋白。不像动物细胞膜和植物细胞质膜及其他细胞器的膜的主要成分是磷脂，叶绿体膜的膜脂是糖脂（glycolipid），其中，单半乳糖基甘油二脂（monogalacotyl diglyceride，MGDG）和双半乳糖基甘油二脂（digalacotyl diglyceride，DGDG）含量占总脂的 75%，磷脂酰甘油（phosphatidyl glycerol，PG）仅 10% 左右。糖脂富含多不饱和脂肪酸，主要是亚麻酸，可达 90% 以上，这使光合膜相变温度大为降低。其次，在 PG 中含有叶绿体特有的反式十六碳 - 烯酸。研究表明，占总脂 40%～50% 的 MGDG 化学上是非双层结构脂，即单独分散到水中时不形成双层结构，但类囊体膜是双分子层结构。因此，类囊体膜上脂质与蛋白质的相互作用有其特殊性，这种相互作用可能对类囊体膜结构及相关光合过程起特殊的作用。

（三）叶绿体的发育

叶绿体是由顶端分生组织内的原质体（initial plastid）发育而来的。原质体具双层膜，内部很少分化，直径不到 1 μm。当叶原基从顶端分生组织形成时，原质体发育成前质体（proplastid），其内膜会内折成若干管状结构。在有光的条件下，内膜继续内折，生成许多能散发荧光的小泡，这些小泡相互融合形成平行排列的片层，一部分增殖并垛叠（stack），发育成基粒类囊体，另一些只延长不垛叠的则发育为间质类囊体。在暗中，上述小泡融合速度很慢，出现整齐的晶格状结构到排列成行的原片层体（prolamelar body），具有这种结构的质体称为白色体或黄化质体。照光后原片层体逐渐形成类囊体，同时合成叶绿素，成为具有光合功能的叶绿体。叶绿体衰老时，片层结构逐渐解体。叶绿体发育除受光照影响外，还与营养状况等有关。缺钾的水稻叶片新出叶仍可观察到原片层体，且在叶片衰老时，叶绿体内片层结构解体较早。此外，植物的叶绿体可以通过裂殖和出芽等进行增殖。

二、叶绿体色素及其性质

叶绿体色素可分三大类：叶绿素类（chlorophylls），包括叶绿素 a、b、c、d、f 和细菌叶绿素（bacteriochlorophyll）a 和 b 等多种；类胡萝卜素类（carotenoids），包括胡萝卜素（carotene）和叶黄素（xanthophyll）等；藻胆素（phycobilin），有藻蓝素（phycocyanobilin）和藻红素（phycoerythrobilin）。高等植物的叶绿体色素中，叶绿素有叶绿素 a 和叶绿素 b，类胡萝卜素有胡萝卜素和叶黄素。各种色素的分子结构如图 3-2。

（一）叶绿体色素的化学性质

1. 叶绿素。由图 3-2A 可见，叶绿素是二羧酸酯，其中一个羧基被甲基酯化，另一个被植醇基（phytol）酯化。叶绿素 a 和 b 的区别只是 B 环上的甲基（—CH₃）被羰基（—CHO）取代，叶绿素 d 是 A 环上的乙烯基（—CH＝CH₂）被羰氧基（—O—CHO）取代，叶绿素 c 则是叶绿素 a 没有植醇基，细菌叶绿素与叶绿素的区别在于 A 环上的乙烯基被乙醛基（—CO—CH₃）代替及 B 环被还原。叶绿素总体结构是一端由 4 个吡咯环和 4 个甲烯基（＝CH—）组成一个卟啉环，Mg 原子居于其中央，并与 4 个吡咯环的 N 原子结合（2 个共价键，2 个配位键），形成镁卟啉。其中 Mg 偏向带正电荷，而 4 个 N 偏向带负电荷，因此，呈极性具亲水性。此外，尚有羧基和羰基组成的副环（环Ⅴ），其羧基与甲醇结合成酯。在叶绿素中植醇与吡咯环Ⅳ结合成酯，植醇是一个由 4 个异戊二烯单位组成的双萜，属亲脂的脂肪族。如果说镁卟啉是亲水的"头部"，则植醇基就是亲脂的"尾部"，二者互相垂直。这对叶绿素分子在光合膜上的有序排列非常重要，它可使叶绿素分子卟啉环一端排列在类囊体拟脂层的表面，与蛋白质亲水域结合；植醇链则伸入类囊体膜中，与蛋白质疏水域结合。还需注意的是，镁卟啉存在着一个由连续共轭双键组成的共轭体系，它既是叶绿素颜色的来源，又是叶绿素能吸收可见光，并以诱导共振方式传递光能的根本所在。

高等植物叶绿体中只含叶绿素 a 和叶绿素 b 两种，叶绿素 a 呈蓝绿色，而叶绿素 b 呈黄绿色。它们均不溶于水，而溶于乙醇、丙酮和石油醚等有机溶剂。因此，从植物叶片中提取叶绿素时，通常用含水的有机溶剂，如 80% 丙酮或 95% 乙醇。卟啉环中的镁可被 H^+ 取代形成去镁叶绿素，使颜色变成褐色，它是光系统 II 的原初电子受体。去镁叶绿素中的 H^+ 还可被 Cu^{2+}、Zn^{2+} 等离子取代。Cu^{2+} 取代后形成的铜代叶绿素，呈绿色并很稳定，人们常用醋酸铜溶液处理标本使之长期保持绿色，就是利用这一原理。

2. 类胡萝卜素。叶绿体中的类胡萝卜素有两类，胡萝卜素与叶黄素。胡萝卜素呈橙黄色，叶黄素呈鲜黄色。胡萝卜素有 α、β 和 γ 三种，植物中以 β 胡萝卜素最多。在动物体内 β 胡萝卜素水解后可转变成维生素 A。β 胡萝卜素的结构如图 3-2B，它是由 8 个异戊二烯残基组成的四萜化合物。叶黄素是胡萝卜素的衍生物，其典型结构是其两端的紫罗兰

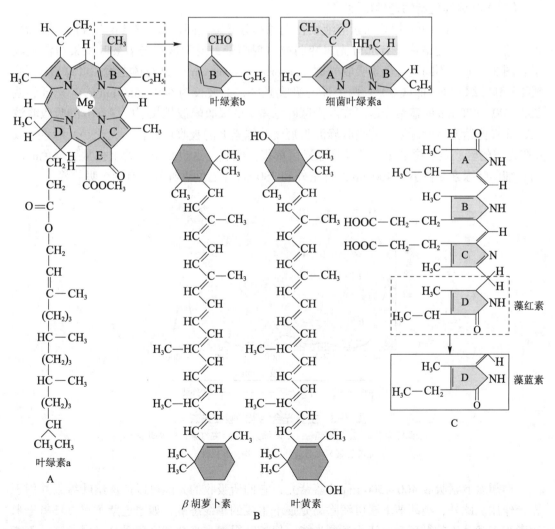

图 3-2　光合色素的结构

A. 叶绿素；B. 类胡萝卜素；C. 藻胆素

酮环上的 H 被 OH 所取代。类胡萝卜素具有一系列的共轭双键体系，因此，在光合作用中能吸收和传递光能。此外，植物体还存在玉米黄素（zeaxanthin）、环氧玉米黄素（又名花黄素，antheroxantin）和紫黄素（violaxanthin）等叶黄素。类胡萝卜素都不溶于水，而溶于有机溶剂。

叶绿体色素都是与蛋白质结合，形成色素蛋白质复合体分布在光合膜上，其含量和比例随植物种类、叶片所处的光照条件、水肥状况、叶龄和季节的变化而有所改变。一般叶绿素与类胡萝卜素的比值约为 3∶1，叶绿素 a 与 b 之间的比值也约为 3∶1。秋天植物落叶前，叶绿素比类胡萝卜素的比值下降；阴生条件下叶片的叶绿素 b 含量增加，但叶绿素 a 含量下降；而强光使叶片的叶绿素 a 增加，叶绿素 b 减少。

3. 藻胆素。在蓝藻和红藻的藻胆体中，有分别与藻蓝蛋白（phycocyanin）和藻红蛋白（phycoerythrin）结合的藻蓝素和藻红素，其结构如图 3-2C 所示，由线状的四吡咯连接而成，藻蓝素与藻红素区别只是在最下面的两个吡咯环间（C 和 D 连接处）有单双键的区别。

（二）叶绿体色素的光学特性

1. 吸收光谱。如果把叶绿素溶液放在光源和分光镜之间，就可看到红、橙、黄、绿、青、蓝、紫 7 色光谱中，有部分光谱变弱或出现暗带，说明这些光谱被叶绿素溶液吸收了。图 3-3 显示不同光合色素吸收光谱（absorption spectrum）。从总体上看，叶绿素 a（曲线 2）和叶绿素 b（曲线 3）有两个强的吸收光区，即波长为 640~680 nm 的红光区和波长为 400~470 nm 的蓝紫光区。在红光区叶绿素 a 的吸收峰波长长于叶绿素 b 的吸收峰波长，而在蓝紫光区叶绿素 a 的吸收峰波长短于叶绿素 b 的吸收峰波长。无论是叶绿素 a 或 b 在光谱的橙、黄、绿区域，尤其是绿光区都很少吸收，这也是植物看上去常呈绿色的原因。细菌叶绿素 a 在小于 400 nm 的近紫外和 780 nm 左右的近红外区有两个吸收峰。

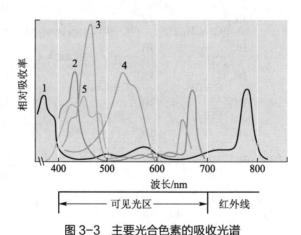

图 3-3　主要光合色素的吸收光谱
1. 细菌叶绿素 a；2. 叶绿素 a；3. 叶绿素 b；4. 藻红素；5. β 胡萝卜素
除藻红素为水溶液外，其余均为非极性溶剂

类胡萝卜素吸收 400~500 nm 的蓝紫光，它们所吸收的光能可以传递给叶绿素并用于光合作用。此外，类胡萝卜素可清除高光强下生成的单线态氧，如通过紫黄素、环氧玉米黄素和玉米黄素的循环有效清除过剩光能，保护叶绿素和光合器官免受高光强危害。不能合成类胡萝卜素的玉米和向日葵的白化苗虽能合成叶绿素，但照光后叶绿素很快遭破坏。

2. 荧光和磷光。叶绿素溶液在透射光下呈绿色，而在反射光下呈红色（叶绿素 a 为血红色，叶绿素 b 为棕红色）的现象称为荧光现象（fluorescence phenomenon）。荧光的寿命很短，约为 10^{-9} s。据估计每 100 个吸收了光的叶绿素分子中，约有 30 个会发出荧光，因此，可用肉眼观察到叶绿素溶液的荧光。但当光照停止，荧光也随之消失。正在进行光合作用的叶片很少发出荧光，因为叶绿素吸收的光能最终传递给光合作用中心发生电荷分离，完成光能转化。但根据其光合作用中心所处的状态，光照的强弱，环境条件是否合适等因素，仍可用仪器检测到叶绿素荧光。目前，利用叶绿素荧光分析仪可分析活体情况下叶绿素特征荧光，判断其作用中心运转是否正常。此外，叶绿素还会发出磷光（phosphorescence），当叶绿素溶液停止光照后，仍能在一定的时间放出暗红色的光，这就是磷光。磷光的寿命比荧光长得多，为 $10^{-2} \sim 10^{3}$ s，但强度仅为荧光的 1% 左右，一般很难用肉眼观察到。关于吸收光谱及叶绿素发射荧光和磷光的机理，将在下节讨论。

三、叶绿体色素代谢及其与环境条件的关系

（一）叶绿素的生物合成和降解

1. 生物合成。叶绿素的生物合成是由一系列酶催化的复杂的过程，已知叶绿素和血红素的合成前体都是 $\delta-$ 氨基酮戊酸（δ-aminolevulic acid，ALA）。在植物和蓝藻中，$\delta-$ 氨基酮戊酸是谷氨酸通过谷氨酰 tRNA 参与的一系列反应而形成的。叶绿素合成的全过程如下：2 分子的 ALA 在 ALA 脱氢酶的催化下脱水缩合为 1 分子的胆色素原（porphobillinogen，PBG），4 个 PBG 在 PBG 脱氨酶和联吡咯甲烷辅因子（dipyromethane cofactor）的催化下形成羟甲基胆色素烷（hydrooxylmethylbilane，HMB），HMB 在尿卟啉原Ⅲ合酶（uroporphyrinogen Ⅲ synthase）的催化下脱水形成尿卟啉原Ⅲ，它在尿卟啉原Ⅲ脱羧酶的催化下脱去 4 分子 CO_2 形成粪卟啉原Ⅲ（coproporphyrinogen，CPG Ⅲ），再在 CPG Ⅲ 氧化酶的作用下加氧、脱水和脱羧形成原卟啉原Ⅸ（protoporphyrinogen，PPG Ⅸ），PPG Ⅸ 在 PPG Ⅸ 氧化酶的催化下进一步加氧脱水，形成原卟啉Ⅸ。原卟啉Ⅸ是合成血红素和叶绿素的分支点，它在亚铁螯合酶（ferrochelatase）的催化下，加 Fe^{2+} 合成血红素；在镁螯合酶的催化下，加 Mg^{2+} 合成 Mg- 原卟啉Ⅸ。Mg- 原卟啉Ⅸ在其甲基转移酶的催化下与来自 $S-$ 腺苷蛋氨酸的甲基结合形成 Mg- 原卟啉甲基酯，它在环化酶的催化下，利用 NADPH 和 O_2 形成二乙烯基原叶绿素酸酯 a（divinyl protochlorophyllide a），再在 $\delta-$ 乙烯基还原酶的催化下利用 NADPH 合成单乙烯基原叶绿素酸酯 a，其在光和 NADPH 存在下，由 NADPH 原叶绿素酸酯氧化还原酶（protochlorophyllide oxidoreductase）催化为叶绿素酸酯 a（chlorophyllide a），叶绿素酸酯 a 在叶绿素合成酶的催化下与植醇基焦磷酸结合成为叶绿素 a。叶绿素 a 在其氧化酶的催化下加氧形成叶绿素 b，叶绿素 b 经若干还原反应还可再循环形成叶绿素 a（Tanaka and Tanaka，2007）。

2. 降解。在叶片衰老过程中，叶绿素的降解的第一步是叶绿素 a 和 b 从蛋白复合体中释放，其中叶绿素 b 在还原酶的作用下变为叶绿素 a，再在 Mg- 脱螯合酶的催化下形成去镁叶绿素 a，在去镁叶绿素酶的催化下水解为去镁叶绿酸 a，形成的另一产物植醇常积累在老年质体的脂质体中。去镁叶绿素酸酯在其氧化酶（PaO）的作用下，开环形成红色叶绿素代谢物（red chlorophyll catabolite，RCC），并迅速在其还原酶的作用下变为无色的线状四吡咯，该产物带有很强蓝色荧光，为初级荧光叶绿素代谢物（primary fluorescence chlorophyll catabolite，FCC）。已知分解叶绿素的这些酶是定位在类囊体膜上的复合体。

FCC 需要靠代谢物转运器从叶绿体输出并需 ABC 转运器输入液泡，两者均依赖 ATP。在液泡中 FCC 在各种不明酶的催化下形成无荧光的叶绿素代谢物进一步分解。

（二）类胡萝卜素的生物合成

类胡萝卜素在叶绿体中含量很高，可以在膜上形成晶体。它是由两个牻牛儿基牻牛儿基焦磷酸（geranylgeranyl diphosphate）在八氢番茄红素合酶（phytoene synthase）的催化下形成八氢番茄红素，再在八氢番茄红素去饱和酶的作用下形成六氢番茄红素（phytofluence）和 ζ 胡萝卜素（ζ-carotene），再在 ζ 胡萝卜素去饱和酶的作用下形成链孢红素（neurosporence）和番茄红素（lycopin）。番茄红素在番茄红素 β 环化酶（β-cyclase）的催化下形成 β 胡萝卜素。番茄红素在其 β- 和 ε- 环化酶的共同作用下形成 α 胡萝卜素，α 胡萝卜素再分别在 β- 和 ε- 羟氧化酶（hydroxylase）的作用下氧化成叶黄素（xanthophyll, lutein）。β 胡萝卜素在 β- 羟氧化酶催化下形成玉米黄素（zeaxanthin），玉米黄素再在玉米黄素表氧化酶（epoxidase）的作用下形成环氧玉米黄素（antheroxantin）和紫黄素（violaxanthin）。而在高光强下，紫黄素可以在紫黄素脱表氧化酶（de-epoxidase）的作用下回到环氧玉米黄素和玉米黄素，这在植物防止光氧化中发挥重要作用。此外，紫黄素还可以在新黄素合酶的催化下形成新黄素（neoxanthin）。

（三）环境条件对叶绿体色素代谢的影响

叶绿素在体内不断地进行合成和降解，用 ^{15}N 研究燕麦幼苗，发现 72 h 后，叶绿素几乎全都更新，用 ^{14}C 研究烟草的结果也表明，叶绿素半衰期只有几周。因此，植物体内的叶绿素含量受外界条件的影响较大。

1. 光照。光照不仅对叶绿素合成，而且对叶绿体发育也是必不可少的。被子植物在暗中不能合成叶绿素，但暗中可以积累原叶绿素酸酯 a，照光后在原叶绿素酸酯氧化还原酶的催化下迅速转变为叶绿素酸酯。在裸子植物、藻类和光合细菌中存在不依赖光的原叶绿素酸酯氧化还原酶，可以在暗中合成叶绿素。柑橘种子的子叶及莲子的胚芽的叶绿素可能是叶绿素酸酯 a 运入所致。类胡萝卜素的合成不受光影响，这样暗中生长的植物叶片就呈黄色。

2. 温度。植物叶绿素合成的温度范围较宽，为 2~40℃，最适温度为 20~30℃。不同的植物种类由于其系统发育对温度适应的差异，叶绿素合成的温度范围也不同。喜温植物如水稻、棉花等在 10℃ 以下就难以合成叶绿素。秋天叶片变黄（红）色，早春树木嫩芽转绿慢以及田间早稻秧苗 "节节白" 等现象，都是低温影响叶绿素合成，或显现并合成类胡萝卜素（黄）和花色素（红）的结果。

3. 营养元素。植物缺 N、Mg、Fe、Mn、Zn、Cu 等元素时会出现缺绿病，这是由于叶绿素的合成需要这些营养元素参与。N 与 Mg 是叶绿素的组分；Fe 可能是形成原叶绿素酸酯所必需；Mn、Zn、Cu 可能是叶绿素合成中某些酶的活化剂而间接地起作用。

4. O_2。O_2 参与了粪卟啉原 III 到原卟啉原 IX，再到原卟啉 IX 以及 Mg- 原卟啉甲基酯到二乙烯基原叶绿素酸酯 a 的合成，缺氧影响这些过程。一般情况下地上部不会因缺 O_2 影响叶绿素合成，但在溶液培养通气不良的情况下，O_2 也会影响叶绿素合成。

5. H_2O。虽然叶绿素的生物合成过程没有 H_2O 直接参与，但植物组织缺 H_2O 时，叶绿素含量下降。这可能是在缺 H_2O 下叶绿素不能与膜蛋白结合而游离，易受强光破坏所致。

第三节　光合作用的光反应

　　由于习惯的影响，我们还是把植物复杂的光合作用全过程分为光反应和碳同化两部分来论述。这里的光反应包括了光合作用中光能的吸收、传递、光化学反应，电子传递和光合磷酸化等过程。其实在这些过程中，直接需光的反应只是从光合色素吸收光量子到作用中心色素电荷分离的一瞬间，其后的电子传递和光合磷酸化过程是不需要光的反应。光合作用中光反应和碳同化关系如图 3-4 所示，光量子在类囊体膜上被光合色素吸收，通过光反应最终形成同化力——ATP 和 NADPH，用于后面的碳同化过程。

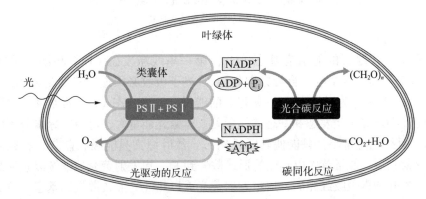

图 3-4　光合作用中光反应和碳同化关系的示意图（引自 Taiz et al., 2015）

一、光能的吸收、传递和光化学反应

　　光合作用中光能的吸收，传递和光化学反应，曾称原初反应（primary reaction），这个过程速度极快，为 $10^{-12} \sim 10^{-9}$ s；可以在液氮（-196℃）或液氦（-271℃）温度下进行，这与光合过程中其他反应不同；由于速度快，该途径散失能量少，其量子效率接近 1。

（一）光能的吸收

　　光表现为波粒二象性，光是由光子（photon）又称光量子（quantum）组成的。光子的能量用下式表示：

$$q = h v = h \frac{c}{\lambda};$$

式中，q 为光子能量，h 为普朗克常数（6.63×10^{-34} Js）；v 为光的频率，c 为光速（3×10^{10} cm·s^{-1}），λ 为波长（nm）。上式表明光子的能量与其波长成反比。因此，波长较短的蓝紫光，其能量要比波长较长的红光大。

　　任何物质分子吸收或捕获光子后，就引起它的原子结构内的电子分布重新排列。这种经过电子重新排列的分子状态，称为激发态（excited state），它的能量比原来的状态——基态（ground state）提高了。这种激发态分子极不稳定，当其重新回到基态时，又放出能量。叶绿素受光子激发后，可以热或光的形式释放出能量，或把能量传给其他分子，也可捕获光能发生光化学反应。图 3-5 是叶绿素分子的光能吸收能级、吸收光谱和能量耗散示意图。

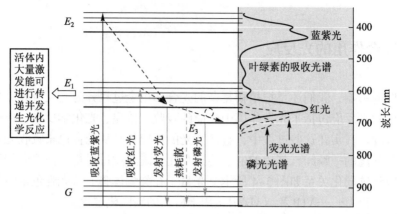

图 3-5　叶绿素分子的能级及其吸收光谱和能量耗散示意图
虚线表示以热能形式耗散能量

　　如图所示，叶绿素的能级有基态（G），第一单线激发态（E_1）和第二单线激发态（E_2）及三线态（E_3，两个电子自旋方向相同）。光子吸收必须遵守普朗克定律，$\Delta\delta = \delta_1 - \delta_0 = h\nu = hc/\lambda$；这里 δ_1 为激发态（E_1 或 E_2）的能量，δ_0 为基态（G）的能量。这样，吸收光量子的能量必须等于激发态和基态的能量差。蓝紫光能量大，可使叶绿素分子中的电子跃迁到 E_2，而红光能量小，只能使其跃迁到 E_1，故叶绿素只能吸收蓝紫光和红光。当叶绿素吸收蓝紫光后，能量首先以热能的形式散失到 E_1，再发射荧光或继续以热能的形式散失到基态。当叶绿素吸收红光后，通过发射荧光或以热能的形式散失到基态。故无论是吸收哪一种光，叶绿素总是发射红色荧光。由于分子间原子的振动和转动，每一个能级还存在着亚能级（图 3-5 中细线所示），这是叶绿素在红光和蓝紫光区吸收带较宽的原因。跃迁到 E_1 亚能级上的电子通过振动以热能形式释放部分能量后，到达 E_1 的最低亚能级才能发射荧光。因此，荧光的能量低于吸收光，而波长长于吸收光。此外，E_1 的电子可以通过自旋反向消耗部分能量到达三线态，然后发射磷光或继续以热能的形式回到基态。因此，磷光能量最低，波长比荧光更长，照射后发射所需的时间也相对较长。在活体内激发态的叶绿素可以把激发能传递给其他的叶绿素直到作用中心，并发生光化学反应。

　　根据光合色素在光合作用中功能的不同，可将其分为集光色素（light-harvesting pigment，又名捕光色素或天线色素 antenna pigment）和作用中心色素（reaction centre pigment，又名"陷阱"，trap）二种。集光色素是指只起吸收和传递光能，不进行光化学反应的光合色素。它们与蛋白质构成集光色素蛋白复合体（light-harvesting pigment protein complex，LHC）收集光能，最终把光能传给作用中心色素。光合色素中的绝大部分叶绿素 a，全部叶绿素 b 和胡萝卜素都是集光色素。作用中心色素是指直接受光激发或接收由集光色素传递而来的激发能后，发生光化学反应，并引起电荷分离的光合色素。在高等植物中作用中心色素是吸收特定波长光子的叶绿素 a（细菌中是细菌叶绿素 a），它在光合色素中只占很少一部分。LHC 以不同的方式环绕作用中心色素复合体排列（见图 3-10）。

（二）激发能的传递

　　集光色素吸收的光能传递到作用中心色素，主要以诱导共振的方式进行。所谓诱导共振（inductive resonance）是指以电子共振的方式传递能量的过程。当某一特定的分子吸收能量达到激发态，在其返回基态的同时，使相邻的另一分子变为激发态。图 3-6 是光能以诱导共振的方式在 3 个分子（A、B 和 C）中传递示意图。这里只有分子 A 吸收光能，但通过诱导共振传递把激发能依次传递给分子 B 和 C。诱导共振要求相邻两个色素分子的间隙约为 0.15 nm。由于光合色素在类囊体膜上都是与蛋白质结合成复合体，能符合这种特定的空间分布要求。此外，在色素蛋白复合体中，色素分子间拥有不同的激发能级，它既有利于光能的诱导共振传递，又有利于集光色素吸收较宽范围的光波。由图 3-6 可见，由于分子内的能量消耗，在传递过程中激发能不断降低，最终符合作用中心色素发生光化学反应所需的能量。诱导共振不仅传递能量的速度很快，两分子间的时间小于 1 ps，而且传递效率非常高。如类胡萝卜素吸收的光能约有 20%~50% 能传给作用中心色素，而叶绿素 a 和 b 吸收的光能几乎 100% 能传给作用中心色素，藻红素吸收的光能也有 80%~90% 传给细菌作用中心色素。

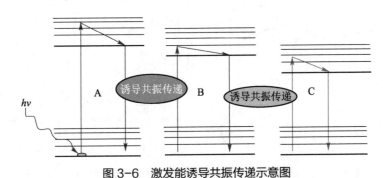

图 3-6　激发能诱导共振传递示意图

一个光量子（hv）被分子 A 吸收后到 C 的诱导共振传递，传递过程中能量逐步下降

（三）光化学反应

光化学反应是指作用中心色素分子受光激发引起的氧化还原反应。作用中心由作用中心色素分子（pigment，P）、原初电子受体（accepter，A）和原初电子供体（donor，D）组成。当集光色素吸收光能传至 P 或 P 直接吸收特定波长的光量子时，P 成为激发态（P^*），P^* 直接把电子传给 A，使其还原为 A^-，而 P 本身被氧化为 P^+，这样完成了光化学反应，导致光能转化为电能。P^+ 具有极强的氧化能力，立即从 D 夺取电子，使 D 氧化为 D^+，而 P^+ 自身得到还原为 P。即：

$$DPA \xrightarrow{hv} DP^*A \to DP^+A^- \to D^+PA^-。$$

这样只要不断地有还原态的原初电子供体和氧化态的原初电子受体，作用中心就可以周而复始地进行光能转化，把光能转化为电能。后续通过电子传递，把电子传给最终电子受体 $NADP^+$ 形成 NADPH，而 H_2O 则成为高等植物最终的电子供体，被分解为 H^+ 和 O_2。

二、光合电子传递

光化学反应把光能转换成了电能，而电能只有转换成活跃的化学能（ATP 和 NADPH）才能用于 CO_2 的同化和硝酸盐的还原等反应。光合作用中活跃的化学能 ATP 和 NADPH 的形成正是通过电子传递和光合磷酸化来实现的。

（一）光系统及其集光色素蛋白复合体

爱默生（Emerson）等（1943）在研究小球藻量子效率——每吸收 1 个光量子所释放的 O_2 数时发现，小球藻在光波长为 650~680 nm 的红光和 400~460 nm 的蓝紫光区量子效率高。如仅用波长长于 685 nm 光照射时，小球藻虽可大量吸收该光，但量子效率大为降低（图 3-7A），这种现象称为红降现象（red drop）。但如在这种长波红光照射的同时，补以短波红光照射，则其量子效率比单一的短波红光和长波红光单独照射时的总和还要高（图 3-7B），这一现象称爱默生效应（Emerson effect）或双光增益效应。红降和双光增益效应的发现使人们有理由推测，光合作用包含有两个光系统，即一种吸收较短波长红光的光系统和另一种吸收较长波长红光的光系统。而且预示，这两个光系统必须协同作用才能提高光合效率。目前，已知所有的放氧生物包括高等植物和藻类有两种光系统，非放氧光合细菌一般只有一个光系统。在高等植物中，两个光系统的化学计量有很大不同，光系统 Ⅱ 比光系统 Ⅰ 的值为 0.4 ~ 1.7，受植物种类和光质等影响。

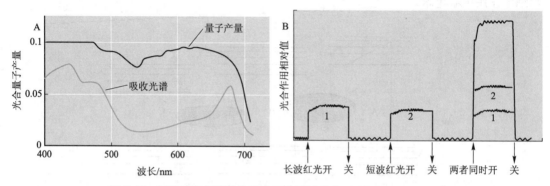

图 3-7　红降现象与爱默生效应示意图（改自 Taiz et al.，2015）

1. 光系统Ⅰ及其电子传递。光系统Ⅰ（photosystem Ⅰ，PSI）复合体主要位于非垛叠的间质类囊体膜区域（见图 3-1），由 15 个多肽及一些色素和电子传递体组成，这些多肽有的由叶绿体基因编码，有的由核基因编码，它们在光合作用电荷分离和电子传递中起作用（表 3-1）。其中 PsaA 和 PsaB 是分子量分别为 83×10^3 和 82×10^3 的多肽，是 PSⅠ的核心蛋白，其上分布着 PSⅠ作用中心色素 P700，它是特殊的叶绿素 a 双分子。利用差示光谱分析其氧化态比还原态在 700 nm 处有明显谷而得名。PSⅠ还有 P700 的原初电子受体叶绿素 A_0、次级电子受体叶绿素醌（A_1，phylloquinone，维生素 K1）和附加的电子受体，包括 3 个膜相连的铁硫蛋白（F-S 中心）F_X、F_A 和 F_B，其中 F_A 和 F_B 位于 PsaC 上。

PSⅠ复合体作为光依赖的质蓝素（plastocyanin，PC）- 铁氧还蛋白（ferredoxin，Fd）氧化还原酶发挥作用，氧化还原中点电位 -420 mV。PSⅠ多肽和电子传递组分的空间结构如图 3-8 所示。受光激发后 P700 传出的电子沿着 $A_0 \rightarrow A_1 \rightarrow F_X \rightarrow F_A \rightarrow$ Fdx 依次传递给位于叶绿体间质中的 Fd，通过 Fd-NADPH 还原酶，最终形成 NADPH。PSⅠ的原初电子供 PC 不与 PSⅠ复合体结合，而是游离在类囊体腔中，接受细胞色素 b_6f（$Cytb_6f$）的电子，并将电子传给 PSⅠ。PC 通过铜氧化还原传递光合电子。

2. 光系统Ⅱ及其电子传递。光系统Ⅱ（photosystem Ⅱ，PSⅡ）复合体主要分布在类囊体膜的垛叠部分（见图 3-1）。自从紫细菌上获得 PSⅡ反应中心的结晶，阐明其氨基酸序列和三维空间结构后，根据光合细菌和高等植物基因序列的同源性和高等植物中分离到不含集光色素的纯 PSⅡ复合体，认为 PSⅡ的作用中心由 20 余种多肽及一些色素和电子传递体组成。这些多肽分别由叶绿体基因和核基因编码，它们在光合作用电荷分离和电子传递中起作用（表 3-2）。其中 D1 和 D2 是 PSⅡ的核心蛋白，两者交叉状跨膜排列

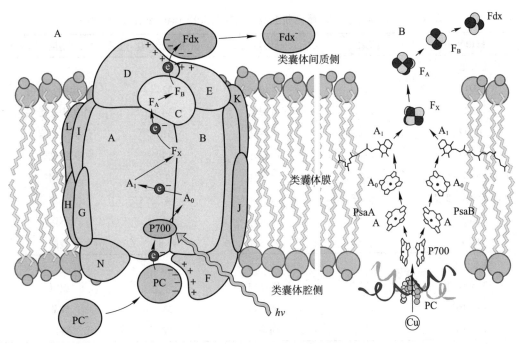

图 3-8 光系统 I（PSI）反应中心复合体（A）和电子传递（B）模型
（改自 Buchanan et al.，2015）

P700（叶绿素 a 双分子）是 PS I 的反应中心色素，A_0 叶绿素是 P700 的原初电子受体，A_1（叶绿醌）和
F_X、F_A 和 F_B（铁硫中心）均为电子传递体，Fdx 和 Fdx$^-$ 分别是铁氧还蛋白的氧化态和还原态

表 3-1 PS I 复合体的蛋白组成（引自 Buchanan et al.，2015）

蛋白	基因	基因定位	分子量 / $\times 10^3$	功能
疏水亚基				
PsaA	*psaA*	叶绿体	83	作用中心蛋白
PsaB	*psaB*	叶绿体	82	作用中心蛋白
PsaF	*psaF*	细胞核	17	PC 停泊处
PsaG	*psaG*	细胞核	11	LHC I 接合处
PsaH	*psaH*	细胞核	10	LHC II-P 停泊处
PsaI	*psaI*	叶绿体	4	不清
PsaJ	*psaJ*	叶绿体	5	与 PsaF 互作
PsaK	*psaK*	核	9	LHC I 接合处
PsaL、PsaO、PsaP	*psaL*、*psaO*、*psaP*	核	18、10、14	LHC II-P 停泊处
亲水亚基（基质侧）				
PsaC	*psaC*	叶绿体	9	Fe-S 外周蛋白
PsaD	*psaD*	核	18	Fd 停泊处
PsaE	*psaE*	核	10	Fd 停泊处
亲水亚基（腔侧）				
PsaN	*psaN*	核	10	PC 停泊处

表 3-2　PS Ⅱ复合体的蛋白质组成（引自 Buchanan et al.，2015）

蛋白质	基因	基因定位	分子量 / ×10³	功能
疏水亚基				
D1	psbA	叶绿体	32	作用中心蛋白
D2	psbD	叶绿体	34	作用中心蛋白
CP47	psbB	叶绿体	51	天线结合
CP43	psbC	叶绿体	43	天线结合
Cyt b559 α- 亚基	psbE	叶绿体	9	不清
Cyt b559 β- 亚基	psbF	叶绿体	4	不清
PsbH	psbH	叶绿体	10	不清
PsbI	psbI	叶绿体	4. 8	装配
亲水亚基				
33×10^3	psbO	细胞核	33	放氧
23×10^3	psbP	细胞核	23	放氧
17×10^3	psbQ	细胞核	17	放氧

（图 3-9A），在它们周围有 2 条与细胞色素 b559（Cyt b559）结合的多肽以及分子量各异、功能不明的多肽（图中未标出），外围则是 CP47 和 CP43 核心集光色素结合蛋白。PS Ⅱ作用中心色素 P680 也是特殊的叶绿素 a 双分子，因其可吸收 680 nm 的红光并发生光化学反应而得名。叶绿素 a 双分子与 D1 和 D2 多肽上的第 198 位组氨酸结合；PS Ⅱ的原初电子受体去镁叶绿素（pheophytin，Pheo）也位于 D1 上，次级电子受体质醌 A（plastoquinone A，Q_A）定位于 D2 上，而再次级电子传递质醌 B（Q_B）又位于 D1 蛋白上。因此，由光激发后 P680 的电子经 Pheo → Q_A → Q_B 再向质醌（PQ）传递（图 3-9B）。在 Q_A 和 Q_B 之间，还有 1 个 Fe 原子，可能参与 Q_A 到 Q_B 的电子传递。

阿特拉津等除草剂抑制光合作用，从而杀死植物，是由于它在 D1 的 Q_B 位点附近结合，阻止了 Q_B 电子向 PQ 传递。通过分子生物学的手段使 D1 上易与阿特拉津结合的位点发生个别氨基酸突变，失去其结合能力，但不影响光合电子传递，已获得抗阿特拉津的农作物。PS Ⅱ的原初电子供体（Z）是 D1 上的第 161 位酪氨酸残基，当其失去电子被氧化时就可向 Mn 夺取电子，从而引起 H_2O 分解放出 O_2。因此，PS Ⅱ的功能常与放 O_2 相联系。在图 3-9A 中，类囊体腔侧与 PS Ⅱ结合一起的是放氧复合体（oxygen-evolving complex，OEC），由分子量 33×10^3、23×10^3 和 17×10^3 三条多肽构成，其中 33×10^3 是锰稳定蛋白，23×10^3 和 17×10^3 可能与 Ca 和 Cl 结合有关，它们分别在放 O_2 过程中起作用。

3. 集光色素蛋白复合体（LHC）。PS Ⅰ 和 PS Ⅱ均有其各自的集光色素蛋白复合体 LHC Ⅰ 和 LHC Ⅱ，已知这些基因均由核基因编码。围绕 PS Ⅰ 的有 lhca1~4 基因编码的蛋白，而 PS Ⅱ内围的是有 lhcb1~6 基因编码的蛋白，在 PS Ⅱ（少量在 PS Ⅰ）外围的是 LHC Ⅱ，其占 LHC 的绝大部分，可达叶绿体膜蛋白的一半。结构分析表明单体由三个跨膜螺旋组成，结合有 12 个叶绿素分子（7a 和 5b）及 2 个类胡萝卜素分子（图 3-10）。

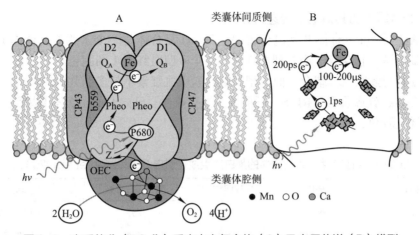

图3-9　光系统Ⅱ（PSⅡ）反应中心复合体（A）及电子传递（B）模型

P680（叶绿素双体）是高等植物 PSⅡ作用中心色素，Z（D1蛋白的酪氨酸残基）是 P680 原初电子供体；Pheo（去镁叶绿素）是 P680 原始电子受体；Q_A 和 Q_B（质醌）是电子传递体；b559（细胞色素 b559）功能不清；D1 和 D2 是 PSⅡ核心多肽；CP47 和 CP43 是 PSⅡ核心天线色素结合蛋白；OEC 是放氧复合体，放氧核心是 $Mn_4O_5Ca_1$ 复合结构。箭头显示电子传递方向，B 图显示从 P680 到 Q_B 的电子传递所经历的时间

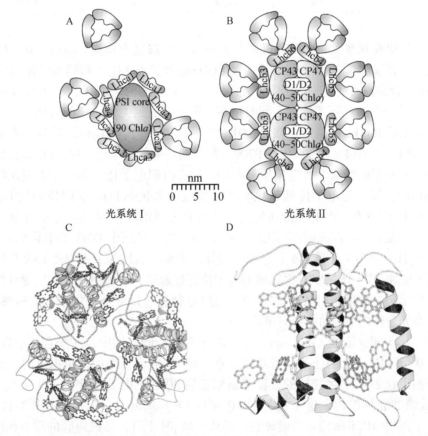

图3-10　集光色素蛋白复合体围绕光系统Ⅰ（PSⅠ）、光系统Ⅱ（PSⅡ）反应中心排列和集光色素蛋白复合体Ⅱ的三聚体及单体的空间结构（改自 Buchanan et al.，2015）

A. 集光色素蛋白复合体Ⅰ围绕光系统Ⅰ的排列，显示部分集光色素蛋白复合体Ⅱ三聚体在 PSⅠ外围排列；B. 显示集光色素蛋白复合体Ⅱ及三聚体围绕光系统Ⅱ的排列；C. 三聚体蛋白空间结构放大，可见叶绿素和类胡萝卜素排列；D. 组成三聚体的一个单体蛋白空间结构和叶绿素和类胡萝卜素排列放大

（二）光合膜上的其他电子传递组分

1. 细胞色素 b_6f 复合体及其电子传递。Cyt b_6f 复合体是一个多亚基复合体（表3-3），还含有许多辅基，它含有2个b型血红素和1个c型血红素（细胞色素f），在c型细胞色素中，血红素与多肽共价结合，而b型细胞色素中血红素不与多肽共价结合。此外，复合体中还有Rieske铁硫蛋白（RFeS）可形成2铁2硫桥。已知Cyt b_6f 复合体和线粒体的Cyt bc_1 的电子传递相似。

表3-3　细胞色素 b_6f 复合体的蛋白质组成（引自 Buchanan et al.，2015）

蛋白质	基因	基因定位	分子量/×10^3	功能
Cytf	petA	叶绿体	32	Cytf 外周蛋白
Cyt b_6	petB	叶绿体	24	Cyt b_6 外周蛋白
RFeS	petC	细胞核	19	RFeS 外周蛋白
亚基Ⅳ	petD	叶绿体	17	Qp 醌结合蛋白
PetG、PetL、PetN	petG、petL petN	叶绿体	4、3.4、3.3	稳定性
PetM	petM	细胞核	3.4	稳定性

绝大部分研究观察到，Q循环机制与此有关。根据这个模型，Cyt b_6f 复合体有两个醌结合位点，在膜类囊体腔一侧的还原型 PQH_2 结合位点（Q_p）和膜类囊体间质一侧的氧化型PQ结合位点（Q_n）。在还原型结合位点，PQH_2 的两个电子，一个线性传递给氧化型Fe-S，另一个通过环式传递，同时把两个质子释放到类囊体膜的内侧。在线性电子传递中，氧化的Rieske铁硫蛋白接受 PQH_2 的一个电子并传给Cyt f，后者再将电子传给PC，PC再把电子传给PS I 的氧化态P700。在Q循环电子传递过程中，PQH_2 把另一个电子传给第一个b型血红素（低电位型Cyt b_1），后者再把电子传给第二个b型血红素（高电位型Cyt b_h），最后把电子传到氧化型结合位点的氧化态PQ，在间质侧使PQ还原为半醌（Q^-）。同样的再一次电子传递使其充分还原为 PQH_2，然后其与Cyt b_6f 复合体分离（图3-11）。该复合体经两次循环后把两个电子传给PC，使两个 PQH_2 在氧化成PQ时，又产生一个 PQH_2，并有4个质子被转移到类囊体腔内侧。通过这个机制使PS Ⅱ作用中心受体侧的电子流和PS I 作用中心供体侧的电子流连接起来，产生由质子梯度导致的跨类囊体膜的电化学势，它能推动ATP的合成。通过Q循环可以额外增加泵入的跨膜质子数，但Q循环在光合作用中的功能尚有争议。

2. 质（体）醌。质醌（plastoquinone，PQ）存在于脂质层中，在光合链中含量最多，担负着传递氢（H^+e^-）的任务。当其接受 Q_B（或Cyt b_h）传来的两个电子时，必须向类囊体膜外侧吸收2个 H^+ 才能还原，随后还原态的 PQH_2 把电子传给Fe-S（或Cyt b_1），而把 H^+ 释放到类囊体腔内。这个过程叫PQ穿梭（PQ shuttle）（图3-11，图3-12）。由于PQ穿梭，间质中 H^+ 不断转入类囊体腔，导致间质pH上升，形成跨膜的质子梯度，这有利于光合酶的活化和ATP的形成。

3. 质蓝素（或质体菁）。质蓝素（plastocyanin，PC）是分子量约为10 500的含1个Cu原子的蛋白质，通过β-折叠形成一个非常扭曲的4面体结构，并随pH改变而变构，Cu是其电子传递的有效成分，PC位于类囊体腔内。其功能是接受Fe-S的电子而还原，

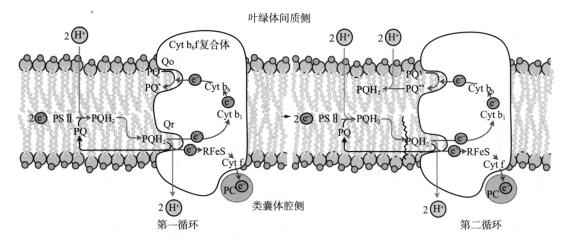

图 3-11　细胞色素复合体中的电子传递和 Q 循环（改自 Buchanan et al.，2015）

Cyt b_l 和 Cyt b_h 分别代表低电位和高电位细胞色素 b，Cyt f 是细胞色素 f，PC 代表质蓝素，PQ 和 PQH_2 分别表示质醌的氧化态和还原态，Qo 和 Qr 分别表示氧化态和还原态（半还原）PQ 的停泊位，$PQ^·$ 和 $PQ^{··}$ 表示带单电子和双电子的 PQ，RFeS 是 Risk 铁硫蛋白；除 PQ 传递氢外，其余均为电子传递体

作为 PS Ⅰ 的原初电子供体，把电子传给 $P700^+$（图 3-12）。

4. 铁氧还蛋白。铁氧还蛋白（Ferredoxin，Fd）是由 2Fe，6S 组成的蛋白质，定位于类囊体膜间质侧表面，其功能是光合电子传递时把电子传给铁氧还蛋白 $NADP^+$ 还原酶（FNR）后，还原 $NADP^+$ 为 NADPH（图 3-12），或把电子传给 Cyt b_6f 复合体。此外，Fd 还在亚硝酸还原和许多酶活化等方面具有多种功能。

（三）光合电子传递

1. 光合链。光合链（photosynthetic chain）是由光合膜上两个光系统（PS Ⅰ 和 PS Ⅱ）和 Cyt b_6f 复合体及其他氢和电子传递体（如 PQ 传递氢，PC 和 Fd 等传递电子）构成，按一定的氧化还原电位依次排列而成的电子传递系统。目前公认的是 Hill 等提出的 "Z" 形光合链，在经过不断修改和补充后，已相当详细（图 3-12A）。在整个光合链中，只有 P680 激发为 $P680^*$ 及 P700 激发为 $P700^*$ 时是逆氧化还原电位梯度进行电子传递，需光能推动的需光反应，其余的电子传递过程都是顺氧化还原电位梯度自发进行的过程。此外，近年还发现以细菌叶绿素 f，P727 和 P745 分别作为两个光系统作用中心进行光合作用的蓝藻（Nürnberg et al.，2018），打破了以前认为细菌只有一个光系统的观点。

2. 光合电子传递。在 "Z" 形方案中，最早发生的是两个光系统反应中心色素的激发，然后进行水的分解，两个光系统间的电子传递，再到 P700 还原侧的电子传递（图 3-12A）。目前认为植物体内，存在三条不同的光合电子传递的途径（图 3-12B）。

（1）非环式光合电子传递。非环式光合电子传递（non-cyclic photosynthetic electron transport）是 "Z" 形方案中最主要的电子传递途径，在通常情况下占总电子传递的 70% 以上。这种电子传递是在 2 个光系统都受到光激发后，由水分解产生的电子经放氧复合体、PS Ⅱ、PS Ⅰ 和一系列的电子和氢传递体，最终把电子传给 $NADP^+$，形成 NADPH 的过程，又称线性光合电子传递。即电子由 $H_2O \rightarrow Mn \rightarrow Z \rightarrow P680 \rightarrow Pheo \rightarrow Q_A \rightarrow Q_B \rightarrow PQ \rightarrow FeS_R \rightarrow Cyt\ f \rightarrow PC \rightarrow P700 \rightarrow A_0 \rightarrow A_1 \rightarrow Fx \rightarrow F_A \rightarrow F_B \rightarrow Fd \rightarrow FNR \rightarrow NADP^+$ 的传递。因此，H_2O 是光合电子传递乃至整个光合作用中的最终电子供体，而 $NADP^+$ 是光合电子传

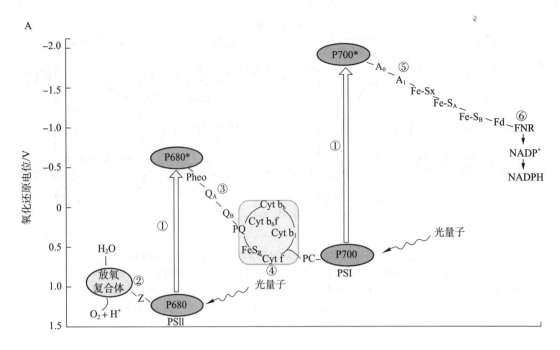

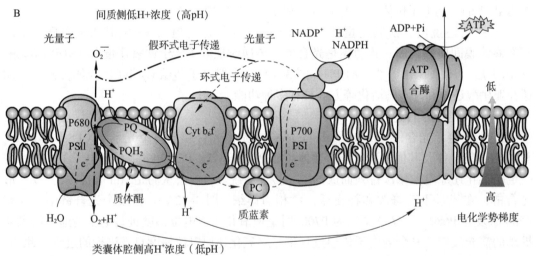

图 3-12　光合链"Z"形图（A）及其在光合膜上的复合体中的可能排列（B）

A：P700*和 P680*分别是激发态的 PS I 和 PS II 的作用中心色素，Fd 是铁氧还蛋白，FNR 是 Fd–NADP+ 还原酶，图中的数字反映非环式电子传递的可能时间顺序；B：点线箭头表示线性电子传递路径，虚曲线显示环式电子传递路径，点划线示意假环式电子传递路径，其余表示见图 3-8、图 3-9、图 3-11

递的最终电子受体。通过非环式电子传递可产生 O_2 和 NADPH，并在光合磷酸化偶联的情况下生成 ATP。

（2）环式光合电子传递。环式光合电子传递（cyclic photosynthetic electron transport）只有在 PS I 受光激发而 PS II 未激发的情况下发生（图 3-12）。电子由 P700 出发依次经 $A_0 \rightarrow A_1 \rightarrow Fx \rightarrow F_A \rightarrow F_B \rightarrow Fd \rightarrow Cyt b_6 \rightarrow PQ \rightarrow FeS_R \rightarrow Cyt f \rightarrow PC \rightarrow P700^+$ 又形成 P700，构成一个循环。这个过程无 O_2 释放和 $NADP^+$ 还原，但在偶联情况下却能产生 ATP，一般认为是光合作用中 ATP 的补充形式，正常光合作用下占总电子传递 30% 以下。但环式

光合电子传递在许多逆境条件下显著加快。近年来这方面已有很大进展，环式光合电子传递又可进一步分为依赖质子梯度调节（PGR5）和依赖 NAD(P)H 脱氢酶（NDH）的环式电子传递（图 3-13）。前者主要与光合能量需求（特别是 C_4 植物）有关，后者多认为与植物抗逆的能量需求有关。除了在光合嗜热菌中解析了 NDH 的空间结构外，我国科学家还从大麦中分离并解析了 NDH 与两个 PSI 结合的超巨复合体的空间结构和电子传递路径（Shen et al.，2022）。

（3）假环式光合电子传递。假环式光合电子传递（psuedocyclic photosynthetic electron transport）的路径是在非环式电子传递的基础上，Fd 把电子传给 O_2，形成超氧自由基 $O_2^{\cdot-}$（图 3-12），后经一系列反应再形成 H_2O。这种看似电子从 H_2O 到 H_2O 的循环，又称水水循环。该电子传递只有在过度强光或因低温等引起碳同化降低，使 NADPH 累积而 NADP$^+$ 缺乏下才发生。假环式电子传递过程中生成的 $O_2^{\cdot-}$ 及随后生成的其他活性氧，会对植物体造成危害。

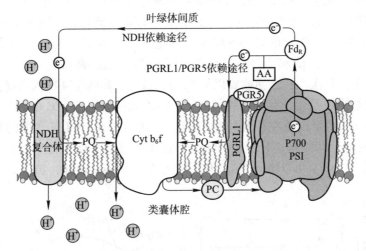

图 3-13　PGRL1/PGR5 依赖的环式电子传递和 NDH 依赖的环式电子传递
（引自 Buchanan et al.，2015）

AA. 抗毒素；Fd_R. 铁氧还蛋白还原态；NDH、NAD(P)H 脱氢酶；PGRL1/PGR5. 类质子梯度 / 质子梯度 5

3. 光能在两个光系统中的分配。光合作用要高效进行，光能必须合理地分配在 PS I 和 PS II 中。尽管高等植物中 LHC I 和 LHC II 主要分别担负把光能传向 PS I 和 PS II 的功能，但由于 LHC II 比 LHC I 多得多，LHC II 吸收的光能必须有一部分要分配给 PS I。目前认为该过程是通过 LHC II 与 PS I 或 PS II 的有效结合来实现的，当光合链上的 PQ 处于还原态（PQH₂）时（表明 PS II 的光能吸收多于 PS I），它激活 LHC II 蛋白激酶，使 LHC II 磷酸化并改变其构型，LHC II 与 PS II 分离，由类囊体膜的垛叠部分向非垛叠部分迁移，并与 PS I 结合，把更多的光能分配给 PS I，使 PS I 氧化侧电子传递加快，PQ 加速被氧化。当 PQ 处于氧化态时（表明 PS II 的光能吸收少于 PS I），它激活 LHC II 磷酸酶，使 LHC II 去磷酸化，形成易与 PS II 结合的构型，重新迁回到类囊体膜的垛叠部分与 PS II 结合，把更多的光能分配给 PS II。就这样通过 PQ 的氧化还原状态调节 LHC II 的磷酸化，能有效调节激发能在两个光系统中的分配。这种在不同光环境中的光能在两个光系统间分配调节机制，用冷冻电镜技术已在玉米等植物中得到解析（Pan et al.，2018）。

（四）H₂O 氧化与 O₂ 释放

Hill（1937）等人发现将离体叶绿体（后表明是类囊体）加到有适宜电子受体的水溶液中，照光后即有 O_2 放出，即希尔反应（Hill reaction）。有许多物质，如 2,6- 二氯酚靛酚、铁氰化钾等可作为氢（或电子）受体，用来离体测定 Hill 反应活力。希尔反应可用简式表示：

$$2H_2O + 4Fe^{3+} \xrightarrow[\text{被膜破碎的叶绿体（类囊体）}]{\text{光}} 4Fe^{2+} + O_2 + 4H^+$$

Kok 等在研究闪光与放 O_2 的动力学关系时，发现经暗诱导后的小球藻放 O_2 呈波动曲线，以第 3，7，11，15 等每隔 4 次闪光出现放 O_2 高峰，随着闪光次数的增加，放 O_2 曲线振幅减小并逐趋平衡（图 3-14A）。放 O_2 是在与 PSⅡ 相联的放氧复合物（oxygen-evolution complex，OEC）中进行的（见图 3-9），OEC 中存在不同电荷的储存状态称 S，S 有五种状态：S_0、S_1、S_2、S_3 和 S_4，S_0 为最低状态，S_4 为最高状态，S_4 可自发放 O_2 后又回到 S_0。当 PSⅡ 受光激发把电子传给 PSⅡ 原初电子受体后，OEC 中的 S_0、S_1、S_2、S_3 状态中的任一个都可把电子传给 $P680^+$，而其本身转向高一级状态。图 3-14B 表示 P680 受光激发形成 $P680^+$ 并从 OEC 的各种 S 状态获得电子，把水氧化为 H^+，并释放出 O_2。已知在黑暗下，只有 S_0 和 S_1 状态可稳定存在，而 S_2 和 S_3 最终都可以逆转到 S_1。故经暗适应后 S_1 含量最多，其次为 S_0，使放氧以第 3，7，11……高峰呈 4 次闪光间隙波动。以后光下放 O_2 逐趋稳定，是由于存在无效闪光和双效闪光的结果。OEC 中分子量为 33×10^3、23×10^3 和 17×10^3 的蛋白质在类囊体腔内侧松弛地结合在 PSⅡ 复合体的外周，包裹着 Mn_4CaO_5 形成的椅子状结构，4 个 H_2O 与这个复合体结合，至少有 1 个水分子加入了放氧。复合体中的 2 个 Cl^- 可以协同 Mn_4CaO_5 进行放氧（Umena et al.，2011）。

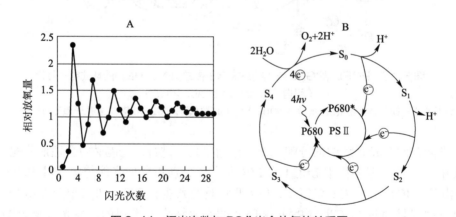

图 3-14　闪光次数与 PSⅡ 光合放氧的关系图
A. 光合相对放氧量与闪光次数；B. PSⅡ 吸收光量子个数与放氧复合体状态（S）的变化关系

三、光合磷酸化

（一）光合磷酸化的概念和类型

在光合电子传递的同时，使腺苷二磷酸（ADP）和无机磷（Pi）合成腺苷三磷酸（ATP）的过程称为光合磷酸化（photophosphorylation 或 photosynthetic phosphorylation）。由于电子传递方式的不同，光合磷酸化也分为非环式光合磷酸化——在非环式电子传递的同时伴随发生，环式光合磷酸化——在环式电子传递的同时伴随发生和假环式光合磷酸化——在假环式电子传递的同时伴随发生。其中非环式光合磷酸化是叶绿体形成 ATP 的主要形式，但由于环式电子传递经过的路径短，故以单位时间计算强光下环式磷酸化的速率远高于非环式光合磷酸化，如水稻中环式光合磷酸化速率约为非环式的 10 倍。

（二）ATP 合酶与 ATP 合成

ATP 合酶是一个由多亚基组成的复合体（分子量 400×10^3），由 CF_1 和 CF_0 两部分组成，CF_1 由 5 种不同的多肽，由 3α、3β、γ、δ、ε 9 个亚基组成，CF_0 由 4 种亚基 I、II、III 和 IV 组成，其中 III 由 9~15 个（表 3-4，图 3-15）。3α 和 3β 交替排列在间质侧，协同催化 ADP 和 Pi 形成 ATP。因此，CF_1 是合成 ATP 的部位。α、β、γ、ε 和 III 在催化过程中作为转子高速旋转，而 δ、I、II 和 IV 作为定子不动。看来 ATP 合酶像一个发电机或电动机进行能量转化，把质子动力势转化为 ATP。ATP 合酶旋转一周，合成 3 分子 ATP。而旋转一周需要的质子数决定亚基 III 的个数，在典型的 ATP 合酶有 9 个亚基 III 和不考虑 Q 循环的情况下，光合作用非环式电子传递释放 1 分子 O_2，由 PQ 穿梭和 H_2O 分解可在类囊体腔内产生 8 个 H^+（4 个由放氧产生，4 个来自 PQ 穿梭）。由于同线粒体内膜一样，类囊体膜也存在 H^+ 渗漏，故一般认为的光合磷酸化的磷氧比（P/O）——形成 ATP 的个数与氧原子数之比为 1。在存在 Q 循环和其他电子传递的情况下，P/O 比要复杂得多。

表 3-4　ATP 合酶复合体的多肽组成（引自 Buchanan et al., 2015）

蛋白质	基因	基因定位	分子量 $\times 10^3$	功能
CF_1				
α 亚基	atpA	叶绿体	55	催化位点
β 亚基	atpB	叶绿体	54	催化位点
γ 亚基	atpC	细胞核	36	质子门，活性由 Fd/Td 系统调节
δ 亚基	atpD	细胞核	20	连接 CF_1 到 CF_0 上
ε 亚基	atpE	叶绿体	15	抑制 ATP 酶活性
CF_0				
I	atpF	叶绿体	17	连接 CF_0 到 CF_1 上
II	atpG	细胞核	16	连接 CF_0 到 CF_1 上
III	atpH	叶绿体	8	质子转运
IV	atpI	叶绿体	27	连接 CF_0 到 CF_1 上

关于光合磷酸化的 ATP 形成机理，先后有中间产物学说、变构学说和化学渗透学说等，Mitchell（1961）提出的化学渗透学说是目前公认的机制。该学说指出光合作用中 ATP 形成的动力为质子动力势（proton motive force），它由质子浓度和电位差组成。在光合电子传递过程中，通过 H_2O 氧化产生质子及 PQ 穿梭把质子由间质转移到类囊体腔，这样就形成了类囊体膜内外的质子梯度和电位差（内高外低，图 3-12），这就是质子动力势的来源。目前用旋转催化理论解释光合磷酸化和氧化磷酸化过程中 ATP 的形成。当膜内的质子通过 ATP 合酶时，导致 ATP 合酶的转子部分高速旋转并与定子部分碰撞，其催化部分的亚基发生结构变化，把 ADP 和 Pi 催化为 ATP（图 3-15）。其催化位点有 3 种状态，开

放态（O）在释放 ATP 后，使 ADP 和 Pi 结合到该位点；松散态（L）是使 ADP 和 Pi 接近并催化；紧密态（T）是形成 ATP 的状态（图 3-15B）。

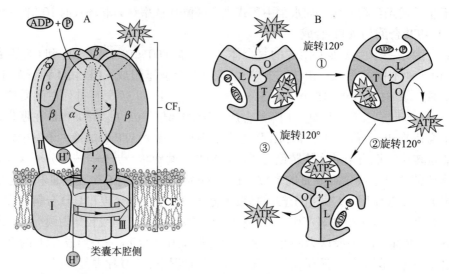

图 3-15 ATP 合酶的空间结构（A，亚基Ⅳ在Ⅱ背面）和 CF₁ 旋转催化形成释放 ATP 的过程（B）
（引自 Buchanan et al., 2015）

通过电子传递和光合磷酸化，形成活跃的化学能 ATP 和 NADPH，两者将用于 CO_2 同化。因此，人们把 ATP 与 NADPH 两者合称为同化力（assimilatory power）。

第四节 光合作用的碳同化

光合碳同化不仅把 ATP 和 NADPH 中的活跃的化学能转化为稳定的化学能，而且把无机物转化为有机物。高等植物 CO_2 同化途径有三条：C_3 途径、C_4 途径和景天酸代谢途径。其中 C_3 途径是最基本和最普遍的，因为只有 C_3 途径具备直接合成糖类的能力，作为生物体内合成蔗糖，淀粉以及脂肪和蛋白质等的原料；另外两条途径只起固定，运转或暂存 CO_2 的作用，不能单独形成糖类。

一、C_3 途径

C_3 途径（C_3 pathway）是指光合作用中 CO_2 固定后的最初产物是三碳化合物的 CO_2 同化途径。只具有 C_3 途径的植物称 C_3 植物，它们占植物种类的大多数。如农作物中的水稻、棉花、小麦、油菜等，蔬菜中的菠菜、青菜、萝卜等都属 C_3 植物，木本植物几乎全为 C_3 植物。这条途径在 20 世纪 50 年代由卡尔文和本森用 ^{14}C 示踪结合纸层析方法阐明，故又称卡尔文循环（Calvin cycle），因其生化反应很像呼吸中磷酸戊糖途径的逆转，又名还原磷酸戊糖途径（reductive pentose phosphate pathway，RPPP）。

（一）C_3 途径的生化过程

C_3 途径在叶绿体间质中进行，其全过程分为羧化、还原和再生三个阶段（图 3-16）。

1. 羧化阶段。羧化阶段（carboxylation phase）是在 1,5- 二磷酸核酮糖羧化酶 / 加氧酶（ribulose-1,5-bisphosphate carboxylase/oxygenase 或 RuBPCase/Oase，现称 Rubisco）的羧化作用下，催化 CO_2 与 1,5- 二磷酸核酮糖（RuBP）加 H_2O 反应，生成 2 分子的 3- 磷酸甘油酸（3-phosphoglycerate，3-PGA）的过程。羧化作用首先由 RuBP 的酮式向烯醇式转变开始，使 2- 碳位由亲电变为亲核，与 CO_2 中的碳原子共价键结合，形成 2- 羧基 -3- 酮基 -D-1,5- 二磷酸阿拉伯糖醇，并迅速水合分解出 1 分子 3-PGA，然后通过负羧离子与质子结合形成另一个 3-PGA（详见图 3-23）。

2. 还原阶段。还原阶段（reduction phase）是利用"同化力"ATP 和 NADPH 把 3-PGA 还原为 3- 磷酸甘油醛（glyceraldehyde-3-phosphate，GAP）的过程。该过程先在 3-PGA 激酶作用下，利用 ATP 使 3-PGA 变为 1,3-PGA，再在 NADP-GAP 脱氢酶作用下，消耗 NADPH 使 1,3-PGA 还原为 GAP，生成第一个三碳糖。

3. RuBP 再生阶段。RuBP 再生阶段（RuBP regeneration phase）是指由 GAP 重新形成 CO_2 的受体 RuBP 的过程。在卡尔文循环中生成的 GAP 除了用于输出叶绿体合成蔗糖或在叶绿体内合成淀粉外，有一部分用于再生成 RuBP。其再生过程如图 3-15。完成整个光合碳循环需要 3 分子 RuBP 固定 3 分子 CO_2，形成 6 分子 GAP，其中 2 分子异构化为磷酸二羟丙酮（dihydroxyacetone phosphate，DHAP），3 分子直接参与循环，这 5 分子 C_3 糖磷酸酯经 C_4、C_5、C_6、C_7 糖磷酸酯后，又组合成 3 分子 Ru5P（C_5），Ru5P 在 Ru5P 激酶的作用下重新形成 RuBP，进行新一轮 CO_2 固定。因此，每固定 3 分子 CO_2 产生 1 分子磷酸丙糖。

由于每分子 RuBP 固定 1 分子 CO_2 形成 2 分子 3-PGA，变为 2 分子的 1,3-PGA 就消耗 2 分子 ATP，2 分子的 1,3-PGA 还原为 2 分子 GAP 需消耗 2 分子 NADPH，再加上 Ru5P 转变为 RuBP 又需耗 1 分子 ATP。因此，C_3 途径固定 1 分子 CO_2 实际消耗 3 分子 ATP，2 分子 NADPH。

（二）C_3 途径的调节

1. 光调节。光合作用的滞后现象表明，暗中植物转移到光下，其光合速率达到最大值要经过一段时间的光诱导。这是因为光反应在照光后立即发生，但 C_3 途径是一个在光下启动，在暗中关闭的自动调节系统。C_3 途径中的 Rubisco、NADP-3- 磷酸甘油醛脱氢酶（GAPDH）、1,6- 二磷酸果糖酯酶（FBPase）、1,7- 二磷酸景天庚酮糖酯酶（SBPase）、5- 磷酸核酮糖激酶（Ru5PK）是光调节酶。即这些酶活性在光下被活化，在暗中被钝化。

（1）Rubisco 活性调节。Rubisco 是已知世界上最丰富的蛋白，通常可占叶片总可溶性蛋白的 40%～60%，其含量受供氮量影响最大，可以作为植物氮贮藏库。该酶也是世界上单位蛋白催化效率最低的酶。不同物种的全酶的组成有亚基形式和数量的差异，高等植物、真核藻类、蓝藻等由 8 个大亚基和 8 个小亚基（L_8S_8）构成（图 3-17）。植物的 Rubisco 大亚基基因是由叶绿体编码的，每个叶绿体 DNA 分子只含一个拷贝，而一个叶绿体往往具有 10～100 个 DNA 分子，而一个细胞又有 10～200 个叶绿体，所以一个细胞含有成千上万 Rubisco 大亚基基因。小亚基的功能不十分明确，有的认为与全酶的装配有关，有的认为与维持全酶的稳定和活化结构有关。一级结构变异大，菠菜、大豆、豌豆成熟的小亚基多肽有 20% 的同源性。小亚基是由核基因编码的，它在染色体上的定位也很复杂。其 mRNA 转录后在细胞质核糖体中翻译成蛋白质，前体分子量比成熟的多

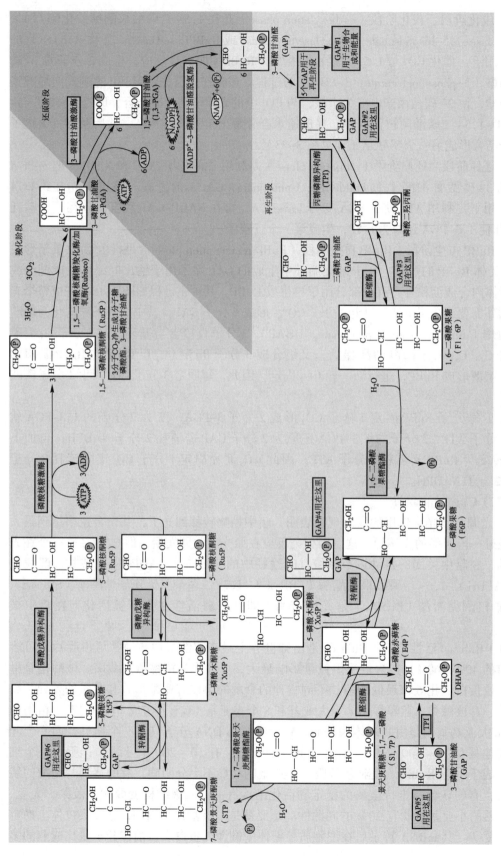

图 3-16   C₃途径（卡尔文循环）生化反应图（引自 Buchanan et al., 2015）

肽大 $4 \times 10^3 \sim 6 \times 10^3$。小亚基表现为多基因家族，有 3 ~ 10 个基因。根据 Rubisco 大亚基的一级结构，结合高分辨率 X 衍射，对其亚基及全酶的结构（图 3-17）已有较清楚的认识。大亚基主要可以分为两大区域，N 端区域和 C 端区域。在 N 端区域有 1 ~ 137 号氨基酸，形成若干 β 折叠和 α 螺旋。C 端区域有 α 螺旋 /β 折叠构成的桶状结构，α 螺旋 1 ~ 8 与 β 折叠 1 ~ 8 分别相平行组成 8 个环，称为 LOOP1 ~ 8，其活化位点 Lys^{201} 和催化中心 Lys^{175}，Lys^{334} 等，全都集中在 α/β 桶状结构域中（Spreitzer et al., 2002）。

　　已知 Rubisco 的基因表达，装配过程中的相关蛋白的表达由光调节，部分还受昼夜节律的调节。Rubisco 全酶的装配需要伴侣蛋白 Cpn60 参与。Rubisco 在无 $NaHCO_3$ 和 Mg^{2+} 的条件下保温，其活力只有两者都具有时的 1%，而单独加入 $NaHCO_3$ 或 Mg^{2+}，活性也只有两者同时存在时的 1/5 左右；已活化了的含有 CO_2 和 Mg^{2+} 的有活性 Rubisco，可以通过凝胶过滤而使活性降到未活化水平。活化子 CO_2（$^ACO_2$）不是羧化反应的底物 CO_2（$^SCO_2$），它与酶分子中的 201 位 Lys 结合，该反应的先决条件是在较高的 pH 条件下，使活化位点的 $Lys-NH_3^+$ 脱质子化形成可与 $^ACO_2$ 结合的酶形式（$E-Lys-NH_2$），再迅速与 Mg^{2+} 结合，变为具有催化活性的酶形式（ECM），这样才能与 RuBP 及 $^SCO_2$ 结合，行使催化功能，形

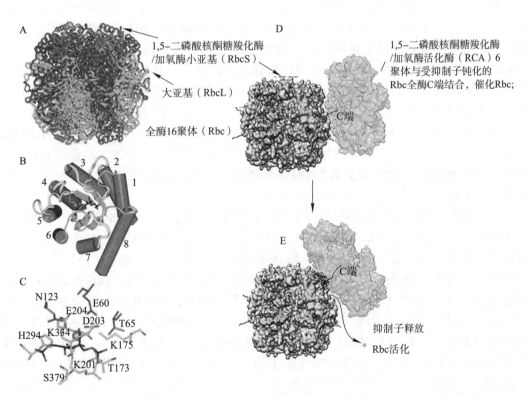

图 3-17　菠菜 1,5- 二磷酸核酮糖羧化酶 / 加氧酶全酶 16 聚体（L_8S_8）及其活化酶的三维结构和活化酶对 1,5- 二磷酸核酮糖羧化酶 / 加氧酶的活化
（A、B、C 引自 Spreitzer，2002；D、E 引自 Bhat 等，2017）

A. 16 聚体（L_8S_8）：大基以 N 端与 C 端两两结合构成二聚体，再组成桶状的 8 聚体，8 聚体的两端各覆盖 4 个小亚基（图中只显示正面各 4 个大小亚基），活化位点和催化位点位于每个大亚基的 C 端区域；B. 催化位点 α/β 桶状结构中 1,5- 二磷酸核酮糖（RuBP）结合位点；C. 催化位点与 RuBP 同系物羧基 1,5 二磷酸阿拉伯酮糖（CABP）结合的氨基酸残基，黑球为 Mg^{2+}；D. RCA 与 1,5- 二磷酸核酮糖羧化酶 / 加氧酶结合，抑制子从催化位点释放；E. 酶活化

成 2 分子 3-PGA。由此可见，在光下由于电子传递引起 PQ 穿梭，H^+ 从间质转向类囊体腔，同时 Mg^{2+}、K^+ 等离子作为 H^+ 的反离子由类囊体腔向间质转移。引起间质 pH、Mg^{2+} 离子浓度上升，达到反应所需的 pH8.0 左右及活化因子 Mg^{2+} 所需浓度，使 Rubisco 活化。在暗中类囊体腔内外的梯度消失及间质中 Mg^{2+} 浓度下降，使酶钝化。

　　Rubisco 的上述光暗调节，只是该酶活性调节的一种。当其脱去 Mg^{2+} 和 CO_2 后，酶蛋白能很快与微浓度的 RuBP 结合，形成 E（酶）-RuBP。此外，有催化活性的 ECM 如与 1,5- 二磷酸木酮糖（XuBP）、1- 磷酸羧基阿拉伯糖醇（CA1P）等结合，变为不能被高 pH、高 CO_2 和 Mg^{2+} 活化的钝化态，而这种反应在正常催化过程，尤其当光强下降，CO_2 不足时经常发生。后来人们在拟南芥突变体中发现一种可使上述钝化的 Rubisco 活化的酶，称 Rubisco 活化酶（RCA）。大多数植物中，RCA 有两条多肽，分子量分别为 41×10^3 和 45×10^3，被称为大亚基和小亚基，多是同一基因表达后 mRNA 选择性剪节的产物。该酶由核基因编码，光和昼夜节律调节其表达。RCA 是与多种细胞活性相关的 ATP 酶蛋白家族成员，有特定的移动与探头区域，ATP 和 Mg^{2+} 能够催化其形成低聚体。通过晶体衍射和冷冻电镜技术已解析了拟南芥、烟草及球形红假单胞菌的 RCA 立体结构。拟南芥和烟草的 RCA 在序列上有 84% 的相似性，但二者在形成低聚体时，空间结构差异较大，六聚体 AtRCA 的空间长度明显长于 NtRCA，而内在蛋白孔径 AtRCA 却明显小于 NtRCA（Hasse et al., 2015）。这解释了以拟南芥和烟草为代表的两类植物的 RCA 为什么不能相互有效地催化他种 Rubisco 的原因。目前确认 RCA 是以六聚体的形式行使活化 Rubisco 的功能。RCA 可能先由单体聚合成二聚体，再由三个二聚体聚合成为六聚体环。其催化机制是 RCA 小亚基六聚体与被多种糖磷酸酯钝化的 Rubisco 结合，并移动去除这些抑制子，恢复 Rubisco 活性（Bhat, 2017）。尽管不少研究都表明 RCA 活性与体内 Rubisco 的活化及作物高产有关，但大量的转基因研究表明，只有当 RCA 的含量降到野生植株的 30% 以下，才能使植物的稳态光合降低，但反义突变体往往对逆境的抗性下降。许多研究表明 RCA 大亚基在维持植物逆境条件下的光合作用发挥重要作用（陈候鸣等，2016）。

　　（2）铁氧还蛋白 - 硫氧还蛋白（Fd-Td）系统氧化还原调节。已知磷酸甘油醛脱氢酶（GAPDH）、FBP 酶、SBP 酶、5- 磷酸核酮糖激酶（Ru5PK）受此调节。在光下通过 PS I 的电子传递生成还原态 Fd，它在 Fd-Td 还原酶的作用下，使 Td 还原。还原态的 Td 可以使钝化态酶的二硫键打开，激活这些酶。暗中这些酶被自动氧化，重新形成二硫键而钝化（图 3-18）。已知 GAPDH 是 C 端的 Cys349 和 Cys358，FBP 酶是多肽中心的 Cys155 和 Cys17。此外，光下活性调节还与光下超分子复合体解聚有关，如 GAPDH 在暗中可与 Ru5PK、CP12（一种叶绿体蛋白）和 GAPDH 酶形成 14 聚体失活。光下分别形成 Ru5PK 二聚体和 GAPDH 四聚体，在 Fd-Td 系统下活化，GAPDH 在暗中还可形成 16 聚体失活（Taiz 等，2015）。

　　（3）质量作用定律调节。这种调节涉及反应的方向由底物和生成物浓度控制。在 C_3 途径中磷酸甘油酸激酶（PGAK）就是由质量作用定律调节的，该酶催化 3-PGA 形成 1,3-PGA（图 3-16），光照下 ATP 和 NADPH 上升就可以顺利推动由 3-PGA 到 GAP 的反应。暗中 ATP 和 NADPH 降低，而 ADP 上升，PGAK 催化 1,3-PGA 向 3-PGA 转变。

　　2. 叶绿体光合产物对 C_3 途径的调节。C_3 途径中形成的磷酸丙糖（triose phosphate, TP）除用于 RuBP 再生外，还输出到细胞质形成蔗糖，也可通过转化，以淀粉的形式贮藏

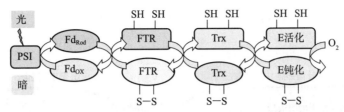

图 3-18　铁氧还蛋白—硫氧还蛋白（Fd-Td）系统调节酶活性示意图

PS I. 光系统 I；Fd_{Rod} 和 Fd_{OX}. 分别是铁氧还蛋白还原态和氧化态；FTR. 铁氧还蛋白硫氧
还蛋白还原酶，Trx. 硫氧还蛋白；E. 目标酶；S—S. 表示钝化态；SH SH. 表示活化态

在叶绿体中。因此 RuBP 再生、输出到细胞质以及在叶绿体中合成淀粉，三者之间共同竞争 TP 是光合产物运转对 C_3 途径调节的关键，其中 TP 输出的多少对 C_3 途径的调节最为重要。TP 不能直接透过叶绿体内膜，必须由磷酸运转器与 Pi 对等交换才能出入叶绿体（详见图 5-2）。因此，当细胞质中 Pi 过多时，TP 的输出就会过量，用于 RuBP 再生的 GAP 减少，这样就降低了 C_3 途径中作为 CO_2 受体的 RuBP 的量致使光合下降。反之，如果胞质缺乏 Pi，就直接导致 ATP 含量降低，3-PGA 不能变为 GAP，RuBP 再生受阻；以及 3-PGA 引起间质酸化，使 Rubisco 等酶活力降低，导致整个 C_3 途径运转速率下降，光合速率也降低。此外，当 Pi 不足或长期光照时，TP 在叶绿体中积累，促使形成淀粉粒。由于淀粉粒不断增大，不仅导致叶绿体水势下降，而且使类囊体膜由于挤压而变形，电子传递和光合磷酸化功能下降，光合降低。缺磷、钾时，植物光合下降的很大原因，也与叶绿体内光合产物输出受阻，形成明显的淀粉粒有关。其他逆境条件也可导致叶绿体淀粉过度积累，降低光合速率。

二、C_4 途径

20 世纪 60 年代，人们对甘蔗光合作用的研究发现，其固定 CO_2 后的初产物不是 C_3 化合物，而是 C_4 二羧酸。Hatch 和 Slack 提出了其光合途径，证实甘蔗固定 CO_2 后的初产物是草酰乙酸（oxaloacetic acid，OAA），由于 OAA 是四碳二羧酸，故称该途径为 C_4 途径（C_4 pathway）或 C_4 二羧酸途径（C_4 dicarboxylic acid pathway），又名 Hatch-Slack 途径。具有这种固定 CO_2 途径的植物叫 C_4 植物，这类植物大多起源于热带或亚热带，适合于高温、强光与干旱条件下生长。主要集中于禾本科、莎草科、菊科、苋科、藜科等 20 多个科 7 500 余种植物，占陆生植物约 3%，大多为杂草，农作物中有玉米、高粱、甘蔗、黍与粟等数种为 C_4 植物。

（一）C_4 途径的生化过程

C_4 途径大致分为 CO_2 固定、CO_2 还原、CO_2 转移和 PEP 再生 4 个阶段（图 3-19）。

1. CO_2 固定。在磷酸烯醇丙酮酸羧化酶（PEPCase）催化下进行，该酶催化磷酸烯醇丙酮酸（phosphoenolpyruvate，PEP）和 HCO_3^- 形成 OAA，反应在细胞质中分三步进行。第 1 步是该酶活性中心结合 Mg^{2+} 后，再结合 PEP 和 HCO_3^-，通过酶的变构把 PEP 中的高能磷酸键转移给 HCO_3^-，形成高能磷脂酰碳酸，第 2 步是高能磷脂酰碳酸放出 CO_2，第 3 步是 CO_2 与丙酮酸基结合成 OAA。

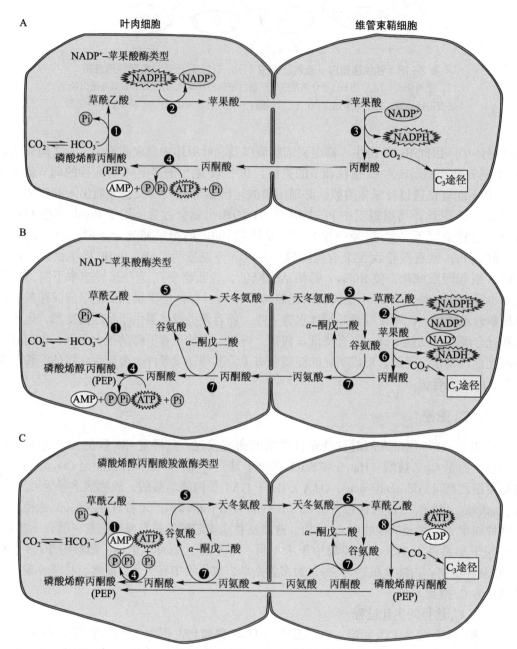

图 3-19　C_4 途径及不同类型的生化反应（引自 Buchanan et al., 2015）

A. $NADP^+$– 苹果酸酶类型；B. NAD^+– 苹果酸酶型；C. PEP 羧激酶类型

1. PEP 羧化酶；2. $NADP^+$—苹果酸脱氢酶；3. $NADP^+$—苹果酸酶；4. 丙酮酸磷酸双激酶；

5. 天冬氨酸转氨酶；6. NAD^+—苹果酸酶；7. 丙氨酸转氨酶；8. PEP 羧激酶

（PEP）

底物结合到催化位点

第1步

高能磷酸键转移形成磷脂酰碳酸

第2步

第3步

催化位点释放 CO_2

形成草酰乙酸

2. CO_2 还原。OAA 运入叶绿体，在 NADPH 苹果酸脱氢酶或谷草转氨酶的催化下，被还原为苹果酸或天冬氨酸。

3. CO_2 转移。根据运入维管束鞘细胞的 C_4 化合物种类和脱羧反应酶类不同，可把 C_4 途径植物分为三种类型。

（1）$NADP^+$– 苹果酸酶类型（$NADP^+$-malic enzyme type）。玉米、高粱、甘蔗属于这一类型。进入维管束鞘细胞的苹果酸在 $NADP^+$– 苹果酸酶作用下脱羧生成丙酮酸并释放 CO_2（图 3–19A）。

（2）NAD^+– 苹果酸酶类型（NAD^+-malic enzyme type）。进入维管束鞘细胞的天冬氨酸（aspartate）经天冬氨酸转氨酶的作用变为 OAA；再经 $NADP^+$– 苹果酸脱氢酶作用生成苹果酸；然后在 NAD^+– 苹果酸酶催化下脱羧，生成丙酮酸并释放 CO_2（图 3–19B）。马齿苋、黍等属于这一类型。

（3）PEP– 羧激酶类型（PEP-carboxykinase type）。在维管束鞘细胞内，天冬氨酸经天冬氨酸转氨酶作用变成草酰乙酸，然后在 PEP 羧激酶的催化下变为 PEP 并释放 CO_2（图 3–19C）。盖氏狼尾草、大黍等属于这一类型。

无论哪种类型，进入维管束鞘细胞的 C_4 化合物脱羧放出 CO_2，CO_2 即可被 C_3 途径再固定成为光合产物。因此，C_4 途径实际上是把叶肉细胞中固定的 CO_2 转移到维管束鞘细胞中。由于 PEPCase 对 HCO_3^- 的亲和力很强，在大气 CO_2 浓度下已使反应达最大速率，故人们把 C_4 途径看作为"CO_2 泵"，把外界低浓度 CO_2 浓缩到维管束鞘细胞中，有利于促进 Rubisco 羧化活性，提高光合效率。

4. PEP 再生。在维管束鞘细胞中的 C_3 化合物，丙酮酸（或丙氨酸）到达叶肉细胞，丙酮酸在叶肉细胞内由丙酮酸磷酸双激酶（pyruvate phosphate dikinase，PPDK）的催化重新形成 PEP（图 3–19）。在 PEP 再生时，1 分子 ATP 变为 AMP，而 AMP 变为 ADP 还需利用 1 分子 ATP。因此，完成 C_4 途径实际消耗 2 分子 ATP。加上 C_3 途径中固定 1 分子 CO_2 需 3 分子 ATP，这样 C_4 植物固定 1 分子 CO_2 为磷酸丙糖，实际消耗 5 分子 ATP。

（二）C_4 植物和 C_3 植物某些特征差异

C_4 植物具有 C_4 和 C_3 两条固定 CO_2 途径，关键在于它有某些结构特征。首先 C_4 植物叶片上都有花环状结构。以玉米为例，在叶脉的维管束周围有一层富含叶绿体的维管束鞘细胞，其外为一至数层叶肉细胞，两类细胞间有许多胞间连丝相连，从横断面看好似一束花环，称花环型（Kranz type）结构（图 3–20A）；而水稻等 C_3 植物却无这种结构，维管束鞘细胞不仅小，而且缺乏叶绿体（图 3-20B）。一般认为，C_4 植物的叶肉细胞具有典型的基粒发育良好的叶绿体，而维管束鞘细胞基粒发育不良（图 3-21A）。但从对苋菜观察发现也有维管束鞘细胞叶绿体发育良好的（图 3-21B）。其次，C_4 植物具有两种羧化酶，PEPCase 和 Rubisco，前者主要存在于叶肉细胞，用于 CO_2 的固定；后者集中于维管束鞘细胞，使 CO_2 转化为糖类。PEPCase 对 CO_2 的亲和力远远超过 RuBPCase，能从空气中强有力地固定 CO_2。C_4 和 C_3 植物的更多生理生化比较见表 3-5。

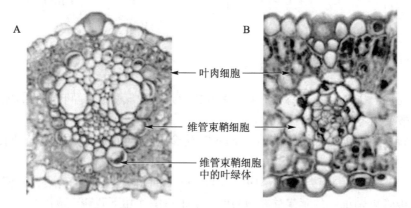

叶肉细胞

维管束鞘细胞

维管束鞘细胞
中的叶绿体

图 3-20　玉米（A）和水稻（B）叶片横切面的解剖结构比较

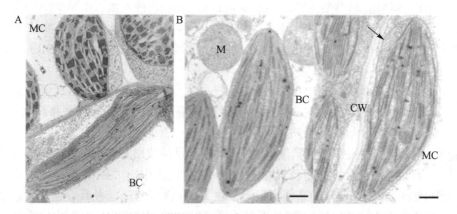

图 3-21　C_4 植物高粱和苋菜叶肉细胞（MC）和维管束鞘细胞中的叶绿体结构

MC，叶肉细胞；BC，维管束鞘细胞；M，线粒体；CW，细胞壁

（三）C_4 途径的调节

C_4 途径在光下活化，主要是 PEPCase，$NADP^+$- 苹果酸脱氢酶和丙酮酸磷酸双激酶（PPDK）在光下活化和暗中钝化的结果，三种酶调节的机制各不相同。

$NADP^+$- 苹果酸脱氢酶的活化由 Fd-Td 系统调节（图 3-18），在光下，通过 Td 使酶活性位点的二硫键变为巯基活化。PPDK 受磷酸化调节，光下 ADP 合成为 ATP，PPDK 调节蛋白催化 PPDK 脱磷酸，使 PPDK 活化。暗中 ADP 增加，PPDK 调节蛋白利用 ADP 使 PPDK 的丝氨酸残基上的羟基磷酸化，使酶失去活性。PEPCase 的活性也由磷酸化调节，在光下 PEPCase 激酶利用 ATP，使 PEPCase 丝氨酸残基上羟基磷酸化，激活 PEP 羧化酶。

PEPCase 由 4 个亚基组成，分子量 $95 \times 10^3 \sim 110 \times 10^3$。4 个亚基两两结合，单体与单

体的结合面约 30 nm^2，二聚体间的结合面约 4.5 nm^2。单体多肽有 8 个 β 折叠环和 42 个 α 螺旋，这种二级结构对玉米和 *E. coli* 均完全必要，C 端的 β 折叠环是高度保守的，因为它是 PEP 结合和催化区域。

三、景天酸代谢途径

景天酸代谢途径（crassulacean acid metabolism pathway，CAM）是 20 世纪 60 年代在景天科植物中首先发现的。目前已发现兰科、凤梨科、苦杏科、大戟科、仙人掌科等 20 000 ~ 30 000 种植物具有这一光合 CO_2 固定途径，具有景天酸代谢途径的植物叫 CAM 植物。它们多属肉质或半肉质植物，如景天、仙人掌、菠萝、剑麻等，适应干热条件，气孔运动方式与众不同，是昼闭夜开（图 3-22），因而其 CO_2 固定也很特殊。

（一）CAM 途径的生化过程

夜间 CAM 植物气孔开放，叶绿体淀粉降解并以 G1P（或磷酸丙糖）的形式输出到细胞质，在胞质中形成 PEP，CO_2 与 PEP 在 PEPCase 的催化下形成 OAA，并被还原为苹果酸，积累于液泡中（图 3-22A）。因此，夜间淀粉减少，苹果酸增加，细胞液变酸。白天 CAM 植物气孔关闭，苹果酸从液泡运至细胞质脱氢脱羧，释放的 CO_2 进入 C_3 途径，合成淀粉。丙酮酸可能亦用于合成淀粉（图 3-22B）。所以，白天苹果酸减少，淀粉增加，细胞液 pH 上升（pH 6.0 左右）。不过，在水分充足时有些 CAM 植物的气孔也可以在白天开放，CO_2 直接进入 C_3 途径。

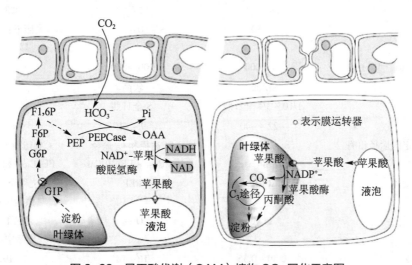

图 3-22　景天酸代谢（CAM）植物 CO_2 同化示意图

CAM 途径与 C_4 途径有许多相似之处，都有 PEPCase，都是 C_3 途径的附加过程。但两者也存在明显差异：C_4 植物具有空间上的特点，叶肉细胞进行 CO_2 预固定，转入维管束鞘细胞进一步同化为糖类；而 CAM 植物则具有时间上的特点，在同一细胞内夜间进行 CO_2 预固定，白天再同化为糖类。

（二）CAM 途径的调节

PEPCase 是 CAM 植物夜间固定 CO_2 的关键性酶，其活性的昼夜变化有效地调节了 CAM 途径。与 C_4 植物一样，PEPCase 的活性由磷酸化调节，6- 磷酸葡糖（G6P）和磷酸丙糖是促进剂，而苹果酸是抑制剂，且苹果酸的抑制可以被 PEP 部分消除。夜间淀粉降解在细胞质中产生大量的 6- 磷酸葡糖（G6P）和磷酸丙糖，利用呼吸产生的 ATP，PEPCase 被磷酸化，活性提高。虽然夜间形成大量苹果酸，但其积累在液泡中，再加上胞质中高浓度的 PEP，苹果酸对 PEPCase 的抑制有限。在白天，苹果酸不断从液泡运到细胞质，严重抑制了 PEPCase 的磷酸化，使其失活。有效地避免白天 PEPCase 与 Rubisco 竞争 CO_2。此外，在干旱等逆境条件下，PEPCase 的基因表达的增加可能也调节着 CAM 途径强度。

四、C_3 植物、C_4 植物、CAM 植物的光合与生理特性比较

由于上述三类植物各有不同的 CO_2 固定途径，使它们在光合与生理特性上有许多不同，列于表 3-5，供参考。

表 3-5　C_3 植物、C_4 植物和 CAM 植物某些光合特征和生理特征的比较

特征	C_3 植物	C_4 植物	CAM 植物
叶结构	维管束鞘不发达，其周围叶肉细胞排列疏松	维管束鞘发达，其周围叶肉细胞排列紧密	维管束鞘不发达，叶肉细胞的液泡大
叶绿体	只有叶肉细胞有正常叶绿体	叶肉细胞有正常叶绿体，维管束鞘细胞有叶绿体，大多基粒不发达，只含 PSI。	只有叶肉细胞有正常叶绿体
叶绿素 a/b	约 3∶1	约 4∶1	≤3∶1
CO_2 补偿点（$\mu L \cdot L^{-1}$）	~ 50	0 ~ 5	光照下：0 ~ 200；黑暗中：< 5
CO_2 饱和点（$\mu L \cdot L^{-1}$）	> 1 000	200 ~ 300	
光补偿点	较低	较高	
光饱和点	1/10 ~ 3/4 全日照	> 全日照	
*$\delta^{13}C$（‰）	-22 ~ -40	-9 ~ -19	-9 ~ -27
光合 CO_2 固定的途径和酶	C_3 途径 RuBPCase	C_4 途径和 C_3 途径 PEPCase 和 RuBPCase	CAM 途径和 C_3 途径 PEPCase 和 RuBPCase
初级 CO_2 接受体	RuBP	PEP	光照下：RuBP 黑暗中：PEP
固定 CO_2 后最初产物	PGA	OAA	光照下 PGA；黑暗中：OAA
PEPCase 活性（$\mu mol \cdot mg^{-1}chl \cdot min^{-1}$）	0.30 ~ 0.35	16 ~ 18	19.2
强光下的净光合速率（$\mu mol \cdot CO_2 \cdot m^{-2} \cdot s^{-1}$）	10 ~ 20	20 ~ 40	0.2 ~ 0.6
光呼吸	多，易测出	很少，难测出	很少，难测出
同化产物再分配	慢	快	不等
干物质生产（$g\,DW \cdot dm^{-2} \cdot d^{-1}$）	0.5 ~ 2	4 ~ 5	0.015 ~ 0.018
蒸腾系数（$g\,H_2O \cdot g^{-1}DW$）	450 ~ 950	250 ~ 350	光照下：150 ~ 600；黑暗中：18 ~ 100

* 已知在自然界中，碳有两种稳定性同位素，^{12}C 和 ^{13}C，其中 ^{12}C 占近 99%，而 ^{13}C 只占 1% 余。由于固定 CO_2

的最初酶不同，C_3、C_4 和 CAM 植物光合产物中 ^{13}C 量不同，人们用 $\delta^{13}C$（‰）来作为不同光合途径的一个重要指标。

$$\delta^{13}C（‰）= \frac{（样品中\ ^{13}C/^{12}C）-（标准物\ ^{13}C/^{12}C）}{（标准物\ ^{13}C/^{12}C）} \times 1000$$

标准物是一种在美国发现的中生代古贝化石，其中 $^{13}C/^{12}C$ 为 1.116‰，而现在大气中 $^{13}C/^{12}C$ 平均为 1.108‰，经计算大气的 $\delta^{13}C$ 为 -6.4‰ ~ -7.2‰。C_3 植物的 $\delta^{13}C$ 为 -22‰ ~ -40‰，C_4 植物为 -9‰ ~ -19‰，CAM 植物为 -9‰ ~ -27‰，均低于大气。说明 PEPCase 和 RuBPCase 都易利用 $^{12}CO_2$，但 PEPCase（C_4、CAM 植物）对 $^{13}CO_2$ 的利用能力相对比 RuBPCase（C_3 植物）要高。样品中的 $\delta^{13}C$ 值不仅可作为判别植物碳同化途径，而且对了解植物起源，古人类食物结构（从骨 $\delta^{13}C$ 确定）等均有重要科学价值。

还要指出的是，有些植物在一生中，并非所有细胞的叶绿体均保持某种特定的光合类型。其光合碳同化途径可随植物的器官、生育期以及环境条件而变化。例如，谷子是 C_4 植物，它的功能叶具有典型的 C_4 途径，而幼嫩叶与衰老叶片 C_3 途径占优势；高粱开花后由 C_4 途径转变为有一定的 C_3 途径；甘蔗为 C_4 植物，但其茎叶绿体只有 C_3 途径；紫鸭跖草是 C_3 植物，而其叶片保卫细胞却具有 C_4 途径；高凉菜在短日照下为 CAM 途径，然而在长日照、低温、昼夜温差小的条件下却呈 C_3 途径。稻、麦等禾谷类植物的颖壳及大豆的荚果中进行着典型的 C_4 途径。迄今为止，只发现 C_4 向 C_3 类型转变，CAM 向 C_3 或 C_4 类型转变以及 $C_3 \sim C_4$ 中间类型，但未发现 C_3 向 C_4 类型转变。已发现一些植物，如 *Borszczowia aralocaspica* 和 *Bienertia cycloptera* 是在一个绿色细胞中进行 C_3 和 C_4 途径的，它们在细胞的外区域叶绿体密度较低，接近维管束区域叶绿体密度大，并有大量的线粒体，内外区域的胞质存在扩散障碍。研究表明，细胞外区域发生 C_4 途径，转入内区域脱羧并行使 C_3 途径。

第五节　光呼吸

光呼吸（photorespiration）是指高等植物的绿色组织只有在光下才发生的吸收 O_2 放出 CO_2 的过程。它与光合作用密切相关，是一种特殊的呼吸作用。其呼吸底物、生化途径及反应场所与一般所说的呼吸（又称暗呼吸，dark respiration）完全不同（详见第四章），其速率远比暗呼吸高。光呼吸的主要过程，实际上是乙醇酸的生物合成及其氧化代谢过程，其整个过程依次涉及叶绿体、过氧化物体和线粒体三种细胞器。

一、光呼吸的生化途径

（一）乙醇酸的生物合成

光呼吸的生化途径是乙醇酸的生物合成与代谢的过程。乙醇酸的生物合成是由 Rubisco 的加氧反应催化，其加氧反应是催化 RuBP 与 O_2 和 H_2O 结合，形成 1 分子磷酸乙醇酸和 1 分子 3- 磷酸甘油酸（3-PGA），磷酸乙醇酸进入光呼吸，3-PGA 进入光合碳循环（图 3-23）。

Rubisco 是催化羧化反应还是加氧反应，以及发生羧化和加氧的比例，取决于叶绿体间质中 CO_2 与 O_2 的分压。当 CO_2/O_2 比值较高时，有利于 RuBP 的羧化反应，比值较低时有利于加氧反应。在目前大气 CO_2 和 O_2 的条件下，羧化强于加氧。当 O_2 分压降至 2% 时，认为无加氧反应发生。因此，在大气 CO_2 水平下，常用 2% O_2 与 21% O_2 浓度（空气

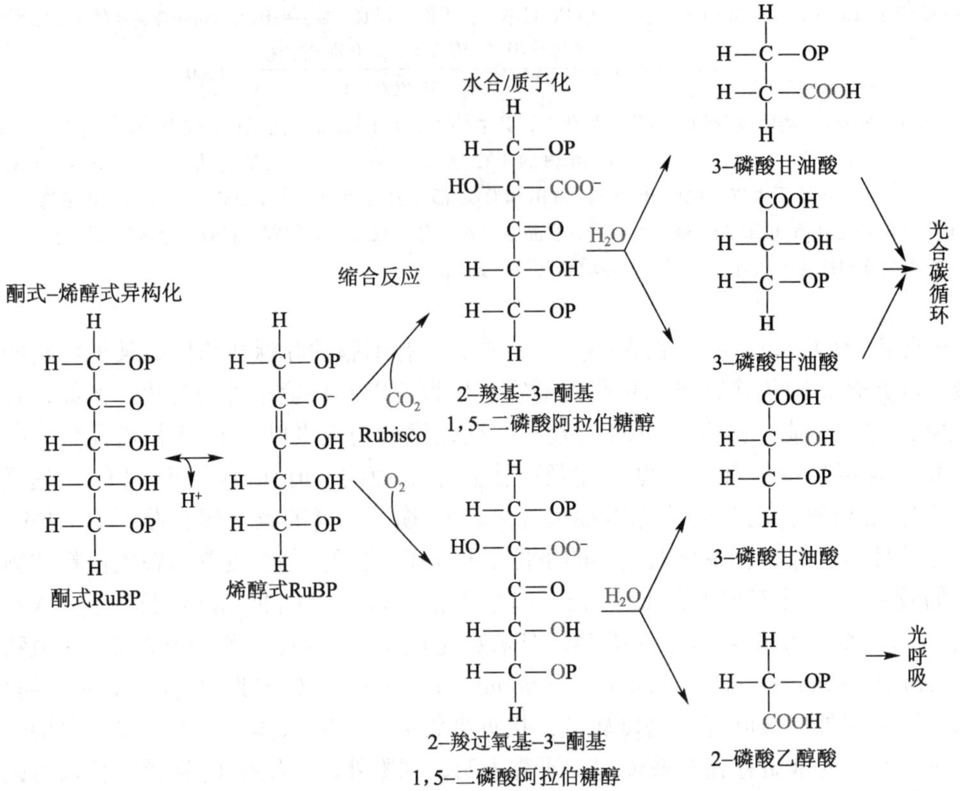

图 3-23   Rubisco 的羧化反应和加氧反应以及反应产物的去向

中）时的光合速率的差值来作为植物的光呼吸速率。

（二）乙醇酸的代谢

在叶绿体中磷酸乙醇在磷酸乙醇酸酯酶的催化下生成乙醇酸（图 3-24），由于乙醇酸是 C_2 化合物，故光呼吸又称 C_2 循环。

乙醇酸进入过氧化物体，在乙醇酸氧化酶催化下生成乙醛酸；乙醛酸在谷氨酸：乙醛酸转氨酶和丝氨酸：乙醛酸转氨酶的催化下变为甘氨酸；甘氨酸进入线粒体，2 分子的甘氨酸在甘氨酸脱羧酶和丝氨酸羟甲基转移酶的催化下合成 1 分子丝氨酸，进行脱 NH_3、脱羧，放出 CO_2 并产生 NADH。丝氨酸转回过氧化物体，在丝氨酸：乙醛酸转氨酶的催化下形成羟基丙酮酸，在 NAD^+– 羟基丙酮酸还原酶催化下形成甘油酸。甘油酸返回到叶绿体，在甘油酸激酶催化下成为 3-PGA，进入卡尔文循环，再生 RuBP，重复下一次 C_2 循环。在这一过程中，2 分子乙醇酸放出 1 分子 CO_2（碳素损失占 25%），余下 1 分子 3-PGA 进入 C_3 环。从图 3-24 可以看出，O_2 的消耗是在叶绿体和过氧化物体，而 CO_2 的释放则是在线粒体。由此可见，光呼吸的生化过程是在上述三种细胞器中协同完成的。

二、光呼吸的生理功能

关于光呼吸的生理功能，目前尚未取得一致意见。鉴于光呼吸使 C_3 植物损失已固定碳素的 25%~30%（有时甚至高达 60%），人们曾认为，光呼吸是一种浪费。但是，光呼吸在高等植物中普遍存在。Rubisco 双重功能是不可避免的，因此，光呼吸可能是消除过

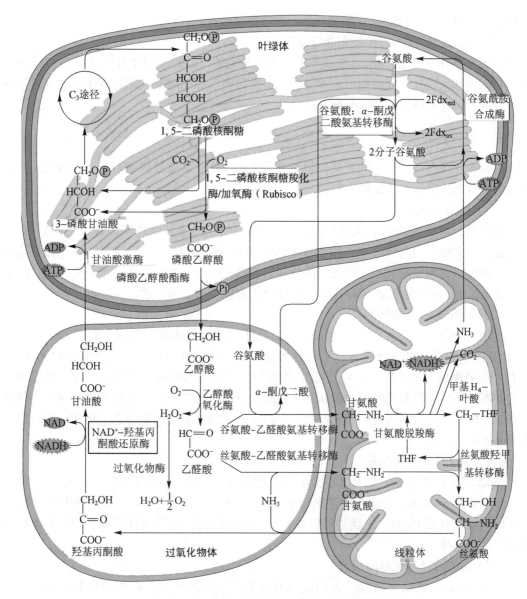

图 3-24 光呼吸的代谢途径及发生的细胞器

多的乙醇酸代谢的需要。已知在光过强和许多逆境条件下，抑制光呼吸将导致对植物的更大伤害。因此，光呼吸可能是一种植物自身防护体系。

（一）防止高光强对光合器官的破坏

在大多数情况下，光反应形成的同化力超过 CO_2 同化的需要，在高光强和低 CO_2 条件下尤为明显。而同化力的过剩易引发假环式光合电子传递，并形成超氧自由基（O_2^-）等或通过激发态叶绿素直接形成第一单线激发态氧（$^1O_2$）等活性氧，它们对光合器官有很强的氧化破坏作用。从图 3-24 可见，通过光呼吸可耗去 ATP、NADPH，防止高光强对光合器官的破坏。

（二）防止 O_2 对光合碳同化的抑制作用

通过光呼吸降低了叶绿体间质中 O_2 浓度，提高了 CO_2 浓度，有利于保持 Rubisco 活化状态（ECM），维持 Rubisco 羧化活性。

（三）消除乙醇酸毒害和补充部分氨基酸

在大气条件下 C_3 植物乙醇酸的产生是不可避免的，乙醇酸积累导致叶绿体 pH 下降，使光合酶钝化，通过光呼吸则可消除这种乙醇酸毒害。在乙醇酸代谢过程中形成的甘氨酸和丝氨酸，可作为氨基酸合成的补充途径。

三、光呼吸的控制

尽管光呼吸有一定的生理意义，但与其有机物消耗相比就显得微不足道。因此人们试图设法降低光呼吸，其主要措施有：

（一）提高 CO_2 浓度

提高 CO_2 浓度能有效地提高 Rubisco 的羧化活性，加速有机物质的合成。在生产上，多在温室或大棚等封闭体系中，用干冰（固体 CO_2）提高 CO_2 浓度，这是一条行之有效的办法。在大田中则应采取相应的栽培措施，诸如选好行向，有利通风；增施有机肥，使土壤多释放 CO_2；深施化肥如 NH_4HCO_3，也能为植物提供相应的碳素。

（二）应用光呼吸抑制剂

施用某种化学药物，中断 C_2 循环运转，可达到抑制光呼吸的目的。如用 $3\ mmol \cdot L^{-1}$ α- 羟基磺酸盐处理烟草叶圆片，有效地抑制了乙醇酸氧化成乙醛酸，从而抑制光呼吸，使 CO_2 固定速率明显加快。2,3- 环氧丙酸的分子结构与乙醛酸十分相似，可抑制乙醛酸向乙醇酸的转变而抑制光呼吸。曾认为亚硫酸氢钠提高光合作用，并在大田中应用，是通过抑制乙醇酸氧化酶的活性抑制光呼吸。但后来研究结果表明它是促进了环式光合磷酸化和 Rubisco 羧化活性。

（三）筛选低光呼吸品种

采用"同室效应法"把 C_3 植物和 C_4 植物幼苗一同培养在密闭的光合室内，保持 $30 \sim 35\ ℃$。由于幼苗的光合作用逐渐降低室内的 CO_2，当浓度降至 C_3 植物的 CO_2 补偿点以下时仍能生长的 C_3 植物，就是具低 CO_2 补偿点的植株，然后通过育种手段有希望培养出低光呼吸品种。

（四）酶的改良与转基因研究

由于 Rubisco 的双重功能，人们试图通过基因工程的手段，利用改良 Rubisco 结构，使其具有更高的 CO_2 亲和力和低的 O_2 亲和力。目前是，把水稻中的 Rubisco 小亚基基因完全敲除，用高粱的 Rubisco 小亚基基因取代，培育成功羧化活性高的 Rubisco 水稻（Matsumura et al.，2020）。把 C_4 途径的相关酶转入 C_3 植物，已在水稻、烟草等多种植物上成功取得转基因后代，部分增加了光合速率和产量。

（五）低光呼吸植物的设计

随着人工智能的发展，人们已通过不同的途径设计出光呼吸底物乙醇酸直接在叶绿体氧化并放出 CO_2，从而提高 Rubisco 羧化位点的 CO_2 浓度，提高光合作用和产量的植物。目前成功的例子有在水稻等植物叶绿体中通过引入植物乙醇酸氧化酶，草酰乙酸氧化酶和过氧化氢酶，把光呼吸的底物乙醇酸直接在叶绿体中氧化脱羧，降低了光呼吸并提高水稻光合速率和早稻产量（Shen et al.，2019）。在烟草中引入大肠杆菌乙醇酸代谢的 5 个基因或植物的乙酸氧化酶、苹果酸合成酶和大肠杆菌的过氧化氢酶，或植物的苹果酸合成酶和绿藻的乙醇酸脱氢酶，使乙醇酸直接在叶绿体脱羧的 3 种低光呼吸设计均获得提高生物量的效果。上述设计再加敲除叶绿体乙醇酸转运体，防止乙醇酸输出的条件下效果更佳（South et al.，2019）。但也有研究表明，这类设计会降低结实率和 N 利用率。

第六节　光合作用的影响因素

衡量光合作用强弱的指标是光合速率，目前采用国际标准单位 $\mu molCO_2 \cdot m^{-2} \cdot s^{-1}$ 表示。光合速率的测定常用红外线 CO_2 分析法，也有气（液）相氧极谱法等。由于植物在光合作用的同时，还进行光呼吸和暗呼吸，因此通常光下测定的光合速率是净光合速率（net photosynthetic rate，Pn），即光合作用、光呼吸和暗呼吸三者吸收和放出 CO_2（或放出和消耗 O_2）的动态平衡值。因此，净光合速率 = 总（真）光合速率 − 呼吸速率（光 + 暗）的值。如要求总光合速率则必须测出呼吸速率，光呼吸速率（C_4 植物可忽略不计）可以通过 2% 和 21%O_2 下的光合差值测得，暗呼吸速率可在无光照下测出。人们通常所指的叶片光合能力（leaf photosynthetic capacity）是指在饱和光强、正常 CO_2 和 O_2 浓度、最适温度和高相对湿度条件下的净光合速率，即光合作用的潜能。

一、内部因素对光合能力的影响

植物叶片的光合能力存在着种和品种，叶龄和叶位等的差异，这些差异归根到底是由其光能吸收传递和转化能力，CO_2 固定途径，电子传递和光合磷酸化能力及固定 CO_2 的有关酶活力等所决定的。

（一）光能的吸收、传递和转化能力

这些能力在很大程度上取决于两方面。①光合色素的含量，尤其是叶绿素总量及叶绿素 a/b 的比值。从小麦、水稻、棉花、玉米、大豆等多种作物的不同品种和杂交种等的研究结果看，在一定范围内叶绿素含量与光合速率呈正相关，即随着叶绿素含量的增加，光合速率增加。但当叶绿素含量超过一定值时，即使叶绿素含量再增加，光合速率也不再提高。阴叶的叶绿素 a/b 值低，叶绿素 b 含量高，而阳叶则相反。叶绿素 b 含量高表明聚光色素多，有利于叶片捕获更多的光能，因此，常表现出在低光强下阴叶光合速率大于阳叶。阳叶叶绿素 a 含量高，作用中心色素及 PS I 和 PS II 比阴叶多，光能转化能力强，加之其有较高的 Rubisco 含量和活力，强光下光合速率大于阴叶。②叶绿体片层结构的发达与否。光能的有效传递和转化还需要充分发育的片层结构，小麦旗叶高的光合速率与基粒的高度发达有关。叶片衰老时光合降低，可发现基粒解体。发育不充分的叶片光合低，因其基粒未充分发育。

（二）CO_2 固定途径和酶活性

C_4 植物的光合能力大于 C_3 植物，C_3 植物又大于 CAM 植物，这主要是由于 CO_2 固定途径不同所致。C_4 植物通过 C_4 途径，使维管束细胞内的 CO_2 浓度高达 1 000 $\mu L \cdot L^{-1}$，有效促进 Rubisco 羧化反应，抑制加氧反应，使光合能力位于三类植物之首。而 CAM 植物在夜间固定 CO_2，白天光合多少主要决定于夜间固定 CO_2 的量，光合速率常常十分低下。植物 PEPCase 和 Rubisco 的含量和活性高，光合能力就强。有关研究表明，水稻剑叶在抽穗前后表现出最大的光合速率，随后逐步下降，分析叶绿素含量、可溶液性蛋白、Rubisco 含量与活性等表明，起最直接作用的是叶片 Rubisco 的初始活力。还有研究表明将

1,6- 二磷酸果糖酯酶等的 RuBP 再生相关酶类转入植物，也可提高光合速率。

（三）电子传递和光合磷酸化活力

研究表明光合电子传递和光合磷酸化活力与水稻等植物光合速率呈正相关。在干旱、热害等条件下，由于光合膜破损，光合磷酸化活力降低，光合能力也随之下降。某些除草剂（如敌草隆、阿特拉津等）抑制光合电子传递，同样抑制光合速率。

（四）光合产物供求关系

CO_2 同化速率还受到光合产物输出的调节，因此，当需求增加时（如开花结实，块根或块茎膨大），叶片的光合速率会提高。反之，去除这些需要光合产物的器官，光合速率会立即受到抑制。而去除部分叶片，剩余叶片的光合速率会由于需求的增加而上升。果穗叶的光合速率大于其他叶片的光合速率，也是由于其对光合产物的需求比其他非果穗叶大之故。

二、环境因素对光合速率的影响

光照、CO_2、温度、水分、矿质营养和 O_2 是影响光合速率的主要外界因子。

（一）光照

光是光合作用的能量来源，是叶绿体发育和叶绿素合成的必要条件，光还能调节光合碳循环某些酶的活性，但过度的强光又会导致光合作用的光抑制。

1. 光强。目前国际上统一采用光的能量单位或光子流量单位作为光强单位。高等植物光合作用只利用波长为 400 ~ 700 nm 的可见光，因此，光合作用中光强的单位用光合有效辐射（photosynthetically active radiation，PAR）或光合光子通量密度（photosynthetic photon flux density，PPFD）来表示。在夏季晴天中午，依不同地理纬度 PAR 达 400 ~ 500 $W \cdot m^{-2}$，PPFD 达 2 000 ~ 2 300 $\mu mol \cdot m^{-2} \cdot s^{-1}$。根据光合色素的吸收光谱，光合作用在蓝紫光和红光区效率较高。

2. 光饱和点和光补偿点。在一定范围内光合速率随光强增加几乎呈线性增加，但光强超过一定范围后，光合速率的增加转慢；当达到某一光强时，光合速率不再增加，这种现象叫光饱和现象，开始达到光饱和现象时的光强叫光饱和点（light saturation point，图 3-25A 实线箭头所指处），这时净光合速率达到最大。不同植物的光饱和点差异很大（图 3-25B），C_4 植物玉米在自然光强下没有光饱和点；C_3 阳生植物，如水稻、山毛榉等在 40% ~ 80% 最大自然光强，即 800 ~ 1 600 $\mu mol \cdot m^{-2} \cdot s^{-1}$ 下达到饱和点；C_3 阴生植物如绿萝、人参等在最大自然光强的 10% ~ 20% 时就已达到饱和点。这些植物只能在室内或遮阴条件下生长。产生光饱和现象的主要原因是叶内光合酶，如 Rubisco 羧化能力的限制。C_3 和 C_4 植物的差别，在于后者有一个 “CO_2 泵”，利用光能浓缩 CO_2，从而提高 Rubisco 羧化位点的 CO_2 浓度，使 C_3 途径运转速率提高，大大提高光饱和点。C_3 植物的 C_3 途径运行较 C_4 植物慢，需要的同化力少，使光能以其他的形式散失而浪费。因此，凡是使碳同化降低的因素，如降低 CO_2 浓度、缺水、冷害等均可导致光饱和点降低。反之，提高碳同化的因素，如增加 CO_2 浓度则可使光饱和点提高（图 3-25A）。

在光饱和点以下，光合速率随光强的减弱而下降，当降至某一光强时，净光合速率等于零。人们把净光合速率等于零，即植物总光合作用吸收的 CO_2 等于呼吸作用放出的 CO_2 时的光强叫作光补偿点（light compensation point）（图 3-25A 虚线箭头所指处）。光补偿点时植物没有净光合产物的积累，考虑到夜间的呼吸消耗，植物必须栽培在高于光补偿点的

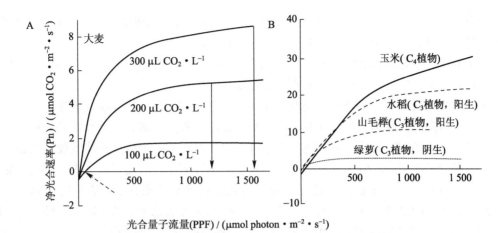

图 3-25　CO_2 浓度和植物种类的光合与光强响应曲线
A 为大麦在不同 CO_2 浓度下的光合与光强响应曲线，虚线向上箭头指向光补偿点，实线向下箭头指向光饱和点；
B 为不同植物的光合与光强响应曲线，显示植物间光合速率和光饱和点的明显差异

光下才能生长。不同植物光补偿点不同，在温度、水分等其他环境条件合适的情况下，阴生植物最低，为全日照的 1% 以下，阳生 C_3 植物次之，而 C_4 植物较高（图 3-25B）。其大小主要决定于暗呼吸的速率和每同化 1 分子 CO_2 所需的 ATP 数，当然有利于提高光合量子效率的环境条件也可降低光补偿点，如提高 CO_2 浓度（图 3-25A）。

3. 植物光合作用的光抑制和光保护。植物长时间生长在过强的光环境下，表现出光合速率降低，轻者生长不良，重者光合色素破坏，叶片发白（光漂白 photobleaching）直至死亡，如阴生植物移到太阳光下或林床植物在森林砍伐后不久死亡。这种由强光引起的光合下降现象，称为光抑制（photoinhibition）。光抑制普遍存在于植物界，只是大多数植物体内有一系列的防御机制，不致在强光下发生光漂白而死亡，大田作物由光抑制而降低的产量可达 15% 以上。因此，对光抑制的机理和防御研究已成为人们日益关心的问题。

（1）光抑制的机理。我们知道，在光合 - 光强响应曲线的初始阶段，光合作用随光强的增加成线性上升，随后曲线弯曲并变平（图 3-25）。如果按曲线的初始阶段光能刚好全用于碳同化，那么弯曲变平阶段就有大量的光能过剩。这时光合机构接受的光能超过光合作用所能利用的能量，这些光能成为过剩光能（excessive light energy）。光照越强，过剩光能就越多。光抑制是由过剩光能对光系统的直接伤害和产生大量活性氧的间接伤害共同作用的结果。①直接伤害首先是 PSⅡ 的关闭，即 PSⅡ 不像常态下吸收和转化光能，因为在过剩光能下，电子的最终受体完全被还原，导致 PSⅡ 原初电子受体不能被氧化，PSⅡ 无法把激发态电子传出去——即 PSⅡ 不吸收和转化光能。其次是 PSⅡ 损伤，进一步地过剩光能不断撞击 PSⅡ，导致 PSⅡ 中 D1、D2 等多肽断裂变性。研究表明在弱光下 D1 蛋白也在不断更新，随光强上升，更新加快。当光强超过光合作用饱和点时，破坏速率大于合成速率，PSⅡ 功能下降，这种下降与 D1 的减少相一致。对 D1 损伤和修复的研究表明，变性的 D1 不能在 PSⅡ 原位修复，必须使 PSⅡ 多肽解离，合成新的 D1 后再重新组装，才能使 PSⅡ 复活。关于光损伤在 D1 的位置，可能位于 Q_B 结合位点（第 211～275 位间）若干个氨基酸上。②间接伤害是由过剩光能导致活性氧形成，使光合膜等受损。在过剩光能下，假环式电子传递可形成超氧自由基（$O_2^{\bar{\cdot}}$），它可通过酶促或非酶促反应，形成毒性更

大的羟自由基（OH·）和 H_2O_2，激发态 P680 还可使 O_2 激发形成单线态氧（$^1O_2$），这些活性氧会使光合膜、叶绿素、光合酶等氧化，丧失其生理功能。

（2）植物对光抑制的防御。植物采取一系列的措施来减轻光抑制称光保护（photoprotection），它的防御机制组成有以下方式：

①减少光能吸收。一是植物通过改变叶片与光之间的角度，使其能在弱光下与光线垂直以吸收更多光能，在强光下与光线平行以减少光能吸收。如酢浆草叶片在几分钟内可完成从平展到垂直的 90° 摆动。植物还可以通过增加反射和透射来减少光能吸收。二是增加叶片反射减少光能吸收。因为某些植物在强光干旱条件下可在表面形成气生表皮毛。如一种叫 *Encelia farinose* 的植物，生长在强光干旱的加利福尼亚死谷中，表面密生茸毛，茸毛内充满空气和盐晶体，使叶片近似白色。叶片吸光率可从原来生长在暖湿条件下的 0.81 减少到 0.29。三是增加透射减少光能吸收。它主要由叶绿体在不同光照条件下的运动所致，这种运动可有效防止 PSⅡ的失活。四是植物通过改变 chla/b 比值来改变聚光色素和作用中心的量，也可在一定程度上减缓光抑制。如阳生植物的 chla/b 比较高，适应较高光强下生长。

②通过代谢过程散失能量。这主要是通过光呼吸和 Melher-抗坏血酸过氧化酶反应。Mehler-抗坏血酸过氧化酶反应，可利用过剩的还原力（NADPH）去除叶绿体形成的 O_2^-，该过程涉及一系列酶的参与。如图 3-26 所示，由假环式电子传递在 PSⅠ侧形成 O_2^-，位于类囊体膜上的超氧物歧化酶（CuZnSOD）把 O_2^- 催化成 H_2O_2，H_2O_2 在类囊体膜过氧化物酶（tAPX）的催化下生成 H_2O 和 O_2，同时把抗坏血酸（AsA）氧化为单脱氢抗坏血酸（MDA），完成对活性氧的初级清除。其余溢出到间质的 O_2^- 再在间质 CuZnSOD 和间质过氧

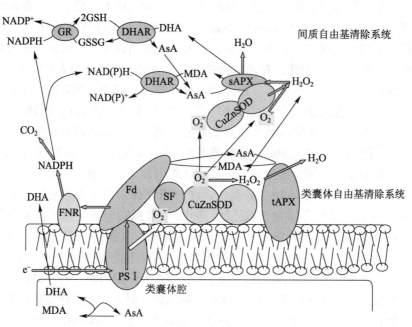

图 3-26   叶绿体中活性氧的形成和清除

SOD—超氧物歧化酶，tAPX—类囊体膜过氧化物酶，sAPX—间质过氧化物酶，AsA—抗坏血酸，MDA—单脱氢抗坏血酸，DHA—脱氢抗坏血酸，MDAR—单脱氢抗坏血酸还原酶，DHAR—脱氢抗坏血酸还原酶，GSH—还原态谷胱甘肽，GSSR—氧化态谷胱甘肽，GR—谷胱甘肽还原酶，FS—间质因子

化物酶（sAPX）的催化下生成 H_2O 和 O_2，完成次级清除。由膜和间质过氧化物酶催化形成的 MDA 和脱氢抗坏血酸（DHA），分别在单脱氢抗坏血酸还原酶（MDAR）和脱氢抗坏血酸还原酶（DHAR）的作用下，利用 NADPH 和还原态谷胱甘肽（GSH）再生抗坏血酸。氧化态谷胱甘肽（GSSR）在谷胱甘肽还原酶（GR）作用下，利用 NADPH 再生 GSH。这样通过一系列反应，既清除了自由基，又消耗了多余的还原力。此外，D1 的不断更新既是伤害的结果，也是消耗多余能量的一个途径，因为 D1 的合成，新 PS Ⅱ 的装配过程需要 ATP 和 NADPH。

③非辐射能量散失。在强光下，通过光合膜变构，以热的方式散失能量，这种能量散失与叶黄素循环有关，涉及植物体中的紫黄素（Violaxanthin，V）、环氧玉米黄素（antheraxanthin，A）和玉米黄素（Zeaxanthin，Z）之间的变化。这些叶黄素的含量还可以根据不同光环境发生总量变化（图 3-27）。强光下生长的植物，叶片中这三种叶黄素的总量都高。在强光下，通过 PQ 穿梭，叶绿体腔内 pH 下降，增加紫黄素脱表氧化酶活性，紫黄素（V）转化为环氧玉米黄素（A）再到玉米黄素（Z），从而使紫黄素含量降低，玉米黄素含量升高。在叶绿体间质中 pH 上升，紫黄素表氧化酶活性增加，利用 NADPH 和 $^1O_2$（O=O）把 Z 氧化为 A 和 V。因此，紫黄素循环通过消耗 NADPH，有效消除 $^1O_2$ 对光合器官的危害（图 3-28）。

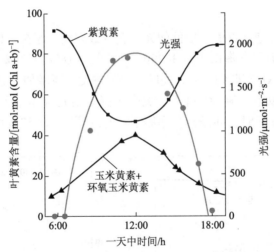

图 3-27 紫黄素（V）、玉米黄素（Z）和环氧玉米黄素（A）含量日变化

（二）CO_2

CO_2 作为光合作用的原料，大气中 CO_2 浓度会直接影响到光合速率的大小。

1. CO_2 饱和点和 CO_2 补偿点。在一定范围内，植物净光合速率随 CO_2 浓度增加而增加，但到达一定程度时再增加 CO_2 浓度，光合速率也不再增加，这时的环境中的 CO_2 浓度称为 CO_2 饱和点。C_3 植物的 CO_2 饱和点高，一般达 1 000 μL·L^{-1} 以上，C_4 植物的较低，在 300～400 μL·L^{-1}（图 3-29A）。对 C_3 植物来说，Rubisco 的羧化活性对 CO_2 的亲和力低和加氧活性的竞争，随着 CO_2 浓度增加，羧化反应加快，即使在较高的 CO_2 浓度下，光合速率仍然呈上升趋势，其 CO_2 饱和点高。对 C_4 植物而言，PEPCase 对 CO_2 的亲和力高，在较低的 CO_2 浓度下可用"CO_2 泵"提高 Rubisco 羧化位点的 CO_2 浓度，有效抑制了

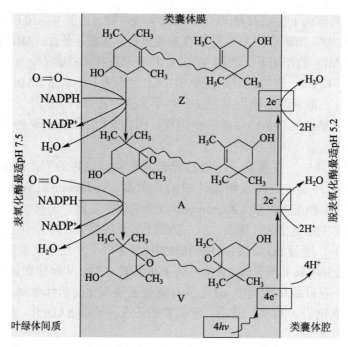

图 3-28 光合电子传递形成的 pH 对 V、Z 和 A 转化反应的影响

光呼吸。因此，其 CO_2 饱和点低。较低的光强会导致同化力减少，RuBP 再生受阻和酶的不完全活化，使 CO_2 饱和点降低（图 3-29B）。另外，CO_2 浓度过高会引起气孔关闭，使气孔阻力增大，阻止 CO_2 扩散到叶内，使叶内 CO_2 浓度不再增加，有的植物甚至发生中毒现象。在 CO_2 饱和点以下，随 CO_2 降低，光合下降。当光合作用吸收的 CO_2 与呼吸作用释放的 CO_2 达到动态平衡时，即净光合率等于零时的环境 CO_2 浓度称为 CO_2 补偿点。CO_2

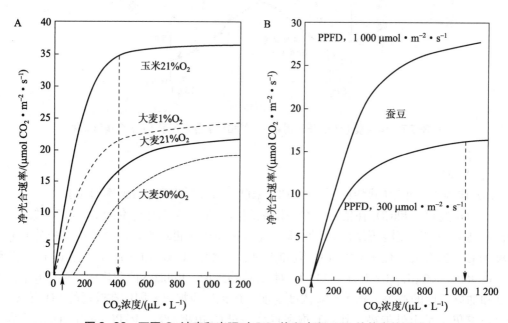

图 3-29 不同 O_2 浓度和光强对 CO_2 饱和点和 CO_2 补偿点的影响

A，不同 O_2 浓度下光合——CO_2 响应曲线，B，不同光 PPFD 下光合——CO_2 响应曲线

补偿点的高低虽与植物的暗呼吸强弱有关，但它不是决定因素，其决定因素在于最初固定 CO_2 的酶对 CO_2 的亲和能力。由于 C_4 植物 PEPCase 对 CO_2 亲和力很高，即使在很低的 CO_2 浓度环境下，仍能有效反应，并能提高 Rubisco 羧化位点 CO_2 浓度，抑制其加氧反应，故 C_4 植物的 CO_2 补偿点很低，在 $0 \sim 5$ $\mu L \cdot L^{-1}$。在低 CO_2 条件下，C_3 植物 Rubisco 羧化位点 CO_2 浓度低，加氧反应加剧，光呼吸增加，故其 CO_2 补偿点较高，约 50 $\mu L \cdot L^{-1}$。植物必须在高于 CO_2 补偿点的条件下有同化物积累才能生长。

目前，空气中 CO_2 浓度为 420 $\mu L \cdot L^{-1}$ 左右，但作物群体内部及附近常低于这一数值，不能满足 C_3 植物光合作用的需要，尤其是在晴朗无风的条件下 CO_2 亏缺更为明显，中午前后群体内部及附近会出现 CO_2 浓度的最低值，这对群体光合作用十分不利。有条件的地方，白天给作物群体增施 CO_2 能提高光合和增加产量，增施 CO_2 的效应在设施栽培时更为明显，如黄瓜覆盖栽培增施 CO_2，使叶面积增大，植株增高，增产达 43.2%。在薄膜育秧或蔬菜等薄膜育苗时也可考虑适当增施 CO_2，但增施 CO_2 的措施只适用于 C_3 植物。

2. 长期高 CO_2 对光合的下调。若让植物长期生长在高 CO_2 条件下，即使 C_3 植物，光合速率也不再像开始增加 CO_2 时那么高。几天后，光合速率又降到大气 CO_2 浓度下的值。对于这种下调的机制不同的学者有不同看法，总结起来有以下原因：一是糖和淀粉的反馈抑制，这在棉花、菜豆和大豆等植物中得到证实；二是光合酶系统活力下降，有人发现高 CO_2 浓度下，Rubisco 羧化活性明显下降，PEPCase、Ru5P 激酶、3-PGA 激酶、NADP-3GAP 脱氢酶和碳酸酐酶活性都下降；三是气孔导度在高 CO_2 浓度下降低；四是光合产物的积累导致暗呼吸增强。因此，为防止长期高 CO_2 对光合速率的下调，给设施内植物增施 CO_2 最好在光照较强的中午前后进行。

（三）温度

光合作用的温度三基点分别代表光合速率的最低、最高和最适值。光合作用的最低温和最高温是指在该温度下，CO_2 的吸收和释放速度相等，不能测出净光合速率的极限点。其数值大小因不同植物而异，例如耐低温的莴苣，在 5℃ 即有明显的净光合速率，而喜温的黄瓜则要接近 20℃ 时才有明显的净光合速率。耐寒植物光合作用的冷限与细胞组织结冰的温度相近；起源于热带的植物如玉米、高粱、橡胶树等往往在温度降至 $5 \sim 10$℃ 时，由于其光合器官受损，已测不到净光合速率。低温的危害主要是使 Rubisco 冷失活，同化力过剩和作用中心（尤其是 PS I）受损及活性氧导致叶绿体超微结构等全面损伤。此外，低温也可引起气孔关闭，CO_2 进入受阻等导致光合下降。不同植物的光合作用最高温度差异也很大，C_4 植物较高，可达 $50 \sim 60$℃；而 C_3 植物则较低，其中耐热较强的如棉花可达 $40 \sim 50$℃，一般则在 40℃ 以下。高温下光合下降，一方面是由于光合器官在高温下破坏，包括作用中心受损、光合磷酸化解偶联等造成同化力不足和 Rubisco 活化酶活性下降导致 Rubisco 活力低下；另一方面是由于光呼吸（高温下溶液中 O_2 溶解度增加，而 CO_2 溶解度下降，这样更有利于 Rubisco 的加氧反应），同时呼吸在高温下急剧增强，都使净光合速率降低（3-30A）。光合作用最适温是指净光合速率最高时的温度，不同植物有很大的差别，C_4 植物高于 C_3 植物（图 3-30B），热带亚热带植物明显高于温带和极地植物。

（四）水分

水分亏缺明显降低光合速率，图 3-31A 为水稻正常灌溉和 14 天不灌水，土壤含水量降到田间最大持水量的 40% 时的光合速率 - 光强响应曲线，除了极低的光强下，水稻的光合速率显著下降。比较幼叶和老叶的光合速率发现，在水分亏缺的条件下，幼叶光合降

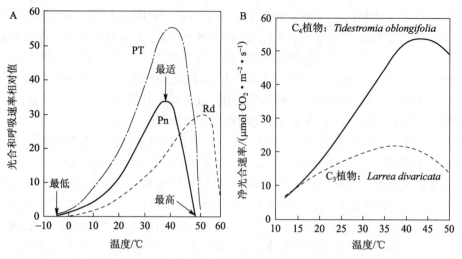

图 3-30　温度对总光合速率（PT）、净光合速率（Pn）和暗呼吸速率（Rd）的影响（A）及
C_3、C_4 植物的净光合速率对温度的响应（B）

低更明显。水分亏缺导致光合速率降低的原因，主要可归结为气孔限制和非气孔限制。

1. 气孔限制。在水分亏缺初期，由于蒸腾失水，气孔开始关闭，导致气孔导度（gs）下降（图 3-31B），通过气孔进出的水、CO_2 等气体的量减少，胞间 CO_2（Ci）浓度下降，Rubisco 羧化位点的 CO_2 减少，光合速率（Pn）下降。因此，不少学者提出，光合作用的气孔限制和非气孔限制可由分析 Pn、gs 和 Ci 的相关性求出。若 Pn 与 gs 和 Ci 浓度的下降分别呈直线正相关，这时气孔限制是光合下降的主要原因；反之，Pn 的下降虽与 gs 的下降呈直线正相关，但与 Ci 浓度呈直线负相关，光合的限制以非气孔限制为主。目前，可以通过提高叶室内 CO_2 浓度的办法，根据胞外大气和胞间 CO_2 浓度调至相同条件下的光合速率，正确计算出气孔限制所占的比例。

2. 非气孔限制。在水分亏缺后期，Pn 和 gs 继续下降，但 Ci 浓度开始上升。说明尽管通过气孔进入 CO_2 的减少，但同化的 CO_2 更少，这时光合作用的主要限制因子由气孔因子转向非气孔因子（图 3-31B 空心箭头右侧）。目前，把非气孔限制分为羧化限制和光化

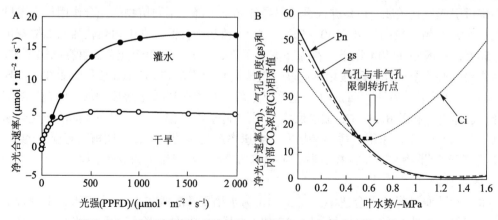

图 3-31　干旱处理对水稻光合速率的影响（A）及光合速率（Pn）、
气孔导度（gs）及内部 CO_2 浓度（Ci）与水势关系（B）

学限制。

（1）羧化限制。在水分胁迫等逆境条件下，测定 Pn 对 Ci 的响应曲线（图 3–31B）发现，在低 Ci 下，Pn 随 Ci 提高而提高，人们把这部分直线的斜率叫作羧化效率。认为这是代表 Rubisco 羧化活性大小的指标。在严重缺水胁迫的条件下，无论从曲线分析还是离体的 Rubisco 活性测定都表明，其活性降低。

（2）光化学活性限制。Pn 对 Ci 的响应曲线的上部，随着 Ci 增加，Pn 增加变缓，最终达最大值，这个值的大小反映了由光合电子传递和光合磷酸化活性推动的 RuBP 再生能力。它与光系统的光化学反应直接相关，这种能力的降低称光化学限制。在水分亏缺较严重时，离体叶绿体的电子传递和光合磷酸化活力降低。例如，向日葵在水势降至 –1.1 MPa 时，光合电子传递活力和光合磷酸化活力已明显下降。到 –1.7 MPa 时，电子传递活力仅有对照的 30%，光合磷酸化已完全停止。近年来活体荧光探测技术表明，水分严重亏缺会使 PS Ⅱ 失活或损伤。

在羧化限制和光化学限制之间，是否有先后或同时发生，仍不清楚。根据我们对水稻的研究表明，羧化限制要早于光化学限制。目前尚缺乏有效的手段测定 Ci，它的值只能根据有关参数，如蒸腾、外界 CO_2 浓度、净光合速率等推算。由于在缺水时存在气孔的不均一关闭现象，Ci 的估值会偏高，这样就会人为扩大非气孔因子在缺水下光合降低的比重，使结果与实际不符。但直接测定一些非气孔因子，至少说明缺水时光合下降并非完全由气孔关闭引起。

（五）矿质营养

矿质营养在光合作用中的功能极为广泛，归纳起来有以下几方面。

1. 光合器官的组成成分。如 N 和 Mg 是叶绿素的组成成分，N、P、S 是光合膜和光合酶的成分，Fe、Cu 是光合链的成分，Zn 是碳酸酐酶的成分。

2. 参与酶活性的调节。如 Mg^{2+} 是 Rubisco 和 PEPCase 等许多碳同化酶的活化因子，Fe 是叶绿素合成中酶的辅助因子，Mn、Cl 和 Ca 与放 O_2 有关。

3. 参与光合磷酸化。Pi 直接与 ADP 合成 ATP，Mg^{2+}、K^+ 作为 H^+ 的对应离子参与这一过程，有利于 ATP 的合成。

4. 参与光合碳循环与产物运转。如 P 既是光合碳循环中各种糖磷酸酯的成分，又是磷酸丙糖输出叶绿体所必需。K^+ 作为质子的反向离子，参与同化物在筛管—伴胞复合体中的装卸。B 在蔷薇科植物中形成 B– 糖复合物参与糖的运输。

5. 参与气孔开闭。K^+、Cl^-、Ca^{2+} 能调节气孔开闭。

因此，缺少上述元素的任何一个，都会使光合速率降低，但其降低的幅度不一。在系统研究过的矿质元素中，以氮的缺乏对光合作用的影响最大。缺氮时 Rubisco 含量和活力降低，是导致光合下降的主要原因。钾营养不足对顶部新生叶光合影响很小，但对下部老叶影响较大，这与气孔导度、光合电子传递、光合磷酸和 Rubisco 羧化活性的降低有关。不过无论哪一营养元素，达到一定含量后，光合速率不会再增加，有时甚至会下降。

（六）O_2

早在 1920 年，瓦布格曾发现 O_2 对藻类的光合作用产生抑制作用，这种现象称为瓦布格效应（Warburg effect）。据研究，这种效应只适于 C_3 植物，而不适于 C_4 植物。实验表明，O_2 对光合速率的抑制与 CO_2 浓度关系不大。例如，当大麦植株处于不同 CO_2 浓度下，其光合速率均以 1% O_2 时最高；随着含 O_2 量的增加，光合速率显著地下降（图 3–29A）。

这是由于第一，O_2 提高 Rubisco 的加氧酶活性，加剧了 C_3 植物的光呼吸；第二，O_2 能与 NADP 竞争光合链上传递的电子，导致 NADPH 形成的量减少；第三，在强光下，形成的活性氧（O_2^-、$OH \cdot$ 和 $^1O_2$）加速光合器官的光氧化，降低了对光能的吸收、传递与转换的能力，也降低光合电子传递速率。

三、光合速率的日变化和季节变化

（一）光合速率日变化

由于一天中光照强度的周期性变化，导致温度、湿度等相应的日变化，植物的光合速率也发生日变化（图 3-32）。一般认为晴天 C_4 植物光合作用呈单峰曲线，光合最高峰出现在光强最高处。但 C_3 植物一天中的光合速率呈双峰曲线，在 8：00～10：00 及 14：00～15：00 前后各有一峰出现。在中午光强最高时，光合速率反而低于光强中等的午前和午后。这种中午强光下光合降低的现象俗称"午睡（midday depression of photosynthesis）"。大量研究表明凡在强光、低湿和高温条件下，"午睡"较重。由于"午睡"植物不能充分利用光能，人们试图通过研究"午睡"原因加以防止。

关于"午睡"原因众说纷纭，归纳起来曾有以下几种。一是中午 CO_2 浓度过低，引起 Rubisco 加氧反应增加。但一些研究表明，在水稻等植物"午睡"时，即使提供较高浓度的 CO_2，"午睡"仍不能减轻。二是中午温度过高，引起暗呼吸和光呼吸上升。这在柑橘等植物中得以证实。三是中午相对湿度过低，导致叶片失水过多，气孔关闭影响 CO_2 进入。因此，喷水可减轻甚至消除"午睡"。四是光合产物的积累对光合作用的反馈抑制。但菠菜、水稻等大于 24 h 的连续光照处理，光合产物积累量大大超过"午睡"时值，也未发现光合下降。至少在这些植物中"午睡"不可能由光合产物积累所引起。五是光抑制引起作用中心活性降低。有人发现"午睡"时，PS II 的可变荧光和最大荧光的比值（Fv/Fm）明显降低；严重"午睡"的水稻 Hill 反应活力降低，这都表明 PS II 关闭或受损，可导致同化力形成降低。六是光合碳同化有关酶活性降低。图 3-32B 表明，水稻严重"午睡"时 Rubisco 初始活力降低，Rubisco 活化酶的活性也下降，但在"午睡"较轻时没有酶活性的降低。七是内生昼夜节律的调节。有人在水稻、甘薯等植物上发现，即使给予恒定

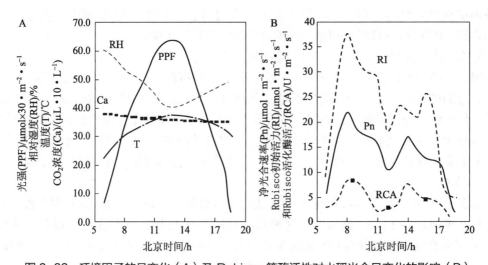

图 3-32 环境因子的日变化（A）及 Rubisco 等酶活性对水稻光合日变化的影响（B）

适合光合的环境条件，"午睡"现象仍不会完全消失，只是 Pn 下降的幅度减少，持续时间变短。

关于大多数植物的光合"午睡"现象更深层次的原因，现在比较趋向性的解释是，中午较低的相对湿度导致气孔关闭，这时光合速率降低与气孔导度和 Ci 降低相一致，如提高湿度，增加 CO_2 浓度等可使光合速率立即恢复。但如长时期低湿加之强光照，就会引起 Rubisco 等活性降低和光系统的损伤，导致"午睡"一降不起。这种情况下提高湿度、CO_2 等也不能使光合速率迅速恢复，须待光强下降，甚至过夜后才能恢复。至于是否有内在节律，尚需更多的实验结果加以证实，但许多光合酶及集光色素蛋白的表达存在明确的内生昼夜节律现象。

（二）光合速率的季节变化

光合速率的季节变化也是植物对环境因子的一种反应，树木等多年生植物更为明显，它比日变化更为复杂。落叶植物由于叶片季节性的脱落，光合速率当然会存在变化，即使常绿植物也存在季节变化。

不管是落叶或常绿植物在春季都萌发新叶，开始伸展的新叶呼吸速率超过光合速率，所以净光合速率会出现负值。随叶龄的增加光合速率迅速提高，一直到叶片充分发育为止，光合速率达最大。之后，随着叶片衰老，光合速率又逐渐下降。在季节变化中，植物光合速率受环境因子变化的影响。例如，常绿树的一年生针叶植物，从 4—5 月植物叶片的光合速率逐渐升高，夏季最高，随着秋季的到来，光合速率又下降。常绿树在冬季，一般净光合速率极低，或测不出来。但是，在暖温带地区冬季可以有相当明显的净光合速率，并可看到干物质的积累。因此，光合速率的季节变化是受温度、光照等因子和叶片的发育状态共同影响的结果。常绿植物在受到一次零下低温影响后，即使气温回升，光合速率还要经过相当时间才能逐渐恢复。连续的低温将引起净光合速率降至为零，这与光合酶的钝化与光系统的破坏有关。常绿树在冬季的光合作用的能力，随树种和环境条件而定。

第七节 光合作用与农林业生产

植物干重的 90%～95% 的有机物来自植物的光合作用，如何使植物最大限度地利用太阳辐射能是现代农林业生产中的根本性问题，引起植物生理学与农林科学家的普遍关注。

一、植物的光能利用率

（一）光能利用率的计算

光能利用率（efficiency for solar energy utilization）是指单位地面上的植物光合作用积累有机物所含能量占照射在同一地面上的日光能量的百分比，可用下式计算：

$$光能利用率（\%）= \frac{单位面积作物干物质所含热量（J）}{单位面积太阳平均总辐射能（J）} \times 100$$

现有大田作物的光能利用率为 1%～4%，森林的光能利用率还要低，植物的光能利用率与理论上光能利用率还有相当距离。

（二）植物光能利用率的理论值

光合作用中每同化 1 分子 CO_2 或放出 1 分子 O_2 所需的光量子数，称量子需要量（quatumn requirement）；而每吸收 1 个光量子所能同化的 CO_2 或释放的 O_2 的分子数，称量子效率（quatumn efficiency）。从 C_3 途径每同化 1 分子 CO_2 所需的 3 分子 ATP 和 2 分子 NADPH 推算，理论上量子需要量是 8 ~ 10，量子效量是 1/8 ~ 1/10，这样产生 1 mol 葡萄糖（2 804 kJ · mol^{-1}）需要 48 ~ 60 mol 光量子。由于总太阳辐射中有 60% 是植物非吸收光，剩余的 40% 中，反射透射掉 8%，热耗散掉 8%，代谢损失 19%。因此，5% 是最高的光能利用率。进一步分析表明，由于代谢，包括光暗呼吸的不同，C_3 植物的最高光能利用率为 4.6%，C_4 植物是 6%。因此，植物的光能利用率还可进一步提高。

（三）植物光能利用率低的原因

造成植物光能利用率低的原因归纳起来有以下 3 点。

1. 漏光损失。植物收获后至下一季植物出苗，阳光直接照到地面以及植物生长初期植株矮小，株间空隙大，太阳能大多漏射到地面，由此造成漏光损失。

2. 反射及透射损失。一般植物叶片约吸收 80% 光能，反射 10% ~ 15% 光能，透射约 5% 的光能，群体条件下由于再次吸收，可低于这一值。

3. 光饱和现象的存在。无论是植物单叶，个体和群体，光合对光强的反应都不是直线，光强越强，利用在 CO_2 同化中的光能比率越小。因此，吸收的光能绝大部分都是以热能等无效形式散失。

二、提高植物光能利用率的途径

（一）光合作用与植物产量

人们把直接作为收获物的这部分的产量称为经济产量，如禾谷类植物的籽粒、棉花的皮棉、叶菜的叶片、果树的果实等。而植物全部干物质的重量就是生物产量，经济产量占生物产量的比值称经济系数。它们的关系如下：

$$经济系数 = \frac{经济产量}{生物学产量} \quad 或经济产量 = 生物学产量 \times 经济系数$$

显然，经济系数是光合产物分配到不同器官的比例。农作物经过人类千百年的选育，其经济系数达到了相当高的水平，如有的水稻、小麦品种，经济系数达到甚至超过 0.5。棉花按籽棉计算，可达 0.35 ~ 0.4，甜菜达 0.6，薯类在 0.7 ~ 0.85，叶菜类接近于 1。为了提高经济系数，减少倒伏，增加密度，农作物中越来越多地采用了矮秆、半矮秆品种；果树也采用了不少矮化砧、矮化中间砧，这也便于果园管理。

一般说来，经济系数是品种比较稳定的一个性状，因此，品种的选择在农业生产上至关重要，但栽培条件与管理措施对经济系数也有很大影响。为使同化产物尽可能多地输入经济器官，就必须在经济产量形成的关键时期有良好的田间管理措施，如棉花、番茄、瓜果的整枝打顶，茶树疏花疏果，马铃薯摘花等，这些措施能使更多的同化产物顺利地运往经济器官。相反，如果管理不善，植物生长衰弱或徒长，即使品种再好也会减产。在经济系数不变的前提下，提高生物学产量成为提高植物产量的重要手段。生物学产量是指作物一生中的全部光合产量扣去消耗的同化物（主要是呼吸消耗），而光合产量是由光合面积、光合速率、光合时间这三个因素组成的。它们的关系如下：

$$生物产量 = 光合面积 \times 光合速率 \times 光合时间 - 光合产物消耗$$

那么，经济产量 =（光合面积 × 光合速率 × 光合时间 – 光合产物消耗）× 经济系数

上式中的五个因素不是彼此孤立的，也不是固定不变的。因此，栽培植物的一切措施都要兼顾到它们的相互关系，使之有利于经济产量的提高。

（二）提高光能利用率的途径

提高光能利用率的方法归根到底是使植物转化更多的光能成为植物体内可贮藏的化学能，即增加单位面积上的生物学产量。因此，除考虑减少漏光、反射、透射损失外，还应考虑提高吸收光能的转换率和降低消耗。农业生产和植物生理上主要从调节生物学产量形成中的几个因素入手。

1. 增加光合面积。光合面积通常用叶面积系数来衡量，叶面积系数也称叶面积指数（leaf area index，LAI），它是指作物叶面积与土地面积的比值。叶面积系数低，漏光多，对反射光和透射光的再利用也差。因此，在一定范围内，提高叶面积系数是达到高产的重要手段。不同植物其适宜的叶面积系数是不同的，光补偿点较低的作物，叶面积系数就可以高一些。在不同生育期，叶面积系数也是在变化的。一般当叶面积系数低于 2.5 时，叶面积与产量成明显正比；叶面积系数超过 2.5 时，产量还可增加，但与叶面积已不成比例；叶面积系数在 4~5 以上时产量一般已不再增加了。小麦、大麦、甜菜、玉米、大豆等作物合适的最大叶面积系数是 2~5。水稻为 7 左右，甚至报道在高产时达到 9。最适 LAI 与叶片的角度有关，直立型叶片的品种最适 LAI 较平展型的高。但叶面积系数不可能无限制提高，叶面积过大，干物质积累反而降低。这是因为叶面积过大，田间郁闭，中下层叶片光照不足，不但影响光合作用，促使叶片早衰，而且群体的呼吸上升，影响干物质生产，其间的关系如图 3–33。

在考虑叶面积系数时还应考虑叶片在不同层次中的分配比例以及不同生育期的叶面积动态。一般说来，前期叶面积扩展快些，以减少漏光等损失，后期有合适的各层叶片分布，保证下层叶片光强在光补偿点以上。

生产上的措施有①合理密植。栽种植物不要太稀、太密。太稀，个体发育虽好，但漏光严重，群体产量低。太密，下层叶片受到光照少，常在光补偿点以下，无光合产物积累，产量也低。苗期由于个体小，对于可食用蔬菜和有其他用途的林木，可植得密一些，采取逐步间苗和部分移栽，提高光能利用率。许多果树的矮化密集栽培，提早结果等都有利于提高光能利用率。②合适的肥水管理。它既可使植物苗期迅速增加叶面积，也可延长光合器官的寿命，又能使后期叶面积系数不致过大，提高群体干物质积累量。③改变株型。现在培育出的比较高产的作物品种一般是秆矮、叶挺和叶厚的株型。这有利于耐肥抗倒，增加种植密度，提高光能利用率和产量。但秆过矮，叶片相互遮阴严重，不利于进一步增加叶面积指数，也会使冠层内 CO_2 浓度过低，抑制光合速

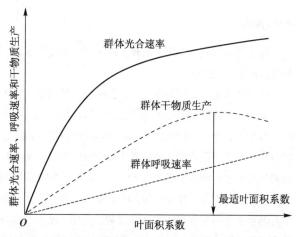

图 3-33　叶面积系数与群体光合速率、呼吸速率和干物质生产的关系示意图

率。因此，提倡株高以中等为宜。株型主要受遗传控制，改变株型应以育种为主，肥水只能在一定程度上改变它。

2. 延长光合时间。主要是指延长全年利用光能的时间。不同地区，由于一年中气候不一，有的季节没有作物生长，有的存在作物换季空隙，人造林地也有砍伐和重植空隙，正确利用这些空隙，有利于提高光能利用率。生产上延长光合时间的措施有：①提高复种指数，即一年多种几熟作物。大棚栽培有效地提高了南方冬季和北方地区的植物收获面积，是一项提高光能利用率行之有效的措施。②合理的间套作。利用不同作物光饱和点的差异，在同一季节里、同一土地上种植高矮不同的植物，如高光饱和点的玉米田里套种低光饱和点的大豆。透过玉米冠层的光可防止高光强对大豆光合器官的危害，又可达到大豆光饱和点，不影响大豆光合。而大豆的固氮，可增加玉米的氮素营养。提高它们的光能利用率。在一季作物成熟前，播种下一季作物称套种。套种的结果是后季作物幼苗在前季作物中度过，大大减少了由播种出苗造成的光能浪费。麦套玉米，晚稻套麦，大菜套小菜等措施也可提高复种指数。③延长光合时间。在不影响后作的情况下，适当延长生育期，可减少空地造成的光能损失。

3. 提高光合速率，降低呼吸消耗。这与增加光合面积和延长光合时间不同，不是增加光能的吸收，而是提高吸收光能的转换。要进一步提高产量必须提高净光合速率，尤其是植物群体的光合速率。具体措施是①高光效育种。由于光合速率存在着种和品种的差异，人们试图通过育种手段培育高光效品种。高光效品种的特点是单叶和群体的光合速率均高，对强光和阴雨天气适应性好，光呼吸低。目前主要的设想是通过分子生物学和遗传工程的手段改良 Rubisco，使其提高羧化速率，减少加氧活性。把 C_4 途径的有关酶类转入 C_3 植物，已产生了一些光合效率有一定提高的转基因水稻等作物。②提高叶绿体 CO_2 浓度。光呼吸途径的人工设计，提高了 Rubisco 羧化位点 CO_2 浓度，降低 Rubisco 加氧活性，从而减少光呼吸消耗。也可通过在大棚和温室使用 CO_2，大田中可通过选择合适行向，加速通风，增施有机肥和碳酸氢铵深施等来提高田间 CO_2 浓度。③合适的肥水管理。可防止早衰，延长叶片高光合速率持续期。总之，一切有利于提高光合速率，降低光呼吸和防止光合作用光抑制的因子都有利于提高植物光能利用率。

❀ 小结

绿色植物的光合作用是地球上规模最大的化学反应，它在有机物合成、太阳辐射能的蓄积和环境保护等方面起巨大作用。

叶绿体是光合作用的细胞器，其被膜（特别是内膜）可调节不同物质的进出。类囊体膜是吸收光能并将其转化为活跃化学能的场所，而光合作用碳同化则在叶绿体间质中进行。高等植物的叶绿体色素包括叶绿素（a 和 b）和类胡萝卜素（胡萝卜素和叶黄素），这些色素的绝大部分在光合膜上构成色素蛋白复合体。在光合色素中，叶绿素主要吸收红光和蓝紫光用于光合作用，类胡萝卜素吸收蓝紫光，并将吸收的光能传递给叶绿素用于光合作用。此外，类胡萝卜素还在光保护中发挥作用。

叶绿体的发育和叶绿素的合成需要光。叶绿素合成的前体是 δ- 氨基酮戊二酸，而类胡萝卜素是以牻牛儿基牻牛儿基焦磷酸为前体合成的。光照、温度、水分、矿质元素等会影响叶绿素和类胡萝卜素的生物合成与分解，因此，它们的含量和比例随植物种类和外界环境条件而有所变化。

高等植物光合作用的全过程可简单划分为光反应和碳同化。光反应包括光能吸收、传递和光化学反应, 电子传递和光合磷酸化。通过它把光能转化为电能, 再把电能转变为 ATP 和 NADPH 这两种活跃的化学能。光能吸收、传递和光化学反应是在光系统 (PS) 及其与之结合的集光色素蛋白复合体 (LHC) 中进行的。已知存在 PS I、PS II 两个光系统, 它们按氧化还原电位的高低, 以 "Z" 形方式与光合电子其他传递体相串联, 构成光合链, 协同发生作用。当光系统中的作用中心受光激发生光化学反应后, 推动光合电子流从供体到受体的传递。根据电子传递的方式可分为非环式、环式和假环式电子传递。在电子传递中, 通过 PQ 穿梭, 质子由叶绿体间质向类囊体腔转移, 形成跨膜质子梯度, 推动 ATP 合酶旋转把 ADP 和无机磷合成 ATP, 这就是光合磷酸化。非环式电子传递和光合磷酸化是光合作用中电子传递和磷酸化的主要方式, 它释放 O_2 并产生同化力 NADPH 和 ATP。

碳同化是把活跃的化学能转变为稳定化学能的过程, 有 C_3 途径、C_4 途径和 CAM 途径。根据碳同化途径的不同, 把植物分为 C_3 植物, C_4 植物和 CAM 植物。C_3 途径是所有植物所共有的, 它包括羧化、还原和 RuBP 再生阶段。C_3 途径固定 CO_2 的酶是 Rubisco, 整个循环还受许多因子的灵敏调节。该途径形成的光合产物既可在叶绿体内合成淀粉, 也可输出叶绿体在胞质中合成蔗糖。但输出必须通过叶绿体内被膜上的 Pi 运转器, 以叶绿体中的 TP 和胞质的 Pi 进行交换。C_4 途径利用 PEPCase 首先在叶肉细胞内固定 CO_2 为 C_4 二羧酸, 通过转移到叶维管束鞘细胞脱羧, 再掺入 C_3 途径。因此, C_4 途径能起浓缩胞间 CO_2 的作用。CAM 途径固定 CO_2 的过程同 C_4 途径, 其特点是夜间进行 C_4 途径, 白天进行 C_3 途径。

光呼吸是植物绿色组织在光下特有的代谢过程, 其底物是 Rubisco 加氧反应生成的乙醇酸。整个途径依次在叶绿体、过氧化物体和线粒体中进行。C_3 植物有明显的光呼吸, C_4 植物的光呼吸不明显。

影响光合作用的内部因素有光能吸收、传递和转化能力, 酶的活性和 CO_2 同化途径, 源和库供求关系的差异等。外界条件有光照、CO_2、温度、水分、矿质元素和 O_2。这些因素是相互影响的, 在一定范围内, 各种条件越适宜, 光合速率就越高。

目前植物的光能利用率还很低。要提高光能利用率, 就应减少漏光等造成的光能损失和提高光能转换能力。在良好的栽培管理条件下, 选用经济系数高、光合面积大、光合时间长、光合速率高、光合产物消耗低的品种, 光合作用的人工设计为提高植物光能利用率开辟新的途径。

🔍 思考题

1. 什么是光合作用? 其意义有哪些?
2. 论述叶绿体的超微结构及其各部分的生理功能。
3. 为什么叶绿素能吸收红光和蓝紫光? 哪些因素影响植物叶绿素的含量?
4. 光合作用中光能是如何被吸收、传递和转化的?
5. C_3 途径分为几个阶段? 为什么 C_3 途径是光合同化 CO_2 的最基本途径?
6. C_4 途径和 CAM 途径有何异同?
7. 为什么理论上计算固定 1 分子 CO_2 需 8~10 个光量子?
8. 比较光呼吸与暗呼吸的异同点。
9. 影响光合作用的因素有哪些, 它们是如何影响的?
10. 植物光抑制是如何产生的, 植物是如何避免光抑制的?
11. 你认为可从哪些方面提高叶片的光合作用能力?
12. 在农林业生产中, 如何提高植物光能利用率?
13. 你认为温室效应会不会改变植物光合类型? 请论述你的理由。

⊕ 主要参考文献

陈候鸣，陈跃，王盾，等 . 核酮糖 –1,5– 二磷酸羧化酶 / 加氧酶活化酶在植物抗逆性中的作用 [J]. 植物生理学报，2016，52：1637–1648.

Bhat J Y，Milicic G，Thieulin-Pardo G，et al. Mechanism of enzyme repair by the AAA+ chaperone rubisco activase [J]. Molecular Cell，2017，67：744–756.

Buchanan B B，Gruissem W，Jones R L. Biochemistry and Molecular Biology of Plants [M]. 2nd ed. London：John Wiley and Sons，2015.

Hasse D，Larsson A M，Andersson I. Structure of *Arabidopsis thaliana*，rubisco activase [J]. Acta Crystallogra，2015，71：800–808.

Matsumura H，Shiomi K，Yamamoto A，et al. Hybrid Rubisco with complete replacement of rice Rubisco small subunits by sorghum counterparts confers C_4 plant-like high catalytic activity [J]. Molecular Plant，2020，13，1570–1581.

Nürnberg D J，Morton J，Santabarbara S，et al. Photochemistry beyond the red limit in chlorophyll f–containing photosystems [J]. Science，2018，360：1210–1213.

Pan X，Ma J，Su X，et al. Structure of the maize photosystem I supercomplex with light–harvesting complexes Ⅰ and Ⅱ [J]. Science，2018，360：1109–1112.

Qin X，Suga M，Kuang T，et al. Structural basis for energy transfer pathways in the plant PSI–LHCI supercomplex [J]. Science，2015，348：989–995.

Shen B R，Wang L M，Lin X L，et al. Engineering a new chloroplastic photorespiratory bypass to increase photosynthetic efficiency and productivity in rice [J]. Molecular Plant，2019，12：199–214.

Shen L，Tang K，Wang W，et al. Architecture of the chloroplast PSI–NDH supercomplex in *Hordeum vulgare* [J]. Nature，2022，601：649–656.

South P F，Cavanagh A P，Liu H W，et al. Synthetic glycolate metabolism pathways stimulate crop growth and productivity in the field [J]. Science，2019，363：aat9077.

Spreitzer R J，Salvucci M E. RUBISCO：Structure，regulatory interactions，and possibilities for a better enzyme [J]. Ann. Rev. Plant Biol.，2002，53：449–475.

Taiz L，Zeiger E，Moller IM，et al. Plant Physiology and Development [M]. 6th ed. Sunderland：Sinauer Associates Inc Publishers，2015.

Tanaka R，Tanaka A. Tetrapyrrole biosynthesis in higher plant [J]. Ann Rev Plant Biol，2007，58：321–346.

Umena Y，Kawakami K，Shen J R，et al. Crystal structure of oxygen-evolving photosystem Ⅱ at a resolution of 1.9Å [J]. Nature，2011，473：55–61.

🅔 网上更多资源

📖 扩展阅读   🖥 教学课件   📄 思考题解析

第四章

植物的呼吸作用

呼吸作用（respiration）是一切生物体的基本特征。一般是指生物体吸收 O_2，把底物氧化成为 CO_2 和 H_2O 并释放能量的过程。呼吸作用是在一系列酶的催化下，逐渐氧化的代谢过程。它的主要功能是产生生命活动所需要的能量和为合成生物自身生长发育所需的物质提供碳架及还原物质。因此，呼吸作用是植物赖以生存、生长发育及抗逆等的基础，是植物代谢的枢纽。它与植物栽培，农林产品贮藏保鲜等有着密切的关系。本章主要从植物呼吸代谢途径、线粒体的结构和功能、呼吸电子传递和氧化磷酸化、呼吸作用在植物生产中的应用等方面介绍植物的呼吸作用。

第一节　植物呼吸代谢途径

一、植物呼吸作用及其生理意义

在植物体内，根据呼吸代谢途径的差异，可以把呼吸作用分为一条主路和若干支路，它们之间的关系和生理功能如图 4-1 所示。根据氧气的参与与否，把植物的呼吸分为有氧呼吸和无氧呼吸。

（一）有氧呼吸

有氧呼吸（aerobic respiration）指生活细胞在 O_2 的参与下，把有机物质彻底氧化分解，产生 CO_2 和 H_2O，同时释放能量的过程。人们通常所说的呼吸作用就是指有氧呼吸。用于呼吸作用的有机物称为呼吸底物，如淀粉、果聚糖、蔗糖、磷酸丙糖、葡萄糖以及脂类（三酰甘油）、有机酸等。饥饿条件下，蛋白质也可以作为呼吸底物。植物中储存有大量的蔗糖，蔗糖是植物呼吸的主要底物。但人们习惯以葡萄糖作为呼吸底物，用下列简明的方程式来描述呼吸作用中物质和能量的转变：

$$C_6H_{12}O_6 + 6O_2 \longrightarrow 6CO_2 + 6\,H_2O + 能量\ (\Delta G' = -2\,869\ \text{kJ} \cdot \text{mol}^{-1})$$

在呼吸作用中，有相当一部分的能量以热能形式释放。这部分能量散发到大气或土壤中，对植物基本无益。但在低温下对某些特定种类植物有用，如可刺激代谢促进花朵开放。由于呼吸作用会消耗 O_2 并产生 CO_2 和热量，所以进入贮藏果蔬的地窖，会因 CO_2 浓度过高而使人窒息。正常情况下，呼吸作用底物氧化产生的主要能量贮存于 ATP 的高能键中，它可被其他生理活动所利用，其代谢的中间产物可进一步合成蛋白质、核酸、脂肪等细胞物质。

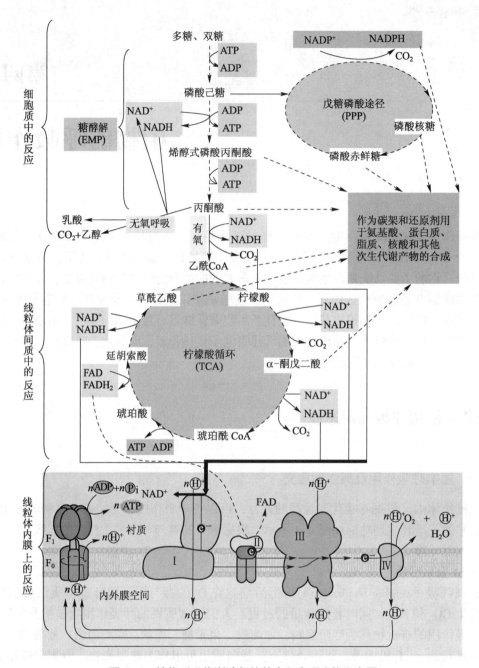

图 4-1 植物呼吸代谢途径的整合和生理功能示意图

植物的呼吸代谢途径是以有氧呼吸（糖酵解—柠檬酸循环—电子传递和氧化磷酸化）为主线，戊糖磷酸途径及
无氧呼吸途径为补充，呼吸底物分解的中间产物及形成的 NADPH 等可用于植物体内的多种物质的合成。
NADH 和 $FADH_2$ 可进入线粒体内膜上的呼吸链氧化，偶联产生 ATP

（二）无氧呼吸

无氧呼吸（anaerobic respiration）一般指在无氧条件下，生活细胞把有机物质降解
为不彻底的氧化产物，同时释放少量能量的过程。在微生物中，无氧呼吸通常称为发酵
（fermentation）。高等植物的无氧呼吸可产生酒精，也可产生乳酸，如以葡萄糖为呼吸底

物，无氧呼吸的简明反应方程式为：

$$C_6H_{12}O_6 \longrightarrow 2\ C_2H_5OH + 2CO_2 + 能量\ (\Delta G' = -100\ kJ \cdot mol^{-1})$$

$$C_6H_{12}O_6 \longrightarrow 2CH_3CHOHCOOH + 能量\ (\Delta G' = -100\ kJ \cdot mol^{-1})$$

无氧呼吸的特征是不利用 O_2，底物氧化降解不彻底，仍以有机物形式存在，故释放能量少。高等植物在短时间缺氧条件下（如水淹），可进行无氧呼吸，以适应不利环境，保持生命延续。有些体积较大的块根、块茎、果实（如甜菜、马铃薯和苹果）的内部组织也存在无氧呼吸，沼泽植物根系（如水稻）更具有较强的无氧呼吸能力。

从进化角度看，有氧呼吸是从无氧呼吸进化而来的。远古时代地球大气中没有氧气，微生物适应无氧条件进行无氧呼吸，至今一些专性厌氧微生物仍不能有效利用 O_2 进行氧化降解。随着地球上绿色植物的出现，通过光合放氧，大气中 O_2 含量增加，进化上才出现能利用 O_2 进行有氧呼吸的喜氧微生物。高等植物保留无氧呼吸能力，是植物适应环境多样性的一种表现。

（三）呼吸作用的生理意义

1. 呼吸作用提供植物生命活动所需要的大部分能量。依照系统论观点，生命体就是一个复杂而精巧的系统，各种代谢的有序进行需要能量（负熵）的不断输入，否则系统将失去其功能，生物体趋向解体。高等植物除了绿色细胞可直接利用太阳能进行光合作用外，一切生命活动包括矿质营养吸收和运输、有机物合成与运转、细胞分裂和伸长、植物生长和发育等，无一不需要呼吸作用供给能量。呼吸的强弱成为衡量生命活动与代谢强弱的重要标志，呼吸停止即意味着死亡。

2. 呼吸降解过程的中间产物为其他化合物的合成提供原料。呼吸作用涉及一系列生化反应，每一步都有特定酶催化，产生一系列的中间产物。这些中间产物成为进一步合成植物体内多种重要化合物的原料，使之在植物体内有机物代谢方面起着枢纽作用（图 4-1）。

二、植物呼吸代谢途径的多样性

由图 4-1 可知，植物呼吸代谢途径由一条以糖酵解、柠檬酸循环、电子传递和氧化磷酸化为主线的呼吸代谢主路及磷酸戊糖代谢支路和乙醇（或乳酸）发酵的无氧代谢支路组成。

（一）糖酵解及其调节

1. 糖酵解。糖酵解（glycolysis）是指己糖在细胞质中降解成丙酮酸的一系列反应，亦称 EMP 途径（EMP pathway），以纪念对此研究作出杰出贡献的三位德国生物化学家（G. Embden、O. Meyerhof 和 J. K. Parnas）。糖酵解的底物己糖来自于淀粉、蔗糖或果聚糖。淀粉经磷酸化酶或淀粉酶降解成 1- 磷酸葡糖（G1P）或葡萄糖（G）；蔗糖在转化酶作用下可形成 G 和果糖（F）；果聚糖也可在 β- 呋喃果糖酶作用下水解成 F。以 G 为底物，糖酵解的化学过程如图 4-2 所示。

从反应式可知，该过程首先是糖的活化，提高反应所需的活化能。①G 在己糖激酶（hexokinase）的催化下利用 ATP 形成 6- 磷酸葡糖（G-6-P），②再在己糖磷酸异构酶（hexosephosphate isomerase）的催化下，形成 6- 磷酸果糖（F-6-P），③后者在果糖磷酸激酶（phosphofrucotokinase）的催化下，利用 ATP 形成 1,6- 二磷酸果糖（F-1,6-P），达到裂解反应所需活化能。其次，④F-1,6-P 在醛缩酶（aldolase）的催化下裂解成

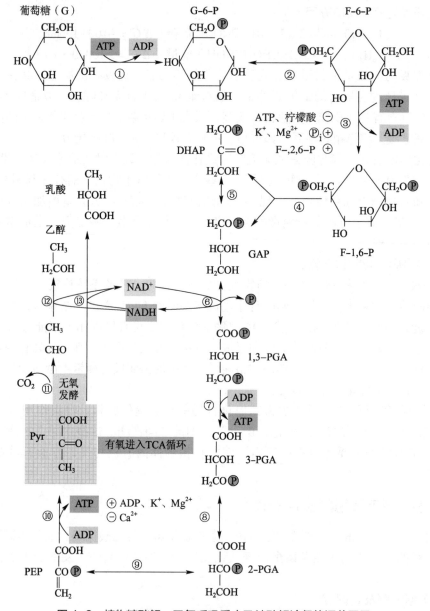

图4-2 植物糖酵解、无氧呼吸反应及糖酵解途径的调节因子

①己糖激酶，②己糖磷酸异构酶，③果糖磷酸激酶，④醛缩酶，⑤丙糖磷酸异构酶，⑥磷酸甘油醛脱氢酶，⑦磷酸甘
油酸激酶，⑧磷酸甘油酸变位酶，⑨烯醇化酶，⑩丙酮酸激酶，⑪丙酮酸脱羧酶，⑫乙醇脱氢酶，⑬乳酸脱氢酶。
⊕表示促进作用，⊖表示抑制作用

丙酮酸（Pyr）在有氧的条件下进入 TCA 循环，无氧条件下进行乙醇或乳酸发酵

1 分子的 3- 磷酸甘油醛（glyceraldehyde-3-phosphate，GAP）和 1 分子的磷酸二羟丙酮
（dihydroxyacetone phosphate，DHAP），⑤后者在丙糖磷酸异构酶（triose-phosphate isomerase）
的催化下又形成 GAP；再次，⑥GAP 在磷酸甘油醛脱氢酶（glyceraldehydephosphate
dehydrogenase）的作用下，形成 1,3- 二磷酸甘油酸（bisphosphoglycerate，1,3–PGA）并
脱氢形成 NADH；⑦1,3–PGA 在 PGA 激酶（phosphoglycerate kinase）的催化下形成 3–PGA

和 ATP，在这个反应中，底物分子在被氧化过程中，形成了某些高能磷酸化合物的中间产物，通过酶的作用可将高能键直接从底物分子上转移给 ADP 而形成 ATP，人们把这种 ATP 合成方式称为底物水平磷酸化（substrate-level phosphorylation）；最后，⑧ 3-PGA 在 PGA 变位酶（phosphoglycerate mutase）的催化下形成 2-PGA，⑨再在烯醇化酶（enolase）的催化下形成烯醇磷酸丙酮酸（phosphoenlpyruvate，PEP），⑩ PEP 在丙酮酸激酶（pyruvate kinase）的催化下形成丙酮酸（pyruvate）和 ATP，完成 EMP 途径。

从物质和能量的转化看，由葡萄糖经糖酵解的总反应式可概括为：

$$C_6H_{12}O_6 + 2NAD^+ + 2ADP + 2Pi \longrightarrow 2CH_3COCOOH + 2NADH + 2ATP + 2H_2O$$

2. 糖酵解的生理功能。糖酵解首先将 1 分子己糖转化成 2 分子丙酮酸，并使己糖发生部分氧化，还原 NAD^+ 为 NADH；其次通过底物水平磷酸化直接产生 ATP，扣除己糖活化阶段要消耗的 2 个 ATP，尚净产 2 个 ATP；2 个 NADH 经线粒体膜上的脱氢酶转入呼吸链，还可产生 4 个 ATP（详见本章第二节）。此外，糖酵解的一些中间产物如丙酮酸和 PEP 成为合成其他代谢物所需的原料（图 4-1）。

糖酵解的终端产物丙酮酸，生化上十分活跃，可通过不同途径产生不同反应。如氧气供给充足，丙酮酸进入三羧酸循环进一步脱氢、脱羧氧化，并放出 CO_2；在缺氧情况下，丙酮酸脱羧形成 CO_2 和乙醛并还原为乙醇，或直接还原丙酮酸形成乳酸。它们均以 EMP 途径产生的 NADH 作为还原剂。

3. 糖酵解途径的调节。早在 19 世纪，巴斯德（Pasteur）在用酵母生产葡萄酒时，观察到当 O_2 从正常大气浓度逐渐下降时，呼吸作用 CO_2 释放也随之下降，但下降到一定浓度后，又引起 CO_2 的快速释放。观察还发现，在空气中酵母生长快，消耗糖分少，产生的 CO_2 及乙醇也少，但在厌氧条件下，酵母生长缓慢，耗糖多且产生 CO_2 及乙醇多。这种 O_2 对无氧呼吸的抑制现象称为巴斯德效应（Pasteur effect）。

为什么在有氧条件下 CO_2 的释放会减慢？现已明确，依赖 ATP 的磷酸果糖激酶（ATP-FPK）和丙酮酸激酶是两个关键酶，ATP 及柠檬酸是该酶的主要负效应物，而 K^+、Mg^{2+} 及 Pi 可提高该酶的活性。此外，丙酮酸激酶受 Ca^{2+} 的抑制，而 ADP、K^+、Mg^{2+} 起促进作用。当供氧充足时，三羧酸循环和生物氧化顺利进行，产生较多的柠檬酸及 ATP，从而抑制了这两个关键调节酶的活性，使糖类分解变慢；相反，当酵母或植物组织处于厌氧条件下，代谢调控作用正好相反。柠檬酸、ATP 含量减少，而 Pi 及 ADP 积累，Pi 作为磷酸果糖激酶的正效应物，ADP 作为底物参与丙酮酸激酶的反应，使 PEP 相应降低，通过烯醇化酶及磷酸甘油变位酶的可逆反应，2-PGA 及 3-PGA 水平也降低，这三者负效应物减少又进一步提高磷酸果糖激酶活性，所以糖酵解速度加快。当氧浓度下降到引起无氧呼吸大量发生时，CO_2 产生又骤然增加，同时乙醇大量积累。

从两步调节反应看，ATP 和 ADP 在调节 EMP 途径中起重要作用。这种细胞内通过腺苷酸之间的转化对呼吸代谢的调节，称能荷调节（energy charge regulation）。能荷代表了细胞的能量水平，常用下列公式表示：

$$能荷 = \frac{[ATP] + 1/2[ADP]}{[ATP] + [ADP] + [AMP]}$$

通过能荷调节，生活细胞的能荷一般稳定在 0.75 ~ 0.95 之间，当能荷变小，会相应地启动、活化与 ATP 的合成反应相关的呼吸过程，如糖酵解 - 柠檬酸循环；反之，当能荷变大时，则与 ATP 的合成反应相关的呼吸过程就变慢。因此，能荷是细胞中呼吸代谢调节的一个重要因素，调节着糖酵解 – 柠檬酸循环的某些酶活性，从而控制 EMP 途径的速度。

人们还发现果糖 –2,6– 二磷酸（F–2,6–P）在植物呼吸代谢中起重要调节作用。因为 EMP 途径中的关键物质，F–1,6–P 的水平不仅受 ATP–FPK 活性的影响，还与果糖二磷酸酯酶（FBPase）的活性及植物特有的焦磷酸 – 磷酸果糖磷酸基团转移酶（PPi–PFP）的活性有关，而这些酶的催化反应受底物浓度和 F–2,6–P 调节。作为 ATP–FPK 和 PPi–PFP 的强活化剂和 FBPase 的抑制剂，F–2,6–P 浓度的上升显著促进 F–1,6–P 的形成，加速糖酵解（图 4–3）；反之，当 F–2,6–P 浓度下降时，加速生糖。

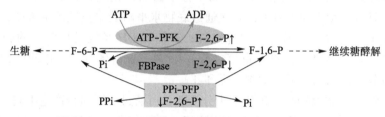

图 4-3　2,6– 二磷酸果糖对糖酵解和生糖过程的调节

（二）柠檬酸循环及其调节

1. 柠檬酸循环。柠檬酸循环（citric acid cycle）又名三羧酸循环（tricarboxylic acid cycle，TCA cycle），是指在有氧条件下，线粒体衬质中丙酮酸经柠檬酸（三羧酸）和其他二羧酸而逐步脱氢氧化，释放出 CO_2 的过程。这个循环首先由英国生化学家 H. A. Krebs 于 1937 年提出，所以又称为 Krebs 循环。整个化学反应如图 4–4 所示。

细胞质中形成的丙酮酸在透过线粒体膜进入线粒体后，首先在丙酮酸脱氢酶（pyruvate dehydrogenase）的催化下，脱去氢和 1 分子 CO_2，并形成 NADH 和乙酰 CoA。乙酰 CoA 进入柠檬酸循环，在柠檬酸合酶（citrate synthase）的催化下，与草酰乙酸缩合成柠檬酸；柠檬酸在乌头酸酶（aconitase）的催化下形成异柠檬酸，再在异柠檬酸脱氢酶（isocitrate gehydrogenase）的催化下，经脱氢和脱羧，脱去 1 分子 CO_2，形成 NADH 和 α– 酮戊二酸；α– 酮戊二酸在 α– 酮戊二酸脱氢酶（oxoglutarate dehydrogenase）的催化下脱氢、脱羧，形成 NADH 和琥珀酰 CoA 并放出 1 分子 CO_2；琥珀酰 CoA 在琥珀酰 CoA 合成酶（succinyl-CoA synthetase）的催化下，产生 ATP 和琥珀酸，后者在琥珀酸脱氢酶（succinate dehydrogenase）的催化下，脱氢形成 $FADH_2$ 和延胡索酸；延胡索酸再在延胡索酸酶（fumarase）的催化下形成苹果酸，苹果酸在苹果酸脱氢酶（malate dehydrogenase）的催化下脱氢形成 NADH 和草酰乙酸，后者与丙酮酸脱羧产生的乙酰 CoA 再次缩合成柠檬酸，完成一个循环。这样，每次循环将彻底分解 1 分子乙酰 CoA。

值得注意的是在柠檬酸循环中，呼吸作用中释放的 CO_2 均来自于脱羧反应，它不像一般燃烧靠大气中 O_2 直接把碳氧化，而是利用底物分子中的氧和水分子中的氧来实现的。整个循环中有五步脱氢氧化反应（图 4–4），脱去五对氢，其中四对被用来还原 NAD^+ 形成 NADH，另一对氢由 FAD 携带形成 $FADH_2$。这五对氢，经过呼吸链传递，最后才与分子氧结合成水，同时形成 ATP，并释放出热量（图 4–1）。

由于糖酵解中 1 分子 G 产生 2 分子丙酮酸，所以 1 分子 G，经柠檬酸循环的反应式为：
$$2CH_3COCOOH + 8NAD^+ + 2FAD + 2ADP + 2Pi + 4H_2O \longrightarrow 6CO_2 + 2ATP + 8NADH + 2FADH_2$$

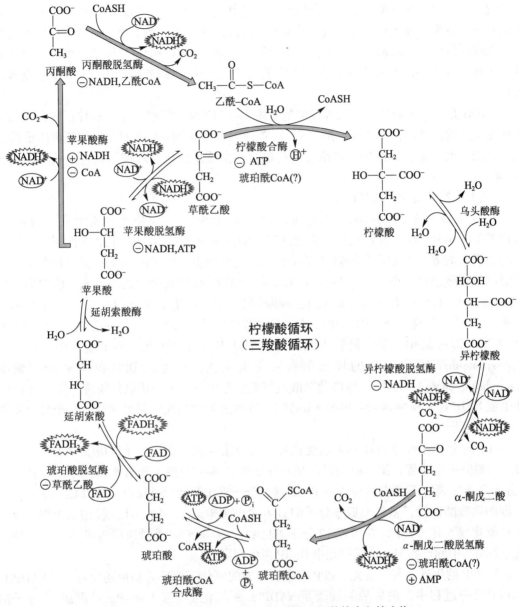

图 4-4 柠檬酸循环、催化反应酶类及调节位点和效应物
单方向箭头表示不可逆反应，双向箭头表示可逆反应；⊕表示促进作用，⊖表示抑制作用

2. 柠檬酸循环的生理功能。在柠檬酸循环中，2 分子的丙酮酸共脱去 10 对 H，形成 8 个 NADH 和 2 个 FADH$_2$。他们经电子传递和氧化磷酸化后可以产生 23 个 ATP，外加 2 个底物水平的 ATP，共形成 25 个 ATP（以前认为是 30 个 ATP）。形成的中间产物 α- 酮戊二酸和草酰乙酸是合成谷氨酸和天冬氨酸的原料，它们为进一步合成蛋白质、植物色素等物质提供碳架。

3. 柠檬酸循环调节。柠檬酸循环的主要调控点是丙酮酸脱氢酶复合物、异柠檬酸脱氢酶、苹果酸脱氢酶及柠檬酸合酶、苹果酸酶等。丙酮酸脱氢酶复合物实际上是 5 个不同酶的组合，其中两个酶主要是调节另三种酶的活性。调节酶之一的激酶可利用 ATP 将丙酮酸脱氢酶蛋白中苏氨酸残基上羟基磷酸化，使其失去活性，柠檬酸循环停止；另一个调节酶——磷酸酯酶可水解脱去苏氨酸残基上的磷酸，使失活的酶活化，使之重新氧化丙酮酸。控制丙酮酸脱氢酶磷酸化（失活）或脱磷酸（活化）的一个重要因子是线粒体内丙酮酸的浓度，如果丙酮酸浓度高，它可以降低磷酸化作用，保持脱氢酶活性和柠檬酸循环进行。

NADH 是主要负效应物，它可以抑制上述主要调节酶的活性。ATP 对柠檬酸合酶和苹果酸脱氢酶的活性起抑制作用，AMP 对 α- 酮戊二酸脱氢酶，CoA 对苹果酸脱氢酶活性有促进作用。此外酶促反应的产物浓度过高也会依据质量作用原理抑制各自有关酶的活性（图 4-4）。

（三）戊糖磷酸途径及其调节

1. 戊糖磷酸途径（pentose phosphate pathway，PPP）。它是指在胞质中进行的 6- 磷酸葡糖（G-6-P）直接脱氢氧化和脱羧过程。实验清楚地证明，只用 EMP 抑制剂（如氟化物和碘乙酸等）不能完全抑制呼吸代谢，这说明细胞内糖类的氧化降解尚存在不经过糖酵解的呼吸途径。进一步用 ^{14}C 标记 G-6-P 上的 C_1 位饲喂植物组织发现，脱羧形成的 $^{14}CO_2$ 要比用 ^{14}C 标记 G-6-P 上的 C_6 位饲喂植物组织时产生的标记 $^{14}CO_2$ 多。如果 G-6-P 是通过 EMP 而形成 2 分子丙酮酸再经柠檬酸循环释放出 CO_2，那么不论 $^{14}C_1$ 还是 $^{14}C_6$ 放出的 $^{14}CO_2$ 都应是相等的。最后人们发现，细胞中 G-6-P 可在 G-6-P 脱氢酶（glucose-6-phosphate dehydrogenase）的催化下直接脱氢氧化，产生 NADPH 和 6- 磷酸葡糖酸（phosphogluconate），再在 6- 磷酸葡糖酸脱氢酶的作用下，进一步氧化脱羧，释放出 CO_2，并生成 NADPH 和核酮糖 -5- 磷酸（Ru5P）。故本途径称为戊糖磷酸途径，整个反应步骤如图 4-5 所示。

PPP 的全过程可分为 G-6-P 氧化脱羧（反应①~④）和再生（反应⑤~⑩）两个阶段。如要完成全过程，第一阶段必须是 6 分子的 G-6-P 脱羧（放出 6 分子 CO_2），并形成 6 分子 Ru5P；第二阶段是 6 分子的 Ru5P 通过分子重排等转酮基反应，经历 C_3、C_4、C_5 及 C_7 糖的磷酸酯阶段，重新形成 5 分子的 G-6-P。这样，每一轮循环，就相当于把 1 分子的 G 氧化成 6 分子 CO_2，并形成 12 分子 NADPH（图 4-5）。重排阶段为可逆反应，催化反应的酶与中间产物与光合碳同化中 RuBP 再生相同。

2. PPP 的生理功能。首先，PPP 为生物合成的氧化还原反应提供还原力——NADPH。在 PPP 反应过程中，脱氢酶的辅酶是 $NADP^+$，每氧化 1 分子 G-6-P，可形成 12 分子的 NADPH，它是体内生物合成中还原剂的主要来源。如油料作物种子成熟时，呼吸代谢从 EMP—TCA 为主转变为以 PPP 为主，所形成的 NADPH 即可供脂肪合成之需。其次，PPP 的中间产物在生理活动中十分活跃，沟通相关的代谢反应。如 R5P 是合成核酸的原料，E4P 和 GAP 可以合成莽草酸，进而转化成芳香族氨基酸，也可转变成多酚类抗病物质绿原酸、咖啡酸。因而，植物在感染病菌或受损伤等情况下，PPP 代谢异常活跃。此外，该途径中的丙糖、丁糖、戊糖、己糖及庚糖的磷酸酯也是卡尔文循环的中间产物，从而把光合作用与呼吸作用联系起来。

3. 戊糖磷酸途径调节。戊糖磷酸途径的起始底物 G-6-P 是在代谢的分支点上，它可以参与 EMP，也可以通过 G-6-P 脱氢酶形成 6- 磷酸葡糖酸，因此，G-6-P 脱氢酶被认为是调节 PPP 的关键酶。这个酶被 NADPH 和 ATP 竞争性地抑制，提高 $NADP^+$/NADPH 比值可促进 PPP 途径，如在脂肪酸或异戊二烯类化合物的生物合成中 NADPH 被氧化为

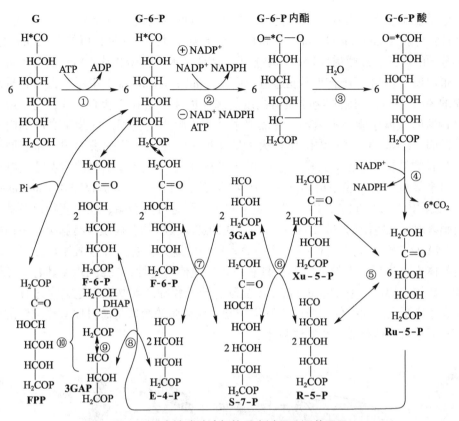

图 4-5　戊糖磷酸途径的反应过程及调节因子

①己糖激酶，②6-磷酸葡糖脱氢酶，③6-磷酸葡糖内酯酶，④6-磷酸葡糖脱氢酶，⑤磷酸戊糖异构酶，⑥转酮酶，
⑦转醛酶，⑧转酮酶，⑨醛缩酶，⑩己糖磷酸异构酶。分子式前的数字表示参与或生成物的分子数。
注意脱去的 CO_2 均为第 1 位上的 *C 原子。⊕表示促进作用，⊖表示抑制作用

$NADP^+$，可使 PPP 途径加强。此外，$NAD^+/NADP^+$ 的比值也调节 PPP，比值高 PPP 下降，反之 PPP 上升（图 4-5）。

第二节　线粒体呼吸电子传递和氧化磷酸化

生命活动所需的能量大部分是靠线粒体中合成的 ATP 提供，线粒体被称为细胞的"发电厂"。线粒体是一种普遍存在于真核细胞中的细胞器。一个典型的植物细胞约有 500~2 000 个线粒体，不同植物细胞中线粒体数目不相同，线粒体的多少通常与组织的代谢水平相一致。例如，在保卫细胞中线粒体的含量要比其他细胞多得多，代谢微弱的衰老细胞或休眠细胞的线粒体较少。

一、线粒体的结构和功能

线粒体（mitochondrion）主要由蛋白质和脂类组成，其中蛋白质占线粒体干重的一半以上。此外还有少量的 DNA、RNA、辅酶等。在大多数情况下，植物线粒体呈椭球形或棒形，直径为 0.5~1.0 μm，长的可达 3 μm。

在电子显微镜下，线粒体是由内外两层膜构成的封闭的囊状结构（图 4-6），可分为四个部分：外膜（outer membrane）中蛋白质与脂类含量几乎均等，可有 2~3 nm 的小孔，便于小分子的通过。外膜透性较高，小分子电解质、水、蔗糖和约 10 kD 的分子可自由透过，但蛋白质等生物大分子则不能透过。内膜（inner membrane）中膜蛋白质含量高，占整个膜的 80% 左右，内膜对物质具有高度的选择透性，除 H_2O 和 CO_2 外，离子或其他分子要经特殊的载体才能跨膜运转。外膜光滑并将内膜完全包围，内膜呈高度的内陷形成线粒体的嵴（cristae）。这种内陷结构大大地增加了线粒体内膜的表面积，嵴表面排列着一些颗粒状的结构——ATP 合酶，起合成 ATP 的作用。嵴上有序地排列着呼吸电子传递链，在每个线粒体的内膜中可多达 1.5 万~3 万条。内外膜之间是膜间隙（intermembrane space），或称内外膜空间。其内充满无定形物，主要是可溶性酶、反应底物以及辅助因子等。内膜以内形成封闭的空间，充满着叫衬质的透明胶状物。衬质含有脂类、蛋白质、核糖体、RNA 及 DNA。它是柠檬酸循环的酶系集中的地方，主营柠檬酸循环。与叶绿体一样，线粒体也是半自主性的细胞器，具有一定的遗传自主性，它的 DNA 具有多样性，有环状和链式等，因此，它能够进行 DNA 复制、转录和翻译等基因表达的全过程，使其遗传信息表达成蛋白质而行使相应的生物学功能。线粒体的增殖是通过原有线粒体的分裂而进行，并不是从无到有形成新的线粒体。

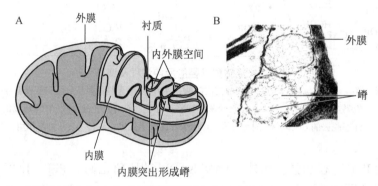

图 4-6　线粒体模式（A）和电镜横切面照片（B）（引自 Buchanan et al., 2015）

糖类、脂肪、氨基酸的中间代谢产物在线粒体衬质中经柠檬酸循环进行最终氧化分解。在氧化分解过程中，产生 NADH 和 $FADH_2$ 两种高还原性的电子载体。在有氧条件下，经线粒体内膜上呼吸链的电子传递作用，将 O_2 还原为 H_2O；同时利用电子传递过程中释放的能量将 ADP 和 Pi 合成 ATP。

二、植物呼吸电子传递

广义上的生物氧化（biological oxidation）是指呼吸底物氧化，消耗 O_2，生成 CO_2 和 H_2O 并放出能量的总过程，即有氧呼吸。它是在活细胞内，经一系列酶催化，在常温和以水为介质的环境中逐步完成，能量也是逐步释放的。生物氧化产生的能量，大部分是以细胞各种生理活动所使用的形式 ATP 释放的。因此，狭义上的生物氧化是指三羧酸循环等脱氢氧化产生的 NADH 和 $FADH_2$，通过线粒体内膜上的电子传递和氧化磷酸化转化，生成 ATP 和 H_2O 的过程。

（一）呼吸电子传递链

呼吸电子传递链（respiratory electron transport chain），简称呼吸链。它是指位于线粒体内膜上，根据氧化还原电位高低有序排列的一系列氢和电子传递体系统。它的功能是把糖酵解和柠檬酸循环中形成的 NADH 和 $FADH_2$ 的氢，通过质子和电子的形式传递给 O_2，并形成 H_2O。因此，整个呼吸链的传递系统可由氢（H）传递体和电子（e^-）传递体组成（图 4-7）。植物线粒体内膜上的电子传递链由 4 种蛋白复合体（protein complex）组成，分别为复合体 Ⅰ、Ⅱ、Ⅲ 和 Ⅳ。

1. 复合体 Ⅰ。复合体 Ⅰ 又称 NADH：泛醌氧化还原酶，包括一个黄素单核苷酸（FMN）辅酶和 4 个铁硫蛋白。其功能是催化线粒体基质中柠檬酸循环产生的 NADH 的 2 个质子（H^+）转运到线粒体膜间隙，2 个电子（e^-）在复合体中，经过 FMN、Fe-S 和泛醌（ubiquinone，UQ），再到另一 Fe-S 和 UQ 上。泛醌是脂溶性的苯醌衍生物，它是以 1,4-苯醌为母体，在第 6 位碳原子上带有一个不同聚合长度的异戊二烯侧链，不同来源的泛醌其侧链的长度不同，一般是 9～10 个异戊二烯单位的侧链。NADH：泛醌氧化还原酶可被鱼藤酮（rotenone）、杀粉蝶菌素 A（piericidin A）、巴比妥酸（barbital acid）所抑制。

2. 复合体 Ⅱ。复合体 Ⅱ 又称琥珀酸：UQ 氧化还原酶，催化琥珀酸氧化成延胡索酸并通过 FAD 以及 3 个 Fe-S 蛋白将电子转移给 UQ，它没有质子泵的功能。该酶的活性可被丙二酸（malonate）或 2- 噻吩甲酰三氟丙酮（thenoyltrifluoroacetone，TTFA）所抑制。

3. 复合体 Ⅲ。复合体 Ⅲ 又称 UQ：细胞色素 C（Cytc）氧化还原酶，由 2 个醌结合位点及中心 P 和中心 N 组成。中心 P 氧化 UQH_2 为 UQ，并把 1 个电子传给 Fe-S 蛋白，再传给细胞色素（Cytc1），后者把电子传给游离在线粒体膜间隙的 Cytc；这个过程中，2 个 H^+ 被转移到线粒体膜间隙。中心 P 把另一 e^- 传给 b 型细胞色素（b565），再传到高电位的 b560，该 e^- 在中心 N 与基质侧的 UQ 结合，形成半醌（UQH），待下一轮电子传递时再形成 UQH_2。这个过程与光合电子传递的 Q 循环相似，目的在于增加跨线粒体膜的质子梯度。Cytc 是电子传递链中唯一的外在蛋白质，定位于线粒体膜间隙，它作为可移动的电子载体在复合体 Ⅲ 和复合体 Ⅳ 之间进行电子的传递。抗霉素 A（antimycin A）和粘噻唑菌醇（myxothiazol）是其抑制剂。

4. 复合体 Ⅳ。复合体 Ⅳ 是 Cytc 氧化酶，由两个含铜中心（CuA 和 CuB）以及 Cyta 和 $Cyta_3$ 组成。复合体 Ⅳ 催化 Cytc 的氧化，将电子首先传给 CuA 对（2CuA），再经 Cyta 到 $Cyta_3$，最后给分子氧（O_2），将其还原为 H_2O，这步可能由 CuB 参与。氰化物（CN^-）、叠氮化物（N_3^-）和一氧化碳（CO）可阻断电子从 $Cyta_3$ 至 O_2 的传递。

总之，呼吸链上的氢传递体是脱氢酶的辅酶或辅基，主要有辅酶 Ⅰ（NAD）、辅酶 Ⅱ（NADP）、黄素单核苷酸（FMN）。电子传递体主要是 Fe-S 和细胞色素。细胞色素是一类以铁卟啉为辅基的结合蛋白，根据吸收光谱的不同分为 a、b 和 c，每类又再分为若干种。细胞色素传递电子，主要是通过铁卟啉辅基中的铁离子完成的，Fe^{3+} 在接受电子后还原为 Fe^{2+}，Fe^{2+} 传出电子后又氧化为 Fe^{3+}。

（二）呼吸电子传递途径和末端氧化酶的多样性

从呼吸链电子传递体的组成及呼吸抑制剂抑制呼吸作用的实际效果看，植物具有多条电子传递途径，这些电子传递途径的差别是由不同的末端氧化酶所决定的。所谓末端氧化酶（terminal oxidase）是指把底物氧化的电子传递到分子态氧，并形成 H_2O 或 H_2O_2 的酶。它可分为存在线粒体内膜的末端氧化酶如细胞色素氧化酶、交替氧化酶等，和线粒体外的

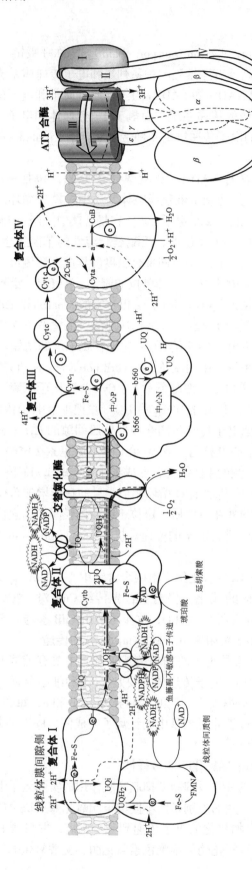

图 4-7 呼吸链复合体的组成与电子传递方向示意图

实线箭头表示电子传递方向，虚线箭头表示质子转移方向

末端氧化酶如多酚氧化酶和抗坏血酸氧化酶等。这种复杂多样的氧化酶系统能适应不同的底物和不断变化的外界环境，保证植物正常的生命活动。

1. 呼吸电子传递主路与细胞色素氧化酶。细胞色素氧化酶（cytochrome oxidase）是呼吸电子传递过程中最重要的末端氧化酶，为所有生物呼吸链具有。它是一种含铁和铜的氧化酶，含有 Cyta 及 Cyta$_3$，铁卟啉为其辅基（图 4-8）。Cyta$_3$ 中的铁原子只与卟啉环及蛋白质形成五个配位键，所保留的一个配位键可与氧结合，但该键也能与 CN、N_3^-、CO 结合，抑制呼吸作用进行。催化反应中，细胞色素氧化酶把 Cyta$_3$ 的电子传给 O_2，使其激活，与质子（H^+）结合形成 H_2O。反应过程如下：

$$4Cyta_3（Fe^{2+}）+ O_2 + 4H^+ \longrightarrow 2 H_2O + 4Cyta_3（Fe^{3+}）$$

细胞色素氧化酶在有氧呼吸中有极重要的作用，它与 O_2 的亲和力极高，植物组织中消耗的 O_2 近 80% 是由这种酶的作用完成的，特别在代谢活跃的幼嫩组织。

2. 抗氰呼吸与交替氧化酶。人们早就发现，天南星科海芋属植物在开花时，其花序的呼吸速率可高达 10 000 ~ 15 000 μL/g（FW）h，比通常植物呼吸速率高 100 倍以上，同时组织温度亦高达 40℃。进一步研究发现，这种呼吸不受 CN^-、N_3^-、CO 等呼吸抑制剂抑制，故称为抗氰呼吸（cyanide resistant respiration），呼吸链中对氰化物不敏感的氧化酶称为交替氧化酶或抗氰氧化酶（alternative oxidase）。其呼吸电子传递途径如图 4-8，电子从 UQ 经交替氧化酶的传递，直接交给 O_2 形成 H_2O，构成一条缩短的与主路交替的支路。与细胞色素氧化酶相比，交替氧化酶与 O_2 亲和力低得多，由于其传递过程中，只将 4 个 H^+ 转移到线粒体膜间隙，可形成 1 分子 ATP，大部分的能量主要以热量形式散失，故这条途径强烈时植物组织的温度会升高。

交替氧化酶已从一些植物如臭菘（*Skunk cabbage*）中分离出来，它是一个非亚铁血红素的铁蛋白，虽对氰化物不敏感，但特别容易受氧肟酸如水杨酰氧肟酸（SHAM）、苯基氧肟酸（CLAM）等抑制，其末端产物是 H_2O。近年越来越多的研究表明，抗氰呼吸广泛存在于高等植物和微生物中，如天南星科、睡莲科和白星海芋科的花粉，玉米、豌豆和绿豆的种子，马铃薯的块茎，木薯和胡萝卜的块根及桦树的菌根等。抗氰呼吸的强弱不仅与植物种类有关，还与发育状态、外界条件有关。当一些含糖丰富细胞进行过快的糖酵解及柠檬羧酸循环时，正常的电子传递主路无法及时传递所有产生的 $2H^+ + 2e^-$ 时，抗氰呼吸的活性就明显增加。因此，抗氰呼吸在植物体的生理意义，一是放热增温，像天南星科植物等在早春开花时那样，抗氰呼吸的放热使花器的温度比环境温度高 1℃ ~ 20℃，这种延续较长时间的放热保证了花序的发育及授粉、受精作用的进行；二是作为电子溢流机制，当呼吸链被糖酵解及三羧酸循环产生的氢过量还原时，抗氰呼吸能溢流呼吸链中的过多电子。

3. 鱼藤酮不敏感支路与鱼藤酮不敏感型 NADH 脱氢酶。复合体 I 的电子传递可被鱼藤酮抑制，但呼吸链上还存在内膜 NAD(P)H 脱氢酶，该酶鱼藤酮不敏感，能催化 NADH 脱氢，可把氢传给 UQ，随后按细胞色素氧化酶途径传递给氧。一般认为，内膜 NAD(P)H 脱氢酶作为电子传递的旁路，只有在复合物 I 超负荷时才发挥作用。复合物 I 对 NADH 的亲和性远大于内膜 NAD(P)H 脱氢酶，当 ADP 供给充分，线粒体衬质的 NADH 浓度较低时，复合物 I 主导 NADH 的脱氢氧化。而当 ADP 供给缺乏，呼吸代谢受限，NADH 浓度较高时，内膜 NAD(P)H 脱氢酶便发挥作用。已知该酶在结构上与叶绿体 NDH 有许多相同之处，在叶绿体中，它介导光合链环式电子传递。

4. 线粒体外的末端氧化酶。高等植物中，除上述线粒体内的末端氧化酶外，细胞质或其他细胞器中也存在几种末端氧化酶，起一定辅助作用。

（1）酚氧化酶。重要的酚氧化酶（phenol oxidase）有单酚氧化酶（酪氨酸酶）和多酚氧化酶（儿茶酚氧化酶），它们是一种含铜的氧化酶，存在于质体和微体内，催化氧化酚为醌，与植物的创伤反应有关。在正常情况下，存在于质体和微体中的酚氧化酶是与底物分隔开的。当组织受损伤破坏或衰老时，酚氧化酶就从质体和微体中释放出来与底物（酚）接触，发生反应，在创伤部位将酚氧化成棕褐色的醌。马铃薯块茎、苹果和梨等削皮后出现褐色，就是酚氧化酶作用的结果。醌类物质对微生物有毒害作用，所以伤口醌类物质的出现是植物防止伤口感染的积极反应，与抗病有一定的关系。

多酚氧化酶活性被利用在红茶制作中，茶叶的多酚氧化酶活性很高，制茶时茶叶先凋萎脱去 20%～30% 水分，然后揉捻引起创伤，在多酚氧化酶的作用下，使茶叶中的儿茶酚和单宁氧化，并聚合成红褐色的色素；而在制绿茶时，为保持茶色的清香，要将采下的茶叶立即焙火杀青，破坏多酚氧化酶的活性。在烤烟时，也要在烤烟变黄末期采取迅速脱水措施，抑制多酚氧化酶的活性，保持烟叶鲜黄，提高品质。目前，已通过基因敲除技术，培育出低多酚氧化酶活性的苹果、马铃薯等，切开后果肉不变褐。

（2）抗坏血酸氧化酶。抗坏血酸氧化酶（ascorbic acid oxidase）也是一种含铜的氧化酶，催化抗坏血酸（维生素 C）氧化成脱氢抗坏血酸，反应时常与谷胱甘肽氧化还原相偶联。抗坏血酸氧化酶在植物中普遍存在，其中以蔬菜和果实（特别是葫芦科果实）中较多，这种酶与植物的受精过程有密切关系，并且有利于胚珠的发育。此外，它还在活性氧的清除过程中起重要作用。

（3）黄素氧化酶。黄素氧化酶（flavin oxidase，亦称黄酶）是一种不含金属的氧化酶，存在于乙醛酸循环体中。当脂肪酸在乙醛酸体中降解，脱下的部分氢由黄素氧化酶氧化生成 H_2O_2，后者随即被过氧化氢酶分解，放出 O_2 和 H_2O。

（4）乙醇酸氧化酶。乙醇酸氧化酶（glycolate oxidase）是水稻等植物根中的一条呼吸支路，对低氧下的适应有重要作用，它是一种黄素蛋白酶。

由上可知，植物体内含有多种末端氧化酶，这些酶各有其生物学特性，使植物体在一定程度上适应外界条件。就温度而言，黄素氧化酶对温度变化不敏感，故在低温下植物及其器官中黄素氧化酶的活性相对较高；对氧浓度要求来说，细胞色素氧化酶对氧的亲和力最高，可在较低氧浓度下发挥较好的作用，而酚氧化酶或黄素氧化酶对氧的亲和力最弱，只有较高氧浓度时才能顺利发挥作用。苹果果肉中呼吸氧化酶的分布正好反映了不同酶对氧供应的适应性，内层以细胞色素氧化酶为主，表层以黄素氧化酶和酚氧化酶为主。植物呼吸代谢和末端氧化酶系统可概括为图 4-8。

三、氧化磷酸化

当底物脱下的氢（H^+ 和 e^-）经呼吸链传递至氧气（O_2）的过程中，伴随着 ADP 和无机磷（Pi）形成 ATP 的过程，称氧化磷酸化（oxidative phosphorylation）。在氧化磷酸化过程中，从底物脱下的每对氢要与一个氧原子（O）化合形成 1 分子 H_2O。因此，常用 P/O 比来表示线粒体氧化磷酸化的偶联状况，即每消耗一个 O 形成多少个 ATP。传统的观点一直认为呼吸作用的 P/O 比为 3，即 1 分子的葡萄糖经糖酵解、柠檬酸循环、电子传递和氧化磷酸化最终可形成 36 个 ATP（Kochhar and Gujral，2020）。

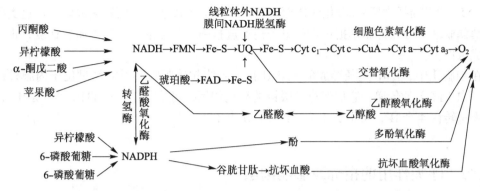

图 4-8　植物体内多种呼吸电子传递途径和末端氧化酶示意图

　　Mitchell 在 1961 年提出的化学渗透学说（chemiosmotic hypothesis）解释了氧化磷酸化偶联机制，并被普遍接受。该学说认为，存在于线粒体内膜上的呼吸链，在传递电子时，质子被泵到线粒体膜间隙。由于内膜不能自由通过 H^+，因而造成了基质的 pH（约 8.5）高于膜间空间 pH（约 7.0），两侧之间产生质子电化学势梯度（由质子梯度和电位梯度构成）。氧化磷酸化的机制与光合磷酸化类似，只是线粒体膜间隙的 H^+ 通过并激活内膜上的 F_0F_1-ATP 合酶，驱动 ADP 和 Pi 缩合为 ATP（图 4-7）。对呼吸链上 ATP 合酶的复合体分析，表明 F_1 由 9 个亚基组成分别是 3 个 α 亚基，3 个 β 亚基，γ、δ、ε 亚基各一个；F_0 由 4 种亚基组成，分别为 Ⅰ、Ⅱ、Ⅲ 和 Ⅳ，其中 Ⅲ 至少有 9 个。已发现酵母线粒体内膜上有 ATP 合酶二聚体，而冷冻电镜结构表明猪心细胞线粒体内膜上存在 ATP 合酶 4 聚体，构成 ATP 合酶 4 聚体间的各 ATP 合酶单体间存在结构上的互作（Gu et al., 2019）。

　　除了用于 ATP 的合成过程，质子电化学势梯度在柠檬酸循环、氧化磷酸化的底物和产物的跨线粒体膜运输方面也有重要的作用。例如，ATP 在位于线粒体基质侧的 ATP 合酶的 F_1 上合成，该 ATP 必须运出线粒体以满足细胞质中的能量需要，同时 ADP 必须运入线粒体内膜以满足 ATP 合成的需要。ATP 的运出和 ADP 的运入是通过内膜上的 ATP/ADP 转运器进行的。ATP/ADP 转运器促进 ATP 和 ADP 的跨膜交换。当电子传递形成跨膜的电势时，可以有更多的 ATP 运出线粒体以交换 ADP。ATP 合成所需要的 Pi 则通过一种主动的磷酸转运器进行，利用跨膜的质子梯度差进行 Pi 和 OH^- 的交换，使 Pi 运入线粒体，OH^- 运出线粒体。此外，丙酮酸的线粒体输入也需要跨线粒体内膜的质子梯度差的。因此，电子传递所形成的质子跨膜电化学势梯度不仅用于 ATP 的合成，同时也用于底物和产物的转运过程。

　　按照化学渗透学说，只有线粒体内膜保持完整，电子传递才能与氧化磷酸化偶联，否则两侧的电化学势梯度不能维持，ATP 也就不能形成。在完整的电子传递和氧化磷酸化情况下，从柠檬酸循环脱下的 NADH 上的氢传给 O，在呼吸复合体 Ⅰ、Ⅲ 和 Ⅳ 分别跨膜转运 4、4 和 2，共 10 个 H^+（图 4-8）。ATP 合酶催化模型表明，每旋转一周合成 3 个 ATP，至少 9 质子（按 9 个亚基 Ⅲ 计），那么，3 个 H^+ 可合成 1 个 ATP。但考虑到生物膜对质子的渗漏还需 1 个 H^+，合成 1 个 ATP 实际需要 4 个 H^+，这与化学计量的测定相符。因此，目前大多认为，从线粒体中脱下的 NADH 到 O 的电子传递 P/O 比是 2.5。从 $FADH_2$ 到 O 的 P/O 比是 1.5。干旱、寒害或缺钾时，可能因膜结构受到损伤，也能使氧化磷酸化解偶联，这时呼吸可以很旺盛，但能量被白白浪费，不能形成高能磷酸键。用 2,4- 二硝基苯酚（DNP）等药剂可阻碍磷酸化作用而不影响呼吸电子传递，使两者失去偶联。这类物质称为解偶联剂。呼吸抑制剂把正常的电子传递链打断，不能形成跨膜的质子梯度，也就不能合成 ATP。

在细胞质中，EMP 途径形成的 NADH 在进入线粒体呼吸链时需经过位于内膜外侧的黄素蛋白（FP）的传递，它们经过呼吸链的氧化作用，可形成 1.5 个 ATP，P/O 是 1.5；抗氰呼吸只转移 4 个 H^+，可形成 1 个 ATP，P/O 为 1。

第三节　呼吸作用的指标及影响因素

一、呼吸速率和呼吸商

（一）呼吸速率

呼吸速率（respiratory rate）是指单位重量（鲜重、干重、原生质）的组织（或个体）在单位时间释放的 CO_2 或吸收 O_2 的量。常用吸收 $\mu mol\ O_2 \cdot g^{-1}$ 鲜重（FW）$\cdot h^{-1}$、$\mu mol\ O_2 \cdot g^{-1}$ 干重（DW）$\cdot h^{-1}$ 或释放 $\mu mol\ CO_2 \cdot g^{-1}$ FW（或 DW）$\cdot h^{-1}$ 来表示。它是衡量呼吸作用强弱、快慢的生理指标，究竟采用哪种单位，应根据具体情况，尽可能反映出呼吸作用的强弱变化为宜。

植物的呼吸速率随植物的种类、年龄、器官和组织的不同有很大的差异。如大麦种子仅 0.03 $\mu mol\ O_2 \cdot g^{-1}$ FW $\cdot h^{-1}$，而番茄根尖达 300 $\mu mol\ O_2 \cdot g^{-1}$ FW $\cdot h^{-1}$，海芋佛焰花序可高达 2 000 $\mu mol\ O_2 \cdot g^{-1}$ FW $\cdot h^{-1}$。

（二）呼吸商

呼吸商（respiratory quotient，RQ）又称呼吸系数，为植物组织在一定时间内释放的 CO_2 的摩尔数（或体积）与吸收的 O_2 的摩尔数（或体积）的比率。它常作为反映呼吸底物的性质及氧气供应状态的一种生理指标。

$$RQ = \frac{释放\ CO_2\ mol（或体积）}{吸收\ O_2\ mol（或体积）}$$

当呼吸底物是糖类（如葡萄糖）而又完全氧化时，RQ = 1

$$C_6H_{12}O_6 + 6O_6 \longrightarrow 6CO_2 + 6H_2O$$
$$RQ = 6\ mol\ CO_2/6\ mol\ O_2 = 1.0$$

脂类比糖还原程度高，即在脂类分子中 H 对 O 的比例大，故脂类在生物氧化时需要更多的 O_2，其 RQ 小于 1。油料种子萌发初期，脂肪酸在胚乳中转化或呼吸氧化，如棕榈酸（十六烷酸）转变为蔗糖时，其呼吸商为 0.36，

$$C_{16}H_{32}O_2 + 11O_2 \longrightarrow C_{12}H_{22}O_{11} + 4CO_2 + 5H_2O$$
$$RQ = 4\ mol\ CO_2/11\ mol\ O_2 = 0.36$$

反之，一些含氧多于糖类的呼吸底物，如有机酸，其 RQ 大于 1，以苹果酸为例，RQ = 1.33，

$$C_4H_6O_5 + 3O_2 \longrightarrow 4CO_2 + 3H_2O$$
$$RQ = 4\ mol\ CO_2/3\ mol\ O_2 = 1.33$$

需要指出的是，RQ 虽然与呼吸底物有关，但由于植物体内常伴随其他氧化还原过程

的发生，单用 RQ 还难以确证使用的呼吸底物。一般而言，植物呼吸通常先利用糖类，后利用其他物质。此外，RQ 大小还与环境的供氧状态有关，同样是糖类作呼吸底物，在缺氧条件下，以无氧呼吸为主，RQ 则远大于 1；当呼吸进程中形成不完全氧化产物（如有机酸），吸收的 O_2 多于放出的 CO_2，所以 RQ 就小于 1。

二、影响呼吸速率的因素

（一）内部因素对呼吸速率的影响

首先，不同植物具有不同的呼吸速率，一般说来，生长快的植物种类比生长慢的植物种类呼吸速率快，如细菌生长繁殖较快，其呼吸速率就比高等植物高。同样是高等植物，生长较快的小麦就比生长缓慢的仙人掌高得多；同一植物的不同器官，因为代谢不同，组织结构不同以及与氧气接触程度不同，所以呼吸速率也有很大的差异，通常生长旺盛的幼嫩器官（根尖、茎尖、嫩叶等）的呼吸速率较生长缓慢的年老器官（老根、老茎、老叶）大；生殖器官的呼吸速率较营养器官高（表 4-1）。在花中，雌雄蕊的呼吸速率比花萼、花瓣高，雄蕊中又以花粉最高；同一植株或植株的同一器官在不同的生长过程中，呼吸速率亦有较大的变化。以干重为单位计，整体植物的呼吸速率苗期较高，苗龄达一定天数后快速下降，直到成熟；幼叶呼吸较强，成长后下降；到衰老时，氧化磷酸化解偶联，P/O 比明显下降，呼吸又上升，到衰老后期，酶蛋白分解，呼吸下降到极其微弱（图 4-9）。许多肉质类果实在成熟之前有一呼吸高峰出现，因此，呼吸代谢强弱在一定程度上可反映生活力的强弱，两者之间相适应是生物的基本特征。

表 4-1 不同植物（组织）的呼吸速率比较

植物（组织）	呼吸速率 / (μmol O_2 · g^{-1} DW · h^{-1})	植物（组织）	呼吸速率 / (μmol O_2 · g^{-1} FW · h^{-1})	植物（组织）	呼吸速率 / (μmol CO_2 · g^{-1} FW · h^{-1})
豌豆风干种子	0.005	仙人掌	0.30	马铃薯块茎	0.13 ~ 0.27
大麦幼苗	70	景天	0.74	玉米叶片	24.1 ~ 30.4
番茄根尖	300	云杉	1.97	南瓜雌蕊	12.9 ~ 21.4
海芋佛焰花序	2 000	蚕豆植株	4.31	丝兰花瓣	19.6 ~ 29.9
细菌	10 000	小麦植株	11.2	苹果果实	0.89 ~ 2.23

（二）外界条件对呼吸速率的影响

1. 温度。温度对呼吸速率的影响非常明显，主要是通过改变呼吸酶的活性来影响呼吸速率。总的影响规律是，在呼吸作用最低温度与最适温度之间，呼吸速率随温度升高而加快，超过最适温度后，呼吸速率则随温度升高而急剧下降（图 4-10）。当温度高于最高温度后，呼吸停止，植物被高温杀死。

呼吸的最低、最适和最高温度，随植物种类或生理状态不同而不同。一般在 0℃ 以下呼吸作用进行得很慢，而许多多年生植物的越冬器官或针叶在 -25℃ 下仍未停止呼吸；但在夏季温度低到 -5 ~ -4℃ 时，由于忍受不了突然的低温寒冷，呼吸作用就完全停止。呼吸作用的最适温度是指呼吸保持稳态的最高呼吸速率时的温度，大多数温带植物在 25 ~ 35℃ 之间，但也因生育期不同而有变化。呼吸作用的最适温总比光合作用的最适温要

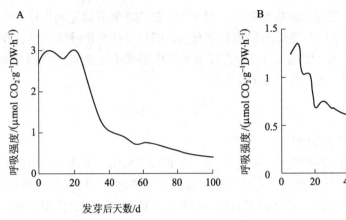
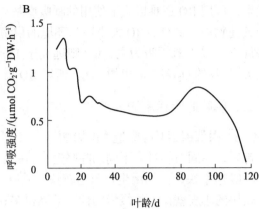

图4-9　向日葵植株（A）从发芽到成熟和草莓叶片（B）从伸展到死亡的呼吸速率变化动态

高些。因此，当光线不足又高温时，呼吸消耗便会大于光合同化，植物长时间处于光照不足而又温度较高条件下，会因饥饿而死亡。控制植物呼吸作用处于最适温度以下对有机物的积累才有利，因此，植物不应当长时间处于呼吸最适温度条件下。

呼吸作用的最高温度一般在 35~45℃ 之间，最高温度在短时间内，可使呼吸速率较最适温度时更高，但温度越高，时间越长，呼吸催化酶类的破坏就越大，呼吸下降也越快。

温度每升高 10℃ 所引起的呼吸速率增加的倍数，通常称为温度系数（temperature coefficient），简称 Q_{10}，其结果按下式计算：

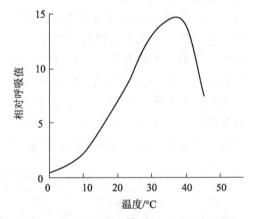

图4-10　温度对豌豆幼苗呼吸作用的影响

$$Q_{10} = \frac{(t+10)℃时呼吸速率}{t℃时呼吸速率}$$

温度系数能够准确反映短期温度变化、植物发育和外界因素对呼吸作用的影响。对于大部分植物或器官，5~25℃ 范围内的 Q_{10} 在 2~2.5 之间，进一步增加温度至 30~35℃，虽然呼吸速率仍增加，但增加比在 5~25℃ 范围内慢，因此 Q_{10} 开始下降，造成 Q_{10} 下降的可能原因是部分催化酶类在高温下的失活。事实上，温度对呼吸作用的影响比对化学反应复杂得多。应该考虑生物学因素，例如我国北方初夏时，气温还较低，冬小麦叶子在较低温度下呼吸作用的 Q_{10} 比在高温下高，而在后期，气温较高，叶子在高温下的 Q_{10} 就比低温下的高（表4-2）。可见，在个体发育中，器官的 Q_{10} 是与该器官发育需要的自然温度相符合的。

2. O_2。O_2 是植物进行正常呼吸的必要因子，它直接参与生物氧化过程，O_2

表4-2　冬小麦不同生长时期 Q_{10} 的差异

日期	Q_{10}	
	10~20℃	30~40℃
5 月 26 日	2.72	1.18
6 月 9 日	1.91	1.81
6 月 30 日	1.68	2.18
7 月 30 日	1.48	2.03

不足，不仅影响呼吸速率，而且还改变呼吸代谢的途径（有氧呼吸或无氧呼吸）。在25℃时，当水被大气（21% O_2）饱和并达到平衡状态时，其含 O_2 量大约是 250 μmol·L^{-1}。但是，在通常情况下，植物的茎、叶、根都能获得足够的 O_2 以保证有氧呼吸顺利进行，因为细胞色素氧化酶对 O_2 的亲和力很高（$K_m < 1$ μmol·L^{-1}），即使空气中 O_2 浓度只有0.05%，它仍能发挥正常功效。对于一些块根、块茎的内部组织，虽然 O_2 从空气扩散进入到细胞色素氧化酶的速率，可能会低至限制呼吸速率的程度，但许多实验测定证实，由于细胞间隙中的气体扩散，内部组织也能保证进行有氧呼吸，尽管由于其他原因这里的呼吸速率不高。显微观察表明，马铃薯块茎中细胞间隙约占总体积的1%，在根中细胞间隙可占总体积的2%～45%，湿生植物往往有较大的比例。这也是茎秆中空的植物具有较强的缺氧耐性的主要原因，如水稻或水生草本植物，它们能将氧气通过细胞间隙运送到根部。另一方面，当植物或组织处于缺氧胁迫时，会适应性地形成通气组织，有利于 O_2 扩散，缓解缺氧器官或组织的呼吸抑制。当然，长时间的无氧条件会对植物造成危害，其原因可能有酒精中毒、能量和中间产物不足等。当 O_2 浓度达到一定程度时，无氧呼吸不再进行，这时环境中的氧浓度叫作无氧呼吸熄灭点（exhausting point）。

3. CO_2。CO_2 是呼吸作用的最终产物，当外界 CO_2 浓度增高时，呼吸速率会受到抑制，CO_2 浓度高于5%时，呼吸作用就明显受抑制，当浓度达到10%时，可使植物致死。大气中 CO_2 约占0.04%，不至于影响植物的呼吸代谢，但生长于土壤中的根系，如在土壤板结或通气不良的深层，特别是土壤微生物的活动，CO_2 可积累达4%～10%，甚至更高。所以，保持土壤良好的团粒结构，适时中耕松土、开沟排水，有助于促进土壤空气和大气的气体交换，促进根系的生长。高浓度 CO_2 抑制呼吸，这个原理可用于果实和蔬菜贮藏保鲜。

4. 水分。新鲜的植物组织在失水的情况下，常引起呼吸增加，但种子在成熟时随水分的减少，呼吸速率下降。水分过多，植物组织处于 O_2 不足状态，导致无氧呼吸释放 CO_2 增加。如果植物生长在水环境中，水相就必须被空气充分饱和，这样才能保证在根周围有充足的 O_2，因此，在很湿或水淹的环境中，为保证植物的正常呼吸作用就必须克服 O_2 的不足。风干的种子只要略微提高含水量，常导致呼吸速率迅速增加（图4-11）。

5. 机械损伤。机械损伤会显著加快组织的呼吸速率。由于正常生活着的细胞有一定的结构，其某些末端氧化酶与底物是隔开的，机械损伤破坏了原来的细胞和组织，细胞失去区室分工，使底物与酶直接接触，加快了底物氧化的进程；其次，机械损伤使某些细胞转化为分生组织状态，形成愈伤组织去修补伤处，这些分生细胞的呼吸速率自然比原来休眠或成熟组织的呼吸速率快得多。因此，在农产品特别是果蔬产品的收获、包装、运输、贮藏、销售中，应尽可能防止农产品的机械损伤。

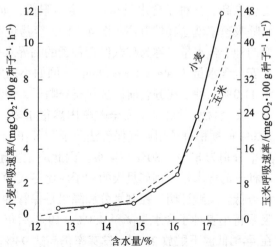

图4-11　含水量不同的小麦和玉米种子呼吸速率变化

第四节　呼吸作用在植物生产中的应用

一、呼吸作用与植物的栽培管理

在植物生产中，人们设法通过各种措施使呼吸作用朝着有利于植物生长发育良好的方向进行。种子萌发是植物发育过程中生命活动表现极为强烈的一个时期。一般种子萌发过程中呼吸速率的变化包括四个阶段：急剧上升，滞缓，再急剧上升，再显著下降。其中，第二阶段出现滞缓是与种皮阻碍气体交换有关，如剥去种皮的种子，其呼吸滞缓期缩短或变得不明显；第四阶段显著下降是由于种子在暗处萌发，贮藏的营养物质大量消耗，呼吸底物减少，又没有光合产物的补充所致。为使种子萌发顺利进行，在生产实践中常采用浸种催芽等措施。如早稻浸种催芽时，因气温较低，需用温水淋种以增加温度，保证呼吸所需温度条件；又要时常翻堆，保证通气，提供呼吸所需的 O_2。作物在生长过程常需中耕松土，改善土壤通气条件；对于地下水位较高田块，常需挖深沟（埋暗管）降低地下水位。水稻生长中期的搁田（晒田）也是同样道理，否则土壤缺 O_2 且 CO_2 及还原性有毒物质（H_2S 等）积累，会抑制根系呼吸，破坏根细胞的原生质，直到引起腐烂死亡。

二、呼吸作用与粮油种子的贮藏

种子是活的有机体，在贮藏期间，仍不停进行呼吸，呼吸的强弱及在种子内部发生的物质变化，将直接影响种子的生活力和贮藏寿命长短。呼吸速率高，会引起种子胚乳或子叶的贮藏物被大量消耗。呼吸作用产生的水分，会使湿度增加。呼吸放出的热量，会使温度升高。这些变化反过来又会促进呼吸进一步加强，最终使贮藏种子发热霉变。因此种子贮藏过程中，必须采取措施，降低呼吸强度，以确保安全贮藏。种子的呼吸受种子含水量、环境温度及气体成分的影响，其中控制种子含水量最为重要。充分干燥的种子，代谢缺乏介质，呼吸十分微弱，但当种子吸湿变潮时，呼吸就迅速增强，水分愈多，呼吸速率也会愈高。当种子含水量超过一定界限后，如小麦达到 14.5%，棉籽、花生达到 10.0%，其呼吸速率就会骤然升高（图 4-11），容易使种子发热霉变。一般把这种可以引起发热霉变的种子含水量，称为贮藏保管种子的临界水分，而把适合周年长期保管的种子含水量称为安全含水量（safe water content），例如小麦安全含水量为 12.5%、稻谷为 13.0%、大豆为 11.0%。种子在进仓前，必须充分晒干，使其含水量低于安全含水量。

安全含水量对种子安全贮藏固然很重要，但它也受气温变化的影响，例如将含水量 13.0% 的粳稻种子用通气保管法分别贮藏在 15℃、25℃、35℃ 三种温度中，3 个月后其发芽率分别为 87%、80% 和 40%。因此应根据地区与季节气温的不同，采取相应的措施控制种子的含水量。例如夏天的种子应比冬天晒干一些，南方气温高，种子的安全水分应比北方低。实践证明，控制水分和降温是保管种子使它保持良好发芽力的好办法。用氯化钙吸湿将小麦种子含水量降至 4.3%，19 年后仍有 80% 的发芽率。洋葱种子放在干燥器内，在 -4℃ 低温下贮放 20 年，发芽率仍高达 93%。研究表明，把粮油种子进行超干（水分含量降至 1% ~ 3%）或超低温（-193℃）保存，可大大延长种子的贮藏年限。

　　调节粮仓的气体成分，对抑制粮油种子的呼吸也十分有效，特别是遇到阴雨天一时无法翻晒或高温季节很难保持必要的低温，可采用充 N_2、充 CO_2 或密封自行缺氧的方法，以抑制粮堆本身及微生物呼吸，保持粮食的新鲜度（表 4-3）。此外，在冬季或晚间开仓，让西北冷风透入粮堆，降低粮温，也可有效防止贮存粮食发热霉变。

表 4-3　含水量、贮藏温度和气体对稻米霉变状况和呼吸的影响

水分含量 /%	贮藏温度 /℃	霉变状况	呼吸强度 / (mg·kg⁻¹·d⁻¹)	
			空气中	氮气中
4.1	27 ~ 30	无	9.7	2.6
15.3	27 ~ 29	无	14.5	3.0
16.1	26 ~ 27	严重	159.3	43.3

三、呼吸作用与新鲜果实蔬菜的贮藏

　　采收以后的肉质果实或蔬菜，虽离开了母体但呼吸作用仍继续进行。果蔬贮藏不能像粮油种子那样进行干燥，因为干燥会造成皱缩，失去食用新鲜度和品质。

（一）果实成熟与呼吸跃变

　　果实无论是在采收后成熟，还是在植株上成熟，在其发育过程中，均伴随着大量有机物的运入和转化，使果实不断膨大。当果实体积长到应有的大小，营养物质积累也基本停止，这一阶段果实的呼吸作用是逐渐下降的。但此时果实生硬缺乏甜味，且酸涩难以食用。在后熟过程中，果实的呼吸变化有两种类型。一类是具有呼吸跃变的果实，如番茄、杨梅、桃、梨、香蕉、苹果等，它们在成熟时呼吸速率会急剧升高，达到一个小高峰后再下降，这一过程称呼吸跃变（respiratory climacteric）。另一类是无呼吸跃变的果实，如柑橘、瓜类、菠萝、草莓等，成熟期间没有明显的呼吸高峰出现（图 4-12）。呼吸跃变与果实中贮藏物质的水解过程是一致的，产生呼吸跃变后果实就进入成熟衰老阶段，不能再继续贮藏了。显然，推迟呼吸跃变，就能延长果实的贮存期限。现已证实呼吸跃变的出现与乙烯大量产生有关，即使是无呼吸跃变型果实，用乙烯处理后也可以诱导出呼吸跃变。乙烯可促使呼吸的加强，从而加速果实的成熟。此外，呼吸跃变的出现还与温度有很大关系，从图 4-13 可见，随贮藏温度的降低，洋梨的呼吸跃变不断推迟，其峰值明显降低。

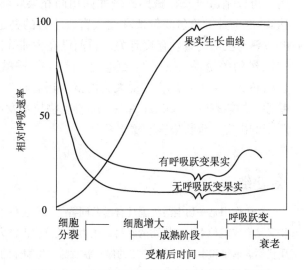

图 4-12　有无呼吸跃变的果实发育成熟过程的呼吸变化

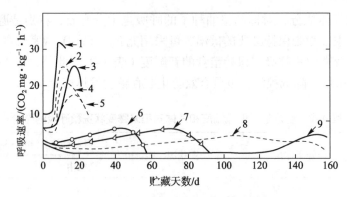

图 4-13　洋梨贮藏温度和呼吸速率的关系

1. 21℃；2. 15.5℃；3. 12℃；4. 11℃；5. 10℃；6. 4.5℃；7. 2.8℃；8. 1.1℃；9. -0.25℃

（二）延长新鲜果实和蔬菜贮藏的方法

　　根据控制呼吸跃变的原理，可以采用各种办法来贮藏果实及新鲜蔬菜，如控温、降氧或加 CO_2 等。目前比较有效的方法是进行气调贮藏即综合控制温度、湿度、O_2、CO_2，并及时排除乙烯来延长果实的贮藏期。如番茄装箱罩以塑料薄膜，抽去空气，补充氮气，把氧浓度调节至 3%~6%，这样番茄可贮藏 1~3 个月以上。苹果、梨、柑橘等果实在 0~1℃ 贮藏可达几个月。荔枝不耐贮藏，在 0~1℃ 只能贮藏 10~20 d，改用低温速冻法，使荔枝几分钟之内结冻，即可保存 6~8 个月，置于货架上 5~10 h 不会褐变。但并非温度越低越好，过低了容易导致冻害。

　　自体保藏法是一种简便的果蔬贮藏法。由于果实蔬菜本身不断呼吸，放出 CO_2，在密闭环境里，CO_2 浓度逐渐增高（但不能大于 10%，否则果实中毒变坏），抑制呼吸作用，可以稍微延长贮藏期，例如四川崇充果农将广柑贮藏在密闭的土窖中，贮藏时间可达 4~5 个月，哈尔滨等地利用大窖套小窖的办法，使黄瓜贮存 3 个月不坏。因为，果实的成熟与乙烯的爆发直接有关，目前已在番茄等植物上成功地利用反义转基因技术，将合成乙烯的关键酶 ACC（1- 氨基环丙烷 -1- 羧酸，1-aminocyclopropane-1-carboxylic acid）合酶减少，导致乙烯合成量大为降低。还有将与果实成熟相关的多聚半乳糖醛酸酶（PG）敲除，均能有效延长贮藏期限。随着生物技术发展，人们能更经济有效地推迟或阻止呼吸跃变的出现，延长果实贮藏寿命。

✤ 小结

　　呼吸作用是一切生活细胞具有的共同特征，它提供了生命活动所需的大部分能量，同时它的中间产物又是合成多种重要有机物的原料，还为有关反应提供大量还原剂。因此，呼吸作用可以看作是各种物质代谢的枢纽和中心，呼吸作用的停止就意味着生物体的死亡。

　　呼吸作用分为无氧呼吸和有氧呼吸。有氧呼吸与无氧呼吸是从一些相同的反应开始，在产生丙酮酸后才分道扬镳，二者看起来是两种呼吸类型，实质上无氧呼吸是在进化过程中保留下来的，变成有氧呼吸的第一阶段。无氧呼吸的终产物可以是乳酸或乙醇与 CO_2。高等植物以有氧呼吸为主，但亦可进行短时间的无氧呼吸，以适应低氧环境。

　　有氧呼吸的糖代谢途径是多样的，既可以是糖酵解—柠檬酸循环途径，也可以是戊糖磷酸途径。呼吸链除了标准图式外，还包括抗氰呼吸链等多条电子传递途径。末端氧化酶除细胞色素氧化酶外，还有其他的氧化酶，使得高等植物能适应复杂的环境条件。呼吸作用逐步放出的能量，一部分以热的形式散失于环境中，其余通过电子传递与氧化磷酸化的偶联，主要贮存于 ATP 中。无论是糖酵解，戊糖磷酸途径还是柠檬酸循环，细胞都能自动调节和控制，使代谢与生长发育和环境条件相适应。

呼吸速率受内外因素影响。一般快速生长的植物种类、器官、组织或细胞，其呼吸较生长缓慢的强，外界因素中温度、O_2、CO_2、H_2O 及机械损伤都会明显影响呼吸速率。利用呼吸作用原理，在栽培管理中应采取措施保证呼吸过程正常进行。但对粮油种子和果蔬贮藏，要通过种子风干，降温或气调等来降低呼吸速率，以延长贮存。植物的转基因技术为果实等保鲜、耐贮开辟了新的途径。

🔍 思考题

1. 简述呼吸作用的概念、类型及生理意义。

2. 无氧呼吸对植物有何特殊意义？

3. 巴斯德效应是如何调节呼吸作用的？

4. 说明戊糖磷酸途径的生理意义，如何区分其在植物体内进行的强度？

5. 比较植物的呼吸作用（暗呼吸）与光呼吸异同。

6. 植物体内有几种磷酸化？有什么区别？

7. 比较叶绿体和线粒体之间结构和功能的异同。

8. 解释影响呼吸作用的主要因子及在生产实践中的应用。

9. 用实验如何证明植物幼嫩组织的呼吸作用是以 EMP-TCA 为主，而不是 PPP 途径。

10. 如何通过科学手段证明果实成熟与乙烯的合成密不可分？

🌐 主要参考文献

Buchanan B B，Gruissem W，Jones R L. Biochemistry and Molecular Biology of Plants [M]. 2nd ed. London：John Wiley and Sons，2015.

Gu J，Zhang L，Zong S，et al. Cryo-EM structure of the mammalian ATP synthase tetramer bound with inhibitory protein IF1 [J]. Science，2019，364：1068-1075.

Laties G G. The cyanide-resistant alternative path in higher plant respiration [J]. Ann Rev Plant Physiol，1983，33：519-555.

Kochhar S L，Gujral S K. Plant Physiology：Theory and Applications [M]. 2nd ed. New York：Cambridge University Press，2020.

Taiz L，Zeiger E，Moller I M，et al. Plant Physiology and Development [M]. 6th ed. Sunderland：Sinauer Associates Inc Publishers，2015.

🌐 网上更多资源

📚 扩展阅读　　🖥 教学课件　　📝 思考题解析

第五章

同化物的运输与分配

植物通过光合作用把 CO_2 中的无机碳转化为植物可利用的有机碳——光合产物（photoassimilate，又名同化物）。叶片制造的光合产物是满足植物生长发育的物质基础，植物体内各部分间有效的物质运输是高等植物保证其整体完整的重要过程。植物体内的光合产物的运输和分配对农作物产量的形成极为重要。因此，本章主要论述植物体中同化物运输的途径、形式和机制，同化物在植物体中的分配规律及其在生产中的应用等问题。

第一节　植物体内同化物的运输

一、代谢的区室化

植物细胞将不同的代谢途径分隔到膜包裹的不同的细胞器或区室中，而各细胞器或区室在其功能上有其相对独立性，但又相互联系，这就是区室化（compartmentation）。如卡尔文循环、淀粉合成在叶片的叶绿体内进行，三羧酸循环在线粒体内进行，蔗糖合成在细胞质中进行，等等。事实上，这种区室化现象是真核生物（eukaryote）代谢的一个重要特征。区室化不仅是调控单个代谢途径的物流量的有效手段，而且把细胞划分成体积更小的不同空间，可提高酶和反应物的浓度，防止出现一些方向相反的反应共处一室可能造成的无效循环（futile cycle）。另外，区室化还可以为某些反应提供更适宜的特殊环境。

植物细胞内由膜包被的细胞器主要有：细胞核、叶绿体、线粒体、高尔基体、内质网、微体（如过氧化物体和乙醛酸体）、液泡和质体，处于细胞器之外的细胞质自成一室。这些区室都在质膜包裹内（图 5-1）。此外，质膜外面的细胞壁空间也是一个有代谢活力的区室。一个细胞的代谢状况是所有这些区室中代谢途径相互作用的结果。代谢途径间的相互作用或联系是由少数几种中间代谢物在不同区室间的运转建立的。生物膜的高度选择透性是区室化的基础。

中间代谢物绝大多数是亲水性化合物，以简单扩散的方式穿越膜脂双分子层几乎是不可能或者很慢的。因此，膜上存在多种蛋白质帮助一些中间代谢物的跨膜运输。这些膜蛋白质，称为转运体（transporter，或转运器 translocator），在膜上的分布情况是与细胞器中进行的代谢过程相联系的。如叶绿体被膜的内膜上有丰富的磷酸转运体，在正常生理情况下进行着细胞质中无机磷（Pi）与叶绿体间质中磷酸二羟丙酮（DHAP）的对等交换，使得叶绿体内光合作用产生的大量磷酸丙糖（TP）能够顺利进入细胞质合成蔗糖（图 5-2）。

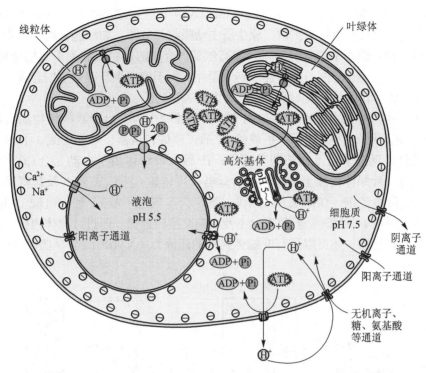

图 5-1 植物细胞的区域化示意图（引自 Buchanan et al.，2015）

图中部分细胞器在能量代谢和物质贮存中的作用，如叶绿体和线粒体合成 ATP 转入细胞质用于离子跨膜转运等

叶绿体的内膜上还发现有其他代谢物的转运体，如苹果酸、草酰乙酸、丙酮酸、乙醇酸、ATP 等的转运体。由于这些膜上转运体的存在，不同区室间的代谢过程得以有效地协调进行。

存在供求关系的相关代谢途径有时被分隔在同一区室，如叶绿体在光照下最活跃的代谢途径是 Calvin 循环，其产物 TP 可作为叶绿体中淀粉合成的底物（图 5-2）；有些代谢途径的反应可能位于多个区室，如光呼吸是在叶绿体、过氧化物体、线粒体和细胞质（细胞器间的中间产物转移经过细胞质）这四个区室协同进行的（见图 3-24）。

质体是植物细胞特有的细胞器，它在植物细胞代谢中占据独特的地位。它是生物合成的主要场所，代谢活动取决于质体的类型和质体所处植物组织的代谢特征。例如，质体中只有叶绿体能进行光合作用；蓖麻种子胚乳的代谢以合成脂肪酸为显著特征，脂肪酸合成也是其中质体代谢的特征；禾本科种子胚乳主要贮藏淀粉，其中质体的主要代谢也是合成淀粉。此外，叶绿体中的中间代谢物、还原力和 ATP 还可以在细胞质的其他细胞器产生，而非光合质体中这些物质就需要从细胞质直接输入或从输入的前体中产生。因此，尽管不同质体中的许多生物合成途径是相同的，但这些途径的调节及其他细胞代谢途径的关系可能存在差异。

二、植物体内同化物运输的途径

（一）同化物的胞内和胞间运输

细胞内与细胞间的运输，距离仅若干微米到毫米之间，所以又称短距离运输。

　　1. 胞内运输。胞内运输（intracellular transport）往往指细胞内各细胞器之间的物质转移或交换，主要靠物质本身的扩散，原生质主动吸收与分泌，如细胞间、细胞器与细胞质间的物质穿梭；胞质中的囊泡运输，如高尔基体合成的多糖以囊泡形式输送到质膜处，囊泡与质膜融合，将囊泡内的多糖释放到质膜外，用于胞壁半纤维素等的合成。其中叶绿体内外光合产物的转运及合成的调节是广为人们关注的。

　　（1）叶绿体内外光合产物转运与调节。在以蔗糖作为输出产物的植物如水稻等叶片（糖叶）中，光合细胞中 C_3 途径中形成的 TP 通过磷酸转运器，与 Pi（或 3-PGA）对等交换输出叶绿体。反过来也可在长期黑暗后，TP 输入叶绿体用于启动光合 CO_2 受体 RuBP 的再生。此外，叶绿体内膜上的二羧酸转运器，可转运 C_4、C_5 二羧酸及其氨基酸，如苹果酸（Mal）、草酰乙酸（OAA）、α-酮戊二酸、天冬氨酸（Asp）和谷氨酸（Glu）。二羧酸转运器虽可进行单向运转，但效率远不及双向交换转运快。通过叶绿体内膜上的磷酸转运器和二羧酸转运器，还可以进行叶绿体内外的还原力（NADPH 或 NADH）和 ATP 的交换（图 5-2）。

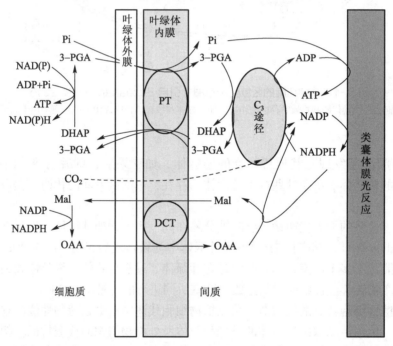

图 5-2　通过无机磷转运器（PT）与二羧酸转运器（DCT）进行叶绿体内外光合产物转运的示意图

　　蔗糖和淀粉是光合作用后的主要产物，不同物种光合细胞存在明显的积累差异。小麦、水稻、蚕豆等光合产物主要是蔗糖，它们边进行光合作用边向外输出蔗糖。而棉花、大豆、烟草、豌豆等光合产物主要是淀粉，暂存于叶片中，夜间降解后再输出。此外，蔗糖和淀粉形成的多少还受环境和年龄等影响。

　　（2）细胞质中蔗糖的合成与调节。蔗糖是在细胞质中合成的。叶绿体输出的 TP，并经过一系列的反应合成蔗糖（图 5-3）。在蔗糖合成的过程中，1,6-二磷酸果糖（FBP）转变为 6-磷酸果糖（F6P）是关键的一步，它由果糖二磷酸酯酶（FBPase）催化。而细胞质中的 FBPase 是由 2,6-二磷酸果糖（F-2,6-P）灵敏调节的，F-2,6-P 是其负效应子。

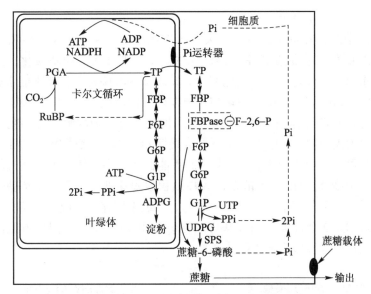

图 5-3　光合作用中蔗糖和淀粉的合成与调节

在光下 F-2,6-P 含量降低，使 FBP 迅速变为 F6P，蔗糖合成增加，由卡尔文循环形成的 TP 最终变为蔗糖并输出。在黑暗中 F-2,6-P 含量上升，FBP 转化 F6P 受阻，蔗糖合成受阻，TP 的输出也停止。如果在光下蔗糖的输出小于蔗糖的合成速率，则胞质中蔗糖积累，影响蔗糖磷酸酶活性。使 Pi 不能有效释放，胞质 Pi 下降，降低 TP 由叶绿体输出，反馈抑制蔗糖的合成，TP 就在叶绿体间质中合成淀粉。

光下 F-2,6-P 含量下降，是由于催化 F6P 合成 F-2,6-P 的 F6P，2 激酶（F6P，2K）和催化 F-2,6-P 水解为 F6P 的 F-2,6-P 酶（F-2,6-Pase）的活性变化的结果。F6P，2K 受 Pi 和 F6P 活化，但活性由 C_3 和 C_2 磷酸化中间产物（如 3-PGA，DHAP 等）的抑制。F-2,6-Pase 活性只由 Pi 和 F6P 抑制。在光下，由于 TP 从叶绿体输出，大大增加了 DHAP 等浓度，却降低了 Pi 浓度，这样 F6P，2K 失活，而 F-2,6-Pase 激活，使 F-2,6-P 水解。实验已证明增加光照和提高 CO_2 浓度，均使 F-2,6-P 迅速下降到很低水平。

此外，UDPG 和 F6P 在蔗糖 $-6^{果糖}$- 磷酸合酶（Sucrose-6^F-phosphate synthase，SPS）的催化下合成蔗糖 6 磷酸，再在蔗糖磷酸酯酶的催化下形成蔗糖。这两个酶被认为是一个复合体，有利于提高催化效率。SPS 的活性受蔗糖磷酸合成酶磷酸酶（Sucrose phosphate synthetase phosphatase）和蔗糖非发酵 -1- 相关蛋白激酶（SnRK1）调节，该酶使蔗糖 $-6^{果糖}$- 磷酸合酶磷酸化失活，而酯酶使其脱磷酸活化。G6P 可以使 SnRK1 失活而使 SPS 活化，从而促进叶片蔗糖合成。而 Pi 对这两个酶的作用与 G6P 相反，抑制叶片蔗糖合成。因此，当光合降低时，蔗糖合成下降。

（3）叶绿体中淀粉合成及调节。卡尔文循环中形成的 TP 一部分在叶绿体间质中合成淀粉（图 5-3 和图 5-4）。有 2 种酶控制淀粉的合成，一是 ADPG 焦磷酸化酶，它催化 G1P 与 ATP 形成 ADPG，被 3-PGA，F6P，FBP 等激活，尤其在 pH 偏碱时 3-PGA 对其活化作用更大；AMP，ADP 和 Pi 对其有抑制作用。因此，光下该酶活化，促进淀粉合成。二是碱性 FBPase，它催化 FBP 转化为 F6P 和 Pi，它是光调节酶，pH 上升和 Mg^{2+} 增加都使该酶活化，不仅有利于卡尔文循环，也有利于淀粉在光下合成。与胞质中该酶不同的是，其活性不受 F–2,6–P 的调节。

（4）叶绿体中淀粉降解及调节。白天光合作用在叶绿体中积累的淀粉，称暂时淀粉（transitory starch），暂存在淀粉粒中，该淀粉的降解需要 2 次淀粉磷酸化。这个过程首先由葡聚糖苷 – 水双激酶催化成单磷酸化淀粉。缺乏该双激酶的突变体不能水解淀粉，可以积累比野生型多 7 倍的淀粉。单磷酸化淀粉再在磷酸葡聚糖苷 – 水双激酶催化下，形成二磷酸化淀粉。然后在叶绿体间质中，β– 淀粉酶催化直链淀粉水解为麦芽糖和部分麦芽三糖残基（支链淀粉先在脱支链酶的作用下形成线性 α–1,4– 葡聚糖苷）。由于叶绿体基质缺乏麦芽糖磷酸化酶和 α– 葡聚糖苷酶，麦芽糖不能在间质中分解，但可通过转运器直接输出，这种转运器突变体（MEX1）能在夜间高度积累麦芽糖。已证实麦芽糖转运器存在于被子植物、裸子植物和苔藓中，在光合和非光合组织中均存在，说明麦芽糖输出是贮存淀粉质体的共有特性。2 个麦芽三糖残基可以在歧化酶（D– 酶）的催化下形成麦芽五糖和葡萄糖，后由葡萄糖运转器输出（图 5–4）。

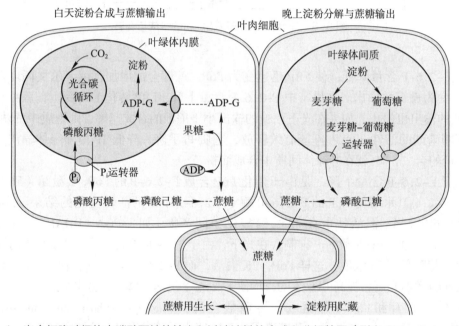

图 5–4　光合细胞叶绿体中磷酸丙糖的输出和过渡淀粉的合成和分解简图（引自 Taiz et al., 2015）

淀粉降解的调节受多重因素控制。①氧化还原调节。生化实验表明腺苷二磷酸葡糖焦磷酸化酶（AGPase），葡聚糖苷 – 水双激酶，磷酸葡聚糖苷磷酸酶，β– 淀粉酶 1 及由蛋白组学筛选的 β– 淀粉酶，α– 葡聚糖苷磷酸化酶，ADPG 转运器和分支酶 II。②蛋白磷酸化调节。磷酸葡糖异构酶及变位酶，AGPase，葡聚糖苷 – 水双激酶，转葡聚糖苷酶，α– 及 β– 淀粉酶，极限糊精酶，支链淀粉酶，分支酶，淀粉合酶，淀粉粒结合淀粉合酶，α– 葡聚糖苷磷酸化酶，葡萄糖和麦芽糖转运器等。③变构效应子调节。如小分子的二糖，海藻糖可显著提高 ADP– 葡糖磷酸化酶活性。此外，淀粉的降解还受多种生理和环境因子的影响。

2. 胞间运输。胞间运输（intercellular transport）往往指相邻细胞间的物质转移或交换，主要是经质外体和共质体运输。在共质体运输中胞间连丝起着十分重要的作用，其

数目可达 $10^6 \sim 10^7$ 条 $/mm^2$。高等植物中凡是物质运输频繁的部位胞间连丝就多，如 C_4 植物的维管束鞘细胞和叶肉细胞之间由于光合产物交换迅速，常有发达的胞间连丝。胞间连丝的结构如图 5-5。其被膜是质膜，中间是压缩的内质网，在质膜与压缩的内质网之间有丝状蛋白质连接的两个球蛋白（$\phi 3\ nm$），这样把胞间连丝通道分隔成 $8 \sim 10$ 个微通道（$\phi 2 \sim 3\ nm$），可通行分子量（$0.8 \sim 1$）$\times 10^3$ 以下的小分子物质。当病毒等入侵后，病毒中的运输蛋白与病毒 mRNA 结合，使微通道扩大到能通过分子量为 10×10^3 的物质。因此，不仅同化物而且某些细胞器，病毒等也可通过胞间连丝进行细胞间的传递。此外，有人认为胞间连丝还是植物电信号传递的通道。在相邻细胞之间一般共质体的运转速率快于质外体的运转速率。因为它不需要跨双层膜运输，阻力少，如质膜电阻 $0.31\ \Omega/m^2$，液胞膜 $0.1\ \Omega/m^2$，而胞间连丝仅 $0.05\ \Omega/m^2$。

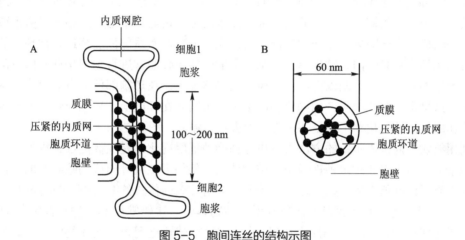

图 5-5 胞间连丝的结构示图
A. 纵切面示意图；B. 横切面示意图

3. 质外体与共质体的交替运输。在植物组织内物质的运输，不只局限在质外体或共质体某一种形式，往往是两者交替进行的，尤其较长距离运输时尤为突出。这种运输在根中水分和矿质营养的径向运输、叶肉细胞光合产物到筛管及筛管输出到贮藏组织时更为明显（图 5-6）。在质外体与共质体的转运过程中转移细胞（transfer cell，又称传递细胞）起重要作用。转移细胞是指一类主要分布在输导组织末端及花果器官等，同化物装入或卸出

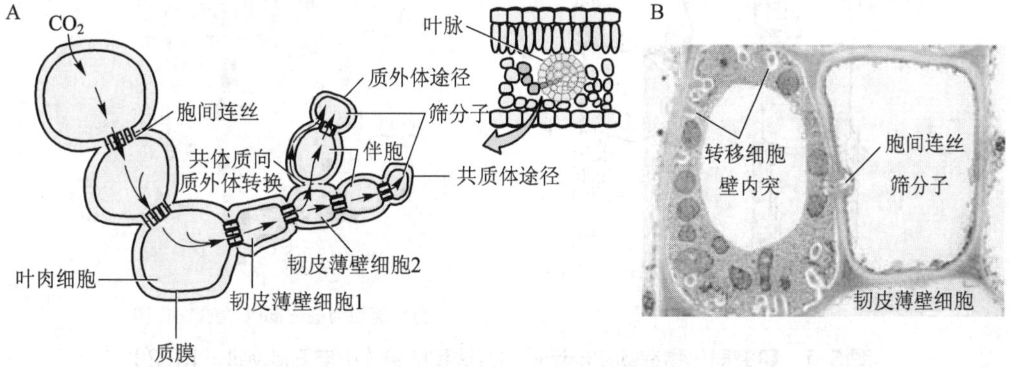

图 5-6 源叶中韧皮部同化物装入的共质体、质外体交替运输（A）及转移细胞结构（B）

部位的一些特化细胞，其特点是胞壁和质膜内凹，使表面积增大，此外胞质浓厚，细胞器发达，代谢旺盛，有利于物质的吸收和排出。其生理功能是源端装入，库端卸出同化物。

（二）同化物的器官间的运输

器官间的运输，其距离从几厘米到几米乃至上百米不等，因为其运输距离长，所以又称长距离运输。其主要是通过植物的特化组织——维管束来实现的。植物的维管束主要由木质部和韧皮部构成，木质部主要是负责将水分和矿质从根向地上部的运输，而韧皮部则主要是负责将光合产物由植物的叶向根和其他部分的运输。维管束是植物体的"血脉"，遍布植物体全身，是植物体进行长距离运输的基本通道。一旦维管束发生阻断或者断裂而无法修复，植物体就会死亡。在生产实践中，嫁接是否成功也在于砧木和接穗之间的维管束能否重新愈合形成连接。

1. 韧皮部运输的证据。有关同化物在韧皮部进行运输的探讨可以追溯到早期树皮环割实验。由于树木的韧皮部在树的树皮部分而木质部在树的树干部分，如果将树木或枝条茎部的一圈树皮完全除去，这样韧皮部就会被完全截断而木质部依然畅通。被环割的枝条通常可以在相当长时间内正常生活，环割以上的叶的蒸腾照常进行，但是环割以下部位的树皮逐渐枯竭死去，而环割以上部分的树皮则仍然健康，在环割部位上方的树皮会逐渐膨大起来，这是由于在叶中生产的同化物的下运被阻断并在环割上端积累所致。据此可以推测光合作用生产的同化物主要是在韧皮部中进行运输的（图 5-7A）。

利用放射性同位素示踪的方法可以更加精确地证明同化物是在韧皮部运输的。带放射性同位素的物质可以通过多种途径引入植物体内，例如可以在叶面或切除叶片的叶柄直接饲喂带有放射性同位素的蔗糖，也可以用含有放射性碳同位素的 CO_2 饲喂特定叶片，利用植物光合作用固定 CO_2 将放射性同位素引入植物体内。比较常用的方法是饲喂 $^{14}CO_2$，经植物叶光合作用固定 CO_2 的作用，放射性同位素 ^{14}C 被转化到光合同化物中，因此光合同化物的运输可以通过对其放射性的监测进行研究。利用放射性同位素的方法已经证明同化物的运输是在植物韧皮部进行的（图 5-7B）。目前，人们也用激光共聚焦显微镜（confocal microscope）活体观察同化物运输，其原理是在叶片主脉的上下部各开一个小孔，在上端孔加入一种与同化物结合的荧光染料，激光共聚焦显微镜的目镜对准下端孔，一定时间后可以清楚地看到荧光在筛管中由上向下进行运输。

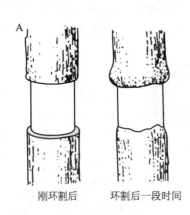
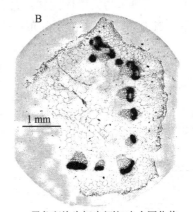

刚环割后　　环割后一段时间

1 mm

黑色斑块为韧皮部 ^{14}C 光合同化物

图 5-7　研究同化物在韧皮部运输的方法和结果（引自 Bidwell，1972）
A. 环割试验；B. 和 $^{14}CO_2$ 示踪显示光合作用同化产物在韧皮部运输

2. 韧皮部的结构。韧皮部通常位于初生和次生维管组织之间，主要包括筛分子、伴胞和薄壁细胞（图 5-8）。在有些情况下还有纤维细胞、石细胞和乳管等。筛分子（sieve element）是韧皮部中同化物运输的主要通道，包括被子植物的筛管分子（sieve tube element）和裸子植物的筛胞（sieve cell）。成熟的筛管分子是细长的筒状细胞，直径 20~40 μm，长度 100~500 μm，缺少许多正常细胞具有的细胞器，例如细胞核、高尔基体、液泡、核糖体以及微管和微丝等，但仍有一些线粒体和光滑型内质网存在。筛管分子首尾相接串联在一起形成一个"管道"，称为筛管（sieve tube）。筛管中筛管分子的端壁上形成多孔的特化区域叫筛板（sieve plate），筛板是在筛管分子分化过程中逐步形成的。在筛管分子的分化过程中，相邻筛管分子间胞间连丝扩大，胞间连丝扩大的部

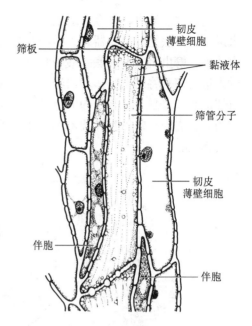

图 5-8　烟草茎的筛管结构

位会发生胼胝质的沉积并逐步突破细胞壁的中胶层形成穿孔，即筛孔（sieve pore）。筛孔的孔径可达 0.5 μm 或更宽，筛孔面积约占筛板总面积的 50%。成熟筛管分子仍是活细胞，它仍然具有质膜，在膜上有许多载体进行着活跃的物质运输，它的细胞壁也不像导管那样木质化。筛管分子的生活力在很大程度上依赖于与它相邻的伴胞。

每个筛管分子周围都有一个或数个伴胞（companion cell），伴胞通常具有浓厚的细胞质和大量的线粒体。在筛管分子和伴胞之间有大量的胞间连丝，这些胞间连丝在维持筛管分子和伴胞间的功能联系方面起着重要的作用。筛管分子中的一些蛋白质是在伴胞中合成的，在伴胞中含有大量的线粒体，线粒体产生的大量能量可能有助于韧皮部的装入和卸出。

据电镜观察，所有的双子叶植物以及许多单子叶植物的筛管分子中都存在一种丝状的蛋白质，称 P 蛋白（phloem protein）。P 蛋白在筛管分子中可以有多种存在形式，这些存在形式往往与植物种类和筛管分子的成熟程度相关。在幼嫩的筛管分子中，P 蛋白在细胞质中形成扭曲盘绕的球形或纺锤形蛋白结构，称为 P 蛋白体（P-protein body）。细胞成熟后，P 蛋白形成管状或丝状的结构，通过筛孔连接上下两筛分子，可借助于 ATP 的能量进行上下收缩，曾认为可促进筛管内物质运输，但目前公认是堵漏作用。在不良的条件下，如高温，低温和病菌侵害时，筛孔的周围逐渐积累一种特殊的化合物——胼胝质（β-1,3 葡聚糖苷），阻止同化物的运转。另外在筛管衰老过程中，胼胝质也不断增多，沉积在整个筛板上，筛孔变小，以致被堵塞，这样的筛管就失去了输导能力。在筛管发生断裂时，P 蛋白会随汁液流动并在筛板处堵塞通道。筛管的寿命较短，许多落叶树筛管只能活一个生长季节，新的筛管可由韧皮形成层向外分化次生韧皮部形成。也有筛管寿命较长的植物，如葡萄有 2 年以上，椴树可活 5~10 年。

三、韧皮部运输的物质形式

虽然同化物运输主要是通过韧皮部是确定的，但是要证明同化物是以何种化合物形式

进行运输并非易事。至今，蚜虫吻针技术仍是公认的较为理想的收集筛管汁液的方法。蚜虫进食的方法是将其口器刺入植物的筛管，由于筛管中存在压力因而筛管汁液会被挤入蚜虫体内，蚜虫将其中的氨基酸吸收后，其他筛管汁液被排出蚜虫体外。将蚜虫麻醉，再用激光进行切割将蚜虫身体和口器分离，由于蚜虫口器依然插在筛管中，筛管汁液会继续从口器的切口处泌出（图5-9）。筛管汁液的泌出可以持续数天之久，收集泌出的汁液即可作为分析之用。蚜虫吻针技术不会造成污染和筛管的封闭，因此在韧皮部运输的研究中有重要作用。

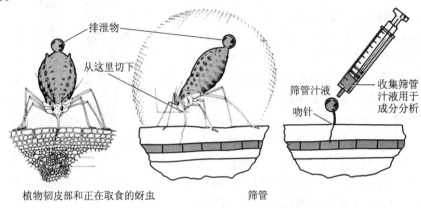

图 5-9　蚜虫取食及用蚜虫吻针法收集韧皮部汁液

　　分析测定表明，尽管不同植物韧皮部汁液的成分有所不同，但物质主要包括糖类、氨基酸和一些无机离子（表5-1），还含有蛋白质、mRNA和植物激素。

　　筛管中运输的溶质主要是糖类，对大多数植物来说，主要是蔗糖，筛管中蔗糖浓度可以达到 $0.3 \sim 0.9$ mol/L^{-1}，可以占干物质的90%。此外，蔗糖还可以与半乳糖（galactose）分子结合形成其他化合物进行运输，如棉子糖（raffinose，蔗糖结合1分子半乳糖）、水苏糖（stachyose，蔗糖结合2分子半乳糖）、毛蕊花糖（verbascose，蔗糖结合3分子半乳糖）

表 5-1　丝兰韧皮部汁液的基本特性和成分

基本特性		氨基酸	占总氨基酸 /%	无机物	含量 / (mg·mL^{-1})
总干物质 /%	$11.7 \sim 19.2$	Gln	58	K	1.68
电导率 / (ms·cm^{-1})	1.03	Val	10	P	0.105
pH	$8.0 \sim 8.2$	Ser	7	Mg	0.051
		Gly	7	Ca	0.014
有机物	含量 / (mg·mL^{-1})	Leu（Ileu）	6	Na	0.001 4
蔗糖	$150 \sim 165$	Lys	5	Zn	0.002 1
葡萄糖	$2 \sim 4$	Glu	4	Fe	0.004 1
果糖	$2 \sim 4$	Ala	2	Cu	0.004
蛋白质	$0.5 \sim 0.8$	Asn	微量	Mn	0.000 5
总氨基酸	$6.3 \sim 10.1$	Pro	微量	Mo	0.000 01
总磷	0.301			NO$_3^-$	0

等。在筛管中糖通常是以非还原态进行运输，这可能是因为糖的非还原态形式的反应活性低于它的还原态形式。在一些植物中，水苏糖（如醉鱼草科和木樨科）、甘露（糖）醇（mannito1，如使君子科）和山梨（糖）醇（sorbitol，如蔷薇科）等可以成为主要运输形式（表 5-2）。

表 5-2 若干木本植物韧皮部汁液成分（＋多表示含量高）

植物科	蔗糖	棉籽糖	水苏糖	毛蕊花糖	甘露醇	山梨醇	卫矛醇	肌醇
槭树科	++++	微量	微量					微量
豆科	++++	微量	微量					微量
桦木科	++++	++	++	+				微量
忍冬科	++++	++	微量					微量
壳斗科	++++	微量	微量	微量				+
桑科	++++	+	++	微量				+
醉鱼草科	++	+++	++++	+				+
漆树科	+++	微量	微量					微量
使君子科	+++	++	+		+++			
木樨科	++	++	+++	+	+++			微量
蔷薇科	+++	微量	微量			+++		微量
卫矛科	+++	++	+++				+++	微量

在韧皮部进行运输的还有其他有机物，氮化合物主要是氨基酸及其酰胺形式，特别是谷氨酸或天冬氨酸以及它们的酰胺。差不多所有植物激素，如生长素、赤霉素、细胞分裂素和脱落酸都可以在韧皮部进行运输。虽然生长素可以在木质部进行极性运输，但是长距离的激素运输至少部分在筛管中进行。筛管汁液中还有核苷酸、蛋白质和 RNA，甚至一些与基本的细胞功能相关的蛋白质，例如进行蛋白质磷酸化的蛋白激酶、参与成花的开花位点 T 蛋白（FT）、参与二硫化合物还原的硫氧还蛋白、降解蛋白质的泛素和指导蛋白折叠的分子伴侣等。在筛管中存在的无机物有钾、镁、磷和氯等，硝酸根和硫酸根离子则几乎不存在（表 5-1）。

四、韧皮部运输的方向

韧皮部的同化物是双向运输，运输方向是由"源"到"库"。

（一）"源"与"库"的概念

源（source），又名代谢源（metabolic source）是指生产同化物以及向其他器官输出同化物等的部位或器官，例如绿色植物的成熟叶片、种子萌发时的子叶或胚乳组织。库（sink），又名代谢库（metabolic sink）是指消耗或积累同化物的部位或器官，例如幼叶、根、花、果实、种子等。源和库是相对的概念，在植物的任何生长发育阶段都有一定的器官作为供应同化物的源，而又有另一些器官作为接纳同化物的库。但是在不同的发育阶段，作为源和库的器官则可能是不同的。例如在种子萌发的阶段，种子的胚乳或子叶是供应同化物的源，而胚芽和胚根则是消耗同化物的库；在植物的营养生长阶段，植物的成熟叶是生产供应同化物的源，而植物的根、分生组织等则是接纳同化物的库。植物的特定器官在发育的过程中，其源或库的地位也会发生改变，例如正在伸展过程中的幼叶，其光合作用所生产的同化物尚不能满足其生长的需求而需要输入同化物，此时它是代谢的库；当叶片伸展到其最终大小的一半之后其输入的同化物逐渐减少，直至最后成为完全伸展的成熟叶，其同化物的输入完全停止，成为输出同化物的源。因此，植物的源和库可以在发育过程中相互转化。

（二）源库单位

虽然同化物运输的基本方向是由源到库，但是在植物体内通常有多个源器官和库器官，同化物在源库器官间的运输存在时间和空间上的调节和分工。源和库之间常构成所谓源库单位（source-sink unit）。源库单位是指一个源器官和直接接纳其输出同化物的库器官所组成的供求单位。例如一个叶片所输出的同化物通常只供应某些特定的器官和组织，它们在营养供求关系上是相互依赖的源库单位，不仅在空间上有一定分布，在一定的发育阶段也有变化，例如成熟叶片在植株营养生长阶段主要向根和茎的分生组织供应营养，而当进入生殖阶段后则主要向其生殖器官供应营养。

五、韧皮部运输的运输量

物质在韧皮部的运输量通常可以运输速率（transfer rate）和集运速率（mass transfer rate）。

（一）运输速率

运输速率是单位时间内物质运动的距离，用 $m \cdot h^{-1}$ 或 $cm \cdot s^{-1}$ 表示。用放射性同位素的方法在不同植物中测到的运输速率有很大差异，大约范围在 $0.3 \sim 1.3\ m \cdot h^{-1}$ 之间，平均约 $1\ m \cdot h^{-1}$，但甘蔗可高达 $2.7\ m \cdot h^{-1}$。用重水、^{32}Pi 与 ^{14}C 蔗糖饲喂蚕豆叶片表明糖的运输速率（$1.07\ m \cdot h^{-1}$）比 Pi 和水（$0.87\ m \cdot h^{-1}$）快。但是由于参与运输的韧皮部或筛管的截面积在不同物种和不同植株间变化很大，运输速率并不能真正反映运输的数量。

（二）集运速率

为反映运输物质的量，常用集运速率来表示，所谓集运速率是指单位截面积韧皮部或筛管在单位时间内运输物质的质量，常用 $g \cdot mm^{-2} \cdot h^{-1}$ 或 $g \cdot mm^{-2} \cdot s^{-1}$ 表示。

六、韧皮部运输的假说

韧皮部运输的机制在 20 世纪 30 到 70 年代备受关注。扩散对于在韧皮部运输中溶质的移动速率而言太慢了。筛管中溶质运动的平均速率可达 $1\ m \cdot h^{-1}$，而扩散 1 m 距离所需的时间约为 32 年，因此，扩散不可能是韧皮部运输的主要方式。有许多假说先后被提出来解释有关韧皮部运输机制，包括压力流动假说（pressure flow hypothesis）、电渗流动假说（electroosmotic flow hypothesis）、原生质流动学说（cytoplasmic streaming theory）、离子泵学说（ion pumps theory）、收缩蛋白学说（contractile protein theory）等。这些假说大体分两类，一类是主动运输机制，认为在源端的装入和库端的卸出，以及溶质在筛管中的运输过程都是需要能量的。另一类学说是被动运输机制，认为源端装入和库端卸出需要能量，但是筛管中运输是不需要能量的，这个过程所消耗的能量是用于维持运输细胞功能的完整性，或者将渗漏到筛管外的糖再运回到筛管内。

（一）压力流动假说

又称集流学说，是目前被广泛接受的有关韧皮部运输机理的假说，由 E. Münch 在 1930 年首先提出，并被后人不断修正的。该学说认为筛管的液流是靠源端和库端渗透势所引起的膨压差所建立的压力梯度来推动的，压力流原理可以在实验室里很容易地通过连接两个浸在同一水系中的两个透析管加以说明（图 5-10）。如透析管 A 含有蔗糖或染料，水势低；而透析管 B 和管外溶液为水，水势高。透析管 A 向管外溶液吸水，膨压上升，推动溶液在毛细管内向透析管 B 移动；而透析管 A 外压力下降，透析管 B 外的水分流向透析管 A 外，再不断地进入透析管 A，又增加了透析管 A 水压。这样使液流不断流动，直到两端溶质浓度相等。

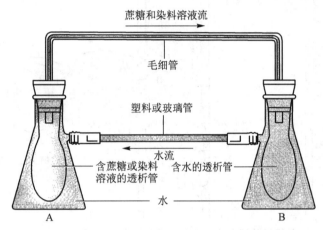

图 5-10 韧皮部运输的压力流动假说的物理模型图

但简单的物理实验并不能证明假说本身，植物韧皮部的运输机制如果符合压力流动学说，最重要的问题是如何建立源库间的压力差。不少学者认为，这是由于植物叶片——源，不断进行光合作用，积累溶质，而果实等——库，不断把小分子糖合成大分子（或代谢消耗）降低溶质浓度所致。在源端的韧皮部进行溶质的装入，溶质进入筛管分子后细胞渗透势下降同时水势也下降，于是木质部的水沿水势梯度进入筛管分子，筛管分子的膨压上升；另一方面，在运输系统的库端韧皮部，由于其溶质卸出，库端筛管分子的溶质减少，细胞渗透势提高，同时细胞水势也提高，这时韧皮部的水势高于木质部。因此，水沿水势梯度从筛管分子回到木质部，引起筛管分子膨压的降低，在源端和库端形成膨压差，导致筛管中的汁液沿压力梯度从源向库运动。筛管中汁液的运动本身并不需要能量，但是在源库端进行的装入和卸出是消耗能量的，能量主要用于建立和维持源库两端的压力差（图 5-11）。

在韧皮部的运输系统中，筛板极大地增加了筛管对水流的阻力。但是这种阻力对于建立和维持源库两端的膨压差却是十分必要的。因为如果没有筛板的阻力，筛管两端的膨压会很快达到平衡，因而无法建立起源库两端的膨压差，也就不能形成筛管汁液的集流。值得注意的是，韧皮部集流的移动是逆水势梯度进行的。由于水在筛管中的移动是集流而非渗透（筛管分子间无细胞膜），因此渗透势在此不是水移动的动力，而压力差才是水移动的动力。同化物是随水的集流带动在筛管中进行运输的。

此外，用压力流动假设解释有机物在韧皮部的运输还应满足下列条件。

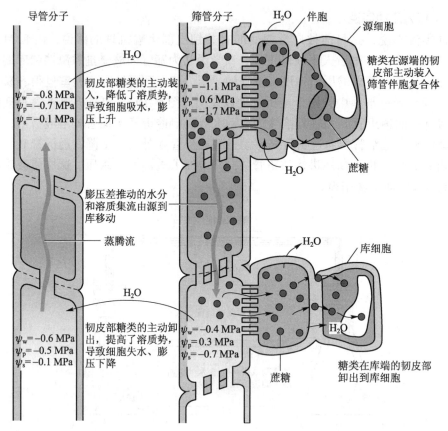

图 5-11　韧皮部的运输的压力流动假说的示意图（引自 Salisbury and Ross，1992）

1. 筛管内有正压力。蚜虫吻针技术收集筛管汁液的方法已很好地说明了筛管内有正压力，分泌汁液的体积可超过单个筛管体积的数千倍。虽然要测定单个筛管的膨压是很困难的，但人们也用不同的方法进行了尝试。采用蚜虫吻针的方法，让蚜虫将吻针刺入筛管分子，然后将吻针与虫体分离后再与微压力计或压力传感器连接，测定筛管分子的膨压。由于测定的方法、植物材料、取样时间和材料所处的不同生理状态，大量的文献报道的筛管膨压相差较大，但较代表性的值为 0.1 MPa 到 2.5 MPa。目前可用压力探针（pressure probe）技术正确测定导管单细胞膨压。

2. 源端筛管分子的膨压应大于库端筛管分子的膨压，而且压力差足以克服筛管的阻力并使汁液流速达到已观察到的水平。在假定筛孔的面积为筛板面积的一半，每厘米筛分子有 60 个筛板，在筛孔开放的情况下，据计算，每米膨压下降 0.06 MPa，就可以使 10% 的蔗糖溶液在直径为 12 μm 的筛分子中以 1 m/h 速度流动。膨压下降 0.44 MPa 将足以使液流在筛孔 70%～75% 开放情况下以 0.48 m/h 的速度流动。根据目前所得到的源库端膨压的测定值，可以发现源端有比库端更高的膨压值，且源库两端所需的膨压差值在 0.12～0.46 MPa 之间。因此，源库端存在的膨压差足以推动筛管集流的运行。

3. 筛管间的筛孔必须是开放的。如果筛孔发生堵塞（如 P 蛋白或其他物质），会对集流产生很大的阻力，以致集流无法产生。因此，如要筛管中汁液以集流形式运动，则筛孔必须是开放的。但是早期的电镜观察结果并不支持压力流动学说的，在这些观察中常发现筛孔是被堵塞的。有人认为筛孔堵塞只是一种假象，其原因可能是由于无法在筛管分子的保护反应发生之前将细胞的结构固定下来，因为筛管分子具有防止泄漏的保护机制。当切割或固定植物材料筛管导致发生断裂或渗漏时，筛管分子内的筛孔会迅速被 P 蛋白和胼胝质堵塞。近年来发展起来的快速冷冻和固定技术提供了更为可靠的对筛管分子的观察手段。利用这些技术得到的电镜结果表明筛管分子中 P 蛋白常位于筛管分子的外周或者分布在整个管腔，位于筛孔的 P 蛋白沿孔道或以疏松的网状分布。在葫芦科、甜菜、豆类等许多植物中都观察到这样的筛孔开放状态，这些观察结果是符合压力流动学说的。对于活体植株中韧皮部运输的直接观察是说明筛管分子间是否开放的最有力证据。利用激光共聚焦显微镜技术，观察到蚕豆的筛管中荧光分子的运输过程，结果表明在活体状态下筛管孔道是开放的。

4. 在同一筛管中没有双向运输的发生。根据压力流动学说，在同一个筛管分子中不可能发生双向运输（bidirectional transport）。因为溶质在筛管中是随集流而运动的，而集流在一个筛管中只能有一个方向。虽然早期有实验说明物质可以在韧皮部进行双向运输，但是溶质在韧皮部的双向运输可能是在不同的维管束或不同的筛管分子中进行的。对于筛管分子中运输方向的观察一般是通过在筛管中装入示踪物如荧光染料，然后根据示踪物的运动方向来确定筛管集流的方向。常常可以观察到示踪物在茎的不同维管束中沿不同方向的运动；在叶柄的同一维管束中也可以观察到邻近的不同筛管分子中示踪物沿不同方向的运动，特别是当叶片处于库源转变过程的时候。目前还没有确切的观察证据表明在同一个筛管分子中存在双向的物质运输，因此，目前对筛管分子中物质运输方向的观察结果是支持压力流动学说的。

5. 筛管中的运输不需要能量。虽然对于维持筛管分子的结构和膜的完整性以及将渗漏的糖重新装回筛管需要一定的能量，但是在筛管中的运输本身并不需要能量。因此，限制 ATP 的供应，例如低温、缺氧、代谢抑制剂等不会中止运输。一些可以耐受短期低温的植物比如甜菜，使其叶柄的一段处于 1℃ 的低温，这时组织的呼吸被抑制了 90%，而韧皮部的运输在受到短暂抑制后可以逐步恢复到正常水平。把西葫芦（*Cucurbita pepo*）叶柄置于 100% 的氮气和黑暗条件下，运输部位的有氧呼吸被完全抑制，但运输过程依然进行。所以，韧皮部运输本身是一个不耗能的过程。对于一些非耐寒的植物如豆类，低温处理叶柄或用呼吸抑制剂处理会抑制韧皮部运输，但电镜观察结果表明这些处理会造成筛管分子间筛孔的堵塞。因此，造成运输抑制的原因可能是筛孔的堵塞，并非能量供应不足。

虽然，目前被子植物的大部分实验结果支持压力流动学说，但是在裸子植物中却有所不同。裸子植物的筛细胞间并不具有开放的筛孔，电镜观察结果表明在筛细胞的筛孔中有大量的膜并与细胞的光滑型内质网相连。因此，裸子植物的筛细胞的结构显然不符合压力流动学说的要求，这也许预示不同植物中韧皮部运输具有不同的机制。

（二）其他假说

除了压力流动假说以外，为更好地解释韧皮部运输，人们还提出了收缩蛋白假说、泵动假说等，通过筛管 P- 蛋白，依靠 ATP 能量进行上下收缩或扩展推动筛管中有机物运输。

第二节 同化物的装入和卸出

同化物在源端的装入和库端的卸出是韧皮部运输动力的来源，同时同化物的运输及其分配对农业生产有重要的意义，源端装入对叶的光合作用和库端卸出对果实和籽粒的产量等都有极为重要的影响。

一、韧皮部的装入

韧皮部装入（phloem loading）包括光合产物从成熟叶片中叶肉细胞的叶绿体运送到筛分子 – 伴胞复合体（SE-CC, sieve element-companion cell complex）的整个过程，包括三个步骤：第一个步骤是光合产物从叶绿体外运到细胞质。在白天，光合作用生产的 TP 从叶绿体外运到细胞质，然后转化为蔗糖；在夜里，叶绿体中的淀粉水解为葡萄糖，之后被运送到细胞质并转化为蔗糖。第二个步骤是蔗糖从叶肉细胞运输到叶片小叶脉的 SE-CC 附近，这个过程往往只涉及几个细胞的距离，属于短距离运输。第三个步骤是筛分子装入（sieve element loading），即蔗糖进入 SE-CC 的过程。蔗糖和其他溶质进入筛管后，就会随集流被运出源器官，称之为输出（export），这样通过维管系统从源向库的运输则属于长距离运输。

（一）韧皮部装入的途径

光合产物的韧皮部装入可以通过质外体途径，也可以通过共质体途径（见图 5–6A）。韧皮部装入类型是与小叶脉伴胞类型，SE-CC 和周围细胞间胞间连丝的密度以及糖的运输形式等因素相关的。不同植物的韧皮部叶脉中的胞间连丝数目差异很大，按照植物胞间连丝的多寡，将植物划分为 1 型，1–2a 型以及 2 型。其中 1 型胞间连丝最为密集，2 型胞间连丝最稀疏，1–2a 型介于两者之间（Gunning and Robards，2012）。对叶脉超微结构及胞间连丝频度分析表明，大部分木本植物属于 1 型，以共质体装载方式进行韧皮部装入，其利用源叶片与源端韧皮部的蔗糖浓度差，通过丰富的胞间连丝顺浓度梯度进行无需能量的韧皮部装入。而大多草本植物属于 1–2a 型与 2 型的植物，其胞间连丝丰度不足，常常通过质外体途径，利用能量通过蔗糖转运体进行蔗糖跨膜运输，完成韧皮部装载。质外体途径并不意味着全过程都是在质外体中进行，只要在此途径中任何一步经过质外体，那么，这个途径就是质外体途径的韧皮部装入。

1. 质外体途径。质外体是一个开放性的连续自由空间，它没有细胞质及其他屏障所阻隔，所以有机物在质外体的移动是物理上的被动过程，速率很快。有些植物（例如蚕豆、玉米和甜菜）的叶肉细胞与邻近伴胞及筛分子之间的胞间连丝较少，糖从叶肉细胞运出后，进入质外体空间，继而到达小叶脉的质外体，最后被 SE-CC 主动吸收。以下实验证据支持质外体装入：

（1）质外体中存在供运的糖。如果韧皮部需要经过质外体，那么在质外体中就应该检测到供运输的糖。实验表明在甜菜、大豆等以蔗糖为主要运输形式的植物中质外体中的糖以蔗糖为主，如果改变蔗糖的向外输出也相应地改变蔗糖在质外体的水平或者流速；利用 ^{14}C 同位素方法证明，当用 $^{14}CO_2$ 饲喂甜菜叶片后，放射性很快出现在质外体中。因此，质外体中的蔗糖来自光合细胞。

（2）质外体的糖可以进入筛管分子。在甜菜、蚕豆、豌豆、蓖麻和秋海棠（*Ricinus communis*）等多种植物中都观测到，当叶片施加外源糖时，糖会汇聚到小叶脉中的 SE-CC 中。因此，质外体中的糖是可以被吸收并进入筛管的。

（3）跨膜转运的抑制作用。对 – 氯高汞苯磺酸（p-chloromercuribenzenesulfonic acid，PCMBS）是抑制蔗糖跨膜转运的抑制剂，但是它自身不能跨膜进入共质体。如果用

PCMBS 抑制某些植物，例如甜菜、蚕豆、豌豆等对质外体糖的吸收，同样也会抑制叶片的糖的输出。因此，在这些植物中，蔗糖从光合细胞到 SE-CC 的短距离运输可能涉及了蔗糖从质外体进入共质体的过程。

（4）蔗糖–质子共运输。采用质外体途径 SE-CC 装入的植物，蔗糖在质外体是通过蔗糖–质子共运输（同向运输）完成的（图 5-13B）。免疫技术证明，伴胞（拟南芥）和转移细胞（蚕豆）的质膜上有质子泵，传递细胞的质子泵大多数集中于面向维管束鞘和韧皮部薄壁细胞的质膜中，有利于质外体的光合产物输送。在蔗糖–质子同向运输中，筛分子或伴胞质膜中的 H⁺-ATPase 水解 ATP 并将 H⁺ 泵到质外体（细胞壁），导致质外体的 H⁺ 浓度比共质体高，形成 H⁺ 浓度梯度。通过 ATPase 释放的能量，推动细胞内 H⁺ 的输出和质外体 K⁺ 的输入，以维持膜内外的 H⁺ 梯度及电位平衡。为了产生足够的 ATP 以供主动运输消耗，一部分蔗糖在伴胞细胞中利用依赖于焦磷酸盐的蔗糖合酶途径对蔗糖进行氧化分解，并利用定位于质膜上的质子泵焦磷酸盐合酶维持焦磷酸盐的体内平衡（Ruan，2014）。蔗糖与质子沿着 H⁺ 梯度经过蔗糖–质子同向转运体（sucrose-proton symporter），一起进入筛分子和伴胞复合体（图 5-12）用于长距离运输。以质外体为韧皮部装载模型对蔗糖进行韧皮部装载，在韧皮部渗透势显著大于叶肉细胞渗透势的情况下，蔗糖不会通过胞间连丝返回到叶肉细胞，可能是因为当伴胞细胞的渗透压大于叶肉细胞时胞间连丝关闭或部分关闭。负责韧皮部装载的蔗糖转运基因（SUT）表达降低时，蔗糖在源端积累，降低源光合活性；而部分 SUT 表达上调时，源活性增强（Wang et al.，2015；Dasgupta et al.，2014）。

另一种陷进模型解释韧皮部同化物的装入。该模型认为在一些非蔗糖作为主要运输产物的植物中，由于蔗糖在维管束鞘中与半乳糖合成棉籽糖，使叶肉细胞的蔗糖含量高于维

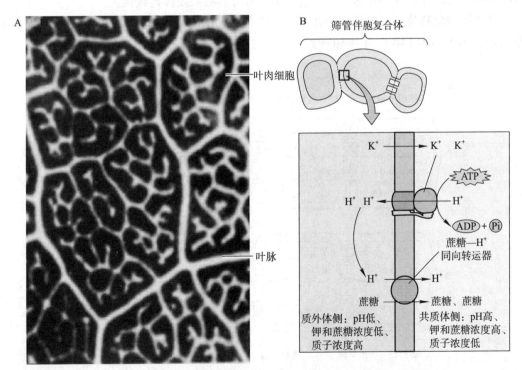

图 5-12 ¹⁴C- 饲喂后叶片自显影照（A）和蔗糖–质子同向运转模型（B）

管束鞘，蔗糖是顺浓度梯度装入（图 5–13A）。采用聚合物陷阱模型的植物其叶肉细胞与伴胞细胞连接处的胞间连丝孔隙大小不对称，叶肉细胞与伴胞间的胞间连丝孔径较小，蔗糖可通过这种胞间连丝进入伴胞，在伴胞细胞中合成棉子糖和水苏糖等. 由于这些糖的分子结构比蔗糖大，因此不能通过伴胞细胞重回叶肉细胞。而伴胞和筛分子相连的胞间连丝孔隙较大，足够让这些多糖分子进入筛分子（Turgeon and Wolf, 2009）。在这种韧皮部装载模式中，其伴胞细胞内棉子糖与水苏糖的合成维持了韧皮部相对于叶肉细胞更低的蔗糖浓度。由于蔗糖合成多糖的过程是需要能量的，因此聚合物陷阱模型也是一种热力学上的主动运输过程（Comtet et al., 2017）。

总之，许多草本植物韧皮部装入的特点一是逆浓度梯度进行。有人测定甜菜 SE–CC 复合体内的蔗糖浓度为 800 mmol · L^{-1}，质外体的蔗糖浓度为 20 mmol · L^{-1}，它们之间的浓度之比为 40∶1。甜菜叶肉细胞的渗透势为 –1.3 MPa，SE–CC 为 –3.0 MPa，而邻近的薄壁细胞只有 –0.8 MPa。二是需要能量的过程。这种逆浓度梯度进行的运输是需要由伴胞以 ATP 形式供给能量的，在提供外源 ATP 时，储运速率增加。例如，向具有 20 mmol · L^{-1} 的蔗糖的甜菜质外体加入 4 mmol · L^{-1} 的 ATP，能增加 60% ~ 75% 的蔗糖输出量。三是具有选择性。筛管汁液的大部分干物质是蔗糖，外施标记的葡萄糖于植物后，发现大部分标记物仍在蔗糖里，这一事实说明韧皮部装入是有选择性的。

2. 共质体途径。光合产物的装入也可以经过共质体，它们进入叶肉细胞的内质网再通过胞间连丝进入 SE–CC。胞间连丝在物质运输上起着重要的作用（见图 5–5）。许多试验支持共质体装入的观点，如南瓜叶鞘薄壁细胞与伴胞之间有大量胞间连丝，它的运输糖主要是水苏糖；当水苏糖被 ^{14}C 标记后，质外体不出现 ^{14}C– 水苏糖，说明该组织的装入主要是走共质体途径；将荧光染料（可在共质体移动但不能跨膜）注射到薄荷叶肉细胞，染料可从叶肉细胞移动到小叶脉，说明这些植物叶片具有共质体连续性。

共质体同化物装入需要叶肉的光合产物中蔗糖的浓度高于叶脉，蔗糖可通过浓度梯度进入 SE–CC（图 5–13B），木本植物大多属于这种类型。

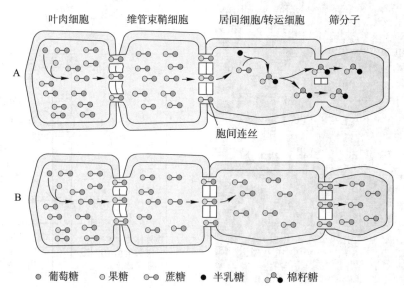

图 5-13　韧皮部装入的陷阱模型（A）和共质体中依浓度梯度的装入模型（B）

二、韧皮部的卸出

韧皮部卸出（phloem unloading）是指韧皮部进行输出的同化物在库端被运出韧皮部并被邻近生长或储存组织所吸收的过程。韧皮部的卸出从某种意义上讲是韧皮部装入的逆过程。同化物在输出到达库组织后，同化物将经历以下步骤进行韧皮部卸出。首先，蔗糖等运输的糖运出筛管分子，称为筛管分子卸出（sieve element unloading）；糖被运出筛管分子后，经过一个短距离运输被运输到库细胞，这一过程也被称为筛管分子后运输（post-sieve element transport），库组织中接收运输来的糖的细胞叫接收细胞（receiver cell）。最后，糖在库细胞中存储或代谢。

（一）韧皮部卸出的途径

在库端，同化物从筛管分子到接收细胞既可以通过质外体的途径，也可以通过共质体的途径。但同化物的卸出比同化物的装入要复杂得多，这是由于卸出可以发生在成熟韧皮部的任何地方。此外，不同库的结构和功能变化非常大，它可以是幼嫩的生长叶或根，可以是储藏茎或根，也可以是种子和果实。因此，对于植物来说并没有固定的卸出模式。一些双子叶植物如甜菜、烟草的幼叶的细胞间有大量的胞间连丝，用抑制糖质外体吸收的抑制剂如 PCMBS 和缺氧都不能抑制这些组织的糖的卸出。因此，它们的韧皮部卸出可能采用共质体的途径。但是在单子叶植物如玉米中，筛管和伴胞与周围细胞间缺少胞间连丝。因此，可能采用质外体途径进行韧皮部的卸出。在初生根的分生组织和伸长区可能是共质体途径的韧皮部卸出。而在其他库器官，韧皮部卸出则可能经质外体途径。

韧皮部卸出过程中的共质体途径可能发生在 SE-CC 的部位，也可能发生在远离它的部位。例如在种子发育过程中，胚胎组织和母体组织间缺少共质体的连接，因此韧皮部的卸出过程中必然有质外体的运输，但是糖从筛管的卸出却是共质体的，糖从共质体进入质外体并非在 SE-CC 而是在韧皮部到胚胎组织过程中的其他部位。在甜菜块根和甘蔗茎中，也可能有质外体的韧皮部卸出，在这些贮藏组织中，植物积累了大量的糖，形成很高的细胞膨压，这对于共质体的运输是不利的，因为糖可沿浓度梯度和压力梯度返回筛管，而质外体途径则可以避免蔗糖通过共质体回流。在甜菜中，用标记方法证明糖在块根中可进入质外体，说明存在质外体的卸出途径。在通过共质体的韧皮部卸出途径中，蔗糖从筛管分子通过胞间连丝直接进入库组织的细胞，在那里蔗糖被代谢产生能量或形成储存和生长所需的物质。但在质外体途径中，被运输的糖在质外体中可能发生部分转化。例如蔗糖可以被转化酶水解成葡萄糖和果糖，然后进入细胞。在库组织中存在许多单糖的转运体，这似乎是和上述假设吻合的。对于有些植物来说，质外体中蔗糖的水解维持了质外体中低的蔗糖浓度，这样利于蔗糖由共质体向质外体的扩散。

（二）同化物依赖代谢进入库

在幼叶和伸长的根，以及以淀粉和蛋白质等多聚体为储存方式的储藏库中，同化物的韧皮部卸出主要依赖共质体途径。这些细胞必须进行活跃的呼吸代谢，将输入的糖降解或转化，以便为生长产生能量或者储存所需的物质，从而降低细胞中输入糖的浓度，维持韧皮部和库之间的输入糖的浓度梯度。在经共质体途径的韧皮部卸出中，糖可沿浓度梯度通过胞间连丝在细胞间进行扩散。因此，共质体途径的韧皮部卸出本身是一个被动运输的过程，并不直接依赖于细胞的代谢。但是，浓度梯度的维持是直接依赖于细胞代谢的。在某些通过质外体的韧皮部卸出中，代谢形成的糖浓度梯度也是很重要的，因为较低的质外体糖浓度有利于糖向质外体输出。

对于通过质外体的韧皮部卸出，糖需要进行跨膜运输。在输出的细胞中，糖先要跨膜转运到质外体，再在接收细胞中从质外体跨膜吸收进入共质体。在一些细胞中糖还要跨液泡膜进入液泡，糖跨膜转移的运输常常是主动运输，因此，同样依赖于代谢。

对种子发育过程的研究证明，蔗糖进入质外体和进入胚胎都可能通过主动的转运体运输。禾谷类作物（如小麦）胚胎从质外体吸收糖是主动过程，而糖从输出细胞外流进入质外体则是顺浓度梯度的扩散，质外体中糖的低浓度主要依靠胚胎对糖的迅速吸收和利用。在玉米的质外体中，蔗糖被转化酶迅速水解为葡萄糖和果糖，维持了质外体中蔗糖的低浓度。一般来说，在发育的种子中胚胎也采用了蔗糖和质子共运输的机制从质外体吸收蔗糖。

许多植物例如甜菜和甘蔗的储藏组织中，库细胞往往积累很高浓度的蔗糖，这些细胞从质外体跨膜吸收蔗糖的过程是主动运输和需要代谢能量的过程。在有些植物的储藏细胞中，蔗糖输入液泡储存，蔗糖跨液泡膜的转运是通过蔗糖－质子反向运输（sucrose-proton antiport）的机制进行的。液泡膜上的 H^+–ATPase 将质子运入液泡形成跨液泡膜的质子梯度，然后液泡膜上的反向转运体利用跨液泡膜的质子梯度将液泡外的蔗糖与液泡内的质子交换，把蔗糖输送到液泡内。

第三节　同化物的配置和分配

光合产物既可以用于光合细胞自身以满足其结构和功能的需要，也可以输送到不同的库器官以提供其生长的养料或用于储藏。光合产物用于哪些方面将取决于光合后的代谢过程，配置（allocation）是从代谢而言的，它指光合产物多少用于细胞代谢，多少合成淀粉暂贮存在叶绿体中，多少合成可输出的蔗糖。不论是源叶片新固定的光合产物，或是转移到库的光合产物，都将进入到不同代谢渠道中去。光合产物需要通过维管束运送到各种不同的库，例如幼叶、生长的根、发育的种子、果实等。虽然在许多植物中维管束相互连结形成一个开放的网络，似乎作为源的成熟叶片可以把光合产物送到所有的库，但是实际上植物的光合产物的输送是有规律的，植物体中有规律地将光合产物输送到各库器官称为分配（partitioning）。

一、同化物的配置

在源端，光合产物主要有以下三种途径进入配置。

（一）光合产物用于光合细胞自身

这是光合产物通过呼吸作用，为代谢提供所需的能量，又重新参与光合碳循环，或者合成光合细胞的结构物质。

（二）光合产物用于合成储存化合物

对于大多数植物来说，白天在叶绿体中合成淀粉并将其储存在那里，夜间淀粉被动员用于输出，这样的植物被称为淀粉储存植物（starch storer），其叶片称"粉叶"。但是在某些植物例如大麦中固定的糖类主要是储存在蔗糖中以备夜间使用，这样的植物称为蔗糖储存植物（sucrose storer），其叶片称"糖叶"。而在某些草本植物的器官中，果聚糖

（fructan）是主要的储存形式。

（三）光合产物用于合成可运输化合物

光合产物首先合成可供运输的蔗糖等物质，然后被输出到各种库组织中，这种同化物的一部分还可以暂时储存在液泡中。这样的储存方式是一种临时的措施，如是作为蔗糖合成发生短期变化因而出现蔗糖短缺时的一个缓冲库。在库端，配置也是非常关键的，一旦运输的糖卸出并进入接收细胞，它们可以保持原样或者转变为其他的化合物。在储藏库中光合产物可以以蔗糖或己糖形式储存在液泡中，或者以淀粉形式储存在淀粉体（amyloplast）中。在生长的库中，糖也可以用作呼吸作用和其他物质的合成。如大麦须根中，大约有 40% 输入的蔗糖用于呼吸，55% 的用于生长所需的结构物质的合成。配置的调节是一个很复杂的过程，它不仅涉及不同代谢途径的互作，而且与源叶的发育进程有关。

二、同化物的分配

（一）同化物的分配规律

植物体中，源库组织间有物质上的供求关系和结构上相互联络。同化物的分配往往遵循以下规律：

1. 由源到库，优先供应生长中心。植物体内同化物上下运输，主要取决于源与库的相对位置，源上库下时，向下运输；源下库上时，向上运输。但在植物不同的发育阶段，往往存在多库现象，如不少开花结实期植物，花和果实、根系、茎尖都在生长，这时有多个库需要源提供同化物。在资源有限的情况下，植物会集中更多的同化物向主库——生长中心运输。所谓生长中心（growth center）是指特定发育时期生长最快，获得同化物最多的组织或器官，如营养生长期，根端和茎端的生长点是主要的库，成熟叶片是主要的源，此时成熟叶片的同化物分配到根端和茎端的生长点。当植物体由营养生长转变为生殖生长后，果实逐步成为主要的库，此时同化物的分配也从向根端和茎端输送，转变为主要向果实输送。生产上不少植物打顶、摘心和去赘芽等措施都是为了保证生长中心获得更多的同化物。

2. 同侧运输，就近供应。维管束走向和结构对同化物运输的方向有重要影响，叶片通常优先向与其有维管束直接连接的库输送同化物。在许多植物中，叶片沿其茎按螺旋线有规律地排列，每隔一定的叶片数即有一叶片位于沿茎的特定垂直线上，称为直列线（orthostichy）。在直列线上的叶片的维管束通常与茎中同一维管束直接相通，成熟叶也通常向在同一直列线上的幼叶输送同化物（图 5–14A、B）。就近供应（proximity）是根据位置效应，源同化物通常主要分配给同侧有维管束连接的最近库，如上部成熟叶的光合产物主要向茎端生长点以及幼叶运送同化物，下部叶片主要提供根系所需的同化物，中部叶片则既向上也向下进行运输。旗叶和果（穗）叶的同化物主要分配给穗子和果实，因此，生产上保护旗叶和果（穗）叶，延长其生理功能对提高产量有重要作用。

3. 侧向运输，源间互补。当一个库的原有源（叶）受损或功能下降时，不同侧就近的源或同侧相对近的源可以把部分同化产物分配给这个库，使该库继续获得同化物而发育（图 5–14C）。这是因为在不同的维管束之间还有少量的侧向维管相连（图 5–14A）。当植物维管束因植物体受到伤害或修剪被切断时，韧皮部运输也会发生改变，如果源库间直接的维管束被切断，维管束间就会发生并接（anastomosis）使源库间的运输可以继续进行。

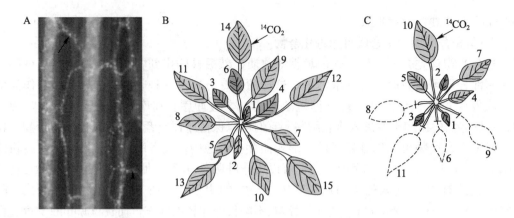

图 5-14   维管束的侧向连接和源库间同化物分配的互补（改自 Taiz et al.，2015）

A. 箭头所指部分显示维管束侧向连接；B. 在源叶齐全的情况下，源（第 14 叶）同化的 ^{14}C 只分配给同侧的库（第 1、3、4、6 幼叶）；C. 在去除一侧源（第 9、11 等叶）后，另一侧源（第 10 叶）同化的 ^{14}C 可分配给对侧的库（第 1、3 幼叶）

（二）影响同化物分配的内因

同化物的分配主要受源的供应能力、库的竞争能力和运输系统的运输能力三个内因决定。

1. 源的供应能力。源供应能力就是指该器官或部位的同化产物能否输出以及输出多少的能力。凡是同化产物较少，同时本身生长又需要时，同化产物不但不输出，反而要输入（如幼叶）；当同化产物形成较多而超过自身需要时，便有可能输出。同化产物越多，输出的潜力越大。代谢源有一种"推力"把光合产物向外"推"送。这种"推力"可以理解为供应能力，即叶片制造的同化产物超过本身需要的多余部分。

2. 库的竞争能力。库的竞争能力常常是与需要程度一致的。在同一植株中，很多部位都需要有机物的，但同化产物究竟分配到哪里，分配多少，就决定于各部位的竞争能力（即需要程度）大小。只有那些竞争能力较强的部位，才能分配到较多的同化产物。一般生长旺盛而本身同化产物不足、代谢较强的部位，都是竞争能力强的部位。如在水稻分蘖期，给主茎全展开的成熟叶饲喂 $^{14}CO_2$，有 59% 的 $^{14}C-$ 光合产物进入生长中的幼叶，而在灌浆期对旗叶饲喂 $^{14}CO_2$，有 79% 的 $^{14}C-$ 光合产物进入谷粒（蒋德安等，1993）。

库的竞争能力可以用库强度来表示。库强度（sink strength）指库组织动员同化物输入的能力。可以用下式表示：

$$库强度 = 库容量 \times 库活力$$

库活力（sink activity）是指单位重量的库组织吸纳同化物的速率；而库容量（sink size）是指库组织的总重量。改变库活力或者库容量都会改变运输的模式。例如一个豆荚输入蔗糖的能力不仅与豆荚吸纳同化物的活力有关，而且取决于那个豆荚的干重占整个生殖器官（全部豆荚）干重的比例。

3. 运输系统的运输能力。运输能力包括输出和输入部分之间的输导系统联系、畅通程度和距离远近。换句话说，同化产物分配数量还要看作为生产车间的供应能力（代谢源）和作为仓库的竞争能力（代谢库）之间的交通运输情况。同化产物分配到与源有输导系统直接联系的库的比例，比有间接联系的库的比例要多。例如，小麦第二次分蘖标记 $^{14}CO_2$，则 ^{14}C 除了较多停留在本蘖外，有一部分运到第一次分蘖，而流入主茎的则很少。

输导系统畅通程度也影响同化产物分配数量，例如，水稻第二次或第三次枝梗上的颖花花梗上的维管束，不仅体积小而且数目也比第一次枝梗少，同化产物分配到第二、第三次枝梗上颖花的光合产物就比第一次枝梗的少。同化产物运输的方向和数量也和距离远近有关，符合就近供应规律。

4. **库组织蔗糖裂解酶活力和选择性蔗糖运转器。**蔗糖是许多植物中光合产物的主要运输方式，而蔗糖在进入库细胞代谢之前必须先转化成己糖磷酸酯。从理论上考虑，蔗糖的裂解是调控光合同化物进入库细胞代谢的理想位置。事实上已经观察到蔗糖合酶和转化酶活力经常与库组织输入蔗糖的速率紧密相关。植物细胞利用三种蔗糖裂解酶及其相应的途径来处理输入库组织的蔗糖。位于胞壁（不可溶）或液泡（可溶）的酸性转化酶和位于细胞质的碱性（或中性）转化酶，均催化蔗糖不可逆地裂解成葡萄糖和果糖；位于细胞质的蔗糖合酶（sucrose synthase）催化可逆反应：蔗糖 + UDP $\longrightarrow$ UDPG+ 果糖。调节这些蔗糖裂解酶在植物体中表达的位置和活力，会改变库组织的蔗糖输入速率以及同化物分配情况。

已在多种植物韧皮部克隆了几个蔗糖——质子同向运转器（表 5–3），*SUT1*、*SUT2* 和 *SUT4* 等，他们可能参与蔗糖的装入，这些运输体的多少及活力影响到同化物运输速率。

表 5–3 双子叶植物选择性蔗糖运转器的定位与功能

运转器基因家族	来源植物	运转器名称	可能定位 / 功能
SUT1	马铃薯、番茄、烟草	SUT1	筛分子 / 装入
	拟南芥、车前、水稻	SUT2	伴胞 / 装入
	车前	SUC1	叶柄筛分子 / 装入
SUT2	马铃薯、烟草、车前	SUT2	筛分子 / 功能不清
	拟南芥、水稻		维管束鞘 / 液泡装入
SUT3	水稻	SUT3	花粉 / 装入
SUT4	拟南芥、马铃薯、水稻	SUT4	质膜 / 装入
	烟草		筛分子 / 装入
SUT5	水稻	SUT5	筛分子 / 装入

总之，有机物究竟分配到哪里，分配多少，是供应能力、竞争能力和运输能力三个因素的综合结果。一般来说，某一部分的同化产物先满足自身的需要，有余才外运。同化产物分配优先供应生长中心，不同生育期的生长中心是有所转移的，但中间有交叉重叠。所以，同一阶段中，就有几个部分同时生长，就是同一器官，出现也有先后，生长也有强弱，所以分配就比较复杂了。通常来说，同化产物优先分配给附近的竞争能力大的部分。如果有若干部分的竞争能力相差不大，则以就近供应为主；如果两者距离相差不多时，则优先供应竞争能力大的；如果距离远近和竞争能力大小都不同时，则以二者影响大小而定。其中，竞争能力起着决定性的作用，竞争能力大的部分，虽远离同化产物合成部位，但仍能获得较多的同化产物。例如，穗子和地下贮藏器官获得大量同化产物；徒长植株的营养生长过旺，常常夺取大量养分，引起果实种子瘦小。

（三）同化物的再分配

尽管光合产物是植物同化物分配的最主要来源，但植物体在一定发育时期常发生同化物的再分配和再利用。细胞的内含物，无论是无机离子或是有机物质，甚至细胞器也可以发生降解然后被运输出细胞并转移到植物体的生长部分或储藏器官，被重复利用以避免浪费。例如在植物叶片衰老时，叶中的同化物可以撤退，转移到其他储藏或生长组织中去。在生殖生长的植物中，营养器官细胞的内含物会向生殖器官转移。例如小麦籽粒在达到其最终饱满度的25%时，植株对氮和磷的吸收已经完成90%，因此籽粒在其后的充实中主要是依靠营养器官中物质的再利用和再分配。小麦叶片在衰老过程中，有85%的N和90%的P会转移到穗中去。在果实、鳞茎、块茎、根茎等器官发育成熟过程中，营养器官中的同化物也会再分配向这些器官转移，结果是营养器官的衰老。如果去除生殖器官常可延缓营养器官的衰老。因此，同化物在植物体内的再利用和再分配是植物生长发育的重要生理过程，是植物在长期进化中形成的。同化物的再利用和再分配在作物的产量形成中也有重要的意义。例如北方农民所用的"三蹲棵"的做法，在霜冻之前将玉米连秆带穗收割，竖立成垛，使茎叶不致冻死，这样茎叶中的同化物会继续向穗转移，据测可提高玉米千粒重5%～10%。小麦、水稻、油菜等作物适当延迟脱粒也可能有增加粒重的作用。

第四节　影响同化物运输与分配的外部因素

一、温度

温度显著影响有机物质的运输速度。叶柄冷冻试验表明低温大大降低叶片同化物的运输速度。用荧光染料试验，观察到当植物在20～30℃温度下，韧皮部的物质运输速度可达20～30 cm·h^{-1}，但温度降到1～4℃时，运输速度可下降到1～3 cm·h^{-1}。一般来说20～30℃是植物体内物质运输的最适温度。气温与土壤温度的差异会影响糖的运输方向。当土温高于气温时有利于有机物向根运转；反之，气温高于土温则有利于有机物向地上部顶端运输。可见在气温昼夜温差大的地方有利于块根、块茎的生长，因为夜间气温低，土温高于气温有利地上部白天积累的光合产物运向地下部分。

二、光照

光对有机物质运输的影响是很复杂的。一般来说，光照充足，光合速率高，叶片光合产物多，有利同化物运输。但黑暗有利于有机物质向地下运输，如两株30天龄大豆植株，在相同部位叶片喂以$^{14}CO_2$并任其进行光合作用15 min，然后一株继续维持在光下，另一株转入黑暗中，三小时后测定植株各部位的放射性。结果在光下的植株有2%的放射性运往茎中，4.4%运往根中，而在暗中的植株茎中只有0.5%的放射性，运往根中却达到16.5%，可见黑暗有利光合产物向地下部运输。在另一项大豆植株$^{14}CO_2$饲喂试验也显示类似的现象，该试验的光暗处理为14 h，较前一试验长，结果表明照光14 h后只有1%放射活性离开饲喂叶，而在黑暗中14 h的则有40%放射活性离开饲喂叶向饲喂叶以下部位及根运输。另外也有试验显示增加光强，有利光合产物运往根系，如小麦苗期光强在光饱和点以下，增加光强能增加根冠比。光对有机物质运输的不同影响是因植物种而异，还是其他原因目前尚不清楚。

三、水分

水分对有机物质的影响较复杂。有的试验证明干旱降低运输，但另一些研究表明缺水有促进运输的作用，如禾谷类作物籽粒发育成熟时适当干旱有促进灌浆成熟的作用。栽培在不同土壤含水量条件下的小麦，在灌浆初期以 $^{14}CO_2$ 饲喂旗叶，22 h 后测定 ^{14}C 光合产物在体内运输分配的情况，结果显示，水分对旗叶内光合产物向穗中运输影响不大，适当降低土壤湿度（10%）有利于同化物向穗部运输。但在 10% 土壤含水量情况下 ^{14}C 活性在旗叶内最多，外运减少，可是以单位叶重的 ^{14}C 活性计算，10% 土壤含水量的光合活性较低，同化量减少，光合效率降低。因此，在缺水情况下运输降低可能不是运输本身受阻而是光合产物不足。然而当籽粒发育到糊熟期时，缺水对有机物运输与分配的影响却出现另一种情况。在 10% 土壤含水量条件下，旗叶内 ^{14}C 却比 20% 土壤含水量的高得多，这显然不是光合效率低而是运输速度受抑。

四、矿质元素

直接影响有机物运输的矿质元素主要有 P、K、B。P 的功能在矿质营养中讨论过，作为能量 ATP 及参与磷酸丙糖由叶绿体向胞质输出是 P 促进同化物运输的直接原因。所以，在籽实成熟期追施磷肥可有效提高作物产量。K 在糖和质子共运输中作为反向离子，增加跨筛分子质膜的质子梯度，作为淀粉合酶的活化剂，参与库组织中糖转变成淀粉。因此，在作物灌浆期，块根（茎）膨大期施用钾肥，可促进籽粒、块根（茎）内糖转变成淀粉，有利于叶片有机物不断地向籽粒和块根（茎）运输。在 K 缺少的条件下，由旗叶等饲喂叶输出的光合产物量少，速度变慢（蒋德安等，1993）。B 能与糖结合成硼糖复合物，如甘露醇与硼酸形成甘露醇 – 硼酸复合物。这一复合物容易通过质膜。试验表明 B 能促进蚕豆离体叶和番茄植株对 $^{14}C-$ 蔗糖的吸收和运输，棉花花铃期喷施硼肥（0.01% ~ 0.05%）显著减少脱落。然而，在籽实发育期若过多施氮肥引起枝叶徒长，会使本来分配到籽粒的同化物改变为分配给茎、叶，造成生长后期贪青迟熟，导致减产。

五、植物激素和植物生长调节剂

用 ^{32}P 或 ^{14}C 同位素示踪法证明植物激素有调节同化物运输分配的作用。在长距离运输中，特别是在同化物运向新库时，植物激素起着导向性作用。通过对库器官的库容量和代谢活性研究表明激素影响着库强度，从而影响运输速率。在种子发育过程中，卵细胞受精后，IAA 升高，吸引光合产物向其运输，促进种子和果实膨大。据报道 IAA 可以与质膜结合，产生去极化、降低膜势、有利离子和同化物通过质膜。也有试验提出 IAA 和梭壳孢素（FC）均能刺激膜上 K^+ 与 H^+ 交换，起了 K^+ 与 H^+ 交换泵活化剂的作用，从而促进了同化物的运输。当 IAA、GA 和 CTK 一起使用时，对同化物的运输促进更多。同样激素对短距离运输也有影响，如 ABA 与果实发育生长速率有相关性。

❖ 小结

对高度分工的高等植物来说，同化物的运输是植物体成为统一整体不可缺少的环节。同化物的运输有胞内与胞间的短距离运输和器官间的长距离运输，磷转运器和麦芽糖转运器在叶绿体光合产物转运中发挥重要作用。细胞间的运输可分质外体运输和共质体运输,胞间连丝在共质体运输中起重要通道作用。器官间长距离运输是通过韧皮部,特别是筛管进行的,它把成熟叶片的光合产物运输到生长和贮藏部位。筛管的特殊结构可使同化物在其中较快运输,一般约为 $100\ cm \cdot h^{-1}$。在大部分植物中同化物以蔗糖的形式在韧皮部运输,也有一些植物以其他寡糖或糖醇运输。此外,韧皮部汁液还含有氨基酸、植物激素和无机离子等。

解释筛管运输同化物的学说有压力流动学说等,压力流动学说主张筛管液流是靠源端和库端的膨压差建立起来的压力梯度来推动的。韧皮部装入是指光合产物从叶肉细胞运到筛分子 – 伴胞复合体（SE/CC）的整个过程,韧皮部装入途径有质外体途径和共质体途径。两条途径有时分别,有时交替进行,相辅相成。蔗糖在质外体进入 SE/CC 是通过蔗糖 – 质子同向运输进行的。韧皮部装入具逆浓度梯度进行、需要能量和具有选择性等特点。韧皮部卸出是指在韧皮部的同化产物输出到库的接受细胞的过程,卸出途径也是有共质体途径和质外体途径。这两条途径在不同部分进行,但并不相互排斥,而是相互补充协调。同化物进入库组织是依赖能量代谢的。蔗糖 – 质子同向运输和蔗糖 – 质子反向运输都参与卸出过程。

韧皮部同化产物在植物体内的分配,是受供应能力、竞争能力和运输能力三者综合影响,其中竞争能力起着决定性的作用。影响韧皮部运输的因素有温度、光照、水分、矿质元素、植物激素、运转器及相关酶活性等。

🔍 思考题

1. 植物细胞有几个主要的区室?它们在生理生化代谢上各有何特点?

2. 什么是同化物运输的源和库,源库间的同化物运输存在哪些规律?

3. 在树主干上作环割,如果环割以下没有枝条,环割处也没有愈合。请问,枝条和根哪个先死亡?

4. 如何用实验的方法证明韧皮部运输的成分?

5. 什么是压力流动学说?有哪些实验证据支持该学说?

6. 什么是韧皮部的装入?韧皮部的装入包括哪些途径和类型?

7. 同化物的配置受哪些因素的调控?

8. 什么是同化物的分配?源和库之间的关系如何影响同化物的分配?举例说明通过调节源库间同化物的分配可提高植物产量,并说明其调节机制。

9. 农民在收割收获菜籽的油菜后,为什么不直接脱粒,而要放置一段时间再脱粒?

🌐 主要参考文献

蒋德安,沈毓渭,谢学民,等.不同钾水平下杂交稻 ^{14}C– 光合产物运转动力学 [J]. 核农学报,1993,7:149–156.

Buchanan B B,Gruissem W,Jones R L. Biochemistry and Molecular Biology of Plants [M]. 2nd ed. London:John Wiley and Sons,2015.

Comtet J,Turgeon R,Stroock A D. Phloem loading through plasmodesmata:a biophysical analysis [J]. Plant Physiol,2017,175:904–915.

Dasgupta K,Khadilkar A S,Sulpice R,et al. Expression of sucrose transporter cDNAs specifically in companion cells enhances phloem loading and long–distance transport of sucrose but leads to an inhibition of growth and the perception of a phosphate limitation [J]. Plant Physiol,2014,165:715–731.

Gunning B,Robards A. Intercellular Communication in Plants:Studies on Plasmodesmata [M]. Springer Science & Business Media,2012.

Ruan Y L. Sucrose metabolism：gateway to diverse carbon use and sugar signaling [J]. Ann Rev Plant Biol，2014，65：33-67.

Salisbury FB，Ross CW. Plant Physiology [M]. 4th ed . Belmont：Wadsworth Publishing，1992.

Taiz L，Zeiger E，Moller IM，et al. Plant Physiology and Development [M]. 6th ed. Sunderland：Sinauer Associates Inc Publishers，2015.

Turgeon R，Wolf S. Phloem transport：cellular pathways and molecular trafficking [J]. Ann Rev Plant Biol，2009，60：207-221.

Wang L，Lu Q T，Wen X G，et al. Enhanced sucrose loading improves rice yield by increasing grain size [J]. Plant Physiol，2015，169：2848-2862.

网上更多资源

📖 扩展阅读　　　🖥 教学课件　　　📝 思考题解析

第六章

植物激素

　　植物的生长发育不仅需要 H_2O、矿质营养及其自身制造的同化物，同时还需要一类微量生理活性物质的调节，这类物质统称为植物生长物质（plant growth substance）。植物生长物质是指一类能调节植物生长发育的有机物质，它包括植物激素和植物生长调节剂。根据国际植物学会规定，植物激素（plant hormone 或 phytohormone）是由植物自身代谢产生的一类有机物质，并自产生部位移动到作用部位，在极低浓度下就有明显的生理效应。植物激素的研究始于 20 世纪 30 年代，生长素、赤霉素、细胞分裂素、脱落酸、乙烯和油菜素内酯是至今已公认的六大类植物激素。目前，还有茉莉酸、独角金内酯和水杨酸及植物多肽等作为植物激素。由于植物激素含量很少，提取难，不易直接在生产上应用。为此，人们合成或从微生物中提取了多种与植物激素功能相似，但结构各异的物质，称为植物生长调节剂（plant growth regulator）。这类物质已广泛应用于调节种子萌发、插条生根、开花结实、果实成熟、疏花疏果及延缓植物衰老和防除杂草等方面。本章主要介绍植物激素的生物合成、生理作用、信号转导及其在生产上的应用概况。

第一节　生长素

　　生长素（auxin）是最早被发现的植物激素，一般认为它可追溯到达尔文父子（Charles Darwin & Francis Darwin）的试验，后经其他学者不断补充并确认的（图 6-1）。1880 年达尔文父子发现金丝雀虉草（*Phalaris canariensis*）的向光性。当完整植株的胚芽鞘受单侧光照射时会发生弯曲，但不能使去除顶端或顶端套有不透明锡箔小帽的胚芽鞘弯曲。据此推测，胚芽鞘向光弯曲是由于幼苗在单侧光照下，产生了可由上向下传递的物质，造成背光面和向光面生长快慢不同。1913 年 Boysen 和 Jensen 试验表明，如在背光侧插入一云母片，单侧光就不能使完整的胚芽鞘发生向光弯曲，但云母片插入照光侧，胚芽鞘则能向光弯曲，暗示有一种物质从胚芽鞘顶端通过背光侧下运，促进背光侧伸长。随后，他们又用切下顶端，用中间放入琼脂块的方法证实这种物质可以通过琼脂传递。1919 年，Paál 把切下的顶端置于胚芽鞘的一侧，发现在无单侧光的照射下去顶胚芽鞘可向另一侧弯曲，证明这种物质的存在。1928 年 Went 把切下的燕麦胚芽鞘顶端放在琼脂薄片上，约 1 h 后移去芽鞘顶端，将琼脂切成小块后放在去顶端胚芽鞘一侧，置于黑暗中，胚芽鞘就会向放琼脂块的对侧弯曲，并且这种弯曲生长的幅度与琼脂块中活性物质含量呈正相关性，表明这种物质可从茎尖转移到琼脂块上，确证了顶端存在影响胚芽鞘向光弯曲、可传递的化学物

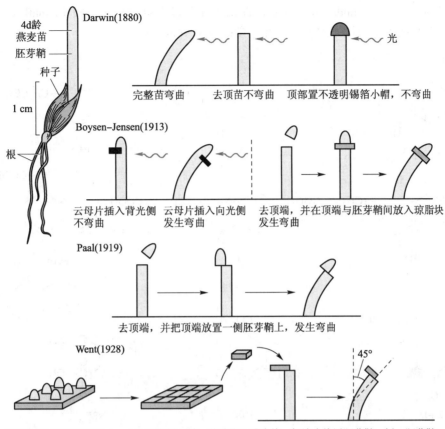

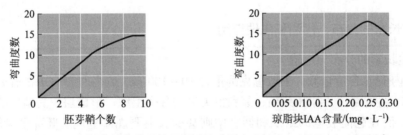

图 6-1 有关生长素发现的早期试验（引自 Taiz and Zeiger，2010）

质。最终 Went 分离到这种物质，称之为生长素，并根据含量与弯曲度正相关性的原理，创立了生长素的生物测定法——燕麦测定法（Avena test），此法推动了植物激素的研究。

1934 年 Kogl 等人从玉米油、麦芽等中分离并纯化了一种刺激生长的物质，经鉴定为吲哚 -3- 乙酸（Indole-3-acetic acid，IAA），其分子式是 $C_{10}H_9O_2N$，分子量为 175。除 IAA 以外，还在不同植物中先后发现 4- 氯 -3- 吲哚乙酸（4-chloroindole-3-acetic acid，4-Cl-IAA）、苯乙酸（phenylacetic acid，PAA）及吲哚丁酸（indole-3-butyric acid，IBA）等天然生长素类化合物。此外，人工合成了多种生长素类植物生长调节剂，如吲哚丙酸（indolepropionic acid，IPA）、萘乙酸（naphthalene acetic acid，NAA）和 2,4- 二氯苯氧乙酸（2,4-dichlorophenoxyacetic acid，2,4-D），虽然它们的结构各异（图 6-2），但均具生长素的典型作用，目前已广泛应用于生产实践。此外，一些抗生长素类化合物如 2,3,5-

三碘苯甲酸（2,3,5-triiodobenzoicacid，TIBA）和萘基邻氨甲酰苯甲酸（naphthyphthalamic acid，简称 NPA）等也用于农业生产和科学研究（图 6-2）。

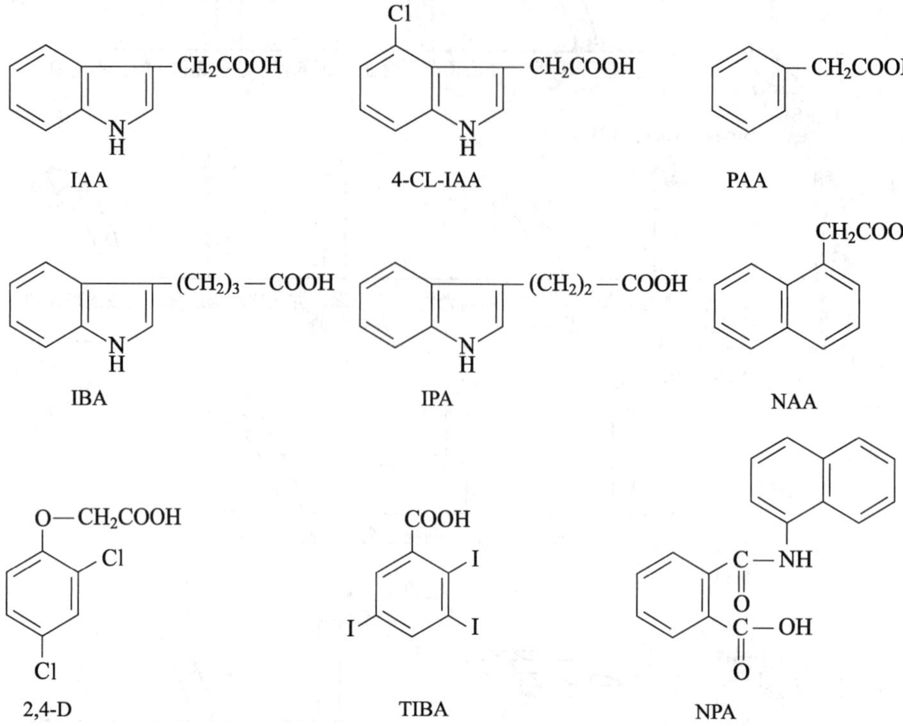

图 6-2　主要的天然生长素类和生长调节剂的结构

一、生长素的分布、代谢和生理作用

（一）生长素的分布与运输

植物体内 IAA 含量很低，一般每克鲜重含 10 ~ 100 ng。在各种器官中都有分布，但较集中在生长旺盛的部位（如胚芽鞘、芽和根尖端的分生组织、形成层、受精后的子房、幼嫩种子等），而在趋向衰老的组织和器官中则甚少。主要规律呈现从胚芽鞘尖端到基部，IAA 浓度逐渐下降，从胚芽鞘基部到根尖端，IAA 含量又逐渐上升，但根尖中 IAA 含量仍比胚芽鞘尖端的低（图 6-3）。

在高等植物中，IAA 主要有以下几种运输方式：一种是极性运输（polar transport），是指 IAA 只能从形态学上（顶）端向下（基）端运输，不能颠倒（如图 6-3）。它属于主动运输，需要能量和载体蛋白，且载体蛋白位于细胞底部的细胞膜上，顶部则没有。一般局限于胚芽鞘、幼茎、幼根的薄壁细胞之间短距离单方向的运输，极性运输是 IAA 特有的运输方式。另一种是非极性运输，这种运输与植物形态学方向无明显关系，和其他同化产物一样，通过韧皮部运输。如成熟叶子合成的 IAA 通过韧皮部进行非极性的被动运输，即从种子或叶片运出的 IAA，可向顶部进行运输，运输速度约为 $1 \sim 2.4 \ cm \cdot h^{-1}$，运输方向决定于两端有机物浓度差等因素。还有一种是横向运输。是指 IAA 由茎（光源）的一侧横向移动到另一侧（背光）的运输方式。再有当植物横放时，由于受重力影响，IAA 会进行由远地侧向近地侧的横向运输，导致其在根、茎的近地侧多。

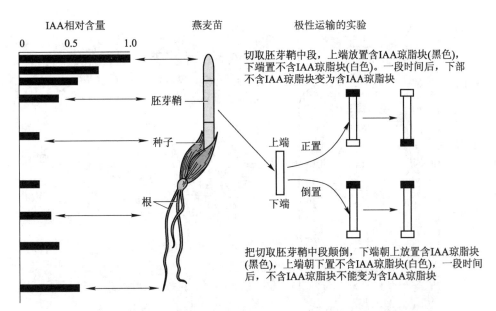

IAA相对含量　　　　　燕麦苗　　　　极性运输的实验

0　　0.5　　1.0

切取胚芽鞘中段，上端放置含IAA琼脂块(黑色)，下端置不含IAA琼脂块(白色)。一段时间后，下部不含IAA琼脂块变为含IAA琼脂块

胚芽鞘

种子

上端　正置
下端

根

倒置

把切取胚芽鞘中段颠倒，下端朝上放置含IAA琼脂块(黑色)，上端朝下置不含IAA琼脂块(白色)，一段时间后，不含IAA琼脂块不能变为含IAA琼脂块

图6-3　黄化燕麦幼苗中生长素的分布和生长素极性运输的实验示意图

人工合成的生长素类的化学物质，在植物体内也表现出极性运输，且活性越强，极性运输也越强。IAA 极性运输是一种逆浓度梯度的主动运输过程，缺氧会严重阻碍其极性运输。另外，一些抗生长素类化合物，如 2,3,5- 三碘苯甲酸（TIBA）和 1-N- 萘基邻氨甲酰苯甲酸（NPA）等能抑制 IAA 的极性运输。参与生长素运输的载体主要是 PIN（PIN-formed，一个使胚发育成大头针形的蛋白突变体）家族 PIN1、2、3、4、7 等及 ABCB（ATP-binding cassette）家族，它们在 IAA 运输中发挥各自或协同功能。

IAA 极性运输机制如图 6-4A 所示，IAA 进入细胞可通过被动扩散或质膜上极性分布的生长素输入载体（auxin influx carrier）介导的两种方式完成。质膜 ATP 酶水解 ATP 释放出的能量将 H$^+$ 从细胞一端泵出到细胞壁，所以细胞壁的 pH 较低（pH 5）。IAA 的 pKa 是 4.75，在酸性的细胞壁中羧基不易解离，主要呈非解离型（IAAH），它亲脂易通过被动扩散透过质膜进入细胞质。同时，也有少量阴离子型 IAA$^-$ 通过透性酶（peramase）主动地与 H$^+$ 协同转运进入细胞质，因为胞质的 pH 约为 7.2，生长素几乎都解离为 IAA$^-$。相比 IAAH，IAA$^-$ 较难透过质膜，但随着其浓度增大，IAA$^-$ 具有较强的热力学移动势能，能够从细胞上端移动到细胞下端。细胞基部的质膜上有专一的生长素输出载体（auxin efflux carrier）——PIN 蛋白，PIN1 主要参与 IAA 的极性运输。近期，两组独立研究分别阐明了 PIN1 和 PIN3 的结构和转运 IAA 的机制（Yang et al.，2022；Su et al.，2022）。PIN1 和 PIN3 均是存在质膜中的二聚体，两者都有 IAA 结合域（scaffold domain）和运输域（transport domain），它通过内吸与外排进行 IAA 的极性运输（图 6-4B、C 和 D）。此外，运输还需磷酸激酶激活，而 NPA 则能竞争 IAA 结合位点抑制 IAA 极性运输。依赖 ATP 的磷酸化糖蛋白（P-glycoprotein，PGP）蛋白家族在 IAA 极性运输中也发挥作用。作为一个主动运输过程，生长素的运输在较老的胚芽鞘、茎和叶肉有所减弱，即其运输强弱与植物体生活状态有关。IAA 运输抑制剂，Brefeld A（BFA），干扰 PIN 蛋白在细胞基部的定位，阻止 IAA$^-$ 外流，能使 IAA 极性运输减少或消失。

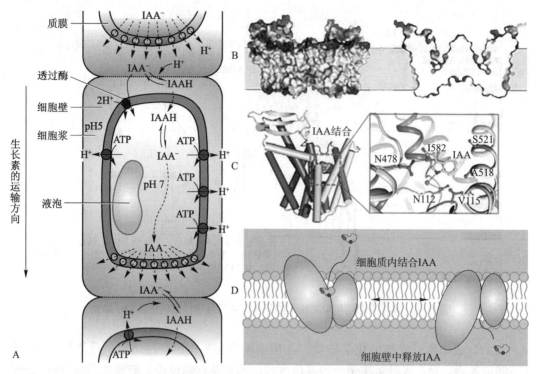

图 6-4　生长素极性运输的化学渗透示意图（A）及 PIN1 蛋白空间结构（B）、IAA 结合域（C）与转运转运模式（D）（A. 引自 Taiz and Zeiger，2010；B、C 和 D. 改自 Yang et al.，2022）

（二）生长素的生物合成及降解

生长素在植物体中的合成部位主要是胚芽鞘、叶原基、嫩叶和发育中的种子。成熟叶片和根尖也能合成生长素。生长素的生物合成有依赖色氨酸和非依赖色氨酸的两大途径。

1. 依赖色氨酸的生长素合成途径（tryptophan-dependent pathway）。该途径中生长素是以色氨酸（Trp）为前体合成的，分子遗传和放射标记分别得到了这一途径中的相应酶和中间产物。锌是色氨酸合成酶的组分，缺锌会引起由吲哚和丝氨酸结合形成色氨酸的过程受阻，使色氨酸含量下降，从而影响 IAA 的合成。已知植物和微生物可以通过 4 条途径将 Trp 转变为 IAA（图 6-5）。

（1）色胺途径（tryptamine pathway，TAM）。如图 6-5B 所示，Trp 在其脱羧酶催化下脱羧形成色胺，再在 TAM 氧化酶催化下脱氨形成吲哚乙醛，接着在吲哚乙醛氧化酶的作用下生成吲哚乙酸。该途径存在于包括拟南芥在内的许多植物中。

（2）吲哚丙酮酸途径（indole-3-pyruvic acid pathway，IPA）。IPA 途径是植物中 IAA 生物合成的主要途径。如图 6-5C 所示，Trp 在色氨酸氨基转移酶（TAA）催化下，形成吲哚丙酮酸，再在 IPA 脱羧酶的作用下，形成吲哚乙醛（IAld），IAld 经过脱氢变成吲哚乙酸。有研究发现拟南芥 *TAA* 家族缺失突变体中内源 IAA 和 IPA 含量减少，相反 *TAA* 表达增加伴随内源 IPA 水平升高。玉米和水稻 *TAA* 家族的共直系同源基因突变会导致 IAA 水平降低，引起生长素缺少表型。该途径发现于缺乏色胺途径的植物中，但在番茄、大麦、烟草等植物中该途径和色胺途径共存。

（3）吲哚乙腈途径（indole-3-acetonitrile pathway，IAN）。如图 6-5A 所示，Trp 经吲哚 -3- 乙羟（IAOx）后，在专一性细胞色素酶（CYP83B1）的催化下形成 IAOx- 氧化物。

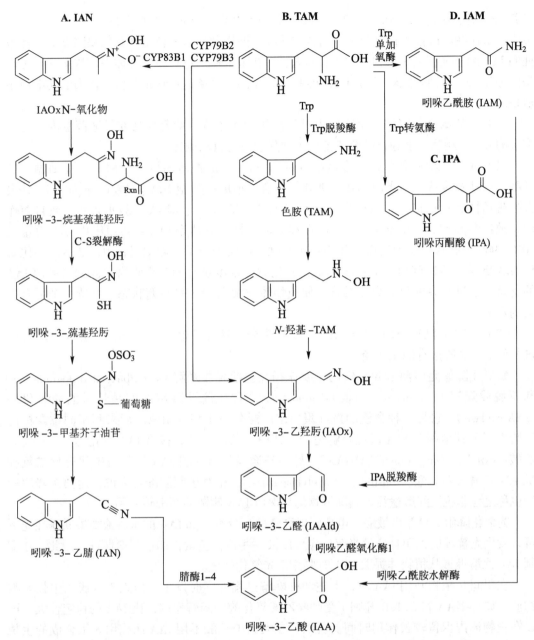

图 6-5 由色氨酸生物合成吲哚乙酸的途径（引自 Taiz and Zeiger，2010）

再经 C-S（碳硫）裂解酶等若干步反应，形成吲哚乙腈，最后在腈酶 1-4 的催化下，形成 IAA。许多植物，特别是十字花科、禾本科和芭蕉科中存在着吲哚乙腈途径，已发现葫芦科、茄科、豆科和蔷薇科含有腈酶相似的基因和酶活性，表明该途径可能广泛存在于植物中。

（4）吲哚乙酰胺途径（indole-3-acetamide pathway，IAM）。如图 6-5D 所示，Typ 在其单加氧酶和吲哚乙酰胺水解酶的催化下形成 IAA。该途径存在于微生物中，如致病的假单胞杆菌和农杆菌中，这些病原菌产生的 IAA 常常会引起其寄主的形态变化。

2. 非色氨酸依赖的生长素合成途径（tryptophan-independent pathway）。有研究发现拟南芥 Trp 缺陷突变株（*trp1*、*trp2* 和 *trp3*）中 IAA 结合态含量为野生型的 19~30 倍，说明拟南芥中存在不依赖 Trp 的 IAA 生物合成途径。同样利用玉米色氨酸营养缺陷型突变体也证明 IAA 的合成存在一条独立于 Trp 的途径。在玉米橘红色籽粒突变体中，这条途径可能是由吲哚 -3- 甘油磷酸转变为 IPA，再形成 IAA 的。这条途径在正常植物体内的功能尚不清楚。

3. IAA 的结合与降解。植物体内具活性的 IAA 浓度一般都保持在最适范围内，对于多余的 IAA，植物一般通过结合（钝化）和降解进行自动调控。

（1）IAA 的束缚型。游离的 IAA（free auxin）在植物体内可以与肌醇、葡萄糖、氨基酸、甲基及多肽、糖蛋白和葡聚糖苷等结合，形成束缚型 IAA（IAA conjugates），并失去生理活性和运输极性。但很多束缚型 IAA 可通过酶水解（IAA 酰胺水解酶）或自溶作用释放出游离 IAA，又表现出生物活性和运输极性。束缚型 IAA 约占组织中 IAA 总量的 50%~90%，在体内主要有以下作用：①贮藏，贮藏于种子、贮藏器官中；②运输，比游离 IAA 更易于运输到地上部；③解毒，避免 IAA 浓度过高而产生毒害；④调节游离 IAA 的含量，通过与束缚物分离或结合，使植物体内游离 IAA 呈平衡状态，维持一个适合生长的水平。

（2）IAA 的降解。植物体内 IAA 水平除受合成途径控制外，还可通过 IAA 分解代谢进行调节，其降解有两条途径。

酶氧化降解是游离 IAA 降解的主要途径，包括脱羧降解（decarboxylated degradation）和不脱羧降解（non-decarboxylated degradation）。催化脱羧降解的酶是吲哚乙酸氧化酶（IAA oxidase），它是一种含铁的血红蛋白，广泛分布于高等植物。后来利用同位素标记试验发现了其他两条 IAA 氧化降解途径，其中一条途径是直接将 IAA 氧化为羟吲哚 -3-乙酸（oxindole-3-acetic acid，OxIAA），另一条途径是首先将 IAA 氧化为中间产物二氧吲哚 -3- 乙酰天冬氨酸（diosindole-3-acetylaspartate），相对于脱羧降解来说，这两条降解途径也称之为非脱羧降解途径。其降解物仍然保留 IAA 侧链的两个碳原子。

光氧化降解，IAA 可被酸、电离辐射和紫外光分解。如 IAA 的水溶液如果暴露在光下可以发生光解反应，而且这种光解反应可以被一些植物色素，如核黄素促进。因此，在配制 IAA 水溶液或从植物体提取 IAA 时要注意光氧化问题。

在田间对植物施用 IAA 时，上述两种降解过程能同时发生。而人工合成的生长素类物质，如 α-NAA 和 2,4-D 等则不受吲哚乙酸氧化酶的降解作用，比 IAA 的稳定性大，可以在植物体内保留较长作用时间。所以，在大田中一般不用 IAA 而施用人工合成的生长素类调节剂。

（三）生长素的生理效应及其生长调节剂的应用

生长素的生理作用十分广泛，包括对细胞分裂、伸长和分化，营养器官和生殖器官的生长、成熟和衰老的调控等方面。

1. 促进或抑制器官的伸长。IAA 最明显的效应是在外用时可促进离体器官的伸长生长，其原因主要是促进了细胞的伸长，而对整株植物的促进作用不太明显。此外，IAA 还可促进马铃薯和菊芋的块茎、组织培养中愈伤组织的生长。但 IAA 的促进作用与 IAA 浓度、细胞年龄和植物器官种类有关。一般 IAA 在低浓度时可促进生长，浓度较高则会抑制生长，如果浓度更高则会使植物受到损伤。不同年龄的细胞对 IAA 的敏感程度不同。一般来说，幼嫩细胞对 IAA 反应非常敏感，老细胞则比较迟钝。不同器官对 IAA 的反应敏感程度也不一样，根最敏感，其最适浓度是 10^{-10} mol·L^{-1} 左右；茎最不敏感，最适浓度是 10^{-4} mol·L^{-1} 左右；芽居中，最适浓度是 10^{-8} mol·L^{-1} 左右（图 6–6）。

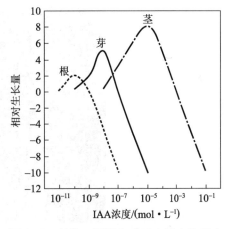

图 6–6　植物不同器官对 IAA 浓度的反应

由于高浓度 IAA 对器官生长的抑制作用，生产上应用 1%NAA 甲酯的黏土粉剂均匀撒在块茎上，随后放回密闭窖内，可抑制块茎发芽。更高浓度 2,4–D（1 000 mg·L^{-1}）、二甲四氯等溶液对作物与杂草具选择性除草作用，如在禾本科作物田间应用，对作物无害而能够杀死双子叶杂草，如果 2,4–D 与其他除草剂混用，就可达到消灭全部杂草的目的。

2. 促进细胞分裂和器官建成。IAA 可以引起细胞分裂，如早春树木形成层细胞恢复分裂活动是由顶芽产生 IAA 下运而引起的。IAA 还可有效促进插条不定根的形成，这主要是刺激了插条基部切口处细胞的分裂与分化，诱导了根原基的形成。因此，生产上常用 10～100 mg·L^{-1} 的 NAA、NBA 或 IAA 浸插条基部24 h，或用 0.5% 的粉剂粘插条基部促进木本植物生根。

3. 促进单性结实和果实发育。受精子房中的 IAA 含量最高，从而促进葡萄糖等养分运向该处，并引起子房及其周围组织的膨大，加速果实的发育。在授粉前用 IAA 喷或涂于柱头上，不经授粉最终也能发育成单性果实（图 6–7）。因此在生产上，常用 2,4–D（1～10 mg·L^{-1}）诱导，如番茄、茄子、辣椒、无花果及西瓜等的单性结实。

4. 维护顶端优势，抑制侧芽生长。由于腋芽生长所需的最适 IAA 浓度远低于茎伸长所需的浓度，顶芽产生并流向植株基部的 IAA 足以抑制腋芽的发育，如切去顶芽以除去 IAA 的来源，就能解除对侧芽的抑制状态。如果在植株的切口涂上一定浓度 IAA 羊毛脂膏剂，就可代替顶芽对侧芽生长起抑制作用，说明 IAA 能维持植株的顶端优势（图 6–8）。

5. 防止或促进器官脱落。植株的落叶是由于其叶柄基部 IAA 合成数量减少而引起叶片衰老，从而加速离区的形成，诱使落叶。如有人将锦紫苏的叶片去掉，而留下叶柄，叶柄因失去叶片供给的 IAA 而脱落，但如果将含有生长素的羊毛脂膏涂在叶柄的断口上，

图 6–7　IAA 对草莓"果实"的影响（引自 Taiz and Zeiger，2010）

A. 草莓的"果实"实际是一个膨大的花柱，其膨大是由其内的"种子"生成的生长素调节的，这些"种子"其实是瘦果——真正的果实；B. 当将瘦果去除时，花柱就不能正常发育；C. 用 IAA 喷施没有瘦果的花柱也能使其膨大

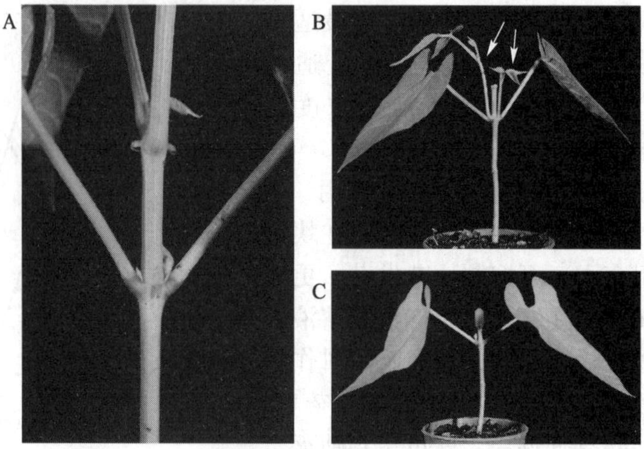

图 6-8　生长素抑制了菜豆植株中腋芽的生长

A. 完整植株中的腋芽由于顶端优势的影响而被抑制；B. 如箭头所指，去除顶芽后腋芽生长；
C. 对顶芽切面用含 IAA 的羊毛脂凝胶处理，从而抑制了腋芽的生长（Taiz and Zeiger，2010）

叶柄就延迟脱落。但高浓度的 IAA，诱导乙烯形成，促进脱落。生产上利用这一功能用于疏花疏果，如用 5 ~ 20 mg·L^{-1} 的 NAA 或 25 ~ 50 mg·L^{-1} 的 NAD（萘乙酰胺），在盛花期后对开花结果太多的苹果树进行疏花疏果效果温和，药害轻，可提高产量并改善品质。

6. 诱导雌花分化，促进菠萝开花。由于较高浓度的 IAA 诱导乙烯合成，从而产生相应的生理反应。用 0.01%NAA 溶液处理黄瓜幼苗，可提前开雌花，雌雄花的比例可以比不处理的提高近 3 倍。生产上可利用生长大于 14 个月的菠萝植株，在 1 年内任何月份从株心注入 30 mL 50 ~ 100 mg·L^{-1} 的 2,4-D 或 15 ~ 20 mg·L^{-1} 的 NAA 2 个月后就能开花。有些地区能提早 8 ~ 9 个月甚至 1 ~ 2 年现蕾，有利于增强市场供应和果品加工的持续性。

另外，用 1%NAA 粉剂处理能抑制马铃薯发芽，用 1 000 mg·L^{-1} 2,4-D 处理可作为除草剂杀死双子叶植物。IAA 引起的植物向光性和向重力性。

二、生长素的作用机制

目前已知植物激素都是通过激素受体发挥生理和分子作用的。所谓植物激素受体（hormone receptor）是指能特异性地识别激素并与之结合，继而引起一系列的信号转导过程，最终导致特定的生理生化反应的蛋白质。目前发现的植物激素受体，通常定位于质膜、内膜系统甚至细胞质中。

（一）生长素受体

早期研究表明纯合的生长素结合蛋白 1（auxin-binding protein 1，ABP1）的突变体 *abp1* 致死，认为它是生长素受体，可定位于质膜、内质网或液泡膜上。后期的研究表明，*abp1* 突变体中存在很多基因突变，该突变体的表型并不是因为 *ABP1* 基因突变造成的。但也有不少研究表明，ABP1 不是生长素受体（Gao et al.，2015）。2005 年两个研究团队同时独立发现含有 F- 盒保守域的生长素转运抑制响应子（transport inhibitor response1，TIR1），证明其是 IAA 受体，后又陆续发现了 TIR1 的同源受体蛋白生长素信号转导 F- 盒蛋白（auxin signaling F-box proteins，AFBs），这些受体的发现促使 IAA 的信号转导途径变得日益明晰（Kepinski et al.，2005）。

（二）生长素诱导的信号转导和特异基因表达

IAA 信号转导途径包括典型和非典型 IAA 信号转导途径。典型的 IAA 信号转导的核心通路为 AUX/IAA–TIR1–ARF，具体包括三个核心组分：TIR1/AFB、AUX/IAA 和 ARF（图 6-9），即通过 IAA 受体识别，然后经一系列蛋白的相互作用完成 IAA 调控相关基因的表达，最后植物表现出生理反应。

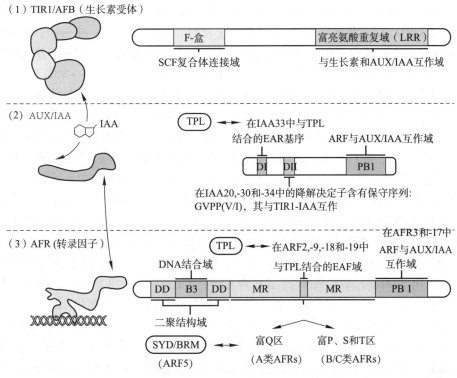

图 6-9　典型生长素信号转导的核心组分图（引自 Weijers and Wagner，2016）

1. 典型 IAA 信号转导的核心组分。① TIR1/AFB IAA 受体。TIR1/AFB 家族成员具有一个 N- 端富含亮氨酸重复的区域和一个 C 端 F- 盒（F-box）结构域（图 6-9A）。AFB4和 AFB 5 含有与生长素类似物结合的额外蛋白结构域，其 N 端富含亮氨酸重复的区域含有生长素结合口袋，AUX/IAA 蛋白也在生长素结合位点与富含亮氨酸重复的结构域接触，表明 IAA 能够稳定 TIR1 和 AUX/IAA 蛋白之间的相互作用。TIR1/AFB 蛋白可被整合到一个含有 4 个亚基的 SCF（SKP1–Cullin–F-box）复合体（SCF$^{TIR1/AFB}$）中，这个复合物定位于细胞核。② AUX/IAA 抑制子。由 *AUX/IAA* 基因所编码，定位于细胞核，在许多植物中以家族形式存在。AUX/ IAA 蛋白质的特征是存在 4 个高度保守的结构域（Ⅰ-Ⅳ）（图6-9B），其中结构域Ⅰ（DⅠ）和Ⅱ（DⅡ）位于 N 端，D Ⅰ 通常含有 1 ~ 2 个乙烯反应元件结合因子相关的抑制因子（ethylene-responsive element binding factor-associated repressor，EAR）或者类 EAR 抑制因子基序。作为转录阻遏子，当它与启动子区域相邻时，能起到阻遏作用。DⅡ 为一个 TIR1/AFB 相互作用和降解必需的中心区域（降解决定子），主要作用是维持 AUX/IAA 蛋白的稳定性。当生长素浓度提高时，一旦生长素与 TIR1/AFB 蛋白中的袋状结合域结合，就导致 AUX /IAA 蛋白泛素化并在 26S 蛋白酶体中降解。该过程需依赖 SCF^{TIR1} 泛素连接酶复合体，AUX/IAA 蛋白的降解是生长素信号转导通路中必不可少的一环。DⅢ和DⅣ位于 C 端，是介导同源和异源二聚作用的 PB1（phox and bem 1）蛋白-蛋白相互作用的结构域，与 IAA 响应因子 ARF（auxin response factor）具有很高的同源性，当 IAA 浓度低时，结构域Ⅲ和Ⅳ可与 ARF 形成同源或异源二聚体，从而抑制 IAA 响应基因的表达。不同的 AUX/IAA 蛋白对 IAA 具有明显不同的敏感性，半衰期从几分钟到几小时。③ ARF 转录因子。大部分 ARF 成员由 DNA-结合域（DNA-binding domain，DBD）、中间区（middle region，MR）和 C 端域（C-terminal domain，CTD）三个部分组成（图 6-9C），DBD 区域直接参与了与 IAA 响应元件（auxin response element，AuxRE）结合；MR 区域的氨基酸构成和序列长度决定了其分子量和转录活性，即对靶基因的作用方式——激活或抑制。一般认为，中间区域富含脯氨酸（P）、丝氨酸（S）和苏氨酸（T）是抑制子；其余富含谷氨酸（E）、亮氨酸（L）的成员多为激活子。CTD 结构域（或Ⅲ和Ⅳ区域）可以与 AUX/IAA 蛋白的Ⅲ和Ⅳ区域相结合，形成异源二聚体。

陆生植物 ARF 蛋白分为 3 种类型：类型 A 由具有一个富含谷氨酰胺（Q）中间区域的 ARF 组成，这些 ARF 被分类为转录活化因子，富含 Q 的结构域存在于所有类型 A 的 ARF 中。另一类 ARF 为抑制因子，具体包括 *microRNA 160*（*miR160*）靶定的 ARF（类型 C）和其他的 ARF（类型 B）。大多数 ARF 都含有一个 C-端 PB1 结构域（图 6-9C），形成 ARF 和 AUX/IAA 蛋白之间的结构互作。尽管许多类型 B 和类型 C 的 ARF 具有 PB1 结构域，但大多数似乎不与 AUX/IAA 蛋白强相互作用。类型 B 和类型 C 的 ARF 可能以 IAA 不依赖的方式干扰类型 A 的 ARF 的活性，如通过竞争 DNA 结合位点或通过异源二聚作用阻断活化的 ARF 活性。一些类型 B 的 ARF（ARF2、9 和 18）和一个类型 A 的 ARF（ARF19）都含有一个 EAR 结构域，这个结构域与共抑制因子复合物的招募有关。

2. 典型生长素信号转导过程。①在没有 IAA 条件下，ARF 因结合转录抑制子 AUX/IAA 而失活（通过 ARF 和 AUX/IAA 保守结构域Ⅲ和Ⅳ的结合），IAA 下游基因不能表达，无 IAA 生理响应（图 6-10）。②当有合适浓度的 IAA 后，IAA 分子部分与生长素受体 TIR1 结合，另一部分与 AUX/IAA 结合，形成 TIR1-AUX/IAA 复合体；进一步相互作用形成有使 AUX/IAA 多泛素化功能的 SCF 复合体（SCF^{TIR1}）。③这个 SCF^{TIR1} 泛素 E3 连接酶复合体催化 AUX/IAA 多泛素化，④多泛素化 AUX/IAA 在核蛋白体水解，⑤ ARF 转录因子激活形成二聚体，IAA 调节基因表达，植物发生 IAA 生理响应。

3. 非典型生长素信号转导途径。有些快速反应，如细胞膜的去极化、离子的跨膜流动、细胞的快速长大、根部的钙信号震荡等往往发生在生长素处理后数分钟内，这些对生长素的快速响应，仅涉及细胞对生长素的感受，很难通过转录调控来实现，不能用典型的生长素信号转导途径来解释。研究表明非典型的生长素信号转导途径包括 TIR1、ETTIN 和类受体激酶（receptor-like kinase，RLK）介导的途径，分别在植物的生长和发育中起重要作用。

（1）TIR1 介导的途径。利用生长素感受载体 AUX1 的敲除株系，发现根伸长生长的快速变化依赖于 AUX1，用微电极测定发现生长素刺激导致质膜电位产生快速且 AUX1 依赖的变化，并用实验证实幼苗中 TIR1 介导的途径在生长素诱导的酸生长中起作用。在对 IAA 的快速反应中，质膜去极化依赖于 IAA 浓度和 pH 变化，在 *aux1* 突变体中这种去极化被严重地破坏，表明 AUX1 是根毛中 IAA 转运中起重要作用。AUX1 介导的 IAA 转运和 IAA 触发的钙信号被 SCF$^{TIR1/AFB}$ 抑制剂 auxinole 阻断，在 *tir1*、*afb2*、*afb3* 和 *cngc14* 突

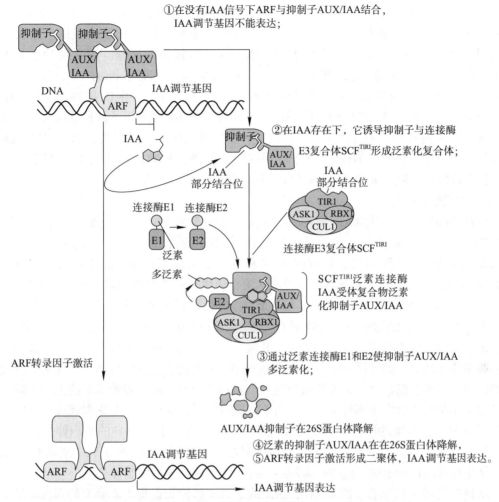

①在没有IAA信号下ARF与抑制子AUX/IAA结合，
IAA调节基因不能表达；

②在IAA存在下，它诱导抑制子与连接酶
E3复合体SCF^TIRI形成泛素化复合体；

③通过泛素连接酶E1和E2使抑制子AUX/IAA
多泛素化；

AUX/IAA抑制子在26S蛋白体降解

④泛素的抑制子AUX/IAA在在26S蛋白体降解，
⑤ARF转录因子激活形成二聚体，IAA调节基因表达。

图6-10　典型生长素信号转导途径（改自 Taiz et al., 2015）

变体中这些都强烈地减少，表明 TIR1 介导的途径参与了 IAA 信号的非典型转导途径。研究还表明 AUX1 转运体、SCF^{TIR1/AFB} 受体和环状核苷酸门通道 14（cyclic nucleotide-gate channel 14，CNGC 14）Ca^{2+} 通道介导了根系中 IAA 信号的快速转导。

（2）ETTIN 介导的途径。与典型 ARF 蛋白 C 端含）有一个保守 PB1 结构域不同，一个称为 ETTIN（ETT）的变体 ARF3 具有一个无序的 C 端结构域（ES 结构域），ETT 对生长素的感受能力依赖于这个 ES 结构域。它不与 AUX/IAA 抑制因子相互作用，而是与一组可变转录调控因子相互作用，这种作用不需要泛素化和 TIR1，是一种非典型的生长素感受器，调控发育必需的多种功能。ETT 对生长素的敏感性较低，不被生长素类调节剂触发。ARF3 的进化比典型的生长素信号途径出现得更晚，因此 ETT 是一个非典型途径。

（3）类受体激酶介导的途径。这一信号转导途径与不同的类受体激酶有关，如有丝分裂原激活蛋白激酶（MAPK）和质膜相关的激酶。这些激酶通过调节生长素输出蛋白 PIN 的定位和活性来促进生长素的作用，已有研究表明，MAPK 等激酶级联反应参与了许多生长素调控的快速反应。与经典 AUX/IAA 蛋白不同的是拟南芥 IAA30–34 蛋白没有典型的 N 端结构域Ⅰ和Ⅱ，它不能与 TIR1 受体结合，研究发现跨膜蛋白激酶（transmembrane kinase，TMKss）家族成员之一的 TMK1 响应 IAA 信号，调控顶端弯钩发育的新机制（Cao et al.，2019）。TMK1 缺失突变体 *tmk1-3* 具有明显的顶端弯钩发育缺陷表型，该表型不能通过外施 IAA 恢复，表明产生该表型是因 IAA 信号被阻断所致。还发现 IAA 能促进 TMK1 蛋白剪切形成 C 端片段（TMK1C）并从细胞膜转运到细胞质和细胞核，且只有非经典的 AUX/IAA 家族成员 IAA32 和 IAA34 能够与 TMK1C 互作，TMK1C 能够特异地磷酸化 IAA32/34 蛋白，使 IAA32/34 蛋白更加稳定，最终通过 ARF 转录因子调控基因表达，从而导致顶端弯钩内外侧的差异性生长。研究进一步发现低浓度 IAA 促进，而高浓度 IAA 抑制植物伸长，是分别通过 TMK1C 介导的 AUX/IAA 的降解和 TMK1C 介导的 IAA32/34 蛋白不同位点磷酸化来阻止 AUX/IAA 的降解，并激活或抑制 ARF 来实现的。

（三）酸生长理论

自从 20 世纪 70 年代 Royle 和 Cleland 提出，IAA 刺激细胞向外分泌 H^+，引起细胞壁环境的酸化，进而激活了一种乃至多种适宜低 pH 的细胞壁水解酶；Hager 提出 IAA 通过激活质膜 H^+–ATP 酶而引起细胞内的 H^+ 外泌后，酸生长理论（acid growth theory）成为 IAA 诱导细胞伸长的主要观点。该理论认为：原生质膜上存在着非活化的质子泵（H^+–ATPase），IAA 作为泵的变构效应剂，与泵蛋白结合后使其活化。活化了的质子泵消耗 ATP 将细胞内的 H^+ 泵到细胞壁中，导致细胞壁基质溶液的 pH 下降。在酸性条件下，H^+ 一方面使细胞壁中对酸不稳定的键（如氢键）断裂，另一方面（也是主要的方面）使细胞壁中的某些多糖水解酶（如纤维素酶）活化或量增加，从而使连接木葡聚糖与纤维素微纤丝之间的键断裂，细胞壁松弛。细胞壁松弛后，细胞的压力势下降，导致细胞的水势下降，细胞吸水，体积增大而发生不可逆增长。由于细胞壁中纤维素微纤丝是纵向螺旋排列的，当细胞壁松弛后，细胞的伸长生长会趋于径向生长。由于生长素诱导的细胞伸长需要 ATP 的水解，因此，生长是一个需能过程，呼吸抑制剂，如氰化物（CN^-）和二硝基酚（DNP）可抑制生长素的这种效应。但呼吸抑制剂不抑制酸直接诱导的细胞伸长。

从现有的研究结果看（图 6-11），IAA 诱导的细胞伸长也是由非典型的和典型的 IAA 信号转导结果。①通过 TMK1C 活化 H^+–ATP 酶质子泵；②由 TIR1 引起 H^+–ATPase 基因的表达；③ H^+–ATPase 通过内质网和高尔基体的加工，IAA 和 ABP1 在这个过程中有加速 H^+–ATP 转运的作用；④ H^+–ATP 酶组装到质膜上，IAA 和 ABP1 具有稳定该酶的作用。最后，ATP 在质子泵 ATP 酶的作用下，水解 ATP 将 H^+ 泵出到细胞壁，引起细胞壁酸化，扩展蛋白及其他细胞壁水解酶活化，细胞壁部分壁多聚糖组分分解，细胞壁松弛使细胞伸长。

第二节　赤霉素

赤霉素（gibberellin，GA）最早是由黑泽英一在 1926 年研究水稻恶苗病时发现的，他发现水稻恶苗病是由赤霉菌分泌的某种物质所致。1935 年薮田成功地分离出这种物质，并称之为赤霉素，3 年后薮田等又从赤霉菌培养基的过滤液中分离出了两种具有生物活性的结晶，命名为"赤霉素 A"和"赤霉素 B"。由于第二次世界大战，该项研究被迫停顿。直到 20 世纪 50 年代，在真菌培养液中首次获得了这种物质的化学纯产品，称之为赤霉酸或赤霉素 X，1956 年阐明了赤霉酸（GA_3）的基本结构。此后，把植物中天然存在的、具

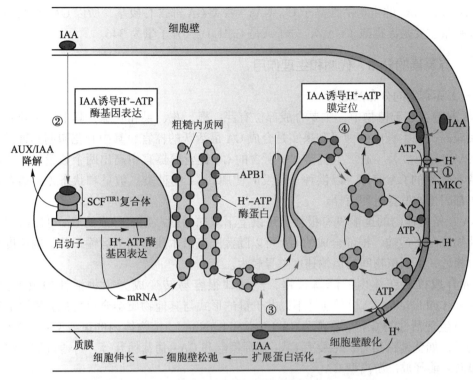

图 6-11 由 IAA 诱导的细胞伸长的酸生长理论模型

有赤霉烷骨架并能刺激细胞伸长和分裂的一类化合物统称为赤霉素（图 6-12）。赤霉素广泛分布于植物界，目前已鉴定出 140 多种，它是植物激素中种类最多的一类。赤霉素是一种双萜，由 4 个异戊二烯单位组成，以赤霉烷（gibberellane）为基本骨架，有 4 个决定其活性的环（图 6-12）。赤霉素的命名是植物激素中唯一以化学结构而不是生理功能来确定的，用缩写符号 GAs 表示（s 以 1，2……n 代表发现早晚的顺序）。1/3 以上的 GAs 具有全部的 20 个碳原子，被称为 C_{20}-GAs，其他的 GAs 则失去了第 20 位的碳原子，被称为

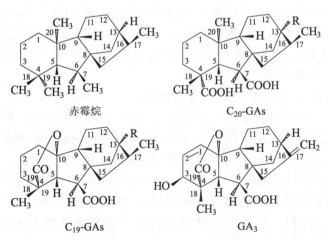

图 6-12 赤霉素烷、C_{20}-GA、C_{19}-GA 和 GA_3 的结构

不同 GA 的第 13 位 C 上的 R 可以是 H 或 OH

C_{19}–GAs。C_{19}–GAs 的生物活性高于 C_{20}–GAs。各类 GA 都含有羧基，所以 GAs 呈酸性。市售的赤霉素主要是赤霉酸（GA_3），分子式是 $C_{19}H_{22}O_6$，分子量为 346。

一、赤霉素的分布、代谢和生理作用

（一）赤霉素的分布及运输

GA 普遍存在于植物中，主要合成部位有芽、根、花、果和叶脉，其中生长旺盛的部位含量较高，如生长中的种子和果实是合成 GA 最活跃的器官，其中开花初期和种子生长期间 GA 的合成显著。通常生殖器官中所含的 GA 比营养器官中高出两个数量级。成熟种子中含有大量的 GA 前体，以供种子萌发时使用。GA 的种类、数量和状态（游离态或结合态）都因植物发育时期而异。

GA 在植物体内的运输没有极性，可以上下双向运输。顶端合成的 GA 可以沿韧皮部随同化物流向下运输，根部合成的 GA 可以随蒸腾流沿木质部向上运输，其运输速度与光合产物相近，不同植物间的运输速度差异较大。

GA 合成以后在体内的降解很慢，然而却很容易转变成无生物活性的束缚型 GA（conjugated gibberellin），相对地把不以共价键的形式与其他物质结合，易被有机溶剂提取出来的有生理活性的 GA 称游离型 GA（free gibberellin）。植物体内的束缚型 GA 是 GA 与其他物质，如葡萄糖结合，主要有 GA– 葡萄糖酯和 GA– 葡萄糖苷等，可通过酸水解或蛋白酶分解才能释放出游离型 GA。

（二）赤霉素的生物合成及合成调节

高等植物中 GA 可在各个部位合成，发育着的种子（果实）、茎尖和根尖、花药和维管部分合成较多。整个合成过程在细胞质体、内质网和细胞质中分工完成。GA 合成的前体是牻牛儿基牻牛儿基焦磷酸（geranylgeranylpyrophosphate，GGPP），GGPP 是由异戊烯基焦磷酸（isopentenyl pyrophosphate，IPP）作为底物合成的。在 GGPP 之后，GA 的生物合成可分为三个阶段（图 6-13）。

1. 在质体中 GGPP 环化成内根 – 贝壳杉烯（ent-kaurene）。该反应是 GAs 生物合成步骤中特有的反应，参与该反应的酶是柯巴基焦磷酸合酶（copalylpyrophosphate synthase，CPS）和贝壳杉烯合酶（kaurene synthase，KS）。

2. 在内质网中贝壳杉烯通过多步反应合成 GA_{12}– 醛（GA_{12}–aldehyde）。GA_{12}– 醛是植物体内形成的第一个 GAs，是植物体内所有 GAs 的共同前体，它氧化形成 GA_{12}，或在 GA_{12} 醛的 13 位碳上羟化反应形成 GA_{53} 醛。该过程主要涉及一系列的氧化反应，其中涉及含细胞色素 P450 的单加氧酶。

3. 在细胞质中进行 GA_{12} 和 GA_{53} 转变为其他 GAs。这些转变是在 C_{20} 处进行一系列氧化，在 β– 羟基途径中产生 GA_{20}，GA_{20} 再氧化为活化的 GA_1；如果 3β– 羟基化则成为 GA_4，GA_1 和 GA_4 是植物体内活性最高的 GA。最后 GA_{20} 和 GA_1 的 C–2 羟基化，则分别形成不活化的 GA_{29} 和 GA_8。催化 GA_{12} 以后反应步骤的酶都是细胞质中可溶性的双加氧酶。

多种化合物能阻断 GAs 的生物合成，表现出抑制节间伸长的效应，如抑制 GGPP 形成过程中两个环化步骤的化合物有 AMO–1618、矮壮素（Cycocel，CCC）、Phosphon–D 和缩节胺等，抑制内根 – 贝壳杉烯氧化酶的化合物有嘧啶醇（ancymidol）和多效唑（paclobutrazol，PP_{333}）等。

从 1968 年始就能人工合成 GAs，现已合成 GA_3、GA_1、GA_{19} 等，但成本较高，目前生

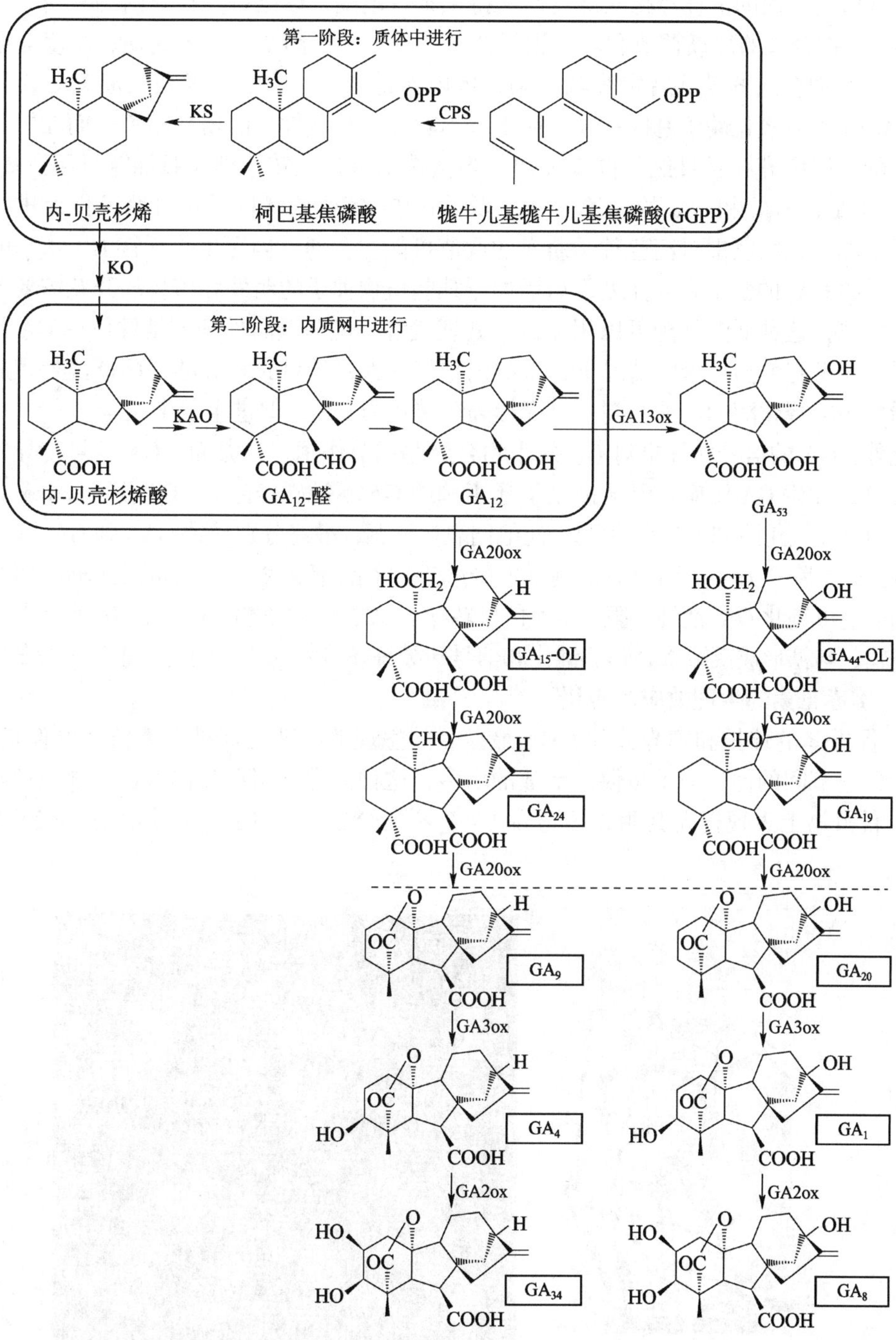

图 6-13　GA 生物合成的三个阶段

在质体中牻牛儿基牻牛儿基焦磷酸（GGPP）环化成内－贝壳杉烯，内－贝壳杉烯在质体被膜和内质网中氧化成贝壳杉烯酸，再在内质网中氧化成 GA_{12}。然后转入细胞质，在 GA_{13} 位碳氧化酶（GA13ox）或 GA20 位碳氧化酶（GA20ox）的催化下氧化，分别形成 GA_{15}－开环内脂或 GA_{53}。两者在 GA20ox、GA3ox 和 GA2ox 氧化酶的催化下形成其他 GAs。GA20ox、GA3ox 和 GA2ox，分别指 GA 第 20 位 C 上、3 位 C 上和 2 位 C 上催化的氧化酶。OL－ 开环内脂

产上使用的 GA$_3$ 等仍然是从赤霉菌的培养液中提取出来的。

　　通常植物体内的活性赤霉素浓度需保持在某一范围，以维持其在体内的平衡，其中包含了 GA 生物合成的反馈调节和环境因子调节。外界环境因子，如光周期、温度等通过影响赤霉素生物合成的某些特定步骤，调节体内赤霉素水平。实验发现在菠菜等长日植物中，GA$_5$（GA20 氧化酶）基因在长日照下表达较高，与茎伸长的增加相关，而在短日照下表达较低。拟南芥在长日照下抽薹加快，当植株从短日照转移到长日照条件下，C$_{19}$-GA$_s$ 如 GA$_9$，GA$_{20}$，GA$_1$ 和 GA$_8$ 的含量上升，表明 GA20 氧化酶活性受长日照条件促进。对萌发种子来说，光敏色素对莴苣种子萌发的调节可能主要通过内源生物活性 GA 水平的改变来进行，如 GA$_1$ 的含量在红光处理后增加。某些植物种子的萌发和植物的开花需要低温处理才能实现，这种低温处理可以用赤霉素处理代替，说明低温处理与植株体内 GA 具有某种关系。在没有低温处理的情况下，茎尖内积累了大量的贝壳杉烯酸；而低温处理后，贝壳杉烯酸 7β- 羟化酶的活性升高，贝壳杉烯酸转化为 GA$_9$，促进生殖生长。

　　此外，GA 的信号转导也对 GA 的生物合成起调节作用。一方面，GA 信号传导致使抑制子分解，发生 GA 反应。但该抑制子还正调的 GA 不敏感矮生 1（GA insensitive dwarf1，GID1）、GA$_{20}$ 氧化酶和 GA$_3$ 氧化酶，使他们表达下调，最终分别导致 GA$_{12}$ 到 GA$_9$ 和 GA$_9$ 到 GA$_4$ 的合成下降；另一方面，该抑制子的降解导致 GA$_2$ 氧化酶的表达负调减弱，而 GA$_2$ 氧化酶的表达可钝化 GA$_4$ 活性，阻止 GA 信号转导。总之，植物体内的活化 GA 水平是通过合成、运输、与糖形成束缚态分解、钝化和信号转导等环节来调节，以适应生长发育的需要。

（三）赤霉素的生理效应及应用

　　1. 促进茎的伸长和细胞分裂。GA 最显著的生理效应就是促进完整植株的伸长生长。它一般促进节间的伸长而不是促进节数的增多，这种促进作用在矮化植物、莲座植物和一些禾本科植物上表现得尤其明显（图 6-14）。不能合成 GA 的玉米矮生突变体受 GA 处理

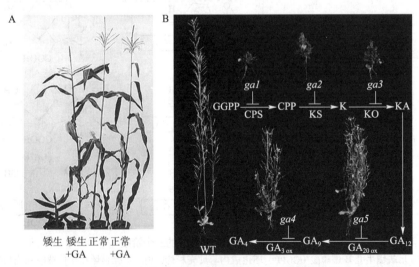

图 6-14　GA 对玉米（A）及若干 GA 合成酶突变体对拟南芥（B）株高的影响
（引自 Taiz and Zeiger，2010）

GGPP，牻牛儿基牻牛儿基焦磷酸；CPP，柯巴基焦磷酸；K，贝壳杉烯；KA，贝壳杉烯酸；ga1 ~ ga5 为相应的合成步骤中酶的突变体；箭头下为相应酶的缩写。GPS 柯巴基焦磷酸合成酶；KS，贝壳杉烯合成酶；KO，贝壳杉烯氧化酶；GA$_{20X}$，GA$_{20}$ 氧化酶；GA$_{30X}$，GA$_3$ 氧化酶；WT，野生型

后明显升高，发育正常。而正常的由于体内 GA 含量充足，外加 GA 也不会使其再长高。拟南芥 GA 合成过程中不同酶的突变，导致 GA 合成不足，对株高和发育产生不同的影响。GA 促进豌豆、天仙子顶端细胞分裂，促进落叶树早春形成层的分裂活动。对西瓜苗茎尖分生细胞的研究表明，GA 主要缩短细胞分裂间期，加速 DNA 复制。

生产上 GA 广泛应用于促进晚稻抽穗和水稻杂交制种。在水稻抽穗期喷洒 $20 \sim 40$ mg·L^{-1} 的 GA$_3$ 溶液可提早抽穗，并促进受精和籽粒发育，提高结实率和千粒重；对抽穗困难的雄性不育系水稻，喷施 GA$_3$ 能显著促进穗颈节伸长和抽穗，易于授粉。在白菜 4 叶期用 $20 \sim 75$ mg·L^{-1} GA$_3$ 溶液喷洒一次，一周后再喷洒一次，可使叶片的长度和宽度显著扩大，增产 40% 左右。用 $10 \sim 50$ mg·L^{-1} GA$_3$ 溶液，在早春喷洒茶树 $1 \sim 2$ 次，能促进嫩枝生长，增大嫩叶的体积和重量，提高茶叶产量，但不降低茶叶品质。

2. 促进抽薹开花。某些高等植物花芽的分化是受日照长度和温度影响的，例如二年生作物，需要一定日数的低温处理才能开花，否则，表现出莲座状生长而不能抽薹开花。若对这些未经春化的植物施用 GA，则不经低温过程也能诱导开花。此外，GA 也能代替长日照诱导某些长日植物开花，也能促进甜叶菊、铁树及柏科、杉科等植物开花，因为 GA 对花芽已经分化的花发育具有显著的促进作用。

3. 打破休眠、促进萌发。赤霉素在种子萌发过程中可以刺激胚芽的营养生长，诱导 α- 淀粉酶等水解酶的表达（图 6-15），已知 α- 淀粉酶的转录受 GA 诱导的早期基因 *GAMYB* 的调节。α- 淀粉酶分解种子储存的营养物质，以供胚的生长发育所需。对于一些需要光照或低温处理才能打破休眠的种子，常可以用赤霉素处理代替光照或低温打破休眠。如刚收获的马铃薯块茎一般处于休眠状态，为了一年栽培两季，可以用 $0.5 \sim 1.0$ mg·L^{-1} GA$_3$ 浸薯块打破休眠、促进发芽。赤霉素诱导大麦糊粉层 α- 淀粉酶等的合成已被广泛应用于麦芽糖工业，以加速及调整麦芽的生产，降低成本。

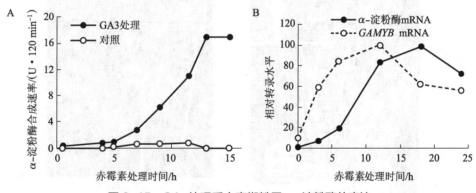

图 6-15 GA$_3$ 处理后大麦糊粉层 α- 淀粉酶的表达

GAMYB 是 GA 诱导的早期基因，它调节 α- 淀粉酶的转录

4. 促进坐果和单性结实。赤霉素可加强 IAA 对养分的调动，促使无籽品种的果实增大，如新疆无籽葡萄品种"无核白"通过大量喷施赤霉素，提高了产量。在葡萄开花后 10 d 左右用 200 mg·L^{-1} GA$_3$ 溶液喷洒花序或果穗，可提高坐果率，增大果粒形成无籽果实，并提高果实含糖量及食用品质。在脐橙开花期用 $10 \sim 20$ mg·L^{-1} GA$_3$ 溶液喷洒一次，在果实着色前两周再喷一次，不仅提高坐果率增加产量，还可防止果皮软化，延长保鲜时间。

5. 促进雄花分化。对于雌雄异花同株的植物，用 GA 处理后，雄花的比例增加；对于雌雄异株植物的雌株，如用 GA 处理，也会开出雄花。这对于黄瓜等雌株纯种的保护具重要作用，用 50～100 mg·L^{-1} GA$_3$ 喷洒黄瓜幼苗期叶面，同株就能开出一部分雄花，受精结实，获得下一代种子。

二、赤霉素的作用机制

GA 通过诱导核酸和蛋白质的合成而促进生长，因为这些蛋白质有许多是水解酶和合成酶，它们引起细胞壁可塑性的增加和新壁组分的合成。

（一）赤霉素受体

GA 的受体是通过研究 *gid1*（GA insensitive dwarf1）发现的（图 6–16A）。*GID1* 编码 GA 受体，定位在细胞核和胞质中。GID1 蛋白与 GA 结合，促使 GA 信号转导抑制子 DELLA 蛋白泛素化分解，植物产生 GA 响应。抑制子 DELLA 蛋白有两个区域，一个是含有氨基酸 DELLA、VHYNP 和多泛素化部位组成的调节域，称 DELLA 域；另一个是由 2 个亮氨酸重复序列中间有核定位信号组成的功能区，称 GRAS 域。大麦中发现的这个抑制子突变可产生完全不同的两个表型（图 6–16B）。左侧的 *sln1c* 因 GRAS 功能域的突变，在无 GA 信号下也表现出 GA 组成型响应的细长苗；而右侧的 *sln1d* 因 DELLA 域突变，使有 GA 信号下也表现为无 GA 响应的矮生表型。

图 6-16　水稻 GA 受体突变株 *gid1–1* 生长严重受阻（A. 引自 Bishopp et al.，2006），大麦野生型（WT）、突变株 *sln1c* 和 *sln1d* 的不同表型（B. 引自 Taiz and Zeiger，2010）

（二）赤霉素信号转导途径

同生长素类似，植物对 GA 的响应也是通过降解抑制蛋白来实现的。人们广泛熟知的是依赖 DELLA 蛋白降解的 GA 信号转导途径（图 6–17），这个过程涉及光敏色素互作因子（PIF）介导的 GA 响应基因的表达。①无 GA 信号时，抑制蛋白（DELLA）与光敏色素互作 PIF3/4 转录因子互作，使后者无法转录 GA 调节基因。②当 GA 存在时，GA 与

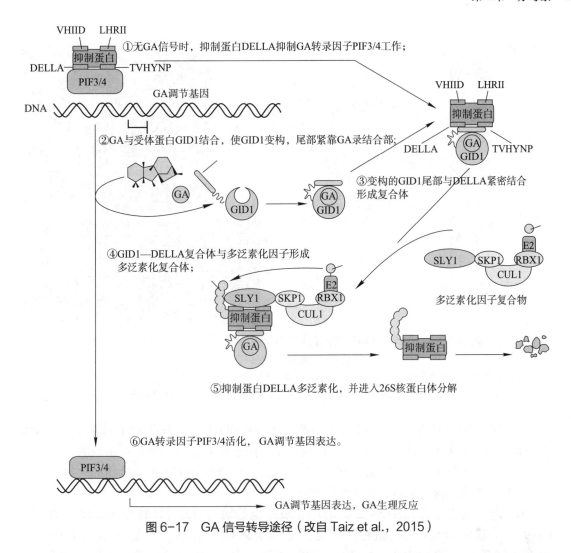

①无GA信号时，抑制蛋白DELLA抑制GA转录因子PIF3/4工作；

②GA与受体蛋白GID1结合，使GID1变构，尾部紧靠GA录结合部；

③变构的GID1尾部与DELLA紧密结合形成复合体

④GID1—DELLA复合体与多泛素化因子形成多泛素化复合体；

多泛素化因子复合物

⑤抑制蛋白DELLA多泛素化，并进入26S核蛋白体分解

⑥GA转录因子PIF3/4活化，GA调节基因表达。

GA调节基因表达，GA生理反应

图 6-17　GA 信号转导途径（改自 Taiz et al.，2015）

受体 GID1 结合，③使 GID1 的 N 端变构，④形成与 DELLA 紧密结合的复合体；⑤该复合体与多泛素化复合体（SLY1/SKP1/CUL1/RBX1/E2）相互作用使 DELLA 蛋白多泛素化，导致 DELLA 被 26s 蛋白酶体水解，抑制作用解除；⑥ GA 转录因子 PIF3/4 活化，GA 响应基因表达，发生 GA 生理作用。目前认为，GA 通过引发 DELLA 的降解促进植物的营养和生殖生长，DELLA 在 GA 信号中主要起抑制作用。

此外，研究表明还存在非依赖 DELLA 的信号转导途径。如水稻分蘖数常随 N 肥增多而增加，但过表达 *GID1* 的转基因植物表现出对 N 不敏感，其分蘖数低于对照，说明 GA 和 N 在调节分蘖中作用相反。水稻突变体 N 介导分蘖生长基因 5（*ngr5*）表现出对 N 不敏感的低分蘖数，是 NGR5 直接和 GID1 互作，导致 GA- 和 GID1- 推动的蛋白酶体降解，从而调节 NGR5- 依赖和 GA- 诱导的目标基因表达。

（三）诱导淀粉酶与其他水解酶的合成

在禾谷类种子萌发过程中，GA 诱导糊粉层 α- 淀粉酶的合成受到最广泛的研究。如图 6-18 所示，①当种子萌动后，幼胚合成 GA；②通过小盾片输送到糊粉层；③在只有 1 到几层细胞组成的糊粉层中，诱导 α- 淀粉酶的合成；④新合成的 α- 淀粉酶分泌到胚

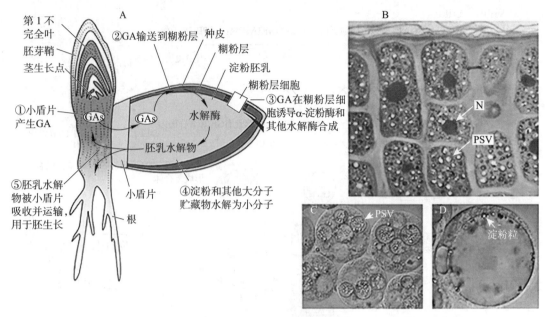

图6-18　禾谷类种子萌动后的结构及 GA 诱导糊粉层 α- 淀粉酶合成示意图
（引自 Taiz and Zeiger，2010）

A. 禾谷类种子萌发和 GA 诱导 α- 淀粉酶的合成；B. 糊粉层细胞富含蛋白贮藏小泡（PSV），核（N）；

C. 萌发前期糊粉层细胞；D，萌发后期糊粉层细胞，内含物明显水解

乳，使淀粉水解，并最终形成蔗糖，运输到新生的胚根和胚芽；⑤供种子萌发需要。因为去胚种子只有加 GA 后才可诱导产生 α- 淀粉酶，但去糊粉层的种子不产生该酶，从而推断 GA 受体位于种子胚乳的糊粉层中。此外，GA 还诱导多种细胞壁复合物的水解酶，如纤维素酶，木聚糖酶等活性，促进细胞壁水解。

GA 诱导大麦糊粉层中 α- 淀粉酶的合成，也是通过 GA 信号转导途径实现的（图6-19）。①首先是 GA 进入糊粉层细胞；②与受体 GID1 结合，招募 DNA 上的 GRAS-DELLA 抑制子，形成 GID1-GA-GRAS-DELLA 复合体；③该复合体进一步与 F- 盒结合，④使 GRAS-DELLA 多泛素化降解。⑤ *GAMYB* 基因表达，⑥在胞质翻译成转录因子蛋白，并进入细胞核；⑦ GAMYB 转录因子与 α- 淀粉酶和其他水解酶的启动子基因结合，⑧激活 α- 淀粉酶和其他水解酶基因 mRNA 表达；⑨在粗糙型内质网中翻译成酶蛋白，⑩经高尔基体加工形成含 α- 淀粉酶等水解酶小泡；⑪钙调素及蛋白激酶依赖途径也参与这些水解酶分泌，⑫通过胞吐作用把 α- 淀粉酶等水解酶分泌到糊粉层细胞，⑬使大分子贮藏物水解。这些反应最终引起水解酶的增加，促进种子萌发。因此，对种子萌发而言，GA 的主要作用在于调节基因的转录。另外，赤霉素诱导糊粉层细胞内 Ca^{2+} 和钙调素水平的升高，也说明 Ca^{2+} 信号参与了赤霉素的信号传递途径。

（四）促进细胞伸长

1. 诱导膨胀素的产生。1992 年，在黄瓜幼苗中发现了一种细胞壁松弛蛋白，称膨胀素（expansins），该蛋白通过断裂细胞壁多聚体间（例如微纤丝和半纤维素间）的非离子键引起细胞壁松弛而促进细胞伸长。已有充分的证据表明，膨胀素是促进植物细胞伸长的关键因子。在水稻中主要存在于节间的居间分生组织和伸长区中。免疫印迹分析法显示，深水稻浸水节间细胞的细胞壁比空气中节间细胞的细胞壁含有更多的膨胀素。至今，已在

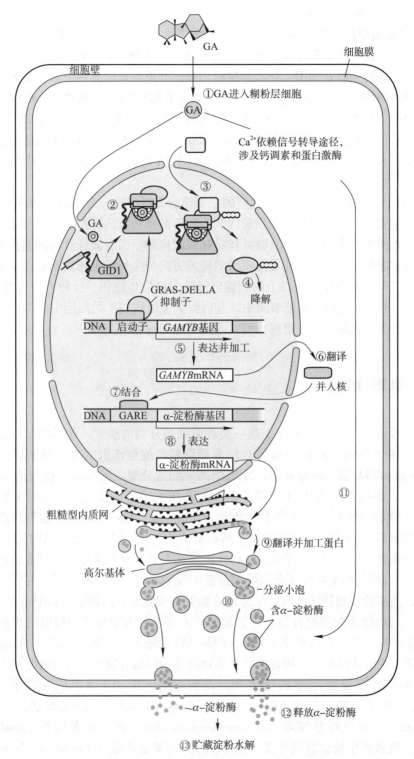

图 6-19　赤霉素诱导大麦糊粉层 α- 淀粉酶合成的信号过程（引自 Taiz et al., 2015）

深水稻中鉴定出 4 个膨胀素基因。浸水和 GA 处理能够在深水稻节间生长速率加快前增加膨胀素基因 *OsEXP4* 的 RNA 积累。

2. 提高木葡聚糖内转葡糖基酶（XET）的活性。木葡聚糖是植物初生壁的主要成分之一，它除了受纤维素酶催化外，还受木葡聚糖内转葡糖基酶（XET）作用。XET 可以使木葡聚糖产生内转葡糖基作用，把木葡聚糖切开，并重新形成另一个木葡聚糖分子，再排列成木葡聚纤维网，从而使细胞壁延长。GA 能显著提高 XET 的活性。水稻中有 4 种 XET 相关的基因（*XTR*）：*OsXTR1*、*OsXTR2*、*OsXTR3* 和 *OsXTR4*，其中 *OsXTR1*、*OsXTR3* 主要在节间伸长区表达。水稻一矮秆突变体 *WaitoC* 中 *OsXTR1*、*OsXTR3* mRNA 表达水平低于野生植株，外施 GA$_3$ 可提高其表达水平，表明 GA 通过提高 XET 相关基因的转录促进细胞伸长。

3. 促进微管重新定位。植物细胞壁的主要组分是纤维素，纤维素以微纤丝形态存在。微纤丝在细胞壁中的取向由分布于质膜内侧的微管的排列方向所控制，并与微管的排列方向相平行。无伸展能力的细胞，其微纤丝是随机取向的。但当微纤丝与细胞长轴呈垂直排列时，细胞才能伸长。赤霉素能促使微管的排列方向与生长细胞的长轴垂直。如在缓慢生长的节间中，其居间分生组织以上的细胞内微管方向发生倾斜，这种构型抑制细胞生长。经 GA 处理后迅速生长的深水稻节间中，其居间分生组织以上的细胞中的微管由原平行方向排列逐渐变为与长轴垂直的排列构型，因而促进细胞伸长。

第三节　细胞分裂素

细胞分裂素（cytokinin，CTK）是一类调节细胞分裂的激素，此类物质中最早发现的是激动素。1955 年 Skoog 和 Miller 等在培养烟草髓细胞愈伤组织时，偶尔将存放了四年的鲱鱼精细胞 DNA 加入培养基中，发现能诱导细胞分裂。但加入新提取的 DNA，则无该诱导效果。如把新鲜的 DNA 与培养基一起高压灭菌后，又能促进细胞分裂。后来他们分离出了这种活性物质，并命名为激动素（kinetin，KN）。次年，他们从高压灭菌过的鲱鱼精细胞 DNA 分解产物中纯化出了激动素结晶，并鉴定出其化学结构为 6- 呋喃氨基嘌呤，分子式为 $C_{10}H_9N_5O$，分子量为 215，接着又人工合成了这种物质。激动素并非 DNA 的组成部分，而是 DNA 在高压灭菌处理过程中发生降解后的重排分子。尽管植物中不存在激动素，但实验发现植物体内广泛分布着能促进细胞分裂的物质。其中玉米素（zeatin）是最早发现的植物天然细胞分裂素，它最早从未成熟的玉米种子中提取出来的，1964 年确定其化学结构，虽结构与激动素类似，但其活性远强于激动素。1965 年 Skoog 等提议将来源于植物、生理活性类似于激动素的化合物统称为细胞分裂素，目前通常缩写为 CTK。

天然的 CTK 都是腺嘌呤的衍生物，是腺嘌呤 6 位和 9 位上的 N 原子以及 2 位 C 原子上的 H 被其他基团取代（图 6-20）。天然存在的 CTK 包括玉米素、二氢玉米素（dihydrozeatin）、异戊烯基腺嘌呤（isopentenyl adenine）和玉米素核苷（zeatin riboside）等。细胞分裂素类生长调节剂有激动素（KT）、6- 苄基腺嘌呤（6-benzyladenine，6-BA）和四氢吡喃苄基腺嘌呤（tetrahydropyranyl benzyladenine）等。其中应用得最广的是 KT 和 6-BA，二苯脲（diphenyl urea）等。

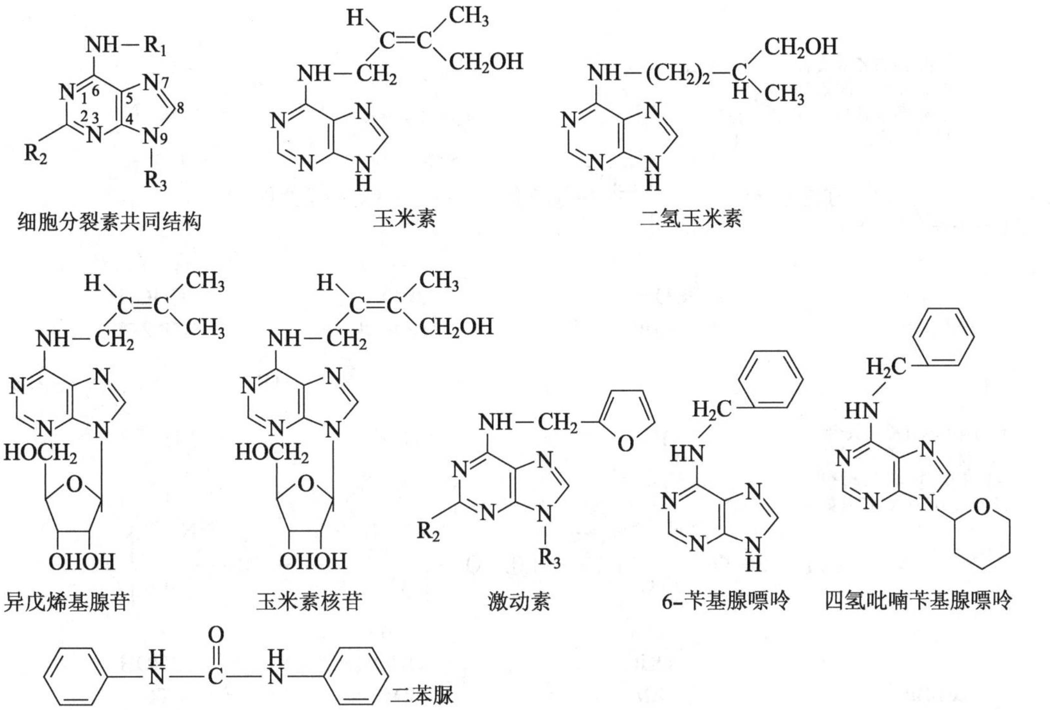

图 6-20　天然细胞分裂素和几种细胞分裂素类植物生长调节剂的化学结构

一、细胞分裂素的分布、代谢和生理作用

（一）细胞分裂素的分布和代谢

CTK 分布于细菌、真菌、藻类和高等植物中。高等植物的 CTK 主要存在于细胞分裂的部位，如茎尖、根尖、未成熟的种子、萌发的种子和生长着的果实等。一般 CTK 的含量为 $1 \sim 1\,000\ \text{ng} \cdot \text{g}^{-1}$ DW。高等植物的 CTK 主要是在微体中从头合成的。植物和微生物存在不同的合成底物（图 6-21），早期对农杆菌的研究表明，1- 羟基 -2- 甲基 -2- 丁烯基 -4- 二磷酸（HMBDP）在异戊烯基转移酶（IPT）的催化下与 AMP 缩合，形成玉米素核苷磷酸，在拟南芥中，二甲丙酰基焦磷酸在异戊烯基转移酶（AtIPT）的催化下与 ATP 或 ADP 缩合，形成异戊烯基三磷酸或二磷酸（IPTP/IPDP），再氧化为玉米素核苷三磷酸或二磷酸（ZTP/ZDP），然后水解为玉米素核苷（ZR）。玉米素核苷水解形成反式玉米素（CTK），可互变为顺式玉米素。反式和顺式玉米素均可与葡萄糖结合形成相应的葡糖苷，成为结合态而钝化。结合态可由葡糖苷酶水解形成游离态而活化。CTK 的氧化是在 CTK 氧化酶的催化下，形成腺嘌呤和 3- 甲基丁烯醛（图 6-21）。

一般认为，CTK 的合成部位主要是根尖细胞分生区，经过木质部进行长距离运输至地上部产生生理效应。因此，在植物的伤流液中含有较多 CTK。少数在叶片合成的 CTK 也可以从韧皮部运出。此外，茎顶端、萌发的种子和发育着的果实也可能是 CTK 的合成部位。外施叶或芽的表面，CTK 不能运输；但如注射进韧皮部，CTK 能进行双向运输。

（二）细胞分裂素的生理效应及应用

1. 促进细胞分裂、扩大和植物形态建成。CTK 最显著的生理功能是促进细胞分裂。自然界中有些植物叶片上出现的冠瘿瘤、丛枝病是寄生菌进入寄主后分泌出 CTK 类物质

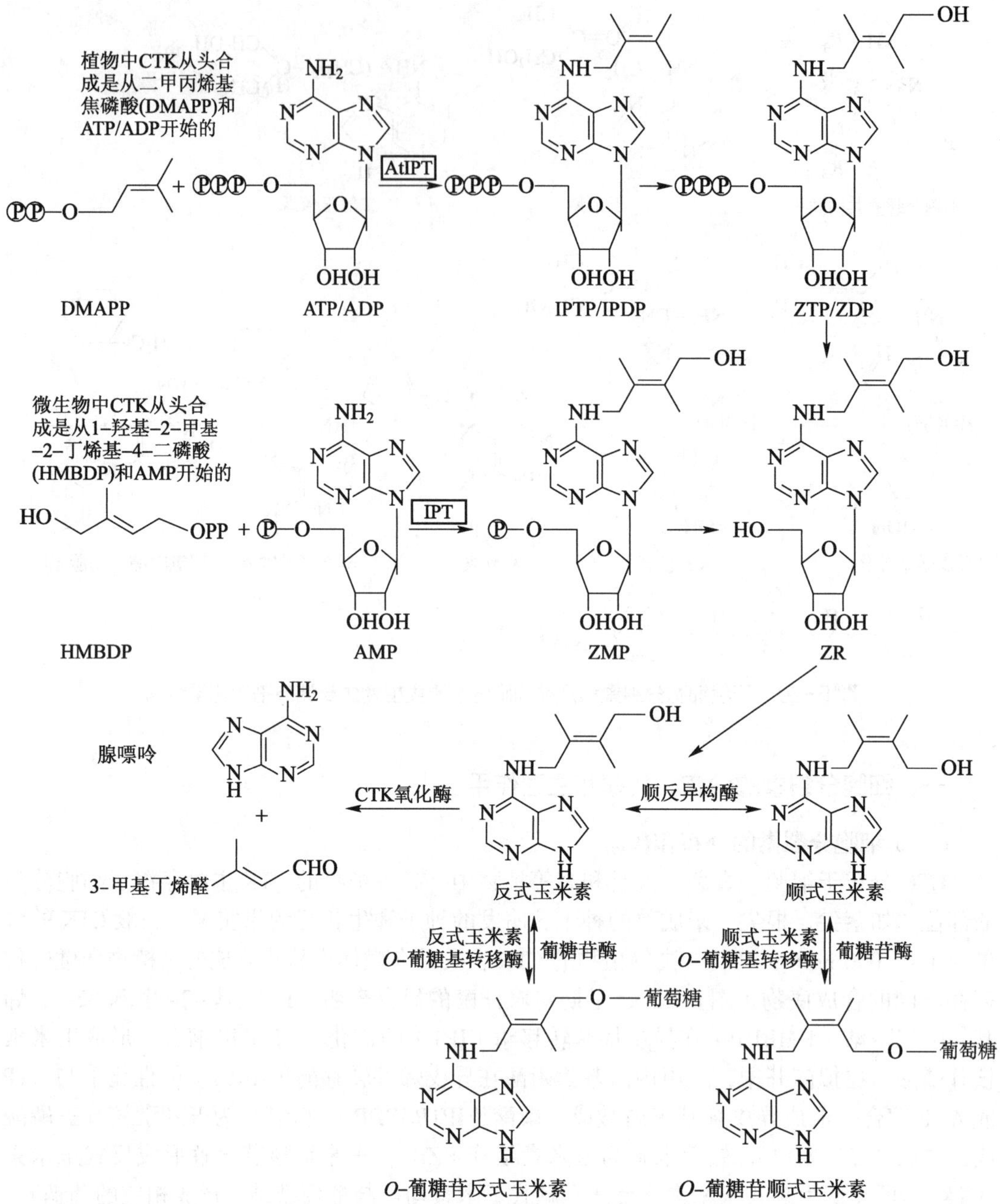

图6-21　细胞分裂素的代谢途径

而促进寄主局部细胞分裂加快的结果。实验观察表明，IAA 专一性地促进细胞周期中 S 期的 DNA 合成，GA 主要是缩短了细胞周期中的 G_1 期和 S 期的时间，从而加速了细胞的分裂。CTK 主要调控与有丝分裂有关的特异蛋白质，使细胞质分裂显著加快。所以缺少 CTK 只能形成多核细胞而不能进行细胞分裂。CTK 可促进一些双子叶植物如菜豆、萝卜的子叶或叶圆片扩大，这种扩大主要是因为促进了细胞的横向增粗（图6-22）。

　　CTK 还能影响组织培养中愈伤组织的形态建成。Skoog 和 Miller（1957）在进行烟草愈伤组织实验时发现，烟草愈伤组织本身不能产生 CTK 与 IAA，外施 IAA 与 CTK 对愈

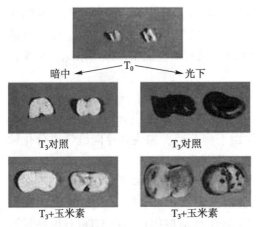

图 6-22 细胞分裂素对萝卜子叶膨大的作用

T_0 表示实验开始之前萌发的萝卜幼苗，T_3 表示离体的子叶在加或不加 $2.5\ mmol\cdot L^{-1}$ 玉米素的情况下在暗中或光下培养 3 d

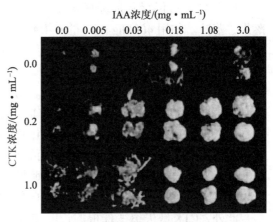

图 6-23 生长素和细胞分裂素浓度与烟草愈伤生长和器官形成（引自 Taiz and Zeiger，2010）

CTK/IAA 高时形成芽（左下方）；CTK/IAA 低时形成根（右上方）；二者均为中间或高浓度时不分化（右中及下方）

伤组织的根或芽的分化能起调控作用，当培养基中 CTK/IAA 的比值高时，愈伤组织易分化出芽；当 CTK/IAA 的比值低时，愈伤组织易分化成根；如二者的浓度相当，则愈伤组织保持生长而不分化；所以，通过调节二者的比值，可诱导愈伤组织形成完整的植株（图 6-23）。

2. 延缓叶片衰老。人们早就发现，在离体叶片上局部涂以激动素，则在叶片其余部位变黄衰老时，涂抹激动素的部位仍保持鲜绿（图 6-24）。已衰老发黄的基部叶片，如果涂抹 CTK，该叶片能复绿，这充分说明激动素有延缓叶片衰老的作用。

CTK 延缓衰老是由于其促进核酸和蛋白质合成，延缓叶绿素和蛋白质的降解速度，稳定多聚核糖体促使蛋白合成。CTK 可抑制与衰老有关的一些水解酶（如纤维素酶、果胶酶、核糖核酸酶等）mRNA 的合成，在转录水平上起防止衰老的作用。CTK 还具有抑制 DNA 酶、RNA 酶及蛋白酶的活性，保持膜的完整性等作用。CTK 还可调动多种养分向处理部位移动（图 6-24），^{14}C 标记的氨基丁酸可以向喷施激动素的部位移动，促进了物质积累的结果。CTK 延缓叶片衰老还与其维护生物膜功能、防止叶绿素破坏、促进气孔开放、清除自由基等过程有关。

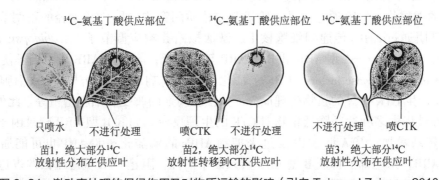

图 6-24 激动素处理的保绿作用及对物质运输的影响（引自 Taiz and Zeiger，2010）

　　由于 CTK 有保绿及延缓衰老等作用，因此可用于水果和鲜花等的保鲜、保绿并防止落果、落叶。如用 400 mg·L^{-1} 的 6-BA 水溶液处理柑橘幼果，可显著防止第一次生理脱落。对照的坐果率为 21%，而处理的可达 91%。处理的果实果梗加粗，果实浓绿，果实也比对照显著加大。

　　3. 解除顶端优势，促进侧芽生长。CTK 能解除由生长素引起的顶端优势，促进侧芽生长发育。用 CTK 滴加到豌豆幼苗第 1 片真叶叶腋呈潜伏状的侧芽上，在顶端生长优势存在下，则腋芽生长发育加快。这是由于 CTK 作用于侧芽后，加快侧芽向维管束分化输导组织，使营养物质快速运到侧芽从而导致侧芽快速生长发育。

　　4. 打破种子休眠，促进需光种子萌发。需光种子，如莴苣和烟草等在黑暗中不能萌发，用 CTK 则可代替光照打破这种种子的休眠，促进其萌发。

　　此外，CTK 缺失突变株根的长度和数量均大于野生型对照组，说明 CTK 对根系发育有抑制作用。

二、细胞分裂素的作用机制

（一）细胞分裂素受体

　　对 CTK 受体的认识来自 *CKI1*（*cytokinin independent1*）基因的发现。在植物组织培养时，需要加入 CTK 才能使细胞分裂，分化成苗。科学家经过大量的愈伤组织筛选，获得了一些在没有 CTK 存在条件下也可正常生长分裂的突变体。*CKI1* 编码的蛋白与细菌二元组分的组氨酸蛋白激酶（HPK）序列相似。后来又发现了拟南芥中感受 CTK 的受体是三个相互关联的组氨酸激酶，即 CTK 响应 1/ 木质化拟南芥组氨酸激酶 4，3，2（cytokinin response1/wooden leg/*Arabidopsis* histidine kinase 4（CRE1/WOL/AHK4，3，2），其中 CRE1 作为 CTK 的受体被多个实验室证实。AHK4 主要介导根中 CTK 信号转导，而 AHK3 和 AHK2 则主要感受叶中 CTK 信号转导。人们把含有这三个高度同源组氨酸激酶感受器的一类蛋白称为 CRE1 家族，他们都含有组氨酸激酶功能和受体功能所需的保守氨基酸残基，还在 N 端含有高度同源的胞外域，称为 CHASE（cyclase/histidine kinase-associated sensing extracellular）域，该区域对 CTK 敏感。

（二）细胞分裂素信号转导

　　随着细胞分裂素受体的发现，通过诱导拟南芥细胞分裂的研究获得了 CTK 信号转导的途径（图 6-25）。①当 CTK 结合组氨酶激酶受体的 CHASE 结构域后，激活受体的激酶活性导致受体自身组氨酸磷酸化；②随之磷酸基团传递给接受域的天冬氨酸残基（D）；③再引发胞质中拟南芥组氨酸磷酸转移蛋白（*Arabidopsis* histidine phosphotransfer proteins，AHPs）的磷酸化（AHP 通过主动运输机制在核质间穿梭，是 CTK 途径的正调节因子）；④磷酸基团通过 AHPs 传递到细胞核中，激活拟南芥响应调节子（*Arabidopsis* response reguators，ARRs）——A 型 ARR 和 B 型 ARR 转录因子；⑤B 型 ARR 转录因子使 CTK 响应子（cytokinin response factors，CRFs）活化；⑥CTK 响应基因表达，导致细胞功能的改变；⑦产生 CTK 介导的植物生理反应，如细胞周期的改变和细胞增殖等。此外，CTK 信号转导过程中多种途径降低植物对 CTK 的生理反应。如⑧B 型 ARR 转录因子也使 A 型 ARR 转录增加；⑨A 型 ARR 反过来抑制 AHPs 的磷酸化；⑩AHP 也可能通过磷酸化 A 型 ARR，这些都能抑制 B 型 ARR 转录因子活性，阻止 CTK 响应基因的表达导致减弱 CTK 生理响应；⑪B 型 ARR 被 SCF^{KMD} 多泛素化降解；及⑫缺乏磷酸化的假 HPs 抑制

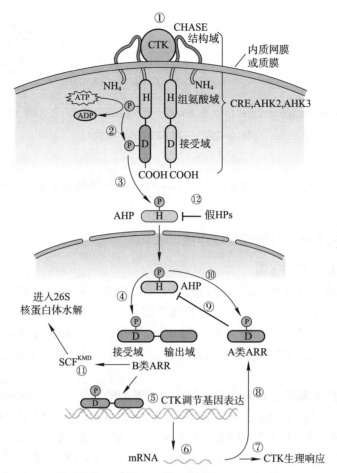

图 6-25　细胞素分裂素信号转导途径（改自 Taiz et al., 2015）

AHP 的磷酸化，也下调 CTK 介导的植物反应。

第四节　脱落酸

脱落酸（abscisic acid，ABA）是人们在研究植物体内与休眠、脱落和种子萌发等生理过程有关的生长抑制物质时发现的。1961 年 Liu 等在研究棉花幼铃脱落时，从成熟的干棉壳中分离纯化出了促进脱落的物质，并命名为脱落素（后称为脱落素 I）。1963 年 Addicott 等又从鲜棉铃中分离纯化出具高度活性的促进脱落的物质，并命名为脱落素 II。几乎同时，Wareing 等从桦树叶中提取出一种抑制生长并诱导休眠的物质，命名为休眠素（dormin）。1965 年 Cornforth 等从干槭树叶中得到了休眠素结晶，后经比较鉴定，确定休眠素和脱落素 II 是同一种物质，1967 年在国际植物生长物质会议上将其命名为脱落酸。

ABA 是以异戊二烯为基本单位的含 15 个碳的倍半萜羧酸（图 6-26），分子式为 $C_{15}H_{20}O_4$，分子量为 264.3。因 1′ 位上的不对称碳原子，故具有右旋、左旋两种旋光异构体。天然的脱落酸是右旋的，以（+）-ABA 或（S）-ABA 表示；它的对映体为左旋，以（−）-ABA 或（R）-ABA 表示，不能促进气孔关闭。但两种形式均能抑制种子发芽与某些

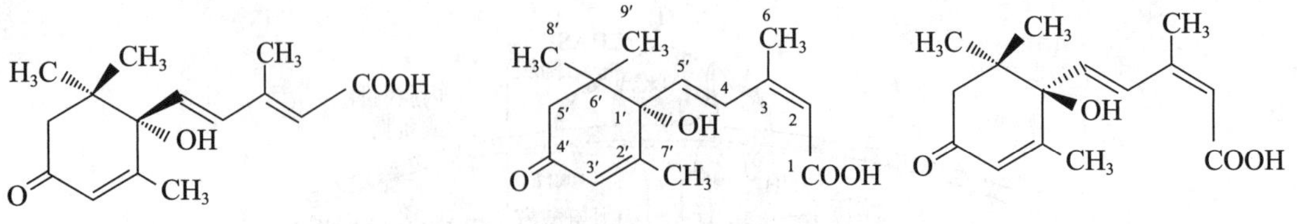

S-2-反-ABA(无活性，但可转变为有活性形式)　　*S*-顺-ABA，天然形成的活性形式　　*R*-顺-ABA，无气孔关闭活性

图 6-26　三种 ABA 的结构式

蛋白合成。人工合成的脱落酸是 *S*–ABA 和 *R*–ABA 各半的外消旋混合物，以 *RS*–ABA 或 (±)–ABA 表示。

一、脱落酸的分布、代谢和生理作用

（一）脱落酸的分布与运输

ABA 存在于植物的所有组织，特别是衰老的组织中。叶片是合成的主要部位，但根尖在脱水情况下也能合成大量的 ABA，其他器官，特别是成熟的花、果实与种子也能合成 ABA。ABA 的含量甚微，一般为 $10 \sim 50$ ng·g^{-1}FW，以将要脱落或进入休眠的器官和组织中较多，在逆境条件下含量会迅速增多。在失水条件下 ABA 可以在保卫细胞中大量积累。

ABA 可以经韧皮部和木质部运输，但以韧皮部运输为主，当放射性的 ABA 提供给叶片后，它可以在茎中上下运输，绝大部分 ABA 可在 24 h 内运到根中，ABA 向基部运输的速度是向顶部运输速度的 $2 \sim 3$ 倍，可达 20 mm·h^{-1}。根合成的 ABA 可沿木质部向上运输。在向日葵中，水分充足的植株木质部汁液通常含 $1 \sim 15$ nmol·L^{-1} ABA，但在缺水时迅速增加，可达 3 μmol·L^{-1}。有人认为 ABA 可以作为根系信号，诱导气孔关闭，但利用 ABA 依赖的报告基因研究表明，ABA 先在维管组织中积累，再在根中和保卫细胞积累，因此，根中 ABA 的积累可能是直接或以前体形式运输而来的。ABA 是弱酸，而叶绿体的基质 pH 高于其他部分，所以 ABA 以离子化状态大量积累在叶绿体中。

（二）脱落酸的生物合成与代谢

1. ABA 的生物合成。通过 ABA 缺乏突变体的生物化学和遗传学研究揭示了 ABA 的生物合成过程。在番茄等不能合成内源 ABA 的突变体（*flacca*、*sitien*、*droopy* 等）中，常常因气孔不能关闭，蒸腾过度导致植株表现萎蔫状态，但外施 ABA 可恢复正常。

植物和某些病原真菌分别有各自独特的 ABA 合成途径。病原真菌通过甲羟戊酸途径合成，中间产物均少于 15 个 C 原子，而植物通过类胡萝卜素的"间接"途径合成（图 6-27）。植物体内 ABA 的合成与细胞分裂素、油菜素内酯和赤霉素的合成有共同前体。在质体中由丙酮酸与甘油醛 3 磷酸缩合成异戊二烯焦磷酸，再由 3 个异戊二烯焦磷酸合成法尼基焦磷酸（C_{15}）（这个步骤是微生物 ABA 的直接合成途径），植物中 C_{15} 再合成牻牛儿基牻牛儿基焦磷酸（C_{20}），再到 β 胡萝卜素（C_{40}），由其转变为玉米黄素（C_{40}）。玉米黄素通过环氧化生成全反紫黄素。随后分走二条途径：一条是在逆境诱导下通过新黄素酶等，把全反紫黄素经全反新黄素后生成 9′– 顺 – 新黄素；另一条可能途径为由未知异构酶直接催化全反紫黄素形成 9′– 顺 – 紫黄素。9′– 顺 – 新黄素和 9′– 顺紫黄素均被环氧类胡萝卜素双加氧酶（NCED）氧化分解，产生 C_{15} 黄素醛（一种生长抑制剂）。在细胞质中，短

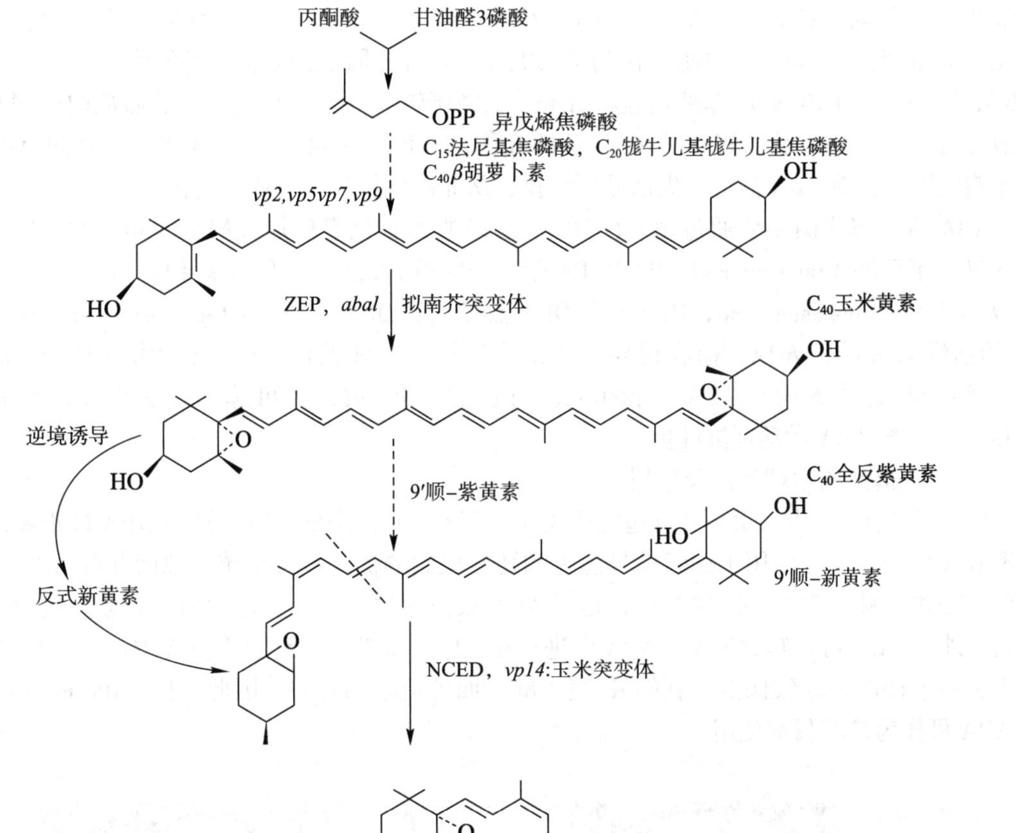

图 6-27　高等植物中 ABA 合成、分解代谢和（去）结合

链醇脱氢 / 还原酶（SDR）把黄素醛转为 ABA- 醛，最后在 ABA 醛氧化酶催化下转化为反式 ABA。

2. ABA 的代谢。植物在不同胁迫环境下会快速积累 ABA，不同环境不同组织中游离 ABA 水平的恒定对植株的正常生长和发育均至关重要。因此，ABA 的分解代谢通过束缚或催化羟基化而严格调控。ABA 能被 *UGT71C5* 编码的 UDP- 糖基转移酶而糖基化，形成无 ABA 活性的 ABA- 葡糖脂，作为贮藏形式存于内质网或液泡。当环境变化时，由 *AtBG1* 和 *AtBG2* 编码的 β- 糖酶迅速将 ABA- 葡糖脂转为有活性的 ABA，然后从内质网和液泡释放出来。通过糖基转移酶和 β- 糖酶互作调节游离和束缚型 ABA 水平，通过 ABA 介导响应快速实现 ABA 活化和失活循环转化，从而确保植物响应环境变化。

ABA 的分解代谢主要通过由 *CYP707As* 编码的细胞色素单加氧酶（P450）的作用把 ABA 转为菜豆酸（phaseic acid，PA），PA 随后分别被 PA 还原酶和糖基转移酶催化成二氢菜豆酸（dihydrophaseic acid，DPA）和 DPA 葡糖苷（DPA–4–O–β–D–glucoside，DPAG）。PA 的活性大大低于 ABA，但在诱导一些植物气孔关闭和阻止 GA 诱导的大麦种子糊粉层 α- 淀粉酶合成方面与 ABA 功能相同。有趣的是 PA 被认为可选择性活化 ABA 受体 PYLs——一类 ABA 激动剂抗性蛋白。

（三）脱落酸的生理作用及应用

1. 促进气孔关闭。ABA 可引起气孔关闭（图 6-28），降低蒸腾。这是 ABA 最重要的生理效应之一，是广泛用于探索信号感受和转导机制的优先模式系统。拟南芥等 ABA 缺失型突变体植株表现出持续的萎蔫，是因 ABA 缺失导致气孔开度过大和水分散失过快引起的，外喷 ABA 可缓解此现象。ABA 促进气孔关闭与降低保卫细胞质膜 ATPase 活性，减少跨膜质子梯度，导致保卫细胞的 K^+ 流入减少而外流增加有关。因此，$10 \sim 100 \text{ mg} \cdot L^{-1}$ 的 ABA 可作为抗蒸腾剂使用。

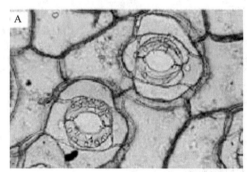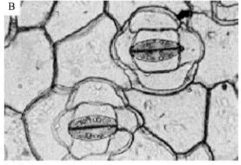

图 6-28 ABA 促进气孔的关闭

A. 培养在缓冲液中的蚕豆表皮，气孔张开；B. 缓冲液中加入 ABA 后几分钟内气孔就关闭

2. 促进休眠和抑制萌发。在秋天短日照条件下，叶中 ABA 的量不断增加，使芽进入休眠状态以便越冬。外用 ABA 时，可使旺盛生长的枝条停止生长而进入休眠。种子休眠与 ABA 有关，如桃等休眠种子的外种皮中存在脱落酸，只有通过层积处理，ABA 水平降低后，种子才能正常发芽，不能合成 ABA 的玉米 *vp* 突变体易穗上发芽，这些均表明 ABA 可抑制萌发。在生产实践上可利用外施 ABA，防止小麦、水稻、春花生等成熟后在收获前因遇阴雨天气而发芽。

3. 促进器官脱落。ABA 是在研究棉铃脱落时发现的，在后来的研究中陆续证明 ABA 能诱导许多植物落叶落果。ABA 促进器官脱落主要是促进了离层的形成。将 ABA 溶液涂抹于去除叶片的棉花外植体叶柄切口上，几天后叶柄就开始脱落（图 6-29），此效应十分明显，已被用于脱落酸的生物鉴定。

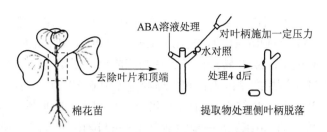

图 6-29 ABA 促进脱落的试验示意图

4. 抑制生长和加速衰老。ABA 能抑制整株植物或离体器官的生长，当茎生长受 ABA 抑制时，节间缩短。这种抑制效应是可逆的，一旦去除 ABA 即可恢复生长。ABA 促进衰老最明显地表现在叶片上，主要是使叶绿素分解，叶片逐渐变黄。外施 ABA 只能促进少数几种植物非离体叶的衰老，但却能显著加速几乎所有植物离体叶片的衰老。

5. 提高植物抗逆性。ABA 常被称为逆境激素（stress hormone），在各种逆境下，植物内源 ABA 水平都会急剧上升。最典型的例子是叶片受干旱胁迫时，ABA 迅速增加，引起气孔关闭，减少水分散失，增强抗旱能力。ABA 对气孔运动的调节作用可能是干旱条件下植物调节水分平衡的一种手段。因此推测，ABA 可能是根部传送"旱情"的主要信号物质。逆境消失之后，ABA 含量随之大幅下降。这一作用已作为一种生产措施，通过交替灌溉，使部分根系受干旱胁迫产生 ABA，运送到叶片调节气孔开度，达到节水目的。植物体内积累 ABA 与其抗逆性的增强存在显著的正相关，外源 ABA 处理也能增强植物对多种逆境的抗性。这种对逆境的抗性可能与 ABA 诱导特殊蛋白如 Lea（late embrogenesis abundant）蛋白和渗透素（osmotin）等的合成有关。

二、脱落酸的作用机制

在植物体内，ABA 除了多种抑制效应外，还有多种促进效应。对于不同组织，它可以产生不同的效应。如在干旱条件下，它抑制地上部生长，却诱导根伸长。它可促进保卫细胞的细胞液 Ca^{2+} 水平上升，却诱导糊粉层细胞的细胞液 Ca^{2+} 水平下降。这主要归因于各种组织与细胞的 ABA 受体的性质与数量不同。ABA 及其受体的复合物一方面可通过第二信使系统诱导某些基因的表达，另一方面也可直接改变膜系统的性状，干预某些离子的跨膜转运。

（一）脱落酸受体及关键信号组分

ABA 受体可以存在细胞表面和细胞内，因外施 ABA 抑制 GA 诱导的大麦种子糊粉层 α- 淀粉酶的合成，但注射到细胞内的 ABA 却没有这一功能，但细胞内的 ABA 能抑制 K^+ 进入蚕豆气孔，导致其气孔关闭。ABA 受体的发现经历了一个曲折的过程，目前广为接受的 ABA 受体是脱落酸激动剂抗性蛋白（Pyrabactin resistance /PYR1-like/regulatory components of ABA receptor，PYR/PYL/RCAR）。它与蛋白磷酸酶 2C（protein phosphatase 2C，PP2Cs）和蔗糖非发酵相关蛋白激酶 2（sucrose non-fermentation 1-related protein kinase 2，SnRK2s）和下游 bZIP 转录因子组成 ABA 信号转导系统。其中 PP2Cs 是关键的负调控因子，SnRK2s 是正调控因子，二者在 ABA 信号转导中起重要作用。

（二）脱落酸信号转导途径

图 6-30 表明外源 ABA 信号首先被 PYR/PYL/RCAR 感知，继而激活下游信号通路最

终启动相关基因表达，并引起一系列 ABA 诱导的生理响应。在正常环境下，植物体内 ABA 含量比较低，PYR/PYL/RCAR 不与 ABA 结合，PP2C 抑制 SnRK2 的磷酸化，SnRK2 处于无活性状态，其下游的 bZIP 转录因子无法与相应启动子结合，加上 SnRK2 调控的其他反应受阻，没有 ABA 调控的基因表达和生理响应（图 6–30A）。当逆境等条件诱导 ABA 产生，ABA 与 PYR/PYL/RCAR 结合，解除了 PP2C 对 SnRK2 的抑制，SnRK2 激酶域磷酸化使 SnRK2 激活，活化的 SnRK2 进一步激活其下游的 bZIP 转录因子和 SnRK2 调控的其他反应，引起 ABA 调控的基因表达和生理响应（图 6–30B）。

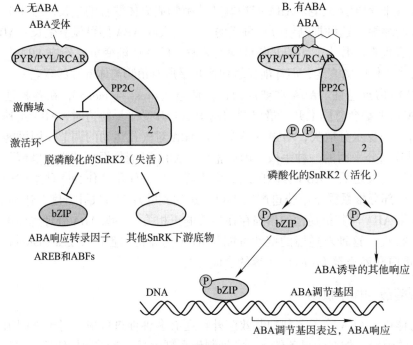

图 6-30　ABA 信号转导途径（改自 Taiz et al., 2015）

在种子脱水过程中，SnRK2 诱导的种子休眠和幼苗生长停滞是通过对转录因子 ABI5 的基因表达来实现的；SnRK2 通过调控 ABA 响应元件结合蛋白/结合因子（ABA–responsive element binding protein/-binding factor，AREB/ABF）达到抗逆和生长的协调。对保卫细胞关闭的快速调控，则是通过对慢阴离子流出通道 1（slow anion channel-associated1，SLAC1）的激活和 K$^+$ 流入通道蛋白（potassium channel in *Arabidopsis Thaliana* 1，KAT1）的抑制来实现的。

已知 ABA 信号转导的核心组分受多种因素调节。受体 PYR/PYL/RCAR 受多种蛋白激酶磷酸化，如丝氨酸/苏氨酸蛋白激酶（TOR），酪蛋白激酶（AEL）、羧基末端小肽受体 2（CEPR2）和细胞质 ABA 受体激酶 1（CARK1）。TOR 磷酸化 PYR/PYL/RCAR 使 PYR/PYL/RCAR 失活，AEL、CEPR2 磷酸化 PYR/PYL/RCAR 后促进其降解，CARK1 磷酸化 PYR/PYL/RCAR 提高其活性。NO 通过酪氨酸硝基化使 PYR/PYL/RCAR 失活。PYR/PYL/RCAR 的降解可以通过泛素蛋白系统，也可通过内涵体途径。PP2C 的活化受 ABA 共受体 1 增强子（enhancer of ABA co-receptor 1，EAR1）和类受体激酶 2（PR5 receptor-like kinase 2，PR5K2）促进，受 RDK1（receptor dead kinase 1）抑制。SnRK2 能被一些激酶活化，如富根因子 10（root abundant factor 10，RAF10）和油菜甾醇不敏感 2（brassinosteroid-insensitive 2，BIN2）等。除 PP2Cs 外，另一条支路中 PP2C 和早期生长响应蛋白 2（early growth response protein 2，EGR2），也抑制 SnRK2s 的活性调节 ABA 响应（Chen et al.，2020）。由此可见，ABA 的信号转导调控相当复杂与精细。

第五节　乙烯

早在 19 世纪中期人们发现照明煤气灯泄漏的气体促进附近的树落叶，20 世纪初证实这是乙烯在起作用，后来发现橘子产生的气体能催熟同船的香蕉，这种气体也是乙烯。现在已证实植物产生乙烯能进入环境，并被周围的植物吸收。乙烯是目前发现的最简单的烯烃气体，也是第一个被发现有激素功能的气体分子，1965 年公认其为植物激素。高等植物的各个部位都能产生乙烯，并影响各种发育过程，如种子萌发、果实成熟、衰老脱落及对各种胁迫的响应等。

乙烯（ethylene）结构式为 $CH_2{=}CH_2$，分子量为 28，是一种轻于空气的气体。乙烯在极低浓度（$0.01 \sim 0.1 \ \mu L \cdot L^{-1}$）时就对植物产生生理效应。由于乙烯是气体，在生产应用上很不方便，目前，人们用人工合成的 2- 氯乙基膦酸（2-chloroethyl phosphonic acid）来产生乙烯，该化合物的商品名称为乙烯利（ethrel）。该化合物在 pH > 4.1 时进行分解，而植物体内的 pH > 4.1。因此，乙烯利溶液在进入细胞后，就分解释放出气体乙烯，使得其在生产上广泛应用。

$$Cl{-}CH_2{-}CH_2{-}\overset{\overset{\displaystyle O}{\|}}{\underset{\underset{\displaystyle O}{|}}{P}}{-}O^- + OH^- \longrightarrow Cl^- + CH_2{=}CH_2 + H_2PO_4^-$$

一、乙烯的分布、代谢和生理作用

（一）乙烯的分布

种子植物、蕨类、苔藓、真菌和细菌都可产生乙烯，高等植物各器官也都能产生乙烯，但不同组织、器官和发育时期，乙烯的释放量是不同的。一般成年组织释放乙烯较少，幼嫩的组织、萌发的种子、将凋谢的花及成熟的果实产生乙烯较多，其中幼苗顶端是产生乙烯的重要部位。当植物受机械或逆境胁迫时，乙烯生成量快速增加。

乙烯在植物体内易于移动，它既可以气体形式扩散，又可溶于水中进行运输，乙烯的运输是被动的扩散过程。一般情况下，乙烯就在合成部位起作用，乙烯生物合成的前体 ACC 可溶于水溶液，因而推测 ACC 可能是乙烯在植物体内长距离运输的形式。

（二）乙烯的生物合成与调节

乙烯的生物合成过程如图 6-31，其生物合成的前体为甲硫氨酸（蛋氨酸，Met），其直接前体为 1- 氨基环丙烷 -1- 羧酸（1-aminocyclopropane-1-carboxylic acid，ACC）。在腺苷甲硫氨酸合成酶的催化下，ATP 与甲硫氨酸结合形成腺苷甲硫氨酸（SAM）；SAM 在 ACC 合酶（ACC synthase）催化下，裂解为 5'- 甲硫基 - 腺苷和 ACC；在 ACC 氧化酶（又称乙烯形成酶）的催化下，ACC 转化为乙烯。植物体内可利用的游离甲硫氨酸是有限的，

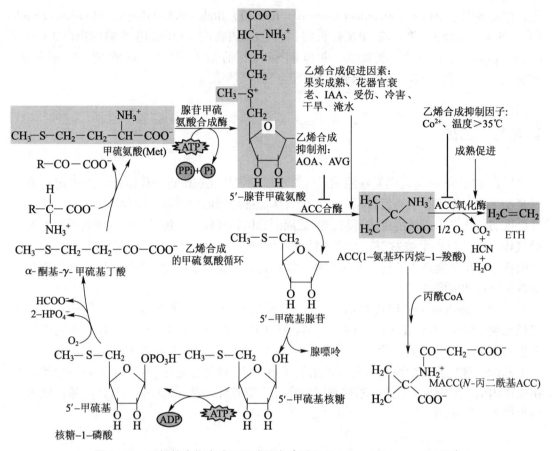

图 6-31 乙烯的生物合成及影响因素（引自 Taiz and Zeiger，2010）

为了维持乙烯生成的正常速度，5′-甲硫基-腺苷通过甲硫氨酸循环被重新利用来合成甲硫氨酸，这个循环过程的中间产物有 5′-甲硫基核糖，5′-甲硫基核糖磷酸和 α-酮基，γ-甲硫丁酸。ACC 除形成乙烯以外，也可转变为非挥发性的 N-丙二酰 ACC（N-malonyl-ACC，MACC），此反应是不可逆反应。当 ACC 大量转向 MACC 时，乙烯的生成量则减少。因此，MACC 的形成有调节乙烯生物合成量的作用。

在植物的所有活细胞中都能合成乙烯，但通常由外周组织产生，如桃和鳄梨种子的种皮、番茄果实和菜豆下胚轴的表皮组织等。乙烯的生物合成受到许多因素的调节，这些因素包括发育因素和环境因素（图 6-31），但这些因素主要是通过影响乙烯合成的酶活性从而对乙烯合成产生影响。

1. ACC 合酶。ACC 合酶是催化 SAM 转变为 ACC 的关键酶，该酶的活性受生育期、环境和激素的影响。种子萌发、果实成熟和器官衰老时，ACC 合酶活性加强，产生更多的乙烯。另外，伤害、干旱、水涝、寒害、毒物、病害和虫害等会活化或诱导合成 ACC 合酶，使乙烯释放量增加。ACC 合酶需要磷酸吡哆醛为辅基，磷酸吡哆醛的抑制剂氨基乙氧基乙烯基甘氨酸（aminoethoxy vinyl glycine acid，AVG）和氨基氧乙酸（aminooxyacetic acid，AOA）对 ACC 合酶有显著的抑制作用，它们抑制由 SAM 合成 ACC 的步骤。IAA 能在转录水平上诱导 ACC 合酶的合成，产生较多乙烯。对于具有呼吸跃变的果实，后熟过程一开始乙烯就大量产生，这是由于 ACC 合酶和 ACC 氧化酶活性都急剧增加，这种乙烯爆发是跃变型果实和花卉的一个特征。然而乙烯本身会抑制营养组织和非跃变型果实乙烯的生物合成。乙烯自我抑制的原因是抑制 ACC 合酶的合成或促进这种酶的降解。在果实生长成熟过程中，乙烯对 ACC 合成作用从抑制转为促进，是跃变型果实的特征。而非跃变型果实和营养组织则缺乏这种转变能力。ACC 合酶存在于细胞质中，半衰期短，不稳定，在植物组织中含量低，提纯困难。利用分子生物学的方法，在多种植物中克隆了 ACC 合酶的 cDNA，发现此酶是由多基因编码的，每个基因受不同的环境和发育因素调控。番茄有 9 个基因，拟南芥则有 5 个，受一些诱导因素如生长素、果实成熟、伤害等的调节。

在明确乙烯合成和代谢途径的基础上，采用生物技术，通过根癌农杆菌将 ACC 合酶的反义 RNA 导入番茄植株。转基因植株正常开花结实，但乙烯合成严重受阻，其果实乙烯产量被抑制 99.5%，不出现呼吸跃变，不变红，放在空气中不能正常成熟。只有外施乙烯方能成熟变软，表现出正常番茄的颜色和风味。这种通过 ACC 合酶的反义 RNA 系统抑制乙烯合成而获得耐贮转基因番茄可在通过转基因认证的国家上市。

2. ACC 氧化酶。液泡膜内表面的 ACC 氧化酶在 O_2 存在下，把 ACC 氧化为乙烯，此酶活性极不稳定，依赖于膜的完整性。植物组织一经匀浆，膜结构受破坏，乙烯生成便停止。Co^{2+}、氧化磷酸化解偶联剂（如 2,4-DNP 和 CCCP）、自由基清除剂（没食子酸丙酯）及一切能改变膜性质的理化处理（如去垢剂）都能抑制乙烯的合成。外施少量乙烯于甜瓜和番茄等果实，经过一段时间，ACC 氧化酶活性大增，产生大量乙烯。

3. ACC 丙二酰基转移酶。ACC 丙二酰基转移酶的作用就是促使 ACC 起丙二酰化反应，形成 MACC。MACC 在细胞质中合成，贮存于液泡中，水分胁迫和 SO_4^{2-} 都会促使小麦叶片积累大量 MACC。ACC 丙二酰基转移酶活性强时，形成 MACC 多，ACC 就少，乙烯释放量就少；反之乙烯增多。乙烯除了抑制 ACC 合酶外，也会促进 ACC 丙二酰基转移酶的活性，从而抑制乙烯的生成。所以，ACC 丙二酰基转移酶的活性对乙烯生成也起着重要的调节作用。

乙烯形成以后，还需要与金属蛋白质结合，通过进一步代谢后才能起生理作用，Ag^+ 具抑制乙烯的作用，可能是该离子影响乙烯与受体结合后的变化。EDTA 螯合 Fe 后形成的 Fe-EDTA 也具有抑制乙烯的作用。

乙烯在植物体内形成以后会转变为 CO_2 和乙烯氧化物等气体代谢物，也会形成可溶性代谢物，如乙烯乙二醇（ethylene glycol）和乙烯葡萄糖结合体等。乙烯代谢的功能是除去乙烯或使乙烯钝化，使植物体内的乙烯含量达到适合植物体生长发育需要的水平。

（三）乙烯的生理作用及应用

1. 乙烯的"三重反应"。乙烯对植物生长的典型效应是抑制茎的伸长生长、促进茎或根的增粗和茎的横向生长（即使茎失去负向重力性），这就是乙烯所特有的"三重反应（triple response）"。这一特性，常用作植株对乙烯反应敏感程度的指标。茎的横向生长是由于乙烯引起器官的上部生长速度快下部——偏上生长（epinasty），此现象还可导致叶下垂（图 6-32）。

2. 促进成熟。催熟是乙烯最主要和最显著的效应（图 6-33A），因此，乙烯也称为催熟激素。乙烯对果实成熟、棉铃开裂、水稻的灌浆与成熟都有显著的效果。实际生活中我们知道，一旦箱里出现一只烂苹果，如不立即除去，整箱苹果很快都会烂掉。这是由于腐烂苹果产生的乙烯比正常苹果多，触发了附近的苹果也大量产生乙烯，使箱内乙烯浓度在短时间内剧增，诱导呼吸跃变，加快苹果完熟和贮藏物质的消耗而过熟腐烂。此外，香

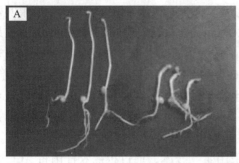

图 6-32　乙烯的"三重反应"和偏上生长

A. 将 6 d 的豌豆幼苗用 10 mg·L⁻¹ 乙烯处理（右），表现出上胚轴生长的抑制及其水平生长的促进，
而对照的没有（左）；B. 用乙烯处理的西红柿幼苗表现出偏上生长（右），而对照的没有（左）

蕉、鳄梨等多种呼吸跃变型果实在成熟后期都增加乙烯的释放，使膜透性增加，水解酶外渗，还使呼吸作用增强，导致果内有机物强烈转化，最后达到可食程度。生产上一般用 500 ~ 1 000 mg·L⁻¹ 乙烯利在果实大小长足后浸果，在 2 ~ 7 d 内能促使果实软化成熟。

3. 促进脱落。乙烯对植物器官的脱落有极显著的促进作用（图 6-33B、6-33C）。这是因为乙烯能促进细胞壁降解酶——纤维素酶的合成并且控制纤维素酶由原生质体释放到细胞壁中，从而促进细胞衰老和细胞壁的分解，引起离区近茎侧的细胞膨胀，从而迫使叶

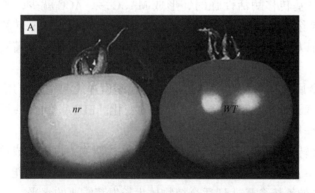

图 6-33　乙烯促进果实成熟与花和叶片脱落

A 和 B. 乙烯处理对野生型（*WT*）和受体突变体（*nr*）番茄果实成熟和花蕾脱落的影响；

C. 乙烯处理对杨树野生型（*WT*）和转拟南芥突变体基因（*etr1*）叶脱落的影响

片、花或果实机械地脱离。生产上可用 $600 \sim 800$ mg·L^{-1} 乙烯利，作脱叶剂在棉花采收期脱叶，用于机械收获；还可用于茶树疏花，提高茶叶产量。在葡萄、樱桃、山核桃上用乙烯利疏花疏果，能达到改善品质的效果。

4. 控制性别分化。乙烯能促进多种瓜类多开雌花，如 1-4 叶期的黄瓜、瓠瓜、南瓜用 $100 \sim 200$ mg·L^{-1} 的乙烯利处理，使雌花提早分化，雄花分化数量减少；用 $400 \sim 1\,000$ mg·L^{-1} 乙烯利溶液在菠萝开花前喷洒或灌心，可使菠萝抽蕾开花，提早结果成熟，增加产量和改善品质。乙烯在这方面的效应与 IAA 相似，而与 GA 相反，现在知道 IAA 增加雌花分化就是由于 IAA 诱导产生乙烯的结果。此外，乙烯利能诱导小麦和水稻的雄性不育。

5. 促进次生物质的分泌。橡胶树在割胶线下 2 cm 宽的割胶面上涂抹 5% 的乙烯利油剂产胶量可提高 $3 \sim 4$ 倍，乙烯利用于漆树、松树和安息香树等能使产漆或脂量增加。

此外，乙烯还可诱导插枝不定根的形成，促进根的生长和分化，棉纤维发育和根毛形成，打破种子和芽的休眠等作用。

二、乙烯的作用机制

乙烯的众多生理作用，是通过定位于膜上的乙烯受体接收乙烯信号，从而启动一系列级联反应，导致相关基因的表达，从而导致生理反应的结果。目前对乙烯在植物体内信号感知和转导已有较深入的了解。

（一）乙烯受体及信号传递关键组分

乙烯受体是第一个被鉴定的植物激素受体，其受体模型始于对受体，乙烯响应子 1（ethylene response 1，ETR1）的研究，该响应子的每个单体需结合一个 Cu$^+$ 产生乙烯反应。已从拟南芥分离了多个乙烯受体，如 ETR1、ETR2、乙烯不敏感 4（ethylene insensitive 4，EIN4）、乙烯响应感应子（ethylene response sensor，ERS）1 和 2（图 6-34）。受体二聚体位于内质网膜上，每个二聚体通过相邻氨基端的二硫键固定。各受体都含有跨膜螺旋，该螺旋含有乙烯结合域、与光敏色素结合的后胆色素裂解酶活性（GAF）结构域和激酶结构域（图 6-34）。ETR1 是组氨酸激酶，其他四个异构体是丝氨酸／苏氨酸（Ser/Thr）激酶，其中三个的受体结构域在蛋白质的 C 端。

（二）乙烯的信号转导

除乙烯受体外，早期分子遗传研究还揭示了乙烯信号途径的其他关键组分：如组成型

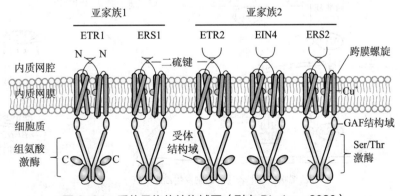

图 6-34　受体异构体结构域图（引自 Binder，2020）

三重反应 1（constitutive triple response 1，CTR1）蛋白激酶、定位内质网的乙烯不敏感 2（ethylene-insensitive 2，EIN2）蛋白、转录因子（EIN3，EIN3–like（EIL））及乙烯响应因子（ethylene response factors，ERFs）等。拟南芥 *ctr1* 突变体是一种组成型乙烯"三重反应"突变体，说明 CTR1 的突变具有释放乙烯信号传递途径的作用，反过来可以推断野生型植株 CTR1 是乙烯传递途径上起抑制乙烯信号传递的一个负调节因子，其编码蛋白失活导致 *EIN2*、*EIN3* 基因编码蛋白被激活，导致相关基因的诱导表达，出现乙烯的"三重反应"。

　　一个负责铜往内质网基质运输的载体（RNA1）也是受体结合乙烯的辅助因子，目前已知乙烯的信号转导如图 6–35。在无乙烯时，乙烯受体中的任何一个可将信号传递给CTR1 ①，使 EIN2 磷酸化②；磷酸化 EIN2 与 ETP1/2 F– 盒蛋白的 SCF E3 作用③，引起EIN2 泛素化进入 26S 蛋白酶体降解④。此外，由于 EIN2 水平下降，EBF1/2（F–box 蛋白）

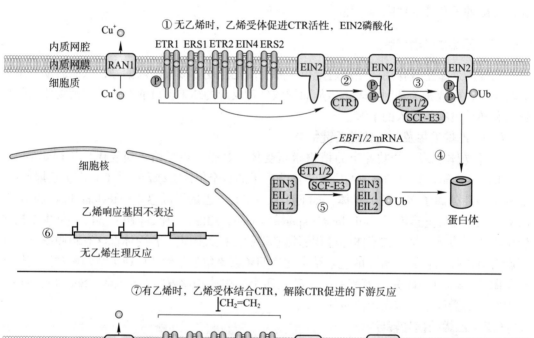

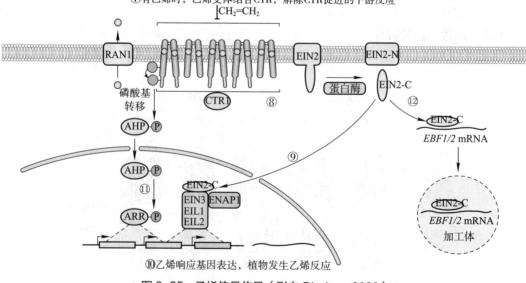

图 6–35　乙烯信号传导（引自 Binder，2020）

组成的 SCF E3 复合物泛素化 EIN3 和 EIL1，导致它们经蛋白酶体而降解⑤，从而核中乙烯诱导的相关基因不能表达，无乙烯反应⑥。在乙烯存在时，受体通过铜辅助因子结合乙烯，引起受体构象改变⑦。乙烯受体使 CTR1 激酶活性降低，在蛋白酶作用下，使 EIN2 的 C 端释放⑧；该 C 端入核，与 ENAP1 一起促进转录因子 EIN3/EIL1/EIL2 转录乙烯诱导的相关基因⑨，产生乙烯诱导的生理反应⑩。与此同时 ETR1 的组氨酸结构域的磷酸基可转移至受体结构域的天冬氨酸上，磷酸再转移至 AHPs，AHPs 入核也可导致乙烯相应基因表达，产生乙烯诱导的生理反应⑪。此外，EIN2-C 还可以与 *EBF1/2* mRNA 结合，并被隔离到加工体（P-body）中，减弱乙烯反应⑫。

第六节　油菜素内酯

　　1970 年 Mitchell 等报道在油菜花粉中发现一种对菜豆幼苗具强烈促进作用的物质，并将其命名为油菜素（brassin）。Grove 等（1979）终于从大量油菜花粉中分离出这种物质，因是甾醇内酯化合物而将其命名为油菜素内酯（brassinosteroid, BR 或 brassinolide, BL），分子式 $C_{28}H_{48}O_6$，分子量 476。除 BR 外，还发现有活性的 24- 表 BR 和多一甲基的 28- 高 BR。从很多种植物中分离鉴定出油菜素内酯及多种类似物，他们的共同特征是有 A、B、C、D 四个环，其中 A、B 环为反式，B 环含有 7 位内酯和 6 位酮基，A 环上具有 2 位和 3 位两个羟基，侧链 22、23 位具有羟基，侧链 24 位上有 1~2 个 C 的取代基（图 6-36）。这些以甾醇为基本结构的具有生物活性的天然化合物统称为油菜素甾醇类化合物（BRs）。BRs 是迄今为止国际上公认的活性最高、最广谱的植物激素之一，极低浓度处理植物便能表现出显著的生理效应。对拟南芥 BR 生物合成和信号转导突变体的深入研究，确定了其作为植物激素的地位。

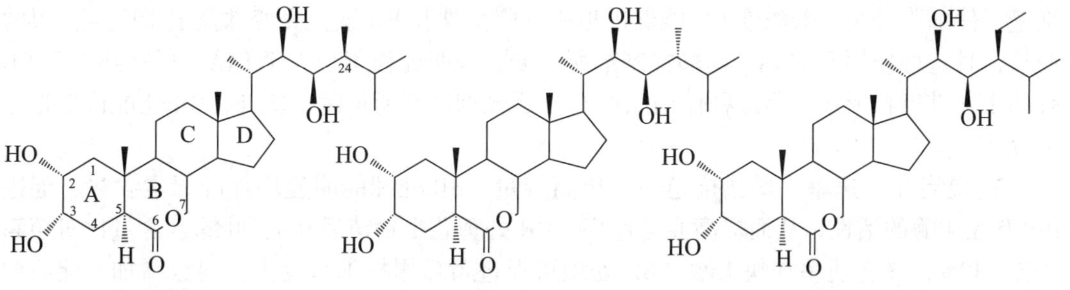

油菜素内酯（BR）　　　24-表—油菜素内酯（24-epi-BR）　　　28-高油菜素内酯（28-高-BR）

图 6-36　几种油菜素内酯的分子结构

　　BR 在植物界分布很广，在高等植物的枝、叶、花各器官都有，但其含量极少，主要分布在伸长生长旺盛的部位。通常花粉和种子 > 枝条 > 果实和叶片，其中油菜花粉是油菜素内酯的丰富来源，虽其含量只有 $10^2 \sim 10^3$ μg·kg^{-1}，但是它的生理活性很强。BRs 参与植物细胞的伸长与分裂、维管束分化、光形态建成、花粉发育和育性、植株衰老以及植物抗逆反应等一系列重要的生长发育过程。

一、油菜素内酯的合成和生理作用

（一）油菜素内酯的生物合成

通过饲喂标记中间物并用 GC/MS 分析代谢产物，再利用突变体，在多种植物幼苗和细胞培养中证实，BR 生物合成以甲瓦龙酸为原料，经鲨烯（squalene），再通过一系列反应生成芸苔甾醇（campesterol，CR），CR 经一系列氧化还原反应生成芸苔甾烷醇（campestanol，CN），CN 直接进入后期 C6 位氧化途径或转化为 6- 氧芸苔甾烷醇（6-oxocampestanol）后，进入早期 C6 位氧化途径。两条途径都是在甾醇体和侧链上发生一系列羟化和氧化反应，同时伴随着 C6 位的酮基化。后期 C6 氧化途径中，芸苔甾烷醇氧化为 6- 脱氧长春花甾酮（6-deoxocathasterone），再氧化为 6- 脱氧茶甾酮（6-deoxoteasterone）。在早期 C6 位氧化途径中，6- 氧芸苔甾烷醇氧化为长春花甾酮（cathasterone），再氧化为茶甾酮（teasterone）。无论是脱氧茶甾酮或茶甾酮都进一步氧化为有生物活性的油菜素甾酮（castasterone，CS），最终氧化成活性最强的油菜素内酯（brassinolide，BL）（图 6-37）。

（二）油菜素内酯的生理作用及应用

人工可合成 BR 以及多种类似化合物，用于生理生化及田间试验，其中某些化合物对大田作物表现出显著增产的效应。水稻叶片倾斜角度的变化对 BR 有专一性，用这种方法可区分 BR 活性与 IAA 或 GA 的活性。此外，菜豆第一及第二间生长只对 BR 有反应，对 IAA 及 GA 均无反应，这一特性可用于鉴定 BR 的生物活性。研究者认为 BR 能激发植物内在潜能，促进作物生长、增加产量、提高抗性和减轻除草剂对作物的药害等。

1. 促进细胞伸长和分裂，促进插枝生根和根毛发育。BR 促进伸长的效果非常显著，其作用浓度比 IAA 低好几个数量级，与生长素有正协同作用。用 $10 \ ng \cdot L^{-1}$ 的 BR 处理菜豆幼苗第二节间，便可引起该节间显著伸长弯曲，细胞分裂加快，节间膨大，甚至开裂，这些综合生长反应被用作 BR 的生物测定。BR 可增强 ATP 酶活性，促进质膜分泌 H^+ 到细胞壁，使细胞伸长。低浓度 BR 能促进拟南芥野生株和 BR 缺失突变株及玉米野生株根的伸长，且这种作用不被 IAA 运输抑制剂所改变，说明此作用独立于 IAA。后来还发现 BR 有助于促进侧根形成，但这种作用能被 IAA 运输抑制剂所抑制。此外，BR 还能调节根毛发育。

2. 提高光合速率，增强抗逆性，提高产量。BR 处理能明显增加叶绿素含量，促进 RuBP 羧化酶的活性，从而提高光合速率。BR 处理花生幼苗后 9 d，叶绿素含量比对照高 10%～12%，光合速率加快 15%。BR 处理可促进黄瓜栅栏细胞变大，层数增加，淀粉粒积累增加，有利于养分的吸收和转运。多个实验证明 BR 处理促进光合产物向穗部或果实运输，提高坐果率和产量。水稻幼苗在低温阴雨条件下生长，若用 $4～10 \ mg \cdot L^{-1}$ 的 BR 溶液浸根 24 h，则株高、叶数、叶面积、分蘖数、根数都比对照高，且幼苗成活率高、地上部干重显著增加。此外，BR 还能通过对细胞膜的作用，增强植物对干旱、病害、盐害、除草剂、药害等逆境的抵抗力。如用 BR 浸种后，在发根和发芽过程中不会出现类似对照组的腐败坏死现象，喷施 BR 明显减轻了小麦枯病的危害。生产上 BR 主要用于增加农作物产量，减轻环境胁迫。此外，作物经 BR 浸根处理后可降低蒸腾量，减少植物对药剂的吸收量，从而达到解毒目的。还能促进种子萌发，有助于花粉管的生长等。

3. 促进核酸和蛋白质合成及影响一些酶的活性。有实验发现用 BR 处理可提高菜豆和

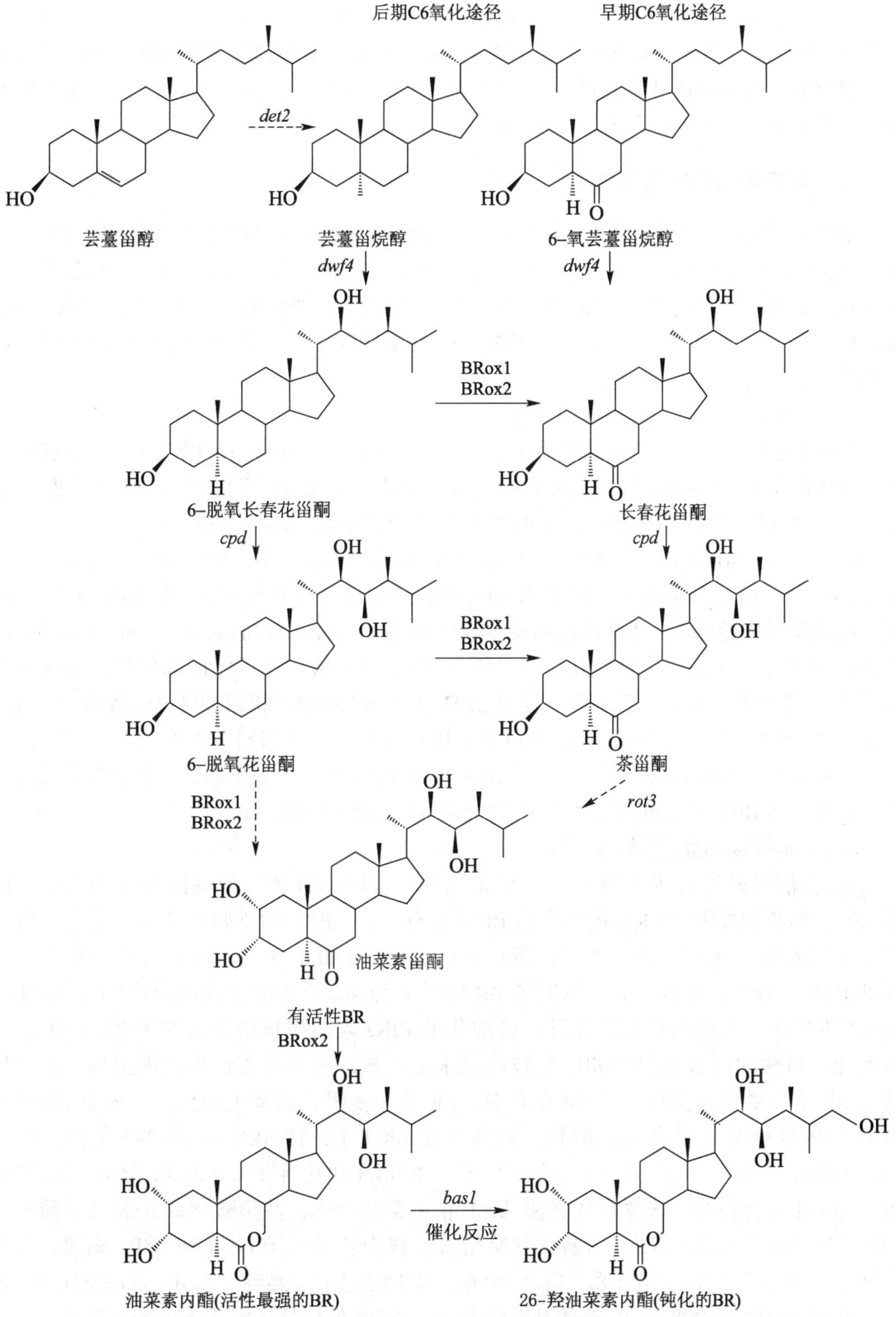

图 6-37 油菜素内膜生物合成图

det2（de-etiolated 2）、dwf4（dwarf 4）、cpd（constitutive photomorphhogenesis and dwarfism）、rot3（rotundifolia3）和 bas1（phyb activation-tagged suppressor 1-dominant）分别代表去黄化、矮生 4、组成型光形态建成并矮化、圆叶和光敏色素 B 激活标签显性抑制子 1 的突变体；BRox 为 BR 氧化酶

绿豆上、下胚轴中 RNA 含量和 DNA 聚合酶活性，促进 RNA、DNA 及蛋白质的合成；还有发现 BR 处理后 DNA 和 RNA 水解酶活性降低，如黄瓜下胚轴过氧化物酶和 IAA 氧化酶的活性降低。说明 BR 可能通过提高 DNA 和 RNA 聚合酶活性并降低 DNA、RNA 水解酶及一些氧化酶活性从而提高转录、翻译速率，促进组织生长。

二、油菜素内酯的信号转导

细胞内 BR 信号传导途径由受体蛋白、激酶、细胞核内转录因子，如油菜素唑抗性因子（brassinazole resistant transcription factor，BZR）等一系列元件组成。目前，已经基本建立了从细胞膜受体接受信号到细胞核内转录因子调控下游靶标基因表达的较为成熟的 BR 信号转导通路（图 6-38），其中蛋白激酶的磷酸化与转录因子的磷酸化和去磷酸化是 BR 信号转导的重要生化调控机制。

（一）油菜素内酯信号转导核心组分

细胞膜表面受体油菜甾醇不敏感 1（brassinosteroid insensitive 1，BRI1）和辅助受体与其相关激酶 1（BRI1-associated receptor kinase，BAK11）在 BR 信号转导中发挥关键作用。BRI1 为单跨膜并富含亮氨酸重复序列的类受体蛋白激酶（leucine-rich repeat receptor-like protein kinase，LRR-RLKs），胞外 LRR 的结构域能识别 BR，胞内激酶域可通过磷酸化调节胞内信号。BRI1 识别 BR 需要 BAK1 的协助，BAK1 是一种丝氨酸/苏氨酸蛋白激酶，属于植物类受体激酶——体细胞胚胎发生受体激酶（somatic embryogenesis receptor kinase，SERK）家族，它不能直接与 BR 结合，需要 BRI1 自身磷酸化后才能起作用，被认为是 BR 信号识别的辅助受体。后来研究发现 BRI1 和 BAK1 能够互相调节对方的磷酸化，从而增加 BRI1 激酶对特定底物的活性，即 BRI1 和 BAK1 共同调控植物 BR 信号的识别。BRI1 激酶抑制子 1（BRI1 kinase inhibitor 1，BKI1）是 BRI1 的负调控蛋白，它本身没有激酶活性，但可以被 BRI1 激酶磷酸化，BKI1 与无活性的 BRI1 互作更强。

（二）油菜素内酯信号转导过程

BR 的信号转导过程如图 6-38。在无 BR 时，没有 BR 诱导的基因表达和生理反应 ①~⑥，因负调控因子 BKI1 的结合使 BRI1 没有活性。BKI1 的负调控机制是通过与 BRI1 的激酶区互作，从而阻止了正调控蛋白 BAK1 等与 BRI1 的接近，使两者不能形成有活性的 BRI1-BAK1 复合体，从而抑制了 BR 信号的传递。在 BKI1 失活的情况下，BRI1 与 BAK1 还被吞入胞质内吞体再循环；磷酸化的 BIN2 入核使核中转录因子 BZS1 和 BZR1 磷酸化，磷酸化的 BZS1 和 BZR1 分解或是未能入核，或是从核迁出到细胞质，最终导致无 BR 诱导的生理反应。当 BR 存在时，BR 诱导基因表达和生理反应。先是 BR 诱导 BRI1 胞内结构域发生自身磷酸化，再磷酸化 BKI1 ⑦；使 BKI1 在 14-3-3 蛋白作用下脱离 BRI1，解除了 BKI1 对 BRI1 的抑制⑧；使 BRI1 活化并招募 BAK1，形成有活性的 BRI1-BAK1 复合体⑨。该复合体再激活 BR 信号激酶 BSK，并磷酸化的 BSK 活化磷酸酶 BSU1 ⑩，BSU1 催化 BIN2 去磷酸化并降解⑪。核中转录因子 BZS1 和 BZR1 积累，它们与其他转录因子（TFs）结合⑫，启动 BR 响应基因表达⑬，最终显示 BR 生理反应⑭。此外，BZS1 和 BZR1 会抑制 BR 合成基因的表达，对 BR 的信号转导进行反馈调控⑮。

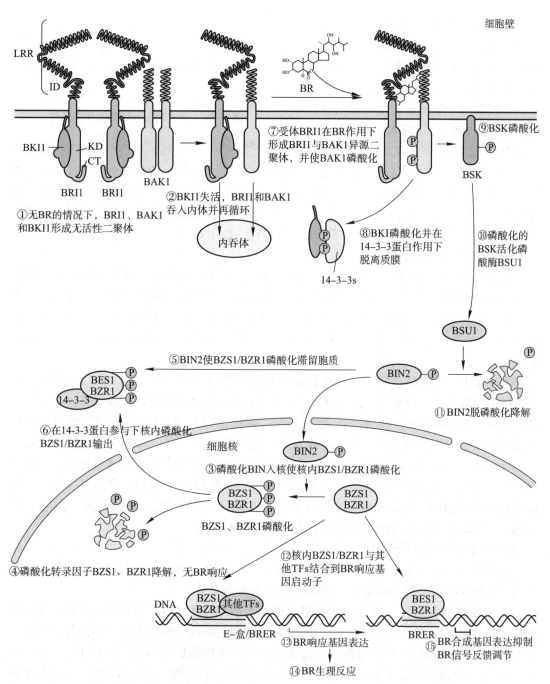

图 6-38 油菜素内酯的信号转导途径（改自 Taiz et al., 2010）

第七节 茉莉酸

一、茉莉酸的分布、生物合成和生理作用

茉莉酸（jasmonic acid, JA）和茉莉酸甲酯（methyl jasmonate, MeJA）等环戊烷酮

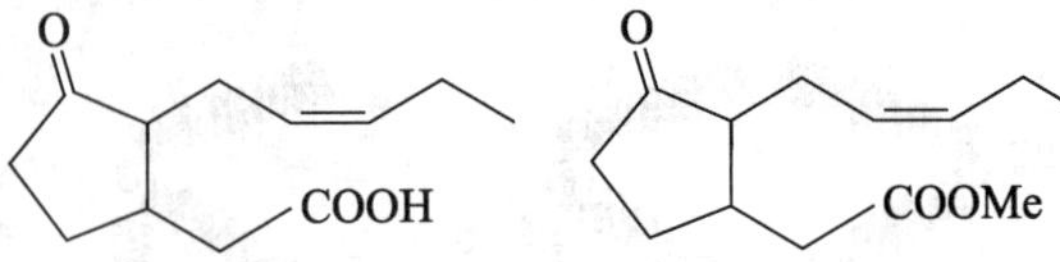

衍生物统称茉莉酸类物质（jasmonates，JAs）。1962 年从茉莉属素馨花的茉莉精油中分离到的茉莉酸甲酯，1967 年在突尼斯迷迭香中也发现了此类物质。在此后的一段时间里，其研究主要针对香料产业。直到 1971 年，有人从真菌培养物

图 6-39　茉莉酸及其甲酯的化学结构

滤液中分离到游离态的茉莉酸，并发现该物质能够抑制植物生长。现发现 JAs 广泛存在于植物中，除 JA 和 MeJA 以外，还包括 JA 的某些氨基酸结合物、葡萄糖苷和其羟化衍生物等。作为一种重要的羟脂类内源信号分子，JAs 广泛参与植物的生长发育、代谢调节、逆境响应及防御反应。从结构上看，茉莉酸类物质具有一个五碳环和两个侧链，其化学名称是 3- 氧 -2-（2′- 戊烯基）- 环戊烯乙酸，其结构式如图 6-39。

（一）茉莉酸的分布与生物合成

被子植物中 JA 分布最普遍，裸子植物、藻类、蕨类、藓类和真菌中也有分布。通常 JA 在茎端、嫩叶、未成熟果实、根尖等处含量较高，生殖器官特别是果实比营养器官含量丰富，如蚕豆生殖器官中含量为 3.1 $\mu g \cdot g^{-1}$FW，大豆为 1.26 $\mu g \cdot g^{-1}$FW，而营养器官中仅为 10～100 ng $\cdot g^{-1}$FW。JA 通常在植物韧皮部系统中运输，也可在木质部及细胞间隙运输。

无论是 JA 或 MeJA，它们的异构体都具有生物活性，其中以 (+)-JA 的活性最高。生产上应用的多为人工合成的 (±)-MeJA。JA 生物合成过程如图 6-40A：磷脂酶 A1（PLA1）首先氧化叶绿体膜释放的亚麻酸，之后在丙二烯氧化物合酶（AOS）和丙二烯氧化物环化酶（AOC）的连续催化下，在叶绿体内形成茉莉酸前体，顺 -(+)-12- 含氧植物二烯酸 [cis-(+)-12 oxophytodienoic acid，OPDA]，OPDA 在过氧化物酶体中经过含氧植物二烯酸还原酶（OPR3）还原和三次 β 氧化，生成 (+)-7-iso-JA 和 (3R，7S)-JA。再通过一种未知转运机制进入细胞质，它优先与异亮氨酸结合，在茉莉酰氨基酸结合物合成酶（JAR1）的催化下，形成茉莉酸的活性形式茉莉酸异亮氨酸（JA-Ile）。

（二）茉莉酸的生理作用

近年来研究发现 JAs 在抑制植物生长、促进叶片衰老、诱导气孔关闭等方面发挥重要作用，这些效应大多与 ABA 的效应相似，但也有独特之处。

1. 抑制生长和萌发。JA 能显著抑制水稻幼苗第二叶鞘长度、莴苣幼苗下胚轴和根的生长，抑制 GA$_3$ 对它们伸长的诱导作用。MeJA 可抑制珍珠稗幼苗生长、离体黄瓜子叶鲜重增加和叶绿素的形成以及细胞分裂素诱导的大豆愈伤组织的生长。如用 10 $\mu g \cdot L^{-1}$ 和 100 $\mu g \cdot L^{-1}$ 的 JA 处理莴苣种子，45 h 后萌发率分别只有对照的 86% 和 63%。茶花粉培养基中外加 JA，能强烈抑制花粉萌发。

2. 促进植物根系发育及再生。侧根发育过程中，JA 通过转录激活生长素合成相关基因增强生长素生物合成，促进侧根形成。进一步研究发现 JA 促进侧根形成依赖 IAA 的合成。机械损伤是促使植株再生的第一驱动力，JA 在植物遭受切割或机械伤害后迅速积累，以离体拟南芥组织为材料揭示了茉莉酸在损伤信号调节根系从头再生过程中的作用。

3. 促进衰老。用含有 0.5% MeJA 的羊毛脂涂在成熟的番茄上可显著诱导乙烯的增加。从苦蒿中提取的 MeJA 能加快燕麦叶片切段叶绿素的降解。MeJA 还可使郁金香叶的叶绿素迅速降解，叶黄化，叶形改变，加快衰老进程。

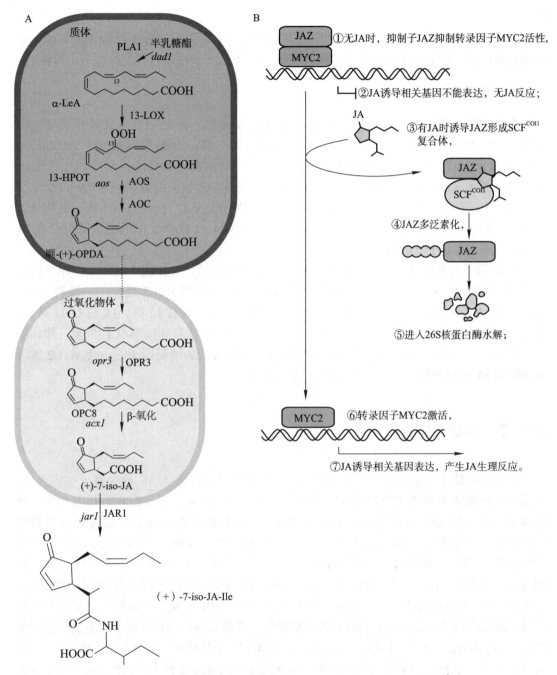

图 6-40 JA 生物合成（A，改自 Wasternack and Strnad，2019）与
信号转导途径（B，改自 Taiz et al.，2015）

4. 提高抗性。多个研究发现 JA 介导了植物各种逆境胁迫响应，拟南芥 *JAZ*
（*jasmonate ZIM-domain*）基因至少受到一种非生物逆境胁迫的诱导。JA 信号在植物抗虫、
抗病方面得到广泛、系统的研究。JA 本身对昆虫无毒，但将 JA 喷施在植物上却可以诱导
植物次生化学物质和系统抗性的产生，避免昆虫对植物的伤害。JA 通过诱导植物产生不
同的次生代谢物，如尼古丁等，影响昆虫对营养物质的吸收，或干扰神经信号传递，产生

抗虫性。

此外，JA 还能抑制外植体花芽的形成，调控花青素合成，抑制光和 IAA 诱导的含羞草小叶的运动，抑制红花菜豆培养细胞和根端切段对 ABA 的吸收，诱导气孔关闭等作用。

二、茉莉酸的信号转导

当植物受到外界环境刺激时，植物体内合成大量 JA，并进一步形成具有高度生物活性的 JA-异亮氨酸，它特异性结合茉莉酸受体 F-盒，冠毒素不敏感 1（coronatine insensitve1，COI1）。COI1 与生长素受体 TIR1 具有序列同源性和功能相似性，在诱导 JA 信号中起至关重要的作用。JA 信号通路研究的突破是 JAZ 蛋白的分离，JAZ 蛋白是定位在细胞核中的锌指蛋白，其 JAZ 结构域和 ZIM 结构域分别负责与上游 COI1 或下游转录因子 MYC2（myelocytomatosis 2）等结合。JAZ 也被认为是 JA 联合受体的组成部分，在 JA 途径中扮演"抑制子"的角色。

JA 的信号转导如图 6-40B。在没有 JA 时，JAZ 蛋白通过其他因子的相互作用，招募辅抑制因子 TPL（topless），使 JAZ 蛋白与下游转录因子，如 MYC2 结合①，抑制 MYC2 对 JA 响应基因的转录激活，致使没有 JA 的生理反应②。在有 JA 时，JA 与 COI1 结合，促进 COI1-JAZs 复合物直接结合，形成复合体③；并在 E3 泛素连接酶 SCF^{COI1} 复合物作用下引起 JAZ 蛋白泛素化④，最终通过 26S 蛋白酶体降解 JAZ 抑制因子⑤；使 MYC2 激活⑥，启动 JA 响应相关基因的转录，产生 JA 生理反应⑦。

第八节　独脚金内酯

独脚金内酯（strigolactone，SL）是一种萜类化合物植物激素，广泛存在于植物界中，包括天然的独脚金醇类化合物及人工合成类似物。其命名是基于发现它最初的功能，促进独脚金属（Striga）寄生杂草的种子萌发及其化学结构的内酯特征。SL 可以分成典型（canonical）和非典型（noncanonical）二大类。典型独脚金内酯类（SLs）是由一个三环的内酯，即 A、B、C 环通过一个烯醇醚桥与一个甲基丁烯羟酸内酯环（D 环）连接而成的四环结构（图 6-41）。研究表明，C、D 环及其之间的烯醚键对独脚金内酯的生物活性至关重要，A、B 环取代基对独脚金内酯的生物活性有一定的影响，而 D 环上增加 1 个甲基可致独脚金内酯诱发寄宿种子萌发能力大幅降低。根据 C 环的构型不同，典型的有独脚金醇类（strigol-type）和列当醇类（orobanchol，ORO）。而非典型 SLs 缺少 A、B、C 环，但有烯醇醚键和 D 环，如甲基玉米内酯酮（methyl zealactonoate）和太阳内酯（heliolactone）。人工合成的独脚金内酯类似物是 GR 系列，如 GR24 等活性最高，应用最广。

至今已经从不同植物中提取到大约 36 种天然独脚金内酯化合物，一种植物体内可能存在多种结构不同的 SL，它们主要在根中合成。根合成的 SL 具有向芽远距离运输和向土壤分泌两种转运形式。根系 SL 可通过短距离转运到土壤，促进菌根形成，增强根系养分吸收能力，研究发现转运蛋白在根系 SL 转运或分泌过程中发挥关键作用。同样，SL 也可从合成部位根，经长距离运输到地上部，且低 P、低 N 条件会促进 SL 的合成与运输，根向芽运输 SL 的事实暗示芽的构建和土壤中营养的利用存在信号互作。研究 SL 运输过程中一个重要的发现是在矮牵牛中鉴定出 ABC 类型的转运体——多向耐药性 1（pleiotropic

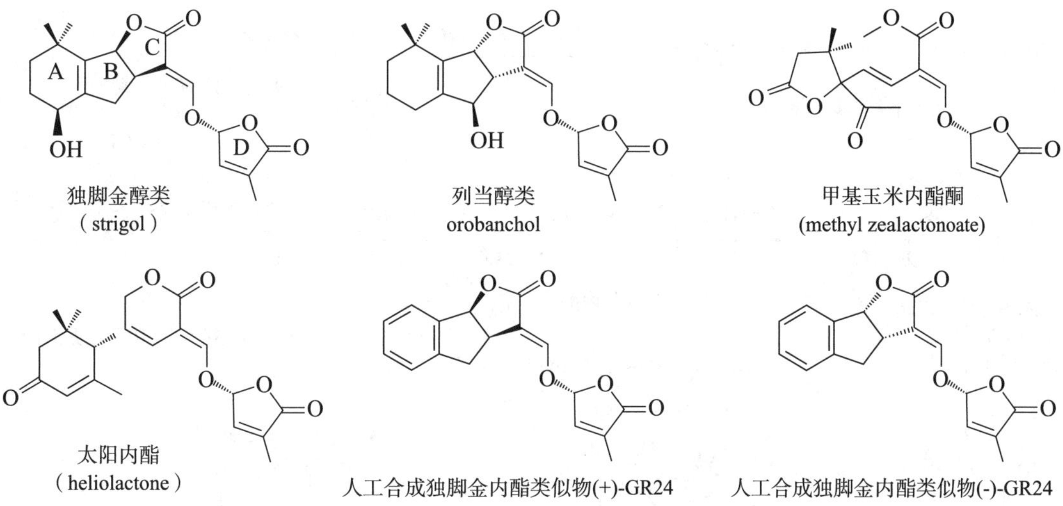

独脚金醇类
（strigol）

列当醇类
orobanchol

甲基玉米内酯酮
(methyl zealactonoate)

太阳内酯
（heliolactone）

人工合成独脚金内酯类似物(+)-GR24

人工合成独脚金内酯类似物(-)-GR24

图6-41　独脚金内酯（SL）与人工合成类似物（GR）结构

drug resistance 1，PDR1），它负责 SL 由根向外扩散。最近，有关 SL 运输的相关基因陆续被报道，但是具体的由根部向外运输的机制还有待研究。

一、独脚金内酯的生物合成和生理作用

（一）独脚金内酯的生物合成途径

用玉米类胡萝卜素突变体及玉米、豇豆和高粱的类异戊二烯途径抑制剂研究这些植物根系分泌物对独脚金、列当种子萌发的影响，发现独脚金内酯是以类胡萝卜素为前体，通过一系列的酶促反应合成的。通过拟南芥和水稻等一系列合成步骤中酶突变体的研究，发现 SL 的生物合成前体物质是卡乐酮（carlactone，CL），在合成 CL 的过程中，类胡萝卜素异构酶矮生 27（dwarf 27，D27）、类胡萝卜素裂解双加氧酶 7（arotenoid cleava gedioxygenase 7，CCD7）和 8（CCD8）起关键作用，具体过程如图6-42。D27 将反式 β 类胡萝卜素转变成 9- 顺式 β 类胡萝卜素，后者被 CCD7 裂解生成 9- 顺式 $-\beta-$ 载脂蛋白 $-10'-$ 胡萝卜醛，再由 CCD8 氧化生成卡尔内酯，卡尔内酯是合成所有 SLs 的最后一个共同前体。在这一步骤中，D 环的形成和立体定位完成了，但卡尔内酯本身不具 SL 活性，需再经过细胞色素 P450 单加氧酶（CYP450）及其同源物氧化生成卡乐酮酸（CLA），其中细胞色素 P450 加氧酶亚家族 CYP711A 在 CL 的后续转化中起重要作用。CLA 经细胞色素 P450 单加氧酶 CYP722C 催化，氧化闭环生成 5- 脱氧独脚金醇（5DS）或列当醇（ORO）。在高粱、玉米中还存在 A17/A18 氧化、还原酶类催化形成 ORO。因此，不同植物存在不同的酶促反应过程，但 5DS 是 SLs 生物合成过程中产生的第一个活性产物，是其他几种天然产物合成的分支点。

（二）独脚金内酯的生理作用及应用

SL 最为代表性的作用是调控植株分枝（分蘖）数目，刺激寄生杂草种子的萌发等。

1. 抑制植物分枝。对豌豆、水稻和拟南芥的多分枝突变体进行研究发现，它能抑制植物分枝和侧芽生长。SL 含量降低，分枝增加。生产上 SL 可与 IAA、CTK 等相互协同调控植物分枝及株型。可通过施用 SL 抑制水稻、大豆、豌豆等粮食作物无效分枝（分蘖），塑造理想株形，提高产量。可通过抑制 SL 的合成来促进分枝，提高果树等园艺作物开花

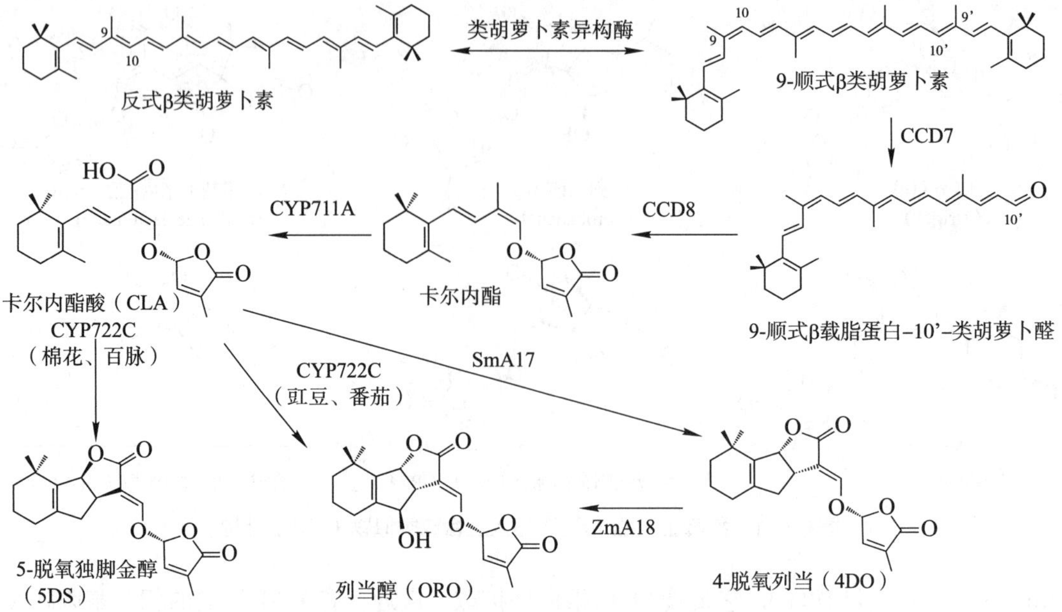

图 6-42　独脚金内酯的生物合成途径（改自 Mashiguchi et al., 2021）

结果和产量，增加矮牵牛等观赏植物分枝和花量，达到更好的观赏效果。

2. 诱导寄生植物种子的萌发。在自然环境下，寄生植物的种子在没有寄主存在时处于休眠状态，当寄主出现时，会通过其根系分泌物唤醒寄生植物种子，从而开启萌发。从寄主植物根中分离出多种 SLs 类化合物。SLs 在土壤中的寿命非常短，但对寄生植物种子具有高度的生物活性，在 pg 水平上就能促进 50% 的种子萌发。独脚金和列当等既是农作物寄生杂草，也是中草药，尤其是作为名贵中药材的列当还是国家三级保护濒危物种，其人工栽培及嫁接难度很大，利用 GR24 处理分支列当的种子，种子萌发率达到 70%。因此，可以利用 SL 作为列当发芽促进剂，人工培育列当，为提高成活率和规模化种植找到了一个比较可靠的方法。

3. 促进丛枝菌根真菌菌丝分枝。丛枝菌根（Arbuscular mycorrhiza，AM）真菌是陆地生态系统中的关键微生物，参与碳等多种元素的化学循环过程，其分泌物可以改善土壤微环境，被称为"生物肥料"，能与大多高等植物的营养根系形成互惠共生体，是一种普遍的植物互惠共生现象。从百脉根中分离出的 SLs 类似物 5DS，可促进枝菌根真菌菌丝分枝。SL 可在 pg ~ ng 水平上发挥作用，每个培养皿中 30 pg 的 5DS 天然提取物就能诱导 AM 真菌菌丝分枝。

4. 调控植物根系生长和根瘤菌的形成。SL 通过与 IAA、CTK 等协同，不仅可以控制植物分枝，还可以调控植物根系的生长。通过拟南芥突变体 max3-11、max4-1 的研究发现，SL 可促进侧根的形成和根毛的伸长，可调控根系构型。除此之外，独脚金内酯可抑制番茄、拟南芥和豌豆不定根的形成，诱导豌豆节间伸长等。利用人工合成的独脚金内酯 GR24 处理紫花苜蓿和豌豆，发现 GR24 可促进苜蓿根瘤、豌豆根瘤的形成。在农业生产上施以适量 SLs 或独脚金内酯刺激物，促进作物根部丛枝真菌的分支，尤其对贫瘠土壤，适当种植能形成根瘤菌的苜蓿等植物，能有效恢复贫瘠土壤的肥力，进而促进作物的生长，提高其抗逆能力，增加其产量。

二、独脚金内酯的信号转导

（一）独脚金内酯信号转导核心组分

已知有 3 类蛋白参与 SL 的信号转导（Wang 等，2020）。第一类蛋白是从水稻 SL 不敏感突变体 *dwarf14*（d14）中编码 α/β 折叠水解酶超蛋白（D14）家族，后来在拟南芥和豌豆中也发现了 D14 蛋白，寄生植物独脚金（*S. hermonthica*）中的 KAI2（Karrikin insensitive 2）和矮牵牛中顶端优势减弱 2（decreased apical dominance 2，DAD2）等均为其同源蛋白，认为是 SLs 的受体。这些受体蛋白具有双重功能——既作为酶催化 SL 的水解反应，将 SL 转化成有活性的形式，又可作为一个独立的元件参与 SL 的信号传导。第二类蛋白是 F- 盒蛋白。来自拟南芥的一类 F- 盒蛋白，多腋芽生长 2（more axillary growth 2，MAX2）等在协调 SL 信号的感知、释放及水解过程中起关键作用，SLs 的存在会促进 D14 蛋白和 F- 盒蛋白的互作，从而招募第三类蛋白。第三类蛋白是抑制蛋白——D53 蛋白，编码 D53 蛋白的 *D53* 基因位于 *D3* 和 *D14* 的下游，发现 *D53* 基因发生显性突变产生的功能获得性水稻突变体 *d53* 对 SL 不敏感，呈现矮化多分蘖表型。此外，拟南芥中同源蛋白拟 MAX2 抑制子 2、6、7 和 8（suppressor of MAX2-like 2,6,7 和 8，SMXL2,6,7 和 8）也是 SL 信号通路的抑制子。

（二）独脚金内酯信号转导

水稻中 D53 蛋白的发现推动了 SL 信号传递途径的阐明，当 SLs 存在时，D14 接收 SLs 信号促使形成 D53-D14-SCFD3 复合体，复合体介导 D53 被蛋白酶体降解，D53 降解后，SLs 发挥抑制植物分枝（分蘖）的功能；在无 SLs 存在时，抑制蛋白 D53 不能被降解，则抑制 SLs 发挥作用，引起植株多分枝（分蘖）表型。拟南芥中 SLs 信号转导过程如图 6-43。在无 SLs 存在时，抑制蛋白 SMXL6，7，8 作为抑制子招募共抑制相关蛋白 TPR，直接结合下游转录因子，抑制 *BRC1*、*TCP1* 和 *PAP1* 等基因转录活性，从而阻遏 SLs 响应基因的表达①。同时，SMXL6 作为转录因子与 TPR 结合也抑制 *SMXL6*，7，*8* 自身表达⑨。当植物体内 SL 含量上升时，SLs 被受体 D14 感知并结合②；诱导其与

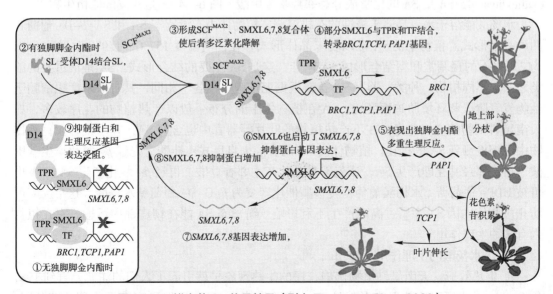

图 6-43　拟南芥 SL 信号转导（引自 Tang and Chu，2020）

各自对应的 F- 盒蛋白和 MAX2 互作，形成 D14·SCF^{MAX2}·SMXL6 复合体，SMXL6 泛素化，并通过蛋白酶体途径降解，解除其对下游转录因子的抑制③；TPR 与作为启动子的 SMXL6 和其他转录因子结合，启动 SLs 响应基因如 *BRC1*（branched 1），*TCP1*（tcp domain protein1）和 *PAP1*（production of anthocyanin pigment 1）的表达④；植物产生诸如地上部分枝减少、花色素苷积累和叶片伸长等生理过程⑤。同时，SLs 诱导 SMXL6，7，8 的降解有助于 SMXL6，7，8 转录抑制子的释放，从而激活 *SMXL6*，7，8 基因的表达和 SMXL6，7，8 蛋白的合成⑥~⑧，反过来负反馈调控，重建对 SLs 诱导的转录的抑制和生理作用⑨。因此，SLs 既诱导 SMXL6，7，8 蛋白的降解，又激活 *SMXL6*，7，8 基因的表达，形成了一个精细调控 SMXL6，7，8 丰度，从而维持 SLs 通路稳态的负反馈调控体系。SMXL6，7，8 具有抑制子和转录因子双重功能的新型抑制子，它与其他激素通路中抑制蛋白不直接结合 DNA 的经典机制不同，是一种全新的植物激素信号转导机制。

第九节 其他天然的植物生长物质

植物体内除了上述植物激素外，还有一些微量的天然有机化合物调节植物的生长发育过程，如水杨酸、多胺和多肽类等。

一、水杨酸

（一）水杨酸的结构与合成

1763 年英国的 Stone 首先发现柳树皮有很强的收敛作用，可以治疗疟疾和发烧。后来发现这是柳树皮中所含的大量水杨酸糖苷在起作用，于是经过许多药物学家和化学家的努力，医学上便有了阿司匹林（aspirin）药物。阿司匹林即乙酰水杨酸（acetylsalicylic acid），在生物体内可很快转化为水杨酸（salicylic acid，SA），SA 的化学成分是邻羟基苯甲酸（图 6-44），是桂皮酸的衍生物。

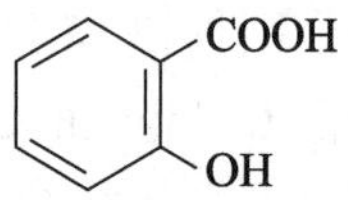

图 6-44 水杨酸的化学式

水杨酸能溶于水，易溶于极性的有机溶剂。植物体内有游离态 SA 和 SA-β-D- 葡糖苷两种存在形式。植物中的 SA 常以粉末晶体形式存在，当温度 157℃~159℃ 时融化，pH 为 2.4。SA 的羟基常和糖结合形成 SA 糖苷，这是 SA 主要的结合形式。SA 是最重要的酚类之一，不同植物、种类、器官 SA 含量根据亚细胞定位各不相同，其有效浓度也依赖于植物发育阶段和环境胁迫而变化。SA 在植物体中的分布一般以产热植物的花序较多，如天南星科植物的佛焰花序。在不产热植物的叶片等器官中也含有 SA，在水稻、大豆等作物中也都检测到 SA 的存在。植物体内 SA 的合成来自反式肉桂酸，先经 β- 氧化产生苯甲酸，再经邻羟基化即产生 SA；或先邻羟基化产生邻香豆酸，再经 β- 氧化产生 SA。SA 也可被 UDP- 葡萄糖：水杨酸葡萄糖转移酶催化转变为 β-O-D- 葡萄糖水杨酸，这个反应可防止植物体内因 SA 含量过高而产生不利影响。游离态 SA 能在韧皮部中运输，它在植物内有多种生理作用。

（二）水杨酸的生理作用及应用

1. 生热效应。天南星科植物佛焰花序的生热现象早就引起了人们的注意，直到 1987 年 Raskin 等才证明这种生热素就是 SA。实验发现 SA 可激活编码交替氧化酶的核基因，证明 SA 可激活抗氰呼吸途径。在严寒条件下花序产热，保持局部较高温度有利于开花结实。此外，高温有利于花序产生的具有臭味的胺类和吲哚类物质的蒸发，以吸引昆虫传粉。可见，SA 诱导的生热现象是植物对低温环境的一种适应。

2. 提高植物抗病性。植物，尤其是采摘后易受病原菌的侵入，最终因减产导致经济损失。许多合成化合物被用于克服采后病原菌的攻击，许多研究者发现 SA 可替代此类化合物。提高植物抗病性也是 SA 最受关注的效应。有些抗病植物在受病毒、真菌或细菌侵染后，SA 水平显著增加，并诱导抗病基因的活化，使植株产生抗性，同时引起非感染部位的 SA 含量升高。但病原的侵染不能引起感病植物 SA 含量的增加，因此其体内的抗性基因不能被活化，但外施 SA 即可诱导其活化并产生抗性。有人报道，抗性烟草感染烟草花叶病毒（TMV）后，其抗性与 9 种 mRNA 的诱导有关，施用外源 SA 也可诱导这些 RNA，认为 SA 可能在激活基因表达及建立过敏反应和系统获得抗性（SAR）的信号转导途径中扮演着关键的角色。

3. 促进开花及鲜切花寿命。用 5.6 μmol·L^{-1} 的 SA 处理可使长日植物浮萍在非诱导光周期下开花，后来发现这一诱导是依赖于光周期的，即在光诱导以后的某个时期与开花促进或抑制因子相互作用而促进开花。进一步研究表明，SA 能使长日性浮萍和短日性浮萍的光临界值分别缩短和延长约两小时。外施 SA 于非洲紫罗兰品种叶可促进其开花和生长，同时能改变花的性状，如花的大小，花芽数量，花的颜色等。外施 SA 能延长一些切花的插花寿命，对维持花瓣的含水量有促进作用。

4. 促进植物生长发育，提高光合作用。SA 对促进胁迫环境下种子萌发有重要作用，可能与内源谷胱甘肽池有关。外施 SA 能促进大豆种子的萌发，不同浓度 SA 能提高盐胁迫下蚕豆的萌发率。SA 不仅能提高小麦等种子的萌发率，还能促进其随后的生长及产量。早期研究发现外施 SA 促进大豆生长、刺激小麦苗顶端分生组织细胞分裂，但抑制大豆的顶端生长，促进侧生生长，增加分枝数量、单株结荚数及单荚重。SA 还可显著影响黄瓜的性别表达，抑制雌花分化，促进较低节位上分化雄花，并且显著抑制根系发育。由于良好的根系可合成更多的有助于雌花分化的 CTK，所以，SA 抑制根系发育可能是其抑制雌花分化的部分原因。蛋白质组图谱方法发现外施 0.05 mmol·L^{-1} 的 SA 促进小黄瓜蛋白表达，鉴定的 1 500 个不同蛋白中有涉及生长、发育、代谢、细胞响应，光合等。SA 对调节正常和胁迫环境下的光合作用起重要作用，如它通过上调玉米、小麦、绿豆等 Rubisco 和碳代谢来提高其光合速率。

二、多胺

高等植物的多胺（polyamines，PA）含量在不同植物及同一植物不同器官间、不同发育状况下差异很大，可从每克鲜重数 nmol 到数百 nmol。通常，细胞分裂最旺盛的部位也是多胺生物合成最活跃的部位。

（一）多胺的种类与生物合成

PA 是广泛存在于微生物、动物和植物中的脂肪族含氮碱类生物活性物质，包括二胺、三胺、四胺及其他胺类，其中以腐胺 [NH$_2$(CH$_2$)$_4$NH$_2$]、亚精胺 [NH$_2$(CH$_2$)$_3$NH(CH$_2$)$_4$NH$_2$] 和精胺 [NH$_2$(CH$_2$)$_3$NH(CH$_2$)$_4$NH(CH$_2$)$_3$NH$_2$] 分布最广。PA 生物合成的基本物质为三种氨基酸，其生物合成途径大致如下：首先精氨酸转化为腐胺，并为其他 PA 的合成提供碳架；其次蛋氨酸向腐胺提供丙氨基而逐步形成亚精胺与精胺（图 6-45）；尸胺则是由赖氨酸脱

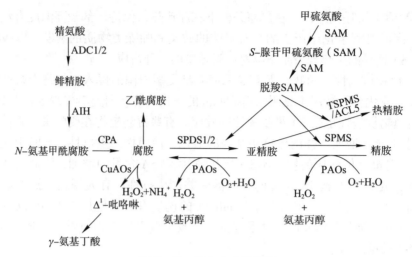

图 6-45　植物中多胺代谢

ADC，精氨酸脱羧酶（arginine decarboxylase）；AIH，精胺亚氨基水解酶（agmatine iminohydrolase）；CPA，N− 氨基甲酰腐胺酰胺水解酶（N−carbamoylputrescine amidohydrolase）；NATA1：N− 乙酰转移酶 1（N−Acetyltransferase activity 1）；SPDS，亚精胺合酶（spermidine synthase）；SPMS，精胺合酶（spermine synthase）；ACL5，acaulis5；TSPMS，热精胺合酶 thermo-spermine synthase；SAMDC，S− 腺苷蛋氨酸脱羧酶（S−adenosylmethionine decarboxylase）；PAO，多氨氧化酶（polyamine oxidases）；CuAO，含铜氨氧化酶（copper-containing amine oxidases）

羧形成。亚精胺和精胺的合成涉及乙烯合成的中间产物 SAM。因此，多胺和乙烯合成相互竞争。精胺和亚精胺在多氨氧化酶催化下形成腐胺，再在含铜氨氧化酶催化下形成 Δ^{1-} 吡咯啉，最终形成 γ− 氨基丁酸（图 6-45）。

（二）多胺的生理效应和应用

1. 促进生长。如休眠的菊芋块茎是不进行细胞分裂的，但是如果在培养基中加入 PA，块茎细胞分裂、生长，同时也刺激形成层带分化和维管组织形成。亚精胺还能刺激菜豆不定根数目增加和生长加快。多胺的促生长作用与 DNA 转录、RNA 聚合酶活性和蛋白质合成等加快有关。

2. 延缓衰老。PA 延缓衰老的作用一是通过抑制 RNase 活性而抑制衰老，如 L− 精氨酸可抑制 RNase 活性，从而推迟衰老。二是可代替光照而抑制衰老，PA 可延迟黑暗中的燕麦、豌豆和石竹等叶片和花的衰老。只要在它们的培养液中加入 1 mmol · L^{-1} 精胺，就能保持叶绿体类囊体膜的完整性，延缓蛋白质丧失和抑制 RNase 活性，阻止叶绿素降解。三是通过抑制乙烯合成而抑制衰老。因为 PA 和乙烯竞争 S− 腺苷蛋氨酸，所以 PA 可抑制乙烯的生成，从而延缓衰老。

3. 提高对生物和非生物胁迫的抗性。高等植物体内的 PA 水平对各种不良环境是十分敏感的，在水分、盐分和渗透等胁迫下，PA 的含量均显著增加，这有助于植物抗性的提高。例如，缺钾的条件下，腐胺含量显著增加，起着维持阳离子平衡的作用。在盐胁迫条件下，多观察到腐胺含量的降低及亚精胺或精胺含量的增加，精胺作为植物防御响应的诱导剂，可以激活一系列超敏反应基因而诱发线粒体紊乱，从而激活参与防御反应的丝裂原活化蛋白激酶（MAPKs）、伤诱导蛋白激酶（WIPK）及 SA 诱导蛋白激酶（SIPK）等信号通路。

4. 影响多种次级代谢产物的生物合成。尼克酰胺、莨菪烷生物碱、可卡因、吡咯里西啶生物碱和可修饰真核生物翻译起始因子 eIF5A 的尾下素（Hypusine）等可以 PA 为前体进行生物合成，因此多胺代谢可影响这些次级代谢产物的合成。

此外，PA 还可调节与光敏色素有关的生长和形态建成。PA 合成过程中的精氨酸脱羧酶（ADC）直接受光敏色素的调控，因此，光敏色素、ADC、PA 三者相继影响着植物的生长和形态建成。PA 与其他植物激素存在互作关系。如外施 IAA、GA、CTK 等植物激素可促进 PA 生物合成，而外施 ABA 则抑制 PA 的合成。腐胺与调节 ABA 生物合成的基因的表达呈正相关，但下调了乙烯，JA 和 GA 的生物合成的基因，而亚精胺的作用正好相反。精胺增强了乙烯和 JA 的生物合成的基因，但下调了 GA 和 ABA 的生物合成基因。亚精胺正调节 SA 信号传导基因，而 IAA 和 CTK 信号传导基因与精胺的作用有关，腐胺不调节或正调节 JA 信号等。

三、植物多肽激素

植物多肽激素（plant polypeptide hormone）是近 30 年来发现的结构上不同于传统植物激素，在植物体内具有调节生理过程和传递细胞信号功能的活性多肽。他们参与植物生长、发育及抗逆等许多生命过程，特别是作为信号分子在细胞与细胞之间短距离信息交流中起着关键作用。常以配基的形式与细胞膜表面的相应受体激酶分子相互作用，从而激活通路下游基因或启动相关信号转导过程。目前已知有 10 余种多肽作为植物激素发挥作用（李琛等，2008；黎家等，2019）。

1. 系统素（systemin）。作为植物中的第一个被认定的多肽激素，于 1991 年在番茄中发现。番茄的叶片被昆虫咬伤之后能够传递信号给非咬伤叶片，使之产生抗虫性。并在叶片的受损部位和周边部位都可以检测到一种 18 个氨基酸的多肽化合物（AVQSKPPSKRDPPKMQTD）。它作为系统性防御反应的信号分子能够诱导受伤叶片和一定距离之内的未受伤叶片产生蛋白酶抑制剂，从而能够抑制昆虫对植物的进一步侵害。番茄中系统素的mRNA 翻译出编码 200 个氨基酸的多肽，经剪切加工产生了由 18 个氨基酸组成的功能终产物——系统素。从烟草中分离得到了两个有功能的系统素，也是由 18 个氨基酸组成。两个烟草系统素多肽一级序列有一定的同源性，但是与番茄系统素相比则没有任何相似性。烟草系统素 I 和 II 是由同一基因编码剪切而成。番茄的系统素只在番茄中有作用，而烟草的系统素也只在烟草中起作用。

番茄中分离得到了系统素的受体 SR160 是一个分子量为 160×10^3 富含亮氨酸重复序列的类受体蛋白激酶（LRR–RLK），该蛋白具有受体蛋白的基本结构，一个位于胞外的天线结构，单一的跨膜区和一个位于胞内的向下游传递信号的激酶区。系统素与其受体之间的相互作用介导了植物的系统性防御反应。SR160 与油菜素内酯的受体 BRI1 相同，它可能通过形成不同的受体复合体来分别介导系统素和 BR 的信号转导过程。

2. 植物磺肽素（phytosulfokine，PSK）。当悬浮培养细胞被稀释到一定程度之后很难再进行分裂，即使在补充植物激素和营养物质之后也难以提高其有丝分裂活性，说明悬浮培养细胞存在一种能够感受培养细胞密度的因子。研究表明这种高密度细胞能够产生一种促进有丝分裂的因子。它是一个经过硫化修饰的五肽化合物，即硫化色氨酸 – 异亮氨酸 –硫化色氨酸 – 苏氨酸 – 谷氨酰胺 [Y（SO3H）–I–Y（SO3H）–T–Q]，称植物磺肽素或植硫肽。PSK 来自一个 N 端含有分泌信号的 89 个氨基酸的前体多肽。PSK 的浓度在 nmol 水平便能够促进细胞的脱分化和分裂。来自同一基因的转录产物，但经过不同的转录后加工后形成的分子量分别为 120×10^3 和 150×10^3 的蛋白均能与 PSK 相结合，其基本分子结构形式与系统素的受体一样，也是富含亮氨酸的受体激酶蛋白。已知 PSKR1 通过胞外结构域中的岛区来识别 PSK，以 BAK1 为代表的 SERKs 蛋白可能作为共受体参与 PSK 的信号转导，PSKR1 岛区在 PSK 诱导下产生与 SERKs 结合的新界面从而激活 PSKR1。此外，PSK 还参与植物对病原菌侵染的抗性反应，如增强番茄对灰葡萄孢菌的抗性且依赖于 PSKR1。PSK 作为防御相关的信号分子，被 PSKR1 感知，通过上升钙离子浓度，激活 IAA 的合成，来增强番茄对灰葡萄孢菌的防御反应。

3. SCR/SP11（S 位点富含半胱氨酸蛋白 /S 位点蛋白 11）。很多植物特别是芸薹属植物中存在自交不亲和（SI），雌蕊中存在两个 SI 位点蛋白：SLG 和 SRK，他们都是在柱头表面乳突中表达，SLG 为糖基化蛋白，SRK 是位于膜上的受体蛋白激酶。在花药中，SI 位点编码一个只在绒毡层中表达的富含半胱氨酸的胞外多肽—— SCR/SP11。这个多肽的长度从 74 ~ 77 个氨基酸不等，在群体中有相当高的多态性，并含有可能的信号肽切点。SCR/SP11 由绒毡层产生并被分泌到花粉粒，当花粉粒落到柱头上时，SCR/SP11 就能够与柱头上的受体复合体 SLG/SRK 相互作用，化学合成的 SCR/SP11 多肽也能够直接同 SLG/SRK 受体复合物相互作用。

4. CLV3（CLAVATA3）。CLV3 是调控植物发育的多肽激素，其终产物是一个含有 12 个氨基酸的多肽，由一个 96 个氨基酸的含有分泌肽的前体蛋白经过剪切加工而成，直接参与了植物茎端生长点中干细胞数目的控制。CLV3 拟南芥突变体除了茎端生长点变大其花器官数目也增加，心皮数目从野生型的 2 个加到 5 个左右，导致其种荚呈现棒球棍的形状（CLAVATA）。后人们又分离到 CLV1 和 CLV2 突变体，CLV1 编码一个富含亮氨酸重复序列的受体激酶；CLV2 编码一个和 CLV1 类似的富含亮氨酸重复顺序类受体蛋白，但是它不具有胞内激酶区；CLV3 编码一个只有 96 个氨基酸的胞外小分子蛋白。CLV1 和 CLV2 均含有成对的半胱氨酸残基，在细胞内 CLV1 和 CLV2 通过一个共价二硫键连接，形成一个 180 kD 的细胞膜表面受体的异二聚体。与生长点大小相关的另外一个重要基因是 WUSCHEL（WUS）。突变体 wus 的表型与 clv 相反，其茎尖生长点在种子萌发后不久便失去活力，产生无生长点的小苗。WUS 编码一个转录因子。CLV3 通过与 CLV1/CVL2 受体复合体相互作用，将 CLV3 信号从一个细胞传递到邻近的细胞，通过一系列中间过程，实现抑制 WUS 表达的结果。CLV 复合体与 WUS 形成了一个非常精确的反馈调节环，控制着茎端分生组织中干细胞的数目。在这个调节环中，WUS 的作用是维持干细胞的未分化状态，增加茎生长点中干细胞的数目；而 CLV1/CLV2/CLV3 复合体则产生一个促进干细胞分化的信号，从而限制茎端生长点中干细胞的数目。已经在拟南芥、水稻、玉米和线虫等物种中发现了许多含有这一基序的蛋白质，命名为 CLV3/ESR（CLE）基序，且将带有这一基序的基因家族命名为 CLE 家族。这个家族所编码的蛋白或加工后的小分子多肽有可能作为胞外的多肽激素来发挥作。过表达这些保守 CLE 基序多肽刺激根生长点的分化，引起根分生组织的消亡。胚胎表达的 CLE19 能够调控子叶的建立和胚乳的发育，在气孔保卫细胞中表达 CLE9 能够诱导气孔关闭。CLE9 过表达使得植物更加抗旱而 CLE9 敲除则对干旱更加敏感。杨树木质部细胞表达并分泌的多肽 PtrCLE20 移动到形成层细胞抑制 PtrWOX4 的表达，进而抑制维管形成层细胞的分裂活力，PtrCLE20 也能够抑制杨树和拟南芥的根分生组织活力，这种抑制作用依赖 CLV2。

5. 其他多肽激素。木质部管胞分化抑制子（tracheary element differentiation inhibitory

factor，TDIF），TDIF 是调控植物维管发育的多肽激素，TDIF 在韧皮部细胞中表达并分泌，通过韧皮部与木质部互作受体（phloem intercalated with xylem，PXY）促进原形成层细胞的分裂，并抑制木质部细胞的分化。通过分析 PXY-TDIF-SERK2 的晶体结构，发现 TDIF 能够拉近 PXY 与 SERK2 的距离，促进 PXY 与 SERK2 的相互作用，进而调控下游信号。

植物激发子多肽激素（plant elicitor peptide，PEP）是一种调控植物免疫反应的多肽。通过其受体 PEPR1 和 PEPR2 激活使下游信号是 BIK1 的磷酸化，启动乙烯诱导防御基因的响应并可激活 MAPK 级联信号，进而放大下游免疫反应。

LUREs 多肽是一类含有约 65 个氨基酸残基的半胱氨酸富集型的类防御素多肽，由助细胞合成后分泌到细胞外，能够吸引花粉管向珠孔处生长，进而实现双受精。植物通过分泌 LUREs 多肽信号增加自身花粉管竞争能力进而促进近缘物种间保持生殖隔离。

RGF/GLV/CLEL 是调控根尖近端分生组织发育、根的向地性反应和侧根发生等根发育过程的多肽激素，其类受体蛋白激酶，如 RGFR1、RGFR2 以及 RGFR3 参与信号转导，它们通过快速诱导 RGI1 的磷酸化和泛素化，参与到根尖干细胞微环境的维持，调控植物根的发育。

RALFs 是一类在植物中保守的多肽激素，具有抑制细胞伸长的作用。还在维持花粉管生长过程中保持完整性与花粉管的正常破裂，精细胞的释放中起作用。EPF 家族属于半胱氨酸富集型多肽，其家族成员在气孔发育过程中发挥功能。IDA 是调控花器官脱落的多肽，在侧根形成过程中发挥重要作用。

第十节　植物激素间的相互关系

在植物生长发育进程中，任何一种生理过程往往都不是某一种激素单独作用，而是多种激素相互作用的结果。

一、植物激素间的互作关系

植物激素的作用具有多效性。任何一类植物激素可影响到生长发育的多个过程，反之，多数情况下植物生长发育的某个过程受到多种激素的调节，而不是某一种激素单独作用。植物也正是通过多种激素的相互调节，从而使各种激素维持在适宜的浓度范围。植物激素间存在互相协调的机制从而保证植物在不同发育期各激素间的平衡（图 6-46）。

（一）协同作用

一种激素的存在可加强另一种激素的效应。如 IAA 与 GA 间存在明显的增效作用，用适当浓度的 GA 配合 IAA 喷施多种植物能促进茎生长，若单独喷施 IAA 效果低于 GA，二者混合配制施用效果较好。有人用 GA₃

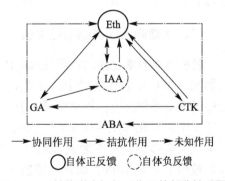

图 6-46　植物激素间相互作用的部分关系图
乙烯（Eth）有自体正反馈作用，而生长素（IAA）表现为自体负反馈作用；细胞分裂素（CTK）对赤霉素（GA）与 Eth 有协同作用，但与 Eth 又有拮抗作用；GA 对 IAA 有协同作用；IAA 对 Eth 有协同作用也有拮抗作用；ABA 与 Eth 可能也有协同和拮抗作用。

（10^{-4} M）和 IAA（10^{-5} M）依次处理矮生豌豆茎切段时，其伸长幅度比单用一种激素处理时要大得多。IAA 促核分裂，而 CTK 促细胞质分裂，二者互作完成细胞的核与质分裂；当 CTK 与 IAA 同时存在时，CTK 的作用时间能持续延长；CTK 能加强 IAA 的极性运输，这有利于增强 IAA 的作用。IAA 促进乙烯的作用，IAA 和所有人工合成类似物在达到一定浓度时都能提高乙烯的产量，其阈值是 10^{-6} mol·L^{-1}。

在植物组织培养中，人们早就认识到，IAA/CTK 的比值高，会诱导愈伤组织根分化；而 IAA/CTK 的比值低，会诱导芽分化；而 IAA/CTK 的比值中等时，愈伤组织只分裂不分化。当 IAA/GA 比值高时，促进愈伤组织木质部分化，比值低时，促进韧皮部分化。

（二）拮抗作用

一种激素的存在可抵消或削弱另一种激素的作用。IAA 促进黄瓜雌花分化，而 GA_3 促进其雄花分化。用 IAA 处理过的黄瓜苗，再用 GA_3 处理则 IAA 作用可被抵消，反之亦然。

IAA 与 CTK 两者间也存在拮抗作用，如 IAA 引起顶端优势，而 CTK 解除顶端优势。在控制顶端优势中 CTK/IAA 高比例有利侧芽发育，而低比例的 CTK/IAA 有利于顶端优势的保持。使用激动素、玉米素和苄基嘌呤等能抑制 IAA 对顶端优势的促进作用。

IAA 浓度过高时可诱导乙烯合成，但乙烯增多反过来提高组织内部 IAA 氧化酶活性，进而 IAA 促进伸长的作用被抑制。此外，还有研究发现乙烯会抑制 IAA 的极性运输。乙烯被过量 IAA 诱导，诱导的乙烯量达一定水平时又反过来抑制 IAA 的作用，这种"反馈"关系起到了调控植物适度生长的作用。叶片和花果脱落中，离层细胞对乙烯的敏感性受远轴与近轴部位所含相对 IAA 浓度的影响。远轴端 IAA 浓度较高而近轴端较低时，离层对乙烯的敏感性小，叶片保持不落。但当远轴端及近轴端 IAA 浓度减小或逆转时，离层细胞对乙烯的敏感性增加，叶片容易脱落。IAA 促进乙烯合成，乙烯抑制叶片中 IAA 合成并干扰其从叶片向叶柄运输，这些作用都与促进叶片脱落有关。

CTK 促进气孔开放，ABA 促进气孔关闭；CTK、GA 打破休眠，促进种子萌发，ABA 诱导休眠，抑制萌发；ABA 促进衰老，CTK 延缓衰老等等。ABA 可抑制萌发种子 GA 诱导的 α- 淀粉酶和其他水解酶的合成及 RNA 聚合酶的活性，阻止了 α- 淀粉酶 mRNA 的积累；在成熟的胚乳中也发现 ABA 能诱导产生抑制 α- 淀粉酶活性的抑制剂。因此，ABA 通过上述过程，抑制种子萌发或胎萌（穗上发芽）。

二、植物激素代谢的相互关系

各种植物激素之间的代谢通过前体物质、代谢酶的种类、含量以及诱导条件等因素相互影响。如 GAs 合成途径中，于 GA_{12}-7- 醛合成之前，催化贝壳杉烯转化为贝壳杉烯酸的连续三步氧化反应，均由依赖于细胞色素 P450 的单加氧酶催化，而 ABA 氧化降解途径中经 8 位的羟化作用生成 PA，也包括一个依赖于细胞色素 P450 的反应。细胞色素 P450 的单加氧酶抑制剂嘧啶醇或多效唑（PP_{333}）不仅能够阻止 GAs 合成，使异戊二烯原料更多地被用于 ABA 合成，而且能够使 ABA 向 PA 的氧化作用受阻。所以，施用这类生长延缓剂不仅会抑制内源 GAs 水平的上升，还会增加内源 ABA 含量。CTKs 通过对 IAA 氧化酶的调节从而影响 IAA 的代谢。在烟草愈伤组织中，低浓度的激动素促进某些 IAA 氧化酶及过氧化物同工酶的产生，但高浓度的激动素对这些同工酶反而有抑制作用。施用较高浓度的激动素可增加不同植物的 IAA 含量，这可能是激动素抑制 IAA 氧化酶活性所引起的。此外，CTKs 和 ABA 都可促使 GA 转变为束缚型。乙烯促进 ABA 生物合成。甲瓦龙酸是 GAs、CTKs 和 ABA 合成的前体物质，在不同条件下，它的中间产物——异戊烯基焦磷酸会分别转变为 GAs、CTKs 和 ABA，同时也形成类胡萝卜素。一般情况下，异戊烯基焦磷酸在长日条件下形成 GAs，在短日条件下形成 ABA。乙烯合成途径中的中间产物 SAM 也是多胺合成的前体。因此，在多种植物组织内，ACC 与多胺的生物合成表现出互相抑制现象，这对植物有双重影响：一方面降低（或提高）乙烯产量，另一方面提高（或降低）多胺含量，而多胺本身具有与乙烯相反的生理作用。

三、植物激素间互作的分子基础

植物激素间的相互作用的生理基础源于植物激素间的分子调控通路，激素间通过合成、运输或信号通路相互影响。图 6-47 代表以 CTK 为中心的激素信号分子互作对植物不同器官发育的调控通路。茎尖的分生组织维持的分生和叶的发生主要有 CLV3 和 WUS 蛋白的相互调节，但又与 IAA、CTK 的激素调控有密切关系，IAA 上调 MP（monopteros）抑制 ARR7 减弱 CTK 作用。地上部分枝受 IAA、CTK 和 SL 的共同影响，IAA 通过调节 MAX4 产生 SL 抑制分枝形成，而 CTK 通过抑制 IAA 对 MAX4 的促进和增强分枝形成来调控侧芽的发生。CTK 通过自身信号转导组分 AHK4、ARR1 和 ARR12 抑制 IAA 运输蛋白 PIN1 和 PIN6 活性影响侧根起始。在根细胞转形区 CTK 信号转导组分 SHY2（short hypocotyl）通过抑制 IAA 运输蛋白 PIN1、PIN3 和 PIN7 影响生长素运输，而生长素抑制 SHY2 活性；SHY2 则通过抑制 CTK 合成酶（IPT5）使 CTK 合成下降，从而调节根中组织分化区各类细胞分化。在根分生区通过对 PIN1 和 PIN7 促进，减少 IAA 对 CTK 信号的抑制。

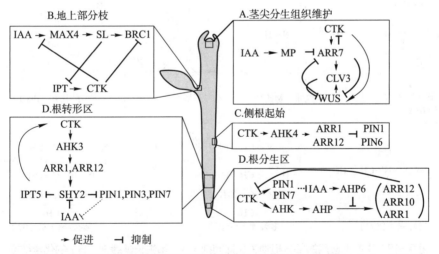

图 6-47　以 CTK 为中心的植物激素信号互作（改自 El-Showk et al.，2013）

第十一节　植物生长调节剂及应用

一、植物生长调节剂的类型

植物生长调节剂在生产上的应用，是农业生产提高产量、改善品质的重要技术之一。

植物生长调节剂根据其主要功能可分为植物生长促进剂、植物生长抑制剂和植物生长延缓剂。

（一）植物生长促进剂

植物生长促进剂（plant growth promoter）包括可以促进细胞分裂、分化和伸长生长，也可促进植物营养器官的生长和生殖器官发育的生长调节剂。如吲哚丙酸和萘乙酸（见图 6-2）、激动素和 6- 苄基腺嘌呤（见图 6-20）等。

（二）植物生长抑制剂

植物生长抑制剂（plant growth inhibitor）是指对植物顶芽或分生组织都有破坏作用，其作用时间是长期的，作用效果可被 IAA 逆转，但不为 GA 所逆转的一类生长调节剂。它们施用于植物后，植物生长停止或生长缓慢，有些生长抑制剂还能使叶片变小，生殖器官发育受到影响。天然生长抑制剂有脱落酸、肉桂酸、香豆素、水杨酸、绿原酸、咖啡酸和茉莉酸等。人工合成的生长抑制剂有三碘苯甲酸（TIBA）、马来酰肼（青鲜素，MH）、整形素（2- 氯 -9- 羟基芴 -9- 甲酸甲酯）等（图 6-48A）。

（三）植物生长延缓剂

植物生长延缓剂（plant growth retardant）是指对亚顶端分生组织具有暂时的抑制作用，延缓细胞的分裂和伸长生长，过一段时间后，植物即可恢复生长，而且其效应可以被 GA 逆转，不被 IAA 所逆转的一类生长调节剂。生长延缓剂都是人工合成的，如氯化氯胆碱，又名矮壮素（CCC）、缩节安，又名助壮素（Pix）、多效唑（PP_{333}）和稀效唑（S_{3307}）等（图 6-48B）。它们都能抑制赤霉素的生物合成，从而使植株变矮。

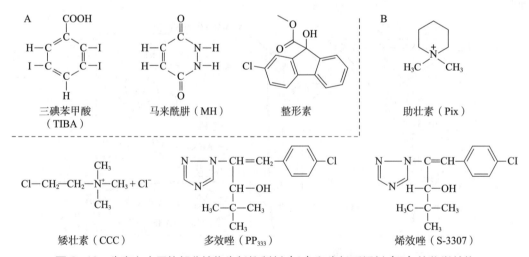

图 6-48　生产上应用的部分植物生长抑制剂（A）和生长延缓剂（B）的化学结构

二、植物生长调节剂的应用

随着技术的进步，目前对植物激素的研究也更加深入和完善，用物理化学方法：如薄层层析（TLC），气相色谱（GC），高效液相层析（HPLC），质谱分析（MS）、色质联谱（GC-MS）；免疫分析法：如放射免疫检测法（RIA）、酶联免疫吸附检测法（ELISA）等都被用于测定植物体内微量的激素含量。且多种人工合成的植物生长调节剂也已被广泛应用于促进种子萌发、插条生根、开花、结实及果实成熟，同时也用于疏花疏果，延缓植物衰老和防除杂草等方面，发挥了巨大的作用（表6-1）。

三、植物生长调节剂应用注意事项

植物生长调节剂在农业和园艺等方面发挥重要作用，但植物生长调节剂的使用一般应尊重其使用原则。一是安全性和生态性原则。使用的植物生长调节剂必须是被反复证明对人畜等安全无毒、不破坏生态环境。如青鲜素、整形素等植物生长调节剂可引起人畜长期食用后导致畸形甚至致癌，只能用于园林植物化学修剪，切不可用于食用植物。二是无残留原则。生长调节剂使用，不仅要考虑当季植物，还应考虑此后植物。如广泛应用于果树等矮化栽培的多效唑（PP$_{333}$），引入我国后曾广泛用于防止晚稻秧苗徒长、在其他田间作物防徒长抗倒伏等方面发挥过重要作用，但其在旱地中残留期长。有人曾发现在大豆中使用后，由于土壤残留严重影响下季玉米生长及再下季的结球白菜生长。三是有效浓度原则。植物激素和生长调节剂不少具有双重功能，即"低促高抑"，不同浓度有不同的效应。如2,4-D在低浓度时防止花果脱落，但浓度略高变为疏花疏果，再高浓度变为杀灭剂。四是经济有效原则。生长调节剂的使用应该考虑投入和产出比，只有真正增产、改善品质又有经济效益的才考虑应用。为节约人工成本，可与施肥、施农药等联合进行。生长调节剂的施用应与植物水肥营养、栽培措施等相结合。五是有限目标原则。生长调节剂的使用，要根据不同使用目的，选择不同生育时期。如乙烯在黄瓜苗期，在较低浓度下促进雌花分化，在成熟期较高浓度下用于番茄催熟、棉花脱叶等。另外，要考虑邻地植物的敏感性。喷雾使用时由于风向等影响，如邻地有对该类植物生长调节剂敏感植物要特别小心使用。

表 6-1 植物激素和生长调节剂在农业上的应用

目的	药剂	作物	使用方法
延长休眠	NAA 甲酯	马铃薯块茎	0.4% ~ 1% 粉（泥粉）
破除休眠，促进营养生长	GA	马铃薯块茎	0.5 ~ 1 mg·L^{-1} 浸泡 10 ~ 15 min
		桃种子	100 ~ 200 mg·L^{-1}，浸 24 h
		芹菜	50 ~ 100 mg·L^{-1}，采前 10 d 喷施
		菠菜、莴苣	10 ~ 30 mg·L^{-1}，采前 10 d 喷施
		茶	100 mg·L^{-1}，芽叶刚伸展时喷施
控制营养生长	PP333	花生	250 ~ 300 mg·L^{-1}，临花后 25 ~ 30 d 喷施
		水稻	250 ~ 300 mg·L^{-1}，一叶一针期喷施
		油菜	100 ~ 200 mg·L^{-1}，二叶一心期喷施
		甘薯	30 ~ 50 mg·L^{-1}，薯块膨大初期喷施
	PIX	棉花	100 ~ 200 mg·L^{-1}，始花至初花期喷施
	TIBA	大豆	200 ~ 400 mg·L^{-1}，开花期喷施
	CCC	小麦	0.3% ~ L%，浸种 12 h
	烯效唑	水稻	20 ~ 50 mg·L^{-1}，浸种 36 ~ 48 h
	IBA	小麦	16 mg·L^{-1} 浸种 12 h
		大豆	50 ~ 70 mg·L^{-1}，始花期喷施
		水仙	100 mg·L^{-1}，浸球茎 1 ~ 3 h

续表

目的	药剂	作物	使用方法
插条生根	NAA	芒果	$0.5 \sim 1$ mg·L^{-1}，沾 3 s
		葡萄	50 mg·L^{-1} 浸 8 h
		番茄	1 000 mg·L^{-1} 浸 10 min
		瓜叶菊	1 000 mg·L^{-1} 浸 24 h
		熟锦黄杨	1 000 mg·L^{-1} 粉剂
		甘薯	500 mg·L^{-1}，粉剂，定植前沾根
		甘薯	50 mg·L^{-1}，水剂，浸苗基部 12 h
促进泌胶乳	乙烯利	橡胶树	8% 溶液涂于树干割线下
促进开花	乙烯利	菠萝	$400 \sim 1\,000$ mg·L^{-1}，营养生长成熟后，从株心灌 50 mL/株
		黄瓜、南瓜	$100 \sim 200$ mg·L^{-1}，1–4 叶期喷施
	GA	郁金香	400 mg·L^{-1}，筒状叶长 $10 \sim 20$ cm，灌入 1 mL·株$^{-1}$
促进雄花发育	GA	黄瓜	$50 \sim 1\,000$ mg·L^{-1}，2–4 叶期喷施
促进抽穗	GA	水稻	30 mg·L^{-1}，稻穗破口期喷施
延迟抽穗	PP_{333}	水稻	$100 \sim 200$ mg·L^{-1} 花粉母细胞形成期喷施
防止落叶	2,4-D 钠盐	大白菜	$25 \sim 50$ mg·L^{-1}，采收前 $3 \sim 5$ d 喷施
延缓衰老	6–BA	甘蓝	$100 \sim 500$ mg·L^{-1}，采收前喷施
		水稻	$10 \sim 100$ mg·L^{-1}，始穗后 10 d 喷施
保花保果	2,4-D	番茄、茄子	$30 \sim 50$ mg·L^{-1}，浸花或喷花
疏花疏果	6–BA	柑橘	$15 \sim 30$ mg·L^{-1}，处理幼果，2 次
	PP_{333}	桃	$500 \sim 1\,000$ mg·L^{-1}，花期喷施
果实催熟	吲熟酯	柑橘	$200 \sim 400$ mg·L^{-1}，盛花期喷施
	乙烯利	苹果	300 mg·L^{-1}，花蕾膨大期喷施
	乙烯利	香蕉	1 000 mg·L^{-1}，浸果 $1 \sim 2$ min
	乙烯利	柿子	500 mg·L^{-1}，浸果 $0.5 \sim 1$ min
促进结实	BR	玉米	0.01 mg·L^{-1}，吐丝前后喷施
	6–BA	苹果	300 mg·L^{-1}，果实膨大期喷施

❖ 小结

　　植物生长物质是一些可调节植物生长发育的微量有机物。包括两类：一类是植物体内合成的称植物激素，包括 IAAs、GAs、CTKs、ABA、ETH 和 BRs 等；另一类是人工合成的植物生长调节剂，包括生长促进剂、生长抑制剂和生长延缓剂，已广泛应用于农业生产。

　　IAA 是最早发现的植物激素，天然的生长素有 IAA、IBA 等，人工合成的有 NAA、2,4-D 等。其主要功能包括促进细胞伸长和分裂、插枝生根，抑制或促进器官脱落、控制性别分化、维持顶端优势、诱导单性结实；参与植物向光性和向重力性等。IAA 合成于细胞分裂和生长迅速的茎尖和根尖等部位，有依赖和非依赖色氨酸的合成途径。IAA 受体是 TIR1，它结合 IAA 形成 TIR1–AUX/IAA 复合体，使抑制子 AUX/IAA 多泛素化水解，ARF 转录因子激活形成二聚体，IAA 调节基因表达，植物发生 IAA 生理响应。非典型生长素信号转导途径如酸生长等，可能与 TIR1、ETTIN 和类受体激酶介导的途径有关。

GA 是个大家庭，最常用的是 GA_3。GA 的主要功能是加速细胞的伸长生长，促进细胞分裂，打破休眠，诱导淀粉酶活性，促进营养生长，防止器官脱落等。植物体内赤霉素合成的前体是牻牛儿基牻牛儿基焦磷酸（GGPP），经过不断转化形成 GA_{12}-7- 醛，再进一步合成其他的 GAs。GID1 是 GA 的主要受体，它通过与 GA 结合使 DELLA 抑制子多泛素化分解，GA 响应基因的表达来实现的。GA 促进细胞伸长主要是通过诱导膨胀素和提高木葡聚糖内转糖基酶（XET）的活性来实现的。GA 还可诱导禾谷类糊粉层细胞 α- 淀粉酶生物合成是通过转录因子 GA–MYB 转录所介导的，α- 淀粉酶的分泌可能还涉及钙调素依赖的信号。

CTKs 是一类促进细胞分裂的植物激素，它有促进细胞的分裂及横向增粗，诱导芽的分化，解除顶端优势，延缓叶片衰老和防止果实脱落等作用。它主要合成于细胞分裂旺盛的根尖及生长中的种子和果实。其合成开始于异戊烯焦磷酸与 AMP 的缩合。天然存在的 CTK 有玉米素、玉米素核苷和异戊烯基腺苷等；人工合成的有 N^6- 苄基嘌呤和激动素等。拟南芥中的 CTK 受体是 CRE1、AHK2 和 AHK3。这个跨膜蛋白与细菌二组分传感组氨酸激酶有关。CTK 能诱导特殊的 mRNA，有些是初级响应基因，与细菌二组分响应调节物相似。

ABA 是抑制植物生长发育的物质，可抑制细胞分裂和伸长，还能促进脱落和衰老，促进休眠，调节气孔开闭，提高植物的抗逆性。ABA 在质体中合成，由类胡萝卜素氧化分解产生。ABA 受体是 PYR/PYL/RCAR，它感知 ABA 激活下游信号。ABA 与受体 PYR/PYL/RCAR 结合，解除了 PP2C 对 SnRK2 的抑制，SnRK2 激活进一步激活其下游的 bZIP 转录因子和 SnRK2 调控的其他反应，引起 ABA 调控的基因表达和生理响应。ABA 对保卫细胞关闭的快速调控，则是通过对阴离子流出通道 SLAC1 激活和 K^+ 的流入通道蛋白 KAT1 的抑制来实现的。

乙烯有促进衰老和催熟、偏上生长、插枝生根、控制性别分化等作用，广泛应用于果实成熟和植物性别调控。乙烯的受体是多基因家族编码的，拟南芥中分离出 5 个乙烯受体蛋白基因，ETR1、ETR2、ERS1、ERS2 和 EIN4。乙烯受体通过铜辅因子结合乙烯，引起构象改变，降低 CTR1 激酶活性，在蛋白酶作用下，使 EIN2 的 C 端释放；该 C 端入核，与 ENAP1 一起促进转录因子 EIN3/EIL1/EIL2 转录，乙烯诱导的相关基因表达，产生乙烯诱导的生理反应。

BR 是甾醇内酯化合物，主要作用是促进作物生长，增加产量，提高抗性，促进插枝生根和离体植物的保鲜，促进根的生长，调节根毛发育，减轻除草剂对作物的药害等。细胞膜表面受体 BRI1 和辅助受体 BAK1 在 BR 信号转导中发挥关键作用。BR 诱导 BRI1 胞内结构域发生自身磷酸化，再磷酸化 BKI1，形成有活性的 BRI1–BAK1 复合体激活 BR 信号激酶 BSK，BSK 催化 BIN2 去磷酸化并降解。核中转录因子 BZS1 和 BZR1 积累，它们与其他转录因子结合，启动 BR 响应基因表达，最终显示 BR 生理反应。此外，BZS1 和 BZR1 会抑制 BR 合成基因的表达，对 BR 的信号转导进行反馈调控。

JA 是由质体中半乳糖脂为底物合成的，植物体中 JA 和 MeJA 活性形式。其主要生理作用是抑制生长和萌发、促进植物根系发育及再生、促进衰老和提高抗性等。茉莉酸受体 COI1 与 IAA 受体 TIR1 具有序列同源性和功能相似性，在诱导 JA 信号中起至关重要的作用。JA 与 COI1 结合，形成 COI1–JAZs 复合体；并引起 JAZ 蛋白泛素化降解，使 MYC2 激活，启动 JA 响应相关基因的转录，产生 JA 生理反应。

SL 是一类新近被鉴定为植物激素的萜类小分子化合物。它可抑制植物侧枝的形成与生长，控制中胚轴伸长、促进侧根形成和诱导根毛伸长等。3 类蛋白 D14、F- 盒及抑制蛋白等参与独脚金内酯的信号转导。SLs 既诱导抑制蛋白 SMXL6，7，8 蛋白的降解，又激活 *SMXL6*，*7*，*8* 基因的表达，形成一个精细调控 SMXL6，7，8 丰度，从而维持 SLs 通路稳态的负反馈调控体系。这种双重功能的新型抑制子，与生长素、赤霉素和茉莉素通路中抑制蛋白不直接结合 DNA 的经典机制不同，是一种全新的植物激素信号转导机制。

除了上述八大类激素以外，植物体内还有其他的天然植物生长物质如水杨酸、多胺等。近 30 年来植物的多肽激素也进入人们的视野，它们在调节植物生长发育、抗性等方面发挥重要作用，典型的有系统素、植物磺肽素、SCR/SP11 和 CLV3。

植物生长调节剂是人工合成的具有植物激素生理功能的物质，有植物生长促进剂、植物生长抑制剂和植物生长延缓剂。植物生长调节剂的应用对农林业生产影响重大，但这些化合物的应用必须尊重经济、安全、绿色和环保等原则。

思考题

1. 什么是植物激素？它与植物生长调节剂有何区别？
2. 如何证明 IAA 是极性运输的？为什么 IAA 要极性运输？
3. IAA 有何生理作用和应用？
4. 论述 IAA 信号转导及对基因表达的调节。
5. 简述 GA 的生理效应和应用。
6. GA 如何诱导种子萌发？
7. 论述 GA 信号转导及对基因表达的调节。
8. CTK 有何生理作用和应用？
9. CTK 如何延缓植物衰老？
10. CTK 信号转导有什么特点？
11. ABA 有何生理功能和应用？
12. ABA 如何诱导气孔关闭？
13. 简述 ABA 信号转导。
14. 乙烯在生产上有哪些应用？
15. 乙烯怎样引起植物和果实衰老？
16. 乙烯的受体有哪些？它们在信号转导中有何作用？
17. BR 的生理作用是什么？
18. 简述 BR 的信号转导。
19. SL 有哪些生理作用？其信号转导有何特点？
20. 植物生长物质在生产上有哪些应用？使用应注意什么问题？

主要参考文献

李琛，宋秀芬，刘春明 . 高等植物中的多肽激素 [J]. 植物学通报，2006，23：584-594.

黎家，李传友 . 新中国成立 70 年来植物激素研究进展 [J]. 中国科学：生命科学，2019，49（10）：1227-1281.

Buchanan B B，Gruissem W，Jones R L. Biochemistry and Molecular Biology of Plants [M]. 2nd ed. London：John Wiley and Sons，2015.

Binder B M. Ethylene signaling in plants [J]. J. Biol. Chem.，2020，295（22）：7710 –7725.

Cao M，Chen R，Li P，et al. TMK1–mediated auxin signaling regulates differential growth of the apical hook [J]. Nature，2019，568，240–243.

Chen K，Li G J，Bressan R A，et al. Abscisic acid dynamics，signaling and functions in plants [J]. J Integr. Plant Biol，2020，62：25–54.

El–Showk S，Ruonala R，Helarirutta Y. Crossing paths：cytokinin signaling and crosstalk [J]. Development，2013，140：1373–1383.

Gao Y，Zhang Y，Zhang D，et al. Auxin binding protein 1（ABP1）is not required for either auxin signaling or Arabidopsis development [J]. PNAS，2015，112：2275–2280.

Kepinski S，Leyyser O. The Arabidopsis F–box protein TIR1 is an auxin receptor [J]. Nature，2005，435：446–451.

Mashiguchi K，Seto Y，Yamaguchi S. Strigolactone biosynthesis，transport and perception [J]. Plant J，2021，105：335–350.

Su N，Zhu A，Tao X，et al. Structures and mechanisms of the Arabidopsis auxin transporter PIN3 [J]. Nature，2022，609，616–621.

Taiz L，Zeiger E. Plant Physiology [M]. 5th ed. Sunderland：Sinauer Associates，Inc.，Publishers，2010.

Taiz L，Zeiger E，Moller IM，et al. Plant Physiology and Development [M]. 6th ed. Sunderland：Sinauer Associates Inc Publishers，2015.

Tang J Y，Chu C C. Strigolactone signaling：repressor proteins are transcription factors [J]. Trends in Plant Science，2020，25：960–963.

Wang L，Wang B，Yu H，et al. Transcriptional regulation of strigolactone signalling in Arabidopsis [J]. Nature，2020，583：277–281.

Wasternack C，Strnad M. Jasmonates are signals in the biosynthesis of secondary metabolites—Pathways，transcription factors and applied aspects—A brief review [J]. New Biotech，2019，48：1–11.

Weijers D，Wagner D. Transcriptional responses to the auxin hormone [J]. Annu Rev Plant Biol，2016，67：539–574.

Yang Z，Xia J，Hong J，et al. Structural insights into auxin recognition and efflux by Arabidopsis PIN1 [J]. Nature，2022，609：611–615.

网上更多资源

📖 扩展阅读　　　🖥 教学课件　　　📄 思考题解析

第七章

植物的生长生理

　　植物在各种基本代谢和体内激素调节的基础上，开始生根、发芽、长叶，不断地成长壮大，显花植物到一定的时期就开花结实。植物的生长对于农林业等生产十分重要，以营养器官为收获对象的植物，营养器官的生长就直接影响到产量；以生殖器官为收获对象的植物，营养器官生长的好坏，将直接关系到生殖器官的大小。为更好地控制植物的生长与发育，提高作物产量，就需要对植物生长生理（growth physiology）有全面的了解。本章在论述植物生长、分化和发育等概念的基础上，着重讨论植物种子萌发，器官和植物整体生长过程的生理变化及机制，外界环境条件对植物器官生长和发育的影响等内容。

第一节　生长、分化和发育的概念

　　一个生物体从发生到死亡所经历的过程称为生命周期（life cycle），如种子植物的生命周期，要经过胚胎形成、种子萌发、幼苗生长、营养体形成、生殖体形成、开花结实、衰老和死亡等阶段。习惯上把生命周期中呈现的个体及其器官形态结构的形成过程称作形态发生（morphogenesis）或形态建成。在生命周期中，植物体伴随形态建成，进行生长、分化和发育。

一、生长

　　生长（growth）是指在生命周期中，植物的细胞、组织和器官的数目、体积或干重的不可逆的增加过程，是量的变化。生长由细胞分裂、细胞伸长以及原生质体、细胞壁的增长而引起的。如根、茎、叶、花、果实和种子体积扩大或重量的增加都是典型的生长现象。有时这种重量增加也有例外，如种子萌发明显是一个生长过程，在黑暗中萌发长成幼苗，其体积和鲜重是逐渐增加的，但是幼苗干重并不是增加而是减少，这是因为种子萌发时呼吸消耗了一部分贮存的养料，只有等到幼苗能进行光合作用并积累有机物质时，干重才会再度增加。此外，有些生长过程细胞数目不是增加而是减少，如胚囊的发育。大孢子母细胞经减数分裂形成 4 个单倍体的大孢子细胞，其中 3 个退化，只有一个大孢子最后成功发育成胚囊。

　　通常将营养器官（根、茎、叶）的生长称为营养生长（vegetative growth），生殖器官（花、果实、种子）的生长称为生殖生长（reproductive growth）。根据生长量是否有上限，又可把生长分为有限生长（determinate growth）和无限生长（indeterminate growth）。叶、花、果和茎的节间等器官的生长属于有限生长类型；而营养生长中的茎尖和根尖生长，以及茎和根中形成层的生长往往属于无限生长类型。

二、分化

分化（differentiation）是指从一种同质性的细胞类型转变成形态结构和功能与原来不相同的异质细胞类型的过程，属质的改变。它可在细胞水平、组织水平和器官水平上表现出来。例如，从一个受精卵细胞转变为胚的过程，由生长点细胞转变为叶原基、花原基的过程。种子植物形态学上的上下两端有茎和根的分化，茎上又有叶和侧芽的分化，根上有侧根和根毛的分化。在形态上可以观察到的器官分化一般称为器官发生。在各种器官中又有各种组织的分化，如茎和根都可以分化出表皮、皮层、中柱和维管束等；各种组织中又有细胞分化，例如组成木质部的一些细胞，随着输导组织的形成，逐渐分化成厚壁的导管、管胞和木纤维细胞，另一些则分化为木质部薄壁细胞。所有这些不同水平的分化使植物的各个部分具有异质性，即具有不同的结构与功能。

三、发育

发育（development）是生长和分化的综合，是在植物生命周期中，植物的组织、器官或整体，在形态结构和功能上的有序变化，由此推动生命周期不断向前的过程。例如，从叶原基的分化到长成成熟叶片的过程是叶的发育；从根原基的发生到形成完整根系的过程是根的发育；由茎端的分生组织形成花原基，再由花原基转变成为花蕾，以及花蕾长大开花，这是花的发育；而受精的子房膨大，果实形成和成熟则是果实的发育。上述发育的概念是从广义上讲的，然而狭义的发育概念，通常是指植物从营养生长向生殖生长的一系列有序变化过程，其中包括性细胞的出现、受精、胚胎形成以及新的繁殖器官的产生等。

植物的发育过程存在一些共性。未分化或重新分化的细胞必须首先获得新的身份（identity），比如"叶片"，然后接下来获得极性（polarity），比如远轴面（abaxial）与近轴面（adaxial），最后发育成具有不同功能的特异组织或器官，比如表皮毛或气孔。植物发育一是涉及位置信息（positional information），该信息可能随着信号从源头开始向外扩散形成梯度。例如，信号从分生组织向发育中的叶片移动。这些信号可能是 IAA 等植物激素，也可能是小肽或 miRNA。二是涉及边界（boundary），因此，相邻组织可以获取并维持不同的发育命运。边界通常是通过相互抑制的过程形成的。如果每个区域（domain）都抑制另一个区域属性的基因的表达，则在两个区域之间形成并维持一个边界，这种边界在顶端分生组织形成叶原基以及叶片产生近端和远端极性时出现。三是涉及调节开关（regulatory switch），它们通常是转录因子。一旦通过位置信息和边界建立了一个区域，就会在主调控转录因子的下游激活一系列基因，促进发育。植物发育常常涉及整合多个信号的调节网络（regulatory network）。这些调节网络形成正负反馈通路，甚至交叉。植物的发育过程往往是上游、下游多个发育通路的共同作用的结果。高通量方法，数学建模和系统生物学等方法有助于建立网络化模型来理解植物发育过程。

四、生长、分化和发育的相互关系

生长、分化和发育之间关系密切，有时交叉或重叠在一起。例如，在茎的分生组织转变为花原基的发育过程中既有细胞的分化，又有细胞的生长，似乎这三者没有明确的界线，但根据它们的性质和表现是可以区别的。生长是量变，是基础；分化是局部的质变；发育则是器官或整体的有序的一系列量变和质变。因此，可以说发育包括生长和分化两个方面。如花的发育，包括花原基的分化和花器官各部分的生长；果实的发育包括了果实各部分的生长和分化等。这是因为发育必须在生长和分化的基础上进行，没有生长和分化，就不能进行有序的发育。同样，没有营养物质的积累、细胞的增殖、营养体的分化和生长，就没有生殖器官的分化和生长，也就没有花和果实的发育。但同时生长和分化又受发育的制约。如植物的某些部位的生长和分化就必须通过一定的发育阶段才能开始的。水稻必须生长到一定叶数以后，才能接受光周期诱导，其幼穗的分化和生长必须在通过光周期的发育阶段之后才能进行。油菜、白菜、萝卜等在抽薹前后长出不同形态的叶片，这也表明不同的发育阶段有不同的生长数量和分化类型。植物的发育是植物的遗传信息在内外条件影响下有序表达的结果，发育在时间上有严格的进程，如种子发芽、幼苗成长、开花结实、衰老死亡都是按一定的时间顺序发生的。同时，发育在空间上也有巧妙的布局，如茎上的叶原基就是按一定的顺序排列形成叶序；花原基的分化通常是由外向内进行，如先发生萼片原基，以后依次产生花瓣、雄蕊、雌蕊等原基。在胚生长时，胚珠周围组织也同时进行生长与分化等。

　　植物的生长发育在时间上有严格的顺序，在空间上有精确的解剖结构。这种在分子、细胞、组织、器官等水平的一系列变化，是有机体内部完善的生长发育信号网络调控的结果，同时它也要受到外部环境条件的影响。总之，生长、分化和发育是相互关联的，在生长的量变过程中有质的变化，在分化的质变过程中也需要生长的量变作基础。

第二节　植物细胞的生长与分化

　　细胞是组成生物结构和行使功能的基本单位。植物组织和器官，以至整体的生长，都以细胞的生长为基础，即通过细胞分裂增加细胞数目和通过细胞扩大增加体积来实现组织增殖和植物生长。在种子萌发后，由于细胞分裂和新产生的细胞体积的加大，幼苗迅速长大。同时，由于细胞的分化，各种器官也不断形成，最后成长为植株。因此，了解植物细胞的生长生理是了解整株植物生长生理的基础。细胞的生长过程可分为三个时期，即分裂期、伸长期和分化期。

一、细胞分裂

（一）细胞周期

　　细胞繁殖（cell reproduction）是通过细胞分裂来实现的。通常把母细胞第一次分裂结束形成子细胞，到子细胞再分裂生成两个细胞所经历的时期称细胞周期（cell cycle），细胞周期所需的时间叫周期时间（time of cycle）。

　　整个细胞周期可分为分裂间期（interphase）和分裂期（mitotic stage，简称 M 期）（图 7-1）。其中分裂间期是分裂期后的静止时期，包括从上一次细胞分裂结束到下一次分裂开始之间的间隔期，具体可分三个时期：① G_1 期（gap1），从有丝分裂完成到 DNA 复制之前的这段时间，主要是子细胞长大的过程，包括合成细胞生长所需的各种物质，如蛋白质、糖类、脂质等，但不合成 DNA。② S 期（synthesis phase），DNA 复制时期，完成

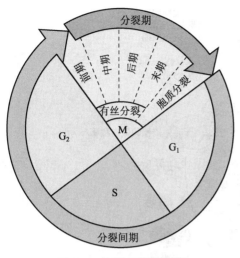

图 7-1　细胞周期的图解

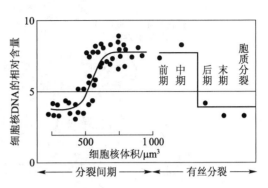

图 7-2　洋葱根尖分生组织每个细胞核的 DNA 含量。细胞核体积以 μm³ 表示，DNA 含量是相对量

DNA 的增倍过程。③ G_2 期（gap2），从 DNA 复制完成到有丝分裂开始，这一时间主要进行蛋白质的合成，为进入 M 期做准备。G_2 期后细胞就进入了分裂期，根据细胞形态结构的变化，传统上人们把有丝分裂过程人为地划分为前期、中期、后期、末期和胞质分裂 5 个时期。

　　细胞分裂过程最显著的生理变化是核酸和蛋白质含量，尤其是 DNA 含量的变化。洋葱根尖分生组织在分裂间期的 G_1 期，每个细胞核 DNA 含量较低。到达 S 期，细胞核体积增加到最大体积一半的时候，DNA 的含量才急剧增加到原来的二倍。直到后期随着细胞一分为二，每个细胞的 DNA 含量又回落到原有水平（图 7-2）。植物细胞周期的长短因植物种类和其他条件（如温度）的变化而异，如鸭跖草根尖的细胞分裂周期为 17 h（21℃）。豌豆根端细胞的分裂周期，在 25℃下为 25.55 h，在 30℃下则缩短为 14.39 h。

　　分裂形成的新细胞有的可以继续进行细胞周期的循环，另一些细胞可能转入 G_0 期。G_0 期并非细胞周期的一个阶段，G_0 期细胞是暂时离开细胞周期处于"静止"状态的细胞，在一定的条件下可以重新进入细胞周期。

　　为确保细胞周期这一生命增殖过程有条不紊地进行，细胞内发展了一系列严格的调控机制。控制细胞周期的关键酶是依赖于细胞周期蛋白的蛋白激酶（cyclin-dependent protein kinase，CDK），与细胞分裂和细胞周期调控有关的基因称为 *CDC*（*cell division cycle*）基因，其编码的蛋白为周期蛋白。CDK 活性依赖于细胞周期蛋白的调节（图 7-3）。在 G_1 期，CDK A 处于非激活的钝化状态，其通过与 G_1/S 细胞周期蛋白（cyclin D，CD）结合而使活化位点磷酸化而激活。活化的 CDK A–CD 复合物使细胞周期进入 S 期。在 S 期后期，CD 蛋白被降解，CDK 脱磷酸化而失去活性，细胞进入 G_2 期。在 G_2 期，钝化的 CDK B 与有丝分裂周期蛋白（cyclin A，CA）结合，由于抑制位点和激活位点都被磷酸化，该复合物仍然处于钝化状态。当该抑制位点被一个蛋白磷酸酶脱磷酸化后，该复合物被激活，进入有丝分裂 M 期。在 M 末期，CA 降解，CDK B 脱磷酸化失去活性，细胞又进入 G_1 期。植物激素在细胞分裂过程中起着重要的作用，小麦胚芽鞘和烟草茎髓的离体培养试验表明，GA 是首先起作用的，促进 G_1 期到 S 期的过程；CTK 能促进 DNA 的合成是在 GA 之后对细胞分裂产生作用；IAA 的调节作用较晚，能促进 rRNA 的形成。此外，多胺促进 G_1 期

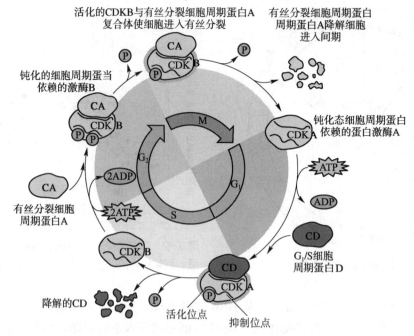

图 7-3　烟草中细胞周期蛋白依赖的蛋白激酶（CDK）与
细胞周期蛋白（CD／CA）调节细胞周期示意图

后期 DNA 合成和细胞分裂，B 族维生素如硫胺素（B_1）、吡哆醇（B_6）和烟酸也影响细胞分裂。

（二）细胞骨架

真核生物细胞中普遍存在着由蛋白质纤维组成的三维网络结构，称之为细胞骨架（cytoskeleton），它是由特定蛋白质分子自我装配形成的，然后靠着众多的连接蛋白相互连接成紧密的兼有柔韧性和刚性的三维网架，把分散在细胞质中的细胞器及各种膜结构组织起来，相对固定在一定位置，使其有条不紊地执行各自的功能（图 7-4）。它是细胞分裂、生长及分化赖以存在的基础，细胞受环境变化的影响最终体现在细胞骨架的变化上。

1. 细胞骨架组成。细胞骨架主要是由微丝（microfilament，MF）、微管（microtubule，MT）和中间纤维（intermediate filament，IF）构成的网状系统。其中，微丝是一类直径为 6~8 nm 的细丝，主要由 F- 肌动蛋白（fibrous actin）组成，其单体是 G- 肌动蛋白（globular actin）。已发现有微丝马达蛋白（microfilament-dependent motor protein），它是肌球蛋白与微丝相互作用的一类 ATPase，可以水解 ATP 将其化学能转变为机械能，引起沿微丝的运动。微管是直径 24 nm 左右的管状纤维，长度变化很大，有些可达数微米。组成微管的主要成分是微管蛋白（tubulin），它有两种单体，称为 α- 微管蛋白和 β- 微管蛋白，单体分子量为 55×10^3，这两种微管蛋白亚基通过非共价的相互作用形成稳定的 $\alpha\beta$ 异二聚体。二聚体是组成微管的基本结构单位，它们螺旋盘绕形成微管的壁。目前已发现依赖于微管的马达蛋白有驱动蛋白（kinesin）和动力蛋白（dynein），它们都是机械化酶或 ATPase 或 GTPase。中间纤维是真核细胞存在的一类直径为 8~10 nm 的柔韧性很强的蛋白质丝，在细胞支架和发育过程中有重要功能。

2. 细胞骨架的生理作用。细胞骨架在植物生理活动过程中起着重要的作用。如控制

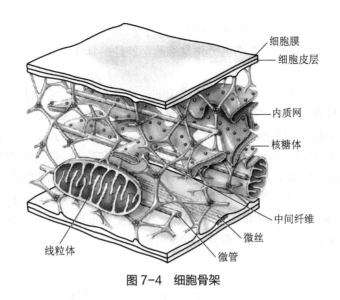

图7-4　细胞骨架

有丝分裂时染色体的运动。在细胞分裂过程中，纺锤丝是由微管组成的，它在细胞分裂后期，使染色体分向两极。微管还决定细胞次生壁加厚过程中微纤丝的排列方向。参与形成细胞结构形成和维持细胞形状并和有关的马达蛋白（motor proteins）相互作用，驱动细胞及细胞内部结构的运动，如细胞质流动、细胞器运动。参与许多其他生理活动，如极性生长、花粉管的伸长、叶绿体运动、气孔保卫细胞分化、卷须弯曲等，甚至有可能参与DNA复制、信号转导等重要过程。目前对植物细胞的细胞骨架及细胞骨架蛋白的研究在不断地深入。

二、细胞伸长

在根端和茎端分生区的细胞具有细胞分裂的机能。其中除一部分继续保持强烈的分生能力外，大多数新细胞则过渡到细胞伸长（cell elongation）阶段。这一阶段，形态上的特点是细胞体积增大，如豌豆根尖5~6 mm的部位，其细胞体积比分生组织的细胞增大20倍。这时水分吸收到液泡中，细胞内小液泡合并成了大液泡，细胞质与细胞核被挤压到边缘。生理上的特点是细胞内干物质积累、呼吸速率和酶活性增加、蛋白质合成增加。例如豌豆根尖伸长区细胞，呼吸速率比分生区提高2~6倍，蛋白质合成增加6倍。此外，细胞壁组成成分的含量在分生组织细胞中是较低的，以后随着细胞的伸长，细胞壁各种成分，如果胶质、纤维素和半纤维素等含量急剧上升。

IAA促进细胞伸长，与细胞壁酸化和核酸蛋白的合成相关。Ca^{2+}促进细胞伸长，与其增加细胞壁伸展性和提高木葡聚糖内转糖基酶活性有关。

三、细胞分化

（一）植物细胞的全能性

植物细胞全能性（cell totipotency）是指植物体的每个活细胞携带着一套完整的基因组，并具有发育成完整植株的潜在能力。每个细胞都是来自受精卵，带有与受精卵相同的遗传信息。因此，完整植株中的细胞保持着潜在的全能性。细胞分化完成后，受到所在环境的束缚，形成了各种分化的细胞。但一旦脱离原来所在的环境，成为离体状态时，在适宜的营养和外界条件下，就会表现出全能性，生长发育成完整的植株。由此看来，细胞全能性是细胞分化的理论基础，而细胞分化是细胞全能性的具体表现。

（二）极性

极性（polarity）是植物分化和形态建成中的一个基本现象，它通常是指植物器官、组织或细胞在不同的轴向上存在某种形态结构和生理生化上的梯度差异。事实上，合子在第一次分裂形成基细胞及端细胞就是极性现象（图7-5）。胚胎在其发生过程中开始是一球形体，在球的基端和顶端半球中的细胞已具不同的特征和功能。随着胚胎持续生长，到达心形期，其轴向极性变得更加明显，此时可明显区分三个不同的轴向区域：①顶端继续生长形成子叶和芽分生组织；②中间区形成胚轴、胚根和大部分的根分生组织；③中部的垂体细胞（hypophysis）形成其他的根分生组织。早期发育形成的胚柄（suspensor）从周围组织吸收营养、激素等运输至胚，调节胚的发育。

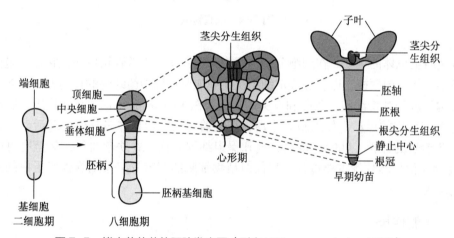

图 7-5   拟南芥幼苗的胚胎发育图（引自 Willemsen et al., 1998）

植物的极性是细胞不均等分裂造成的，植物细胞的极性是受基因表达控制的，各种环境因子，如光、温度、pH、离子甚至电势梯度等均会改变细胞的极性。墨角藻的卵是研究环境影响细胞极性的好材料（图7-6）。在环境的不对称刺激（单侧光）下，墨角藻的受精卵会发生细胞极化。在预定假根萌出的位置离子（主要是钙离子）流入极性的球形合子，而在假根相对的一侧有流出。当肌动蛋白微纤丝在假根萌出端被组装时，细胞的极

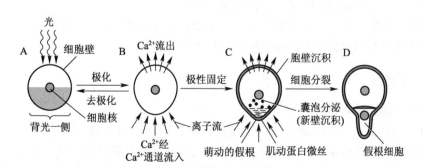

图 7-6   墨角藻受精卵极性建立的过程

A. 未极化的合子；B. 极性尚未稳定的合子；C. 极化的合子；D. 胚胎

性被固定。最终细胞分裂，假根细胞在基部顶端分化出来，形成假根。从墨角藻合子极性建立过程可以看出，跨越细胞的离子流、Ca^{2+}离子梯度以及肌动蛋白微丝与极性建立有一定的联系。

极性一旦建立，即难以逆转。最熟悉的极性例子是将柳树枝条挂在潮湿空气中，不管是正挂或倒挂，形态学下端总是长根，上端总是长芽，而且越靠形态学下端切口处根越长，越靠形态学上端切口处芽越长（图7-7）。根切段也总是形态学上端长芽，形态学下端长根。

四、植物的组织培养

（一）植物组织培养概念

植物组织培养（plant tissue culture）是指植物的离体器官、组织或细胞在人工控制的环境下培养发育再生成完整植株的技术（图7-8）。用于离体培养的各种植物

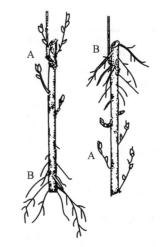

图7-7　柳树枝条上形态学上下端芽和根的发生
A. 形态学上端；B. 形态学下端

材料称为外植体（explant）。根据外植体的结构与材料来源的不同，又可将组织培养分为：器官培养、组织培养、胚胎培养、细胞培养以及原生质体培养等。

（二）植物组织培养的培养基成分

目前，在植物组织培养中应用的培养基一般由五大类物质组成。

1. 无机营养物。包括大量元素和微量元素，如N、P、K、Ca、Mg、S、Zn、Fe、B、Cu、Mo、Mn、Cl等。

2. 碳源。一般用蔗糖，其浓度2%～4%，有时也用葡萄糖作为碳源。它还具有维持渗透压的作用。

3. 维生素类。硫胺素是必需的。烟酸、维生素B6、肌醇对生长起促进作用。

4. 有机附加物。如氨基酸（甘氨酸）、水解酪蛋白、椰子乳等。

5. 生长调节物质。常用2,4-D、NAA、KT、BA、GA等。

根据培养基物理状态，把加琼脂后培养基呈固体状的培养基称固体培养基，不加琼脂，培养基呈液体的称液体培养基。培养基种类很多，表7-1列出目前较常用的几种培养基。在对具体的植物材料进行培养时，应考虑培养基的合适选择。

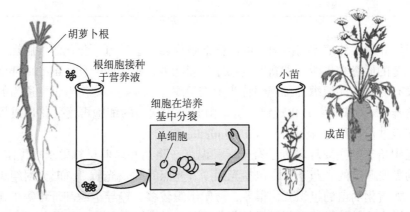

图7-8　胡萝卜根诱导愈伤组织和器官分化的培养过程

表 7-1   若干种植物组织培养的培养基配方（mg · L^{-1}）

培养基组成	MS（1962）	B$_6$（1968）	培养基组成	Miller（1963）	改良（WH）White（1981）
NH$_4$NO$_3$	1650	–	NH$_4$NO$_3$	1000	–
KNO$_3$	1900	2500	KNO$_3$	1000	80
CaCl$_2$ · 2H$_2$O	440	150	MgSO$_4$ · 7H$_2$O	35	737
MgSO$_4$ · 7H$_2$O	370	250	KH$_2$PO$_4$	300	–
KH$_2$PO$_4$	170	–	Ca(NO$_3$)$_2$ · 4H$_2$O	347	288
(NH$_4$)$_2$SO$_4$	–	134	KCl	65	65
NaH$_2$PO$_4$ · H$_2$O	–	150	NaH$_2$PO$_4$ · H$_2$O	–	19
FeSO$_4$ · 7H$_2$O	27.8	27.8	NaSO$_4$	–	200
Na$_2$EDTA	37.3	37.3	Fe$_2$(SO$_4$)$_3$	–	2.5
KI	0.83	0.75	Na–Fe–EDTA	32	–
H$_3$BO$_3$	6.2	3.0	KI	0.8	0.75
MnSO$_4$ · 4H$_2$O	22.3	–	H$_3$BO$_3$	1.6	1.5
MnSO$_4$ · H$_2$O	–	10	MnSO$_4$ · H$_2$O	4.4	6.65
ZnSO$_4$ · 7H$_2$O	8.6	2	ZnSO$_4$ · 7H$_2$O	1.5	2.67
Na$_2$MoO$_4$ · 2H$_2$O	0.25	0.25	CuSO$_4$ · 5H$_2$O	–	0.001
CuSO$_4$ · 5H$_2$O	0.025	0.025	MoO$_3$	–	0.000 1
CoCl$_2$ · 6H$_2$O	0.025	0.025	肌醇	–	100
肌醇	100	100	烟酸	0.5	0.3
烟酸	0.5	1	甘氨酸	2	3
甘氨酸	2	–	盐酸硫胺	0.1	0.1
盐酸硫胺	0.1	10	盐酸吡哆素	0.1	0.1
盐酸吡哆素	0.5	1	蔗糖	30 000	20 000
蔗糖	30 000	20 000	琼脂	10 000	10 000
琼脂	10 000	10 000	pH	6.0	5.6
pH	5.7	5.5			

在组织培养中，外植体周围细胞可进行细胞分裂。这种原已分化的细胞在一定的条件下，失去原有的形态和机能，重新恢复细胞分裂能力，称为脱分化（dedifferentiation），由此形成的没有分化的无组织的细胞团称为愈伤组织（callus）。愈伤组织在适当的培养条件下（继代培养），又可产生分化现象。这些由脱分化状态的细胞再度分化形成另一种或几种类型的细胞过程，称为再分化（redifferentiation）。

影响组织培养的主要环境因子有光照和温度。除某些培养材料要求在黑暗中生长外，一般培养均需要一定的光照条件，包括光强度、光照时间及光质。同时光对组织分化也有较大影响，如黄化幼苗的组织分化很差，薄壁组织较多，输导组织和纤维等机械组织不发达，植株柔嫩多汁；如对短日照敏感的葡萄品种，其茎切段的组织培养物只有在短日照条件下才能形成根。组织培养要求的温度一般是 23～28℃之间，但不同组织所需温度也略有差异。例如培养喜温植物的茎尖，温度可以提高到 30℃。花与果实培养最好有昼夜温差，昼温 23～25℃，夜温 15～17℃。

此外组织培养过程中细胞的分化还受植物激素、糖浓度等因素的影响。其中激素对细胞的分化作用尤其显著。如在烟草愈伤组织的器官分化的研究中，改变培养基中 IAA 和 CTK 的比例时可改变愈伤组织的分化，当 IAA/CTK［常用激动素（KT）］比值较高（IAA/KT 为 2 mg·L^{-1}/0.02 mg·L^{-1}）时，有利于根的形成；当 IAA/KT 比值中等（IAA/KT 为 2 mg·L^{-1}/0.2 mg·L^{-1}）时，只生长而不进行分化；当 IAA/KT 比值较低时（IAA/KT 为 2 mg·L^{-1}/0.5 mg·L^{-1}）时则有利于芽形成（见图 6-23）。激素的作用可能是在转录或翻译水平上影响基因表达，最终导致分化。此外，糖浓度也影响植物的分化，如在培养丁香茎髓的愈伤组织时，蔗糖浓度对木质部和韧皮部的分化有较大的影响。当蔗糖为低浓度（1.5%～2.5%）时，仅分化木质部；高浓度（4% 以上）时，仅分化韧皮部；而在中等浓度（2.5%～3.5%）时，则能同时分化形成木质部和韧皮部，而且中间具有形成层。

组织培养技术克服了整体植物研究中的困难，可以在人工控制条件下研究植物的生长和分化进程、外界因素对细胞分化的影响以及分化过程中内部的生理生化机理。因此，组织培养技术在基础理论研究中得到广泛应用，例如通过生长在琼脂上或液体悬浮培养液中的愈伤组织研究生物合成和生长的各种变化，用根、茎、叶的切段或愈伤组织培养物研究分化、形态发生和植株再生途径。同时在实际生产中也得到应用，如组织培养可用于花药培养和单倍体育种、突变体的筛选、无性繁殖系的快速繁殖以及植物性药物等的生产、获得无病毒植株、保存和运输种质资源等。组织培养技术目前在科研与生产实践上得到了越来越广泛的应用，具体内容可参阅相关组织培养的专著。

五、顶端分生组织与营养器官的发生

植物与动物不同，即使在胚胎发育后也能在整个生命周期中不断形成器官，这主要得益于植物的分生组织（meristem）中有一小部分多能干细胞（stem cell）——一类具有无限的或者永生的自我更新能力的细胞，通过不断提供未分化的细胞源，形成不同的组织和器官。茎尖分生组织（shoot apical meristem，SAM）在形成植物的所有气生结构，包括花分生组织（floral meristem，FM）中起关键作用，FM 随后产生含有生殖结构的花器官。根尖分生组织（root apical meristem，RAM）则负责形成植物的根。与茎尖分生组织不同，根尖的分生组织覆盖有根冠。当根成熟区细胞停止伸长后，根中的中柱鞘细胞首先分化出建成细胞（founder cell）形成侧根原基，侧根原基生长突起进而发育成侧根。

生长中的 SAM 和 RAM 一样，都必须在产生未分化的细胞和分化为不同组织的细胞间保持一定的平衡。SAM 中的干细胞产生子细胞，这些子细胞仍是干细胞或已分化的细胞。SAM 还建立了叶序（phyllotaxy），即沿茎排列不同的侧生器官。SAM 由周缘区（PZ）、中心区（CZ）和肋状区（RZ）组成。位于 CZ 的细胞分裂缓慢，而位于 PZ 的细胞分裂迅速。CZ 和 PZ 中细胞分裂的平衡决定了器官的大小和数量。PZ 在侧生器官的产生中扮演重要角色，而 CZ 充当干细胞的储存库。RZ 提供了能形成干细胞的多能（multipotent）细胞。WUS 转录因子和 CLV 配体 – 受体系统是 SAM 中分生组织活性的关键决定因素。WUS 部分通过直接激活 CLV3 来决定 SAM 中干细胞的属性，因 CLV 信号本身会抑制 WUS 表达以限制其空间表达区域（图 7-9），而 CLV3 要与受体激酶受体蛋白（CLV1）结合才能发

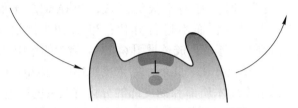

1. 干细胞数目增加促进了CLV3表达，提高了CLV3蛋白量；

3. 干细胞数目下降后，CLV3也随之减少，使得WUS表达再次上升，增加了干细胞数目。

2. CLV3是一种小肽，与受体激酶CLV1结合，通过信号转导抑制WUS的表达，导致干细胞数目下降；

图7-9　茎尖分生组织干细胞维持和叶分化的自动反馈环

挥调节作用。受体蛋白通过结合 SAM 中干细胞的关键激活与维持因子——茎无分生组织（shoot meristemless，STM），维持干细胞的未分化状态，抑制其分化产生各种器官的细胞。WUS 蛋白能够与 STM 直接相互作用形成异源二聚体，共同结合到 CLV3 的启动子上并激活其表达，从而增强茎端干细胞的活性（Su et al., 2020）。CTK 和 IAA 在 SAM 的维持和分化中发挥着重要的作用。

　　叶子是由 SAM 发育而成的。新生叶子产生的位置主要由 IAA 的局部积累决定的，这一过程依赖 IAA 转运蛋白 PIN1 在细胞膜上的极性分布。类多节（knotted）同源异型盒（KNOX1）转录因子维持 SAM 中细胞未分化状态，编码 MYB 结构域的不对称叶（asymmetric leaf1/rough sheath2/phantastica，ARP）转录因子促进细胞分化成叶原基。此外，这两类基因相互抑制各自的表达，共同决定叶子的属性。叶子一般具有极性，含上下两个表面。三个功能冗余的转录因子 PHB（PHABULOSA）、PHV（PHAVOLUTA）和 REV（REVOLUTA）在叶子的上表面表达，而 KAN（KANADI）促进叶子下表面形成。同样，这两类基因相互抑制对方的表达。此外，miRNA 也能调控叶子的极性。叶子的大小和形状很大程度上取决于细胞分裂和细胞伸长的综合效果。在植物激素和转录因子等因素的共同作用下，叶子发育过程中细胞进一步分化成具有特异功能的维管组织、表皮毛和气孔等组织。

　　在 RAM 的顶端，多能干细胞围绕一小群组织细胞形成静止中心（quiescent center，QC），QC 和周围的干细胞共同组成干细胞微环境，维持干细胞属性，抑制细胞分化。在胚后发育过程中，干细胞经历不对称的细胞分裂，一边通过自我更新，维持干细胞群。一边在近端分生组织中产生过渡扩增细胞群。一旦过渡扩增细胞群到达伸长 / 分生区，这些细胞退出细胞分裂而分化成特异的细胞和组织。通常，幼嫩的根具有相对简单的辐射状组织，其中，圆柱状维管或中柱被同心组织层（皮层和内皮层）包围，并与可以产生根毛的表皮层分开。除了辐射状结构以外，根尖在纵向上可以被分为四个发育区：根冠、分生区、伸长区和成熟区。分生区细胞分裂比较旺盛，而伸长区通过细胞膨胀，调控主根的伸长。细胞增殖快慢和随后的伸长速率推动根系干细胞微环境深入土壤，并决定根系生长的速率。大量的生理和遗传实验证明生长素可以调控整个根系的形成。ARF 家族成员可以介导生长素的快速反应，调节一系列下游基因的表达。通常，单子叶植物主要从非根组织发育出不定根（adventitious root）来建立其发达的根系，而双子叶植物，例如拟南芥，则从主根上进一步发育出侧根（lateral root），产生具有主根的直根系统。

第三节　植物的生长

植物的生长实际上就是细胞数目的增多和体积的增大，因此，植物生长是一个体积或重量的不可逆的增加过程。与动物生长不同的是，种子植物的生长以种子萌发开始，然后在整个生命周期中，植物都在不断地产生新的器官，由于茎和根尖端的组织处于胚性状态，茎和根中又有形成层。所以，有的植物可以不断地加长和增粗，在百年、千年的老树上，还会长出幼嫩的新枝。

一、种子的萌发

种子是种子植物所特有的延存器官。在适宜的环境条件下，种子的胚开始恢复生长，突破种皮并形成幼苗，这个过程称为萌发（germination）。一般以胚根突破种皮作为萌发的标志。种子萌发过程大致可以分为以下三个步骤：种子吸水萌动、内部的物质与能量转化、胚根突破种皮形成幼苗。

（一）影响种子萌发的外界条件

种子萌发必须有适当的外界条件，即足够的水分、充足的氧气和适宜的温度。此外，有些种子的萌发还受到光的影响。

1. 水分。种子只有吸收了足够的水分以后，各种与萌发有关的生理生化过程才能逐渐开始。这是因为水分可使种皮变软，氧气容易透入而增强胚的呼吸作用，同时也使胚易于突破种皮。水分可使原生质由凝胶状态转化为溶胶状态，使酶活性提高，为呼吸、物质转化、运输等一系列代谢活动提供基本条件，同时促进不溶性的大分子化合物转化为可溶性的低分子化合物，供胚萌发生长所需。水还使种子内贮藏的植物激素由束缚型转化为游离型，调节胚的生长。所以充足的水分是种子萌发的首要条件。

不同的农作物种子在萌发过程中对需水量要求不同，吸水量也不一样。一般说来，淀粉种子的需水量较低，需种子重量的 30%～70%；蛋白质种子需水量较高，要在 110% 以上（表 7-2）。种子吸水速率不仅与种子内贮藏物质的种类有关，还受土壤含水量、土壤溶液浓度以及环境温度的影响。通常，土壤含水量充足，土壤溶液浓度较低，环境温度较高等条件，能促进种子吸水，加快萌发。

2. 氧气。种子萌发是以旺盛的代谢为基础，而呼吸作用又是一切代谢的基础，充足的氧气供应有利种子萌发。如果种子萌发期间供氧不足则导致无氧呼吸，一方面贮藏物质消耗过多过快，另一方面产生酒精引起中毒。种子的种类不同，萌发时对氧的要求也不同。含脂肪较多的种子（如大豆、花生、向日葵）比淀粉种子（如麦类、玉米）要求更多的 O_2。但也有些植物种子（马齿苋和黄瓜）在含 O_2 量达到 2% 时亦可萌发，狗牙根在 8% O_2 时的萌发优于 20% O_2 时的萌发。水稻对缺氧的忍受力较强，可在无氧条件下萌

表 7-2　几种作物种子萌发时所需的最低吸水百分率（风干重 %）

作物种类	吸水率 /%	作物种类	吸水率 /%
水稻	35	棉花	60
小麦	60	豌豆	186
玉米	40	大豆	120
油菜	48	蚕豆	157

发。但是在缺氧情况下，种子萌发后只长胚芽鞘，不长根，导致幼苗细弱不正常。通常情况下，土壤中的氧气能保证种子萌发的需要，但在土壤黏重、湿度过大、地表板结、播种过深、镇压过紧时，种子往往因缺氧而不能萌发，甚至霉烂，即使勉强出苗，生长也很细弱。

3. 温度。温度对萌发的影响有三基点，即最低温度、最适温度和最高温度。最低和最高温是种子萌发的极限温度，低于最低温度或超过最高温度，种子都不能萌发。最适温度是指种子发芽率最高、发芽时间最短的温度。

各种种子萌发的适宜温度，一般与其原产地的生态条件有密切关系，原产于北方的作物（如小麦等）要求温度较低，而原产于南方的作物（如水稻、玉米等）则要求较高。即使是同一种类，由于种源不同也有变化。例如，加拿大北部山区的铁杉种子，7~12℃萌发最好，最高萌发温度27℃；而采自南部的种子萌发最适温是17~22℃，在27℃时萌发仍然很好。种子在最适温度下萌发，尽管发芽最快，但由于种子消耗的底物较多，往往使幼苗长得不健壮。生产上常采用比萌发最适温度稍低，但种子萌发较快，芽生长又健壮的协调最适温度（harmonized temperature）来进行催芽。萌发的最低温度和最高温度，是生产上决定不同植物播种期的重要依据。春天适宜的播种期一般以稍高于最低温度为宜，如棉花播种期一般以表 15 cm 土温稳定在12℃为宜。为了提早播种，可进行薄膜育秧，工厂化育苗。也可利用温室、大棚、温床、阳畦、风障等设施育苗。此外，变温比恒温更有利于种子萌发，尤其是难萌发的种子，例如，经过层积处理（stratification）的水曲柳种子，在 8℃或 25℃的恒温下都不易萌发，但每天给予 25℃/4 h 和 8℃/20 h 的变温处理则大大促进萌发。一般变温幅度至少要相差10℃。变温促进发芽的原因，可能与变温促进种子的气体交换有关。

上述影响种子萌发的三因素，三者缺一不可。但在萌发的不同阶段，总是以其中一种因素为主，由于它的缺乏或不足，将极大地影响种子萌发的进程，从而阻碍幼苗的正常生长。如萌发初期的吸胀阶段，水分是主导因素，温度仅影响吸胀快慢；而"露白"阶段，氧气供应是主要的，温度的满足也是必须的；当胚开始生长时，温度、水分、氧气都是需要的，但这时容易出现供水和供氧的矛盾，供水过多容易引起缺氧，过分通气又易引起缺水。因此，这个阶段协调土壤中的水气矛盾是培育壮苗的关键。

4. 光。根据光对萌发的影响将种子分三种类型：一是中性种子，萌发时对光无严格要求，在光下或暗中均能萌发，大多数栽培植物属于这种类型；二是需光种子，萌发时需要光，又称喜光种子（light favored seed）如烟草、莴苣等；三是嫌光种子，又称喜暗种子（dark favored seed）光下萌发受到抑制，黑暗则促进萌发，如西瓜、苋菜等。

1个莴苣品种（cv. Grand Rapids）的种子是典型的需光种子，红光（波长

650 ~ 680 nm）促进其种子发芽，而远红光（波长 710 ~ 740 nm）则逆转这个过程。当剂量相同的红光和远红光反复交替照射后，种子的萌发率高低则取决于最后一次照射的是红光还是远红光（图 7-10）。这种光对种子萌发的影响与光敏色素有关。

　　已知超过 200 种植物种子的萌发与光敏色素活性形式（Pfr）的水平有关，其中大约一半的种子只须给予一次短时红光便可萌发；另 1/4 的种子需要反复照光维持 Pfr 在适宜的水平上，以抵消在黑暗中转换为非活性形式（Pr）所减少的量。其余的 1/4 则可为长时间的强光照射而抑制萌发。Pr 与 Pfr 两种类型光敏色素在干燥种子中都很稳定，故种子萌发对光的需求主要决定于该种子在母体内成熟过程中能形成多少 Pfr 光敏色素。光打破种子休眠只发生在种子吸胀之后，感受光的部位只限于胚根和胚轴细胞（指双子叶植物）。

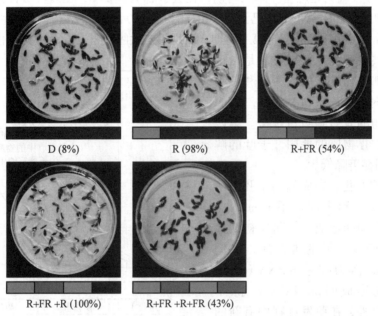

图 7-10　红光（R）和远红光（FR）对莴苣种子萌发的可逆效应

括号中的数据是指种子萌发百分率。D，暗中；R，红光处理；R+FR，红光处理后紧接远红光处理；R+FR+R，
红光处理后紧接远红光处理，再红光照射处理；R+FR+R+FR，红光处理后紧接远红光处理，
再红光照射处理后紧接远红光处理

　　目前对于种子照光后光敏色素与几种植物激素的关系有很多报道。有人认为，红光照射后形成的 Pfr 可能通过引起 GA、CTK 合成或破坏 ABA 来破除光休眠。如 GA 也可代替光促种子萌发，在作用机制上与 Pfr 十分相似。有关 GA 克服光休眠的直接证据来自对突变体的研究，如一个 GA 缺乏的拟南芥突变体，在水中即使照光也不发芽，但在光下用 1 μmol·L^{-1} GA$_{4+7}$ 处理，或在暗中用 100 μmol·L^{-1} GA$_{4+7}$ 处理时，就可以发芽。这表明 GA 处理可以弥补突变体中 GA 合成缺陷，代替种子萌发的需光要求。拟南芥种子萌发之所以对光有要求，主要是因为光受体——光敏色素 B（phyB）抑制了光敏色素互作因子（PIF1）活性以及“起床号 1”（REVEILLE1，RVE1）基因的表达，从而解除了 PIF1 对 GA 降解相关基因的促进表达以及 RVE1 对 GA 合成相关基因的抑制表达，最终导致 GA 含量的上升，促进种子萌发（Yang et al.，2020）。

（二）种子萌发时的生理生化变化

种子萌发包括种子吸水、贮存组织内物质水解和运输到生长部位合成细胞组分、细胞分裂、胚根和胚芽生长等过程。

1. 吸水的变化。种子的吸水可分为 3 个阶段，即急剧的吸水、吸水的停止和胚根长出后的重新迅速吸水。据测定，种子吸水第一阶段是吸胀作用（物理过程）。在第二阶段中，细胞利用已吸收的水分进行代谢作用。到第三阶段，由于胚的迅速长大和细胞体积的加大，重新大量吸水，这时的吸水是与代谢作用相连的渗透性吸水（图 7–11）。

2. 呼吸的变化。种子萌发过程中，萌发与 O_2 和 CO_2 吸放的关系与吸水的变化极为相似（图 7–12）。一般可以把呼吸变化（O_2 的吸收）分为四个时期。第一个时期，呼吸迅速升高并且持续约 10 h，线粒体内的柠檬酸循环及电子传递链的酶系统活化，RQ 略大于 1，主要的呼吸底物是蔗糖。第二时期，在吸水后 10~25 h，出现呼吸停滞期。此时子叶已为水饱和，预存的酶系统均已活化，RQ 升高至 3.0 以上，表示细胞发生了无氧呼吸，当剥去种皮后，可缩短停滞期。第三时期，出现第二次呼吸上升。一方面是由于胚根穿破种皮，氧的供应增加，另一方面是由于生长的胚轴细胞合成新的线粒体和呼吸酶系统，此时 RQ 下降到 1 左右，表明以糖类为底物的有氧呼吸占优势。第四时期，随着贮存物质的耗用，子叶的解体，呼吸作用显著降低。

3. 核酸的变化。在成熟的干胚中已有贮存在萌发过程中起作用的 mRNA，它在种子发育期间形成，在萌发初期作为模板合成萌发需要的蛋白质，人们把这类 mRNA 称为贮存 mRNA（长命mRNA，预先形成的 mRNA 等）。除了贮存 mRNA 以外，在萌发过程中有新的mRNA 的合成。例如，整粒棉籽在吸水6 h 内，蛋白质合成不受 3′–脱氧腺苷所抑制，表明在萌发早期以贮存 mRNA 作模板合成蛋白质，但在吸水6 h 后，新合成的 mRNA 及贮存 mRNA 的活化对蛋白质合成都是必要的。DNA 合成往往与后期的萌发阶段有关，小麦胚吸水6 h 后DNA 聚合酶活性增加，持续至少 24 h，吸水 15 h 出现胚根伸长，并发生 DNA 的复制。

4. 有机物的转变。种子中淀粉、蛋白质、脂肪等贮藏物质，经过分解后才能运往胚中供胚的生长，该过程需要酶的催化来完成。种子萌发时，酶有不同

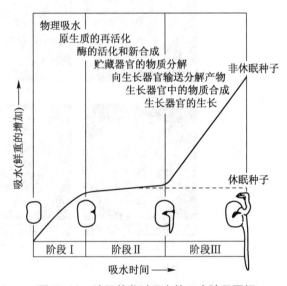

图 7–11　种子萌发时吸水的三个阶段图解

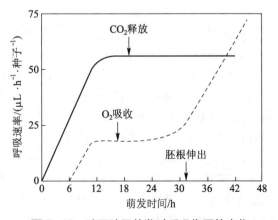

图 7–12　豌豆种子萌发时呼吸作用的变化

的来源：一是在种子形成时产生，在吸水后立即具有活性，如 β– 淀粉酶、磷酸酯酶、支链淀粉糖苷酶；另一类酶是由贮藏 mRNA 在萌发过程中翻译而成的，一般在吸水几小时后就有活性，第三类酶活性在吸水后较晚时期才出现，这类酶可能是在吸胀后，由一些基因转录成新的 mRNA 合成新的酶，如 α– 淀粉酶。图 7–13 表明玉米种子萌发时不同部位重量和成分含量的变化。总体上在萌发过程中，全苗干重和总 N 略有下降，不溶性蛋白和脂肪含量明显下降。胚乳中各成分下降明显，胚轴中显著上升。而可溶性蛋白、糖类、氨基酸、核酸和核苷酸均显著上升。这显然是由于种子萌发时贮藏的淀粉、脂肪和蛋白质转变所致（图 7–14）。

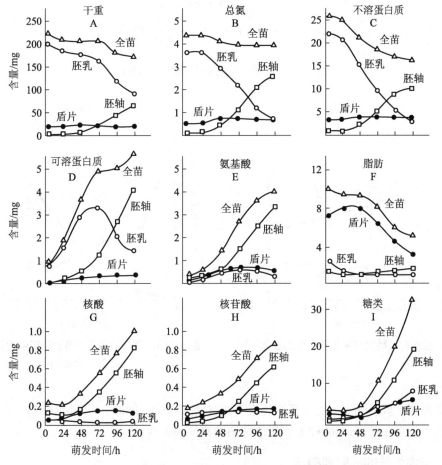

图 7–13 玉米种子萌发时幼苗不同器官中部分物质含量的变化

种子萌发经历从异养到自养的过程。种子萌发时只能动用种子内贮藏的物质，供胚生长。这是萌发的异养阶段。当幼苗叶片进行光合作用，制造出一定的光合产物后，才进入自养阶段。种子内贮藏的养分越多，就有利于幼胚的生长。因此，在农业生产上，应选取大而重的籽粒作为种子。

5. 激素的变化。种子从休眠状态转变为萌发状态及此后的过程都有许多内源激素调节。未萌发的种子通常不含游离态 IAA，但萌发初期种子内束缚态 IAA 即转变为游离态 IAA（图 7–15），并且继续合成新的 IAA。落叶松种子在层积处理后吸水萌发时，生长抑

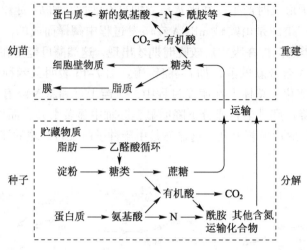

图 7-14 种子萌发时的物质转化和运输

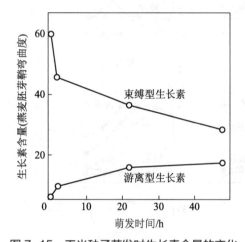

图 7-15 玉米种子萌发时生长素含量的变化

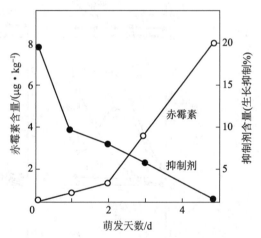

图 7-16 落叶松种子在萌发过程中生长抑制剂和赤霉素含量的变化

制剂含量逐渐下降，而 GA 的水平则逐渐升高（图 7-16）。同时，CTK 和 ETH（乙烯）在种子萌发早期均有增加，而 ABA 和其他抑制物则明显减少。

二、植物生长的一般规律

（一）植物生长的表示方法

长度、体积、重量和面积等均可作为植物的生长量的单位，常用生长积累和生长速率来代表植物生长量。生长积累是某一时期植物生长的总量，而生长速率则代表植物生长的快慢。生长速率又分为绝对生长速率和相对生长速率。

1. 绝对生长速率（absolute growth rate，AGR）。指单位时间内植株的绝对生长量。可用下式表示：

$$AGR = \frac{dQ}{dt}$$

式中的 Q 是生长量，可用重量、体积、面积、长度、直径或数目（例如叶片数）来表示。t 是时间，可用 s、min、h、d 等表示。植物的绝对生长速率，因物种、生育期及环境条件等不同而有很大的差异。例如，雨后春笋的生长速率可达 $50 \sim 90 \text{ cm} \cdot \text{d}^{-1}$；而生长在北极的北美云杉生长速率仅为 $0.3 \text{ cm} \cdot \text{a}^{-1}$；小麦的茎秆在抽穗期生长速率为 $5 \sim 6 \text{ cm} \cdot \text{d}^{-1}$；拔节期的玉米生长速率为 $10 \sim 15 \text{ cm} \cdot \text{d}^{-1}$，而抽雄后的株高就停止增长。

2. 相对生长速率（relative growth rate，RGR）。在比较不同材料的生长速率时，绝对生长常受到限制，因为材料本身的大小会显著地影响结果的可比性，为了充分显示幼小植株或器官的生长程度，常用相对生长速率表示。相对生长速率是指单位时间内的增加量占原有数量的比值，或者说原有物质在某一时间内的（瞬间）增加量。可用下式表示：

$$\text{RGR} = \frac{1}{Q} \times \frac{\text{d}Q}{\text{d}t}$$

式中的 Q 为原有物质的数量，$\text{d}Q/\text{d}t$ 是瞬间增量。例如竹笋的相对生长速率约为 $0.005 \text{ mm} \cdot \text{cm}^{-1} \cdot \text{min}^{-1}$；而黑麦的花丝在开花时的相对生长速率可达 $2.0 \text{ mm} \cdot \text{cm}^{-1} \cdot \text{min}^{-1}$。

在试验期间的平均相对生长速率（R）可用下式表示：

$$R = \frac{\ln Q t_1 - \ln Q t_0}{t_1 - t_0}$$

式中的 $Q t_0$ 是实验开始时植物量，$Q t_1$ 是生长一段时间后取样时的植物量，t_0 为开始时间，t_1 是生长一段时间后取样时的时间，ln 是自然对数。RGR 或 R 的单位依 Q 的单位而定。

3. 植物生长分析。相对生长速率、净同化率（net assimilation rate，NAR）和叶面积比（leaf area ratio，LAR）常用作植物生长分析的参数。

净同化率（NAR）为单位叶面积在单位时间内的干物质的增量。

$$\text{NAR} = \frac{1}{L} \times \frac{\text{d}W}{\text{d}t}$$

式中的 L 为叶面积，W 为干重，$\text{d}W/\text{d}t$ 为干物质增量。NAR 的常用单位为 $\text{g} \cdot \text{m}^{-2} \cdot \text{d}^{-1}$。

将以干重（W）为计量单位的 RGR 计算公式变换，并与 NAR 计算公式比较：

$$\text{RGR} = \frac{1}{W} \times \frac{\text{d}W}{\text{d}t} = \frac{L}{W} \times \frac{1}{L} \times \frac{\text{d}W}{\text{d}t} = \frac{L}{W} \times \text{NRA}$$

式中的 L/W 就是叶面积比，它是总叶面积除以植株干重的商。由 $LAR = L/W$ 可见，相对生长速率、叶面积比和净同化率三者之间的关系为 $\text{RGR} = \text{LAR} \times \text{NAR}$，RGR 可作为植株生长能力的指标，LAR 实质上代表植物光合组织与呼吸组织之比，在植物生长早期该比值最大，可以作为光合效率的指标，但不能代表实际的光合效率，因为 NAR 是单位叶面积对植株干重净增量的贡献，数值因呼吸消耗量的大小而变化。LAR 会随植株年龄的增长而下降。光照、温度、水分、CO_2、O_2 和无机养分等影响光合作用、呼吸作用和器官生长的环境因素都能影响 RGR、LAR 和 NAR，因此这些参数可用来分析植物生长对环境条件的反应。决定 RGR 的主要因素是 LAR 而不是 NAR。生长分析参数值在不同植物间始终存在差异，以 RGR 为例，低等植物通常高于高等植物；在高等植物中，C_4 植物高于 C_3 植物，草本植物高于木本植物；在木本植物中，落叶树高于常绿树，阔叶树高于针叶树。

（二）植物生长 S 形曲线

无论是细胞、组织、器官乃至整个植株在其整个生长过程中，生长速率均表现出相同的规律性：初期缓慢，以后加快，达到最高，之后又缓慢，以至停止。呈现出"慢-快-慢"的变化。通常把生长的这三个阶段总起来叫作植物生长大周期（grand period of growth）。如果以植物（或器官）长度或体积对时间作图，可得到植物的生长曲线。生长曲线表示植物在生长周期中的生长变化趋势，典型的有限生长曲线呈S形（图7-17），根据S形曲线可将生长分为三个时期：①生长滞后期（lag phase of growth），处于细胞分裂和原生质积累时期，这时细胞数量虽能迅速增多，但

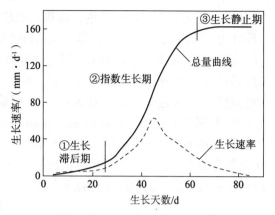

图7-17 玉米株高的生长曲线

物质积累少，细胞体积增加较少，因此表现出生长较慢；②指数生长期（logarithmic phase of growth），又称线性生长期，是细胞体积随时间而呈对数增大，细胞内的RNA、蛋白质等原生质和细胞壁成分合成旺盛，再加上液泡渗透吸水，使细胞体积迅速增大，因而这时是器官体积和重量增加最显著的阶段，也是绝对生长速率最大的时期；③生长静止期（stationary growth phase）或衰老期（senescence phase）或生长停止期。这时，细胞内RNA、蛋白质合成停止，细胞趋向成熟与衰老，器官的体积和重量增加逐渐减慢，以致最后生长停止。图7-18是黄化豌豆苗上胚轴的生长曲线以及在生长过程中RNA、蛋白质和纤维素增加速率的变化，从中还可以看出，这些物质的增加主要在线性期，而且按RNA、蛋白质、纤维素的次序先后呈现峰值。

植株实际的生长曲线与典型的S形曲线常有一定程度的偏离，甚至差异很大。有时某一个生长期可能完全消失或特别突出，有时中间有一段时间由于生长停顿而形成双S形曲线，这些变异的产生主要取决于植株的发育情况，当然也与环境条件有关。研究和了解植物或器官的生长周期，在生产实践上有一定的意义。根据生产需要可以在植株或器官生长最快的时期到来之前，及时地采用农业措施加以促进或抑制，以控制植株或器官的大小。例如，为防止水稻倒伏，常用搁田来控制节间的伸长，然而，控制必须在基部第一、二节

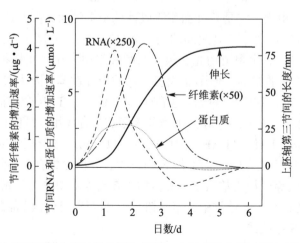

图7-18 黄化豌豆上胚轴的生长和RNA、蛋白质及纤维素增加速率的变化

间伸长之前，迟了不仅不能控制节间伸长，还会影响幼穗的分化与生长，降低产量。

（三）环境因子对生长的影响

自然界中植物生长主要受到光、温度、水分、营养等非生物因素及昆虫和微生物等生物因素的影响。

1. 光。光对植物生长有间接作用和直接作用。间接作用即通过光合作用和蒸腾作用，影响干物质的积累和水分状况，导致对生长的影响。直接作用是指光对植物形态建成的作用，如光促进需光种子的萌发、幼叶的展开、叶芽与花芽的分化等。由于光形态建成只需短时间、较弱的光照就能满足。因此，低能量的光对植物器官形态的影响叫光形态建成。如暗中生长的豌豆幼苗，每昼夜只要照光 5 ~ 10 min，即使光照很弱，也足以使黄化苗转化为正常苗。在农业生产中，常因植株群体过密，株间郁闭缺光，生长迅速，茎秆纤细，节间过长，机械组织不发达，造成倒伏而导致减产。因此，要合理密植，加强水肥管理，使株间通风透光，才能使茎秆粗壮，不倒伏。

2. 温度。植物是变温生物，其体温与周围环境的温度相平衡，各器官的温度也受土温、气温、光照、风、雨、露等影响。由于温度能影响光合、呼吸、矿质与水分的吸收、物质合成与运输等代谢功能，所以也影响细胞的分裂、伸长、分化以及植物的生长。植物生长温度有最低、最适和最高的所谓生长温度三基点（three cardinal points），低于最低温度和高于最高温度，植物不能生长。生长的最适温度是指植物生长最快，但不健壮的温度。能使植株生长较快又健壮的温度，叫协调最适温度。通常要比生长最适温度低些。这是因为细胞伸长过快时，物质消耗也快，其他代谢如细胞壁的纤维素沉积、细胞内含物的积累等就不能与细胞伸长相协调。生长温度三基点因植物原产地不同而有很大差异。原产热带或亚热带的植物，温度三基点较高，分别为 10℃、30 ~ 35℃和 45℃左右；而原产温带的植物，生长温度三基点稍低，分别为 5℃、25 ~ 30℃、35 ~ 40℃；原产寒带的植物，生长温度三基点更低，如北极的植物在 0℃以下仍能生长，最适温度一般不超过 10℃。对农作物而言，夏季作物的生长温度三基点较高，而冬季作物则较低。同一植物的不同器官，不同的生育时期，生长温度的三基点也不一样。例如根系能活跃生长的温度范围一般低于地上部分。由于植物生长最适温度的差别，决定了它们各自分布的南北界限，如谚语中"杉木不过淮水，樟树不过长江"。在引种中必须考虑这个生物学特性。

在自然条件下，具有日温较高和夜温较低的周期性变化。植物这种对昼夜温度周期性变化的适应，称为生长的温周期（thermoperiodicity of growth）。由于人工气候室的建立，人们能够在控制条件下，研究昼夜温差对植物生长的影响。在昼夜温度恒定为 25℃的情况下，番茄植株生长速率较快；但在日温为 26℃，夜温为 20℃的昼夜温差情况下，生长更快。这种日温较高而夜温较低促进生长的原因，主要是夜温下降可降低有机物消耗（呼吸作用的消耗），或者说增加光合产物的积累，因而加快了植株生长速率。因此，了解植物生长对温度的要求，对保证农业生产上植物的良好生长有重要的意义。在温室栽培中，我国劳动人民早已注意到夜间降温的有利作用，这就是温周期现象在实践中的应用。

3. 水分。植物的生长对水分供应最为敏感。原生质的代谢活动、细胞的分裂、伸长与分化等都必须在细胞水分接近饱和的情况下才能顺利进行。由于细胞的扩大伸长较细胞分裂更易受细胞含水量的影响，且在相对含水量稍低于饱和时就不能进行。因此，供水不足植株的体积增长会提早停止。在生产上为使稻麦抗倒伏，最基本的措施就是控制第一、二节间伸长期的水分供应，以防止基部节间的过度伸长。通常充足的水分促进叶片的生长速度，叶片大而薄。相反，水分不足时，叶生长受阻，生长速度慢，叶小而厚。水分亏缺还会影响呼吸作用、光合作用等。

4. 矿质营养。植物中适宜矿质元素浓度的维持对其正常的生理功能及生长发育非常关键。如氮肥能使出叶期提早、叶片增大和叶片寿命相对延长。对稻田采取中期晒田，就是减少对氮肥的吸收，使糖类积累，叶厚且硬直，改善了田间小气候。但如氮肥施用过量，叶大而薄，容易干枯，寿命反而缩短。氮肥同样显著促进茎的生长，氮肥过多，会引起徒长倒伏。另外，土壤中还存在许多有益元素和有毒元素。有益元素促进植物生长，有毒元素则抑制植物生长。

此外，机械刺激能使植株产生动作电波，动作电波因能影响质膜透性、物质运输、激素平衡（通常是乙烯增加，生长素、赤霉素含量下降）以及某些基因表达的变化，从而对植物的生长发育产生影响。机械刺激能使植株矮化和生长健壮的效应，现已开始用于作物的育苗，如对苗床幼苗用棍棒定时扫荡，培苗密度可以加大而不致徒长。重力除诱导植物根的向重性和茎的负向重性生长外，还影响植物叶的大小、枝条上下侧的生长量以及瓜果的形状。例如悬挂在空中的丝瓜因受重力影响要比平躺在地面的长得长、细、直。大气和土壤中 O_2、CO_2、CO 和水汽及污染物 SO_2、HF 等都能影响植物的生长。

除了上述的非生物因子外，生物因子也对植物生长产生作用。在寄生情况下，寄生物（可以是动物、植物和微生物）有时能杀伤、杀死或抑制寄主植物的生长，如菟丝子寄生在大豆上会严重危害大豆植株的生长。有时则能引起寄主植物的不正常生长，如形成瘤瘿。在共生情况下则共生双方的生长均受到促进，如根瘤菌与豆类的共生。植物对光、肥和水等的相互竞争（allelospoly），相生相克（allelopathy），即通过分泌他感作用的化学物质（allelochemical），最常见的是酚类和类萜化合物对植物生理代谢及生长发育均能产生一定的影响。

三、植物生长的周期性

植株或植物器官的生长速率随昼夜或季节发生有规律的变化，这种现象称植物生长周期性（growth periodicity），具体表现为昼夜周期性和季节周期性。

（一）植物生长的昼夜周期性

植物的生长速率随昼夜的温度、水分、光照变化而呈现有规律的周期性变化，叫植物生长的昼夜周期性（daily periodicity）。影响植物昼夜生长有温度、光照、水分诸因素，以温度的影响最明显。

其中把植株或器官的生长速率随昼夜温度变化而发生有规律变化的现象称为温周期（thermoperiodicity）。温度对植物生长的影响可分为三种情况：①在盛夏，植物的生长速率白天较慢，夜间较快。如棉花株高的生长，白天气温高（超过 35℃），蒸腾大，光照强，紫外线多，抑制生长；而夜间气温下降（30℃以下），蒸腾减少，空气湿润，又无紫外线，促进生长。②在秋冬季，白天温暖，夜间温度很低，生长速率白天高于夜间。③如果昼夜温差不大，则昼夜生长相似，如 7—8 月水稻叶片的生长，由于水层的调节作用，昼夜温度相似，加之水稻叶片是叶基性生长，因此，稻叶的生长速率昼夜之间差异不明显。植物生长的昼夜周期性变化是植物在长期系统发育中形成的对环境的适应性。例如番茄虽然是喜温作物，但系统发育是在变温下进行的。在白天温度较高（23～26℃），而夜间温度较低（8～15℃）时生长最好，果实产量也最高。如将番茄放在白天与夜间都是 26.5℃的人工气候箱中或改变昼夜节律（如连续光照或光暗各 6 h 交替），植株生长不良，产量低；如果夜温高于日温，则生长受抑更为明显。小麦籽粒蛋白质含量和昼夜温度变幅值呈正相关，水稻在昼夜温差大的地方栽种，不仅植株健壮，而且籽粒充实，米质也好。这是因为白天气温高，光照强，有利于光合作用和有机物的转化与运输；夜间气温低，呼吸消耗下降，有利于糖分的积累，这些都对作物的生长、产量与品质的提高有利。

（二）植物生长的季节周期性

农作物的生长发育进程大体有以下几种情况：春播 – 夏长 – 秋收 – 冬藏；或春播 – 夏收；或夏播 – 秋收；或秋播 – 幼苗（或营养体）越冬 – 春长 – 夏收。总之，一年生、二年生或多年生植物在一年中的生长，都会随季节的变化而具有一定的周期性，即所谓生长的季节周期性（seasonal periodicity of growth）。这种生长的季节周期性是与温度、光照、水分等因素的季节性变化相适应的。春天，日照延长，气温回升，为植物芽或种子的萌发准备了最基本的条件；到了夏天，光照进一步延长，温度不断提高，夏熟作物开始成熟，其他作物则进一步旺盛生长，并开始孕育生殖器官；秋天来临，日照缩短，气温下降，叶片接收到短日照的信号后，将有机物运向生殖器官，或贮藏在根和芽等器官中。同时，体内糖分与脂肪等物质的含量提高，组织含水量下降，原生质由溶胶趋向凝胶状态；IAA、GA、CTK 等促进植物生长的激素由游离态转变为束缚态，而 ABA 等抑制生长的激素含量增加。因此，植物体内代谢活动大为降低，最终导致落叶。一年生植物完成生殖生长后，种子成熟进入休眠，营养体死亡。而多年生植物，如落叶木本植物，其芽进入休眠。一年生植物生长量的周期变化呈 S 形曲线，这也是植物生长季节周期性变化的表现。多年生树木的根、茎、叶、花、果和种子的生长并不是平行的，而是此起彼伏的。例如，成年梨树一年内可分为 5 个相互重叠的生长时期（图 7-19）。①利用贮藏物质的生长期，从早春至开花（2—4 月）。在此期间，根系首先生长，随后花和叶才开始生长。②利用当时代谢产物的生长期，即从开花到枝条生长停止（4—7 月）。③枝条充实期，也叫果实发育期（7—9 月）。④贮藏养分期，就是果实采收后至落叶前（9—11 月），地上部的代谢物向根部输送。⑤冬季落叶之后的休眠期（11—2 月）。成年梨树每年周而复始经历着这五个生长时期，大体可代表落叶性果树的生长周期性。另外，树木的年轮一般是一年一圈。在同一圈年轮中，春夏季由于适于树木生长，木质部细胞分裂快，体积大，所形成的木材质地

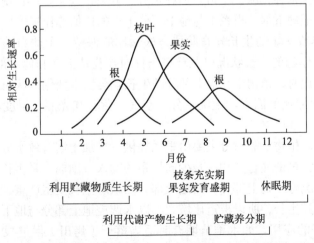

图 7-19　梨树不同器官的周期性生长动态和 5 个发育时期示意图

疏松，颜色浅淡，被称为"早材"；到了秋冬季，木质部细胞分裂减弱，细胞体积小但壁厚，形成的木材质地紧密，颜色较深，被称为"晚材"。可见，年轮的形成也是植物生长季节周期性的一个具体表现。

根的生长也有明显的周期性，多年生木本植物的根，一般一年有两次生长，一次在春天，比芽的萌生要早些，另一次在秋天。在美国西南部的亚利桑那州，柑橘、葡萄、牧豆树等植物的根在冬季有四个月（12月初至翌年3月底）停止生长，但杏树、柏木、仙人掌的根整个冬季都在生长。只要条件适宜，苹果树的根一年到头都可以生长，其中至少有三次（春季、采收后、秋季）生长高峰；美国薄壳核桃的根，一年有4~8次生长高峰。有人发现，冬天当土壤快要结冰时，表土层的根已停止生长，但深入土层（2尺以下）的根还在缓慢生长。还有人证明，即使在严冬，根也不是深休眠的，例如将盆栽植物从室外搬入温室，几天后根就开始恢复生长，而芽仍处于深休眠中。夏季土温过高，水分不足，也会抑制根的生长，如苹果树、桃树、松树的根在30~35℃，柚、甜橙、酸橙的根在37℃，几乎全都停止了生长。因此，一般认为根的周期性生长是一种"强迫休眠"，即由于不利的环境条件或体内营养物质分配问题所引起的休眠。

四、植物生长的相关性

植物体由各种组织器官构成，是个复杂的有机体，在整个生长发育过程中，植物的各个部分既有精细的分工又有密切的联系，既相互协调又相互制约，形成统一的有机整体。植物各部分之间的相互协调与相互制约的现象，叫作生长相关性（growth correlation）。

（一）地上部分与地下部分的相关性

1. 地上部分和地下部的关系。植物的地上部分和地下部分各处在不同的外部环境中，地上部分所处的环境可以使它获得充足的阳光、空气，而地下部分可从土壤中吸取足够的水分和矿质营养。在长期的进化过程中，地上部分和地下部分各自发展出特殊的生理功能，既相互依赖，又相互制约。"壮苗必须先壮根""根深叶茂"和"本固叶荣"等深刻地说明植物地上部分和地下部分相互促进，协调生长的关系，原因在于营养物质和生长物质的交换。地上部分为地下部分提供光合产物、生长素和维生素 B_1，地下部分为地上部分提供水分、矿质营养、部分氨基酸、生物碱（如烟碱）、CTK、ABA等。通过物质的交换使两部分的生长相互依存，缺一不可。但在水分、养料供应不足的情况下，常常由于竞争而相互制约。通常把地下部（根系）与地上部分干重的比值称作根冠比（root-shoot ratio）。对于一定的植物体或一定的生长发育阶段，根冠比应保持一个适当的数值。对于作物来说，根冠比反映了作物的生长状况以及环境条件对作物地上部和地下部生长的不同影响。当环境条件发生变化时，植物根和地上部分的生长就会发生变化，从而改变了根冠比。

2. 影响植物根冠比的因素。土壤水分、空气、营养和光照、温度等是影响根冠比的主要因素。

（1）土壤水分。植物所需水分主要由根系提供，增加土壤有效水分，能促进地上部分的生长，这样消耗大量的光合产物，减少向根系的输入，削弱根系生长，根冠比减小。干旱时根系的水分状况好于地上部分，而地上部分因缺水生长受阻严重，光合产物相对较多地输入根系，促使其生长，所以根冠比增大。以水调控地上部分与地下部分的相关性在水稻栽培中得到很好的应用。如水稻苗期有时适当落干（烤田）促进根系生长，增大根冠比，即所谓"旱长根，水长苗"（表7-3）。

表 7-3 落干程度对稻苗根冠比的影响

落干情况	100 株芽干重 /mg	100 株根干重 /mg	根冠比
适当落干	22.7	133	0.58
未落干	95	20	0.21

（2）土壤通气。枝叶处于大气中，供 O_2 充足；根系生活在土壤里，供 O_2 常常受阻。凡能改善土壤通气状况的措施均有利于根系生长，使根冠比略有增加；反之，土壤通气不良，根系生长受阻，根冠比变小。当然，缺 O_2 时间过长，枝叶因得不到足够的肥水也使生长受抑甚至死亡。

（3）土壤营养。氮素的影响大。供氮充足，蛋白质合成旺盛，利于枝叶生长，同时减少光合产物向根系输入，使根冠比下降；反之，供氮不足，明显抑制地上部生长，而根系受抑程度则较小，于是根冠比变大（表 7-4）。此外，土壤中其他营养元素供应状况也影响根冠比。

表 7-4 氮素水平对胡萝卜根冠比的影响

土壤含氮量	地上部分鲜重 /g	根鲜重 /g	根冠比
低氮量	7.5	31.0	4.0
中氮量	20.6	50.5	2.5
高氮量	27.5	55.5	2.0

（4）光照。光照强度影响叶片的光合能力，进而影响产物输出水平。植物遮阴后枝叶与根系的生长均受抑制，但根系受抑程度更大，根冠比减小；反之在自然光照下，光强相对增加，促进根和冠生长，对根的促进更大（夜间光合产物运往根系的量增加），因而根冠比增大。

（5）温度。根系生长的最适温度略低于枝叶，所以气温较低时不利于冠部生长，根冠比变大；气温稍高时则有利冠部生长，使根冠比变小。这种情况在冬小麦越冬和来春返青中得到证实。

（6）修剪和整枝。果树修剪和棉花整枝有延缓根系生长而促使茎枝生长的作用，使根冠比变小。因为一方面相对减少了光合产物向根系的运输，另一方面相对增加了肥水向枝叶的供应，使地上部生长相对变快。

根冠之间除了物质和能量的交换外，各部分之间还进行着信息的传递，如土壤干旱时，根会产生某种化学信号，传递到地上部，影响叶片的生长。实验表明土壤干旱时根系大部分植物激素浓度下降，唯有 ABA 浓度大幅度增加。土壤干旱时 ABA 由根部合成，经木质部向地上部运输至叶片，从而促使气孔关闭，继而改变地上部生理功能。图 7-20 概括了土壤干旱时，根和地上部的通讯情况。根系在受到土壤干旱时会发生化学信号运输到地上部，影响到地上部生长。反过来，地上部的变化又会反馈产生化学信号，从地上部运到根中，影响根的生理功能。除了 ABA 以外，根系合成的 CTK 在这过程中也可能起着某些作用。植物地上部合成的一些微量活性物质如 IAA、维生素等也会影响根系的生理功能。有实验表明，在正常条件下根尖产生的乙酰胆碱起着信号作用，影响叶片的蒸腾作

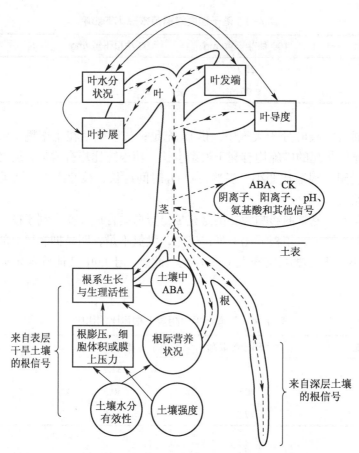

图 7-20 土壤干旱时根中化学信号的产生以及根冠间的物质与信息交流

圆圈表示土壤的作用；矩形代表植物的生理过程；虚线表示化学物质的传递；实线表示相互间影响；
叶发端指叶的分化和初期生长；土壤强度主要指土壤质地对根的压力，土壤中 ABA 主要来源于
微生物的合成与根系的分泌，它能被根系吸收

用，连接根冠之间信号交流。根冠间除了有化学信号以外，还有电波信号传递。

（二）主茎与侧枝的相关性

1. 顶端优势。植物的顶芽长成主茎，侧芽长成侧枝。通常主茎生长很快，而侧枝或侧芽则生长较慢或潜伏不长，这种植物的顶芽生长占优势而抑制侧芽生长的现象，称为顶端优势（apical dominance）。除顶芽外，生长中的幼叶、节间、花序等都能抑制其下面侧芽的生长，根尖能抑制侧根的发生和生长，冠果也能抑制边果的生长。这是由于顶芽和侧芽所处的位置各异，发育的迟早不同，因而在生长上存在相互制约的关系，即主茎顶端在生长上占有优势地位，抑制侧芽的生长。如果剪去顶芽，抑制消除，侧芽则由休眠状态转入萌发状态，开始生长。顶端优势普遍存在于植物界，但各种植物表现不尽相同。有些植物的顶端优势十分明显，如向日葵、玉米、高粱、黄麻等，一般不分枝；有些植物的顶端优势较为明显，如雪松、桧柏、水杉越靠近顶端，侧枝生长受抑越强，从而形成宝塔形树冠。有些植物顶端优势不明显，如柳树以及灌木型植物等。同一植物在不同生育期，其顶端优势也有变化。如稻、麦在分蘖期顶端优势弱，分蘖节上可多次长出分蘖。进入拔节期后，顶端优势增强，主茎上不再长分蘖；玉米顶芽分化成雄穗后，顶端优势减弱，下部几

个节间的腋芽开始分化成雌穗；许多树木在幼龄阶段顶端优势明显，树冠呈圆锥形，成年后顶端优势变弱，树冠变为圆形或平顶。由此也可以看出，植物的分枝及其株型在很大程度上受到顶端优势的影响。

2. 顶端优势的成因。对于顶端优势的原因有多种解释。一般认为这与营养物质的供应和内源激素的调控有关。早期有营养假说认为，顶芽是一个"营养库"，在胚中就已形成，发育早，输导组织发达，它优先利用营养物质，使侧芽由于营养缺乏而受到抑制。在营养缺乏的条件下这种表现更为明显。如亚麻植株缺乏营养时，确实可以看到侧芽的生长完全被抑制，而营养充分时侧芽可以伸长。自从发现生长素以后，人们发现植物的顶端优势与 IAA 有关。例如去除植株顶端，顶端优势就消失，侧芽会萌发生长；但如用混有 IAA 的羊毛脂涂在去顶的切口上，顶端优势仍然存在，使侧芽不能萌发生长。用 ^{14}C 标记的 IAA 涂在去顶的枝条上，也发现侧芽被抑制的程度与侧芽中 ^{14}C 脉冲数成正比，这些试验说明主茎顶端合成的 IAA 向下极性运输，在侧芽积累，而侧芽对 IAA 的敏感性比对顶芽强，因此侧芽生长受到抑制，距顶芽愈近，IAA 浓度愈高，抑制作用愈强。IAA 既能调节生长又能影响物质的运输方向，使养分向产生 IAA 的顶端集中，因而主茎生长迅速，侧芽则处于休眠状态。例如去顶的豌豆植株茎部施用 ^{32}P 的化合物，在顶端切面上加生长素，就有较多的 ^{32}P 化合物集中到茎的顶端。但如果去顶后 6 h 才施用生长素，则集中到顶端的 ^{32}P 较少。

目前认为植物顶端优势的存在是多种内源植物激素相互协调作用的结果。CTK 可以解除顶端优势，如在整体植株上施用 CTK，或以 0.5% 的玉米素羊毛脂软膏涂在侧芽上能解除顶端优势。因此，一种植物是否存在顶端优势，在很大程度上取决于 IAA/CTK 的比值大小。GA 的作用很特殊，施于整株植物的顶端，可加强 IAA 的作用，保持顶端优势；如施于去顶芽的植株上，GA 不能代替 IAA，相反引起侧芽的强烈生长。也有人认为侧芽不萌发是由于侧芽中抑制剂含量较高的缘故，如在苍耳的侧芽中发现 ABA 含量比其他部位高 50~250 倍，去掉顶芽 2 天后侧芽中的 ABA 水平急剧下降。

3. 顶端优势应用。在生产上根据具体情况，有时需要利用顶端优势，如麻类、烟草、向日葵、玉米、高粱等；有时则需要消除顶端优势，以促进分枝，例如幼龄果树去顶，促进侧枝生长，利于矮化密集栽培和机械化采摘并提高果实产量。棉花整枝摘心，防止徒长，减少蕾铃脱落；大豆喷施 TIBA，抑制顶端生长，促进分枝，提高产量。移栽植株时，由于切断了主根而常使侧根生长更好。

（三）营养生长与生殖生长的相关性

1. 营养生长和生殖生长。营养生长和生殖生长是植物生长周期中的两个不同阶段，通常以花芽分化作为生殖生长开始的标志。种子植物的生殖生长可分为开花和结实两个阶段。一次开花植物的特点是营养生长在前，生殖生长在后，一生只开一次花。开花后，营养器官所合成的有机物，主要向生殖器官转移，营养器官逐渐停止生长，随后衰老死亡。水稻、小麦、玉米、高粱、向日葵、竹子等植物均属此类。然而，有些一次开花植物在条件适宜时，开花结实后并不引起全部营养体的死亡。如再生稻，在收割后，稻茬上再生出的分蘖仍能开花结实。多次开花植物如棉花、番茄、大豆、四季豆、瓜类以及多年生果树等，这类植物的特点是营养生长与生殖生长有所重叠。生殖器官的出现并不会马上引起营养器官的衰竭，在开花结实的同时营养器官还可继续生长。不过通常在盛花期以后，营养生长速率降低。无论是一次开花植物，还是多次开花植物，营养生长和生殖生长并不是截然分开的。例如小麦、水稻等禾谷类作物，从萌发到分蘖是营养生长，从拔节前到开花是营养生长与生殖生长并进时期，而从开花到成熟是生殖生长；棉花从萌芽到现蕾是营养生长，从现蕾到结铃吐絮则一直处于营养生长和生殖生长并进阶段；多年生木本果树从种子萌发或嫁接成活到花芽分化之前为营养生长期，此后即进入营养生长和生殖生长并进阶段，而且可以持续很多年。

2. 营养生长和生殖生长的关系。营养生长是生殖生长的基础，即生殖器官的绝大部分养分是由营养器官同化合成的。一般说来营养器官生长好，生殖器官的生长也好。但是它们之间也存在不协调的情况，表现在营养生长过旺，消耗养分过多，便影响到生殖器官的生长，如禾谷类作物贪青迟熟，果树、棉花等的枝叶徒长。由于营养器官具有很强的竞争营养物质的能力，导致生殖器官得不到充足的养分，使禾谷类作物形成秕粒，棉花和果树落花落果等现象。相反，营养器官生长不良，使生殖器官得不到充足养分，导致果实小（少）。因此对于一次结实的作物，要求营养生长必须前快发、中稳长、后防衰，保证生殖器官形成以后得到充足的养分供应而正常发育。反之，生殖器官的生长同样也影响营养器官的生长。如番茄开花结实时，如果花果形成过多，也会影响营养器官的生长，使植株提早衰老死亡。但是如果把花果不断摘除，则营养器官就会继续生长，延迟衰老和死亡时间。

生产上一些措施可协调营养生长和生殖生长的关系，例如，加强肥水管理，防止营养器官的早衰；或者控制水分和氮肥的使用，不使营养器官生长过旺；在果树生产中，适当矮化、疏花疏果，使营养上收支平衡有余，以便消除大小年，达到年年丰产。对于以营养器官为收获物的植物，如茶树、桑树、麻类及叶菜类，则可通过供应充足的水分，增施氮肥，摘除花芽等措施来促进营养器官的生长，而抑制生殖器官的生长。

第四节　植物的生长响应和生物节律

绝大多数植物不能移动，具有固着生长的特性。植物必须对光、温、水等环境条件的微小变化做出响应，相应地调整它们的生长发育进程以适应环境。由于地球自转产生了昼夜节律的周期性变化。300年前人类就已用科学实验证明植物中存在一个自我维持的生物钟。这种生物时钟能使植物追踪记忆过去的周期性昼夜节律变化，从而帮助植物预期将来的昼夜节律变化，并使体内多个生理和发育过程与一天或一年中的最佳时间同步，最终有助于提高植物的适合度（fitness）。

一、植物的光形态建成

光不仅为植物光合作用提供辐射能，而且还是植物整个生命周期中的许多生长发育过程的调节信号，如种子萌发、叶片形成、质体发育、下胚轴生长抑制、开花诱导以及器官的衰老等过程都受到光信号的调控。光以环境信号的形式作用于植物，调节植物的生长、分化和发育的过程称为光形态建成（photomorphogenesis），亦即光控发育的作用（Legris et al.，2019）。相对应的在黑暗下的植物生长发育称为暗形态建成（skotomorphogenesis）。就广义而言，凡受光调节和控制的一切非光合作用过程，都属于光形态建成，包括光周期诱导、向光性、趋光性、去黄化作用等。就狭义而言，常指光与种子萌发、茎叶生长、开花结实及细胞器形成等的关系。光合作用是高能反应，它将光能转变为化学能；而光形态建成是低能量反应，光只作为一种信号去激发光受体，推动细胞内一系列反应，最终表现为形态结构的变化。光形态建成所需红闪光的能量较一般光合作用光补偿点时的能量低10个数量级。

二、光敏色素与光调控的植物生长

（一）光敏色素的发现、分布和定位

20世纪初，Sachs观察到暗中生长幼苗的黄化现象，并证明这是区别于光合作用的形态建成。1952年，Borthwick等人用大型光谱仪将白光分成单色光，处理莴苣种子，发现红光（波长650~680 nm）促进种子发芽，而远红光（波长710~740 nm）逆转这个过程。当红光和远红光反复交替照射后，种子的萌发率高低则取决于最后一次照射的是红光还是远红光（见图7-10）。1959年Borthwick研究小组在黄化芜菁幼苗的子叶和黄化玉米幼苗的茎叶中成功地检测到该物质，经提取发现是一种色素蛋白。1960年，他们将这种色素蛋白复合体命名为光敏色素（phytochrome）。光敏色素的发现是20世纪植物科学的伟大成就之一，是植物光形态建成和开花研究中的一个里程碑。

根据对被子植物、裸子植物、绿藻、地钱和其他植物的研究，发现光敏色素广泛存在于所有绿色植物中。光敏色素分布在植物各个器官中。禾本科植物的胚芽鞘尖端、黄化豌豆幼苗的弯钩、各种植物的分生组织和根尖等部分的光敏色素含量较多（图7-21）。黄化幼苗的光敏色素含量比绿色幼苗多20~100倍。

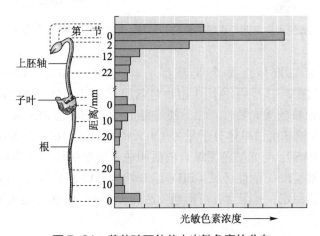

图7-21 黄花豌豆幼苗中光敏色素的分布

光敏色素的生色团的生物合成是在黑暗条件下的质体中进行的，由血红素转变为胆绿素（biliverdin），再转变为由四个开链的吡咯环组成的生色团。生色团由质体输出到细胞质，并与核基因编码的脱辅基蛋白装配形成光敏色素复合体（图7-22A，B）。这个复合体在红光照射下活化，大部分进入细胞核中，启动由光敏色素调控的基因表达（图7-22C，D）。少量活化的光敏色素多肽复合体留在细胞质中参与离子流、膜电位与酶激活等生理过程。

（二）光敏色素的性质

1. 光敏色素的化学性质。光敏色素蛋白复合体易溶于水，是一个分子量为250×10^3，

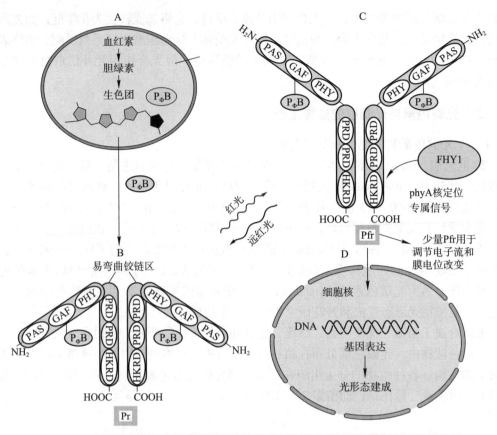

图 7-22　光敏色素生色团与脱辅基蛋白的形成、组装及其诱导细胞核基因快速表达

由 2 个亚基组成的二聚体，每个亚基都有生色团（chromophore）和脱辅基蛋白（apoprotein）组成（图 7-23）。生色团（植物色素胆素）是一个开链的四吡咯环，分子量为 612×10^3，具有独特的吸光特性，以硫醚键结合到脱辅基蛋白多肽 N 端的半胱氨酸残基上（图 7-23）。脱辅基蛋白单体分子量为 $120 \times 10^3 \sim 127 \times 10^3$，在 N 端有与昼夜节律基因相关的结构域（PAS）、与光敏色素结合的后胆色素裂解酶活性结构域（GAF）、稳定远红光吸收型光敏色素（Pfr）活性区域（PHY）。C 端含 PAS 相关区域（PRD），该重复区域介导光敏色素二聚体稳定，并隐含其可能触发活化型 phyB 的 Pfr 核定位域，C 端还含有组

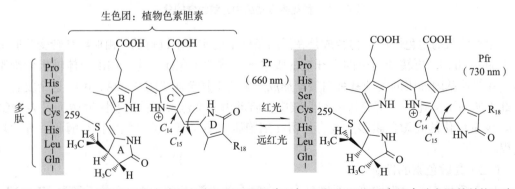

图 7-23　红光、远红光照射与光敏色素红光吸收型（Pr）、远红光吸收型（Pfr）生色团的结构互变

氨酸激酶结构域（HKRD）（图 7-22B、C）。当受红光照射，其铰链区变构成为远红光吸收型（Pfr），使 phyA 核定位区暴露，结合 FHY1 并进入核内进行基因表达和光形态建成反应。

2. 光敏色素的光学性质。光敏色素有两种形式，红光吸收型 Pr 和远红光吸收型 Pfr。Pr 的吸收高峰在 660 nm，而 Pfr 的吸收高峰在 730 nm（图 7-24），Pr 和 Pfr 在不同光谱作用下可以相互转换。主要是通过改变 D 环的立体异构改变光敏色素的活性。当 Pr 吸收 660 nm 红光后，转变为 Pfr，而 Pfr 吸收 730 nm 远红光后，逆转为 Pr。Pfr 是生理激活型，Pr 是生理失活型。在黄化幼苗中只有 Pr 型，当照射

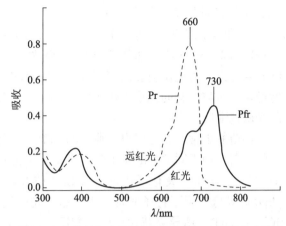

图 7-24　光敏色素两种形式 Pr 和 Pfr 的吸收光谱

白光或红光后就转变为具有生理活性的 Pfr 形式。

（1）光稳态平衡。尽管 Pr 和 Pfr 有各自的最大吸收峰值，但两者的吸收光谱在可见光波段上有相当多的重叠，Pr 和 Pfr 在蓝光区还有较低的吸收率。所谓光稳态平衡（photostationary equilibrium）是指在饱和光强条件下 Pfr 占总光敏色素（Pfr+Pr）的比值，常用 $\phi = \dfrac{Pfr}{Pfr + Pr}$ 来表示，不同波长的光所得的 ϕ 值是不同的，饱和远红光下的 ϕ 为 0.025，饱和白光的 ϕ 值约为 0.6，ϕ 值从 0.01 变为 0.05 即可引起显著的生理变化。

（2）光化学转换与暗代谢。在自然状况下，由于在 600~700 nm 区，Pr 和 Pfr 有重叠的吸收光谱，因此最大的转换效率下只能得到 80% 的 Pr。光敏色素 Pr 和 Pfr 两种形式虽在蓝光有一定的吸收率，但效率是很低的，据体内试验结果表明，在 Pr 向 Pfr 转换中红光的效率是蓝光的 100 倍，而在 Pfr 向 Pr 转换中远红光是蓝光的 25 倍。Pr 与 Pfr 之间的转变包括几个毫秒至微秒的中间反应。在这些转变过程中，包括光化学反应和黑暗反应。光化学反应局限于生色团，黑暗反应只有在含水条件下才能发生。这就可以解释为什么干种子没有光敏色素反应，而用水浸泡后的种子才有光敏色素反应。Pr 比较稳定，Pfr 不太稳定。在黑暗条件下，Pfr 会慢慢逆转为 Pr，Pfr 浓度降低。此外，Pfr 也会被蛋白酶降解。

3. 光敏色素蛋白基因的多型性。分子生物学研究证明，在被子植物中存在光敏色素蛋白基因家族，如豌豆、玉米、燕麦等植物中都有 2 个以上光敏色素蛋白基因。在模式植物拟南芥中已经克隆到 5 种编码光敏色素脱辅基蛋白的基因，分别被命名为 *PHYA*、*PHYB*、*PHYC*、*PHYD* 和 *PHYE*。

（三）光敏色素的反应类型

由于光环境的改变，引起植物对光产生不同的生理反应，根据不同响应的光生物学特性，可将光敏色素参与调节的反应分为以下三种。

1. 极低辐照度反应（very low fluence response，VLFR）。这类反应可被 10^{-4}~10^{-1} $\mu mol \cdot m^{-2} \cdot s^{-1}$ 的红光或远红光诱导，甚至一次萤火虫的闪光都可触发。光强在约 0.05 $\mu mol \cdot m^{-2} \cdot s^{-1}$ 就达到饱和。如红光刺激拟南芥种子的萌发，促进暗中生长的燕麦幼苗胚芽鞘的伸长，并抑制其中胚轴生长。这种 VLFR 反应只需红光转换少量（<0.02%）

Pfr，远红光对其没有逆转作用。

2. 低辐照度反应（low fluence response，LFR）。LFR 所需的光能量为 1 ~ 1 000 $\mu mol \cdot m^{-2} \cdot s^{-1}$，如莴苣种子需光萌发、抑制下胚轴伸长和调节叶片运动，是典型的红光 – 远红光可逆反应。反应可被一个短暂的红闪光有效诱导，并可被随后的远红光照射所逆转。多数熟悉的光形态建成属于 LFR，仅需几秒至几分钟照光即促进萌发，是最典型的光敏色素反应之一。

幼苗的正常形态建成也是典型的 LFR。在自然条件下，光谱成分不是完全一致的，出土的幼苗依赖不同类型的光敏色素感光而完成去黄化或避阴反应。5 种光敏色素中的 4 种，phyB、C、D 和 E 最有可能是调节 LFR 和涉及红光与远红光比值控制的植物避阴反应。phyB 介导低光强下种子萌发，吸收远红光而促进幼苗下胚轴伸长。在直射阳光下大量红光激活 phyB，诱导去黄化反应。相反，phyA 的 Pfr 形式易降解，它调节植物的极低辐照和高辐照度反应。生长在植株冠层下的幼苗，由于红光被上层叶片吸收而富远红光，phyA 感受持续的远红光，诱导去黄化反应，由于其不稳定，完成去黄化反应后，phyA 很快降解。两者调控使幼苗尽快伸展到上层接受阳光以实现自养。光敏色素 phyC、D 和 E 既有独特的功能，又与 phyA 或 phyB 相互作用，如 phyD 和 phyE 调节叶柄和节间伸长，控制花期；拟南芥 *phyC* 的突变体表明 phyC、phyA 或 phyB 响应途径的复杂互作。

3. 高辐照度反应（high irradiance response，HIR）。高辐照度反应也称高光照反应，反应需要持续强光照（大于 10 $\mu mol \cdot m^{-2} \cdot s^{-1}$），达到饱和的光强度比 LFRs 要高 100 倍以上。光照越强，时间越长，反应程度越大，红光反应也不能被远红光逆转，是连续红光或远红光反应。由高辐照度引起的光形态建成包括双子叶植物的花色素苷的形成，芥菜、莴苣幼苗下胚轴伸长的抑制，弯钩伸直，去黄化；天仙子开花的诱导等。

（四）光敏色素的作用机制

光敏色素在植物生长发育中具有很多生理功能，如种子萌发、成花诱导、节律现象、向光敏感性、顶端弯钩和子叶张开、叶分化与扩大、叶片偏上生长、小叶运动、叶脱落、节间延长、花色素形成、质体形成、肉质化、块茎形成和根原基起始等。光对植物进行发育调控，首先植物必须吸收这些光，高等植物具有极精细的光感知系统（perception）和信号转导系统（transduction）。植物细胞中除含有大量色素（叶绿素、类胡萝卜素和花青素）外，还含有一些微量色素，这些微量色素能感受光的信息，如光的方向、光照持续时间、光强度、光谱等，从而把这些信号放大，使植物体能随外界光条件的变化而作出相应的反应，它们被称为光受体（photoreceptor）。

光敏色素作为植物的一种重要的光受体，接受环境信号后转换为生化信号，活化形式的 Pfr 进入细胞核中，引起基因表达。已知 60 多种酶受光敏色素调控，包括①光合作用中的 Rubisco、PGAK、FBPase、SBPase、Ru5PK、PEPC、PPDK 及叶绿素脱辅基蛋白等；②核酸及蛋白质代谢中的有关酶如 RNA 聚合酶、RNase 等；③与中间代谢及 CaM 调节有关的靶酶。如甘油醛脱氢酶、NAD 激酶、一些氧化酶、淀粉酶、NR、NiR 等；④与次生物质合成有关的酶，如苯丙氨酸解氨酶（PAL）等；⑤信息传递物质如 G– 蛋白、光敏色素本身（自我反馈调节）等。这可能是由于光敏色素作为激酶直接激活一些酶（图 7–25）和通过一系列信号转导促进这些酶的表达。

光敏色素作为激酶激活一些酶的过程如图 7–25 所示，红光使光敏色素的丝氨酸（Ser）位点自动磷酸化，磷酸化的光敏色素（Pfr）进一步与其他蛋白互作，导致酶的活化。

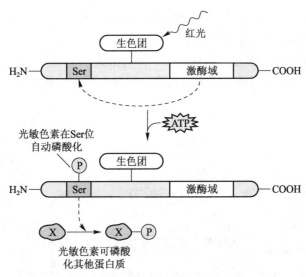

图 7-25 光敏色素的激酶性质激活其他酶的过程

　　光敏色素调节的信号转导与基因表达过程已有较深入的了解，在红光照射下，$P_{\phi}B$ 的 D 环旋转光诱导光敏色素蛋白复合体改变构象，使 phyB 的 PRD 内入核定位序列外露以及 FHY 提供 phyA 入核定位序列，使 Pfr 进入核中，促进相关基因表达（图 7-22，图 7-23）。活化的 Pfr 选择性地与多种转录因子和泛素 E3 连接酶相互作用，前者控制基因表达，后者控制转录调节因子的稳定性。PfrB（远红光吸收型光敏色素 B）可以直接进入细胞核，在核内它与光敏色素互作因子（phytochrome interacting factors，PIFs）的转录因子互作，或通过磷酸化 PIFs 导致其快速降解，或影响 PIF3 结合 DNA 的能力，抑制下游基因表达。光调节的蛋白激酶（PPK1-4）在光诱下可以磷酸化 PIF3。这些蛋白激酶被募集到细胞核 PfrB-PIFs 复合物中，导致 PIF3 磷酸化和随后的降解。光激活的光敏色素还可通过抑制组成型光形态 1/ 光敏色素 A-105 抑制子（constitutively photomorphogenic 1/suppressor of phytochrome A 105，COP1/SPA）和受损的 DNA 结合蛋白 1/ 去黄化 1（demaged DNA binding protein 1，DDB1 / DET1）中的泛素 E3 连接酶活性而对基因表达产生强大影响。

　　不同光照条件下光敏色素调节光形态建成的过程简单如下。①夜晚黑暗中或土壤表层下，植物光敏色素大部分保持非活性（Pr）状态，这会导致转录因子 PIFs，EIN3 和 ARF 的积累，并随后诱导黄化和 IAA 应答基因的表达。伸长的下胚轴 5（elongated hypocotyl 5，HY5）转录因子，可抑制黄化所需的基因表达并诱导脱黄化所需的基因的表达；COP1/SPA 泛素 E3 连接酶在黑暗中积聚并导致蛋白酶体介导的 HY5、远红光中长下胚轴 1（long hypocotyls in far-red 1，HFR1）、远红光后长下胚轴 1（long after far-red light1，LAF1）等的降解；组成性光形态建成 9（COP9）可协助 26S 蛋白体水解；由此导致植物在暗中黄化。②白天光下植物光敏色素激活成 Pfr，可通过直接抑制 PIF 和 EIN3，或通过稳定 AUX/IAA 蛋白间接抑制 ARF 来促进去黄化作用。phyA 或 phyB 的 Pfr 形式与 SPA 蛋白相互作用，从而抑制 COP1/SPA 导致 HY5、HFR1、LAF1 等的稳定性增强，诱导脱黄化相关基因的表达和抑制黄化基因表达。植株去黄化进行正常生长。③去黄化植物在遮阴条件下，红光 / 远红光比例降低会减少活性植物光敏色素（Pfr/Pr）的比例。PIF 积累并诱导促进生长的基因表达。此外，PIF 会引起负反馈回路，促进 HFR1 表达。HFR1 和其他 HLH 蛋白与 PIF

结合，导致 PIF 不能与启动子区域 DNA 结合抑制下游基因表达。 COP1 / SPA 也通过调控 HFR1 的蛋白酶体降解而参与此反馈回路。

植物长期生长在暗中，表现为植株细长、体内组织分化差、嫩弱，全株黄白色（没有叶绿素合成），顶芽与叶片不展开，含水量高。这种由缺光引起的生长不正常现象称黄化（etiolation）（图 7-26）。

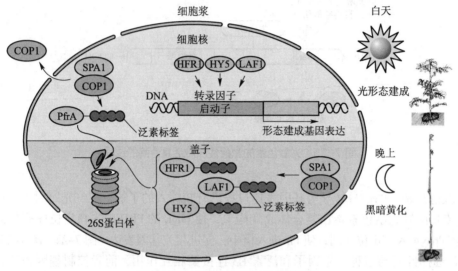

图 7-26 光敏色素诱导的基因表达

黑夜，COP1 进入细胞核，COP1/SPA1 复合物将泛素标签加到 HY5 等蛋白上，使之随后通过 26S 蛋白酶体降解。

白天，COP1 缓慢进入细胞质中，出核前将泛素标签加到 phyA（PfrA）上；细胞核中因没有 COP1

使得 HY5 等转录因子在细胞核中积累，调控下游基因表达和光形态建成

三、蓝光受体

蓝光对植物生长发育的影响非常重要，涉及多种生理过程的调节作用，包括脱黄化、开花、昼夜节律、基因表达、向光性、叶绿体运动和气孔运动等（Inoue and Kinoshita，2017）。蓝光受体主要有隐花色素和向光素两种。

（一）隐花色素

隐花色素（cryptochrome）是植物体内吸收蓝光（波长 400～500 nm 的光）和近紫外光（UV-A，波长 320～400 nm 的光）的一类光受体，广泛存在于单子叶和双子叶植物、苔藓、蕨类和藻类中。拟南芥中隐花色素是核蛋白，参与光控的茎的伸长、叶片展开、光周期开花和生物钟生理过程。根据隐花色素作用光谱，可判断某反应是否受蓝光及 UV-A 控制。隐花色素在 440～460 nm 时有最大吸收，在 420 nm 和 480 nm 处各有一 "小肩" 和一 "陡肩"。 隐花色素具有次甲基四氢叶酸（MTHF）和 FAD 与蛋白互作的结构。大部分植物中的隐花色素分子量为 70～80 kD，其蛋白结构的 N 端具有与光裂解酶类似区域（PHR），但它不具有 DNA 修复活性，其中结合有黄素及蝶呤所组成的生色团，C 端具有一个可变的 DAS（DQXVP-acidic-STAES）区域 CCT 结构域（图 7-27），对隐花色素的功能起重要的调节作用。

蓝光和 UV-A 通过隐花色素所控制的光形态建成被称为蓝光效应（blue-light effect）。

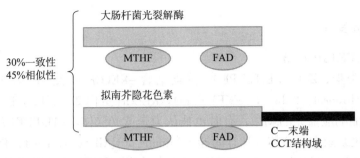

图 7-27 隐花色素分子结构域示意图（引自 Chaves et al.，2011）

目前，在拟南芥中已研究发现至少两种同功蛋白，隐花色素 1（CRY1）和隐花色素 2（CRY2），调控胚轴生长和开花时间。隐花色素通过与其他蛋白，如隐花色素互作碱性螺旋 - 环 - 螺旋蛋白（CIBs）、COP1/SPA、时钟蛋白或 / 和染色质和 DNA 等相互作用，调节响应蓝光的基因表达变化和光生理反应。研究表明，隐花色素依赖蓝光磷酸化，从而引起变构、分子间互作、生理响应和光受体蛋白的富集。

（二）向光素

向光素（phototropins）是继光敏色素、隐花色素之后发现的一种蓝光受体。Gallagher 等人于 1988 首次报道了黄化苗生长区有一种能够被蓝光诱导发生磷酸化作用的质膜蛋白，分子量为 120×10^3。这种蛋白在离体状态下发生强烈的蓝光依赖型的磷酸化作用，但缺乏向光性的拟南芥突变体几乎没有这种蛋白。随后的研究表明，向光素有两种同功蛋白（phot1 和 phot2），分别含有两个重要的多肽区域：一是具有能与 FMN 结合的位于 N 端的两个光氧电压区（light oxygen voltage，LOV），LOV1 与 LOV2，该功能区与对光照、氧气及电压差敏感的一大类蛋白在序列上相似；另一个是位于 C 端的丝氨酸 / 苏氨酸（Ser/Thr）蛋白激酶区域（图 7–28）。

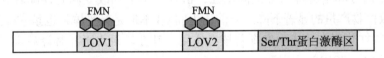

图 7-28 向光素的分子结构域示意图

向光素在植物向光性反应、叶绿体移动、气孔运动、叶片的扩展生长和弱光下植物生长等过程中起重要的调节作用（Christie，2007），并且在不同的生理反应过程中，向光素可采用不同的信号传递载体实现其功能互补。

光敏色素、隐花色素和向光素都能调控植物气孔开度。有证据表明红光受体和蓝光受体调控的气孔开度依赖于下游 COP1。蓝光诱导向光素自磷酸化而使其活化，活化后的向光素直接磷酸化保卫细胞特异表达的蓝光信号传递 1（blue light signaling1，BLUS1），将信号传递给 I 型磷酸酶（PP1）和它的调节亚基，最终导致质膜定位的 H^+–ATPase 的激活，驱动 H^+ 跨膜转运并使质膜超极化，激活保卫细胞向内整流的钾离子通道从而调节气孔开度（见图 1–9）。

四、其他光受体

（一）ZTL/FKF1/LKP2

与向光素类似，ZTL（ZEITLUPE）、黄素结合 –KELCH 重复 –F– 盒 1 蛋白（flavin-binding, KELCH repeat, F–box 1, FKF1 和 LOV KELCH 蛋白 2（LKP2）也分别具有一个 LOV 结构域，能响应蓝光的刺激，有时也被认为是蓝光受体。ZTL/FKF1/LKP2 通过泛素化，调控集光色素蛋白复合体表达计时器 1（timing of CAB expression 1，TOC1）、周期性 DOF 因子 1（cycling DOF factor 1，CDF1）等蛋白质底物降解，参与生物钟和开花时间调控（Zoltowski et al., 2014）。

（二）UV–B 受体

植物体内吸收 UV–B（波长 280 ~ 320 nm）的光受体。UV–B 通过该受体对植物形态建成发挥一定作用，如诱导黄化玉米苗胚芽鞘和高粱第一节间形成花青苷；诱导欧芹悬浮培养细胞积累黄酮类物质（可能通过诱导 PAL 起作用）等。另外，UV–B 对植物细胞有一定伤害作用，花青苷和黄酮类物质的产生可能是植物对 UV–B 伤害的一种适应。拟南芥突变体分析发现 UVR8 是 UV–B 的受体。无 UV–B 时 UVR8 位于 286 和 338 的 Arg 形成氢键，形成无活性的二聚体，位于 233 和 285 的 Trp 作为 UVR8 的生色团接收 UV–B 信号后，使得 UVR8 单聚体化而激活。激活后的 UVR8 与 COP1 互作，调控下游基因的表达（Rizzini et al., 2011）。

五、植物的热形态建成

当植物生长的环境温度升高时，植物的形态会发生一些变化，包括下胚轴和叶柄的伸长、叶片向上卷曲、开花提前以及幼年期到成年期的加速转变等。这些响应非热胁迫的环境温度升高的生长发育被称为植物热形态建成（thermomorphogenesis）。热形态建成由植物激素信号、光信号和生物钟信号共同调控，植物形态上的改变同时伴随着其生物量的降低，进而导致植物产量的显著下降。目前认为 phyB 不但是光受体，也是一种温度感应器。转录因子 PIF4 在热形态建成中发挥着核心作用，其在转录水平和翻译后水平受到严格的调控（Casal et al., 2019）。

六、生物钟调控

植物很多周期性生理活动是由环境因素的周期性变化引起的，但也有一些植物体在稳态的环境条件下依然发生昼夜周期性的变化（如合欢叶，图 7–29）。另有研究者用记纹鼓记录菜豆叶片的运动现象，菜豆叶片在白天呈水平状，到晚上则呈下垂状的"就眠运动"，发现即使在外界连续光照或连续黑暗以及恒温条件下也呈这样的周期性变化，因而确认它是一种内源性节律。由于这种生命活动的内源性节律的周期是在 20 ~ 28 h

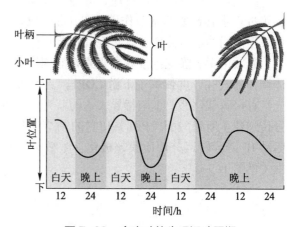

图 7–29　合欢叶的生理运动周期

之间，接近 24 h，因此称为近似昼夜节律（circadian rhythm），亦称生物钟（biological clock）或生理钟（physiological clock）。

昼夜节律有它的特性。首先，节律的引起必须有一个信号，而一旦节律开始，在稳态的条件下仍然继续显示。在菜豆叶子的运动中，这个信号就是一个暗期跟随着一个光期。目前已知，光敏色素和隐花色素调节光期。其次，一旦节律开始，就以大约 24 h 的节律自由地运行，不同个体周期长度稍有不同。生物钟的另一个特性是能被外界信号重拨。对菜豆而言，重拨的环境信号是一个暗期跟着的光期（图 7-30）。内生节律可被光所重新拨（图 7-30A 和 C），但不能被延长暗期（图 7-30C）或连续黑暗（图 7-30B）所调拨。外界信号的重拨对内生节律起约束作用，即自然界由于地球自转的昼夜变化而把近似昼夜节律约束到 24 h，每天重拨和每天约束，会使内生节律与自然界的节律变化相吻合。自然界中的重拨信号一般为黎明或黄昏的光暗变化。如果将通常在夏季夜间开放的昙花放在日夜颠倒的条件下约一周时间，可使昙花在白天盛开。生物钟对温度变化不敏感，因而温度仅能稍稍改变周期长度。这种昼夜节律时钟在广泛的生理温度范围内保持稳健而准确的计时，被称为温度补偿效应。作为植物细胞内部的授时机制，生物钟系统主要包括信号输入、核心振荡器和信号输出三个主要部分。生物钟系统核心调控由多个互锁的转录反馈环组成（图 7-31）。早晨，节律钟相关 1（circadian clock associated 1，CCA1）和下胚轴迟伸长（late elongated hypocotyl，LHY）表达，同时抑制几乎所有的生物钟组分的表达。随后，时钟相关假响应调节子 9（clock-associated pseudo-response regulator，PRR9）、PRR7、PRR5 和 TOC1 表达，同时抑制 CCA1、LHY 和自身的表达。下午，RVE8 和晚间光诱导和时钟

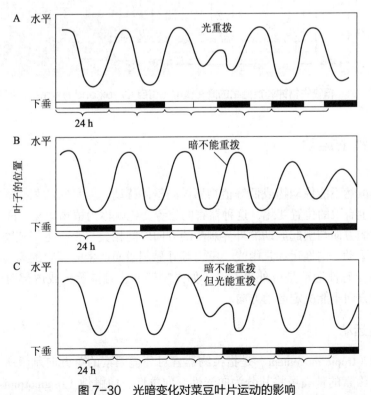

图 7-30 光暗变化对菜豆叶片运动的影响

内生节律可被光所重新调拨（A 和 C），但不能被延长暗期（C）或连续黑暗（B）所调拨下垂

调节基因（night light-inducible and clock-regulated genes，LNK）形成复合物促进 PRR9、PRR5、TOC1、GI（GIGANTEA）、LUX（LUX ARRHYTHMO）和早花 4（early flowering，ELF4）的表达。晚上，TOC1 抑制包括 PRR9、PRR7、PRR5 在内的所有白天组分，以及 LUX 和 ELF4 的表达。LUX、ELF3 和 ELF4 组成夜间复合物，抑制 PRR9 和 PRR7 的表达（Creux and Harmer，2019）。

近似昼夜节律的例子很多，除了上述叶片感夜运动外，还有气孔开闭、蒸腾速率、细胞分裂、膝间藻的发光现象、伤流液的流量和其中氨基酸的浓度和成分、胚芽鞘的生长速度等。离体组织也有节律表现，在植物组织培养中也可观察到培养物膨压和生长速度的内在性昼夜起伏。有些生物钟表现出明显的生态意义，如有些花在清晨开放，为白天活动的昆虫提供了花粉和花蜜；菜豆、酢浆草、三叶草等叶片在白天呈水平位置，这对吸收光能有利；有些藻类释放雌雄配子只在一天中的同一时间发生，这样就增加了交配的机会。

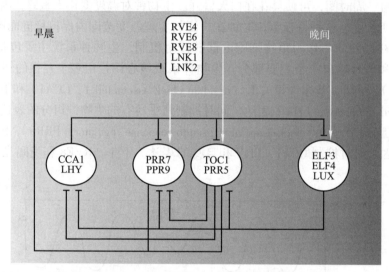

图 7-31　植物生物钟调控网络的简化模型（引自 Creux and Harmer，2019）

第五节　植物的运动

高等植物虽然不能像动物或低等植物那样的整体移动，但是它的某些器官在内外因素的作用下能发生有限的位置变化，这种器官的位置变化就称为植物运动（plant movement）。根据植物运动的方向与引起运动的外界刺激的方向之间相关与否，可将植物的运动分为向性运动与感性运动。向性运动是由光、重力等外界刺激而产生的，它的运动方向取决于外界的刺激方向。感性运动是由外界刺激（如光暗转变、触摸等）或内部时间机制而引起的，外界刺激方向不能决定运动方向。

一、向性运动

向性运动（tropic movement）是指植物器官对环境因素的单方向刺激所引起的定向运动。根据刺激因素的种类可将其分为向光性、向重性、向触性（thigmotropism）和向化性（chemotropism）等。并规定对着刺激方向运动的为"正"运动，背着刺激方向的为"负"

运动。植物的向性运动一般包括三个基本步骤：①刺激感受。即植物体中的感受器接收环境中单方向的刺激；②信号转导。将感受到的信息传导到向性发生的细胞；③反应。接收信号后，发生不均等生长，表现出向性运动。所有的向性运动都是生长运动，都是由于生长器官不均等生长所引起的。因此，当器官停止生长或者除去生长部位时，向性运动随即消失。

（一）向光性

植物生长器官受单方向光照射而引起生长弯曲的现象称为向光性（phototropism），蓝光是诱导向光弯曲最有效的光谱。植物各器官的向光性有正向光性（器官生长方向朝向射来的光，如向日葵、棉花等），负向光性（器官生长方向与射来的光相反，如芥菜的根，常春藤的气生根）及横向光性（器官生长方向与射来的光垂直，如棉花、向日葵、花生等植物顶端在一天中随阳光而转动）之分。向光性在植物生活中具有重要的意义。由于叶子具有向光性的特点，所以，能尽量处于最适宜利用光能的位置。植物感受光的部位以茎尖、胚芽鞘、根尖、生长中的茎或暗处生长的幼苗最为敏感。

对植物向光性的早期研究表明光通过抑制茎或胚芽鞘照光一侧的生长来实现。因为经单侧照光，背光一侧芽鞘顶部扩散到琼脂的生长素活性比向光一侧多。但随着测试手段的提高和方法的改进，也有一些实验结果表明向光一侧和背光一侧的生长素含量没有差异（表 7-5）。因此，植物的向光弯曲并非传统认为的背光一侧 IAA 含量大于向光一侧，而是由于向光一侧的生长抑制剂比背光一侧多，造成生长速度差异而引起向光弯曲（表 7-6）。目前已在燕麦胚芽鞘、绿色向日葵下胚轴、小萝卜下胚轴等器官中证实单侧光照射会引起生长抑制剂在两侧的不对称分布，但尚不清楚的是这种两侧抑制剂的不对称分布是由于两侧受光强度不同而造成两侧抑制剂合成水平不同，还是由于单侧光照射后抑制物向照光面转移的结果。据研究，不同的植物所含生长抑制剂的种类不同，但它不是 ABA。例如引起小萝卜下胚轴向光弯曲的内源抑制物质是萝卜宁和萝卜酰胺；引起向日葵下胚轴向光弯曲的内源抑制物质是黄质醛，引起燕麦胚芽鞘向光弯曲的内源抑制物质尚不清楚。由此看来，向光性反应是个相当复杂的反应，可能不同的植物种，不同的植物器官（胚芽鞘、茎尖、叶子、根），不同的色素系统均会引起不同的向光性反应，必须对光的感受、刺激转换、信号转导、细胞生长反应等一系列事件作深入研究才能揭开向光性机理。生长中的向日葵在日出时面向东方，随后跟随太阳从东向西转动，并且在夜晚转回东方。这个过程与

表 7-5 在向光性反应中 IAA 的相对分布

供试器官	检测方法	IAA 的相对分布 /%		
		弯曲		未弯曲一侧
		向光一侧	背光一侧	
燕麦胚芽鞘	胚芽鞘弯曲试法	21.0	54.0	50.0
	电子捕获测定	49.5	50.5	50.0
向日葵下胚轴	荧光光谱法	51.0	49.0	48.0
	放射免疫法	50.5	49.5	50.0
小萝卜下胚轴	电子捕获测定	51.0	49.0	50.0

注：游离 IAA 从器官纵向的一半中提取。

表 7-6　绿色向日葵下胚轴受单侧光照射后生长抑制剂活性的相对分布

| 刺激持续时间 /min | 抑制剂活性的相对分布 /% | | | | 弯曲度 | | 实验采用幼苗数 / 株 | |
| | 向光一侧 | | 背光一侧 | | | | | |
	重复1	重复2	重复1	重复2	重复1	重复2	重复1	重复2
0	52	51	48	49	0	0	208	235
30 ~ 45	72	61	28	39	14	16	395	475
60 ~ 80	62	57	38	43	34	34	422	433

注：测定采用水芹根生物测定法。幼苗平均抑制物含量相当于 60 ng 顺式黄质醛 / 克鲜重。

生物钟调控的向光性生长关系密切。

目前已知高等植物对蓝光信号转导的光受体是向光素，它位于植物的表皮细胞、叶肉细胞和保卫细胞的质膜上。照射蓝光时，激酶部分发生自身磷酸化而激活受体，其作用光谱与向光性作用光谱十分相似。在单侧弱蓝光照射下，向光素磷酸化呈侧向梯度，于是诱发胚芽鞘尖端的 IAA 向背光一侧移动。当 IAA 一旦到达顶端背光一侧时，就运到伸长区，刺激细胞伸长，背光一侧生长快过向光一侧，芽鞘就向光弯曲。在抑制过程中，蓝光感受后使伸长的细胞膜电位去极化，伸长速率迅速降低。在基因调控水平上，蓝光促进基因的转录表达，导致引起形态变化的基因和蛋白产物的累积，导致向光反应。

（二）向重性

取任何一种幼苗，把它平放，数小时后就可以看到它的茎向上弯曲，而根向下弯曲（图 7-32），这种现象称向重性（gravitropism）。在无重力作用的太空中，将植物平放，茎和根径直地生长，不会弯曲生长，进一步证实重力决定茎、根的生长方向。向重性就是植物在重力影响下，保持一定方向生长的特性。根顺着重力方面向下生长，称为正向重性；茎背离重力方向向上生长，称为负向重性；地下茎侧水平方向生长，称为横向重性。玉米种子平放后，生长素沉积在地面，使得靠地面侧的生长素浓度高于背地面侧的，结果使茎向上生长，而根向下生长。大约 20 h 后，胚芽鞘和细根又分别向上和向下生长。这就是所谓的胚芽鞘负向重性，根的正向重性（图 7-32）。

动物感受重力的细胞器是平衡石（statolith）。它原指甲壳类动物一种器官中管理平衡的砂粒，起着平衡身体的作用。植物细胞内的平衡石是淀粉体，它具有双层膜，每个细胞中的淀粉体数差别很大（图 7-33A）。根部的淀粉体在根冠的柱细胞中，茎部的淀粉体分

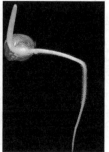

正常生长的玉米种子　　　　　　旋转 90° 后平放的玉米种子

图 7-32　萌发的玉米种子向重性反应

布在维管束周围的 1~2 层细胞内。处在根冠平衡细胞中的淀粉体受重力影响下沉在细胞底部（图 7-33B，图 7-34A），淀粉体刺激内质网释放出 Ca^{2+}。当根平放时，受重力的影响，淀粉体移动，并沉降到偏离原有重力线方向的细胞一侧（图 7-33C，图 7-34B），内质网因受刺激释放的 Ca^{2+} 也更多地分布在靠地侧。研究得知 Ca^{2+} 可能作为吸引 IAA 库，使 IAA 移到根的下侧；因为植物不同部分对 IAA 的敏感度不同，其中以根最为敏感。如有研究发现当外施 10^{-6} mol·L^{-1} 的 IAA 于根部，就抑制它的正常生长，而该浓度的 IAA 却促进芽鞘和地上部的伸长。所以，过多的 IAA 成了根的抑制物质。同时 Ca^{2+} 的积累也可能使组织对 IAA 敏感，增加细胞对 IAA 的反应强度，因此根冠底部的 IAA 就较多或生理反应加强。导致 IAA 分布于根下侧的量多于根上侧的，过多的 IAA 就抑制根下侧细胞的延长，最终使根向下弯曲生长。

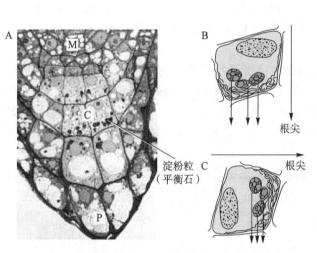

图 7-33　植物根中平衡石的分布（A，B）及根横放后平衡石的沉降情况（C）

若将根从垂直方向（B）改为水平方向（C）放置，细胞中的淀粉体向水平方向沉降，其结果右侧细胞中的淀粉体压迫内质网的程度要比左侧细胞大。

M 为分生区，C 为根冠柱细胞，P 为根冠外围细胞；B 和 C 图中箭头代表重力方向

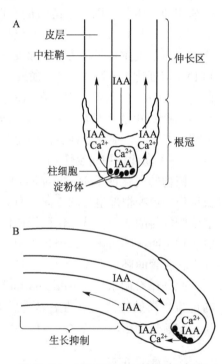

图 7-34　根在向重性反应中 Ca^{2+} 和生长素的重新分布

A. 根尖方向与重力方向平行
B. 根尖方向与重力方向垂直

后来也有实验证实 Ca^{2+} 在向重性反应中的重要性。如均匀地外施 $^{45}Ca^{2+}$ 于根上，水平放置，发现 $^{45}Ca^{2+}$ 向根的下侧移动。将含有钙离子螯合剂（如 EDTA）的琼脂块放在横放玉米根的根冠上，无向重性反应，如改用含 Ca^{2+} 的琼脂块，则恢复向重性反应。进一步研究发现，玉米根内有钙调素，根冠中的钙调素浓度是伸长区的 4 倍。外施钙调素的抑制剂于根冠，则根丧失向重力性反应。有人综合提出向重力性的机理：根平放时，平衡石沉降到细胞下侧的内质网上，产生压力，诱发内质网释放 Ca^{2+} 到细胞质内，Ca^{2+} 和钙调素结

合，激活细胞下侧的钙泵和 IAA 泵，于是细胞下侧积累过多钙和 IAA，影响该侧细胞的生长。植物具有向重性具有重要生物学意义，如种子播到土中，不管胚的方位如何，总是根向下长；茎向上长，方位合理，有利植物生长发育；禾谷类作物倒伏后，茎节向上弯曲生长，保证植株继续正常生长发育。

茎的负向重性反应机理可能与根的向重性机理大体相似。通常认为，地上部分弯曲部位就是重力感受部位。谷类作物的重力感受中心可能是节间基部皮层组织中含淀粉体的薄壁细胞，以及叶鞘基部含叶绿体的细胞，感受重力的受体是淀粉体或叶绿体。淀粉体或叶绿体在细胞内的位置，会因茎的倒伏而很快发生变化。淀粉体或叶绿体的重新分布刺激液泡或内质网，促进 Ca^{2+} 的释放。胞液内 Ca^{2+} 浓度的增加促进一系列的反应，并引起生长类激素的不均等分布。与茎的负向重性有关的激素可能有 IAA 及 GA。这二种激素均能促进细胞伸长生长。以玉米苗为例，在处理 3 分钟后中胚轴发生 IAA 不对称分布，下侧的 IAA 浓度高于上侧；5 min 后中胚轴开始表现向上弯曲生长。显然这种弯曲生长不是细胞分裂，而是细胞伸长所致。横放处理后燕麦茎及叶鞘中的 IAA 不均匀分布更为显著，下侧 IAA 浓度比上侧高 1.5 倍；横放后 IAA 含量比对照（垂直）增加 7 倍。这种差异可能来自结合态 IAA 的水解，因为在燕麦叶鞘基部与氨基酸结合的 IAA 含量很高。横放处理也能影响燕麦叶鞘基部 GA 的分布：即上侧含有的 GA 主要为结合态，而下侧含有的 GA 多为游离态。测定横放处理后在燕麦茎内放射性 GA 的分布，得到与上述相似的结果。

（三）向化性和向水性

植物的向化性（chemotropism）是指植物感受环境中化学物质不均匀分布而发生的生长反应。植物根部生长的方向就有向化现象，它们是朝向肥料较多的土壤生长的。水稻深层施肥的目的之一，就是使稻根向深处生长，分布广，吸收更多养分。此外，花粉管生长更表现出明显的向化性，当花粉落在柱头上，凡是亲和的，花粉管就在胚珠细胞分泌物诱导下花粉管向胚珠生长。

此外还有向水性（hydrotropism）。向水性是当土壤中水分分布不均匀时，根趋向较湿的地方生长的特性。苗期土壤适当干旱促使根系向土壤深层生长，适当抑制地上部分生长，这就是蹲苗。

二、感性运动

植物感性运动（nastic movement）是指无一定方向的外界因素均匀地作用于整株植物或某些器官所引起的运动。感性运动多数属膨压运动（turgor movement），即由细胞膨压变化所导致的。常见的感性运动有感夜性、感震性和感温性。

感性运动又可以分为生长性运动（growth movement）和膨胀性运动（turgor movement），生长性运动是由于生长的不均匀而造成的，而膨胀性运动是由于细胞膨压的改变造成的。植物的感性运动大多数属于生长性运动。

（一）感夜运动

许多植物的花或叶片的开合受昼夜变化所影响，这种昼夜变化的运动称感夜运动，又叫感夜性（nyctinasty）。如酢浆草的花以及许多菊科植物的花序昼开夜合；相反，烟草、月见草等的花则夜开昼闭。这些感夜运动都是以腹背结构为基础，即必须具有上表面和下表面的对称结构。造成这种现象的原因是叶片或花瓣的不均匀生长，即偏上性或偏下性生长。叶片、花瓣或其他器官向下弯曲生长的特性，称为偏上性；相比，叶片和花瓣向上弯曲生长的现象，称为偏下性。这类运动产生的原因可能是由于IAA在器官上下两面分布不均匀而引起生长不平衡所致。

此外，豆科植物的某些种类，如大豆、花生、含羞草（图7-35）和合欢等的叶片（或小叶）白天高挺展开，晚上合拢或下垂。这种开闭运动是细胞膨压的改变引起的，这种细胞膨压的变化而导致的运动又称膨胀运动。通过解剖结构看，这些植物叶片的转动支点上具有特化的叶枕细胞，叶枕上部细胞的细胞壁较厚，而下部的细胞壁较薄。有人认为叶片在白天合成生长素，可运到叶柄下半侧，K^+和Cl^-也运输到这个地方，水分就进入叶枕，细胞膨胀，导致叶片高举。到晚上，生长素运输量减少，进行相反反应，叶片就下垂。植物之所以对光暗有反应，是因为光周期的作用，这种昼夜有内在节律的变化是由生物钟控制的。

图 7-35 含羞草的感夜运动
A. 白天张开；B. 晚上合拢

（二）感震运动

由于震动引起细胞膨压变化而引起的植物器官运动，称为感震运动（seismonasty）。含羞草的运动是尽人皆知的，这主要与含羞草小叶和复叶叶柄基部的特殊结构——叶褥有关。含羞草叶解剖结构与合欢相近，从叶片解剖结构看，小叶叶褥上半部细胞间隙较大，胞壁较薄，而下部细胞排列紧密，胞壁较厚。复叶叶褥上下部细胞状况与小叶叶褥的正好相反（图7-36），当小叶受到震动刺激后，间隙较大、壁较薄的细胞透性增大，水分外流到细胞间隙，同时还伴随一些离子的流动，使细胞膨压迅速下降，该处组织疲软，而细胞壁较厚的细胞仍保持紧张状态，从而导致小叶合拢。如果刺激较强，还会把这种刺激传递到叶柄基部的叶褥，由于叶褥上半部的细胞壁较厚，而下半部的细胞壁较薄，而且细胞之间的间隙比上部都大。因此，当受到强刺激时，叶褥下半部细胞中的水分向间隙释放，膨压下降，而上半部细胞仍维持原有的膨压，结果复叶下垂。可见，含羞草的这种感震运动，实际上是通过叶褥薄壁细胞膨压的变化而完成的，因此这种运动又称为膨压运动。含羞草感震运动的反应速度很快，刺激后0.1 s就开始，若干秒即可完成。刺激信号的传递速度可达 $40 \sim 50 \ cm \cdot s^{-1}$。

震动刺激被感受后转换成信号、最终如何促使细胞膨压的变化呢？21世纪80年代许多学者研究认为是电传递。震动植株后就产生动作电位（action potential），有一个特征高峰（图7-37）。含羞草的动作电位类似动物神经细胞的，但比较慢。它们经过木质部和韧

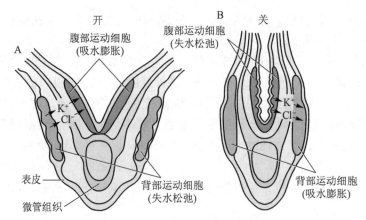

图 7-36 合欢叶子开关时叶褥背腹运动的细胞间离子流（引自 Galston，1994）

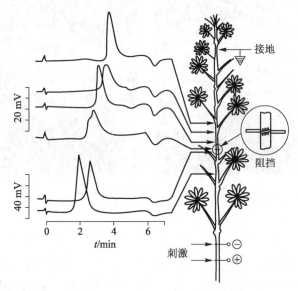

图 7-37 测定羽扇豆（*Lupinus angustifolius*）一种动作电位的实验及结果

皮部的薄壁细胞，速度为 $2 \ cm \cdot s^{-1}$ 左右，而神经细胞的传递速度为 $10 \ m \cdot s^{-1}$。昆虫落在捕蝇草叶上时，感觉毛受到刺激，也产生动作电位，传到两裂片的叶，裂片在 0.5 s 内合拢。试验表明，裂叶迅速合拢也与酸生长有关。在感觉毛产生动作电位时，还迅速将 H^+ 释放到裂叶外缘细胞的细胞壁中，胞壁疏松，吸水扩大，叶子就合拢。所以感震刺激的传递机制也包括化学传递，目前已分离到一些化合物，它们能引起像含羞草、金合欢属等植物的叶褥细胞膨胀，有人还把这一类物质称为膨压素（turgorins）。

　　含羞草具有感震运动特性是对生存环境的一种适应性，因为它起源于南美洲巴西一带，那里气候炎热、风雨频繁。含羞草的种子出苗后，必然会不断地遭受风雨的袭击，为了保证它们完成世代繁衍，在与恶劣的气候条件抗衡的过程中，逐渐形成了以小叶合拢，叶柄下垂的方式来保护自己，使之不被自然界所淘汰。

❖ 小结

生长、分化、发育三者既有区别又有密切的联系。

植物整体的生长和分化是以细胞生长和分化为基础。细胞发育可分为细胞分裂、伸长和分化三个时期，各时期具有其形态和生理生化的特点。细胞骨架由微丝系统、微管系统和中间纤维系统组成，是细胞分裂、生长及分化赖以进行的基础，在植物生理活动中起着重要的作用。细胞全能性是细胞分化的理论基础，而极性是植物细胞分化的前提，组织培养为研究植物生长发育开辟了一条新的途径。

植物的生长通常被认为是从种子萌发开始的，种子萌发需要有足够的水分，充足 O_2 和适宜的温度，有些种子萌发还受光的影响。种子萌发时吸水可分 3 个阶段，即吸胀吸水、吸水停滞期、胚根长出后重新吸水。种子萌发时呼吸速率的变化从吸 O_2 来看，表现为快慢快与吸水量变化为相似的规律。种子萌发时贮藏的有机物发生转变，淀粉、脂肪、蛋白质先降解为简单有机物，再运往生长部位利用。同时核酸、激素也发生变化。植物各器官和整个植株的生长都表现为 S 形曲线，光、温度、水分等都能影响植物的生长，由于外界环境条件的周期性变化，植物的生长也有明显的昼夜周期和季节周期。植物作为一个整体，各部分之间的生长存在既相互促进，又相互抑制的关系，这种关系主要有地下部分和地上部分，主茎与分枝，营养生长和生殖生长的相关性。

光作为环境信号调节植物生长、分化、发育过程称为光形态建成。光信号受体在此起作用。光受体有光敏色素、隐花色素、向光素和紫外光 –B 受体等。光敏色素是一种易溶于水的色素蛋白复合体，通过对不同光强的反应，在种子萌发、成花诱导等方面起重要的调节作用，它有红光吸收型（Pr）和远红光吸收型（Pfr）两种，前者吸收红光后转变为后者，而后者吸收远红光后转变为前者。已知 Pfr 具有生理活性，它通过磷酸化活化酶活性和基因表达。植物响应环境温度升高，协调其生长发育被称为植物热形态建成，它由植物激素信号、光信号和生物钟信号共同调控。植物很多生理活动，如生长、开花、代谢、生物与非生物逆境胁迫响应等有周期性变化，他们受生物钟调控，生物钟由多个互锁的转录反馈环组成。

植物的运动可分为向性运动和感性运动。向性运动是由光、重力等外界刺激而产生的，它的运动方向取决于外界的刺激方向。感性运动是由外界刺激或内部时间机制而引起的，运动方向与刺激无关。

🔍 思考题

1. 何谓生长、分化、发育，三者之间有何关系？

2. 何谓细胞骨架，它在植物生命活动过程中有哪些作用？

3. 简述植物激素在细胞分化中的作用。

4. 植物的组织培养有何特点？它们的理论基础是什么？

5. 环境因子是如何影响种子萌发的？

6. 种子形成幼苗的代谢变化有哪些？

7. 如何用细胞发育过程来分析植物的生长曲线。

8. 试述植物生长的相关性及其在生产上的应用。

9. 何谓根冠比？在农林生产中如何来调节植物的根冠比。

10. 试述光敏色素的结构和功能。

11. 光受体有哪几类型，它们能参与哪些生理反应？

12. 向性运动的类型及产生的原因是什么？

13. 论述光与植物生长的关系。

🌐 主要参考文献

Casal J J，Balasubramanian S. Thermomorphogenesis [J]. Annu Rev Plant Biol，2019，70：321-346.

Christie J M. Phototropin bule-light receptor [J]. Annu Rev Plant Biol，2007，58：21-45.

Chaves I，Pokorny R，Byrdin M，et al. The cryptochromes：Blue light photoreceptors in plants and animals [J]. Annu Rev Plant Biol，2011，62：335-64.

Creux N，Harmer S. Circadian rhythms in plants [J]. Cold Spring Harb Perspect Biol，2019，11：a03461112.

Galston A. Life Processes of Plants [M]. New York：Scientific American Library，1994.

Inoue S I，Kinoshita T. Blue light regulation of stomatal opening and the plasma membrane H^+-ATPase [J]. Plant Physiol，2017，174（2）：531-538.

Rizzini L，Favory J J，Cloix C，et al. Perception of UV-B by the Arabidopsis UVR8 Protein [J]. Science，2011，332（6025）：103-106.

Su Y H，Zhou C，Li Y J，et al. Integration of pluripotency pathways regulates stem cell maintenance in the Arabidopsis shoot meristem [J]. Proc Natl Acad Sci USA，2020，117：22561-22571.

Willemsen V，Wolkenfelt H，de Vrieze G，et al. The HOBBIT gene is required for formation of the root meristem in the Arabidopsis embryo [J]. Development，1998，25：521-531.

Yang L W，Liu S R，Lin R C. The role of light in regulating seed dormancy and germination [J]. J Integr Plant Biol，2020，62：1310-1326.

Zoltowski B D，Imaizumi T，Structure and function of the ZTL/FKF1/LKP2 group proteins in Arabidopsis [J]. Enzymes，2014，35：213-239.

🅔 网上更多资源

📖 扩展阅读　　　💻 教学课件　　　📝 思考题解析

第八章

植物的生殖生理

　　开花是高等植物生活史中最引人注目的一个阶段，它不仅是高等植物繁衍后代的主要方式，还直接关系果实、种子品质的好坏以及产量的高低。植物在营养生长期是不会开花的，不论是一年生、二年生或多年生植物，其营养生长都必须达到一定的时候，即达到一定的生理状态后，才能感受外界条件的诱导而开花。我们把生长到一定时间才具有感受外界环境诱导的能力称为感受态（competent）。而把植物具有感受能力之前的营养生长期叫作幼年期，果树上则称之为童期。具有感受态的植物，接受了环境信号，特别是温度、光周期等诱导后，就进入了开花决定态（floral determined state），意味着具备了分化花序和花的能力，然后在发育信号指令和适宜条件下，启动一系列成花相关基因的表达，植物体内发生复杂的细胞生理变化，最后开花（图8-1）。植物一旦进入开花决定态，即使暂时除去成花诱导的条件，也不会影响其开花进程。

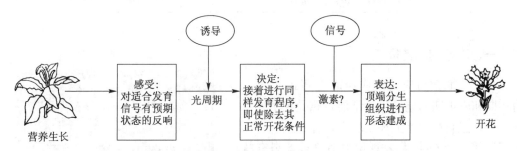

图8-1　枝条顶端分生组织进行花形态建成

分生组织首先具备感受能力，细胞或组织对发育信号发生响应。营养分生组织接受成花刺激（诱导）
而转变为成花决定态。决定态后得到发育信号就表达成花

　　植物开花通常包含三个阶段。第一阶段是成花诱导（floral induction），在温度和光周期等环境因子诱导下，植物由营养生长向生殖生长转变，其标志是营养性茎顶端分生组织（stem apical meristems，SAM）转变为花序分生组织（inflorescence meristems），并进一步转变为花分生组织（floral meristems）。第二阶段是花芽分化（floral bud differentiation）或花发端（floral evocation），指在花分生组织上形成花原基和花器官原基。第三阶段是花发育（floral development），指各部分花器官的形成和生长，首先看到花蕾，然后就是平常所见的开花。分子遗传学研究结果表明，上述每一个阶段都涉及特定基因的表达和复杂的调控机制。开花以后，植物进行传粉受精，最后结出果实和种子。本章主要讨论幼年期、春化作用、光周期现象、花器官形态发生以及授粉、受精和成熟等内容。

第一节   幼年期

幼年期（juvenility）是植物早期生长的阶段，在幼年期内任何处理都不能诱导植物开花。幼年期长短因植物种类不同而异。草本植物幼年期很短，只有几天或几星期，有些甚至没有幼年期，如花生种子休眠芽中已存在花序原基，而大部分木本植物的幼年期长达几年甚至 30 ~ 40 a，如表 8-1。

表 8-1   一些林本植物的幼年期长度（引自 Taiz et al.，2015）

植物	幼年期长度
玫瑰（*Rosa*）	20 ~ 30 d
葡萄（*Vitus*）	1 a
苹果（*Malus*）	4 ~ 8 a
柑橘（*Citrus*）	5 ~ 8 a
常春藤（*Hedera helix*）	5 ~ 10 a
红杉（*Sequoia sempervirens*）	5 ~ 15 a
槭树（*Acer pseudoplatanus*）	15 ~ 20 a
英国橡树（*Quercus robur*）	25 ~ 30 a
欧洲山毛榉（*Fagus sylvatica*）	30 ~ 40 a

一、幼年期的特征

与幼年期相对应的是成年期（adult phase）。幼年期和成年期的差异，除了能否感受花诱导条件以外，它们在形态上和生理上也存在差异。如常春藤形态上幼年期表现出叶片 3 或 5 裂掌状叶，互生；幼叶和茎有花青素，茎被短柔毛，攀缘和斜向生长，具无限生长习性，无顶芽，不开花；有气生根和强发根能力。而成年期全叶呈卵形，螺旋状生；幼叶和茎无花青素，茎无柔毛，直立生长，有限生长习性和具鳞片顶芽并开花；无气生根，发根能力弱（图 8-2）。玉米幼年期表皮细胞呈圆形、有蜡质，茎基有气生根；而成年期表皮细胞呈长方形、有蜡质，茎基无气生根；生理上幼年期代谢活动更为旺盛，生长速率较快，而成年期代谢活动相对缓慢。

由于植株的发育是从幼年期逐渐进入成年期，因此植株自基部向顶端不同部位存在生理上

成年期卵形叶

果实

幼年期3或5裂掌状叶

图 8-2   常春藤（*Hedera helix*）幼年期和成年期形态比较（引自 Taiz et al.，2015）

的异质性，具有不同的成熟度，即植株基部通常是幼年期，顶端则是成年期的。基部到顶端之间还存在中间型，这一情况在多年生木本植物中尤为明显。如从植株上部取的芽进行扦插、嫁接比从基部截取的芽更早开花结实（图 8-3，表 8-2）。

图 8-3 树木幼年期和成年期的部位

利用突变体的研究发现，植物有调节幼年期的特异基因，如玉米突变体（*tp*）因 *TEOPOD* 基因发生突变，植株表现出在通常应发育为成年结构的部位幼年化，叶片介于幼年和成年植株之间，应该出现雌、雄蕊的部位仍生长叶片等性状，但突变体的生长速度并未受到影响，说明这个基因控制着玉米从幼年期向成年期的转变。此外，现有的研究表明，植物小分子RNA 与其靶基因的互作也参与了幼年期向成年期的转变调控，典型的如 miR156 作为抑制因子，负向调控其靶基因拟鳞片状启动子结合蛋白（squamosa promoter binding protein-like，SPLs）的表达，而这个转录因子 SPLs 的表达增加能够促进植物提早成熟（He et al.，2018）。植物经过幼年期以后，要在适宜的季节才能诱导开花，而季节变化的主要特征是温度高低和日照长短，植物开花就与温度高低和日照长短有着密切的关系。

表 8-2 取自成年开花桦树不同部分的接穗对嫁接苗主茎生长和开花数的影响

接穗来源	主茎平均伸长生长 /m	开花起始	
		第一年	第二年
基部芽	1.13	没有	没有
开花冠层	0.86	少	很多

二、缩短幼年期的途径

对于要收获果实或种子而幼年期又很长的植物，缩短幼年期对提早开花结实具有重要意义，目前采用的主要方法有：①长日处理。如桦树在连续长日照条件下生长，幼年期由 5～10 a 缩短到不足一年。②嫁接。将幼年期果树的芽嫁接到成熟的矮化的砧木上，或将成熟枝条嫁接到幼年砧木均可提前开花。如将 30 年树龄的一年生枝条嫁接到二三年生，带一二个枝条的杉木砧木上显著地促进了水杉的开花结实。③外施 GAs 处理。将一定浓度的 GAs 施予柏科、杉科植物的幼年期，可缩短开花年龄。但对常春藤、甘薯、柑橘、李等一些植物，外施 GAs 却可延长幼年期，推迟开花。④通过基因工程缩短幼年期。20世纪 90 年代有人将拟南芥花分生组织特征基因 *LEAFY*（*LFY*）转化到杨树中，使通常要生长 20 多年才能开花的杨树，在种植后 7～8 年就能开花。

第二节 春化作用

植物的生长发育进程与季节的温度变化相适应。一些作物在秋季播种，冬季前经过一段时间的营养生长，然后度过寒冷的冬季，在第二年春季重新旺盛生长，并于春末夏初开花结实。如将秋播作物春播，则不能开花或延迟开花。早在 1918 年，Gassner 在小麦和黑麦播种期试验中将秋播的归为冬性品种，而春播的归为春性品种，并观察到冬性品种只有秋播，方能在次年开花结实，如春播则不能结实。在此基础上，1928 年 Lysenko 进行了冬黑麦种子发芽时的不同温度处理，发现只有 1~2℃ 处理的冬黑麦春播才能开花，后来他将这一研究结果应用于农业生产，采用播前将吸胀萌动的种子进行低温处理后春播，结果当年抽穗开花。这一研究结果的应用，使前苏联一些冬季高寒地区成功地栽种上冬小麦。这一措施被称为 "春化"，意指冬小麦春麦化了。后来 "春化" 一词扩展到除种子以外的其他生育期植物对低温的反应，并把低温诱导植物开花的作用称为春化作用（vernalization，Ver）。

图 8-4　长日照植物天仙子成花诱导对春化与光周期的要求

需要经历春化作用以后才能开花的植物包括冬性一年生植物如冬小麦、冬大麦，大多数二年生植物如天仙子（图 8-4）、胡萝卜、甜菜、芹菜，以及一些多年生植物如牧草、黑麦草等。这些植物在通过春化以后通常还需在长日条件下才能开花。

一、春化作用的特性

（一）植物对低温反应的类型

植物开花对低温的要求大致有两种类型：一类植物对低温的要求是绝对的，二年生植物和多年生草本植物多属于这类，它们在头一年秋季长成莲座状的营养植株，并以这种状态过冬，经过低温的诱导，于第二年夏季抽薹开花。如果不经过一定天数的低温诱导，就一直保持营养生长状态，不会开花。另一类植物对低温的要求是相对的，如冬小麦等冬性植物，低温诱导可促进它们开花，未经低温诱导的植物虽然营养生长延长，但最终也能开花。

不同植物在系统发育中形成了不同的特性。植物不同的种类和品种对低温的要求在温度的高低、时间的长短等方面都是不同的。小麦根据不同品种对低温要求情况可分成春性、半冬性、冬性三种类型（见表 8-3）。冬性小麦春化要求的温度更低，经历的时间也更长。但也有些植物开花前不要求低温，如水稻、棉花等。

表 8-3　冬小麦通过春化需要的温度和天数

类型	春化温度范围 /℃	春化天数 /d
春性	8~15	5~8
半冬性	3~6	10~15
冬性	0~3	40~45

（二）春化作用的感受部位和低温敏感期

通常认为植株感受低温的部位是茎顶端分生组织（SAM）。将芹菜种植于温室中，用橡皮管将芹菜茎顶端缠绕起来，橡皮管内通以冰冷的流水，使茎尖局部获得低温，经这一处理的植株以后在长日照条件下开花结实。相反，如果芹菜栽培在低温条件下，而茎尖却给予25℃左右的较高温度，植株则不能通过春化，即使以后在长日照条件下也不能开花结实。用去掉子叶的萝卜胚，冬黑麦的离体胚，包括茎区的胚尖进行离体培养试验，经过低温处理以后均能开花结实，这进一步证实了茎尖是感受低温的部位。

一些莲座状植物的茎尖并非唯一对低温产生反应的组织。如椴花的叶柄基部在适当低温处理后，可培养出再生花茎，但如将叶柄基部0.5 cm处切除，再生的植株则不能形成花茎，表明感受低温的部位是可进行细胞分裂的叶柄基部。有些植株的叶切段也能为低温所诱发，进而发育成可开花的植株。也有一些成花相关基因的原位杂交切片显示，茎尖的幼叶是基因表达的部位。

植物何时接受低温春化最有效？一般可在种子萌发或在植株生长的任何时期中进行，但也因植物种类而异。冬小麦、冬黑麦吸胀萌动的种子即可感受低温完成春化过程。糖甜菜母株上正在发育的种子，如遇低温可完成春化，播种后会提前开花，从而影响块根产量，所以糖甜菜种子生产地应是在种子成熟期间温度维持在12℃以上的地区。而有些植物，萌动种子不能进行春化，只有当植株长到一定大小后才能通过春化，如甘蓝要长到具三片真叶，月见草具6~7片真叶后才能接受低温通过春化。而二年生莲座状植物天仙子，在种子和幼苗阶段都不能被春化，只有在莲座形成后才能有效地感受低温刺激完成春化，然后在长日照条件下开花。

（三）春化作用的其他条件

低温是春化作用的主要条件，具体有效温度和低温持续时间在不同植物中差异较大。一般而言，春化作用的温度在-4~12℃之间，对大多数植物而言最有效的春化温度是1~2℃。时间的要求冬性小麦在0~3℃需40~45 d才能完成春化，而春性小麦在8~15℃经历5~8 d即可完成春化。由于春化作用是活跃的代谢过程，植物除了需要一定时间的低温外，还需要适宜的水分、充足的氧气和作为呼吸底物的营养物质。一般在经历春化作用以后植株还要在较高温度和长日照条件下才能开花。由此可见，春化作用只是对花芽分化起了诱导作用。

（四）脱春化作用

在春化过程完成之前将植物移到较高温度下，低温的效果即被消除，这一现象被称为脱春化作用或解除春化（devernalization）。脱春化作用的温度一般是25~40℃，如冬小麦在30℃以上3~5 d即可解除春化。脱春化现象被应用于生产上，如冬天贮藏的洋葱鳞茎在春季种植前先用高温处理脱春化，可以防止生长期开花从而获得大鳞茎。我国四川一些地区药农种植二年生药用植物当归，由于当年收获的块根质量不好，在第二年种植期间又因抽薹开花而降低块根质量，于是在第一年冬季将块根挖出，贮藏在高温下，从而减少了第二年的抽薹率而获得较好质量的块根。不过，当春化过程一旦完成，高温就不能解除春化作用了。

二、春化产物及其传导

将二年生植物天仙子的春化过的枝条（或一片叶片）嫁接到未春化的植株上导致未春

化过的枝条开花。这一实验说明在春化植株中产生了某种（或某些）开花刺激物，而且可以传递，这种特殊物质被称为春化素（vernalin）。类似的情况在烟草、甜菜、胡萝卜等作物中也观察到。但菊花却不然，春化过的植株通过嫁接不能引起未春化植株开花。即使同一株菊花的部分枝条茎尖经低温处理，可以开花，而未经低温处理的另一部分枝条也不能开花，说明低温刺激物在菊花植株中是不可传递的。为什么有些植物低温刺激物可在体内传递，而另一些则不能？春化素是什么？其在植株体内的传递是否要求有一定的条件？春化素到底是什么等？目前还没有证据充分的解释。

　　一些需低温和长日照的植物在人为施用 GA 后可以在不经春化抽薹开花，如经 GA 反复处理后，胡萝卜可在没有低温春化的条件下抽薹开花（图 8-5A），而白菜在没有长日条件下抽薹开花（图 8-5B）。但在很多情况下施用 GA 不能诱导需春化的植物开花（表8-4），而且对 GA 起反应的植物中，GA 和春化引起的开花是不同的。前者引起丛生状植株的茎先伸长，形成营养枝以后再形成花芽，而春化引起花芽的形成和茎的伸长几乎同时发生。因此，GA 是否是春化素仍莫衷一是。不过从以往实验中可以发现所用的 GA 基本上是 GA_3，而已知 GAs 有 140 余种，不仅对不同的植物表现出不同的活性，而且功能也有差异。如 GA_{32} 强烈地促进长日植物毒麦开花而对茎的伸长作用很小，GA_1 强烈刺激茎的伸长但对开花的效应小。毒麦在一个长日照周期的诱导开花效果最好，却没有引起茎的伸长（图 8-6）。所以仅用 GA_3 试验所得的结果就难以代表上百种 GAs 的功能。Metzger（1990）在遏兰菜属植物的试验上取得令人鼓舞的结果，他发现不经低温诱导的植株茎尖 [3]H 标记的 GA 生物合成受阻，受阻部位是在异贝壳杉烯酸。有研究表明植物体内的玉米赤

图 8-5　低温和外施赤霉素对长日下生长的胡萝卜开花和短日下生长的白菜抽薹开花影响
（A，引自 Lang，1957；B，引自 Taiz et al.，2015）

表 8-4　非诱导条件下经 GA 处理可以开花的植物

长日植物	需低温的植物
苣荬菜（*Sonchus eudivia*）	旱芹（*Apium graveolens*）
一年生天仙子（*Hyoscyamus niger*）	燕麦（*Avena sativa*）
莴苣（*Lactuca sativa*）	雏菊（*Bellis perennis*）
罂粟（*Papaver somniferum*）	甜菜（*Beta vulgaris*）
矮牵牛（*Petunia hybrida*）	野胡萝卜（*Daucus carota*）
萝卜（*Raphanus sativus*）	毛地黄（*Digitalis purpurea*）
二色金光菊（*Rudbekia bicolor*）	野甘蓝（*Brassica oleracea*）
高雪轮（*Atocion armeria*）	二年生天仙子（*Hyoscyamus niger*）
菠菜（*Spinacia oleracea*）	紫罗兰（*Matthiola incana*）

霉烯酮（zearalenone）含量在春化过程中出现高峰，外施玉米赤霉烯酮有部分代替低温的效果，其在植物春化中的调控机制仍不清楚。

三、春化作用的生理生化变化

关于春化作用的生理机理，研究者们提出过种种假说，Melchers 和 Lang 根据嫁接试验和高温解除春化的效应提出春化作用是由两个阶段组成的。第一阶段是春化作用的前体物质在低温下转变成不稳定的中间产物（反应 I），第二阶段是不稳定的中间产物转变成最终产物并促进开花（反应 II），如果这种不稳定的中间产物遇到高温就会被破坏或钝化，不能生成最终产物，就不能促进开花，所以在高温下不能完成春化或出现脱春化现象。

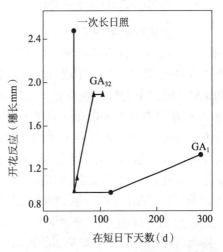

图 8-6　两种不同赤霉素对长日植物毒麦开花（穗长）和茎伸长生长（茎长）的相对作用

$$\text{前体物} \xrightarrow[\text{I}]{\text{低温}} \text{中间产物} \xrightarrow[\text{II}]{\text{低温}} \text{最终产物}$$

$$\downarrow \text{高温 III}$$

$$\text{产物分解（脱春化）}$$

在春化过程中，植物体内发生着十分复杂的代谢变化。核酸、蛋白质及游离氨基酸含量、呼吸速率、呼吸途径、氧化酶活性、植物激素种类及含量等都发生改变。研究发现，冬小麦在春化过程中，核酸，特别是 mRNA 含量增加，代谢加速，而且 RNA 性质也有所变化。例如低温处理冬小麦幼苗中，可溶性 RNA 及核糖体 RNA 含量提高，在经过 60 天低温诱导的麦苗中提取出来的染色体，主要合成大于 20 S 的 mRNA，而常温下萌发的麦苗的染色体，则主要合成 9~20 S 的 mRNA，这种在低温下合成的大分子量的 mRNA 对冬小麦进一步发育可能有重要的作用。许多实验表明低温处理的冬小麦种子中可溶性蛋白及游离氨基酸含量增加，其中脯氨酸增加较多。电泳分析显示，冬小麦种子经过低温处理，幼芽中出现新的蛋白质谱带，而未经低温处理的则没有这些蛋白质，说明这些特异蛋白质是生长点分化成穗的前提条件之一。因此，低温首先是进行转录调节，诱导产生某些特异的 mRNA，并进一步翻译相应蛋白质，导致代谢方式或生理状态发生重大变化。

在春化过程中，呼吸代谢也发生变化。冬性谷类作物春化处理前期，需要氧和糖的供应，此时氧化酶中以细胞色素氧化酶起主导作用。15～20 d 低温处理后，细胞色素氧化酶活性逐渐降低以至消失，而抗坏血酸氧化酶和多酚氧化酶活性逐渐上升，这些酶活性的变化说明了在春化过程中呼吸代谢的复杂性。

此外，也有实验证明，油菜及小麦等多种作物经过春化处理后，体内 GA 的含量显著增多。一些春化植物如胡萝卜，在未经低温处理下，如施用 GA 连续处理，也能开花。这表明对某些植物而言，GA 可以代替低温的开花诱导作用，表明植物激素在春化过程中存在潜在的作用。

四、春化作用的分子机制

春化相关特异蛋白质的发现引导研究者去寻找春化作用相关的基因，探究调节春化作用的分子机理，这方面的研究近些年来取得了令人欣喜的进展。研究者利用模式植物拟南芥克隆得到 VRN1、VRN2 和 VIN3 等 3 个在春化作用中起主要作用的基因，发现 VRN1 和 VRN2 阻抑下游靶开花位点 C（flowering locus C，FLC）基因表达水平降低，VIN3 则促进 FLC 基因表达水平降低（在非春化植株的顶端分生组织中，FLC 强烈表达，低温处理后 FLC 表达水平显著减弱），促进植物开花。FLC 基因的表达主要受表观遗传调控，是春化作用的关键基因（开花阻遏基因），抑制开花相关基因表达（Kim & Sung，2013）。研究显示春化作用导致 FLC 基因位点的组蛋白特定亚基特定氨基酸发生翻译后修饰（比如组蛋白 H3 亚基的第 27 位赖氨酸的三甲基化修饰 H3K27 me3），使其染色质从常染色质转变成异染色质，抑制 FLC 基因表达，低温处理时间越长，FLC 表达越弱。FLC 基因表达水平降低解除了其对下游靶基因的抑制作用，促进下游 CONSTANS（CO）抑制子 1（SOC1，suppressor of overexpression constans）过表达和开花位点 T（flowering locus T，FT）的表达，这两个基因的产物进一步调控花发育相关基因的表达，进而促进开花（图 8-7）。SOC1、FT 和 LFY 一起被称作开花的整合子（integrators），这些基因表达增加能够促进植物开花。春化过程中 FLC 基因位点的组蛋白 H3K27 me3 修饰和 FLC 基因低表达主要由 CLF、SWN、VRN2 等组成的多梳抑制复合物 2（polycomb repressive complex 2，PRC2）和 VRN3 调控，春化完成后该位点的 H3K27 me3 修饰和 FLC 基因低表达主要由类异染色质蛋白 1（LHP1）等组成的类 PRC1 复合物来维持。值得一提的是，实验室常用的拟南芥生态型 Col 因为控制 FLC 基因表达的上游转录因子 FRI（FRIGIDA）天然突变导致该生态型不经春化处理也可以正常开花。

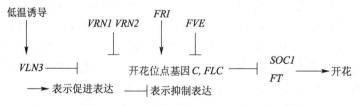

图 8-7　拟南芥春化作用过程中若干关键基因的调控关系

中国科学院植物研究所种康团队从冬小麦中克隆到了多个与春化相关基因，明确春化使真双子叶植物中的阻遏物（FLC，MADS–盒转录因子）沉默，但在单子叶植物中诱导激活物（TaVRN1，一种 AP1 分支的 MADS–盒逆转录因子）。他们还揭示了一种温度控制 TaVRN1 mRNA 积累的新机制，使小麦能感知低温延长。糖类结合蛋白——木菠萝凝集素（VER2），通过与 RNA 结合蛋白（TaGRP2）物理互作，促进 TaVRN1 的上调。①在高温下，TaGRP2 与 TaVRN1 前体 mRNA 核心区结合，导致后者不能剪辑为成熟的 TaVRN1 mRNA；②抑制 TaVRN1 mRNA 的积累，显示无低温春成花作用；③在低温春化过程中，触发葡糖酰氨基化作用（O–GlcNAc）；④ VER2 入核并磷酸化；⑤形成 VER2–O–GlcNAc–TaGRP2 复合物，使 TaGRP2 脱离 TaVRN1 前体 mRNA 核心区，并移出核；⑥ TaVRN1 前体 mRNA 剪辑为成熟的 TaVRN1 mRNA，导致 TaVRN1 mRNA 的积累通过春化作用（图 8–8）。

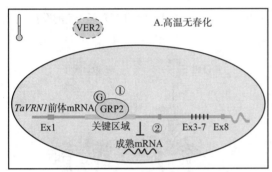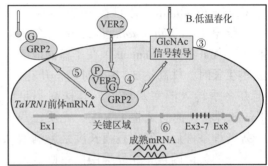

图 8-8　小麦低温春化前（A）后（B）VER2 调节开花（引自 Xiao et al., 2014）

Ex1–8. 外显子

还有人发现春化作用是通过 DNA 去甲基化来促进开花的，用 DNA 去甲基化试剂 5–氮胞苷处理拟南芥晚花型突变体和冬小麦，总 DNA 甲基化水平降低，导致一个或多个对植物生殖生长起关键作用基因的活化，开花提早；而拟南芥早花型突变体和春小麦对 5–氮胞苷不敏感。因此认为拟南芥晚花型突变体之所以迟开花，是由于它的基因被 DNA 甲基化而不能表达，由此提出春化基因去甲基化假说。此外，一些长链非编码 RNA 也在春化过程 FLC 基因表达调控中起重要作用。

总之，春化过程是一个由基因表达与调节的复杂过程，存在信号转导和调控的网络。某些关键基因被诱导活化后，促进了特定的 mRNA 和新的蛋白质合成，进而导致一系列生理生化变化，促进花芽分化，最终实现调控开花的作用。

第三节　光周期

植物成花除受低温诱导外，还受光周期的诱导。光周期（photoperiod）是指自然界一天 24 h 内昼夜相对长度的变化。由于地球的轴与其围绕太阳运行轨迹的平面夹角为 66.5°，因此地球围绕太阳公转和自转时，地球不同纬度地区的日照时间（一天中白天与黑夜的相对长度）发生季节性的变化，这可能是许多植物的开花具有明显季节性的最主要原因。我国地处北半球，图 8–9 显示了北半球自赤道（0°）到北纬 60° 不同纬度一年里不同月份日照时间的变化。纬度越高的地区，夏季昼越长，夜越短；冬季昼越短，夜越长。春分和秋分时，各纬度地区昼夜长度相等，各约为 12 h。生长在不同地区的植物在长期适应和进化过程中表现出生长发育的周期性变化。植物发育对光周期的反应称为光周期现象（photoperiodism）。如植物的开花、休眠、落叶、地下贮藏器官的形成等都受昼夜长度的影响，其中了解得最多的是植物成花的光周期诱导。

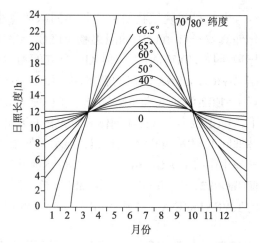

图 8-9　赤道以北不同纬度地区日照长度的季节变化

植物成花光周期现象的发现归功于 Garner 和 Allard，他们在 1920 年观察到，烟草（*Nicotiana. tabacum*）的一个品种（cv. Maryland Mammoth）在华盛顿地区夏季生长时，株高达 3~5 m 时仍不开花，但在冬季转入温室栽培后，其株高不足 1 m 就开花。他们试验了温度、光质、营养等各种条件后，发现昼夜长度是影响烟草开花的关键因素。在夏季用黑布遮盖人为缩短日照长度，烟草就能开花，但如果冬季在温室内用人工照明延长日照时间超过 14 h，则植株又保持营养生长状态而不开花（图 8-10）。由此得出一个结论，短日照是这种烟草开花的必要条件。后来大量的实验证明，其他植物如紫苏、苍耳、大豆、菊花、牵牛等都有类似现象。这些植物的开花与昼夜光暗的相对长度即光周期有关，许多植物必须经过一定时间的适宜光周期后才能开花，否则就一直处于营养生长状态。光周期现象使人们认识到光

图 8-10　长日照烟草（*N. sylvestris*）和短日照烟草（*N. tabacum*）在不同日照条件下的开花响应

不仅为植物光合作用提供能量，而且还作为环境信号调节着植物的发育过程，尤其是对成花的诱导。

一、植物开花的光周期反应类型

通过人工延长或缩短光照的办法，研究植物开花对日照长短的反应，发现植物开花对光周期存在以下几种类型：

1. 长日植物（long-day plant，LDP）。指日照长度必须长于其临界日长才能开花的植物。延长光照，则加速开花；缩短光照，则延迟开花或不能开花。常见的长日植物有小麦、黑麦、胡萝卜、甘蓝、天仙子、芹菜、拟南芥、甜菜、油菜、洋葱、燕麦等。

2. 短日植物（short-day plant，SDP）。指日照长度必须短于其临界日长才能开花的植

物。如适当缩短光照，可提早开花；延长光照，则延迟开花或不能开花。常见的短日植物有美洲烟草、大豆、菊花、日本牵牛、苍耳、水稻、高粱、紫苏等。

3. 日中性植物（day-neutral plant，DNP）。指无论在长日或短日条件下都可以开花的植物。这类植物有番茄、黄瓜、茄子、月季、辣椒、菜豆等。

除了上述三类光周期反应类型植物外，还有一些植物的花诱导和花器官形成要求不同日长，是双重日长（dual daylength）类型。

4. 长短日植物（long-short-day plant，LSDP）。指开花要求先长日照后短日照的植物。如大叶落地生根、芦荟、夜香树等。

5. 短长日植物（short-long-day plant，SLDP）。指开花要求先短日照后长日照的植物。如风铃草、瓦松、白三叶草等。

6. 中日植物（intermediate-daylength plant，IDP）。指只在一定的中等长度日照下才能开花的植物。如甘蔗，开花要求较长时间每天 11.5 ~ 12.5 h 的光照诱导，短于或长于这一日长均保持营养生长状态，不会开花。

石明松在 1973 年发现的湖北光周期敏感核不育水稻'农垦 58S'属于晚粳类型的短日植物，它是一个自然发生的具有 2 个性质不同光周期反应的突变体。从感光叶龄至幼穗分化开始，称为"第一光周期反应"，此期短日照加速幼穗发育，提早抽穗。从幼穗第二次枝梗及颖花原基分化期到花粉母细胞形成期，在一定温度和长日照条件下，可诱导雄性不育，短日照则诱导雄性可育，这一反应称为"第二光周期反应"，是光周期敏感核不育水稻独有的特性。两个光周期反应分别影响幼穗分化和雄性不育，而感光部位——叶片和叶鞘却相同。光周期敏感核不育水稻是继矮秆基因、三系水稻之后在水稻研究中的又一重大发现，在理论上为研究光周期反应中顶端与叶片的关系提供了有价值的材料，在实用上拓宽了杂种优势的应用范围。

二、临界日长

试验表明，对光周期敏感的植物对日照长度的要求都有一定的临界值，这个值叫临界日长（critical daylength）。临界日长是指 24 h 昼夜周期中，诱导短日植物开花的最长日长或诱导长日植物开花的最短日长。不同植物的临界日长是不同的（表 8-5）。对长日植物

表 8-5 一些植物诱导开花所需的临界日长

植物名称	临界日长 /h	植物名称	临界日长 /h
短日植物		**长日植物**	
大豆 cv. 曼德临（早熟）	17	大麦	10 ~ 14
cv. 北京（中熟）	15	小麦	约 12
cv. 比洛克西（晚熟）	13 ~ 14	菠菜	13
水稻	12 ~ 15	甜菜	13 ~ 14
菊花	15	白芥菜	14
牵牛	15	天仙子	11.5
一品红	12.5	毒麦	11
苍耳	15.5		

来说，日长大于临界日长，即使是 24 h 日照都能开花；而对短日植物来说，日照必须小于临界日长才能开花。然而日长太短也不能开花，可能因光照不足，光合作用产物不足，甚至植株几近黄化。

临界日长是一个相对的概念。从表 8-5 可以看出，长日植物诱导开花的临界日长不一定都比短日植物的临界日长要长；同理，短日植物的临界日长也不一定都短于长日植物的临界日长。此外，同种植物的不同品种对成花诱导所要求的日照也不尽相同。

与临界日长相对应的是临界夜长（critical night length，或临界暗期）。临界夜长是指 24 h 昼夜周期中，诱导短日植物开花的最短暗期长度或诱导长日植物开花的最长暗期长度。

那么，对于诱导植物开花来说，到底是临界日长重要，还是临界夜长重要呢？Hamner 用短日植物大豆品种（cv. Biloxi）进行试验，当日长固定为 16 h，改变暗期长度，发现只有当暗期长于 10 h 以上才能开花（图 8-11），暗期 13~15 h 开花数最多；反过来，将暗期固定为 16 h，改变光期长度，结果发现开花反应随光期长度增加而增加，但当光期超过 10 h 时，开花数反而减小（图 8-12）。这些结果表明临界暗期的存在，且暗期长度控制短日植物的开花，而不是光期长度。又如长日植物天仙子，在 11 h 日长和 14 h 暗期环境下不开花，但以 6 h 日长和 6 h 暗期处理则开花。同样的试验也证明苍耳的临界暗期是 8.5 h。因此，长日植物应该称为短夜植物（short-night plant），短日植物则应该称为长夜植物（long-night plant），但由于长期使用的结果，现在仍然使用过去的术语。

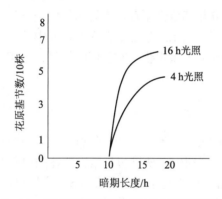

图 8-11　不同光期下暗期长度对大豆开花的影响

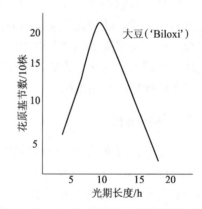

图 8-12　16 小时暗期下光期长度与花原基节数的关系

植物的临界日长和反应类型是遗传决定的，即便是密切相关的植物种也可能表现出基本差异，如藜属植物，一种短日植物，有各种不同的光周期家族（具有不同的临界日长）。此外，临界日长也受环境影响，特别是温度能轻微地改变临界日长。再就是植株年龄，如牵牛的成龄植株比幼苗的临界日长要长。

三、光周期刺激的感受和传导

Chailakhyan（1937）将短日照植物菊花植株置于长日或短日照条件下并分别给叶片和茎尖进行长日及短日照处理（图 8-13），结果只有全株或叶片处于短日下的菊花开花，由此得出结论叶片是感受光周期刺激的器官，茎尖不要求光周期刺激。短日植物藜和牵牛甚至子叶都对光周期信号极为敏感，但苍耳子叶对光周期信号不敏感，只有半展开的初生叶

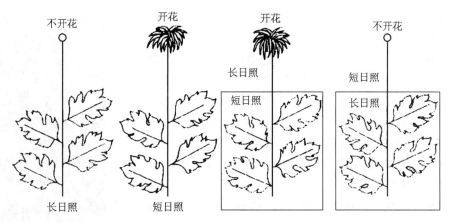

图 8-13 叶片和茎尖的光周期处理对菊花开花的影响（引自 Chailakhyan，1937）

才对光周期信号产生反应。由于感受光周期刺激的器官是叶片，而诱导开花的部位是茎尖，其间相隔着叶柄和茎。因此，两者之间必定存在信息传递。

将带有两个枝条的短日照植物苍耳植株，一个枝条进行长日照，另一枝条进行短日照处理，结果不仅短日下的枝条开花，而同株另一处在长日下的枝条也开花，说明叶片感受合适光周期后可产生能传递的诱导开花的刺激物。后来将这一刺激物称为成花素（florigen）。人们还用多株苍耳进行靠接（嫁接的一种）试验，结果表明短日下叶片内形成的开花刺激物可在所有靠接植株间进行传递。通过嫁接试验还证实短日照植物的成花素与长日植物的成花素在功能上是相同的。如将短日烟草的一张叶片嫁接到长日烟草的植株上，在短日条件下可以诱导长日照烟草开花。反之，如果将长日照烟草的一张叶片嫁接到短日照烟草植株上，在长日条件下亦可诱导短日照烟草开花。另一个例子是将长日植物蝎子掌嫁接到短日植物长寿花上并置于短日条件下，结果接穗蝎子掌开了花（图 8-14），但如果将砧木长寿花的叶片全部去掉则接穗蝎子掌仍维持在营养状态。若把长日植物矮牵牛（*Petunia hybrida*）的接穗（右）嫁接到未春化的天仙子（*Hyoscyamus niger*）上，能在长日下使天仙子开花（图 8-15），表明春化素与成花素可能为同类物质。

成花素还可以在连续嫁接的植株间进行传递，如经短日诱导的苍耳可引起在长日下连续嫁接的植株开花。上述研究均表明叶片是光周期反应的感受器官，而且形成的开花刺激物是可以传导的。同样，日中性植物产生的成花刺激物可以通过嫁接传递给长日植物和短日植物，促使它们在不适宜的光周期下开花。

用蒸汽杀伤和麻醉剂处理叶柄或茎的方法（让韧皮部失活）也证明叶片形成的开花刺激物是通过韧皮部传导的。至今研究结果显示，成花

图 8-14 长日植物蝎子掌嫁接到短日植物长寿花砧木上，在短日照条件下长寿花叶片形成的开花刺激物引起接穗蝎子掌开花

刺激物以大分子物质，像 RNA 或蛋白质一样通过韧皮部从叶转移到茎端分生组织，然后作为基因表达的调控子发挥功能。也有人认为 GA 就是成花素，GA 能使一些短日植物在非诱导的条件下开花，还能使需要低温处理的植物不需春化即可开花（见图 8-5），但这并不能证明 GA 就是成花素。事实上，对很多物种来说，一定量的 GA 对于开花是必需的，但是成花的其他途径也是必要的。除了 GA，其他植物激素也可抑制或促进开花，如乙烯和产生乙烯的复合物可明显加速菠萝开花。

图 8-15　把长日植物矮牵牛的接穗（右）嫁接到未春化的天仙子的砧木上，能在长日下使天仙子开花（引自 Taiz et al., 2015）

　　现有研究表明，拟南芥中 *FT* 基因的 mRNA 编码的 FT 蛋白质，而不是 *FT* mRNA 本身由叶片产生后经韧皮部运输到茎尖，调控开花过程，FT 蛋白是普遍认为的成花素。经光周期诱导，叶片中 *CO* 的表达出现昼夜节律变化，编码的 CO 蛋白诱导韧皮部伴胞细胞中 *FT* 的表达。翻译后的 FT 蛋白从叶片经韧皮部筛管移动到茎尖，与那里的 bZIP 家族转录因子开花 D（flowering D，FD）结合形成转录复合物，调控花序分生组织中的 *SOC1* 表达以及花分生组织中的无花瓣 1（*apetala1*，*AP1*）表达，从而促进植物开花。*CO* 的表达以及蛋白质积累在不同光周期条件下受到转录层面和翻译后修饰层面的严格调控。

四、开花抑制物

　　有关开花刺激物、成花素的研究结果还有待发掘足够令人信服的证据，因此有些研究者认为，一些植物在非诱导的条件下还可能形成成花抑制物（inhibitors），抑制植物开花；而在诱导的条件下，这些开花抑制物的产生受到了阻碍，从而诱导开花。一个例子是长日植物带有贮藏根的天仙子在完全去掉叶片的情况下，可在短日下开花；另一个例子是短日植物紫苏，将具有两个分枝的紫苏植株的其中一个枝条给予短日照，另一枝条给予长日照，结果只有给长日照的枝条去叶的情况下在长日条件下才能开花，这被解释为去叶在长日下不产生抑制剂，因此短日枝条运过来的成花素不会遭到抑制剂的对抗，从而诱导处在长日下的枝条开花。嫁接试验也揭示了在成花调控中有可传递的阻遏物会抑制开花，与成花素一样，开花抑制物也可能由多种复合物组成，它的分离和鉴定，还需要大量的实验证据。

五、光周期诱导

　　植物需在一定的光周期条件下才能开花，但并不意味植物始终都要处在合适的光周期下才能开花。只要植物度过幼年期，达到一定的生理年龄，其叶片具有感受光周期刺激的能力，经一定次数的光周期处理后，即使在非诱导光周期条件下也可以开花，这一定次数的合适的光周期效应就是光周期诱导（photoperiodic induction）。不同植物的叶片不仅产生光周期信号的能力不同，而且诱导成花所需的光周期次数也不同。如苍耳、日本牵牛、水稻等短日照植物和毒麦、油菜、菠菜等长日照植物，只要一个周期（1 d）就可启动成花反应，而大豆需要 3 d，大麻 4 d，菊花 12 d，胡萝卜 15~20 d。植物光周期诱导所需天数也受植株年龄、环境、温度、光强、光照长度等影响。

六、暗期的光中断

研究表明在短日光周期情况下，用短时的闪光中断长夜（night break），结果短日照植物开花受阻，而长日照植物的开花受到促进（图 8-16）。而在长日光周期情况下，用短时间黑暗中断光期，既不会阻止长日植物开花，也不会诱导短日植物的开花。由此看来，在植物的光周期诱导成花中，暗期的长度是诱导成花的决定因素，尤其是短日植物，要求超过一个临界值的连续黑暗。短日植物对暗期中的光非常敏感，仅几分钟低强度的光即有效（日光的十万分之一或月光的 3~10 倍，1~2 $\mu mol \cdot m^{-2} \cdot s^{-1}$），说明这是不同于光合作用的光，是一种光信号的反应。

用不同波长的光来间断暗期的试验表明：无论是抑制短日植物开花，还是诱导长日植物开花，都是红光最有效。如果在红光照过之后立即再照以远红光，就不能发生夜间断的作用，也就是被远红光的作用所抵消。由此推测在植物的成花诱导上，也有光敏色素的参与。

虽然对植物的成花反应来说，暗期起决定作用，但是光期也是必不可少的。短日植物的成花反应要求长暗期，但光期太短也不能成花。如大豆在固定 16 h 暗期和不同长度光

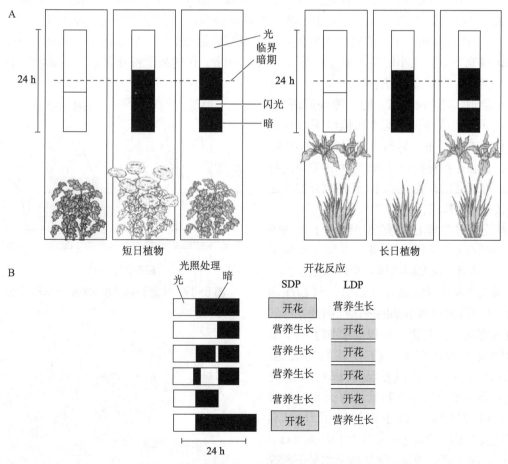

图 8-16 开花的光周期调节（引自 Taiz et al., 2015）

A. 当夜长超过临界暗期时，短日植物开花，用闪光间断暗期阻止开花；夜长短于临界暗期时，长日植物开花，用闪光间断暗期可诱导某些长日植物开花。B. 暗期对开花的效应，不同光周期处理短日或长日植物，证明暗期长度是关键的变量

周期下，开花反应随光期长度增加而增加，但当光期长度大于 10 h 后，开花数反而下降，只有在适当的光暗交替条件下植物才能正常开花。花的发育需要光合作用提供足够的营养物质，但光质实验表明光在光周期反应中的作用并不仅仅是进行光合作用以提供物质和能量，也存在其他潜在的作用。

七、光周期诱导成花的机制

关于光周期诱导植物成花的机理已经有一些信息。植物感受光周期的部位是叶片，光敏色素参与光周期诱导的开花反应，临界夜长比临界日长对开花更重要，光周期诱导后植物体内产生开花刺激物向茎顶端分生组织传递，光周期诱导开花需要温度、营养等其他条件相配合。近些年的研究发现，光周期诱导开花存在精确的测时机制，植物内源节律参与了测时。因此认为，光周期诱导成花是光敏色素与昼夜节律等内外因子复杂互作的结果。

植物如何检测暗期长度？ 许多实验表明，光周期诱导成花现象中存在昼夜节律性的变化。将短日植物大豆栽种于 12 h 光照，12 h 黑暗的光周期下一段时间后给予七个由 8 h 光照和 64 h 长暗期组成的光周期中，在长暗期的不同时间给予光中断，结果不同时间光中断的效果不同，暗中断的开花反应显示三个峰（图 8-17），相邻两个最大反应时间相隔大约 24 h，这表明开花反应对于干扰光的敏感性呈现节律性的变化，即生理调控（图 8-17）。在自然条件下，植物由光敏色素接受黎明的始光信号，启动这个光周期的昼夜节律，在光下运行几小时后（如苍耳或牵牛为 5~6 h）到达某个特殊相位点，此时植物仍处于光下，节律就悬止在这一点上，当黄昏来临时，植物通过 Pfr 的一种快速消失，感受光辐照度降低至某个阈值以下的消光信号，节律又重新运行一定时间（8~9 h）后，植物达到对光最敏感的时间，此时进行闪光处理最能有效地抑制短日植物开花而促进长日植物开花。

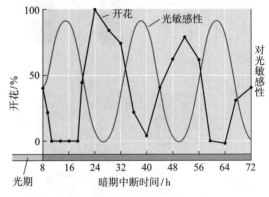

图 8-17　大豆开花对夜间断的节律性反应

分子生物学的研究结果证实了生物钟基因的存在。利用拟南芥突变体，克隆了 *TOC1* 基因，该基因编码一个转录因子，该转录因子是生物钟的一个组分，与 *LHY* 和 *CCA1* 基因通过调节基因表达控制开花和其他生理反应。其调节过程简单如下：①黎明时分光激活 *LHY* 和 *CCA1* 基因的表达；②LHY 和 CCA1 蛋白激活了 *LHCB*（聚光色素蛋白复合体Ⅱ）和其他白天基因的表达；③LHY 和 CCA1 蛋白抑制了 *TOC1* 和其他夜间基因的表达；④白天 *LHY* 和 *CCA1* 表达不断下降，导致 *TOC1* 转录水平不断提高，并在白天结束时达到最高；⑤TOC1 蛋白间接促进了 *LHY* 和 *CCA1* 在黎明时分表达最高，开始新一轮循环（图 8-18）。此

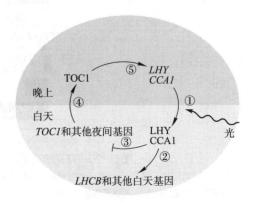

图 8-18　若干基因调节的昼夜节奏现象

外，夜间复合物（evening complex）等其他蛋白在生物钟调控中也很重要，具体调控机理参见第七章。

已知植物对长、短日照的反应与 phyA 及 CRY 调控有关。图 8-19（A、B）显示长日植物拟南芥开花依赖 phyA 和 CRY 诱导的 *CO* mRNA 上调，CO 蛋白和 *FT* mRNA 的上升；而短日植物水稻开花需要 phyA 下游的抽穗期 1（Heading-date1，Hd1）蛋白低积累及 *Hd3a* mRNA 高表达（C、D）。

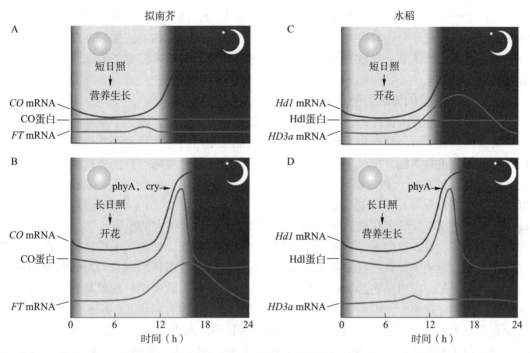

图 8-19　光敏色素介导的长日植物拟南芥和短日植物水稻开花相关基因的表达（引自 Taiz et al., 2015）

八、春化与光周期理论在生产上的应用

自然界的光周期决定了植物的地理分布与季节分布，植物对光周期反应的类型是对该地区自然光周期长期适应的结果。低纬度地区不具备长日条件，一般只分布短日植物；高纬度地区的生长季节日照较长，多分布长日植物；中纬度地区既有短日照又有长日照，因此，短、长日植物都有分布。在同一纬度地区，长日植物多在日照较长的春末和夏季开花，而短日植物则多在日照较短的秋季开花。

绝大多数要求低温春化的植物属于长日照植物，如冬小麦、冬大麦、菠菜、甜菜、康乃馨等，这些植物在低温下完成春化后还必须在长日照下才能开花。但有些植物例外，如菊花是低温短日照植物，在低温下完成春化后，必须在短日照下才能开花。而蚕豆、甜豌豆则属于低温日中性植物，在低温下完成春化以后，在长日照或短日照条件下均可开花。由此可以见，在进行引种育种，控制开花时要充分注意温度和光周期的配合。

（一）种子春化处理

使萌动种子通过低温处理促进开花，称为种子春化处理。经过春化处理的植物，花诱导加速，提早开花、成熟，这在育种快繁中是一项常见实用技术。如我国劳动人民利用罐埋法（把萌发的冬小麦闷在罐中，放在 $0 \sim 5℃$ 低温处 $40 \sim 50$ d）、七九小麦（即在冬至那天起将种子浸在井水中，次晨取出阴干，每 9 d 处理 1 次，共 7 次）等方法，顺利解决冬小麦的春播问题。另外，在特殊情况如春季突遇自然灾害或其他原因使作物受毁，作为生产补救办法，对于萌动种子能通过春化的作物，可将其种子进行春化处理后播种，即使是春季播种也能抽穗结实。目前冰箱、冷库等均可作为春化处理的场所。

（二）适时播种

由于植物对低温和光周期长短要求的不同，不同的植物必须选择合适的播种时间。需要低温春化的作物应在能满足春化的时期播种，如麦子、油菜等常在秋冬季节播种。长日植物需要播种在花芽分化时有大于其临界日长的季节，短日植物需要播种在花芽分化时有短于其临界日长的季节。光敏核不育水稻则可通过控制播种期来控制雄蕊败育，从而进行杂交制种。

（三）不同纬度的异地引种

一个地区的外界条件，不一定能满足某一植物开花的要求，因此，在从一地区引种某一植物到另一地区时，首先要了解引入地区是否能满足所引作物品种开花所要求的温度和光周期条件，否则不能开花，对于收获籽粒的作物会导致严重减产甚至颗粒无收。这在历史上有过严重的教训，如曾把河南的小麦种子在广东种植，由于广东气温较高，日照较短，结果小麦只长叶片不抽穗，造成颗粒无收。还有吉林的水稻（春森五号）引往湖南，日照缩短加速发育，导致在秧田中抽穗，这些都给生产造成很大的损失。

在北半球，夏天越向南，日照越短；越向北，日照越长。即使同一种植物，由于地理上分布不同，形成了对日照长短需要不同的品种。北半球的引种原则是：短日植物南种北引，生育期延长，应引早熟品种；北种南引，生育期缩短，就引中、晚熟品种。长日植物南种北引，生育期缩短，可引中、晚熟品种；北种南引，生育期延长，应引早熟品种。如大豆是短日植物，我国南方品种一般需要较短的日照，而北方品种一般则需要稍长的日照。南方的大豆在北京种植时，开花期要比南方地区迟。北方的大豆品种，在南方种植时，开花时间提前。南方大豆在北京种植时，从播种到开花时间长，花期太晚，不能结实，甚至开不了花。因此，对日照要求严格的作物品种进行引种时，一定要对其光周期要求与引进地区的具体日照情况进行分析，并鉴定试验。

对于纯粹以营养体为收获对象的作物，可以南种北引，或北种南引，这样由于光周期得不到满足，花发育延迟，有利营养体的生长，增加产量。如一些麻类（如黄麻等）是短日植物。在我国北方较偏南地区，麻类作物生长旺盛季节的日照较长，因此，南麻北种，可以增加植株高度，提高纤维产量。

（四）调节开花期

主要通过人工控制光周期来促进或延迟植物开花。在杂交育种上调节花期，使父、母本花期相遇便于杂交授粉，提高制种产量。在花卉园艺生产控制开花时期，如菊花为短日植物，原在秋季开花，现经人工处理（遮光成短日照）在六七月间就可开出鲜艳的花朵；暗期中断（晚间闪光）或延长光照则可使花期延后。园艺工作者利用这个原理，可使一株菊花准时在春节开两三千朵花。现在已可以通过控制条件，使菊花在一年中的任何时间开花，以满足人们观赏的需要。

第四节　花器官的形成和控制

花器官是由成年期植株的茎端分生组织分化而来的，花的发育也可分为三个阶段。成花诱导（或成花决定）、花原基形成和花器官的形成及其发育。在成花诱导阶段，成年期的植株感受到外界环境信号（如光周期、春化等）及自身产生的开花信号，向生殖生长转变。在形成花原基阶段，茎端分生组织转变为花分生组织，是由诱导状态向花分生组织的转变。在花器官的形成及其发育阶段，花分生组织中的细胞进一步分化成花萼、花瓣、雄蕊、雌蕊等不同的花器官，以及花器官的进一步生长。

一、成花诱导的多因子途径

成花诱导是一个包含多种交互作用因子的复杂的过程，目前已知，在长日植物拟南芥中至少存在四条控制成花的途径，即光周期途径、自主/春化双重途径、糖类/蔗糖途径和 GA 途径（图 8-20）。

（一）光周期途径

光周期途径发生在叶片中，包括光敏色素（phyA 和 phyB 有相反的成花效应）和 CRY 等光受体及生物钟均参与调节这条途径。就长日植物而言，长日条件下 phyA 和 CYR 促进时钟基因表达，后者促进 *CO* 基因表达上升，*CO* 再促进 *FT* 基因表达，形成 FT 蛋白。就短日植物而言，长日条件下 phyA 同样促进时钟基因表达，后者促进 *Hd1* 基因表达并形成 Hd1 蛋白，抑制 Hd3a 蛋白的形成；但在短日条件下 Hd1 蛋白不能产生，促进了 Hd3a 蛋白的形成（见图 8-19）。已知 FT 蛋白和 Hd3a 蛋白可由韧皮部运输到顶端成花部位（图 8-20），FT 或 Hd3a 可以与顶端的 FD 蛋白相互作用，促进 *AP1*、*SOC1*、*LFY* 等下游基因的表达，进一步促进花分生组织同源基因表达，进行花诱导。

（二）自主/春化双重途径

自主/春化双重途径是指植物要达到一定的年龄（长成一定数量的叶片）或低温诱导以后才能成花的途径。在拟南芥的自主途径中，已知是通过抑制开花抑制基因 *FLC* 的表达来促进成花，*FLC* 是通过抑制 *SOC1* 表达来抑制开花的；春化作用同样是抑制 *FLC* 的表达，恢复 *FT* 和 *SOC1* 表达而促进成花的（图 8-20B）。

（三）糖类/蔗糖途径

人们早就认识到高 C/N 比能促进植物开花，拟南芥也不例外，可能是因为糖类/蔗糖促进拟南芥中 *SOC1* 表达而促进成花的（图 8-20B）。此外，年龄调控开花可能是由于蔗糖和葡萄糖调控了 miR156 在不同发育阶段的表达水平所致。

（四）赤霉素途径

GA 被受体接受之后，通过自身的信号转导途径来促进 *SOC1* 基因表达，促进植株早成花和在非诱导短日下成花。

以上这四条途径都是为了增加花分生组织关键基因 *SOC1/AGL20*（*AGAMOUSLIKE20*）的表达。*SOC1/AGL20* 是 MADS box 家族一员，它能够把来自这四条途径的信号整合成单一的输出信息。很明显，当这四条途径都被激活时，输出的信号是最强的。*SOC1/AGL20* 调节下游花分生组织决定基因 *LFY* 的表达，而后者的下游基因就是后面要提到的决定

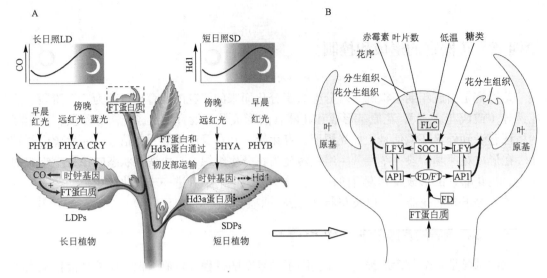

图 8-20　植物成花的多因子诱导途径示意
B 图为 A 图方框部分的放大，→促进作用，⊣抑制作用

花器官形成的 ABC 基因。最近的研究指出，拟南芥中还存在其他的成花诱导途径，包括由 miR156–*SPL*s 参与的小 RNA 与靶基因互作、*PIF4* 等基因参与的环境温度调控途径（Kumar et al.，2012）。但这些成花诱导途径最终都主要通过 *LFY*、*SOC1/AGL20* 和 *FT* 进行整合，因此把这三个基因称作开花整合子（floral integrator）。开花整合子可以平衡来自不同开花途径的信号，决定拟南芥何时成花，通过控制这些整合子的表达强度来调节下游花分生组织基因和花器官基因的表达（Putterill and Varkonyi-Gasic，2016）。

二、花芽分化过程中茎端生长点的形态及生理生化变化

花芽分化（floral bud differentiation）是指茎端分生组织由叶原基转变成花原基的过程。在这个转变过程中，茎生长点在形态和生理上发生显著的变化。

（一）形态变化

不管是单子叶植物还是双子叶植物，在经过光周期、低温等诱导后，都会发生生长锥伸长和表面积增大。如单子叶植物小麦经光周期诱导时，生长锥开始伸长，生长锥表面一层或数层细胞分裂加速，分裂细胞体积小，细胞质浓稠；而生长锥中部细胞分裂较慢并逐渐停止，其细胞较大，细胞质较稀薄，其中出现液泡。形态变化的结果使原来发生叶原基的部位出现了花序（花）原基（小穗原基），在小穗原基上进一步分化出了小花原基（图 8-21）。双子叶植物苍耳花序的分化则不同，首先是生长锥膨大，然后自生长锥基部周围形成球状突起并逐渐向上部推移（图 8-22）。由于表层和中部细胞分裂速率不同，而使生长锥表面出现皱褶，由原来分化叶原基的生长点形成花原基。

（二）生理生化变化

花芽分化开始后，生长锥细胞代谢水平提高，有机物发生剧烈转化。如葡萄糖、果糖和蔗糖等可溶性糖含量增加；氨基酸和蛋白质含量增加；核酸合成速率加快。试验表明，若用 RNA 合成抑制剂 5- 氟尿嘧啶或蛋白质合成抑制剂亚胺环己酮处理芽，均能抑制营养生长锥分化成为生殖生长锥，说明生长锥的分化伴随着核酸和蛋白质的代谢。

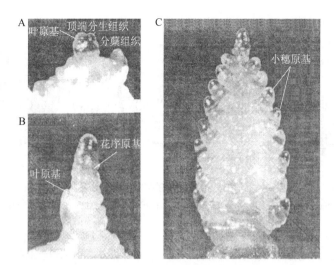

图 8-21 小麦幼穗分化的形态照片

A. 分化前；B. 分化早期；C. 分化后期

利用遗传学和分子生物学研究手段，从模式植物拟南芥、金鱼草及其他植物中已经克隆到许多与花芽分化有关的基因，如 *CO*、*FLC*、*GI*、*EMF*（embryonic flower，胚状花）、*TFL*（terminal flower，顶花）等决定开花时间的花时基因；*CAL*（cauliflower，花椰菜）、*SUP*（superman，强雄蕊）、*UFO*（unusual floral organs，不正常花器）等决定花原基的起始位置、形状等的定域基因；*AGL20*、*LFY*、*AP1*、*AP2*、*FLO*（floricala，）等花分生组织特征基因，它们的表达对于花原基的形成是必需的。

三、花器官发生的遗传机制

（一）花器官发生相关基因

以拟南芥为例，花分生组织产生四种不同类型的花器官，它们是萼片、花瓣、雄蕊和心皮，这些器官围绕分生组织侧面

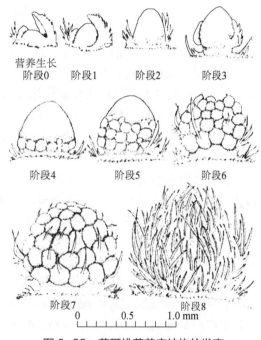

图 8-22 苍耳雄蕊花序结构的发育

集中成环，称为轮（whorl）。如图 8-23，野生型拟南芥的花器官从外到内排列如下：第一轮由四个萼片组成，成熟期是绿色的；第二轮由四个花瓣组成，成熟期是白色的；第三轮包含六个雄蕊，其中两个较短；第四轮是一个复合的雌蕊，包含两个融合心皮，每个心皮包含很多胚囊和一个花柱。

植物花发育中存在同源异型现象，即存在花的某一类器官被另一类器官所取代的突变，如花瓣被雄蕊替代，花萼被雌蕊替代等，这种遗传变异现象被称为花发育的同源异型突变（homeotic mutation）。控制同源异型现象的基因就叫同源异型基因（homeotic gene）。

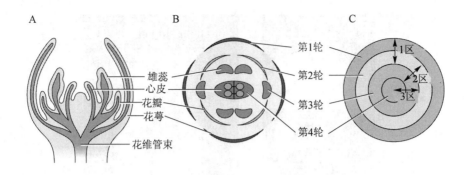

图 8-23 拟南芥花的四轮结构示意图

A. 发育的花纵切全图；B. 发育的花横切显示花轮；C. 三类基因（ABC）分别控制区域

这些基因分别控制着花分生组织特异性和花器官特异性的建立，分别称之为花分生组织特征基因和花器官特征基因。

在拟南芥中已经克隆到 5 类花器官特征基因，*AP1*、*AP2*、*AP3*、*PI*（pistillata，雌蕊）和 *AG*。这 5 种基因可归纳为 A、B、C 三类，*AP1*、*AP2* 属 A 类基因，*AP3*、*PI* 属 B 类基因，*AG* 属 C 类基因。每类基因分别控制相邻的两轮花器官的发生。A 类基因 *AP1* 和 *AP2*，控制第一和第二轮花器官，A 类基因的缺失会导致心皮取代第一轮的萼片，雄蕊取代第二轮的花瓣；B 类基因 *AP3* 和 *PI*，控制第二和第三轮花器官，B 类基因的缺失会导致萼片取代第二轮的花瓣，心皮取代第三轮的雄蕊；C 类基因 *AG*，控制第三和第四轮花器官，C 类基因的缺失会导致花瓣取代第三轮的雄蕊，萼片取代第四轮的心皮。除 *AP2* 外，所有 A、B 和 C 类基因都高度保守，拥有一个由 180 个碱基对编码的结构域，这些基因被称为 MADS-box 基因。

（二）花器官发育模型

在上述研究的基础上，Coen 和 Meyerowitz（1991）提出了著名的解释同源异型基因控制花形态发生的"ABC 模型"（图 8-23）。这个模型的要点是，正常花的四轮结构（萼片、花瓣、雄蕊和心皮）的形成是分别由 A、B、C 三类基因的共同作用而完成的，每一轮花器官特征的决定分别依赖 A、B、C 三类基因中的一类或两类基因的正常表达。A 类基因单独控制萼片的形成，A 与 B 类基因共同控制花瓣的形成，B 与 C 类基因共同控制雄蕊的形成，C 类基因单独控制心皮的形成。如果其中任何一类或更多类的基因发生突变而丧失功能，则花的形态发生将出现异常（图 8-24）。该模型还提出，A 与 C 类基因相互拮抗，A 类蛋白抑制 B 类基因的表达，反过来 B 类蛋白抑制 A 类基因表达，即 A 类与 C 类基因除了它们本身决定器官特异性之外，还具有定域的功能。用这个模型可以解释和预见野生型植株花器官的形成模式以及大部分突变体的表型。

自"ABC 模型"提出以来，研究者陆续从多种植物中克隆并鉴定出大量的决定花器官特征的基因，而 D 功能基因和 E 功能基因的发现，又进一步将"ABC 模型"进行了拓展和完善。在研究矮牵牛胚珠发育调控时，发现 *FBP11* 基因与胚珠的形成有关，是胚珠发育的主控基因，被命名为 D 功能基因。在拟南芥、金鱼草和水稻中也存在此类控制胚珠形成的基因，如棒状种子（seedstick，*STK*）和防裂 1（shatterproof，*SHP1*）及防裂 2（*SHP2*），这样"ABC 模型"被扩展为"ABCD 模型"。*AGL2*、*AGL4*、*AGL9* 也是拟南芥中较早发现的一类 MADS-box 基因，对于花瓣、雄蕊和心皮的形成不可或缺，被重新命名为

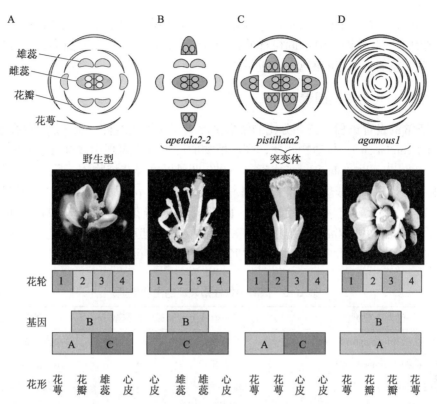

图 8-24 拟南芥花器官特征基因的突变改变了花的结构

A. 野生型，A、B 和 C 三类基因正常表达，形成正常的花萼、花瓣、雄蕊和心皮 4 轮花；B. *ap2* 突变体缺失花萼和花瓣，是 A 基因功能缺失导致在整个花分生组织中表达 C 基因功能；C. *pi* 突变体缺失花萼和雄蕊，是 B 基因功能缺失导致 A 和 C 基因功能表达；D. *ag* 突变体缺失雄蕊和心皮，是 C 基因功能缺失导致在整个花分生组织中表达 A 基因功能

花萼 1、2 和 3（sepellata 1、2、3，*SEP1*、*SEP2*、*SEP3*），后称 E 类基因，并进而提出了"ABCDE 模型"（图 8-25）。其中 D 功能基因决定胚珠的发育，因而 D 突变体缺乏胚珠；E 功能基因决定花器官发育，E 突变体全部花器官发育成为类似叶片的结构。

　　就拟南芥而言，A+E 功能基因控制萼片的发育，A+B+E 功能基因控制花瓣的发育，B+C+E 功能基因控制雄蕊的发育，C+E 功能基因控制雌蕊的发育；D+E 功能基因控制胚珠的发育；A、B、C 类基因以及 D 类和 E 类基因联合表达就可以使叶片转化为完整的花器官。此外，A 类基因也调控花分生组织的形成；*LFY* 基因决定花分生组织的属性。*LFY* 基因突变导致本来该发育成花的次生芽（分枝）发育成叶子，*LFY* 基因过表达使得次生芽

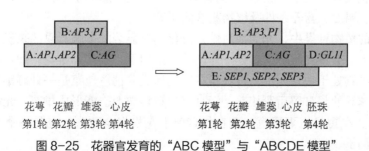

图 8-25 花器官发育的"ABC 模型"与"ABCDE 模型"

（分枝）发育成花序，而主枝顶部以花或花簇的形式存在。目前已经在多种植物中发现了ABCDE 基因的同源基因，但不同植物的花器官形态各不相同，随着更多花器官特征决定基因的发现，花器官发育的模型也将进一步完善。

四、性别分化与影响因素

按照正常的发育进程，花芽分化的结果是形成不同的花器官。这一过程伴随着性别分化（sex differentiation）。与动物相比，高等植物的性别分化表现出多样性，有雌雄同株同花植物（hermaphroditic plant），如水稻、小麦；雌雄同株异花植物（monoecious plant），如黄瓜、玉米；只开雌花或雄花的雌雄异株植物（dioecious plant），如银杏、菠菜等。此外，经过人工选择，还得到了一些特别品系，如只开雌花或雄花的同株异花植物，在一棵植株上单性花、两性花共同存在的植物类型等（表 8-6）。一般认为，单性花的形成是由于在性别决定过程中某一种类型的雄花或雌花原基败育或发育受阻而造成的。

表 8-6　高等植物性别表现的主要类型

性别表现类型	同一植株上可能形成的花型	代表植物
雌雄同株同花型（hermaphroditism）	两性花	小麦、番茄
雌雄同株异花型（monoecism）	雄花和雌花	玉米、黄瓜
雌雄异株型（dioecism）	雄花或雌花	菠菜、大麻
雌花两性花同株型（gynomonoecism）	雌花和两性花	金盏菊、绘绿藜
雌花两性花异株型（gynodioecism）	雌花或两性花	小蓟
雄花两性花同株型（andromonoecism）	雄花和两性花	槭树、元宝枫
雄花两性花异株型（androdioecism）	雄花或两性花	柿树
三性花同株型（trimonoecism）	雌花和雄花和两性花	番木瓜
三性花异株型（trioecism）	雌花或雄花或两性花	番木瓜

从代谢上看，雌雄异株的两个个体之间存在较大的差异。一般来说雄株的呼吸速率高于雌株，氧化能力（如过氧化氢酶活性）比雌株强，许多植物雌株的 RNA 含量，以及叶绿素、胡萝卜素和糖类含量都高于雄株，雌雄个体内源激素含量也有明显差异。

影响植物性别分化的内部因素主要是遗传（基因型）和年龄。研究表明，性别分化初期两性器官原基都是存在的，正常发育后成为两性花。有些植物，或在特定条件下（如植物激素等诱导作用），性别决定基因发生去阻遏作用，使特异基因选择性地表达，造成其中一种原基停止发育或发生凋亡，于是就出现性别分化。影响植物性别分化的外界条件主要包括光周期、温度、营养条件及植物激素使用等。

在相当多的植物种类中，光周期对性别分化具有显著的影响。总的来说，植物若处于适宜的光周期下，会多开雌花，若处于非诱导光周期下，则多开雄花。如短日植物玉米在光周期诱导后继续处于短日照下，可在雄花序上形成雌穗。菠菜是一种雌雄异株的长日植物，但如果在诱导的长日照后紧接着是短日照，在雌株上也能形成雄花。光敏感核不育水稻'农垦 58S'，在短日照下可育，而在长日照下花粉完全败育，也是一个光周期影响性别分化的典型例子。

较低的夜温与较大的昼夜温差对许多植物的雌花发育有利。如夜间较低温度有利于菠菜、葫芦等植物的雌花发育，但黄瓜在夜温低时雌花减少。番木瓜在低温下雌花占优势，在中温下雌雄同花的比例增加，而在高温下则以雄花为主。

在一些雌雄异株植物中，当碳氮比值低时，将提高雌花分化的百分数。一般说来，氮肥多、水分充足的土壤促进雌花的分化，氮肥少，土壤干燥则促进雄花分化。

植物激素对花的性别分化也有影响。IAA 可以促进黄瓜雌花的分化，GA 则促进其雄花的分化。CTK 有利雌花的分化，增加雌花数量。乙烯和 IAA 一样，能促进黄瓜雌花的分化。在农业生产中，烟熏可以增加雌花数量，原因可能是烟中含有乙烯和一氧化碳。一氧化碳的作用是抑制 IAA 氧化酶的活性，保持较高 IAA 水平而促进雌花分化。

五、花器官形成所需的条件

成花诱导是花发育的前提，但花发育还需要适宜的外界条件。水稻的颖花退化、玉米的空秆、果树的大小年现象都说明了内部和外部条件配合对花发育的重要性。

（一）营养条件

在植物营养生长和生殖生长之间存在养分的竞争，在同一花序的小花之间也存在养分的争夺。例如水稻同一穗上，上部的颖花分化早，生长势强，称为强势花；下部的颖花分化迟，生长势弱，称为弱势花。水稻颖花分化时，需要大量养分，由于养分供应和体内养分分配的限制，强势花优先得到养分，正常分化，而弱势花则因养分缺乏而退化。弱势花即使分花完成，长成正常的花，也常因灌浆不足造成空瘪。花器官形成需要大量的糖类、蛋白质、核酸，涉及多种物质的代谢。也有报道，精氨酸、精胺等对花芽分化有利。

营养充分时，体内激素平衡对成花起主导作用，CTK、ABA 较高，IAA 较低促进花芽分化，而 GA 比较复杂，对花芽分化既有促进作用又有抑制作用。但在营养缺乏时，花芽分化则主要受营养状况所左右。

（二）栽培条件

水分对花的形成过程是十分必要的，雌雄蕊分化期和花粉母细胞及胚囊母细胞减数分裂期，对水分特别敏感。如果土壤水分不足，会使幼穗形成延迟，并引起颖花退化。而夏季的适度干旱，可以提高果树的碳氮比值，有利于花芽分化。肥料对花的形成影响较大。在氮肥不足的情况下，花分化缓慢而花少；在氮肥过多时，枝叶贪青徒长，花发育不良或延迟开花；在氮肥适中的情况下，再配合施用 PK 肥，可使花芽发育加快，并增加花数。如能适当追施微量元素（Mo、Mn 等），则效果更好。合理密植有利花器官形成。栽培密度过大，光照不足，形成的糖分少，分配到花器官的就少，颖花发育受影响，如玉米密度过大，空秆率高。

（三）气象条件

光对花器官的形成影响很大。在植物完成光周期诱导的基础上，花开始分化后，自然光照时间长，光强度大，形成的有机物越多，对花形成越有利。如在花器官形成时期阴雨天多，花芽分化受阻。在农业生产中，对果树的整形修剪，棉花的整枝打杈，可以避免枝叶的相互遮阴，有利于花芽分化。在一定的温度范围内，随温度升高，植物花芽分化加快。温度主要影响光合作用、呼吸作用、物质代谢和运输等过程，从而间接影响花芽分化。以水稻为例，在高温下稻穗分化过程明显缩短，在低温下则延缓甚至中途停止。在减数分裂时期，如遇到低温（17~20℃以下），则花粉母细胞损坏，进行异常的分裂，四分体分离不完全，花粉粒损坏等。与此同时，绒毡层细胞肿胀肥大，不能把养料输送给花粉粒，花粉粒发育不正常。华南各省晚稻遇寒露风之所以减产，主要是因为减数分裂时期受到低温的危害，影响花器官的形成。

第五节　受精生理

高等植物开花之后，雌雄蕊发育成熟，花粉经风媒、虫媒等途径落在雌蕊的柱头上萌发，花粉管进入胚囊，其中的精子与卵细胞、极核融合，完成受精作用（fertilization）。受精是植物有性繁殖的中心环节。以种子或果实为收获对象的作物（植物）有性繁殖的每个环节，如花的形成和开花、授粉和受精，胚及胚乳的发育，果实与种子的形成与成熟等均会影响到产量和品质，所以了解繁殖器官发育的生理变化和内外条件，采取适当的措施促进繁殖器官的建成与发育，对于作物的高产优质生产是十分重要的。

一、花粉和柱头的活力

成熟花粉有两层壁，外壁较厚，由纤维素、角质和孢粉素组成，具有很强的吸水性；内壁较薄，由果胶质和胼胝质组成。花粉外壁有来自孢子体绒毡层的糖蛋白（具有种的特异性），授粉时它能与柱头发生识别反应，而花粉内壁蛋白来自配子体本身，主要是与花粉萌发和花粉管生长有关的水解酶类。

花粉含类胡萝卜素、类黄酮等色素，可吸引昆虫传粉。花粉中含有大量的糖类、脂类和氨基酸，多种酶类如淀粉酶、蔗糖酶、果胶酶、蛋白酶等水解酶类用于柱头物质水解，过氧化物酶等氧化还原酶类用于氧化、还原平衡，花粉中还含有 IAA 等多种内源激素，这些均为花粉萌发和花粉管生长提供保证。

花粉的活力因植物不同而有很大的差异。花粉的寿命与外界条件有关，高温高湿、干旱、高光强等会降低花粉的生活力。因此，低温、低氧、适当干燥（但禾谷类常需高相对湿度）有利于花粉的贮藏，延长花粉的寿命。

花柱的柱头表面有许多乳突状细胞，分泌脂肪酸、糖、硼酸等物质，具有吸附和识别花粉的作用。柱头的生活力一般能持续几天时间，具体时间长短则因植物的种类而异。如水稻为 6~7 d，但其授粉能力以开花当天最强，以后授粉能力逐步下降。小麦的柱头在麦穗从叶鞘中抽出 2/3 时就有授粉能力，但在麦穗完全抽出后第三天柱头的活力最强。授粉时，花粉与柱头同时处于高度活力状态，则有利于顺利完成授粉、识别和受精过程，这在杂交育种时要特别注意。

二、花粉的萌发和花粉管的伸长

花粉经风、昆虫等媒介传播，落到柱头上后能否萌发，取决于花粉与柱头之间的相互识别（recognition）。这个识别反应决定于花粉外壁蛋白与柱头乳突细胞表面的蛋白质表膜之间的相互作用。如果花粉与柱头之间的识别是亲和的，花粉粒正常萌发；如果是不亲和的，柱头表面产生胼胝质，花粉就不能萌发或花粉管生长受阻。

亲和花粉被柱头吸附以后，首先发生水合作用，在柱头分泌物的刺激下吸水膨胀，开始萌发。通常一粒花粉粒只萌发一个花粉管（花粉内壁通过萌发孔向外突出，伸长而成）。落到柱头上的花粉直至长出花粉管所需的时间因植物种而异，如水稻、小麦几乎在授粉后立即萌发，甜菜 2 h，棉花 1 ~ 4 h，而壳斗科栎属的某些植物甚至需要一年以上。

花粉萌发时，酶活性增强，呼吸速率剧增，蛋白质合成也加快。花粉中酶的种类是很多的。花粉萌发时，酶的活性加强，其中磷酸化酶、淀粉酶、转化酶等活性剧烈增强。这些酶除了在花粉本身起作用外，还分泌到花柱，分解花柱中的物质，供花粉管生长。

花粉萌发有群体效应（population effect）。人工培养花粉时，密集的花粉萌发和花粉管生长比稀疏的好，可能是密集时花粉相互刺激，产生促进生长的物质和竞争作用的缘故。因此，生产上人工辅助授粉有明显的增产效果。

花粉管的生长是顶端生长，生长局限于顶端区。花粉管在生长时，细胞质和内质网、线粒体、高尔基体等细胞器集中于顶端，而花粉管的基部则被胼胝质堵住（图 8-26A）。花粉管沿着花柱内的引导组织（transmitting tissue）伸长生长最后进入胚囊，花粉管顶端破裂，花粉管内的细胞质、营养核、精核（生殖核）一起流入胚囊，两个精核分别与卵细胞和极核相融合，完成双受精作用（Kanaoka, 2015）。花粉管向胚囊的定向生长有小 G 蛋白（ROP）GTPases 信号调控（图 8-26B），ROP GTPases 通过 GDP 交换因子（GEP）和活化因子（GAP）介导 GDP 和 GTP 循环，触发 NADPH 氧化酶（NOX）产生 ROS 和 Ca^{2+} 内流，调节胞泌作用和机动蛋白向顶部集中，指引花粉管向胚珠生长。花粉管进入胚囊的信号则可能来自助细胞，研究发现助细胞能产生一种引诱多肽 LURE，吸引相同种类植物的花粉管从一个程序性死亡的助细胞处进入胚囊，并在该处释放出 2 个精细胞用于受精。

矿质元素 B 对花粉的萌发有显著的促进效应，在培养基中加入 B 能促进花粉萌发。蔗糖能降低培养基的水势，防止花粉过度吸水胀破，同时又可作为营养物质。适合花粉萌发的培养基蔗糖浓度因植物而异，一般在 5% ~ 25% 范围内，常用 10%。

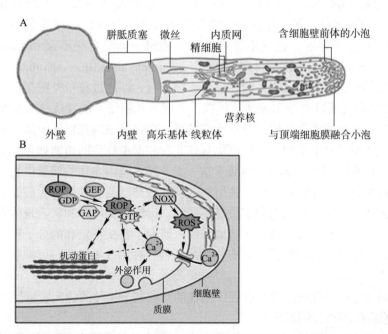

图 8-26 正在伸长的花粉管示意图（A）和花粉管顶端伸长信号（B）（引自 Buchanan et al., 2015）

三、受精后雌蕊代谢的变化

花粉落到柱头上后，从花粉萌发、花粉管生长直至完成受精，整个过程都与雌蕊发生作用。在受精过程中，胚珠和子房发生了剧烈的变化，甚至影响到整个植株的代谢。首先，雌蕊的呼吸速率大大加快。由于花粉向雌蕊分泌各种酶，雌蕊组织中的糖类和蛋白质的代谢作用加强，呼吸加剧。如棉花受精时雌蕊呼吸速率比开花当天高两倍，百合花在受精后呼吸速率出现两次高峰，一次在精核与卵细胞接触时，另一次在胚乳游离核旺盛分裂期。其次，雌蕊组织 IAA 含量剧增。其中一部分是由花粉带来的，另一部分是来自花粉中的酶促进了 IAA 在花柱中大量合成。第三，授粉后雌蕊组织吸收水分和无机盐的能力增强。例如，兰科植物授粉后，柱头吸水量增加 1/3，N 和 P 等矿质元素的吸收量也显著增加。

由于子房中 IAA 的含量增加，刺激了细胞分裂和生长，子房成为竞争力很强的库，整个植物的生长中心转移到种子和果实，导致营养物质向子房运输，子房迅速膨大。在生产上可模拟这一作用，用促进型的植物生长调节剂 2,4-D、NAA 或激素 GA 等处理，使光合产物向未受精的花的子房运输，产生无籽果实。

四、自交不亲和性及其分子基础

（一）自交不亲和性

花粉能否正常萌发、长出花粉管以及最终是否完成受精作用取决于花粉与柱头的相互识别。如果花粉落在同朵花的柱头上，不能萌发或不能完成受精，这种现象叫作自交不亲和（self-incompatibility）。自然界中大约有一半以上的被子植物存在自交不亲和现象，而远缘杂交不亲和性就更加普遍了。

（二）自交不亲和的分子基础

自交不亲和（self-incompatibility，SI）是受一系列复等位 S 基因所控制的，S 基因的表达产物多为糖蛋白，在开花前后的特定时间表达，当花粉和雌蕊中表达相同的 S 等位基因时就表现为不亲和。自交不亲和性可分为孢子体型自交不亲和（sporophytic self-incompatibility，SSI）和配子体型自交不亲和（gametophytic self-incompatibility，GSI）两类。孢子体型自交不亲和的识别反应一般在柱头表面进行，即通过花粉外壁蛋白与柱头表膜蛋白识别。S 基因在柱头乳突细胞表达糖蛋白，表现为花粉管不能穿透柱头乳突细胞的胼胝质层，无法进行充分的水合作用，通常十字花科、菊科等三核花粉和干型柱头的植物属于这一类。配子体型自交不亲和，一般产生双核花粉和湿型柱头的植物如茄科、蔷薇科、百合科植物及三核花粉中的禾本科植物属于这一类，其 S 基因表达的糖蛋白在花柱中，花粉萌发和花粉管伸长进入花柱时，在花柱组织内伸长被抑制或花粉管发生破裂。因此，孢子体型和配子体型自交不亲和发生的部位是不同的。远缘杂交不亲和常表现为花粉管在花柱内生长缓慢，不能及时进入胚囊中所造成。深入研究了自交不亲和的分子机制，证实某些植物的配子体 S 基因表达的糖蛋白具有核酸酶活性，称为 S-RNase，可抑制自体花粉的生长（张一婧等，2007）。

自交不亲和是植物在长期进化过程中形成的，有利于物种的稳定、繁衍和进化。

（三）克服不亲和性的途径

在育种实践中有时要进行远缘杂交或自交，这过程中就需要克服不亲和性。人们在实践中积累了一些克服不亲和性的办法，归纳起来有以下几种：①增加染色体倍性。如人工将自交不亲和的二倍体诱导得到四倍体，常可表现为自交亲和。②辐射诱变。克服孢子体自交不亲和性可人工诱变种子幼苗。克服单因子配子体不亲和性，可在开花季节用低剂量 X 射线照射，能使番茄、烟草花粉基因发生自交亲和突变。小孢子发生期用 X 射线照射月见草也可得到自交亲和突变，高剂量 X 射线（2 000 伦琴）处理矮牵牛花柱可克服 50% 不亲和性。③花粉蒙导法（mentor pollen）。将不亲和而有生活力的花粉与经射线或其他因素杀死的亲和花粉混合在一起进行授粉，由于亲和花粉的存在使柱头不能很好地识别不亲和的花粉，使不亲和花粉在雌蕊上能正常萌发、伸长，达到受精的目的。④蕾期授粉。在不育基因的表现型尚未定型，不亲和因素尚处在比较弱的情况下进行授粉，这一方法在配子体及孢子体自交不亲和系中都有不少成功的例子，如芸薹属、矮牵牛属植物的自交系种子就是通过该方法获得的。⑤激素处理。如用萘乙酸处理延长花朵寿命，使生长慢的不亲和花粉管在落花前到达子房亦可部分克服不亲和性。除上述方法外，还有用切除柱头授粉，子房内授粉，用胚珠、子房进行试管授精，杂交幼胚培养、细胞杂交、原生质体融合等手段得到种间或属间杂交种。

五、影响授粉受精的外界因素

授粉受精是雌雄细胞融合过程，伴随这个过程发生着许多代谢反应，这些反应不仅受花粉和柱头活力和亲和性的控制，还受到外界因素的影响。

（一）温度

温度影响花药能否开裂，也会影响花粉的萌发和花粉管的生长，从而影响受精。适于开花的温度，一般也是花粉萌发和花粉管生长的适宜温度。如水稻开花的最适温度是 25～30℃，最低温度为 15℃，但在 15℃时花药不能开裂，结实率很低；最高温度是 40～50℃，但在此温度下，花药容易干枯，无法受精。花粉萌发和花粉管生长的最适温度，在 20～30℃之间，如小麦花粉萌发的最适温是 20℃，而花粉管的生长则在 30℃下最快。

（二）湿度

空气的相对湿度影响花粉生活力。在相对湿度不低于 30%，温度超过 32℃下，玉米花粉在 1～2 小时内失去生活力，雌蕊花柱干枯。如果相对湿度很大或阴雨天气，花粉容易过度吸水破裂。一般来说，70%～80% 的相对湿度对受精较为适合。

（三）其他

风对风媒花的授粉有较大影响，无风或大风都不利于作物授粉。土壤中肥料不足影响授粉，矿质元素 B 能显著促进花粉萌发和花粉管的生长。花粉萌发和花粉管生长对 pH 也非常敏感。

第六节　种子与果实的发育

一、种子发育时的形态与生理生化变化

种子发育到一定程度便达到成熟，种子成熟包括形态上成熟和生理上成熟。所谓形态

上成熟，是指种子的形状、大小已固定不变，且呈现出品种的固有颜色；生理上成熟是指种胚具有了发芽能力。在种子成熟时一般胚在形态学上发育成熟，但有些植物则不然，即使种子已成熟但胚未发育完全，如人参和一些裸子植物。兰花发育程度更低，成熟兰花种子的胚仍只是一团原胚细胞。

（一）胚胎发生

胚胎发生（embryogenesis）是指受精后到种子成熟的过程。种胚（embryo）是种子最重要的部分，它是在精核与卵细胞结合为合子（zygote）后发育而成的，合子经短期（几个小时，几天到几个月）的休眠后开始第一次分裂。禾本科植物合子休眠期短，休眠期后合子不均等分裂产生两个大小不同的子细胞，上部小的一个叫顶细胞，下部大的一个称基细胞，这样在胚胎发育初期就建立了一个极性的纵向轴。在拟南芥和白芥中，观察到合子中细胞器的不均等分布，核和大部分细胞质在合子细胞的上半部，而大的液泡占据细胞的中部和下部，这种空间分布不均等性来自卵细胞并且可能就是合子不均等分裂的细胞学基础。拟南芥的胚胎发生过程如图8-27所示。合子经首次分裂后形成两细胞胚（A），由顶细胞和基细胞组成。基细胞经几次纵向分裂后成为胚柄，顶细胞先经横向分裂形成二细胞胚（B）。再经纵横分裂形成八细胞胚（C），多次分裂后形成原胚（D，早期球形胚）。再经历心形胚（E、F）、鱼雷胚（G），最后发育成成熟胚（H）。胚柄仅由几个细胞组成，它的作用是使胚固定在胚囊和胚珠组织，并作为一种输导组织将来自母体孢子体的营养导入正在发育的原胚中，但在心形期后胚柄开始衰老，在成熟种子中胚柄不是胚的功能部分。

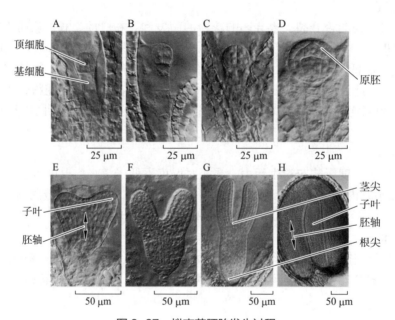

图8-27　拟南芥胚胎发生过程

A 和 B. 两细胞胚；C. 八细胞胚；D. 早期球形胚；E 和 F. 心形胚；G. 鱼雷胚；H. 成熟胚

（二）胚乳的发育

胚乳是种子营养物质的贮藏组织。被子植物种子的胚乳有四种情况，即分别为有内胚乳、有外胚乳、内外胚乳均有及无胚乳（在种子发育过程中胚乳被胚所吸收）。内胚乳是受精极核发育而成，染色体数为 $3n$，是三倍体。外胚乳是由珠心组织发育而来，是二倍体（2n），如藜科、石竹科植物种子有外胚乳。裸子植物的胚乳是雌配子体，单倍体（n）。内胚乳（endosperm）的发育是由受精的极核（初生胚乳核）开始的。受精极核在受精后即行分裂，所以初生胚乳核的分裂，比受精卵分裂早。初生胚乳核按两种方式进行分裂，一种是按游离核分裂方式在细胞化之前先分裂成许多游离核后再细胞化形成胚乳细胞，如小麦、苹果。另外一种是直接分裂形成胚乳细胞，无游离核期。

（三）种子发育过程中的生理生化变化

有机物质积累、呼吸作用和含水量变化及激素改变是种子发育过程中重要的生理生化变化。

1. 种子成熟时主要有机物质的变化。根据种子中主要贮藏物种类的不同，把植物种子分为淀粉类种子、蛋白质类种子和油料种子。它们在种子成熟时的物质变化各有其明显的特点。

淀粉类种子。这类种子成熟过程中物质含量变化如图 8-28，前期大量的光合产物从叶片运往籽粒，可溶性糖（还原糖和非还原糖）含量迅速增加并达到峰值。中后期随着淀粉的快速积累，可溶性糖含量急剧降低。这表明在成熟过程中可溶性糖合成了淀粉，这是因为催化淀粉合成的酶类活性增强。淀粉的积累，以乳熟期和糊熟期最快。此外，可溶性的小分子化合物转化为不溶性的高分子化合物，如形成构成细胞壁的纤维素和半纤维素。淀粉类种子发育过程中，蛋白质含量变化较稳定，这类蛋白大多是贮藏蛋白，如禾谷类种子中的醇溶谷蛋白等。

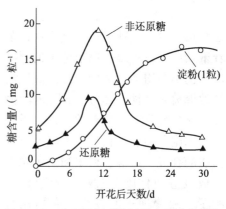

图 8-28 水稻种子成熟过程主要成分变化

蛋白质类种子。大豆种子主要积累蛋白质，首先是叶片或其他营养器官的氮素以氨基酸或酰胺的形式运到荚果，在荚皮中氨基酸或酰胺合成蛋白质，暂时成为贮藏状态；然后，暂存的蛋白质分解，以酰胺态运至种子转变为氨基酸，最后合成蛋白质。种子贮藏蛋白的生物合成开始于种子发育的中后期，至种子干燥成熟阶段终止。种子贮藏蛋白有清蛋白、球蛋白、谷蛋白和醇溶谷蛋白。贮藏蛋白没有明显的生理活性，主要的功能是提供种子萌发时所需的氮和氨基酸。虽然，习惯上把大豆当作蛋白质种子，但大豆种子中（尤其是较高纬度生产的）脂肪的含量相当高，已成为世界的重要油料作物。

油料种子。油菜种子在成熟过程中，初期可溶性糖和淀粉的含量较高，随着成熟两者迅速下降，而粗脂肪快速积累（图 8-29），说明脂肪是由糖类转化而来的。油料种子在成熟初期形成大量的游离脂肪酸，随着种子成熟，游

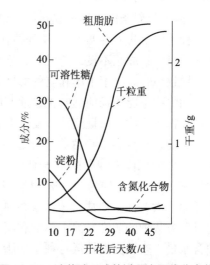

图 8-29 油菜种子成熟过程主要成分变化

离脂肪酸用于合成脂肪，使种子的酸价（acid value）（中和 1 g 油脂所需 KOH 的毫克数）逐渐降低。在种子成熟过程中，因先合成饱和脂肪酸，然后在去饱和酶的作用下转化为不饱和脂肪酸，使种子碘价（iodine value）（指 100 g 油脂所能吸收碘的克数）逐渐升高。因此，在生产上为提高油脂品质，应待种子充分成熟后再收获。

不管哪一类种子在成熟后期，都还有一类与后期脱水时保护作用有关的胚胎发生晚期富集蛋白（late embryogenesis abundant proteins，LEA）的积累，这可能是种子在干燥时仍能维持活力的重要原因。

2. 呼吸速率、内源激素和种子含水量的变化。种子成熟过程中，随着干物质迅速积累，单个种子的呼吸速率也不断增加，到种子接近成熟时又逐渐降低（图 8-30）。不同内源激素的交替变化，调节着种子发育过程中的细胞分裂、生长、扩大以及有机物质的合成、运输、积累和耐脱水性形成及进入休眠等过程。如图 8-31 所示，随着种子的发育，先后出现

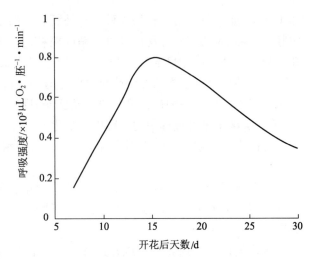

图 8-30 水稻种子发育过程中呼吸速率的变化

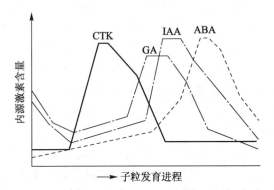

图 8-31 种子发育过程中四种内源激素的变化示意图

CTK、GA、IAA 和 ABA 高峰。此外，种子含水量与干物质积累恰好相反，随着种子的成熟而逐渐降低，有些种子甚至进入休眠阶段。

（四）外界条件对种子成熟和主要化学组成的影响

种子饱满度和主要化学成分的含量受土壤水分含量、空气相对湿度和温度的影响较大。干旱导致灌浆不良，造成籽粒不饱满。我国北方地区的干热风，严重时会引起风旱不实，导致绝收。土壤干旱和空气湿度低，造成供水不足使叶片萎蔫，籽粒中水解酶活性增强，同化物不能顺畅地运向正在灌浆的种子，阻碍贮藏物质的积累。气温低不但影响光合作用和物质运输，而且使种子发育迟缓，从而影响种子的灌浆和饱满度。

温度、水分和植物营养条件还对种子贮藏物质的成分有显著的影响，如有数据显示，北方栽种的比南方栽种的小麦有更高的蛋白质含量（干重 %），如杭州的为 11.7%，济南的为 12.9%，北京的为 16.1%，黑龙江克山的为 19%。这是因为高温下淀粉合成酶类活性较低温下大，而蛋白质合成酶类的活性则相反。大豆含油率北方品种显著高于南方品种，而且北方栽种的亚麻，油中不饱和脂肪酸含量高。显然，北方的低温、昼夜温差大以及土壤含水量、空气温度较低有利于油脂、蛋白质的形成和不饱和脂肪酸的形成。植物营养元素中 K 和 P 能促进糖的运输，有利淀粉、脂肪的形成和累积。N 可提高蛋白质含量，但在

种子灌浆、成熟期过多施用 N 肥会使大量光合产物滞留在植株的茎叶中，引起营养体的返青迟熟并与种子争夺光合产物导致减产。

二、果实发育时的形态与生理生化变化

（一）果实的生长

通常果实是在受精以后，由胚囊、花被或花托发育而来，这种果实是有种子的，又称为有子果实。也有不经受精就结实的果实，称单性结实（parthenocarpy），如香蕉属于天然产生的无子果实。有研究发现，无子果实子房生长素含量较有子果实子房的 IAA 含量高，如一种柑橘有种子的子房 IAA 含量为 $0.58 \ \mu g \cdot kg^{-1}$ 鲜重，而无种子的子房却有 $2.39 \ \mu g \cdot kg^{-1}$ 鲜重。

果实生长曲线主要有两种模式：单 S 形生长曲线（single sigmoid growth curve），如苹果、梨、香蕉、板栗等（图 8-32）；双 S 形生长曲线（double sigmoid growth curve），如桃、杏、葡萄、樱桃等，因为这类果实生长中期有一个缓慢期，此时正好是珠心、珠被停止生长，幼胚急剧生长，果核正在变硬的时期。然后，果皮生长再度加快，形成双 S 形（图 8-33）。

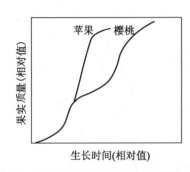

图 8-32　果实生长 S 形和双 S 形曲线示意图

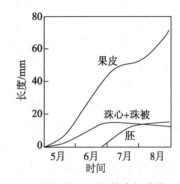

图 8-33　桃果实不同部位生长曲线示意图

（二）果实成熟前后生理生化变化

果实成熟的全过程可分为三个阶段：①成熟前的准备阶段，果实充分成长和积累养分，为成熟准备物质条件，这一阶段比较长，自受精后的果实开始生长直到采收后乙烯高峰出现；②成熟起始阶段，在乙烯作用下启动了与成熟相关的 mRNA 和蛋白质的合成；③果实完熟后可食阶段，此阶段包括呼吸跃变的出现和在酶催化下发一系列的物质转化。呼吸速率、果实颜色、成分和味道等变化是果实成熟过程中较明显的变化。

1. 呼吸速率的变化。如第四章所述，有些果实在进入完熟期之前，果实呼吸速率出现一个跃变期，即当果实达到一定成熟度时，呼吸速率下降，接着增高，出现呼吸峰，最后又下降（见图 4-12，图 4-13）。具有呼吸跃变的果实在出现呼吸高峰以后即进入了完熟期。完熟期的果实是不耐贮藏的。呼吸跃变的出现与果实释放乙烯的量有密切关系，乙烯释出高峰以后随即出现呼吸峰（图 8-34）。据研究，乙烯会增加果皮的透性，提高果实内部的氧浓度，促进水解酶活性使淀粉、脂肪迅速转化成可溶性糖，提高呼吸底物的浓度，促使呼吸出现呼吸高峰，加速果实成熟。乙烯的增加与果实内 ACC 合酶催化 ACC 的提高和 ACC 氧化酶催化 ACC 为乙烯密切相关（图 8-35）。

2. 果实成熟时的物质转化。果实成熟时色素的分解和积累，有机物的转变与果实色

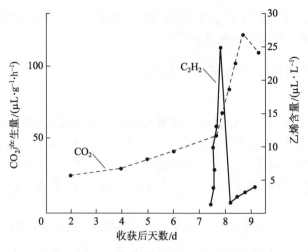

图 8-34　果实成熟时 CO_2 和乙烯的释放

香味等品质形成有密切关系。①色素和果
实颜色的变化。未成熟时，果实表皮细胞
含叶绿素使果实呈绿色。果实成熟时，叶
绿素分解，胡萝卜素、花青素等积累，果
色由绿变黄、红、橙、紫。由于花色苷的
合成受光调节，因此，不少果实在向光面
着色较深。②芳香挥发性物质的合成。它
们主要是酯类和一些特殊的醛类物质，如
香蕉中的乙酸戊酯和乙酸异戊酯，橘子中
的柠檬醛，葡萄中的邻氨基苯甲酸酯，番
茄中主要是乙醇和乙酸丙酯。各种果实均
有多种芳香族挥发性物质，它们赋予果实
特有的香味。③有机酸的氧化分解和转化
使果实酸度降低。果实含多种有机酸，如
苹果、梨、桃、杏果实以含苹果酸为主，
柑橘以柠檬酸为主，葡萄以酒石酸为主。
未成熟果实有机酸含量高，所以果实味酸；

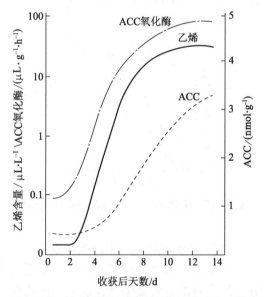

图 8-35　果实成熟时乙烯含量及 ACC 和 ACC
氧化酶活性的变化

果实成熟中有机酸经呼吸氧化而减少，另有一部分转化成糖，所以酸味减少。一般含酸量
在 0.1%～0.5%，口感较好。④单宁物质的降解或凝聚使果实涩味减少。未成熟果实含有
水溶性单宁使果实有涩味，果实中的单宁以果皮中为多，约为果肉的 4～5 倍。果实成熟
中单宁聚合凝固成不溶性物质，这是果实涩味减少的主要原因。⑤淀粉水解成可溶性糖使
果实变甜。未成熟的果实贮积有淀粉，在成熟过程中淀粉水解成可溶性糖。在成熟果实中
主要的糖是葡萄糖、果糖、蔗糖和山梨糖醇，这些可溶性糖的增加使果实甜味增加。⑥原
果胶的分解使果实变软。未成熟果实细胞壁间的中胶层中存在原果胶，它不溶于水，常
和纤维素结合使细胞黏结，所以未熟果实显得生硬。随着果实成熟，原果胶在原果胶酶
（PG）、果胶甲酯酶和果胶酶作用下分解为果胶及其他小分子单糖等，它溶于水可与纤维

素分离，转渗入细胞内，使细胞间结合力松弛且具黏性，使果实变软。另一个变软的原因是果内淀粉的水解。

（三）外界条件对果实发育和品质的影响

果实发育除了受种子发育影响外，还受水分、温度（温差）、光和营养等条件的影响。

1. 水分。水分多寡影响细胞的分裂和膨大，因此影响果实的生长速度。苹果在水分不足的情况下，果实生长慢、果小；甜橙当叶蒸腾强烈，水分供应不足时，向果实（果皮）抽取水分引起果实收缩。水分过多会引起落果：梨果实发育前期缺水，后期水分过多则引起裂果；柑橘果实生长适宜的空气相对湿度在 75% 左右，过大或过小的湿度会造成果皮厚而粗，香味减少，品质下降。在有一定水分胁迫的环境下生产的瓜果比水分充足下生产的甜，多雨季节生产的果实不如干旱季节生产的果实甜。

2. 温度。特别是昼夜温差大有利果实发育和品质的提高。如番茄果实生长在夜温 13℃比在 26℃下的产量增加二倍。而且随着番茄株高的增加，最适夜温也下降（由 13℃降到 10℃）。昼夜温差大，呼吸消耗少有利于果实糖分的积累，如西北地区的瓜果比南方的品质好。降低夜温还有利于坐果，如元帅苹果在 12℃夜温下坐果率最高。

3. 光。光照充足与否直接关系到光合速率和光合产物的多少，所以光的强弱严重影响果实发育和品质。葡萄遮光试验表明，对照穗重 118.67 g，而一张帘子遮光的为 90.08 g，二张帘子遮光的只有 53.01 g。一般成年树冠外枝条坐果率较高，树冠内围枝条坐果率低。此外，光照不足的果实含糖量和着色率都低。

4. 矿质营养。增施 P 肥能增加果实和种子数。缺 K 甜橙果皮平滑变薄，含酸量高，K 肥过多会使果皮变厚，粗糙，品质低劣。苹果缺 K 容易发生裂果，着色不良，果实畸形，产量下降；缺 Mg 时果实不能正常成熟，容易早期脱落；缺 Ca 时果实容易开裂等。

第七节　种子的休眠

严格地说，种子植物的个体发育始于受精卵（合子）的第一次分裂。但是，由于种子是特有的延存器官，所以人们习惯上把种子萌发作为个体发育的起点，播种也正好是作物栽培的第一个环节。

一、种子的休眠与破除

（一）种子休眠的概念

由于外界环境不适宜，收获后的种子的生长往往处于暂时停顿状态，又称静止状态（quiescence）。但这些种子只要给予适宜的（非特异性）萌发条件，如足够的水分和适宜的温度，就可以迅速萌发生长。由于没有合适的环境条件，使种子处于静止状态称为强迫休眠（epistotic dormancy）。但成熟的种子即使给予适宜的外界环境条件仍不能萌发的现象称种子休眠（seed dormancy）。这种休眠往往起因于内部的生理抑制或种皮的障碍，故又称为生理休眠（physiological dormancy）。通常情况下，休眠主要是指生理休眠。

种子休眠与植物长期生活的条件密切相关。例如，在高温、高湿的热带地区，绝大多数植物种子几乎不存在休眠现象；而在干湿冷热交错的地区，绝大多数植物都存在或长或短的种子休眠期。种子休眠对植物本身来说是一种自身保护的生物学特性，是植物经过长期演化而获得的一种对环境条件及季节性变化的生物学适应性。这种能力对于植物本身的生存、种族的繁衍都是至关重要的。例如温带地区的野生一年生植物于秋季形成种子后，用延迟至翌年春天萌发的方式避免严寒的伤害。在生产上，种子的休眠对于贮藏和保存种质资源是有利的。但不少果树、林木、药材和某些农作物的种子，在采收后往往需经过一段休眠期才能萌发，给生产带来一定的困难；此外，田间杂草种子具有复杂的休眠特性，萌发参差不齐，由于陆续出土难以防治而给庄稼带来很大危害。所以，研究种子休眠问题不但具有理论意义而且具有重要的实际意义。

（二）种子休眠的类型和原因

1. 种子休眠的类型。根据休眠原因不同，将休眠分成两大类，一类是被覆物对胚作用而产生的休眠，称种（果皮）休眠；另一类是由于胚本身的特性引起的休眠称胚休眠。胚休眠又因为对温度、光等反应及胚未成熟、发芽抑制剂存在等不同，分成不同的类型。根据出现期不同，人们将休眠分为三种类型：一是初生休眠，即先天性的。当种子仍在母株上或脱离母株时，胚的生长停止，进入休眠状态称为初生休眠。二是次生休眠，是指诱导产生的。即在初生休眠解除后，由于缺少了某种条件，便使种子不再能萌发。如需光性种子在吸水时缺光或忌光性种子连续光照，均可诱导次生休眠，过高或过低温度均可诱导萌发中的莴苣种子发生次生休眠。三是强迫休眠，是由环境条件不适造成。

2. 种子休眠的原因。种子休眠的原因概括起来有以下几种。

（1）种皮（果皮）的限制。种皮可从三方面来影响种子休眠：①不透水性，例如在豆科、茄科、百合科等多种植物中，种子具有坚硬且不透水的果皮或种皮，农业上通常称这类种子为硬实。我国一类保护的珍贵用材树种格木（*Erythrophloeum fordii*）其种子的种皮非常坚硬，且覆盖有厚的胶层，将它浸泡一年零五个月后仍未见吸胀，当除去种皮或使种皮破裂后，即可迅速吸水和萌发。②不透气性。如深山含笑、椴树及苍耳种子，苍耳果实含两粒种子，上位种子不透气，限制了氧气的进入，在21℃的纯氧环境中才能萌发；而下位种子对氧的透气性大得多，当6%氧时即可开始萌发。③对胚具有机械阻碍作用，例如狭叶泽泻、反枝苋等植物，其种皮对水虽然有透过性，但因种皮非常坚固，使胚根不能穿破种皮，萌发仍不能进行。

（2）种子未完成后熟。有些种子采收后尚需经过一段继续发育的过程，或者完成形态建成，或者进行一系列生理生化的变化，达到真正的成熟，才能萌发，这就是后熟（after ripening）。可分为两种情况：①种子脱离母株时果实或种子虽看起来成熟，但胚的发育尚未完成，因而处于休眠状态。例如银杏、人参、冬青、当归、欧洲白蜡树等植物的种子或果实，胚的体积很小，分化不完全，结构不完善，必须在后熟期间使种胚继续发育完全后才能达到可萌发的状态。当归种子脱离母体后，一个心形胚仅为种子干重的0.4%，当经过后熟作用后到能萌发时，胚增大到约占种子干重的30%，这说明，后熟期间胚乳的物质能向胚运输转化，促进胚发育完全。②生理上尚未完全成熟，尽管胚在形态上已经发育完全，但种子仍不能萌发，要萌发还必须在胚内部发生某些生理生化变化，例如一些蔷薇科植物（如苹果、桃、梨、杏等）和松柏类植物的种子就是这样。

（3）抑制物质的作用。有些植物的果实或种子存在抑制种子萌发的物质。这些物质主要存在于果肉（如梨、苹果、番茄、甜瓜等）、种皮（如苍耳、甘蓝、大麦、燕麦）、胚乳（如鸢尾、莴苣）、子叶（如菜豆）中，也可能各个部位都有（如红松）。天然的种子萌发抑制物质可分为几大类，大多数是一些简单的低分子量的有机化合物，其中最简单且具挥发性的有 HCN、NH₃ 及乙烯、乙醛等，较复杂的有芥子油、精油等；醛类化合物有柠檬醛、肉桂醛等；酚类化合物有水杨酸、阿魏酸、没食子酸、咖啡酸等；生物碱类如咖啡碱、古柯碱等；不饱和内酯类如香豆素、花楸酸等；ABA 是抑制萌发的内源激素。

（三）种子休眠的破除

根据种子休眠原因的差异，打破种子休眠的方法也各不相同，主要有：

1. 机械破损（scarification）。多种植物种子，特别是豆类种子，常用擦破、切伤种皮以及去除种皮等方法促进萌发。

2. 温度处理。常用的是加热法，某些植物种子（如棉花、黄瓜、小麦等）经日晒和用 35～40℃ 温水处理能促进萌发。刺槐、合欢种子用 100℃ 水浸种 24 h，油松、沙棘种子用 70℃ 水浸种 24 h 可增加种皮透性，促进萌发。

3. 化学处理。如酒精处理可增加莲子种皮的透性。热带豆类的硬实浸入甘油可促进萌发。棉花、刺槐、皂角、合欢、漆树、国槐等种子均可用浓硫酸处理，以增加种皮透水透气性。GA 处理能有效地打破种子休眠，促进银杏、人参等种子萌发。

4. 清水冲洗。西瓜、甜瓜、番茄、辣椒和茄子等种子外壳上含有萌发抑制剂，播前反复冲洗，能够提高种子的发芽率。

5. 层积处理。要使需要后熟的种子能够萌发，温度条件十分重要。后熟对温度的要求一般分为两种：一种是在常温下，种子含水量较低，经干藏后种子才能萌发。例如凤仙花随着干藏天数的增加，萌发加速，发芽率提高。大多数禾谷类种子在 15～20℃ 贮藏1～2.5 个月就能达到最大发芽率。另一种是对许多需后熟的种子来说，低温是更重要的因子，这些种子要求在湿润条件下（如湿砂）预先经过一定时间的低温（1～10℃，其中以2～5℃ 最佳）处理，然后才能萌发。这种处理称之为层积处理（stratification）。层积处理的温度与持续时间因植物种而不同，如某些大麦品种后熟期仅 7 d，而莎草的后熟期则长达 7 a 以上。一般说来，在适宜的低温下，层积处理时间越长，促进萌发效果越好。

此外，利用 X 射线、超声波、高低频电流、电磁场处理种子亦有破除休眠的作用。

二、种子寿命、活力和老化

（一）种子的寿命

种子寿命（seed longevity）是指种子在自然条件下从完全成熟到完全丧失生活力的时间。根据种子寿命的长短将种子分成三个类型：

1. 短命种子。寿命在几小时至几周。例如杨、柳、榆、栎、可可属、椰子属、茶属植物等种子。

2. 中命种子。寿命在几年至几十年。大多数栽培作物均在此范围内。例如，水稻、小麦、大麦、大豆、菜豆的种子寿命为 2 a，玉米为 2～3 a，油菜为 3 a，蚕豆、绿豆、豇豆、紫云英为 5～11 a。

3. 长命种子。寿命在几十年以上。在我国东北地区天然干涸的湖床中发现的印度莲子（*Nelumbo nucifera Gaertn.*）是很老的活种子，用放射性碳测定，认为这些种子的寿命是 1 040 ± 210 a。

种子寿命与贮藏条件密切相关，高温多湿不利种子贮藏，种子寿命会迅速丧失。杨树种子在一般开放条件下贮藏，寿命有 30～40 d，在高温多湿情况下，活力丧失迅速。若将干燥种子保存在低温、密闭、干燥的条件下，一年后种子萌发率仍保持在 80% 左右。只有一些是忌干藏种子，如橡树、柑橘种子，保存的基本条件是防止丢失种子本身的水分，必须保持含水量在一定的范围内，如葡萄柚含水量下降到52%，甜橙下降到25%时，种子就会受到损害。

（二）种子活力和老化

种子活力是指种子的健壮度，包括迅速、整齐萌发的发芽潜力及生产潜力。在一般情况下，种子的活力水平随着种子的发育而上升，至生理成熟期达到高峰。成熟后的种子，因品种特性和贮藏条件不同，以不同的速度发生劣变，其活力水平也就逐渐下降。种子活力的高低，可直接影响农作物生产。

种子的老化（aging）一般是指种子的自然衰老，种子劣变（deterioration）则是指生理机能的恶化，包括化学成分的质变及细胞结构的受损。事实上，有老化即随之有劣变，因此有时两者已成为同义词。但劣变的范围较广，因为劣变不一定由老化而引起。例如突然性的高温或结冰，可能导致蛋白质变性或结冰损坏细胞膜，如此亦会引起种子劣变。

种子劣变通常起始于种子生理成熟期，可是有些种子的老化在生理成熟期前已经开始，因而造成在同批种子中活力程度不同。劣变的发生反映活力下降，亦即发芽力、幼苗生长势及植株生产性能的下降。当种子衰老及活力下降后，往往可以利用不同处理方法，如利用聚乙二醇（PEG）溶液处理种子——引发（priming 或 preconditioning）、施用生理活性物质等改善种子萌发与成苗以及田间生产性能。

✧ 小结

植物的开花是由遗传和环境控制的一系列生理代谢及形态发生过程。植物生长经过幼年期后，才具有感受诱导花芽分化的外界条件的能力。低温和光周期是植物成花诱导的两个主要环境因子。

一些冬性植物和二年生植物，开花需要经历春化作用，植物感受低温的部位是茎尖。春化效果可通过细胞分裂传递，也可能由春化素传递。春化作用在未完成之前，可被高温解除。

光周期对植物成花有极其重要的作用。不同地区的植物长期适应昼夜长度的季节周期性变化，形成了长日植物、短日植物、日中性植物三种基本光周期反应类型。临界日长是指24小时昼夜周期中，诱导短日植物开花的最长日长或诱导长日植物开花的最短日长。但临界夜长对植物开花诱导起决定作用。植物感受光周期的部位是叶片，而开花的部位是茎尖，经嫁接试验证明叶片形成的开花刺激物——成花素，能够传递到茎尖。光敏色素参与了成花反应，特别是参与了光周期中的时间测量。

春化作用、光周期理论在异地引种、控制花期和种子低温春化等实践中有重要的指导意义。

花芽分化时，茎尖生长锥在形态和生理生化上均发生了变化。利用突变体对花芽分化、发育以及性别表现进行的研究结果表明，花器官的位置和性别表现依赖于同源异型基因的差异表达，同时也受多种环境因子的影响。"ABC模型"是解释花器官发育遗传机制的基本模型。

植物传粉受精过程中，花粉与柱头首先识别。这种相互识别主要靠花粉外壁蛋白与柱头乳突的蛋白质表膜的相互作用，亲和者花粉粒萌发，花粉管伸长、受精，不亲和者不发芽，自交不亲和是促进自然界中植物远系繁殖的机制之一。植物受精后，雌蕊发生剧烈的生理生化变化，如呼吸速率提高，生长素含量剧增，营养物质集中向子房运输，最后导致子房膨大，长成果实。

种子的发育包括胚和胚乳（或子叶）的发育，其主要生理生化变化是贮藏物质成分、呼吸、水分和激素含量的变化。根据其贮藏物的成分可把种子分为主要积累淀粉的淀粉类种子，主要积累蛋白质的蛋白质类种子和主要积累脂肪的油料类种子，种子的化学成分还会受外界环境的影响。果实生长曲线有S

形和双 S 形等类型，果实色香味等品质随其成熟时呼吸代谢、物质转化等的变化而变化，也受外界环境的影响。

种子休眠的原因是多种多样的，有种皮限制，种子未完成后熟、抑制物质存在等，在生产上经常需要破除休眠。种子寿命因植物种类不同而异，可分为短命种子、中命种子和长命种子。不同贮藏条件对种子寿命有较大的影响。一般在低温、干燥状态下寿命较长。种子活力的高低，可直接影响农作物的产量、种子贮藏过程中，活力逐渐下降，当种子活力下降后，可用不同处理方法提高种子活力。

🔍 思考题

1. 简述高等植物的成花过程。
2. 哪些植物需要低温诱导才能开花？春化作用是否必须在生长点进行，为什么？
3. 什么叫光周期现象？举例说明光周期反应类型植物有哪些。
4. 如何证明临界夜长比临界日长对植物花诱导更为重要？
5. 在作物异地引种时必须注意哪些问题？
6. 论述植物开花的多信号途径。
7. 简述高等植物花器官发育的"ABC 模型"及扩展。
8. 植物传粉受精过程受哪些因素影响？
9. 植物受精以后雌蕊在生理上会发生哪些重要变化？IAA 含量剧增的原因又是什么？
10. 什么叫自交不亲和现象，其分子机制是什么？
11. 自交不亲和现象有什么生物学意义？如何克服不亲和性？
12. 根据种子贮藏物质的成分，可把种子分为哪几类，各类种子成熟过程的物质变化有何特点？
13. 论述果实成熟时的生理生化变化与品质形成的关系。
14. 影响果实品质的因素有哪些？
15. 论述种子休眠的原因及其解除休眠的措施。

🌐 主要参考文献

张一婧，薛勇彪. 基于 S- 核酸酶的自交不亲和性的分子机制 [J]. 植物学报，2007，24：372-388.

Chailakhyan M K H. Concerning the hormonal nature of plant development processes [J]. Dokl Akad Nauk SSSR，1937，16：227-230.

He J，Xu M，Willmann M R，et al. Threshold-dependent repression of *SPL* gene expression by miR156/miR157 controls vegetative phase change in *Arabidopsis thaliana* [J]. PLoS Genet，2018，14：e1007337.

Kanaoka M M，Higashiyama T. Peptide signaling in pollen tube guidance [J]. Curr Opin Plant Biol，2015，28：127-136.

Kim D H，Sung S. Coordination of the vernalization response through a *VIN3* and *FLC* gene family regulatory network in Arabidopsis [J]. Plant Cell，2013，25：454-469.

Kumar S V，Lucyshyn D，Jaeger K E，et al. Transcription factor PIF4 controls the thermosensory activation of flowering [J]. Nature，2012，484：242-245.

Lang A. The effect of gibberellins upon flower formation [J]. PNAS，1957，43：709-717.

Putterill J，Varkonyi-Gasic E. FT and florigen long-distance flowering control in plants [J]. Curr Opin Plant Biol，2016，33：77-82.

Taiz L，Zeiger E，Moller IM，et al. Plant Physiology and Development [M]. 6th ed. Sunderland：Sinauer

Associates Inc Publishers，2015.

Xiao J，Xu S，Li C，et al. O–GlcNAc–mediated interaction between *VER2* and *TaGRP2* elicits *TaVRN1* mRNA accumulation during vernalization in winter wheat [J]. Nat Commun，2014，5：4572.

网上更多资源

扩展阅读　　　　教学课件　　　　思考题解析

植物的衰老

衰老（senescence）是指植物的器官或整个植株的生命功能衰退，最终导致自然死亡的一系列恶化过程。一般地说，衰老总是在生物学功能实现后出现的，例如，花在受精后衰老，整株植物在结实后衰老，这表明衰老是植物发育的组成部分。自然界植物的不同寿命提示人们，植物衰老主要受遗传（基因）控制，但也可以受环境因子的胁迫而产生。生产上由于措施不当或逆境影响，往往会引起植物某些器官的早衰和脱落，影响农产品的产量和品质。本章主要论述植物衰老和器官脱落的进程和生理规律，以及影响衰老和脱落的内外因素。

第一节 植物的衰老进程

一、植物衰老的类型与意义

（一）植物衰老的类型

植物衰老的模式是多种多样的，一般把高等植物的衰老分为四种类型（图9-1）。整体衰老（overall senescence），即整个植株衰老，在开花结实后，全株衰老死亡，如一年生或二年生一次结实植物。地上部衰老（top senescence），即植株的地上部分器官随生长季节结束而死亡，由地下器官生长而更新，如多年生及球茎类植物。落叶衰老（deciduous senescence），即发生季节性的夏季或冬季叶片衰老脱落，如多年生落叶木本植物。渐进衰老（progressive senescence），即老的器官和组织逐渐衰老和退化，被新的器官和组织逐渐取代，如多年生常绿木本植物。

（二）植物衰老的意义

衰老不是一种消极的导致死亡的过程，而是植物生长发育的一个重要组成部分。一年生植物成熟衰老时，其营养器官中物质降解，转移至种子，供新生代萌发和幼苗生长需要。块茎和球茎植物，虽地上部年年衰老，但可保留的地下部以备来年新个体形成时再度利用。秋季树木叶片衰老也有类似的情况，叶片衰老脱落前，其内含物质发生水解，并被转送到茎、根或专门的贮藏器官，供春天萌芽和花发育时重新利用。这些对保持植物生长和繁殖能力至关重要，因为芽和花常在叶片长成具有光合作用能力以前形成。果实成熟衰老后容易脱落，有利于借助其他媒介传播种子，便于物种繁衍。

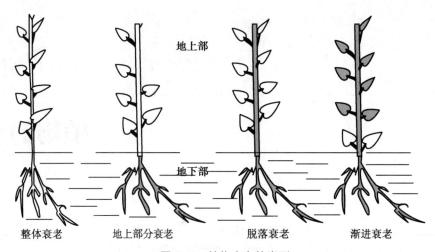

整体衰老　　　　地上部分衰老　　　　脱落衰老　　　　渐进衰老

图 9-1　植物衰老的类型

■ 深色表示未衰老部位

二、程序性细胞死亡

（一）程序性细胞死亡的概念和类型

所谓程序性细胞死亡（programmed cell death，PCD）是指植物体在发育过程中，细胞遵循其自身的程序，执行结束其生命的生理性死亡过程。

PCD 发生可以分为两类：一类是植物体发育过程中必不可少的部分，例如，种子萌发后糊粉层的退化、根尖生长时根冠细胞死亡，导管分化时内容物自溶、通气组织的形成；花粉形成中绒毡层细胞的死亡及胚胎发育过程中胚柄的退化，单性植物中花器官的退化等过程。另一类是植物体对外界环境如缺氧、高盐等的反应，如玉米等因水涝和供氧不足，导致根和茎基部的部分皮层薄壁细胞死亡，形成通气组织，这是对低氧的适应；又如，病原微生物感染诱发局部细胞死亡，以防止病原微生物进一步扩散，这是对病原微生物的防御性反应（图 9-2）。由此可知，PCD 对维持植物的正常生长发育非常重要，没有 PCD 就不会有植物的许多形态和结构的形成。

（二）程序性细胞死亡的特征和过程

PCD 经过一系列的生化变化，细胞呈现出以下列特征：细胞核 DNA 断裂成一定长度的片段、染色质固缩、胞泡形成，最后形成一个个由膜包被的凋亡小体。动物和植物 PCD 后的产物去向不同，动物中都是被其他细胞吞噬利用，而植物中则用于外运和本身细胞的次生壁构建。植物细胞的 PCD 是由核基因和线粒体基因共同控制的，伴随着一些水解酶，如核酸酶、蛋白酶和脂酶基因的表达。研究表明，诱导 PCD 的因子有激素（IAA、乙烯、ABA 等）、低氧、高温、干燥、活性氧等。

PCD 发生过程可划分为 3 个阶段。①启动阶段（initiation stage），涉及启动细胞死亡信号的产生和传递过程，其中包括 DNA 损伤应激信号的产生、死亡信号受体的活化等。②效应子阶段（effector stage）涉及 PCD 的中心环节，半胱氨酸天冬氨酸专性蛋白酶（cysteine aspartic acid specific protease，Caspase），又称细胞凋亡蛋白酶的活化和线粒体通透性改变。该酶是半胱氨酸蛋白酶家族，它直接导致程序性死亡细胞的原生质体解体。③降解清除阶段（degradation stage），涉及 Caspase 对死亡底物的酶解，染色体 DNA 片段

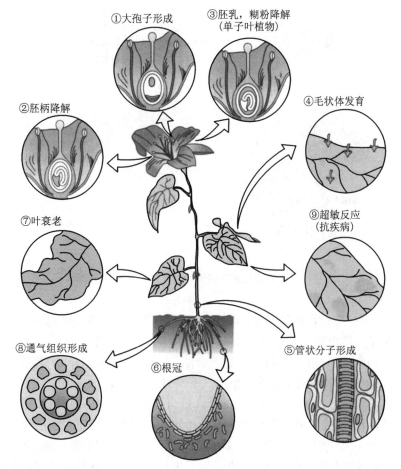

图 9-2 植物细胞和组织中的程序性细胞死亡（引自 Buchanan et al.，2015）

①配子体形成（大孢子形成）；②胚的发育；③种子和果实中某些组织的降解；④~⑥组织和器官形成；
⑦衰老；⑧~⑨对环境信号和病原体的反应。

化，最后被吸收转变为细胞的组成部分。

三、植物衰老的进程

由于种类的不同，环境的差异，植物的衰老进程不尽相同。植物的衰老进程可以在细胞、器官、整体等不同水平上表现出来，而且具有各自的突出特征。

（一）细胞衰老

细胞衰老是植物组织、器官和个体衰老的基础，主要包括细胞膜衰老和细胞器衰老。

1. 细胞膜衰老。在正常情况下，细胞的膜为液晶相，柔软且流动性大。膜脂不饱和脂肪酸（亚油酸、亚麻酸、花生四烯酸）的含量高，膜的完整性好。在衰老过程中，生物膜由液晶相向凝固相转化，形成多种不完整的膜结构（图 9-3）。同时膜变得刚硬，黏滞性增加，导致原生质黏度上升。这种膜结构的破坏，引起细胞渗漏加剧，整个膜的选择性吸收及代谢功能受损。

衰老过程中膜流动性的降低与磷脂含量的降低是同步的，造成后者的原因一方面由于磷脂生物合成减少，另一方面则由于磷脂酶活性的增加导致磷脂水解。膜渗漏是由于膜

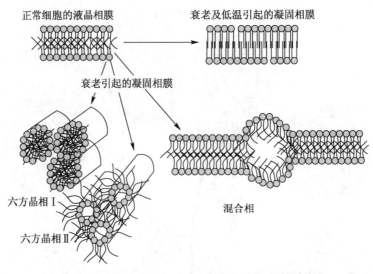

图 9-3　生物膜在衰老过程中发生的结构破坏示意图

的完整性丧失，其主要原因可能是膜脂降解，膜脂过氧化和中性脂的水解，形成游离脂肪酸而造成的毒害。其中膜脂的过氧化对膜造成的伤害最为严重。已经证实，膜脂的过氧化是在磷脂酶（phospholipases，PLs）、脂氧合酶（lipoxygenase，LOX）和活性氧（reactive oxygen species，ROS）的共同作用下发生的。

已发现 PLs 类包括 PLA1、PLA2、PLB、PLC 和 PLD、溶血磷脂酶和脂解酰基水解酶等，PLs 可将磷脂水解为各种磷脂酸和氨基醇（胆胺、胆碱、丝氨酸、乙醇胺等）。在 PLs 的作用下，生物膜中的磷脂水解生成许多游离的多元不饱和脂肪酸（如亚油酸和亚麻酸），这些游离的多元不饱和脂肪酸在 LOX 的催化下进行一系列生化反应，其最初产物是含一个或多个顺，顺 -1,2- 戊二烯基团的不饱和脂肪酸和羟过氧化物自由基，在脂氧合酶的催化下进一步产生过氧化物自由基（图 9-4）。接着分解生成醛类（如丙二醛）和易挥发

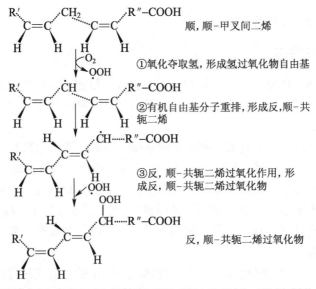

图 9-4　脂氧合酶催化顺，顺甲叉间二烯脂肪酸形成反，顺共轭二烯过氧化物脂肪酸自由基反应

的烃类（乙烯、乙烷、戊烷）等。这些有害的代谢产物可导致膜渗漏，因而启动衰老。此外，LOX 还能催化亚麻酸转变为 JA。

2. 细胞器衰老。在植物衰老过程中，细胞的结构也发生明显的变化，如核糖体和粗糙型内质网的数量减少；随着衰老，叶绿体外层被膜脱落，类囊体解体，内部结构瓦解；线粒体先是出现嵴扭曲，褶皱膨胀，数目减少；溶酶体和液泡释放出各种水解酶和有机酸，使细胞发生自溶，加速衰老解体。

（二）器官衰老

叶、花、果实衰老是器官衰老的典型例子，下面以叶片和种子为例，初步介绍衰老时发生的主要变化过程。

1. 叶片衰老。叶片是植物进行光合作用和制造有机物的最重要器官，叶片衰老始于叶片面积达到最大之时。叶片的衰老首先表现为光合功能的衰退，一般前期下降较慢，后期下降迅速（图 9-5）。光合下降的原因涉及多个方面，光合相关基因在衰老过程中表达量下降，其蛋白合成减少，分解加速从而导致光反应和碳同化能力下降。如水稻剑叶 Rubisco 和 Rubisco 活化酶的蛋白和 mRNA 水平在抽穗后随时间的推延而降低（图 9-6），表明碳同化活力的降低是光合下降的重要原因。同样，光合膜上的功能蛋白如 LHC Ⅱ 等

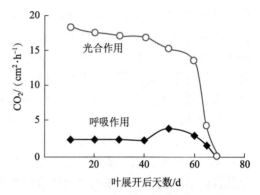

图 9-5 紫苏叶全展到脱落期间光合速率和呼吸速率的变化

含量也明显降低。此外叶片 PS Ⅱ 光化学活力、离体叶绿体电子传递活力和光合磷酸化活力也明显下降。叶绿素分解，叶片发黄。气孔导度的下降也可能是光合下降的原因。此外，叶片衰老期间，由于生物大分子水解酶的表达上调、活性增加，使蛋白质、核酸和膜脂水解加快，ROS 增加及 ROS 清除系统的能力下降等，导致光合组织的细胞器分解。研

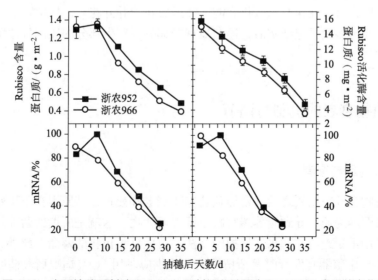

图 9-6 水稻抽穗后剑叶 Rubisco 及其活化酶蛋白和 mRNA 含量的变化

究衰老叶片的精细结构时发现，叶绿体内基粒的膜结构逐渐解体，同时出现许多脂类小体。另外衰老时叶绿体产生更多突起，形成 Rubisco 包含体进入液泡分解，这加速了叶绿体的破坏和叶片快速发黄，在盐胁迫引起的这种变化更明显（He et al., 2014）。衰老的变化还包括内质网的解体，以及核糖体逐渐消失，线粒体急剧减少，液泡膜消失，细胞液中的酶分散到整个细胞中，产生自溶作用。

叶片衰老时呼吸速率也下降（图 9-5），在接近死亡前常常有一小峰出现。研究发现呼吸过程的氧化磷酸化逐步解偶联，产生的 ATP 量减少，细胞中合成反应所需的能量不足，更促进衰老的发展。

2. 种子的衰老。在贮藏过程中，由于环境条件的变化会使种子发生不同程度的衰老，称种子老化，它是指种子从成熟开始其生活力不断下降直至完全丧失的不可逆变化。种子老化表现为种子变色，如谷类种子在高湿环境中胚轴变褐色。种子的老化还表现为膜结构破坏，透性加大。具高活力的种子细胞超微结构良好，膜系统完整；而发生劣变的种子膜系统与细胞器均发生损伤。其中，线粒体反应最敏感，内质网出现断裂或肿胀，质膜收缩并与细胞壁脱离，最终导致细胞内含物渗漏。引起种子细胞膜损伤的主要原因是：第一，在磷脂酶作用下膜中磷脂降解，如含水量为 13% 的大豆种子贮藏在 35℃ 下 6 个月以上磷脂丧失 45%；第二，中性脂肪水解及游离脂肪酸对膜的毒害，当游离脂肪酸含量增加时，线粒体发生肿胀，氧化磷酸化解偶联，并使某些可溶性酶类变性失活；第三，脂质过氧化及其自由基的伤害。种子的老化还表现在萌发迟缓，发芽率低，畸形苗多，生长势差，抗逆力弱。

（三）植株衰老

根据衰老和死亡过程不同，可以将开花植物分为两类：一类是一生中只开一次花的植物称单稔植物（monocarpic plant），它包括全部的一年生植物、二年生植物和某些多年生植物，如龙舌兰和竹类。单稔植物在开花结实后，各种养分都往花和幼果输送，营养体衰老进程加快，种子成熟后，营养体全部衰老死亡。

另一类是一生中能多次开花结实的植物，称为多稔植物（polycarpic plant），它包括所有的木本植物，也有一些多年生宿根性草本植物。这类植物大多具有营养生长和生殖生长交替的生活周期，有些在花原基分化后能连续形成花蕾并开花。多稔植物的衰老是个缓慢的渐进过程。经历多次开花结实后，逐渐地衰老部分与新生部分的比例日益增加，最终整株衰老而死亡。

第二节　植物衰老的机制与调节

一、营养耗尽与衰老

一年生植物在开花结实之后通常导致营养体衰老和死亡，其原因在于生殖器官从营养器官摄取大量营养物质，导致营养器官缺乏营养而死亡，这就是所谓的营养耗竭假说。试验表明，若采用不断地将花和果实摘掉的办法，可以延长植物的寿命。此外，生殖器官是一个很大的库，生殖器官发育时垄断植株的营养供应。用 $^{14}CO_2$ 饲喂唐菖蒲叶片，测定同化物在各个器官中的分配状况，结果表明，唐菖蒲有两个主要库——花和球茎（后者为营养繁殖器官），当花发育时，几乎所有的放射性同化物向花中转移，而球茎生长几乎停滞。尽管有证据表明营养物的分配在衰老中起作用，但不是引起衰老的初始原因。有些植物，去掉花不但不能起延缓衰老的作用，反而刺激衰老，如玉米、辣椒。

二、衰老过程中的生理生化变化

（一）DNA、RNA 和蛋白质的变化

研究表明，在衰老组织中 DNA 含量降低，在大豆子叶衰老的最后阶段，核 DNA 下降 32.5%。在衰老过程中 RNA 质和量也发生变化，而且 RNA 含量比 DNA 降低得更多，其中 rRNA 对衰老反应最敏感，如烟草、黄瓜的叶片在衰老过程中叶绿体的 rRNA 含量明显减少。RNA 水平减少可以由两个方面引起。一方面可能来自 RNase 活性增加，另一方面可能由于 DNA-RNA 聚合酶活性减少。这些聚合酶的活性依赖于一系列转录因子，后者决定相应的 rRNA、tRNA 或 mRNA 是否能形成。

蛋白质在衰老过程中的变化主要表现在两个方面，一是蛋白质合成机制的老化，二是蛋白质水解速率加快。叶片在衰老过程中，蛋白质含量降低，同时伴随叶绿素的降解。在叶片衰老过程中以蛋白含量表示衰老过程较以叶绿素降解表示衰老过程更为真实，衰老过程中可溶性蛋白和膜结合蛋白同时降解，叶片衰老时降解的可溶性蛋白中，85% 是 RuBP 羧化酶。随着衰老推进，类囊体膜结合蛋白也发生选择性降解。

（二）植物激素的变化

植物激素参与衰老过程的调节，如在衰老过程中 CTK 等延缓衰老的激素含量下降，而 ABA 和乙烯、BR 等促进衰老的激素增加。

1. 细胞分裂素与衰老。CTK 含量在叶片衰老过程中逐渐减少，因此被认为是叶片衰老起始信号之一（Gan and Amasino，1995）。人们通过外源喷施实验、转基因以及 CTK 相关突变体的研究，在多种植物中证明了 CTK 对叶片衰老的延缓作用。CTK 受体 AHK3 的激活突变也明显延缓叶片衰老进程（Kim et al.，2009）；转录因子 MYB2 通过影响 CTK 的含量而延缓整株植物衰老进程（Guo and Gan，2011）。图 9-7 表明下部已衰老的叶片，在去除地上部并施加 CTK 后，可以复绿，并且原叶绿素酸酯氧化还原酶的蛋白也恢复表达，充分说明 CTK 在延缓衰老中的作用。

CTK 延缓植物衰老的原因是多方面的，其中最重要的是它可有效阻止衰老相关基因的启动，该类基因的产物主要编码水解酶类，这类酶用于衰老组织生物大分子的水解，导致组织解体和物质外撤。当衰老发生时，体内 CTK 含量下解，这类在幼嫩组织由于 CTK 含

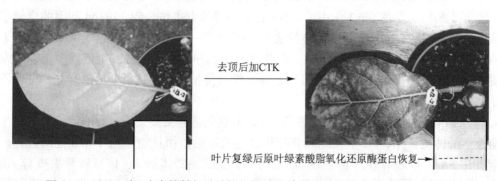

图 9-7　CTK 对已衰老的基部叶片的复绿效应（引自 Buchanan et al.，2015）

量高被抑制表达的基因开始表达，从而导致核酸、蛋白、生物膜、细胞器的破坏，叶片气孔导度、叶绿素含量和光合能力下降。此外，CTK 还可以通过上调衰老下调基因，提高这类基因 RNA 和蛋白质的合成（图 9-8），从而维护细胞正常结构和生理功能而防止衰老。还有研究表明，CTK 通过抑制黄嘌呤氧化酶的活性，有效防止活性氧的产生而延缓衰老。目前已通过转 CTK 合酶基因，让其在衰老起始时表达，已获得了一些不易衰老的驻绿（stay-green）植物。

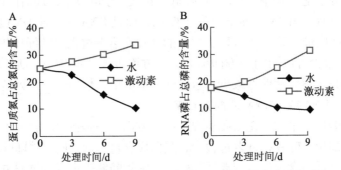

图 9-8　CTK 对烟草叶蛋白质（a）和 RNA（b）含量的影响
注：完整叶的一半用激动素处理，另一半用水处理作对照

2. 乙烯与衰老。乙烯是一种气体植物激素，不仅与成熟有关，还广泛影响植物生长发育，参与细胞分裂、细胞伸长、细胞大小、植物衰老脱落、生物胁迫以及非生物胁迫等反应。用乙烯利处理棉花叶，有加速离层形成、叶片衰老（变黄）和脱落的作用，老叶表现更为明显；而喷施乙烯抑制剂则延缓叶片和切花衰老，表明乙烯上调植物衰老进程。组织受到机械损伤、受冻、紫外线辐射或病菌感染时，内源乙烯含量可提高 3 ~ 10 倍。乙烯引起呼吸链电子传递转向抗氰途径，引起电子转移速率增加，物质消耗增多，ATP 生成减少，造成空耗浪费而促进衰老。乙烯还能增加膜透性，刺激 O_2 的吸收并使其活化形成 ROS（如 H_2O_2），过量 ROS 使膜脂过氧化，使植物受伤害而衰老。

乙烯在叶片衰老中的作用机理相对比较清楚，EIN2 是乙烯信号通路的核心成员，其突变体呈现叶片延缓衰老的表型，在 ein2 突变体中有大约 21 个编码细胞壁降解的衰老相关基因下调，暗示乙烯信号通路在叶片衰老后期负责衰老相关物质的降解和转运活性。EIN2 也参与调节 ABA 和 JA 介导的叶片衰老过程，其在 ABA 和 JA 协同控制叶片衰老过程中起作用。乙烯通过 EIN2 信号通路调控重要叶片衰老相关 NAC（no apical meristem，ATAF1/2 及 cup-shaped cotyledon）转录因子的表达、使其与其他转录因子协同控制叶片衰老。Li 等（2013）发现 EIN3 作用于 EIN2 的下游并且直接结合到 miR164 基因的启动子区域从而抑制其表达，间接促进 NAC2 的表达，揭示了一个更为精细的乙烯调节叶片衰老进程的网络 EIN2-EIN3-miR164-NAC2。此外，乙烯诱导叶片衰老的发生依赖于植物的发育阶段，比如在拟南芥和西红柿中超表达乙烯并没有使植物在生长早期提前衰老，证明乙烯诱导叶片衰老依赖于植物的年龄。

3. 水杨酸与衰老。目前的研究表明 SA 调节衰老进程主要是通过影响活性氧的产生和自噬性溶酶体的产生；SA 不仅能调节叶片衰老的起始，而且能调控叶片衰老的进程。在拟南芥中 SA 含量随着叶片衰老逐渐上升，SA 合成突变体 sid2、信号转导突变体 eds1、pad4、npr1 均表现延缓叶片衰老的表型（Lim et al.，2007）。在 SA 缺失的转基因植物

NahG 中，大约有 20% 的衰老相关基因表达受到明显抑制。SA 处理也能诱导许多衰老相关基因表达，如 *WRKY* 系列转录因子等（Guo et al.，2017）。

4. 脱落酸与衰老。ABA 能调节植物生长发育进程包括种子休眠、种子萌发、胚胎的形态建成、气孔关闭、根茎生长、果实成熟、叶片衰老以及各种生物和非生物胁迫反应（Jibran et al.，2013）。NAC 转录因子 *VNI2* 的表达水平在叶片衰老过程中逐渐上升且受 ABA 和盐胁迫诱导，该转录因子将响应胁迫的 *COR*、*RD* 等基因整合到衰老过程中去，建立了 ABA 介导的胁迫响应信号和启动衰老的发育信号之间的关系。试验表明植物在环境胁迫下，体内 ABA 含量上升，当植物度过严酷的环境条件后，内源 NAC 水平下降并恢复正常生长，如植物免除水分胁迫时，气孔要达到完全张开状态，还需要一段时间，因为 ABA 只能逐渐被消除。在这种情况下，ABA 就有延缓生长和促进衰老的效应。

5. 油菜素内酯与衰老。BR 是甾醇类物质，影响上胚轴和下胚轴的生长、种子萌发、开花、叶片脱落以及衰老等生命活动。外源喷施 BR 可以加速叶片衰老进程，同时 BR 突变体表现出延缓衰老的表型，如 BR 不敏感突变体 *bri1* 中叶片衰老相关基因表达下调。此外，在植物中超表达一个能使 BR 失活的糖苷转移酶 UGT73C6 可以延缓叶片衰老。以上实验结果表明 BR 在叶片衰老过程中起到正调控作用（Jibran et al.，2013）。

6. 茉莉酸与衰老。在叶片衰老过程中 JA 的含量逐渐增加，外源施加 JA 可以诱导叶片衰老，因为 JA 可诱导叶片衰老相关基因表达（Seltmann et al.，2010）。JA 信号响应突变体 *coi1* 中大约有 15% 衰老相关基因表达受到抑制，表明 JA 可能在叶片衰老过程中起正调控作用。然而，JA 合成完全缺失突变体 *aos* 和 *opr3* 并没有表现出叶片衰老延缓表型，说明 JA 在叶片衰老过程中的作用较为复杂。

（三）活性氧及其清除系统的变化

活性氧猝发和活性氧清除系统能力的下降也是导致衰老的重要原因。

1. 自由基与活性氧。自由基（free radical）是指具有不配对电子的离子、原子或分子的实体。它具有很强的氧化能力，极易导致生物体内物质氧化失活。自由基引起的电子转移是任意的，因此对生物系统存在很大的潜在危害。在植物体内自由基的种类很多，其中氧自由基最为重要，可分为两类：一类是无机氧自由基，如超氧阳离子自由基（O_2^-）、单线态氧（$^1O_2$）和羟基自由基（$OH^·$）。另一类为有机氧自由基，如过氧化物自由基（$ROO^·$）、烷氧自由基（$RO^·$）和多元不饱和脂肪酸自由基。H_2O_2 本身不是自由基，但在有 Fe^{2+} 等离子存在时，H_2O_2 可通过 Fenton 反应生成羟基自由基（$H_2O_2 + Fe^{2+} \rightarrow OH^· + OH^- + Fe^{3+}$），$O_2^-$ 则通过 Harber–Weiss 反应生成羟基自由基（$H_2O_2 + \rightarrow OH^· + OH^- + O_2$）。因此，$H_2O_2$、$O_2^-$、$^1O_2$ 和 $OH^·$ 自由基一起统称活性氧（reactive oxygen species，ROS），它们化学性质活泼，氧化能力很强，能氧化生物大分子，破坏细胞膜的结构与功能。

叶绿体和线粒体是产生 ROS 的主要位点。当光强超过植物光合作用所需能量时，光合作用中水分解产生基态氧（O_2），接受光激发的叶绿素能量，产生了 $^1O_2$，通过假环式电子传递形成 O_2^-，后者在 SOD 的催化下形成 H_2O_2，再通过 Fenton 反应和 Harber–Weiss 反应生成羟基自由基。多数自由基极不稳定，寿命极短，只能瞬时存在；但是化学性质非常活泼，氧化能力很强，并能持续进行连锁反应。ROS 的强氧化能力对细胞及许多生物大分子有破坏作用，其代谢失调并在体内积累是植物衰老的机理之一（图 9-9）。

2. ROS 清除系统。在正常情况下，由于细胞内存在自由基清除系统（free radical scavenge systems），细胞内自由基水平很低，所以不会引起伤害。植物细胞中 ROS 的清除

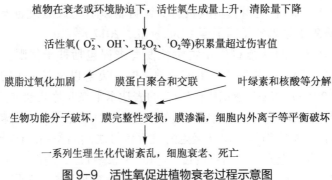

图 9-9　活性氧促进植物衰老过程示意图

依赖于抗氧化物质和抗氧化酶系统。

（1）抗氧化物质。又称非酶保护系统，它们是一类抗氧化剂，有天然的和人工合成的。天然的有细胞色素 f、谷胱甘肽、甘露醇、抗坏血酸、泛醌、维生素 E 和类胡萝卜素等。人工合成的自由基清除剂种类很多，例如苯甲酸钠、二苯胺、2,6- 二叔丁基对羟基甲苯和没食子酸丙酯等。用没食子酸丙酯、苯甲酸钠、维生素 E 等自由基清除剂喷到芝麻、小麦、辣椒等植物上，发现膜上 K^+ 渗漏减少，丙二醛和乙烷等物质减少。维生素 E 常与膜连接，是 $ROO^·$ 和不饱和脂肪酸结合的竞争性抑制剂，维生素 E 能与 $ROO^·$ 结合形成酯，防止 $ROO^·$、$RO^·$ 自由基的产生，从而阻断了脂质过氧化的进一步发生。类胡萝卜素在叶绿体中起清除自由基的作用，是 $^1O_2$ 的有效猝灭剂，还可清除 O_2^- 和 $ROO^·$。谷胱甘肽能与 H_2O_2 反应生成 H_2O。

（2）保护酶系统。在植物体内，这类酶主要有超氧物歧化酶（superoxide dismutase，SOD）、过氧化物酶（POD）、过氧化氢酶（CAT）、谷胱甘肽过氧化物酶、谷胱甘肽还原酶等（详见光合作用章水水循环），被称为细胞的保护酶系统。

保护酶系统中，SOD 尤为重要。菜豆、水稻、烟草、燕麦等叶片的衰老研究表明，叶片中 SOD 活性随衰老而下降，O_2^- 等随衰老而增加，同时伴随丙二醛含量的上升，即膜脂过氧化的加剧。此外，不同生育期叶片 SOD 活性也有明显差异，如白杨上部叶片 SOD 活性分别比中、下部叶片约高 1 倍，SOD 活性的下降与植物体的衰老是正相关的。SOD 主要功能是清除 O_2^-，生成无毒的 O_2 和毒性较低的 H_2O_2，后者被过氧化氢酶进一步分解为 H_2O 和 O_2。目前发现有四种不同形式的 SOD：① Cu 和 Zn-SOD，由两个相同的亚单位构成，每个亚单位含有一个 Cu^{2+} 和一个 Zn^+，二聚体的分子量为 32×10^3，主要分布于高等植物的细胞质和叶绿体中。② Mn-SOD，主要分布于细菌等原核生物中，真核生物的线粒体中也存在 Mn-SOD，Mn-SOD 为诱导酶。③ Fe-SOD，是 SOD 的基本型，主要分布于蓝绿藻和叶绿体中，在大肠杆菌中也有发现。④ Ni-SOD，在天蓝色链霉菌（*Streptomyces coelicolor*）中发现。

其他的保护酶系统分别在不同的催化反应中起作用。CAT 能有效地清除生物体内的过氧化氢，POD 亦能清除植物体内的 H_2O_2，但作用机理有别于 CAT。CAT 可直接催化 H_2O_2 的分解（$H_2O_2 + H_2O_2 \rightarrow H_2O + O_2$），POD 则是通过催化 H_2O_2 与其他底物反应以消耗 H_2O_2（$H_2O_2 + R(OH)_2 \rightarrow H_2O + RO_2$）。谷胱甘肽过氧化物酶催化谷胱甘肽（GSH）和 H_2O_2 形成氧化型谷胱甘肽（GSSG）、谷胱甘肽还原酶则催化 GSSG 重新形成 GSH（见图 3-26）。

三、衰老的基因表达及调节

（一）衰老与程序性细胞死亡

叶片衰老是一个程序性细胞死亡（PCD）过程，是在细胞核的直接控制下进行，细胞结构（包括叶绿体、细胞核等）发生高度有序的解体以及内含物的降解。从功能上说，叶片衰老并非只是一种退化过程，它也是养分从衰老细胞向幼叶、发育中的种子或储藏组织转运的再循环过程。从结构上说，在衰老过程中，叶片细胞经历鲜明的亚细胞变化，先是叶绿体完整性的丧失，细胞核的分解相对滞后。

植物花的发育受到细胞或细胞簇的 PCD 的强烈影响，大多数的雌雄异花的植物在花最初阶段是没有区别的，都含有雌性和雄性器官原基。在花形成的特定发育阶段，通过 PCD，雌性或雄性部分停止生长并被去除。例如，玉米在抽穗组织中的花蕊都含有雄蕊和雌蕊的原基，随着花朵的发育，雌蕊细胞停止生长和分裂，其包括核在内的细胞器发生降解。然而，在 tasselseed2 突变体中，雌蕊的细胞并没有停止生长，也未发生降解现象。因此，在本该只有雄花的花序上形成了雌花（图 9-10）。

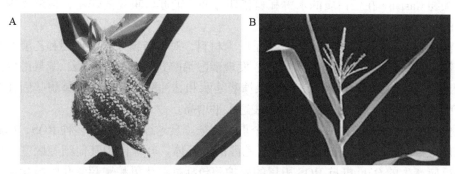

图 9-10　由于 tasselseed2 突变，导致 PCD 失控，玉米在雄花序上形成了雌花
（引自 Buchanan et al.，2015）
A. tasselseed2 突变　B. 正常植株

因此，TASSESEED2 基因是雄花组织中雌性细胞死亡所必需，而这个基因在雌蕊开始形成前就已经表达。其基因编码的产物和羟基类固醇脱氢酶很类似，后者可以提高一种可调节细胞死亡的蛋白质（通过产生一种类固醇分子作为细胞死亡途径的信号）的量，使雌蕊退化。

程序性细胞死亡对于植物的发育和体内物质的再利用具有重要的意义，其贯穿植物生命的几乎整个过程，从萌芽到生长到生殖都有 PCD 现象存在。衰老过程中的 PCD 是受到高度调控的，此时一些特定的代谢途径将被激活而其他的将被关闭。

环境、激素等一些外界因素作用于植物，作为信号活化或抑制一些基因的表达，然后便出现 PCD 共同的一些特征。目前和衰老相关的基因和启动子已经被鉴别出来，与衰老相关的基因统称为衰老相关基因（senescence-associated genes，SAGs）。SAGs 是指这些基因的 mRNA 水平随衰老而提高，它们通常是与细胞内大分子物质降解和转运等代谢过程有关的基因。如玉米、拟南芥和油菜中的蛋白降解酶基因，拟南芥中克隆的核酸降解基因，油菜、玉米、黄瓜中脂降解与糖衍生有关基因和 F-1,6-P 醛缩酶基因，拟南芥、萝卜、水稻、石刁柏与碳和 N 元素再动员的 β- 半乳糖苷酶基因等。

（二）衰老相关基因及表达

对叶片衰老所诱导的基因克隆，以及对它们调节模式的研究有了长足发展，通过分析植物叶片衰老过程中基因的表达特点，了解基因表达产物的功能，是探讨植物叶片衰老表达调控这一复杂有序生理过程的重要策略。衰老是一个基因控制的渐进过程，King 等（1995）在衰老的石刁柏叶片中检测到具较高表达水平的 β- 半乳糖苷酶基因，该酶参与类囊膜主要组分（半乳糖脂）的降解产物（半乳糖）的动员。在植物衰老期间，基因的表达大致可分为两类：一类是衰老下调基因（senescence down-regulated gene），这些大都是与光合作用及其他合成和产能有关的酶的基因。另一类是衰老上调基因（senescence up-regulated gene），这些多是水解酶的合成基因，如核酸酶、蛋白酶和磷脂酶等，它们参与细胞内大分子物质降解和撤退。

Shanklin 等（1995）推测衰老过程中蛋白降解相关的酶可能定位于叶绿体中，在拟南芥的叶绿体中也检测到 ClpP 和 ClpC 蛋白酶亚基。Buchanan-Wollaston（1997）首次在衰老的油菜叶片中采用免疫定位法证实 LSC7 编码的蛋白酶可能位于衰老叶片的叶绿体中。在植物衰老的早期，一些衰老相关基因的表达产物与 Caspase 有一定的同源性。在衰老过程中，植物 Caspase 在蛋白质的水解和氮代谢方面可能起着重要的作用，该酶还参与了植物衰老的生物和非生物胁迫引起的 PCD。

以油菜、玉米、黄瓜的衰老叶片或子叶为材料，对参与糖原异生作用和乙醛酸循环途径的关键代谢酶基因的表达进行了研究，发现磷酸烯醇式丙酮酸羧化酶、苹果酸脱氢酶基因在衰老过程表达；编码 1,6- 二磷酸果糖醛缩酶和甘油醛 -3- 磷酸脱氢酶基因在油菜成熟叶片中表达水平低，而在衰老叶片中表达水平增高。

氧化代谢变化是细胞水平衰老的一个重要特征。衰老细胞中存在多种 ROS，如超氧化物歧化反应产生的 H_2O_2 和过氧化物体、乙醛酸循环体、叶绿体和其他细胞区室正常状况下酶促反应产生的 O_2^-。抵抗 ROS 积累的保护酶包括过氧化氢酶和超氧化物歧化酶，重要的抗氧化剂有抗坏血酸和谷胱甘肽。在幼年的叶片中，由于过剩光能产生的 ROS，通过这些保护酶系统清除。在衰老叶片中，NADPH 的产生量下降，从而导致 GSSG 转变成 GSH 的速率及脱氢抗坏血酸转变为抗坏血酸的速率均下降。这些细微的变化可导致细胞氧化还原条件的大大改变并引起基因表达出新的性状。已经鉴定的 SAGs 中，功能上有一类与衰老细胞的保护机制有关，如 SAG3 编码清除 H_2O_2 的 CAT，PR1a 的 SAGs 可防止病原菌浸染，也有部分 SAGs 可能具有双重作用。重金属结合蛋白的 SAGs 在叶片衰老过程中除具有贮存、运输金属离子的功能外，很可能还具有保护核基因不受 ROS 损伤，使 SAGs 准确表达的功能。ATP 硫化酶可在 ATP 作用下催化硫酸根转变成半胱氨酸和蛋氨酸。半胱氨酸可进一步转变为谷胱甘肽，谷胱甘肽既是硫的一种贮藏分子，又是叶片衰老过程中大分子降解所释放的硫的运输分子，同时还是一种清除 ROS 的小分子。

（三）叶片衰老相关基因表达的调节

叶片衰老是一个由多条代谢途径参与的复杂的渐进过程，受到多种基因的调节控制。叶片衰老程度不同，参与调控的基因种类、基因数目和同一基因的表达水平都会有所不同。在衰老初始期被诱导表达的基因很可能是控制衰老的关键基因。由于叶片衰老的分子机制在很大程度上不明确，目前操纵叶片衰老的分子策略在生理上主要是基于阻止乙烯形成，或增强 CTK 合成。

植物衰老过程中乙烯大量形成，利用反义 RNA 技术阻碍乙烯形成，能延迟果实和叶片的衰老；但乙烯不是直接激活 *SAGs* 而发挥作用，它很可能通过与其他信号协同，加速衰老。与乙烯不同，CTK 则可明显延缓植物叶片衰老，它能明显抑制 *SAGs* 的表达。但内源 CTK 含量常随叶片衰老而显著下降，叶片中 CTK 含量若能保持在阈值以上，则可在转录水平上抑制 *SAGs* 表达，达到延缓衰老效果。因此，CTK 被认为是一种最有效的延缓早衰的内源调节激素。Gan 和 Amasino（1995）将拟南芥衰老过程中特异表达的 *SAG*$_{12}$ 启动子与 *IPT* 基因融合构建成 *PSAG*$_{12}$–*IPT* 嵌合基因，并将其导入烟草，当转基因烟草叶片开始出现衰老时，衰老特异表达的 *SAG*$_{12}$ 启动子激活该嵌合基因，大量合成 CTK，阻止了衰老；衰老受阻后，嵌合基因表达减弱，避免 CTK 的过量合成对植物的不利影响。与对照相比，转基因烟草的叶片衰老明显延迟（图 9–11），叶片高效光合功能期明显延长（图 9–12），产量显著提高（表 9–1）。

　　目前对 *SAGs* 表达调控机制有比较一致的看法，即认为叶片可能存在一个由多个调控途径组成的级联反应调节网，有些基因可被任何一个调控途径调节，而有些特定基因可能只被特定的途径所调节。一般情况下，对一个甚至几个调控途径的改变可能对叶片衰老过

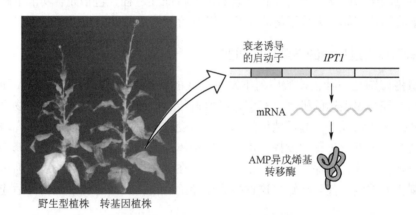

野生型植株　转基因植株

图 9–11　烟草转 IPT 基因植株和野生型植株的衰老情况和转基因植株延缓衰老的原因
（引自 Gan et al.，1995）

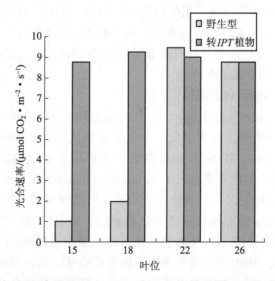

图 9–12　烟草转 IPT 基因植株和野生型植株不同叶位光合速率比较（引自 Gan et al.，1995）

表 9-1　*PSAG₁₂-IPT* 转基因植物和野生型植物的生物量比较（引自 Gan and Amasino，1995）

类别	野生型植物	*PSAG₁₂-IPT* 植物
种子产量 /g	20.4	35.5
生物产量 /g	107.51	150.79
株高 /cm	176.3	182.2
主茎叶数	33.3	33.5

程不会造成明显的影响，这也叫叶片衰老的可塑性。

目前，已鉴别出了多个叶片衰老启动及进程调控的关键节点因子，包括转录因子（NACs、WRKYs、MYBs、MYCs、ABIs 等）、激素合成酶（ACSs、ICS1 等）、激素或光信号途径节点因子（EIN3、NPR1、PIFs 等）、自噬相关因子（ATGs）、类受体蛋白激酶（SARK 等）及激酶级联（MKK9-MPK6 等）、磷酸酶（SAG113 等）以及 miRNA（miR164）等。这些节点因子协同调控光合器官衰老的主要特征性过程，包括光合功能下降、叶绿素降解、亚细胞结构解体与大分子物质降解，以及营养物质的动员与再利用。

四、植物衰老过程中的表观遗传调控

表观遗传修饰是一种在核酸序列不发生改变的前提下通过对 DNA、RNA 和组蛋白进行修饰从而调控基因表达的机制，有别于经典遗传学以研究基因序列影响生物学功能，在非核酸序列改变的情况下引起可遗传的基因表达变化的机制。已有很多的研究表明表观遗传修饰在植物生长发育过程中发挥作用，在生物体发育的过程中，表观遗传修饰能够建立稳定的基因表达模式，确保生物体的正确分化。在生物体受到刺激后，表观遗传修饰能够影响其对刺激的响应，甚至能够将这种响应传递给后代，从而有利于生物体适应周围环境的变化。

表观遗传调控因子的表达能够调控衰老相关基因的活性从而调控植物衰老的进程（图 9-13）。研究染色质构象的重塑机制是揭示表观遗传学调控的重要途径。影响染色质重塑的机制主要包括 DNA 甲基化、组蛋白翻译后修饰、依赖 ATP 的染色质重塑因子和非编码的小 RNA（nsRNAs）等，这些与染色质构象相关的各类因子的细小改变都对植物的生长发育、环境适应以及衰老等过程有着非常重要的影响（He，2012），并且与其他多种调控因子相互联系形成复杂的调控网络。

（一）染色质重塑与叶片衰老调控

染色质重塑（chromatin remodeling）是表观遗传调控的重要形式，指由染色质重塑复合物介导的染色质结构和定位的变化，主要涉及染色质上核小体的移动、分离、置换和重建（Clapier and Cairns，2009）。参与重塑的调控因子包括组蛋白修饰因子（histone modifiers）和 ATP 依赖的染色质重塑因子（chromatin remodelers）。前者不改变核小体的位置，而是在染色质上作标记以招募其他调控成员；后者则利用 ATP 水解释放的能量将核小体重新排布。染色质重塑能够促进或抑制转录因子和 RNA 聚合酶复合物与 DNA 的结合，最终启动或抑制基因的转录。随着显微技术的发展和实验方法的不断改进，人们可以形象地观察到在植物发育和衰老过程中染色质构象的变化。通过免疫组化分析发现，在叶片衰老过程中不同时期的染色质全局结构发生改变。随着叶片衰老的发生，染色质中心发

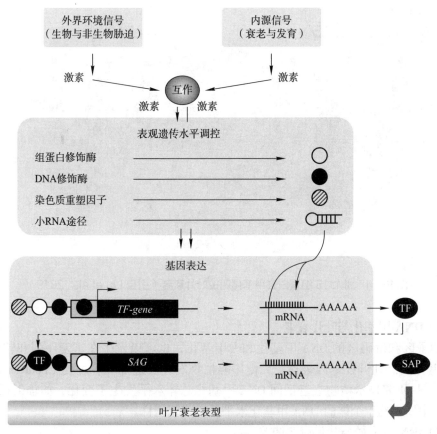

图 9-13　植物叶片衰老的调控网络模式图（引自杨同文等，2014）

生解旋，常染色质发生降解并呈现斑点化的分布，核仁最终消失。荧光原位杂交分析也证实在叶片衰老过程中染色质结构发生改变。因此，通过调控染色质结构可引起叶片衰老进程的改变。

（二）组蛋白修饰与叶片衰老调控

多种形式的组蛋白翻译后修饰在植物发育及逆境应答过程中调控着基因的表达，组蛋白修饰包括乙酰化、甲基化、磷酸化、泛素化、类泛素化、ADP 核糖基化、丙酰化、生物素酰化和羰基化等（Hildmann et al., 2007），基因启动子或编码区组蛋白修饰的建立需要多种组蛋白修饰酶及其互作蛋白。这些组蛋白修饰酶类包括组蛋白乙酰化酶（HACs）、组蛋白去乙酰化酶（HDAs）、组蛋白甲基化酶（HMs）与去甲基化酶（HDMs）等，通过不同组蛋白酶修饰的作用改变组蛋白的状态从而调整染色质构象进而调控基因的表达。拟南芥中转录因子 *WRKY53* 的 5′ 端相联系的组蛋白以衰老特异的方式被甲基化修饰。拟南芥组氨酸 H3K4 去甲基化酶（JMJ16），通过其组蛋白第三亚基第四号赖氨酸去甲基化酶活性抑制植物叶片衰老（图 9-14），是植物叶片衰老的负调控因子。Liu 等（2019）发现在衰老前的成熟叶片中，JMJ16 与 2 个叶片衰老的正调节因子 *WRKY53* 和 *SAG201* 基因组结合，并通过降低这些基因的 H3K4 me3 水平，抑制这些基因的提前表达。而在衰老起始叶片中，JMJ16 蛋白水平急剧下降，导致这些基因的 H3K4 me3 水平和转录水平增高，衰老相关的 *WRKY53* 和 *SAG201* 表达上调，从而引起叶片衰老（图 9-14）。

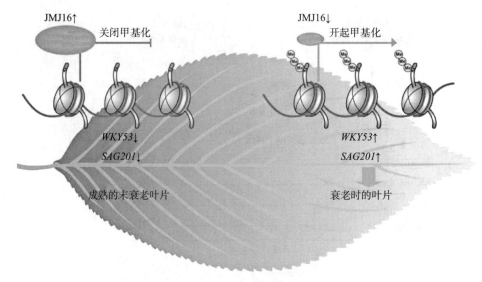

图 9-14　JMJ16 组蛋白去甲基化调控叶片衰老（引自 Liu et al.，2019）

（三）DNA 甲基化与叶片衰老

启动子区和编码区的 DNA 甲基化和去甲基化，也可以发生在重复序列和转座子区，DNA 甲基化动态地调控基因表达，广泛影响植物发育及逆境应答过程（Penterman et al.，2007）。一些研究显示植物衰老期间 DNA 甲基化总体水平发生了变化，如辐射松（*Pinus radiata*）中发现幼年个体的 DNA 甲基化水平低于成年植株。

（四）sRNAs 途径与叶片衰老调控

sRNAs 在调控植物基因表达方面发挥重要作用，植物细胞中存在不同种类、不同大小和功能特异的 sRNAs，包括微小 RNA（miRNA）和小干扰 RNA（siRNAs）等。这些 sRNAs 能够结合到特定靶基因上，通过切割降解或抑制翻译发挥对靶基因沉默的作用。另外，sRNAs 通过与 DNA 甲基化相互作用可以介导 RNA 依赖的 DNA 甲基化（RdDM）。在拟南芥中超表达 miR319，植株表现出持绿表型。研究显示，miR319 通过对 TCP（TEOSINTEBRANCHED1−CYCLOIDEA−PCF）转录因子家族的调控而提高 JA 含量，从而促进植物叶片的衰老过程。此外，sRNAs 在植物发育及逆境应答中的也有功能（Rubio-Somoza and Weigel，2011）。

第三节　器官脱落及其控制

脱落（abscission）是指植物细胞、组织或器官与植物体分离的过程，如叶、花、果实、枝条甚至树皮的脱落。植物器官脱落是一种生物学现象。脱落可分为三种：一是由于衰老或成熟引起的脱落叫正常脱落，如叶片和花朵的衰老脱落，果实和种子的成熟脱落；二是因环境条件胁迫（高温、低温、干旱、水涝、盐渍等）和病虫害引起的脱落叫胁迫脱落；三是因植物本身生理活动不协调而引起的脱落，比如营养生长与生殖生长的竞争，源与库的矛盾等，均能引起生理脱落。胁迫脱落与生理脱落都属于异常脱落。在生长上异常脱落现象比较普遍，往往给农业生产带来重大损失。如棉花蕾铃的脱落可达 70% 左右，大豆的花荚脱落率也很高。如何防止或减少花果脱落，是生理上和生产上均需要解决的问题。

一、器官脱落

（一）叶片脱落

叶的脱落是脱落现象中最明显的。常绿树和落叶树的区别是，落叶树通常随环境因子如光周期或温周期而出现落叶，而常绿树叶的脱落不是同步的，是在整个生长季节逐渐或波浪式脱落。叶片的脱落常常伴随美丽的秋色，秋季颜色的变化是占主导作用的叶绿素逐渐消失解体，而黄色和橙色的叶黄素、类胡萝卜素和液泡中红色或紫色的花青素表现，以及它们的新合成所致。到衰老的最后阶段，即叶片死亡时，叶绿体解体，表现出丹宁褐色。

叶片脱落初期，大量糖类水解成可溶性糖，叶片的蛋白质水解为氨基酸，在叶片脱落前这些水解物被转移到枝条或根中。这样有助于留存器官度过寒冬（或酷热干旱的夏季），并为来春（或雨季）新芽的生长提供养分。许多落叶果树，特别是梨果和核果，来春首先解除休眠的是花芽，这时几乎完全没有叶组织为其提供光合产物。这些花芽的发育在很大程度上依赖于叶片脱落时贮存的糖类和氨基酸。因此，早霜导致秋天叶子的不正常脱落，如叶子逐渐出现冻害，水解产物形成受阻，是对下一年果实产量的潜在威胁。

（二）花朵脱落

根据花的生命归宿通常可将花分为两类：第一类花冠的组分随年龄而渐次变化，膨压丧失，最终凋萎，如香石竹、牵牛花等；第二类当花冠还处于膨胀状态时，花冠脱落，如罂粟、香豌豆等。脱落可以包括花序、花朵或部分花朵，主要是花冠的脱落。花或花蕾脱落所伴随的生理、生化、解剖结构变化，与叶子和果实脱落的离区形成及该区域细胞的加速分裂是相同的，但花瓣脱落没有离区形成。

乙烯是促进花瓣和花脱落的主要因子。在许多植物中，花对乙烯的敏感强度较叶片和果实大。浓度非常低的乙烯就能导致一些花的脱落。然而，植物对乙烯的敏感性是随时间变化的，如幼蕾通常敏感性低，随着时间推移，其敏感性增加。黄瓜对喷施乙烯的脱落反应，只有到了发育临界期才出现。这表明，脱落与脱落区域乙烯的特殊靶细胞分化有关。

一些植物花的脱落与乙烯合成增加有关。许多花中乙烯的合成增加与授粉有联系。在仙客来中没有授粉的花合成乙烯量非常少，从开花到花死亡，乙烯的合成没有变化，这些不授粉的花，以逐渐脱色，最终凋萎的方式结束一生。授粉显著增进乙烯的合成，并导致花冠脱落（图9-15）。

授粉诱导的花冠脱落不能单纯归之于授过粉的花朵中乙烯的增加，因为把没有授粉的仙客来花置于高浓度外源乙烯中，以及通过使用ACC来大量提高未授粉花乙烯合成的方法，均未增加脱落。仙客来花冠的脱落似乎至少与两种信号有关，一方面增加乙烯合成；另一方面，提高离区组织对乙烯

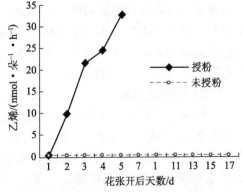

图9-15 不同龄期仙客来受粉花的乙烯（实心）和未受粉花的乙烯生成量（空心）

的敏感性。

由于花的脱落与外源和内源乙烯的作用有关，因此，使用乙烯合成或作用的抑制剂可减少和抑制花的脱落。特别有效的抑制剂是硫代硫酸银，它抑制组织中乙烯发挥作用，可用于天竺葵、百合等植物，防止花和花盘脱落。在有些植物中，花的脱落可以通过施用 IAA 类植物生长调节剂 NAA 来控制。在玫瑰花中，CTK 防止花盘和花瓣脱落的效果较 IAA 好。

（三）果实脱落

落果通常发生在以下四个时期：第一期是开花或坐果期，出现脱落与否依赖于胚珠的发育，受精后，胚珠成为激素（包括 IAA 类，也可能是 GA 类）源，在这一时期，这些植物激素可以防止脱落。如果胚珠不受精，它不成为植物激素源，结果离区形成。第二期是幼果期，该时果实还很小，许多果树这一时期在 6 月份出现，因此园艺语称"六月落果"。这种落果可能与种子发育和果实（库）间的营养竞争有关。第三期是果实达到最大，但尚未成熟的时期。这与种子发育有关。种子发育时，胚乳竞争幼胚中产生的植物激素，这导致离区 IAA 供应破坏，并出现 IAA 的短期缺乏，最终发生脱落。第四期是果实成熟并且出现衰老的正常脱落。

一般果树有一个最适的果实生产量，如果每一朵花都结果，叶片的光合产物供应有限，果实变小，品质差，而且果树的寿命将大大缩短。有人计算过，生产一个中等大小的苹果需要大约 40 片叶片。事实上，似乎有一内部脱落调节系统控制果树结果量，因为花的数量远远大于果树最终结果量。如坐果太多，果实成串，果实小，尽管最终产量可能不受影响，但果实的品质太差。因此一定条件下增加些脱落是可取的，如开花期对一些苹果和梨喷施 NAA 或它的酰胺，诱导一些花脱落，使剩余的花结出最优大小的果实。

二、脱落的细胞学

（一）离区形成

脱落发生在特定的组织部位——离区（abscission zone）。以叶片为例，在叶片达到最大面积之前，叶柄基部一段区域中存在几层体积小，排列紧密，有浓稠的原生质和较多的淀粉粒，核大而突出的细胞。在脱落前，这些细胞经横向分裂，细胞层数增加，使维管束出现不连续，形成离区（图 9–16）。这一区域的细胞脱落时彼此分离，导致叶片脱落。绝大多数植物只有在离区形成后叶片才脱落，但也有例外，如禾谷类叶片不产生离区而脱落。果实的脱落区出现在果实与花萼之间，邻近花萼的花梗基部或花梗与枝条的连接处。

（二）细胞壁解离

离层细胞开始发生变化时，首先是核仁变得非常明显，RNA 含量增加，内质网增多，高尔基体和小泡都增多，小泡聚积在质膜，释放出水解酶到细胞壁和中胶层，最后细胞壁和中胶层分解并膨大，其中以中胶层最为明显（图 9–17）。

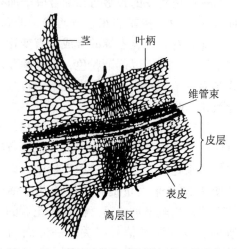

图 9–16　双子叶植物叶柄基部离区的纵切面

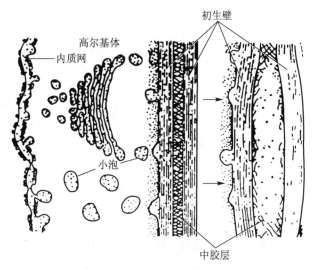

图 9-17　叶片脱落前离区细胞中含水解酶小泡的分泌和细胞壁解离示意图

三、脱落过程的生理生化变化

（一）脱落和酶

脱落的生理生化过程主要是在酶的作用下，离层的细胞壁和中胶层水解，使细胞分离，形成离区（在有些情况下，细胞壁实际上会断裂）。随着离区的形成，邻近保留下来的组织出现木栓质的积累现象，器官一旦脱落，就有一定木栓质化的疤痕形成，以保护植物免受局部脱水和病菌侵染。脱落不是一个被动过程，它需 RNA 的周转和蛋白质的合成，在脱落时细胞的分离主要受到酶的控制。这里仅讨论纤维素酶、果胶酶和过氧化物酶与脱落的关系。

1. 纤维素酶。菜豆、棉花和柑橘叶片脱落时，纤维素酶（cellulase）活性增加。柑橘小叶片离区的各个不同区段，纤维素酶的活力不同，在近端（即靠近茎的部分）0.22 mm，酶的活性最高，所以纤维素酶的活性不一定与离层细胞的分开有直接关系，而是与保护层的形成有关。从菜豆叶柄离区中分离出两种纤维素酶——pI 酸性和 pI 碱性纤维素酶，前者与细胞壁木质化有关，受 IAA 和香豆素上调，活性提高促进细胞壁木质化形成保护层，不促进叶片脱落；后者与细胞壁分解有关，受乙烯和 ABA 上调，活性提高则促进脱落。

2. 果胶酶。果胶是中胶层的主要成分，果胶酶（pectinase）是作用于果胶复合物的酶的总称。在脱落过程中，离区内的可溶性果胶含量增多，推测果胶酶与脱落有关。果胶酶有两种：①果胶甲酯酶（PEM），PEM 催化果胶甲酯形成果胶，其中果胶酶的活性与脱落过程呈正相关性。②多聚半乳糖醛酸酶（PG），PG 主要作用于多聚半乳糖醛酸的糖醛键，使果胶解聚。

四季豆叶柄脱落前，PG 活性上升，脱落率增加（图 9-18）。乙烯促进脱落，也促进 PG 活性上升。双子叶植物的离区内存在特殊的乙烯反应靶细胞，这些细胞的分化对脱落起着关键性的作用。乙烯刺激靶细胞分裂，促进多聚糖水解酶产生和分泌，从而使中胶层和基质结构疏松，导致脱落。然而，禾本科单子叶植物叶片没有离区形成，只在颖果基部有脱落带形成。因此，乙烯对禾本科单子叶植物的叶片脱落无效。

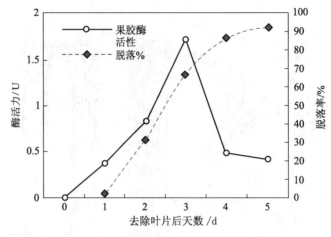

图 9-18 四季豆叶柄中果胶酶活性与脱落

3. 过氧化物酶。过氧化物酶是植物呼吸末端氧化酶之一，在植物器官脱落过程中活性也有增强。菜豆叶柄随着老化时间延长，过氧化物酶活性增加，并在脱落前达最高值。摘叶和乙烯处理等都能提高叶枕过氧化物酶活性，尤其是在脱落进程中，对离区中已分离的细胞活性更强。过氧化物酶参与 IAA 的氧化过程，可降低离区 IAA 的水平，从而间接促进脱落。过氧化物酶活性增加可能还对脱落后的木质化进程有重要作用。

（二）脱落与植物激素

脱落是植物衰老的结果，而衰老又与内源激素的变化密切相关。因此器官的脱落必然受到体内各种激素的影响。

1. 生长素类。IAA 对器官脱落的效应与 IAA 的使用时间、浓度、处理部位等有关。若把 IAA 施于离区的近轴端（茎一侧），则加速脱落；施于远轴端（叶片一侧），则抑制脱落。这说明脱落与离区两侧的 IAA 含量密切相关。IAA 梯度学说认为，离区两侧 IAA 相对含量（远轴端 / 近轴端）的变化决定器官是否脱落。当远轴端 / 近轴端的 1AA 比值较高时，抑制或延缓脱落，当比值较低时，会加速脱落。

2. 乙烯。乙烯是与脱落有关的重要激素。双子叶植物的离区内存在特殊的乙烯反应靶细胞，这些细胞的分化对脱落起着关键性的作用。脱落的一个重要因子是组织对乙烯的敏感性，而且这种敏感性首先受到内源 IAA 含量的影响。IAA 越多，脱落带细胞对乙烯越不敏感。叶片脱落时乙烯作用的最初部位不在离区，而在叶片中，通过增加叶片中乙烯的含量，使游离型 IAA 转变成束缚态 IAA，阻碍叶片中 IAA 转移到离区，IAA 含量降低导致细胞对乙烯更加敏感，并最终引起各种水解酶的产生，促进脱落。

3. 脱落酸。幼果和幼叶的 ABA 含量低，当接近脱落时，ABA 含量增高。秋天的短日照促进 ABA 合成，因此该季节落叶与此有关。ABA 促进脱落的原因，是 ABA 抑制叶柄内 IAA 的传导，并且促进分解细胞壁的酶类分泌。但 ABA 促进脱落的作用低于乙烯，乙烯能提高 ABA 含量。

细胞分裂素和赤霉素也影响脱落，不过都不是直接的。如在玫瑰和香石竹中，CTK 处理能延迟衰老脱落，这是因为 CTK 能降低组织对乙烯的敏感性，并阻止乙烯的合成。综上所述，器官的脱落并非受某一种激素的控制，而是多种激素相互平衡的结果。

四、控制器官脱落的措施

研究器官脱落的调控，将有助于生产上进行器官脱落的人工控制。如苹果果实在采收前脱落，品质大为降低，延迟脱落可使采收时间延长并使果实在采收前更好地成熟。保花保果可以采取下列两种措施：①改善营养条件，如增加水肥供应和适当修剪，使花果得到足够养分。②应用植物生长调节剂，如给叶片施用 IAA 类化合物可延缓果实脱落。此外，采用乙烯合成抑制剂如 AVG 可有效防止果实的脱落。

生产上常用化学试剂促进脱落，如机械采收棉花或豆科植物前，先用脱叶剂使叶脱落，应用较多的脱叶剂有乙烯利和 2,3- 二氯异丁酸等。为了机械收获葡萄或柑橘等果实，常用氟代乙酸，环己亚胺等处理，使果实容易脱离母体枝条。这些药剂能促进脱落是因为它们诱导乙烯形成，并降低生长素的含量。

第四节　环境因素对衰老和脱落的影响

植物或其器官的衰老虽主要受基因的控制，但植物生长在不断变化的环境中，时刻受温度、光照、水分、气体和矿质营养等因子的影响，各种环境因对延缓或促进衰老和脱落有不同的影响。

一、温度

高温和低温均能诱发自由基的产生，进而导致膜相改变，启动衰老。高温一方面提高呼吸而加速物质消耗，促进脱落，如四季豆叶在 25℃下脱落最快，棉花在 30℃下脱落最快。另一方面，高温使土壤干旱，植物体在水分亏缺时易衰老脱落。低温既降低酶的活性，又影响物质的运输，常导致衰老和脱落，如低温影响植物的开花传粉，造成花果脱落，霜冻引起紫苏和棉花落叶。低温也是落叶树秋天落叶的重要因素之一。

二、光照

光能延缓菜豆、小麦、烟草等多种作物叶片或叶圆片的衰老。光延缓叶片衰老是通过环式光合磷酸化而供给 ATP，用于生物大分子的再合成，或降低蛋白质、叶绿素和 RNA 的降解。不同光质对衰老的作用不同，红光能阻止蛋白质和叶绿素含量的减少，远红光则消除红光的阻止作用，因此光对衰老的作用还与光敏色素有关。蓝光显著地延缓绿豆幼苗叶绿素和蛋白质的减少，延缓叶片衰老。光照充足时，器官不脱落；光照不足时，器官容易脱落。如过度密植，下部叶光照弱，易脱落。光照不足影响光合产物向花、果运输，导致脱落，凡含糖高的花、果不易脱落，低则易脱落。但光强过强，容易引起叶片强光伤害，引起衰老和脱落。此外，日照长度对脱落也有影响，短日照促进落叶而长日照延迟落叶。这可能与 GA 和 ABA 的合成有关。

三、水分

干旱促使向日葵和烟草叶片衰老，加速蛋白质降解和提高呼吸速率，叶绿体片层结构解体，光合速率下降。许多地区季节性的干旱使树木落叶，树木在干旱时落叶，以减少水分的蒸腾损失，否则会萎蔫死亡。干旱促使脱落，是因为干旱引起内源激素的变化，IAA 氧化酶活性增加，可扩散的 IAA 减少，CTK 活性下降，乙烯和 ABA 大量增加。此外，淹水条件也造成叶、花、果的大量脱落，其原因是淹水使土壤中氧分压降低，造成根系缺 O_2、营养失调和有害物积累中毒。淹水使根系合成 ACC 增加，运到地上部，释放大量乙烯引起叶片脱落。所以叶片脱落是植物对水分胁迫的适应。

四、气体

主要是 O_2 和 CO_2 两种气体。O_2 是许多自由基的重要组分，如果 O_2 浓度过高时，可加速自由基的形成，超过其自身的防御能力便引起衰老。低浓度 CO_2 有促进乙烯形成的作用，而高浓度 CO_2（5%～10%）则抑制乙烯形成，对衰老有抑制作用，在果蔬的贮藏保鲜中以 5%～10% CO_2，并结合低温可延长果蔬的贮藏期。

四季豆的叶柄外植体脱落时，有呼吸高峰，而不脱落的外植体，则 24 小时内呼吸速率稍有下降。据此推论脱落过程可能需要氧气，并与氧浓度有关。研究棉花外植体脱落与氧浓度的关系时，得到双 S 曲线（图 9-19）。当氧浓度增至 10% 时，器官脱落率急剧增加，10%～20% 氧浓度时，脱落率曲线平稳，25%～30% 氧浓度时，脱落率又剧增，氧浓度达到 30% 以上，脱落率不再增加，较高浓度氧增加脱落的原因可能是由于乙烯的生成。

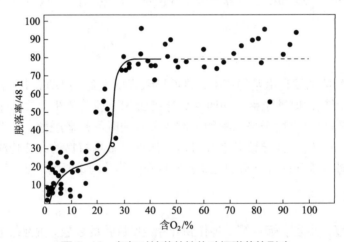

图 9-19　氧气对棉花外植体叶柄脱落的影响

五、矿质营养

缺 N 叶片易衰老，施 N 可延迟衰老。Ca 能延缓植物衰老，例如将番茄果实置于 1.1 mol·L^{-1} $CaCl_2$ 溶液中，可明显降低呼吸和其他代谢活动，延迟成熟。因为 Ca^{2+} 位于膜外部时，有稳定膜的作用，减少乙烯的释放。若 Ca^{2+} 进入内部则作用相反，进入内部的钙促进衰老是因为它活化了钙调蛋白，从而启动磷脂水解以及随之而来的脂氧合酶对膜的作用。矿质缺乏代谢失调，易引起脱落。其中 N、Zn 是 1AA 合成必需的，Ca 是细胞壁中胶层果胶酸钙的重要组分，所以缺乏矿质元素 N、Zn、Ca 等导致脱落。此外，缺 B 常使花粉败育，导致不孕或果实退化，也引起脱落。

此外，某些重金属如 Ag^+（10^{-10}～10^{-9} mol·L^{-1}）、Ni^{2+}（10^{-4} mol·L^{-1}）和 Co^{2+}（10^{-3} mol·L^{-1}）能延缓水稻叶片的衰老。这是因为 Ag^+ 是植物体内乙烯的清除剂或生物合

成抑制剂；Ni^{2+} 和 Co^{2+} 则有抑制植物体内合成乙烯和 ABA 的双重作用。但电离辐射、病虫害和大气污染等均可引起植物衰老和脱落。

❀ 小结

衰老是植物发育的组成部分，是植物在自然死亡前的一系列恶化过程，表现为程序性细胞死亡（PCD）的特征。可以在细胞、组织、器官以及整体水平上发生。引起衰老的原因有营养耗尽，即开花结实时，营养器官的养分运到生殖器官去，所以营养器官因缺乏养分而衰老；植物生理生化变化，如生物大分子的降解，细胞激素变化，特别是 CTK 下降及乙烯和脱落酸上升，活性氧自由基的增加和自由基清除系统能力下降等。分子生理研究表明，许多 PCD 基因，如半胱氨酸天冬氨酸专性蛋白酶及衰老与衰老相关基因（SAGs）的表达；表观遗传修饰也对衰老起重要作用，它们通过染色质重塑、组蛋白翻译后修饰、DNA 甲基化和去甲基化及小 RNAs 途径等启动衰老进程，破坏体内氧化还原平衡，并破坏核酸、蛋白质和生物膜的结构，从而促进衰老。衰老主要受遗传基因的控制，但是环境条件也有一定调节作用。

脱落是植物适应环境，保存自己和保证后代繁殖的一种生物学现象。脱落是器官衰老的结果，脱落的机理与衰老有密切联系，器官脱落可受多种环境因子的诱导。脱落包括离区细胞分离和分离面保护组织的形成两个过程并发生一系列生理生化变化，脱落过程受植物激素调控。通过植物基因工程和改善植物生长条件，能有效延缓植物衰老和防止器官脱落。

🔍 思考题

1. 简述植物衰老的概念、类型及意义。
2. 试述植物衰老过程生理生化变化及调控。
3. 什么是程序性细胞死亡？
4. 什么是 SAGs？它们怎样引起植物衰老？
5. 什么是自由基和自由基清除系统？它们在植物衰老中扮演什么角色？
6. 什么是脱落？脱落过程有哪些生理生化变化？
7. 你认为用植物转基因延缓衰老前景如何，应注意什么。

🌐 主要参考文献

杨同文，李成伟. 植物叶片衰老的表观遗传调控 [J]. 植物学报，2014，49：729–737.

Buchanan B B，Gruissem W，Jones R L. Biochemistry and Molecular Biology of Plants [M]. 2nd ed. London：John Wiley and Sons，2015.

Clapier C R，Cairns B R. The biology of chromatin remodeling complexes [J]. Annu Rev Biochem，2009，78：273 ~ 304.

Gan S S，Amasino R M. Inhibition of leaf senescence by autoregulated production of cytokinin [J]. Science，1995，270：1986–1988.

Guo P，Li Z，Huang P，et al. A tripartite amplification loop involving the transcription factor wrky75，salicylic acid，and reactive oxygen species accelerates leaf senescence [J]. Plant Cell，2017，29：2854–2870.

Guo Y，Gan S S. AtMYB2 regulates whole plant senescence by inhibiting cytokinin–mediated branching at late stages of development in Arabidopsis [J]. Plant Physiol，2011，156：1612–1619.

He Y，Yu C，Zhou L，et al. Rubisco decrease is involved in chloroplast protrusion and Rubisco–containing body formation in soybean（*Glycine max.*）under salt stress [J]. Plant Physiol Biochem，2014，74：118–124.

He Y H. Chromatin regulation of flowering [J]. Trends Plant Sci，2012，17：556–562.

Hildmann C，Riester D，Schwienhorst A. Histone deacetylases—an important class of cellular regulators with a variety of functions [J]. Appl Microbiol Biotechnol，2007，75：487–497.

Jibran R，Hunter D A，Dijkwel P P. Hormonal regulation of leaf senescence through integration of developmental and stress signals [J]. Plant Mol Biol，2013，82：547–561.

Kim J H，Woo H R，Kim J，et al. Trifurcate feed-forward regulation of age-dependent cell death involving miR164 in Arabidopsis [J]. Science，2009，323：1053–1057.

Lim P O，Kim H J，Nam H G. Leaf senescence [J]. Annu Rev Plant Biol，2007，58：115–136.

Liu P，Zhang S，Zhou B，et al. The histone H3K4 demethylase JMJ16 represses leaf senescence in Arabidopsis [J]. Plant Cell，2019，31：430–443.

Penterman J，Zilberman D，Huh J H，et al. DNA demethylation in the Arabidopsis genome [J]. Proc Natl Acad Sci，2007，104：6752–6757.

Rubio–Somoza I，Weigel D. MicroRNA networks and developmental plasticity in plants [J]. Trends Plant Sci，2011，16：258–264.

Seltmann M A，Stingl N E，Lautenschlaeger J K，et al. Differential impact of lipoxygenase 2 and jasmonates on natural and stress-induced senescence in Arabidopsis [J]. Plant Physiol，2010，152：1940–1950.

网上更多资源

📖 扩展阅读　　　🖥 教学课件　　　📝 思考题解析

第十章

植物逆境生理

地球的陆地面积仅为 140 亿 hm^2，其中只有 14 亿 hm^2 适合作物种植，37 亿 hm^2 遭受干旱、16 亿 hm^2 遭受淹水，29 亿 hm^2 遭受盐胁迫、32 亿 hm^2 土层较浅，还有 20 亿 hm^2 土层非常浅。随着城市化和工业化的快速发展，可耕地破坏、损失和环境污染问题日益突出。因此，在自然和农业生产条件下，生长环境往往不利于植物的生长发育。我们把不利于植物生长发育甚至存活的各种环境因子统称为逆境或胁迫（stress）。逆境可分为自然逆境（natural stress）和人为逆境（anthropogenic stress），自然逆境又可分为生物逆境（biotic stress）和非生物逆境（abiotic stress）。生物逆境由昆虫、病原物和杂草等引起；非生物逆境主要由干旱、水涝、低温、高温、盐碱、风、雪、冰、雷、雹、光、电离子辐射等所致。人为逆境是指由人类活动导致的除草剂、杀虫剂、化肥、SO_2、NO_X、O_3、过氧酰硝酸盐和重金属等污染。这些逆境因子之间互相交叉，相互影响。研究植物在逆境下的生命活动变化规律、特有的生理反应称为逆境生理学（stress physiology）。研究植物逆境生理，对于提高植物的抗逆性，培育抗性作物品种，减少逆境损失都具有十分重要的意义。本章在简述植物对逆境的共同生理适应反应的基础上，着重介绍水分、温度和养分逆境等非生物因子和病害等生物因子对植物的危害及植物抗逆的生理基础。

第一节 植物逆境及植物对逆境的响应

逆境会对植物正常生命活动产生影响，植物也可接受并识别逆境信号而发生反应。植物在细胞水平上识别逆境信号后，通过信号转导途径，诱导生理生化变化和基因表达，从而改变植物的生长发育、器官发生等来适应逆境。逆境的持续时间、严重性以及出现的频率都可以影响植物的反应。多种逆境联合作用会引起与单种类型逆境出现时不同的反应。植物自身的特征，包括哪种器官和组织、在什么发育阶段、什么基因型等也会影响植物对逆境的反应。植物通过多种机制对逆境作出响应并存活，而无法对严峻的逆境作出补偿的植物将死亡（图 10-1）。

一、植物逆境的概念

习惯上把植物对逆境的抵抗能力称为抗逆性（resistance）。这是由于植物在逆境下为了生存，逐渐在其形态结构、生理生化和分子机制上形成了一系列对逆境的适应性（adaptability）或驯化（acclimation），如水生植物形成发达的通气组织，把氧气输

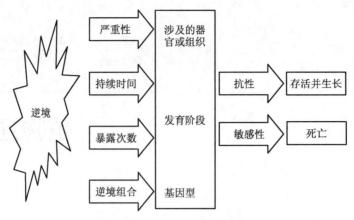

图 10-1　决定植物适应逆境的因素

送到根部；仙人掌叶片退化为刺，并形成 CAM 代谢途径。植物的抗逆性常分为避逆性（avoidance）和耐逆性（tolerance）。避逆性是指植物通过对生育周期的调整，使它的整个生长发育过程不与逆境相遇，从而逃避逆境危害，如沙漠中的短命植物在雨季迅速完成生活史。耐逆性是指植物通过形态结构、生理生化和一些基因表达的变化来阻止、降低甚至修复由逆境造成的损伤，从而维持正常的生理活动。如形成厚的角质层和致密叶面茸毛，减小气孔开度和叶片在强光下卷曲等，以减少蒸腾来适应干旱的环境；或者形成通气组织和改变代谢途径等适应淹水环境；或形成热激蛋白和抗冻蛋白等适应温度逆境。植物对逆境的抵抗可能只通过一种机制起作用，也可能是通过两种或以上的机制共同起作用。

二、植物对逆境的响应

植物对逆境的适应能力叫作植物的逆境适应性，这种适应是多方面的，并有许多共性，在生理方面主要表现为：

（一）生物膜的稳定性

生物膜结构和功能的稳定性与植物的抗逆性密切相关。植物遭受干旱、高温、低温、盐害和病害等胁迫能使细胞膜系统受到损伤，即膜蛋白变性及膜脂流动性变化造成的膜脂相变和膜结构破坏，导致膜透性增加和细胞内容物渗漏。细胞内活性氧代谢失调和膜脂过氧化作用加剧是膜损伤的重要原因。逆境使细胞内 ROS（如 O_2^-、OH^-、H_2O_2、$^1O_2$ 和 $ROO^·$）水平上升，而 ROS 清除系统的活性下降，打破了细胞内 ROS 产生和清除的动态平衡状态。膜脂过氧化产物与蛋白质、核酸结合使其变性失活。一般认为，在逆境下活性氧清除能力强的植物，抗逆性也强。

（二）代谢反应

除干旱直接导致植物的水分胁迫外，其他多种逆境也间接带来植物的水分胁迫，导致细胞脱水、植株萎蔫、光合速率下降、同化产物减少、运输受阻、淀粉和蛋白质等大分子物质降解等一系列生理变化。呼吸作用变化则因不同的胁迫而异，干旱、高温、盐胁迫增强呼吸速率并使氧化磷酸化解偶联，而涝害则抑制有氧呼吸、增强无氧呼吸。

植物可以通过改变代谢途径来提高抗逆性。逆境能显著影响体内的碳代谢途径，甚至在一些植物中，C_3 光合作用途径向 C_4 或 CAM 光合作用途径转变，C_4 光合作用途径向 CAM 光合作用途径转变。

（三）渗透调节作用

多种逆境都会对植物产生直接或间接的水分胁迫。在一定的胁迫范围内，某些植物可以通过主动积累无机和有机物质，降低细胞的渗透势来提高保水力，从而适应渗透胁迫，这种现象称为渗透调节（osmotic adjustment）。通过渗透调节能完全或部分地维持细胞膨压，以利于细胞生理生化过程正常进行，保持细胞持续生长；维持气孔开放，以保证一定的光合作用速率。此外，渗透调节作用还在维持生物膜的稳定性和保护酶活性等方面具有重要生理功能。在无法进行渗透调节的细胞中，溶质被动浓缩，膨压消失（图 10-2），植株受害。

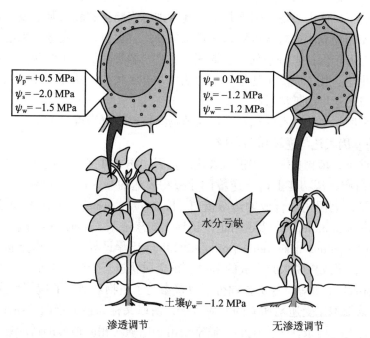

$\psi_p = +0.5$ MPa
$\psi_s = -2.0$ MPa
$\psi_w = -1.5$ MPa

$\psi_p = 0$ MPa
$\psi_s = -1.2$ MPa
$\psi_w = -1.2$ MPa

水分亏缺

土壤 $\psi_w = -1.2$ MPa

渗透调节　　　　　　　　　　　　无渗透调节

图 10-2　植物细胞的渗透调节作用（引自 Buchanan et al.，2015）

渗透调节物质的种类很多，大致可分为两大类：一是由外界进入细胞的无机离子，包括 K^+、Cl^-、Na^+、Ca^{2+} 等；二是在细胞内合成的有机溶质，如脯氨酸、甜菜碱、可溶性糖等。渗透调节物质具有的共同特点是：分子量小，易溶于水；有机渗透调节物在生理 pH 范围内不带净电荷；不易透过细胞膜；引起酶构象变化的作用小；生成迅速。不同植物对逆境的反应不同，因而细胞内积累的渗透调节物质也不同。

（四）植物激素的变化

逆境促使植物体内激素的含量和活性发生变化，并通过这些变化来影响生理过程。在逆境条件下，ABA 和乙烯含量增加，而 IAA、GA 和 CTK 的含量减少，其中以 ABA 的变化最为显著。

人们称 ABA 为胁迫激素（stress hormone），它调节着植物对逆境的适应性。在低温、高温、干旱和盐害等多种胁迫下，逆境增加叶绿体膜对 ABA 的透性，触发合成系统生成大量 ABA，并加快根部合成的 ABA 向叶片运输及积累，使得植物体内 ABA 含量大幅度升高。ABA 的增多可使生物膜稳定，维持其正常功能；延缓自由基清除酶活性下降，阻止体内的过氧化作用；促进渗透调节物质的积累，增加渗透调节能力；关闭气孔，减少蒸腾失水，增加根细胞的透水性和水的通导性，维持植物体内水分平衡；调节逆境蛋白基因表达，促进逆境蛋白合成，提高抗逆能力。实验证明，植物体内 ABA 含量与其抗性大小呈正相关。

植物经历某种逆境后，能提高对另一种逆境的抵抗能力，这种对不良环境间的相互适应作用称为交叉适应或交叉忍耐（cross tolerance）。ABA 不仅是逆境的信号激素，而且能使植物产生交叉适应。这是因为 ABA 能诱导植物发生适应性的生理代谢变化，从而增强了抵抗多种逆境的能力，形成了交叉适应性。实验证明，外施 ABA 能提高植物对多种逆境的抗性。由此可知，ABA 在抗逆生理中具有很重要的适应作用。

植物在逆境下，体内乙烯成倍或几十倍地增加，当胁迫解除时则恢复正常水平。逆境乙烯的产生可使植物克服或减轻因胁迫所带来的伤害，促进器官衰老，引起枝叶脱落，减少蒸腾面积，有利于保持水分平衡。乙烯还可提高与酚类代谢有关的酶类（如苯丙氨酸解氨酶、多酚氧化酶、几丁质酶）活性，并影响植物呼吸代谢，从而直接或间接地参与植物对伤害的修复或对逆境的抵抗过程。

许多实验表明，多种激素的相对含量对植物的抗逆性更为重要。

（五）逆境基因表达与逆境蛋白合成

在逆境条件下，植物关闭一些正常表达的基因，诱导许多与逆境适应的基因表达，合成一些新的蛋白质。从功能上讲，逆境诱导植物表达的基因可分为两大类：第一大类是功能蛋白，包括由高温诱导合成的热激蛋白（heat shock protein，HSP）、低温诱导合成的抗冻蛋白（antifreeze protein）、渗透胁迫下诱导出的渗透素（osmotin）、病原菌感染后形成的病原相关蛋白（pathogenesis-related protein，PR）、干旱诱导产生的水分胁迫蛋白（water stress protein）、种子成熟脱水时合成的 LEA、重金属胁迫下合成的重金属结合蛋白（heavy metal binding protein）等等。这类蛋白分子直接参与了植物对逆境的应答反应和修复过程，是直接保护植物细胞免受逆境伤害的效应分子，所以又称为逆境蛋白（stress protein）。逆境蛋白是在特定的环境条件下产生的，通常使植物增强对相应逆境的适应性。不同逆境也常常诱导出一些相同的或相似的逆境蛋白，如干旱、盐渍、厌氧胁迫均诱导形成热激蛋白。第二大类是调节蛋白，包括蛋白激酶、转录因子、磷脂酶等，这类蛋白通过参与植物逆境信号转导途径或通过调节其它效应分子的表达或活性而起作用。这两类蛋白的表达有的依赖于 ABA 的存在，有的不依赖于 ABA。

第二节 水分逆境

由于地球上雨量在空间和时间上的分布不均，使得地球上将近 1/3 的地方处于干旱状态。即使是非干旱地区，一年中也会遇到缺水或水分过多的情况。植物的水分逆境（water stress）则包括干旱和水涝。

一、旱害

旱害（drought injury）是指当植物耗水大于吸水时，组织内水分亏缺导致对植物的危害。它往往由干旱引起，干旱分为两种类型：①土壤干旱——土壤缺乏可供植物吸收利用的有效水分；②大气干旱——空气温度高而相对湿度很低（10%～20%）所造成的干旱环境，常导致植株发生萎蔫，地上部分失水干枯。

（一）旱害的生理机制

无论哪一种干旱其实质是由植物体内水分代谢失调导致的生理干旱。旱害的共同机制是：

1. 各部位间水分重新分配。水分不足时，不同器官不同组织间的水分，按各部位的水势高低重新分配。发育完全的功能叶向老叶夺水，促使老叶死亡和脱落；成熟部位的细胞向胚胎组织夺水，引起植物花、果发育不良。如禾谷类作物幼穗分化期遭遇干旱，小穗数和小花数减少；灌浆时缺水，则影响籽粒的饱满度，造成减产。

2. 细胞膜结构遭到破坏。植物细胞脱水的直接伤害是破坏了细胞膜结构。正常状态下，磷脂极性头部与束缚水相互连接，膜脂亲水部分向外，亲脂部分向内呈双分子层排列。细胞严重缺水后，膜脂分子结构呈无序的放射性排列，出现空隙和龟裂，透性增大。间接伤害则是由于细胞失水引起的水分分配异常、代谢失调、营养缺乏、生理过程改变等。

3. 破坏正常代谢过程。细胞缺水抑制合成代谢而促进分解代谢。水解酶活性加强，合成酶活性降低；蛋白质合成减弱而分解加强；叶绿素分解大于合成；DNA 和 RNA 合成代谢减弱；促进生长发育的植物激素减少，而抑制生长发育的激素增加。由此破坏了正常代谢过程，甚至发生代谢紊乱。

4. 影响其他生理过程。植物不同生理过程对水分亏缺的敏感性是不同的（图 10-3）。细胞伸长生长对干旱最为敏感，轻微的水分亏缺即可引起生长速率明显下降，植株矮小。水分不足，气孔开度变小，蒸腾减弱，影响矿质元素的运输；同时使 CO_2 进入叶肉细胞困难，增大光合作用的气孔限制，导致光合速率明显下降；缺水还可增强呼吸作用，但 P/O 比下降，氧化磷酸化解偶联。

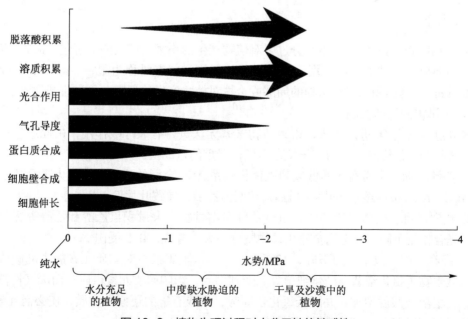

图 10-3 植物生理过程对水分亏缺的敏感性

（二）植物抗旱的生理基础

从形态适应角度，植物可通过发达的深根利用深层土壤中的储存水，同时扩大吸水面积，保持水分供应；发达的贮水组织，使植物本身不发生水分亏缺；发达的输导系统，有利于水分的及时运输；发达的保护组织，减少水分消耗；叶片小而退化，减少蒸腾失水等，从而使植物在干旱环境下的各种生理生化过程仍能保持正常状态，以适应干旱。

另一方面，植物可通过代谢反应阻止、降低或修复由水分亏缺造成的损伤，保持较正常的生理状态。如维持细胞膜的选择透性，使细胞内含物不易渗漏；提高原生质保水力，保持原生质胶体的稳定性；水解酶活性变化小，减少生物大分子的降解；调节细胞渗透势（见图 10-2），维持较强的吸水与保水能力；控制气孔开度，减少蒸腾失水；快速合成 ABA、脯氨酸和抗旱蛋白等，提高抗旱能力。总之，能够获得更多水或者水分利用率高的植物抗旱能力则强。

（三）提高植物抗旱性的途径

1. 抗旱锻炼。抗旱锻炼（drought hardening）是指在种子萌发期或幼苗期人为地给予植物以亚致死干旱条件，让植物经受干旱锻炼，可增强其对干旱的适应能力。如将萌动的种子风干，再吸胀再风干，反复 3 次后播种。经过干、湿处理的种子抗旱能力增强，发芽快，发芽整齐。而苗期锻炼主要采用蹲苗（hardening of seedling），即苗期适当减少水分供应，促进根系发达，抑制地上部生长，提高抗旱能力。"蹲苗"措施常用于北方的玉米、棉花、大麦的栽培。

2. 合理施肥。增施磷、钾、钙肥，适当减少氮肥用量，以控制地上部营养生长的速度；增加细胞内渗透调节物质含量，降低细胞的渗透势；提高原生质胶体的水合度和黏度，增强植物抗旱能力。硼、铜等微量元素也有助于植物抗旱。

3. 施用抗蒸腾剂。使用长链脂肪醇、低黏度硅酮等薄膜型物质，喷在植物叶面形成单分子层薄膜，减少蒸腾失水。抗蒸腾剂能降低蒸腾作用，提高抗旱性。在一定浓度范围内这些物质可以减少水分消耗，且对光合作用影响很小。有的已在干旱地区的生产上应用。

二、涝害

涝害（flooding injury）是指水分过多对植物产生的伤害。广义的涝害包括湿害和洪涝。土壤气相部分完全被液相所占据，土壤水分处于饱和状态时称为湿害（wet injury 或渍害 water logging）；地面积水淹没植物的局部或全株对植物产生的危害，称涝害或洪涝。

（一）涝害的生理机制

水分过多妨碍 O_2 进入土壤，以致植物根系无法进行有氧呼吸作用，由此产生一系列伤害。这些伤害最终导致植物生长发育不良，严重的造成植株死亡。

1. 乙烯增加。水涝造成的低氧刺激植物根系 ACC 合酶的活性，从而大量合成乙烯的前体 ACC，ACC 被运送到茎叶后接触 O_2 转变为乙烯，导致叶片偏上生长。

2. 代谢紊乱。无氧呼吸增强，过度消耗可溶性糖，大量积累乙醇和乙醛等无氧呼吸产物；光合作用下降，甚至完全停止；物质分解大于合成，生长受阻。

3. 营养失调。根系活力下降，ATP 供应减少，阻碍根系对矿质元素的主动吸收；土壤好气微生物（氨化细菌、硝化细菌等）受到抑制，影响矿质元素供应；而厌气性微生物活跃，土壤溶液酸度增加，并降低氧化还原势，形成有害的还原性物质，使必需元素 Fe、Zn、Mn 等被还原流失，造成植株营养缺乏。

（二）植物抗涝性的生理基础

不同植物、同一植物不同生育期抗涝能力有别，植物抗涝性大小取决于对缺氧的适应能力。

1. 形态适应性。低氧刺激乙烯的产生，乙烯诱导 Ca^{2+} 信号转导，激发了根皮层中央部位细胞的程序性死亡，原生质和细胞壁降解，形成发达的溶生通气组织（图 10-4），可将氧气从地上部向缺氧的根部组织运输；同时促进茎的延伸，有助于叶片尽快伸出水面。

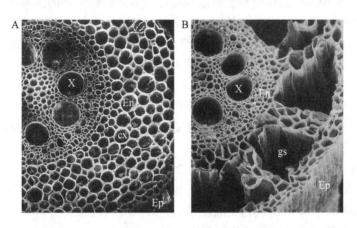

图 10-4　低氧条件下玉米根皮层形成的溶生通气组织（引自 Taiz et al.，2015）

A. 通气的水培根组织（对照）　B. 通气的水培根组织（缺氧）

X，导管　En，内皮层　CX，皮层　Ep，表皮　gs，充满空气的气道

2. 生理适应性。耐涝的生理机制就是要消除有毒的无氧呼吸产物，或者对有毒物质具有忍耐力。耐涝植物感应到低氧信号后刺激糖酵解途径，早期可促进乙醇发酵，避免细胞质酸中毒，或提高将细胞质中乳酸输送至周围环境的能力；缺氧后期磷酸戊糖途径则占优势，从根本上阻止有毒物质的形成。

（三）提高植物抗涝性的途径

要防止和减轻植物涝害，根本的途径是兴修水利，建好排灌系统，防止涝灾发生。采用高畦栽培措施，可减少湿害。一旦发生涝灾，要及时排除积水，清洗植株，适当施肥，帮助植物尽快恢复正常生长。此外，通过发掘植物耐涝相关植物种质和基因，培育耐涝植物品种。

第三节　温度逆境

温度逆境较为普遍，寒冷的秋冬和早春的低温容易使植物遭受冻害和冷害，而夏季的高温易使植物遭受热害。温度逆境是植物生产的一大威胁，在 1972 年和 1976 年我国东北由于严重的冷害，导致水稻产量分别降低了 42% 和 37%。同样，温度超过 30℃，每升高一度，小麦籽粒产量每天减少 1%～1.6%。

一、低温胁迫

（一）冷害及其伤害机理

1. 冷害。冷害（chilling injury）是指冰点以上低温对植物的危害。冷害在我国常发生于早春和晚秋，如早稻播种育秧期遇寒流气温骤降，可造成发芽受阻、烂秧等；晚稻抽穗灌浆期遇低温，就会造成不结实或使空秕粒增加。

2. 冷害伤害机理。膜脂相变和代谢紊乱是冷害导致植物损伤的主要原因。

（1）膜脂相变。冷害对植物伤害的根本原因，普遍认为是由于组成细胞膜的膜脂发生了相变，造成膜的损坏，引起代谢紊乱，严重时导致细胞死亡。在常温下，生物膜的膜脂呈液晶相，保持一定的流动性。当温度降低到临界温度时，膜从液晶相转变为凝胶相，膜收缩，出现裂缝。一方面使膜透性增大，细胞内容物外渗；另一方面使与膜结合的酶系统受到破坏，酶活性下降，蛋白质变性或解离，最终造成代谢紊乱（图10-5）。实验证明，不耐冷的植物在低温下细胞电解质外渗量增加，这已成为鉴定植物抗冷性的重要指标之一。

冷敏植物在 10～17℃、抗冷植物在 0～2℃时，就会发生膜脂相变。相变温度与磷脂种类有关，其顺序为磷脂酰甘油＞磷脂酰乙醇胺＞磷脂酰胆碱；还与膜不饱和脂肪酸含量有关，不饱和脂肪酸含量高的膜相变温度较低，故抗冷性较强。植物就是通过调节膜脂不饱和度来维持膜的流动性，以适应不同温度。

（2）代谢紊乱。植物受冷害后，不仅生长减缓、叶片变褐、出现伤斑，更严重的是在细胞的生理生化上发生了剧烈变化。这些变化包括原生质环流减慢或停止，水分平衡失调，根系吸收能力下降，光合作用减弱，呼吸速率大起大落，物质代谢混乱，物质运输受阻等。

3. 冷胁迫响应基因。水稻喜高温、多湿、短日照，对低温敏感，低温使枝梗和颖花

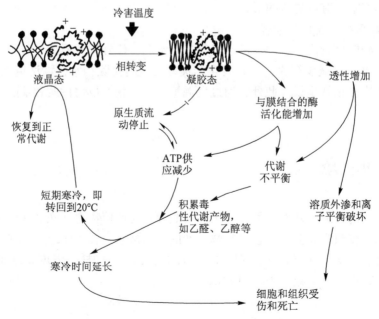

图 10-5 植物受冷害时细胞膜变化的图解

分化延长，开花最适温 30℃ 左右，低于 20℃ 或高于 40℃，受精受严重影响。因此只能种植在特定气候区域。粳稻是一种种植于温带和寒带地区的水稻亚种，生长期长，一般一年只能成熟一次，粳稻具有耐寒习性，粒形短圆，与野生稻有较大差异。人类对粳稻施加的人工选择使得水稻能够生长在温度更低的区域。研究人员发现冷基因 1（cold1）能够赋予粳稻耐寒特性，过表达该基因能够显著增强水稻耐寒抗冻的能力，但缺失或低表达则使得水稻对低温敏感。该基因能够编码一种 G 蛋白信号通路的调控因子，调节定位在细胞质膜和内质网上的 G 蛋白复合物。其编码产物能够与 G 蛋白 α 亚基相互作用激活钙离子通道，感受低温并加速 G 蛋白 GTP 酶活性。进一步鉴定出该基因上来自于中国普通野生稻的一个单核苷酸片段多态性（SNP）位点，增强了其赋予粳稻耐寒特性的能力（Ma et al., 2015）。

在低温驯化或冷胁迫过程中，大量基因被诱导表达。其中，很多冷胁迫响应基因也可被 ABA 处理或渗透胁迫诱导表达。可见不同胁迫间存在信号交互。许多冷胁迫诱导基因受到无花瓣 2/ 乙烯响应子转录因子 CBFs（C-repeat binding factors），又名 DREB1s（dehydration-responsive element-binding protein 1s），即 CBF1/DREB1b、CBF2/DREB1c 和 CBF3/DREB1a 的调控。CBFs 调控的下游基因参与磷酸肌醇代谢、ROS 解毒，跨膜运输，激素代谢，信号和细胞功能保护等一系列过程。CBF/DREB1 结合基因启动子序列上的 CRT/DRE 元件（C-repeat/dehydration-responsive，ABA-independent sequence elements）来启动基因转录表达。CBF/DREB1 仅被低温诱导，不受渗透胁迫或盐胁迫诱导。CBF1/DREB1b 转录表达受到 MYC 型 bHLH 转录因子，ICE1（inducer of CBF expression1）调控。ICE1 可结合 CBFs 启动子上的 MYC 识别序列，并在低温驯化时调控 CBFs 的表达。ICE1 组成型表达于细胞核内，但是它仅在低温时诱导 CBFs 的表达，表明低温胁迫对 ICE1 进行了翻译后的修饰，从而激活 ICE1。ICE1 由泛素化介导的蛋白水解过程负调控，但由小泛素蛋白相关调节子（small ubiquitin-related modifier，SUMO）E3 连接酶催化的 SUMO 化正调控（Chinnusamy et al., 2007）。

（二）冻害及其伤害机理

1. 冻害。冻害（freezing stress）是指冰点以下低温对植物造成的伤害。在我国东北、西北、江淮地区冬季及早春，冻害时有发生。冻害的临界温度因植物种类和低温持续时间长短而异。不同植物在结构上和适应能力上有明显的差异，所以抗冻能力也明显不同。由于温度下降到冰点以下的速度不同，细胞结冰的方式有 2 种：细胞间结冰与细胞内结冰。

细胞间结冰：当温度逐渐下降到冰点以下，首先细胞间隙结冰，引起细胞间隙水势下降，并从水势较高的周围细胞内吸水，扩大了冰晶的体积。增大的冰晶对细胞的机械挤压使细胞变形。温度回升时，冰晶融化，细胞壁易恢复原状，而原生质吸水复原较慢，因此有可能被撕破，所以胞间结冰的伤害是多方面的。细胞间结冰不一定引起植物死亡，一般越冬植物都能忍受，当温度慢慢回升至解冻后仍可照常生长。

细胞内结冰：当温度骤然下降时，除胞间结冰以外，细胞内的水分也结冰，一般先在原生质内结冰，然后在液泡内结冰。细胞内结冰直接伤害原生质，破坏其精细结构，导致致死性伤害。

马铃薯在 -3℃ 以下会被冻死，而有些冬小麦在 -37℃ 仍可存活。超低温液氮保存植物材料如花粉、愈伤组织、茎尖组织的情况则不同，将这些材料迅速投入液氮（-196℃）中，组织内水分来不及结冰就被玻璃化，当这些材料被从液氮中取出迅速解冻，仍能保持原有的生命力。

2. 冻害机理。主要有结冰引起的二硫键假说和膜损伤学说。

（1）二硫键（疏基）假说。在冰冻条件下，原生质逐渐结冰脱水，蛋白质分子相互靠近，相邻肽外部的—SH彼此接触，形成二硫键（—S—S—）。当解冻吸水时，肽链松散，由于二硫键比较稳定，蛋白质空间结构被破坏，导致蛋白质变性失活。

（2）膜伤害学说。细胞结冰伤害主要引起构成膜的脂类与蛋白质结构发生变化，不但膜受到伤害，失去了选择透性；而且与膜结合的酶也失活，光合磷酸化和氧化磷酸化解偶联，生成的ATP明显下降，引起代谢失调。

3. 抗冻机理。植物通过抗结冰和深过冷现象提高抗冻能力。

（1）防止结冰。植物在冷胁迫过程中可形成抗冻蛋白。在燕麦叶片中发现冷驯化形成的抗冻蛋白存在于表皮细胞和细胞间隙，从而抑制细胞外结冰。糖类和其他冷诱导蛋白也可能具有抗冷效果。推测它们在低温诱导细胞脱水时，可以稳定蛋白和膜。对冬小麦的研究表明，蔗糖浓度越高，抗冻性越强。

（2）深过冷现象（deep supercooling）。一个冰晶的形成通常需要几百个水分子聚集在一起，这一过程称为冰核形成（ice nucleation）。深过冷现象与组织内水分状态和组织结构相关，当水滴直径小于100 μm时，冰点会下降到-30℃以下。因此，当植物组织中的水处在微小孔隙和毛细管中时会出现深过冷现象。除了水的结构和深过冷有关外，植物的组织结构也与深过冷现象有关。如树木木质部细胞间的气体和坚硬干燥的细胞壁使成核体（ice nucleators）不易与过冷水接触，使这些细胞维持在过冷状态，抵御冬季的严寒。深过冷组织的水一旦遇到成核体，如来自空气中的尘埃，叶面的细菌以及水的小冰晶，会立即结冰使植物致死。

（三）提高植物抗寒性的途径

1. 抗寒锻炼。植物抗低温胁迫能力一方面是遗传决定的，另一方面可以在低温条件下经过一定时间的适应而获得。在冬季严寒到来之前，随着气温的逐渐降低和日照缩短，植物体内发生一系列适应低温的生理生化变化，抗低温能力提高，这个过程称为抗寒锻炼（cold acclimation）。经过抗寒锻炼之后，植物①含水量降低，而束缚水的相对含量增高；②呼吸减弱，消耗减少；③ABA含量升高，生长停止，进入休眠；④可溶性糖等保护物质积累；⑤低温诱导蛋白，如冷调节蛋白、LEA等合成。但不同植物及不同品种抗寒锻炼的效果不同。植物抗旱锻炼处理也可以提高植物的抗低温能力。

2. 化学诱导。利用化学药物可诱导植物抗冷性的提高。如玉米、棉花种子播种前用福美双（杀菌剂）处理能提高抗寒性，用生长延缓剂CCC、ABA处理也能提高植物的抗寒性。

3. 栽培管理措施。这是提高作物抗低温胁迫行之有效的途径。如适时播种，增施有机基肥和磷、钾肥，培育壮苗，薄膜覆盖，盖草、熏烟防冻等。目前，我国北方农业的设施栽培是减少低温危害的有效措施。

4. 分子育种。将分子生物学技术应用于育种中，在分子水平上进行育种。通常包括：分子标记辅助育种和遗传修饰育种（转基因育种）。分子育种不能等同于转基因。利用生物学技术，科学家们可以在不改变作物基因的前提下，改变其性状，或者仅仅是通过分子标记的方法筛选优良品种。有一些分子标记仅仅是测序，检测单核苷酸多态性，根本不涉及基因调控。从这些方面来看，分子育种显然不是转基因。但是在分子育种中，也包含了一些基因工程。

二、高温胁迫

高等植物活跃生长的组织在超过45℃的环境中一般无法存活，不同植物对高温的忍耐力不同，我们习惯上把35℃以上高温对中生植物的危害，称热害（heat stress）。

（一）高温对植物的伤害

高温直接损伤生物膜，导致膜脂液化，膜蛋白质变性失去原有功能，从而破坏整个细胞的结构。高温间接地导致代谢的异常，渐渐使植物受害，如高温下呼吸作用大于光合作用，造成植株饥饿；氧气的溶解度减小，积累无氧呼吸所产生的有毒物质；某些生化环节发生障碍，使得植物缺乏生长所必需的活性物质。

（二）植物抗热性的生理基础

1. 避免叶片过热的生理基础。抗逆性强的植物在长期进化和适应过程中形成了一些独特的结构和生理特性。例如：在叶面上覆盖茸毛或蜡质，反射阳光；叶片卷曲或直立趋向，减少太阳辐射的截留面积；较大的原生质黏度、较高的束缚水/自由水比值，提高细胞的保水能力等等。仙人掌属植物的茎肉质化，表面覆盖蜡质，茎内保存大量水分和有机酸，叶子变态发育成针状，气孔白天关闭夜晚张开，这一系列结构和生理的变化使仙人掌属植物能够适应高温干旱的环境而生存。

2. 热激蛋白（HSP，又名热休克蛋白）。将生物从正常的温度突然转移到40℃以上的温度下，原先一些蛋白质的合成被抑制，而诱导合成一些新的蛋白质，即HSP。HSP是一类在所有原核和真核生物中都非常保守的蛋白，其中大多作为分子伴侣行使功能。基于分子量大小可将HSP分为5个家族，HSP100（$100 \times 10^3 \sim 114 \times 10^3$）、HSP90（$80 \times 10^3 \sim 94 \times 10^3$）、HSP70（$66 \times 10^3 \sim 78 \times 10^3$）、HSP60（$34 \times 10^3 \sim 65 \times 10^3$）和植物特有的$15 \times 10^3 \sim 30 \times 10^3$的小HSP（small heat shock protein，smHSP）。热击或高温胁迫会造成细胞内许多酶和结构蛋白未折叠或错误折叠，导致蛋白功能丧失。HSP不仅参与细胞内新合成蛋白质的折叠和加工，而且参与胁迫造成的变性蛋白的复性和聚合蛋白的解聚，恢复正常折叠过程，以维持胞内环境的稳定，保护细胞不受高温伤害（图10-6）。

许多HSP的表达都受到一个热激转录因子（heat shock factor，HSF）控制。HSF是组成型表达的，在正常生理条件下以单体形式①存在于细胞质或细胞核内。当热胁迫时，HSF单体在核内组装成三聚体②，才能与HSP启动子的DNA特殊序列元件，即若干5bp的nGAAn交替排列而成的热激元件（heat shock element，HSE）结合③，刺激HSP mRNA转录④，翻译成为热激蛋白。HSF三聚体一旦与HSE结合③，HSF就磷酸化⑤。HSP70与磷酸化HSF三聚体结合⑥，复合体解离⑦，HSP就恢复为HSF单体⑧（图10-7）。

3. 植物感热机制。

植物感热机制首先是由热感受器（thermosensors）接受的。所谓热感受器是指接受热刺激并通过改变其自身结构或活性，或与其他分子相互作用，直接将热刺激转化为细胞信号转导，以触发下游生理响应的一类物质（Vu et al., 2019），包括：

（1）DNA/染色质。在细菌中，温度改变DNA的超螺旋结构和DNA结合蛋白的结构，导致复制和转录的变化。在拟南芥中，相关基因的表达，需要组蛋白变体H2A.Z迅速从核小体移除，从而使热激因子A1a（HSFA1a）以及其他的HSFA1，募集到转录起始位点

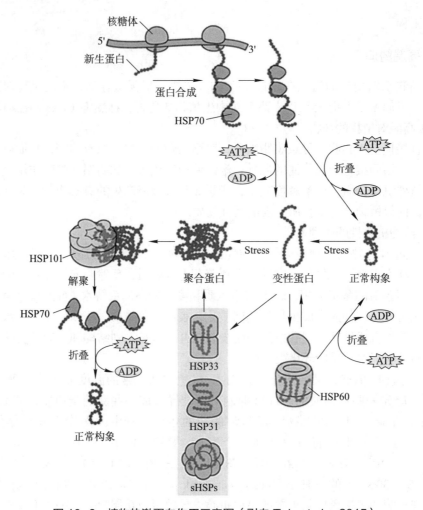

图 10-6　植物热激蛋白作用示意图（引自 Taiz et al., 2015）

周围的热激启动子上，高于 22℃ 的温度就有这种效应。

（2）RNA。细菌 RNA 在不同温度下会表现不同的颈环结构，来调控翻译。有些 mRNA 颈环结构会被高温"拉开"，促进核糖体结合和翻译。在拟南芥中，也已经有研究报道受胁迫响应而改变结构的 RNA，帮助植物快速感知环境刺激。因此，RNA 也有可能是一种热感受器。

（3）可变剪接。在植物中，开花位点 M（flower locus M，FLM）基因的 mRNA 前体的两种可变剪接形式 FLM-β 和 FLM-δ 的比例受温度调控，FLM-β 的表达水平会调控温度响应的开花过程。但其中的热感知的组分还未知。LHY 的 mRNA 前体的第一个内含子在低温处理后不被剪接体去除，可能导致其 mRNA 的降解，暗示温度改变可能影响 RNA 剪接因子与 mRNA 的结合，从而调控植物的生命活动过程。

（4）蛋白质构象。蛋白质的动态结构受到温度的影响，意味着蛋白质构象的改变可能是直接的热感知机制。研究发现，红光通过改变红光受体 phyB 的生色团的构象，使其从失活的 Pr 状态转向有活性的 Pfr 状态，而高温能逆转这种构象的改变，这是一个与光信号通路相拮抗的通路，使得 phyB 符合"热感受器"所应具备的标准。同样，光和温度信

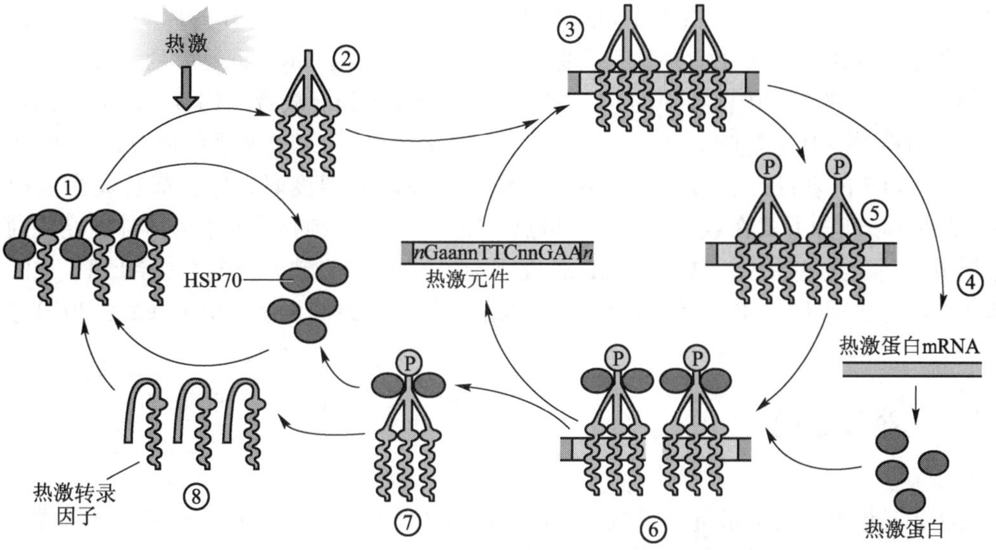

图 10-7　热激蛋白调控的基因表达机制

①正常生理条件下，热激转录因子（HSF）以单体形式存在于细胞质或细胞核内，②热胁迫时，HSF 单体组装成三聚体，③三聚体与热激元件（HSE）结合，④热激蛋白 mRNA 转录并翻译成为热激蛋白（HSP），⑤ HSF 就磷酸化，⑥ HSP70 与磷酸化 HSF 三聚体结合，⑦复合体解离，⑧ HSP 恢复为 HSF 单体

号也在蓝光受体 phot 的结构和活性上产生拮抗作用。温度也会影响蛋白 – 蛋白互作和蛋白的亚细胞定位，影响蛋白质复合物的形成。在植物中，高温诱导油菜素内酯信号通路正调因子 BZR1 和 E3 泛素连接酶 COP1 入核，二者都促进 PIF4 的表达来促进热形态建成。COP1 的细胞核定位需要其与 SPA 的互作，而 BZR1 的核质分配依赖于它的磷酸化状态。因此，对蛋白质翻译后修饰的研究可能有助于阐明上游的温度响应信号。温度的增加也可能导致蛋白质的错误折叠。在热胁迫下，热激蛋白 HSPs 结合错误折叠的蛋白质并释放 HSFs 来激活热激基因的转录；此外，HSP90 稳定生长素受体 TIR1 促进热形态建成，表明温度信号与热激响应和热响应发育存在交叉。

（5）膜蛋白。膜蛋白需要调整其构象，以便它们的跨膜部分与其周围的脂质双层保持最佳的疏水接触。植物的热处理诱导热敏感的膜钙通道产生快速的钙离子内流，从而激活热激反应。研究发现，膜分子能产生胁迫诱导的第二信使。在温度上升的几分钟内，磷脂酰肌醇磷酸激酶（PIPK）和磷脂酶 D 被激活，导致 PIP2 和磷脂酸在细胞中不同位置的积累。PIP2 在细胞中起各种功能，包括作为肌醇 1,4,5– 三磷酸酯（IP3）的前体，其控制胞内 Ca^{2+} 的释放并激活热激基因的转录。PIP2 水平对高温的快速响应表明上游热感知机制的存在。在哺乳动物中，参与 PIP2 合成的 PIPK 被募集到质膜中并被小 G 蛋白激活。在拟南芥中，抑制 GTP 酶活性也消除了热激活的 PIP2 的积累。植物中温度信息如何通过 G 蛋白信号或替代途径传导至 PIPK 仍然是未知的。

（6）夜晚复合体。温度控制植物的生长和发育，而气候变化已经改变了野生植物和农作物的物候。夜晚复合物是植物节律的主要信号枢纽和核心组件。夜晚复合体对温度响应性转录起抑制作用，通过未知的机制为生长提供节律性和温度响应性。夜晚复合体由早花 3（ELF3）蛋白、小 α 螺旋蛋白（ELF4）和 LUX 组成，ELF3 是温度感受器的关键组成部分；LUX 是将夜晚复合体招募到转录靶点所需的 DNA 结合蛋白。ELF3 包含一个聚谷氨酰胺（polyQ）重复序列，其嵌入在朊病毒结构域（prion domain，PrD）中。最新研究发现在拟南芥中 *ELF3* 的 PrD 可作为温度感受器。研究人员发现 polyQ 重复序列的长度与热响应性相关。来自热带气候植物中的 ELF3 蛋白并不能检测到朊病毒结构域（PrD），其在高温下具有活性并且缺乏热响应性。ELF3 的温度敏感性也受 ELF4 水平的调节，表明 ELF4 可以稳定 ELF3 的功能。在拟南芥和异源系统中，在较高温度时，融合绿色荧光蛋白的 ELF3 以 PrD 依赖的方式在数分钟内形成斑点。ELF3 的 PrD 纯化片段响应体外温度升高可逆地形成液滴，这些特性反映了由 PrD 直接赋予的生物物理响应。温度诱导 ELF3 在活性和非活性状态之间快速相转换的能力代表了以前未知的热感应机制（Jung et al., 2020）。

第四节　养分逆境

植物生长发育需要营养元素及其合适的浓度范围。这些元素的缺乏或过多会造成养分胁迫。氮、磷、钾作为养分三要素，植物需求量大，容易缺乏，造成胁迫，而无机离子尤其是盐离子又容易累积，造成盐胁迫。

一、盐胁迫

盐胁迫（salt stress）是指盐分过多对植物造成的危害。人们把含 NaCl、Na₂SO₄ 为主的土壤称为盐土，含 Na₂CO₃ 和 NaHCO₃ 较多的土壤称为碱土。通常两类同时存在，所以称盐碱土。一般土壤盐量在 0.2%～0.5% 时就不利于植物的生长，而盐碱土的含盐量有的高达 10%，严重地伤害植物。盐害不仅对植物有直接的伤害，而且破坏土壤结构，危害农业生产。据统计，全世界大约 20% 的农田受到高盐胁迫，每年造成的农业损失高达 270 亿美元。

（一）盐胁迫对植物的伤害

土壤盐分过多主要通过两方面直接伤害植物：一是土壤盐分过多，使土壤水势降低，造成水分胁迫，植物吸水困难，出现生理干旱；其二是某些离子过多导致的单盐毒害及引发的营养缺乏。特别是 Na⁺，当土壤中 Na⁺ 过多时，会置换根毛细胞质膜上的 Ca²⁺，破坏质膜透性，K⁺ 外流。由于高浓度的盐分致使植物遭受水分胁迫和离子毒害，从而引起植物一系列的生理代谢紊乱，如蛋白质合成受阻，分解加速；气孔关闭，光合速率下降；呼吸作用不稳等。此外，盐胁迫会激发 ROS 的大量累积，造成氧化胁迫。

（二）植物对盐胁迫的适应性

根据植物抗盐能力大小可将植物分为盐生植物（halophyte）和淡土（甜土）植物（glycophyte）。盐生植物具有较强的耐盐能力，可生长的盐度范围为 1.5%～2.0%。不同植物对盐胁迫的适应机理主要有 4 种方式。

1. 拒盐。这类植物根细胞质膜对盐离子透性小，根本不吸收或很少吸收盐离子，从而避免盐分胁迫，如长冰草。

2. 泌盐。这类植物吸收盐分后并不存留在体内，而是主动通过茎叶表面的盐腺（salt glands）排出体外（图 10-8），如海滨盐草、二色补血草、柽柳、匙叶草和獐矛等。

3. 稀盐。植物可通过快速生长，大量吸水或增加肉质化程度使组织含水量提高，或者通过细胞的区域化作用将盐分集中于液泡，达到稀释盐分的目的。

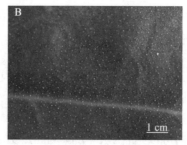

图 10-8 植物表面的盐腺泌盐（引自 Yuan et al., 2016）

A. 海滨盐草；在 0.55 mmol·L⁻¹ NaCl 溶液中处理 20~24 h 后，叶片表面的盐结晶。

B. 二色补血草；200 mmol·L⁻¹ NaCl 处理后叶片表面的盐结晶

4. 耐盐。植物在盐胁迫下，通过自身的生理代谢变化来适应因细胞内盐分积累所引起的渗透胁迫、营养缺乏，以维持正常的代谢过程。

（三）不同植物对盐胁迫的响应机制

除了适应性机制（遗传决定），不同植物存在抵抗盐胁迫的响应机制。例如植物可通过重新建立离子和渗透稳态，解除毒害和调节生长发育等来抗盐。而植物对盐胁迫的响应是从细胞感受盐离子信号开始的。

1. Na⁺ 的输入和感知。目前认为盐离子进入根细胞是通过质膜上的非选择性阳离子通道（noselective cation channels；NSCCs）实现的。NSCCs 活性受到不同盐诱导信号的调控，比如 Ca²⁺，3′,5′- 环鸟苷单磷酸（cGMP）和 ROS。其他通道蛋白和转运蛋白可能也参与 Na⁺ 的输入，但具体功能仍存在争议。因土壤中的 Na⁺ 可快速降低水分有效性，而地上部 Na⁺ 累积相对缓慢，因而认为早期盐胁迫响应是由渗透胁迫引起的，而 Na⁺ 特异性响应是后期产生的。但是，最新的研究表明植物根系存在快速盐特异性信号转导和快速 Na⁺ 诱导生长响应，表明存在来源于根的 Na⁺ 感受器。Na⁺ 可能在细胞间、细胞内或在质膜上被感知。植物中已鉴定到一个细胞外单价阳离子诱导的内流 Ca²⁺ 增加蛋白 1（monocation-induced Ca²⁺ inword 1，MOCA1），它可能为 Na⁺ 感受器。MOCA1 作为葡糖醛酸基转移酶，在质膜上产生鞘脂类糖基肌醇磷酸神经酰胺（GIPCs）。GIPCs 可以结合单价阳离子，从而激活 Ca²⁺ 通道，诱导下游盐胁迫响应（Jiang et al., 2019）。

2. Na⁺ 诱导的 Ca²⁺ 离子流。盐胁迫会产生三种不同类型的 Ca²⁺ 流：细胞钙峰值，快速响应钙波和晚期响应钙波。对植物局部盐胁迫处理表明，远程钙波的传播受高盐诱导而不受渗透胁迫诱导。这些波几乎是瞬间产生（盐处理 10 s），并在整个根传播甚至可在 30 s 内达到叶片。通过 MOCA1 产生的 PIGCs 可被 Na⁺ 结合，产生 Ca²⁺ 流。虽然其他胁迫如触摸、冷和渗透胁迫也可改变细胞 Ca²⁺ 浓度，但是钙波振幅、震荡模式和波传播特性上存在盐特异性。Ca²⁺ 流进一步与钙调磷酸酶 B 类蛋白（CBLs）结合，引起与其结合的它们互作的蛋白激酶（CBL-interacting protein kinases，CIPKs）磷酸化。离子稳态的重建就是通过钙依赖蛋白激酶（calcium-dependent protein kinase）通路，即盐高度敏感（salt overly sensitive，SOS）信号通路来实现。在根系中，Ca²⁺ 被 CBL4/SOS3 所感知，结合 CIPK24/SOS2。SOS2-SOS3 复合体磷酸化 Na⁺/H⁺ 反向运输蛋白（SOS1/NHX7），将 Na⁺ 排出细胞。而在地上部，CBL10 和 SOS2 互作，其复合体起到将 Na⁺ 泵到液泡内的作用，但是 CBL10-SOS2 复合体激活了哪个转运蛋白还有待鉴定。SOS2 也受到 SOS2- 类蛋白激酶

（SOS2-like protein kinase 5，PKS5）和 14-3-3 蛋白的激活。在正常情况下，PKS5 磷酸化 SOS2，从而使 SOS2 与 14-3-3 蛋白互作而失活。盐胁迫下，Ca^{2+} 结合 14-3-3 蛋白，使 PKS5 活性受到抑制，从而激活 SOS2（Yang et al., 2019）。

3. 磷脂和蛋白激酶信号。盐胁迫和渗透胁迫均可在 5 min 内产生几种磷脂信号，如多磷酸肌醇磷脂和磷脂酸（PA）。PA 是 PLC 或 PLD 水解磷脂的产物，可以结合并影响下游 ABA 信号和生长素运输相关蛋白。PA 也可通过 MAPK6 来影响 SOS1/NHX7。蛋白激酶家族 SnRK2 亚类 1 蛋白可以结合 PA（Zhao et al., 2019）。

4. 维持 Na^+/K^+ 稳态。维持细胞内 Na^+/K^+ 平衡是盐土上植物生存的关键。两种离子的相似性导致 K^+ 很容易被 Na^+ 取代。Na^+/H^+ 反向运输蛋白家族（Na^+/H^+ exchangers，NHXs）在其中起重要作用。SOS1/NHX7 就是其中的成员，定位于质膜，通过将 Na^+ 主动排出细胞，维持 Na^+/K^+ 平衡。除了 NHX7 和 NHX8，其他成员定位于细胞内组分，可以运输 Na^+ 和 K^+。在拟南芥中，超表达 NHX1 可提高其耐盐性，并增加地上部 Na^+ 累积。NHX1 和 NHX2 定位于液泡膜，推测它们和 Na^+ 的区室化有关（Apse et al., 1999）。

5. ROS 信号及其清除。ROS 是重要的信号分子，参与植物生长发育调控和各种胁迫响应。逆境会破坏 ROS 稳态，导致 ROS 过度累积，对植物组织造成严重损伤。盐胁迫可通过呼吸迸发同源盒（Rbohs）在植物中产生 ROS 的 NADPH 氧化酶，快速诱导产生质外体 ROS。ROS 先与多胺互作从而提高细胞质游离 Ca^{2+}，通过结合 Rbohs 的 N 端 EF-"手"模块，磷酸化并激活 Rboh 蛋白。Ca^{2+} 信号复合体 CBL1/9-CIPK26 可与 AtRbohF 互作并磷酸化 AtRbohF。显然，在盐胁迫早期，ROS 作为信号与 Ca^{2+} 信号协同工作，激发下游盐胁迫响应。一旦 ROS 过度累积，植物可通过启动抗氧化酶系统如 APX、GPX、CAT 和 SOD 等来解除 ROS 毒害，并使细胞重新建立氧化还原稳态。

（四）提高植物抗盐性的途径

生产上采用抗盐锻炼来提高作物对盐胁迫的适应力。如棉花种子播种前依次在 0.3%、0.6% 与 1.2% 的 NaCl 溶液中各浸种 12 h，可提高棉籽在盐土中的萌发率，并有利于以后的生长。利用生长调节剂促进植物生长，稀释体内盐分，如喷施吲哚乙酸或用吲哚乙酸浸种，可促进作物暂时生长和吸水，提高植物抗盐性。随着，大量耐（抗盐）基因和信号通道的发掘，通过基因改良和转基因培育高抗（耐）盐植物，已成为提高植物抗盐性的重要手段。

二、矿质营养胁迫

矿质营养胁迫是指土壤中营养元素缺乏 / 必需或非必需营养元素过剩影响植物正常生长发育的现象。由于土壤理化性状以及不能及时通过施肥的方式补充被植物吸收而带出土体的营养元素，营养胁迫现象相当普遍。为了适应营养胁迫，植物通过产生各种形态和生理生化的变化，以减缓或消除逆境。

（一）矿质营养胁迫对植物的危害

无论是自然状态还是农业生态系统，环境因素变化很大。在大多数生态系统中，矿质营养的有效性是限制植物生长和发育的主要因子，因为它们必须以植物可利用形式存在，并且有足够的量和合适的比例。另一方面，作物对它们的利用效率非常低。作物磷利用效率不足 15%~20%，而氮利用效率在 25%~50%。

（二）植物响应矿质营养胁迫的机理

形态学上，植物响应矿质营养胁迫一般通过促进根系生长同时抑制地上部生长。这种形态上的响应有利于养分吸收。例如，磷缺乏时，植物表现为原初根系发育增强，根系构型发生变化，根毛发生和伸长增加，也有分泌有机酸络合相应营养元素等。很多植物也会和真菌发生共生以增加对矿质养分的吸收。山龙眼科和白羽扇豆会发育排根（proteoid roots）。这些形态上的改变有助于磷的获得。根觅食（root foraging）是植物对缺氮的一种关键响应，表现为促进根系生长，根系向氮素富集区域增殖。

分子水平上，植物通过感受养分有效性，并通过信号转导途径调控矿质养分的吸收和转运。目前认为，植物根系可感知缺磷，然后将信号通过木质部传递到地上部。地上部接收该信号并与茎尖发生信号交流，再通过长距离运输途径将信号分子传递回根系。Pi，激素，miRNA，mRNA 和蔗糖都是该过程中可能的信号分子。植物根系感知 Pi 可能存在两种方式：一是位于质膜上的受体，另一种是感知胞内养分状况的胞内受体。在拟南芥中，低磷响应 1（low phosphate response，LPR1）和缺磷响应 2（phosphate deficiency response 2，PDR2）可能在根际 Pi 感知中起重要作用。LPR1 调节初生根生长，而 PDR2 控制干细胞分化和分生组织活性。在基因表达调控上，磷饥饿响应 1（phosphate starvation response 1，PHR1）是植物响应缺磷的核心转录因子。对水稻和拟南芥的研究表明，SPX（SYG1/Pho81/XPP1）蛋白对 PHR1 活性调节起关键作用。但是目前还不清楚 SPX 蛋白是通过感知内部 Pi 水平还是外部 Pi 水平来负调控 Pi 体内稳态（Hossain et al.，2017）。

在氮素感知上，NRT2、慢激活阴离子通道 / 及相关 1 同源物（slowly activating anion channel/ SLAC-associated 1 homolog，SLAC/SLAH），Al 激活苹果酸转运体（Aluminum-activated malate transporter，ALMT1）、硝酸盐 / 多肽转运蛋白（nitrate transporter1/peptide transporter family，NPF）和 NRT1/PTR 被认为可感知氮素。其中，NPF6.3 介导的氮素信号感知已相对清楚，它感知氮素不是通过它作为转运蛋白而是基于 CIPK23 依赖的磷酸化状态，磷酸化状态决定了 NPF6.3 到底是低亲和还是高亲和状态。植物可吸收 NO_3^- 也可吸收 NH_4^+，和 NO_3^- 不同，植物通过一个细胞钙相关蛋白激酶（$[Ca^{2+}]_{cyt}$-associated protein kinase，CAP1）感知 NH_4^+。叶绿体中的一种信号转导蛋白（PII）被认为是一种可能的感受胞内 N 水平的受体。PII 可以和 N^- 乙酰基谷氨酸盐激酶互作，该激酶是精氨酸生物合成和 N 代谢的关键酶（Hossain et al.，2017）。

缺钾导致质膜发生超极化，这被推测是植物对缺钾的原初响应，并激活下游信号。植物可能感知胞外 K^+ 水平，从而在生理和形态上对缺钾作出响应。AKT1 是 K^+ 离子双亲和转运蛋白，可能和硝酸根转运受体 NPF6.3 起到相似的功能，AKT1 也可被 CIPK23 磷酸化。

此外，营养元素的过量胁迫也可危害植物生长。植物通过根系减少（如 N 过多），减少吸收，区隔化（如重金属）到液泡或外排，产生结合蛋白、多肽和有机酸解毒等。

第五节　环境污染与植物的适应性

近年来，关于环境污染（包括土壤污染、大气污染和水体污染）的问题受到人们普遍关注。环境污染指自然的或人为的破坏，向环境中添加某种物质而超过环境的自净能力而产生危害的行为。因此，我们可把污染物（pollutant）定义为大气、水体或土壤中对有机体造成不利影响的物质。环境中污染物的输入可以是自然发生，但大多数情况是人为的（anthropogenic），即人类活动的结果。植物必须应对两类重要的污染物，一类是在土壤和水体中容易发生的重金属，另一类是在大气中容易发生的大气污染。

一、重金属

一些必需的金属元素如 Cu、Ni 和 Zn 过量及低浓度的非必需金属元素如 Cd、Pb 和 As 会对植物造成毒害。由于重金属元素具有难降解、易积累、毒性大、可被生物吸收富集等特点，从而严重威胁着各种动植物和人类的生命。其中对人体毒害作用最大的重金属有 Hg、Cd、Pb、Cr 和 As，俗称金属污染中的"五毒"。不同植物对不同的重金属有其不同的耐受能力。

（一）重金属对植物的毒害机理

重金属导致植物体内 ROS 产生速率和膜脂过氧化产物明显上升，从而使 ROS 的产生速度超出了植物清除的能力，因而引起细胞损伤；大量的重金属离子进入植物体内干扰离子间原有的平衡系统，造成正常离子的吸收、运输、调节和渗透等方面的阻碍，从而使代谢紊乱；进入植物体内的重金属离子，不仅和核酸、蛋白质、酶等大分子结合，而且还可以取代某些酶蛋白行使功能所必需的 Fe 和 Mn 等元素，使其变性或活性降低。

（二）植物对重金属的抗性机制

有些植物在遭受重金属胁迫时，体内迅速合成可束缚重金属离子的多肽，这类多肽称为重金属结合蛋白。根据植物重金属结合蛋白的合成和性质，可将其分为类金属硫蛋白（metallothoneins-like，MT）和植物螯合肽（phytochelatin，PC）。它们的分子量较低，几乎不含芳香族氨基酸，富含半胱氨酸，其结构中的 –SH 基螯合重金属离子的能力很强。因此，推测它们可能起着解除重金属离子毒性以及调节体内重金属离子平衡的作用。

植物在长期进化中产生了多种抵抗重金属毒害的防御机制，即能生存于某一特定的含量较高的重金属环境中，而不会出现生长速率下降或死亡等毒害症状。植物对重金属的抗性可划分为避性和耐性。避性是通过限制重金属离子跨膜吸收，与体外分泌物结合等外部机制保护自己，不吸收环境中高含量的重金属，维持体内较低的重金属浓度，从而免受毒害。耐性则是植物具有某些特定的生理机制，尽管体内具有较高浓度的重金属，也能不受伤害。耐性又可分为金属排斥型和金属积累型，前者指重金属被吸收后又被排出体外，或在体内的运输受阻而在根部富集。所谓的积累型是重金属在植物体内积累，或与细胞壁结合，或进入液泡，区室化后便与细胞中其他组分隔离，达到解毒效果；也可同谷胱甘肽、草酸等小分子化合物，以及 MTs 和 PCs 等形成重金属络合物，以不具生物活性的解毒形式存在，从而使细胞质中有毒金属离子浓度降低到植物能够忍耐的程度。

二、大气污染

（一）大气污染物对植物的危害

大气污染源主要是工厂及运载工具排放的废气、粉尘等。污染物包括硫化物、氟化物、氯气、粉尘和光化学烟雾等，除粉尘覆盖植株表面以外，其他大气污染物主要通过气孔进入，HF 和 HCl 还可通过角质层进入植物体危害植物。大气污染物危害植物的程度不仅与植物的类型、发育阶段及其它环境条件有关，而且与有害气体的种类、浓度、持续时间有关。污染物进入细胞后累积浓度超过植物敏感阈值即产生伤害。在污染物浓度很高的情况下，短时间可造成急性危害，使植物呈现出特有的受害症状；低浓度的污染物长时间作用下可造成慢性危害，影响植物的生长发育，一般症状不明显，但有时会出现类似急性危害的症状；更低浓度的污染物会引发隐性危害，植物外部形态上无明显症状，只造成生理障碍，代谢异常等。

（二）大气污染物的主要种类和危害机制

1. SO_2。SO_2 主要来自化石燃料的燃烧，大气中 SO_2 除了直接进入植物体伤害植物外，也可在大气中氧化成 SO_3，溶于水中成硫酸，以干沉降或湿沉降（酸雨）方式回到地表伤害植物。

SO_2 伤害的典型特征是受害的伤斑与健康组织的界线十分明显。关于 SO_2 伤害的机理，一般认为：① SO_2 进入组织后生成亚硫酸，使叶绿素变成去镁叶绿素而丧失功能，而且与光合初产物或有机酸代谢产物（醛）反应生成 α- 羟基磺酸，抑制气孔开放、CO_2 固定和光合磷酸化，干扰有机酸和氮代谢；②破坏细胞膜的选择透性；③破坏蛋白质的二硫键，使原生质、膜蛋白及酶活性受到破坏，从而干扰代谢。

不同植物对 SO_2 的敏感性不同，敏感的有紫花苜蓿、棉花、大麦、野莴苣；抗性最强的是苹果树芽和花，其次是玉米花丝、花穗，赤酸栗、香瓜、柑橘、葫芦、黄瓜、葡萄、洋葱、马铃薯等的敏感性依次减弱。

2. 氟化物。氟化物包括 HF、SiF_4、氟硅酸和氟化钙微粒等，其污染源主要是使用冰晶石、萤石、磷矿石和氟化氢的工厂。

气态或尘态氟化物主要从气孔进入植物体内，但并不损伤气孔附近的细胞，而是顺着输导组织运至叶片的边缘和尖端，并逐渐积累。叶片受氟化物危害的典型症状是叶尖与叶缘出现红棕色至黄褐色的坏死斑，坏死斑与健康部分之间有一条暗色带。氟是烯醇化酶、琥珀酸脱氢酶、磷酸酯酶的抑制剂，能破坏许多酶促反应；取代酶蛋白中的金属元素，使酶失去活性；阻碍叶绿素的合成，抑制光合作用；破坏膜的结构。

3. 光化学烟雾。又称氧化烟雾，是臭氧、过氧酰硝酸酯、氮氧化物等大气污染物的总称。

（1）臭氧（ozone，O_3）。O_3 是光化学烟雾的主要成分，氧化能力极强。当空气中 O_3 达到 $0.1\ mg\cdot L^{-1}$ 持续 2 h 以上，一些比较敏感的植物如烟草、苜蓿、菜豆、三叶草等就会在成熟叶上出现病症——点刻状斑点，而幼叶不易出现症状。O_3 危害植物的机理是引起巯基和类脂氧化，细胞膜和原生质结构受损及瓦解；抑制光合作用、磷酸化反应；改变呼吸途径，抑制糖酵解，促进戊糖磷酸途径；形成酚类化合物，经氧化生成棕红色物质，产生棕色、红色或褐色伤斑。不同植物对 O_3 的敏感性不同，烟草最敏感，可作为监测 O_3 的指示植物。

然而，大气 O_3 含量的降低会增加到达地面的紫外辐射。过强的紫外辐射穿过叶表皮后，一方面在分子水平上直接或间接地损伤植物的 DNA 分子和蛋白质的结构，直接地对植物的光合系统、膜系统和多种细胞器产生伤害，从而影响细胞的各种生理生化过程；另一方面对植物的形态学特征（如叶表皮结构和花的形态结构等）产生广泛的影响，从而危害植株个体，甚至全球生态系统。

（2）氮氧化物（NO_x）。大气污染物中的 NO_x 包括 NO_2、NO 和硝酸雾，其中以 NO_2 为多。NO_2危害植物的症状与SO_2、O_3相似，在叶脉或叶缘出现不规则水渍状，逐渐坏死成白色、黄色或褐色斑点，但其毒性比SO_2弱。使用塑料薄膜栽培植物时，氮肥施用过多的土壤在脱氮过程中，硝酸被还原成NO_2，也能伤害植物。不同植物对NO_2敏感性不同，其中番茄、大豆属敏感植物。

（3）过氧乙酰硝酸酯（PAN）。PAN属于硝酸过氧化酰基类的一种，是工业废气经光化学反应的产物，毒性很强，当空气中PAN的含量为$20\ \mu g \cdot L^{-1}$时就会伤害植物。PAN进入叶片后主要伤害叶肉海绵组织，使受害叶海绵组织坏死，其伤害症状是：初期叶片背面呈银灰色或青铜色斑点，受害严重时变成褐色且扩展到叶表面。通常伤害多发生于幼叶，生长受阻，呈小叶或畸形状。PAN危害植物的机理，主要是抑制光合作用和CO_2固定，影响糖类、纤维素合成；氧化蛋白质—SH基，从而对蛋白质结构、酶活性和代谢产生一系列的伤害。不同植物对PAN敏感性不同，以牵牛较为敏感。

第六节　植物对生物逆境的适应性

植物一生中除了遭遇非生物逆境外，还常常受到生物的胁迫，其中比较普遍而且重要的是病害、虫害的胁迫和植物的化感作用。

一、植物病害

植物病害（plant disease）是指植物在生物或非生物因子影响下，发生一系列形态、生理和生化上的病理变化，使其生长发育受到影响的现象。根据病原种类可分为两大类：非侵染性病害和侵染性病害。前者由非生物引起而后者由生物引起。侵染性病害有传染性，病原物（pathogen）主要有真菌、细菌、病毒、线虫和寄生性种子植物等。

（一）病原物的致病机理

病原物入侵寄主植物有以下几种策略。通过分泌裂解酶消化角质层和细胞壁进入；通过植物的气孔、皮孔入侵；通过伤口进入；病毒大多可以借助昆虫的口器注入植物体。侵入寄主后，病原物通常利用三种策略之一来攻击植物作为它们自身生长的物质基础。第一种，通过分泌细胞壁裂解酶或毒素，最终杀死感染的植物细胞，导致大面积组织挫裂；病原物以坏死的组织作为食物，定殖。这类病原物称为死体营养型病原物（necrotrophic pathogens）。第二种，大部分被侵染组织仍能存活，病原物不断利用寄主提供的物质作为食物。这类病原物称为活体营养型病原物（biotrophic pathogens）。第三种称为半活体营养型病原物（hemibiotrophic pathogens）。这类病原物先以活体营养方式保持寄主细胞的活性，再以死体营养方式造成大面积组织坏死。

（二）植物的抗病机制

抗病性（disease resistance）是指植物对病原物危害的抵抗力，即阻止病原物侵染和在组织内繁殖的能力。根据寄主植物对病原物的反应，可分为以下4种类型：①感病型——寄主受病原物侵染后产生病害，使其生长发育受阻，甚至造成局部或整株死亡，影响产量和品质；②耐病型——寄主对病原物的侵染比较敏感，侵染后同样有发病症状，但对产量及品质无很大的影响；③抗病型——病原物侵入寄主后，由于寄主自我保护反应而被局限化，不能继续扩展，寄主发病症状轻，对产量和品质影响不大；④免疫型——寄主排斥或破坏病原物入侵，在有利于病害发生的情况下也不被感染或不发生任何病症。上面的划分不是绝对的，往往同一种植物对某种病原物被认为是抗病的，而对另一种病原物则被视为是感病的，这取决于植物对病原物的亲和性程度，对病原物不亲和互作的植物是免疫和抗病的，而亲和互作的植物则是感病的。当病原物入侵植物体时，植物通过各种机制进行防卫。

1. 形成防卫屏障结构。植物在病原物侵犯部位合成一些病原物不能水解的化合物，主要是 β-1,3- 葡聚糖（胼胝质）、木质素和富含羟脯氨酸的糖蛋白等，使感染细胞木质化及细胞壁加厚，抵御病原物的进一步侵染，阻止毒素等物质从病原物向寄主扩散，并且使病原物得不到足够的营养而饿死。

2. 发生超敏反应（hypersensitive reaction，HR）。超敏反应是寄主植物在病原物侵入点周围的少数细胞迅速发生程序性死亡，使病原物不能获取营养，无法蔓延。超敏反应发生很快，如马铃薯晚疫病病菌与马铃薯的不亲和互作中，当菌丝与植物细胞质膜接触后 10 ~ 60 min，寄主细胞就坏死。一旦超敏反应成功，试图入侵位点产生一小块坏死区，而其他部位则不再被感染。

3. 产生抑制物质。包括植保素和病程相关蛋白。植保素（phytoalexin）指植物受病原物侵染后产生的一类低分子量的对病原物有毒的化合物，其产生的速度和累积的量与寄主植物抗病性有关。植保素只局限在受侵染细胞周围积累，起屏障隔离作用，防止病原物进一步侵染。植保素的诱导生成是非特异的，也可因重金属盐、紫外光照射和损伤而诱导合成。一般来说，抗病和感病植株均可积累植保素，但抗病植株中形成的速度快，数量大，故能及时防止病原物侵染。至今已在 17 个科的植物中发现了 200 多种植保素，其中包括酚类植保素（绿原酸、香豆素）、异黄酮类植保素（大豆素、豌豆素、菜豆素）和萜类植保素。病程相关蛋白（pathogenesis related protein，PR）是对植物在受病原物侵染后会诱导合成一种或多种新的蛋白质的总称。它们的分子量往往较小，常具有水解酶活性，主要定位于细胞间隙中。病程相关蛋白是基因表达的结果，在植物体内的积累与植物的局部诱导抗性（如超敏反应）和系统抗性之间存在着密切联系。研究证实，许多病程相关蛋白具有几丁质酶、β-1,3- 葡聚糖酶活性，能抑制病原真菌孢子的萌发，降解病原菌细胞壁，抑制菌丝生长。

4. 活性氧猝发。寄主细胞抵御病原物侵染时产生大量的活性氧。活性氧不但对病原物有直接的杀伤作用，而且还能促进细胞壁的木质化和结构蛋白的聚合，形成最初的防卫屏障，另外可作为信号物质诱导植保素的生物合成。

（三）植物与病原物互作的分子机理

先天免疫系统（innate immunity）。植物存在各种受体识别病原/微生物相关分子模式，也称作激发子（elicitors）。因此，这些受体又称为模式识别受体（PRR）。这些激发子是进化保守的病原物来源分子如细菌的鞭毛、延伸因子 EF-Tu、真菌的细胞壁成分（几丁质）以及卵菌的糖蛋白等。其中，疫病菌细胞壁转谷氨酰胺酶中的 13- 氨基酸序列，pep13，和细菌鞭毛蛋白中的 22- 氨基酸肽，flg-22 是研究最多的激发子。激发子一旦被受体识别，就可激活植物的防御响应，即 PTI（PAMP-triggered immunity），包括合成大量的植保素，使病原物不能致病。这些受体的功能非常强大。一种受体可以识别一大类产生特定病原/微生物相关分子模式的病原物或微生物。

为了抵抗植物的 PTI，病原物在与植物长期互作过程中进化出效应蛋白（effector）。

一旦病原物躲过 PTI 进入宿主细胞，就可释放效应蛋白并发挥毒性作用，从而抑制 PTI。植物亦进化出基于植物抗性基因（resistance gene，R 基因）产物和病原物无毒性基因（avirulent gene，Avr）产物互作的专一性抗病机理。目前已鉴定了超过 20 个具有防御病原物入侵的植物 R 基因。这些 R 基因大多被认为是能够识别病原物来源的特异分子的受体蛋白。R 基因产物几乎都包含有亮氨酸富集重复（leucine-rich repeat）结构域，可能起结合效应蛋白和识别病原物的作用。一些 R 基因产物含有 NLR（nucleotide-binding site）结构域，可结合 ATP 或 GTP。还有一些 R 基因产物编码蛋白激酶结构域。一种 R 基因产物（寄主受体）和它对应的 avr 基因产物（效应蛋白）互作非常特异，符合 "基因对基因" 模型（gene-for-gene model）。这个模型（图 10-9）认为，只有当植物有显性抗性基因（R 基因），并且病原物表达互补的显性无毒基因（Avr）时，植物才会表现出抗病性。植物抗性基因或病原物无毒基因发生改变或丢失，即在植物中 R 变为 r，或者病原物中 Avr 变为 avr，就会导致植物得病。Avr 基因虽然被称作无毒性基因，其产物显然是促进植物感病的。R 基因产物一旦识别效应蛋白或激发子，就可激发植物的 ETI（Effector-Triggered Immunity）。与 PTI 相比，ETI 的免疫反应更为激烈，往往伴随着超敏反应和细胞程序性死亡。

病原物产生的激发子或效应蛋白被 PRR 或 R 基因产物所识别，可导致细胞质膜对离子通透性的瞬时变化，引起 Ca^{2+} 和 H^+ 流入细胞而 K^+ 和 Cl^- 流出细胞。Ca^{2+} 内流导致 ROS 猝发。此外，病原物激发的信号途径中的其他成分还包括了 NO、MAPK、CDPK 和植物激素，如 JA、Eth 和 SA 等。NO 和 ROS 的同时增加是激活 HR 所必需的。SA 除了在局部起到调控 HR 的作用，也在植物系统获得性抗性中起关键作用。系统获得性抗性（systematic acquired resistance，SAR）指植物在局部被病原感染后存活下来，整株植物通常会对随后的病原攻击产生更强的抵抗力，甚至对很多病原物产生广谱抗性的现象。系统获得性抗性的发生伴随着系统性 SA 含量的增加和大量编码 PR 蛋白基因的表达。

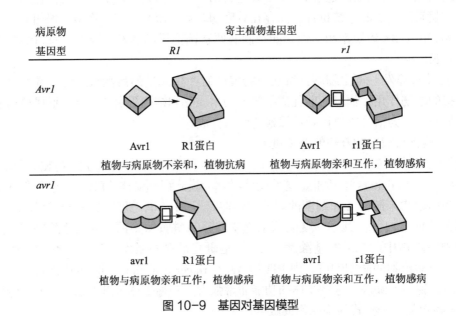

图 10-9 基因对基因模型

二、植物虫害

同一作物的不同品种对害虫的侵害具有不同的反应能力和适应方式。植物采用不同机制来避免、阻碍昆虫的侵害，或者通过快速再生来忍耐虫害的能力，统称为植物的抗虫性（pest resistance）。

（一）抗虫的类型

植物的抗虫，一般可划分为生态抗性和遗传抗性两大类。

1. 生态抗性（ecological resistance）。指由于环境条件变化的影响制约害虫的侵害而表现的抗性。不少害虫有严格的危害物候期，作物的早播或迟播可回避害虫的危害。

2. 遗传抗性（inheritance resistance）。指植物可通过遗传方式将拒虫性、抗虫性、耐虫性传给子代的能力。拒虫性是植物依靠形态解剖结构的特点或生理生化作用，使害虫不降落、不能产卵和取食的特征。耐虫性是由于植物具有迅速再生能力，可以经受住害虫危害。抗虫性是植物体内有毒代谢产物可以抑制害虫的生存、发育及繁殖，直至害虫中毒死亡。

（二）植物抗虫机理

植物能否被昆虫侵害取决于两个条件：①植物是否具有吸引害虫取向、栖息、取食、繁殖的理化因素；②植物能否提供害虫生长繁殖所必须的营养物质。前者决定了植物对害虫是否有拒虫性，后者则是抗虫性的决定因素之一。

1. 拒虫性植物的形态解剖结构特征。主要通过物理方式干扰害虫的运动机制，包括干扰害虫对寄主的选择、取食、消化、交配和产卵。树皮是幼虫活动取食的场所，韧皮部富含营养的活细胞多，故而树皮厚而疏松就给幼虫活动及取食提供了优良条件。植物体内含有萜类、酚类、丹宁、生物碱、糖类等种类繁多的次生代谢产物，虽然有的含量不多，但造成植物具有特殊的气味和味道，多数可以避免植物自身器官被害虫取食或减小害虫取食的程度。如番茄碱、茄碱等生物碱，均对幼虫取食起抗拒、阻止作用。棉花叶、蕾、铃上的花外蜜腺含有促进昆虫产卵的物质，无花外蜜腺的棉花品种可以减少昆虫40%的产卵量，因而表现出抗虫性。

2. 抗虫性植物的生理生化特征。有些昆虫具有偏嗜食物的弱点，当植物体内缺乏该营养物质时，就可以抗此类害虫。更多的抗虫性表现为植物腺体毛分泌物、次生代谢物对害虫有毒，害虫食用后，引起慢性中毒，直至死亡。通过研究抗甘蓝菜蚜和桃蚜寄主氨基酸种类发现，两种蚜虫各有其偏嗜性氨基酸，这可以解释某些品种只能抗一种蚜虫。部分玉米自交系因缺乏抗坏血酸，能抗欧洲玉米螟。烟草属某些种的腺体毛分泌的烟碱、降烟碱等生物碱，对蚜虫是有毒的。除虫菊花中的除虫菊酯属于混合萜，是杀虫的有效成分。银杏这个古老树种不易受昆虫侵害，与叶中存在的羟内酯和醛类有关。

3. 系统防御。如同受到病原物的侵染一样，遭受虫害的植物也可以产生特殊的信号物质，并将信号传递到整个植株，使整株对害虫具有系统获得性抗性。因昆虫取食而损伤的组织可合成原系统素（prosystemin），一种200-氨基酸前体蛋白。原系统素经水解产生18-氨基酸多肽，即系统素（systemin）（图10-10）。系统素从受损细胞释放进入质外体并达到附近完整组织，与位于细胞质膜上的细胞表面受体结合，从而启动细胞内的信号过程，导致JA合成和累积。JA可通过韧皮部运输达到植物的其他部位。一旦系统素到达靶组织，将激活脂类信号级联反应，诱导转录激活蛋白酶抑制剂和其他系统性抗性反应蛋白基因。植物的蛋白酶抑制剂是一类分子量较小的多肽或蛋白质，能与蛋白酶的活性部位或变构部位结合，抑制酶的催化活性或阻止酶原转化为有活性的酶。害虫的攻击可以迅速激活植物蛋白酶抑制剂的合成，用以干扰昆虫消化系统的功能，阻碍害虫的生长发育，甚至可以杀死害虫。番茄、马铃薯不受损伤时蛋白酶抑制素含量很低，当昆虫咬食叶片后迅速诱导植株合成这种成分。

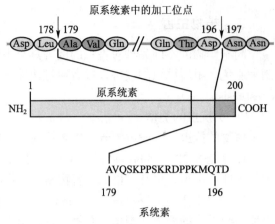

图 10-10 系统素

系统素是植物细胞受损害诱导的一种多肽激素，它由一个较大的前体多肽，即 200 个氨基酸的原系统素经过蛋白水解加工形成的

三、植物化感作用

植物化感作用（allelopathy）是指植物在其生长发育过程中，通过排出体外的代谢产物改变其周围的微生态环境，从而导致同一生境中植物与植物之间相互排斥（相克）或促进（相生）的一种自然现象。植物化感物质（allelochemical）主要是酚类、类萜等植物的次生代谢物质，分布于植物的根、茎、叶、花、果、种子中，一般分子量较小，结构也较简单，但生物活性较强。

植物化感作用的机理主要是影响细胞分裂、伸长和根尖的细微结构；影响由激素所诱导的生长；影响膜的透性；影响矿质的吸收；抑制光合作用；影响呼吸作用；抑制蛋白质合成；改变酯类和有机酸的代谢；抑制或刺激某些酶的活性；使木质部分子的木栓化和堵塞；影响氮的固定。排斥互作是由几种物质共同参与，当它们分别存在时，其浓度和毒力不足以达到伤害植物的程度。因此，排斥物质的协同作用是理解作用机理的重要方面。

植物间的化感作用普遍存在，但目前人们对化感作用的研究还相对较少，而现今的研究大多集中在排斥方面，对促进方面缺乏研究。期望利用这种作用制造出生物杀虫剂、抑菌剂、除草剂及生物肥料，培育出优良的化感作物品种，以减少化学药品的使用。

❖ 小结

不利于植物生长和发育的各种环境因子统称为逆境。逆境的种类虽然多种多样，但会引起植物多种相同的适应逆境的反应，如稳定生物膜系统、诱导抗性反应、合成渗透调节物质、表达逆境蛋白、ABA含量等增加。ABA 作为一种胁迫激素或信号物质调节植物对逆境的适应性，在植物交叉适应中发挥作用。

植物遭受的水分逆境包括干旱和涝害。干旱时植物各部位水分重新分配，原生质脱水直接破坏了细胞膜结构，影响了细胞伸长、光合作用等生理过程；抑制合成代谢，促进分解代谢，造成代谢紊乱。涝害造成植物缺氧，低氧刺激植物乙烯的形成，乙烯促进纤维素酶的活性，形成通气组织，以利从地上部获得氧气。

植物的温度逆境包括低温和高温胁迫。低温对植物的危害又分为冷害和冻害。冷害会使膜相改变，导致代谢紊乱。植物可通过提高膜中不饱和脂肪酸含量，降低膜脂的相变温度，维持膜的流动性来适应零上低温。高温使生物膜功能键断裂，膜蛋白变性，膜脂液化，正常生理过程不能进行。植物在高温胁迫下可产生热激蛋白，来适应热胁迫。

盐分过多可使植物生物膜破坏，矿质营养吸收困难，生理紊乱。植物对盐胁迫的适应方式有拒盐、泌盐、稀盐或耐盐。植物的抗盐性是通过 Na^+ 的输入和感知，Ca^{2+} 离子和 ROS 的产生是早期的 Na^+ 信号波，磷脂和蛋白激酶信号，维持 Na^+/K^+ 稳态和 ROS 信号和 ROS 清除。矿质营养胁迫是指土壤中营养元素缺乏 / 必需或非必需营养元素过剩影响植物正常生长发育的现象。植物通过形态和信转导对不同营养胁迫作出反应。

环境污染包括大气污染、水体污染和土壤污染。大气的主要污染物有 SO_2、氟化物、光化学烟雾；水体和土壤的主要污染物有重金属和有机污染物。植物不但可以作为指示物监测环境污染情况，而且还可以通过植物提取、植物降解、植物挥发、植物固定和根际降解等方式来修复被污染的环境。

植物的生物逆境主要有病害、虫害和植物化感作用。植物病害是病原物与寄主之间相互作用的结果，大多数植物和病原物的互作符合"基因对基因"模型，即只有当植物有显性抗性基因 *R*，并且病原物表达互补的显性无毒基因 *Avr* 时，植物才会表现出抗病。植物防御病原物的生理机制，包括形成防卫屏障结构，发生超敏反应，活性氧迸发，产生植保素、病程相关蛋白等抑制物质。

植物的抗虫性可分为生态抗性和遗传抗性两大类。形态解剖特征构成了拒虫性，抗虫性主要与植物中某营养成分的缺乏和有毒成分的存在有关。

植物化感物质主要是次生代谢物质，这些物质排出植物体后，对同一生境的植物的生理过程有很大的影响，从而造成排斥或促进作用。

通过抗性育种、抗性锻炼、化学调控及改进农业栽培措施等途径可提高植物的抗逆性。

Q 思考题

1. 植物的抗性有哪几种方式？
2. 为什么 ABA 在交叉适应中起作用？
3. 简述植物对逆境的共同生理适应。
4. 干旱对植物的伤害有哪些？植物抗旱的生理基础表现在哪些方面？
5. 简述涝害对植物的危害及抗涝植株的特征。
6. 简述高温对植物伤害及抗高温机制。
7. 简述冷害对植物伤害及抗冷机制。
8. 试述盐胁迫对植物的危害及植物抗盐方式。
9. 试述植物抗病机制。

主要参考文献

Apse M P, Aharon G S, Snedden W A, et al. Salt tolerance conferred by overexpression of a vacuolar Na^+/H^+ antiport in Arabidopsis [J]. Science, 1999, 285: 1256–1258.

Chinnusamy V, Zhu J, Zhu J K. Cold stress regulation of gene expression in plants [J]. Trends Plant Sci, 2007, 12: 444–451.

Hossain M A, Kamiya T, Burritt D J, et al. Plant macronutrient use efficiency. Molecular and Genomic Perspectives in Crop Plants [M]. Amsterdam: Elsevier, Academic Press, 2017.

Jiang Z, Zhou X, Tao M. et al. Plant cell-surface GIPC sphingolipids sense salt to trigger Ca^{2+} influx [J]. Nature, 2019, 572: 341–346.

Jung J H, Barbosa A D, Hutin S, et al. A prion-like domain in ELF3 functions as a thermosensor in Arabidopsis [J]. Nature, 2020, 585: 256–260.

Ma Y，Dai X，Xu Y，et al. COLD1 confers chilling tolerance in rice [J]. Cell，160：1209–1221，2015

Taiz L，Zeiger E，Moller IM，et al. Plant Physiology and Development [M]. 6th ed. Sunderland：Sinauer Associates Inc Publishers，2015.

Vu L D，Gevaert K，Smet I D. Feeling the heat：searching for plant thermosensors [J]. Trends Plant Sci，2019，24：210–219.

Yang Z，Wang C，Xue Y，et al. Calcium-activated 14–3–3 proteins as a molecular switch in salt stress tolerance [J]. Nat Comm，2019，10：1199.

Yuan F，Leng B，Wang B. Progress in studying salt secretion from the salt glands in recretohalophytes：how do plants secret salt? [J]. Front Plant Sci，2016，7：977.

Zhao J L，Zhang L Q，Liu N，et al. Mutual regulation of receptor-like kinase SIT1 and B'κ –PP2A shapes the early response of rice to salt stress [J]. Plant Cell，2019，31：2131–2151.

🅔 网上更多资源

📖 扩展阅读   🖥 教学课件   📄 思考题解析

第十一章

植物次生代谢

植物除了产生大量的初生代谢物外，还产生特定的次生代谢物，这些次生代谢物在生物互作和药物开发中具有重要作用和价值。本章主要介绍植物次生代谢物的概念、类型、生物合成及主要生理生态功能，介绍利用植物次生代谢工程技术，定向调控、修饰植物次生代谢途径，诱导特定次生代谢物的合成与积累等方面内容。

第一节　植物次生代谢物的概念

一、植物次生代谢物的定义与主要类型

植物初生代谢物（primary metabolites）是指维持细胞生命所必需，与植物生长发育直接相关，存在于所有植物中的代谢物，包括糖类、氨基酸、蛋白质、核酸、脂肪、光合色素等。植物初生代谢物对细胞的维持和增殖——即植物细胞的生存是必不可少的。初生代谢物的合成与分解过程称为初生代谢。

植物次生代谢物（secondary metabolites）是对植物的生长与发育没有明显或直接作用，只在特定植物中产生的代谢物，又称天然产物（natural product）。次生代谢物的合成与分解过程称为次生代谢，它是以植物初生代谢产物为原料（或前体），经不同途径进一步合成一系列对于植物正常生长发育并非必需的小分子有机化合物的过程。植物次生代谢物通常储存于植物细胞的液泡或细胞壁中，含量很低，其产生、分布具有种属，甚至器官、组织和生长发育时期的特异性。例如，红豆杉属（*Taxus*）植物树皮中的紫杉醇（taxol）含量仅为 0.01%～0.03%，植物花中的各种色素与芳香化合物只在其花发育的特定时期产生与积累。因此，植物次生代谢物又被称为植物特异代谢物。

目前主要以功能定义区分植物初生代谢物与次生代谢物。GA 和 ABA 与除虫菊酯和紫杉醇同属萜类化合物，具有相同的基本化学结构单位，由于 GA 和 ABA 对植物生长发育具有直接作用，存在于所有植物中，故是初生代谢物。而除虫菊酯和紫杉醇只存在于特定植物中，尚未发现其直接参与植物的基本生命过程，因而被视为次生代谢物。毫无疑问，共同的化学结构单元与生物合成起始化合物可以作为植物次生代谢物的分类依据，但却不能作为植物初生代谢物与次生代谢物的区分标准。

植物次生代谢产物种类繁多、结构迥异。目前发现的植物次生代谢物种类在 10 万种以上。依据基本化学结构单元与生物合成途径，可将植物次生代谢物大致分为萜类、酚类

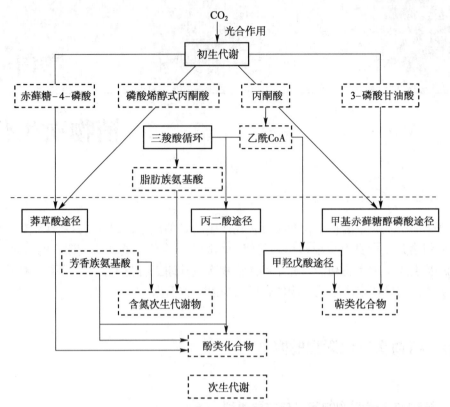

图 11-1 植物次生代谢物的生物合成途径及与初生代谢物的关系简图
虚线以上为初生代谢物，虚线以下为次生代谢物

及含氮化合物三大类。这三大类次生代谢物的生物合成途径及其与初生代谢之间的关系如图 11-1。

二、植物次生代谢物的生物学意义与应用价值

植物次生代谢物的存在使植物呈现特定的色、香、味，有利于吸引昆虫传粉、授粉、招引动物传播种子；植物次生代谢物是植物抵抗食草动物取食与病原菌侵染的最有效防御武器，在植物化感作用及植物与微生物关系中扮演重要角色，在植物的生态适应与协同进化中具有重要作用（Li et al., 2010）。

植物次生代谢物可被用作药物、香料、调料、化妆品、农药和其他工业原料，在医药与经济上具有广泛而重要价值，应用历史悠久。

植物产品中某些代谢物对人类健康有益，例如，β 胡萝卜素、各种维生素，植物酚类化合物种类和含量与植物产品的营养、保健价值密切相关。植物产品中的风味物质直接决定产品的品质与价值，通常属于次生代谢物。某些植物产品中也含有一些对人类健康具有不良作用的次生代谢物，如木薯块茎中的生氰糖苷（cyanogenic glycosides）、菜籽油中的芥子油苷（glucosinolates 或 mustard oil glycosides）、棉籽油中的棉酚、土豆和番茄等茄科植物中的龙葵碱（solanine）等。木材中木质素（lignin）含量过高，会影响其造纸利用价值；饲料中木质素过高，则降低动物对饲料的消化率；植物单宁（tannin，又称鞣酸）含量高时，影响人和动物的消化，从而降低食物或饲料的营养价值。植物次生代谢物与植物产品

品质关系密切，甚至对其商品价值起决定作用。

第二节 萜类化合物

一、植物体内萜类化合物的种类

萜类化合物（terpenoid）是一类以异戊二烯为基本结构单元组成的化合物及其衍生物的统称，也称类异戊二烯化合物（isoprenoids）。通常将分子结构中不含氧原子，只含碳氢原子的异戊二烯化合物称为萜烯（terpene）。迄今，人们发现的萜类化合物已经超过 30 000 种。萜类化合物是种类最多的一类植物次生代谢物。依据萜类化合物分子中所含异戊二烯单元的数量，可将萜类化合物分成半萜、单萜、倍半萜、二萜、三萜、四萜和多萜。

（一）半萜、单萜和倍半萜

1. 半萜。半萜（hemiterpene）是指含 5 个碳，只含 1 个异戊二烯单位的萜类化合物。异戊二烯即为典型的半萜。它是从光合作用活跃的组织中释放出来的挥发性物质。每年植物叶片释放的异戊二烯量为 5×10^8 t 碳。植物叶片释放的异戊二烯有助于防止叶光合系统遭受瞬间高温及氧化胁迫的伤害。异戊二烯在特定的植物——草食动物系统中能够起到阻止幼虫取食植物的作用。惕各酸（tiglic acid），也称 α- 甲基巴豆酸（α-methyl crotonic acid），也是一种半萜，存在于伞形科植物毛当归（*Angelica pubescens*）的根，菊科植物蜂斗菜（*Petasites japonicus*）的根和花，玉蕊科植物布敦玉蕊（*Barrintonia butonica*）等中。

2. 单萜。单萜（monoterpene）是指含 10 个碳，包含 2 个异戊二烯单位的萜类化合物。花卉中的香精与香料中的精油多为单萜化合物。例如，香叶醇（geraniol）、薄荷油（peppermint oil）、除虫菊酯、松节油中的 α- 蒎烯和 β- 蒎烯等。

3. 倍半萜。倍半萜（sesquiterpene）是含 15 个碳，包含 3 个异戊二烯单位的萜类化合物。例如，法尼醇、姜烯、β- 丁香烯、桉叶醇、金合欢醇、青蒿素和棉酚等。木兰科、芸香科、山茱萸科和菊科植物产生的倍半萜数量和种类最丰富。很多倍半萜存在于植物精油中。

（二）二萜、三萜、四萜和多萜

1. 二萜。二萜（diterpene）是含 20 个碳，由 4 个异戊二烯单位组成的萜类化合物。例如，紫杉醇和植醇等。

2. 三萜。三萜（triterpene）是含 30 个碳，由 6 个异戊二烯单位组成的萜类化合物。例如，鱼鲨烯、豆甾醇等。三萜由两个倍半萜合成。三萜包括甾体化合物（steroid），其中固醇（sterol）为植物细胞膜的重要组分，薯蓣属的一个种（*Dioscorea* sp.）合成的薯蓣皂素（diosgenin）是最理想的甾体激素药物合成的起始原料，它以 3-*O*- 葡萄糖苷的形式存在于植物体内。

3. 四萜。四萜（tetraterpene）是含 40 个碳，包含 8 个异戊二烯单位的萜类化合物，典型的如类胡萝卜素。

4. 多萜。多萜（polyterpene）是含异戊二烯单位多于 8 个的萜类化合物。例如，异戊二烯化的醌类电子载体——质体醌和泛醌、多萜醇以及橡胶和杜仲胶等。橡胶（rubber）为顺式 -1,4- 聚异戊二烯，杜仲胶（gutta rubber）为反式 -1,4- 聚异戊二烯，其分子量较橡胶低，而类似的巴拉塔树胶（balata rubber）由巴拉塔枪弹木（*Minmusops balata*）产生，可用于制作口香糖。

　　根据各萜类分子结构中碳环的有无和数目的多少，进一步分为链萜、单环萜、双环萜、三环萜、四环萜等，例如链状二萜、单环二萜、双环二萜、三环二萜、四环二萜。萜类多数是含氧衍生物，所以萜类化合物又可分为醇、醛、酮、羧酸、酯及苷等类型（图 11-2）。

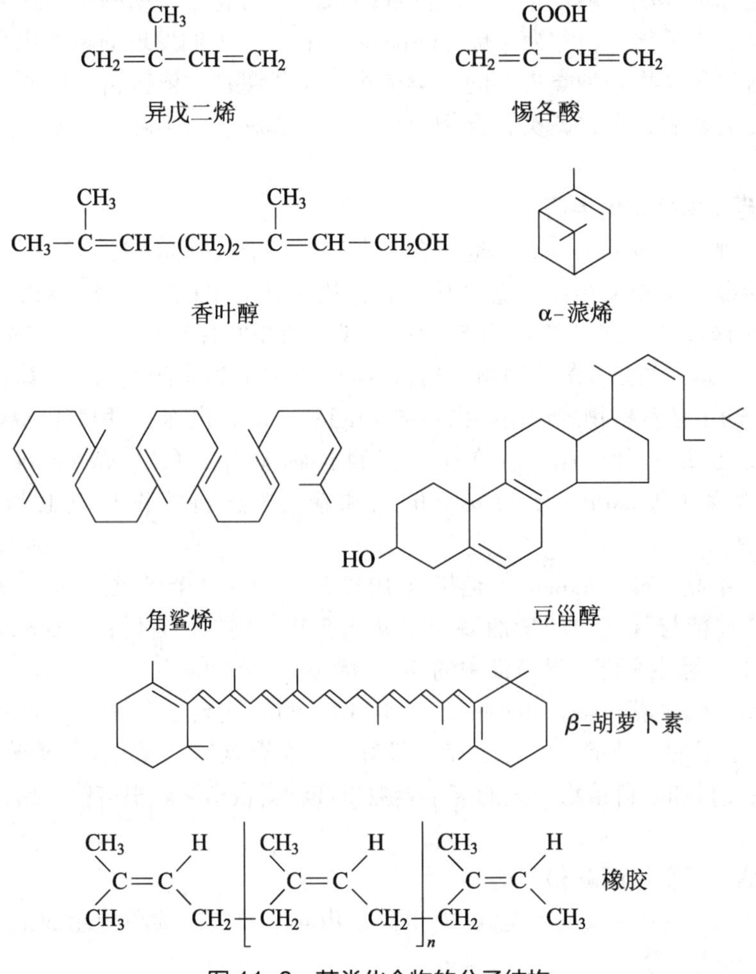

图 11-2　萜类化合物的分子结构

二、萜类化合物的生物合成

　　异戊二烯为萜类化合物的基本结构单元，但参与萜类化合物生物合成的却是其活化的形式异戊烯基焦磷酸（isopentenyl diphosphate，IPP）和二甲基丙烯基焦磷酸酯（dimethyallyl pyrophosphate，DMAPP）。植物体内萜类化合物的生物合成总体上分为四步。

（一）IPP 的合成

　　IPP 是萜类代谢途径的起始物，也是所有萜类化合物合成的前体物。植物通过两条生物合成途径合成 IPP，甲羟戊酸途径和 2–C– 甲基 –D– 赤藓糖醇 –4– 磷酸途径。

1. 甲羟戊酸途径。甲羟戊酸途径（mevalonic acid pathway，MVA 途径）在细胞质中进行，3 分子乙酰辅酶 A 经过聚合反应生成 3– 羟基 –3– 甲基戊二酰辅酶 A（HMG–CoA），其后在 HMG–CoA 还原酶（HMGR）的催化作用下形成 MVA，后经过多步磷酸化和脱羧反应最终生成 IPP（图 11–3）。MVA 途径长期以来被认为是所有生物 IPP 合成的唯一途径，直到最近几年才发现在植物质体内还存在另一条甲基 –D– 赤藓糖醇 –4– 磷酸途径。

2. 2–C– 甲基 –D– 赤藓糖醇 –4– 磷酸途径。2–C– 甲基 –D– 赤藓糖醇 –4– 磷酸途径（methylerythritol phosphate pathway，MEP 途径）也称作 DXPS 途径，在质体中进行，由丙酮酸和甘油醛 –3– 磷酸在脱氧木酮糖 –5– 磷酸合成酶（DXPS）的作用下缩合生成脱氧木酮糖 –5– 磷酸（DXP），DXP 在脱氧木酮糖 –5– 磷酸还原异构酶（DXR）的作用下合成甲基赤鲜糖醇，后经过多步反应合成 IPP（如图 11–3）。这两种途径中，IPP 通过异戊烯基焦磷酸异构酶，转化成为 DMAPP。

植物中 MVA 途径和 MEP 途径同时存在于细胞的不同部位，并为不同的萜类化合物提供前体物 IPP/DMAPP。MVA 为倍半萜和三萜的生物合成提供 IPP/DMAPP，而 MEP 途径为单萜、双萜、四萜的生物合成提供 IPP/DMAPP，已知 MEP 途径对植物的生长是必不可少。呼吸作用电子传递链中泛醌的异戊二烯基团在线粒体中合成，其前体物 IPP/DMAPP 来源于 MVA 途径。MVA 途径和 MEP 途径相互独立，但两途径合成的 IPP 可以穿过质体膜互为对方所用，一定程度上可以相互补偿，通常以从质体转至细胞质为主，但细胞质与质体间的 IPP 相互转运有限，在生理条件下低于 1%，因此，一种 IPP 途径的阻断无法被另一种 IPP 途径所补偿。

（二）萜类化合物的合成

通过 IPP 的重复叠加，形成一系列 IPP 同系物。IPP 同系物在各种萜类合酶的作用下，形成相应的萜类骨架，萜类骨架经次级修饰形成各种萜类化合物。

IPP 与二甲基丙烯基焦磷酸（DMAPP）互为同分异构体，二者以头尾缩合的方式形成十个碳的化合物 GPP，并在单萜合酶的作用下形成单萜，经次级修饰，形成单萜及其衍生物；GPP 与 1 分子 IPP 缩合形成十五碳的化合物法尼基焦磷酸（FPP），并在倍半萜合酶的作用下，形成倍半萜骨架，经次级修饰，形成倍半萜及其衍生物；FPP 与 1 分子 IPP 缩合形成二十碳的化合物牻牛儿基牻牛儿基焦磷酸（GGPP），并在双萜环化酶的作用下形成双萜骨架及其衍生物；FPP 与 GGPP 分子分别缩合，依次类推，形成三萜、四萜、多萜及其衍生物，构成了庞大的类萜家族（图 11–3）。

三、萜类化合物的生理作用与生态功能

萜类化合物是种类最多的一类植物次生代谢物。目前，某些萜类化合物生理功能已充分了解，但大多数萜类化合物仍不详。

植物中的萜类化合物按其在植物体内的生理功能可分为初生代谢物和次生代谢物两大类。作为初生代谢物的萜类化合物数量较少，但极为重要。这些化合物有些是细胞膜组成成分和膜上电子传递的载体，有些对植物生长发育和生理功能具有直接影响。例如，植物甾醇参与生物膜的构建；泛醌参与呼吸作用；类胡萝卜素、叶绿素和质体醌参与光合作用；赤霉素、脱落酸、细胞分裂素和油菜素内酯调节植物生长发育，是植物激素。

植物产生的大量萜类化合物，与植物防御反应有关，属于次生代谢物，在调节植物

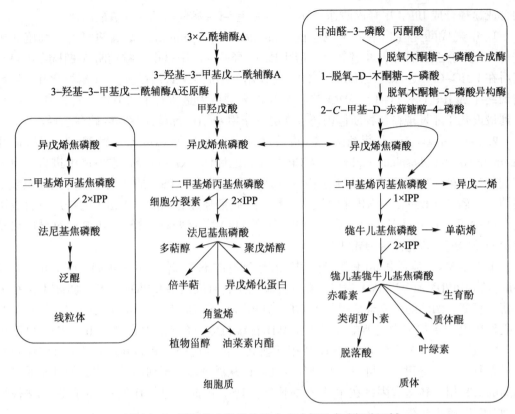

图 11-3 萜类化合物的生物合成途径及合成细胞区域

与环境之间的关系上，具有重要生态功能。许多单萜化合物及其衍生物对昆虫具有毒性。如除虫菊的杀虫活性物质除虫菊酯（pyrethrins），包括除虫菊酯Ⅰ、Ⅱ，瓜叶菊酯Ⅰ、Ⅱ和茉莉菊酯Ⅰ、Ⅱ共6种杀虫有效成分，为两种单萜酸（菊酸和除虫菊酸）与三种酮醇（除虫菊酮醇、瓜叶酮醇和茉莉酮醇）经酯化作用形成的单萜酯类化合物，是国际公认的最安全的无公害杀虫剂。松树树脂道内 α-蒎烯（α-pinene）、β-蒎烯（β-pinene）、柠檬烯（limonene）等化合物对某些昆虫具有引诱作用。甘薯（*Ipomoea batatas*）在受黑斑病菌侵染后，体内产生一种倍半萜物质甘薯酮（ipomoeamarone）及其衍生物甘薯醇（ipomeanol）、甘薯宁（ipomeanine），动物大量食用这类有毒物质，即可中毒。甘薯酮及其衍生物能耐受高温，煮、蒸、发酵都不能破坏其毒性。

植物含有挥发性单萜和倍半萜混合物，称为挥发油（volatile oils）又名精油（essential oils），是一类具有芳香气味的油状液体的总称。在常温下能挥发，可随水蒸气蒸馏。挥发油类主要存在于种子植物，尤其是芳香植物中，如薄荷、柠檬、紫苏、罗勒、鼠尾草和山艾等均含有挥发油，其叶片具有特殊的香味。挥发油常见于植物的腺毛上，可使有害生物忌避。

在不易挥发的萜类化合物中，柠檬类化合物（limonoid）为食草动物忌避的三萜化合物，是柑橘类植物中常见的三萜成分苦涩物质。对食草动物毒性最大的是印楝中的印楝素（azadirachtin），也是柠檬类化合物。

水龙骨、银杏、罗汉松、苋、紫杉和桑等植物中所含有的植物蜕皮激素（phytoecdysones），它是一种甾体化合物，其基本结构和昆虫蜕皮激素（insect molting hormone，ecdysone）相同，因而可以干扰昆虫蜕皮。昆虫食用这些植物后，会出现反常现象，甚至死亡。植物蜕皮激素可作为激素杀虫剂，用来防治害虫。

玉米被蚜虫和鳞翅类昆虫危害后，其叶片释放一些挥发性萜类化合物来吸引鳞翅类昆虫的天敌——寄生性黄蜂，黄蜂在蚜虫的若虫上产卵，黄蜂幼虫在蚜虫体内将其营养耗尽，致使蚜虫死亡。黄蜂幼虫化蛹后，成熟的黄蜂从蚜虫尸体内爬出来。

植物产生的某些萜类化合物在植物化感作用中发挥重要作用。菟丝子幼苗可区别番茄和小麦释放的挥发性萜类化合物，而偏好朝向寄主植物番茄生长，在番茄植株上攀缘、缠绕。这表明植物挥发性化合物在调节植物种间关系中具有重要作用。

除了对植物的重要作用，萜类化合物还具有重要的商业价值。例如，紫杉醇是治疗多种癌症最有效的化疗剂之一，青蒿素是治疗疟疾的特效药，β 胡萝卜素、番茄红素、虾青素等类胡萝卜素具有很高的营养价值，柠檬烯是重要的防癌化合物，薄荷醇、香柏酮、香紫苏醇等可作为食品和化妆品中的香料，芳樟醇是花朵和果实香味的主要成分，除虫菊酯是高效杀虫剂。

第三节　酚类化合物

一、植物体内的酚类化合物

酚类化合物是芳烃的含羟基衍生物。植物通过不同途径合成近 10 000 种酚类化合物，其中一些只能溶解在有机溶剂中，一些是水溶性的羧酸和糖苷，一些是不溶性的大分子聚合物，这些不同酚类化合物单体在植物体内组成混合物。依据基本母核的结构与数量，可将植物酚类化合物分为简单酚类化合物、木质素、类黄酮和单宁等类群。与化学结构多样性相对应，植物酚类化合物的作用也具有多样性，主要包括防御食草动物取食与病原菌侵染、机械支持作用、吸引昆虫传粉、招引动物传种、吸收紫外线和抑制相邻竞争性植株的生长等。

二、酚类化合物的生物合成

酚类化合物主要通过莽草酸途径和丙二酸途径两种途径合成（图 11-4）。莽草酸途径（shikimic acid pathway）是高等植物中最重要的酚类化合物合成途径，大部分植物酚类化合物由此途径合成。丙二酸途径（malonic acid pathway）为真菌与细菌中酚类化合物合成的重要途径，植物黄酮类化合物的 A 环由此途径合成。

莽草酸途径因其中间产物莽草酸而得名。莽草酸最先从日本莽草（*Illicium anisatum*）中分离得到。莽草酸途径的重要性不仅在于它能形成酚类化合物，更重要的在于它能把糖酵解和磷酸戊糖途径的赤藓糖 -4- 磷酸（E-4-P）与磷酸烯醇丙酮酸（PEP）转化成苯丙氨酸、酪氨酸和色氨酸，而这三种氨基酸恰恰是动物自身不能合成的必需氨基酸。广谱性除草剂草甘膦之所以能除草，就是因为它可阻断莽草酸途径中的一步反应。

在高等植物中，大多数酚类化合物由苯丙氨酸经苯丙氨酸解氨酶（phenylalanine ammonialyase，PAL）作用，脱氨形成反式肉桂酸，再由肉桂酸衍生而来（图 11-5）。

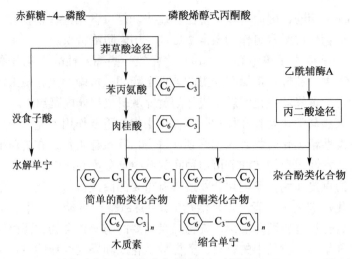

图 11-4 植物酚类化合物的生物合成途径（引自 Taiz et al.，2010）

（一）简单酚类化合物

简单酚类化合物（simple phenolics）是指基本母核具有一个或几个 C_6-C_3 单元或 C_6-C_1 单元的植物酚类化合物类群。按其结构可分为 3 类。

1. 简单苯丙素类化合物（simple phenylpropanoids）。其基本分子骨架为 C_6-C_3，如肉桂酸（cinnamic acid）、对 - 香豆酸（p-coumaric acid））、咖啡酸（caffeic acid）与阿魏酸（ferulic acid），这些化合物分子中都含有一个苯环和一个三碳侧链，因而统称为苯丙素类化合物（图 11-6）。简单苯丙素类化合物是形成复杂苯丙素类化合物的重要前体物。

2. 苯丙酸内酯（phenyl propanoic lactone）类化合物。亦称香豆素（coumarin）类，其基本分子骨架亦为 C_6-C_3，但 C_6 与 C_3 内酯化，如伞形酮（umbelliferone），补骨脂素（psoralen）（图 11-7）等。

香豆素是邻羟桂皮酸内酯，其母核为苯骈 α- 吡喃酮（图 11-8），具芳香甜味。香豆素类化合物常具有蓝紫色荧光，通过荧光人们很容易辨认出它们的存在。在植物体内，香豆素类化合物常常以游离状态或与糖结合成苷的形式存在，大多存在于植物的花、叶、茎和果中，通常在幼嫩的叶芽中含量较高。

3. 苯甲酸衍生物（benzoic acid derivatives）。其基本分子骨架为 C_6-C_1，如水杨酸（salicylic acid）与香兰素（vanillin）等（图 11-9）。

简单酚类化合物广布于维管植物内，具有不同的生态作用。首先，简单酚类化合物在抵御昆虫取食与病原菌侵染上具有重要作用。研究最多的是呋喃香豆素的光毒性。呋喃香豆素本身不具毒性，但经阳光照射，紫外线促使某些呋喃香豆素活化至高能态，进入 DNA 的双螺旋并结合在胞嘧啶与胸腺嘧啶的碱基上，从而阻碍了 DNA 的复制和转录，导致细胞死亡。呋喃香豆素类在某些伞形科植物上含量丰富，如芹菜、防风草及芫荽等。某些昆虫之所以能在这类含有光毒性香豆素的植物上生存，是因为其生活在不受紫外线影响的叶卷筒内。

原儿茶酸和绿原酸在某些植物的抗病过程中具有重要作用。紫色鳞茎表皮的洋葱品种比无色表皮品种对洋葱炭疽病（*Colletotrichum circinans*）有更强的抗性。这是因为前者鳞茎最外层死鳞片分泌出原儿茶酸，能抑制病菌孢子萌发，减少其侵入。绿原酸对马铃薯的

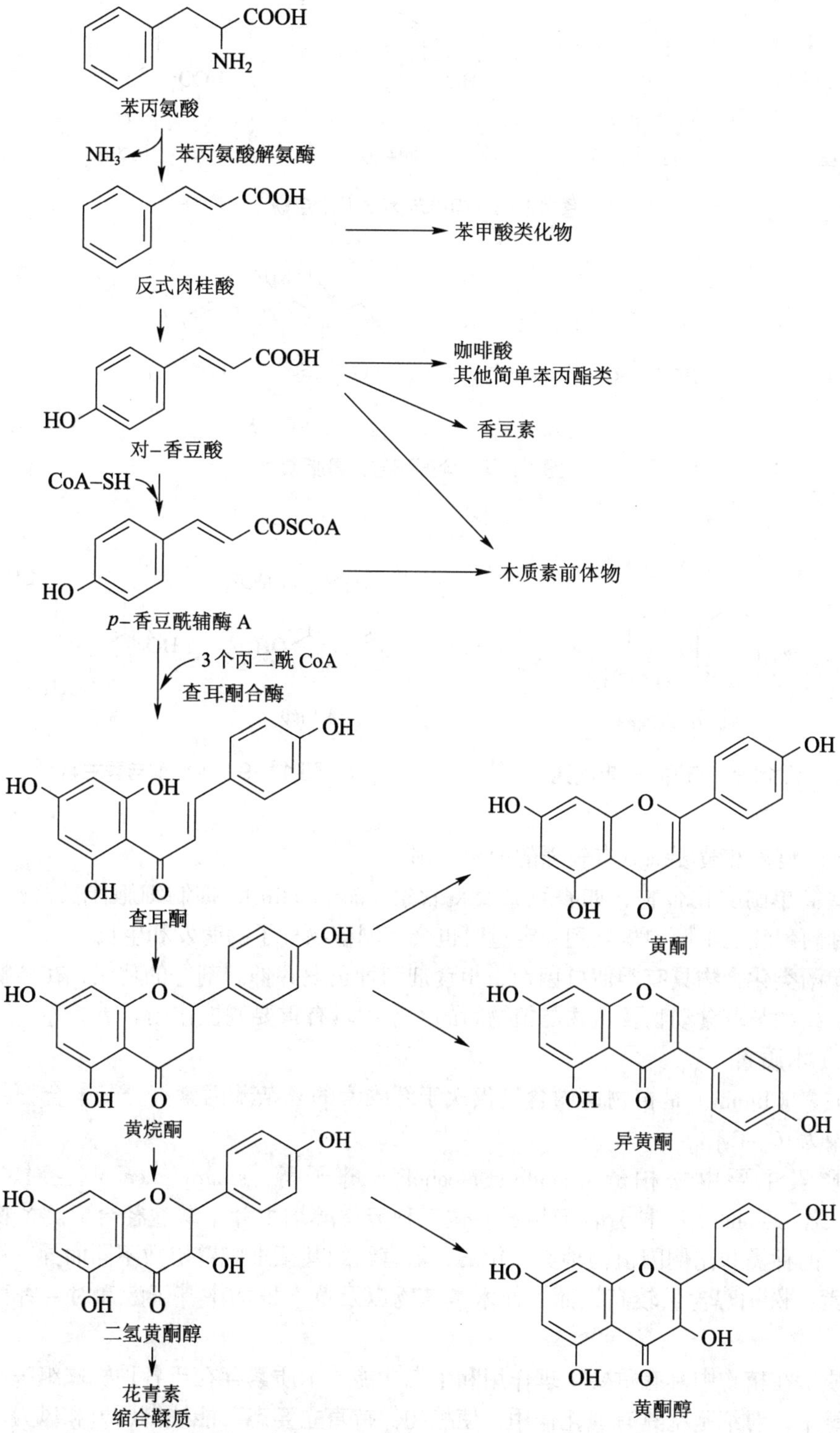

图 11-5 苯丙氨酸合成植物酚类化合物示意图（引自 Taiz et al., 2010）

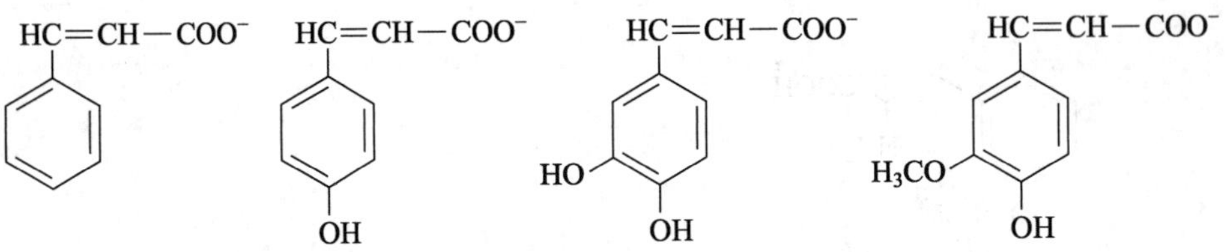

肉桂酸 对-香豆酸 咖啡酸 阿魏酸

图 11-6 简单苯丙素类化合物

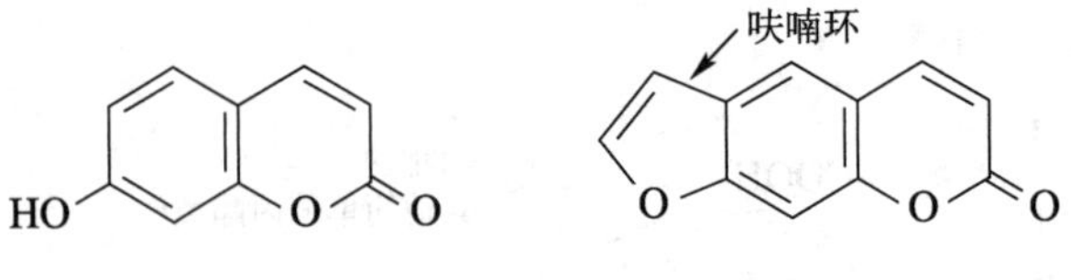

伞形酮 补骨脂素

图 11-7 伞形酮与补骨脂素

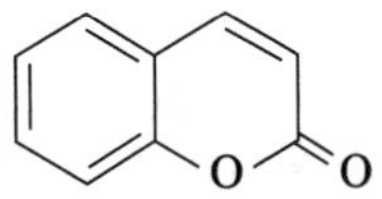

苯骈 α-吡喃酮

图 11-8 苯骈 α- 吡喃酮

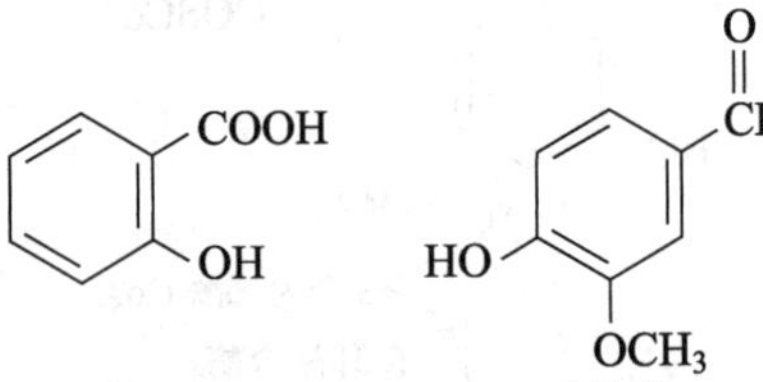

水杨酸 香兰素

图 11-9 水杨酸与香兰素

疮痂病、晚疫病和黄萎病具有较强的抑制作用。

一些简单酚类化合物，如香豆素及莨菪素（scopoletin），抑制细胞伸长及种子萌芽，咖啡酸和阿魏酸在土壤中积累到一定量时也会抑制植物种子的萌发和生长。

简单酚类化合物具有类似抗菌剂、拒食剂和种子发芽抑制剂等的功能，在植物与病原微生物、植物与草食动物及植物与植物间的关系中具有重要调控作用。

（二）木质素

木质素（lignin）是植物体内含量仅次于纤维素的复杂苯丙素高分子聚合物，其基本分子骨架为 $[C_6–C_3]_n$。

木质素主要由松柏醇（coniferyl alcohol）、芥子醇（sinapyl alcohol）、对－香豆醇（p–coumaryl alcohol）三种芳香醇构成。这三种芳香醇均由莽草酸途径合成。植物木质素中芳香醇的种类和比例因植物种类、年龄、器官组织甚至细胞壁层数不同而异。针叶树中的木质素、松柏醇含量较高，而其他木本植物以及草本植物中芥子醇和对－香豆醇含量较多。

木质素在植物中具有重要生理作用和生态功能。木质素存在于各种机械组织和输导组织细胞壁中，对细胞壁具有强化作用，使植物保持直立姿态，能抗御压力和风力。木质素分子的韧性使木质部导管分子具有足够强度，保证植物能够从土壤中将水分和养分源源不断地向上运输。木质素的存在使得植物组织不易被植食性动物消化和微生物降解，因而具有拒食和防腐作用。

（三）黄酮类化合物

1. 黄酮类化合物基本结构和类型。黄酮类化合物（flavonoid）是指两个苯环（A 与 B 环）通过中央三碳桥相连而成的一类化合物，是最大的植物酚类化合物类群之一，其基本分子骨架为 C_6-C_3-C_6，如图 11-10。根据 B 环连接位置、C 环氧化程度、C 环是否成环等，我们将该类化合物按母体分为 8 大类，黄酮及黄酮醇、二氢黄酮（黄烷酮）及二氢黄酮醇（黄烷酮醇）、黄烷及黄烷醇、异黄酮、二氢异黄酮（异黄烷酮）、查尔酮、橙酮、花青素，其基本结构类型见图 11-10。黄酮类化合物在植物中除少数游离外，大多与糖结合成 O- 苷或者 C- 苷，其中以 O- 苷居多。糖基多连在 C-3 或 C-7 位置上，连接的糖有

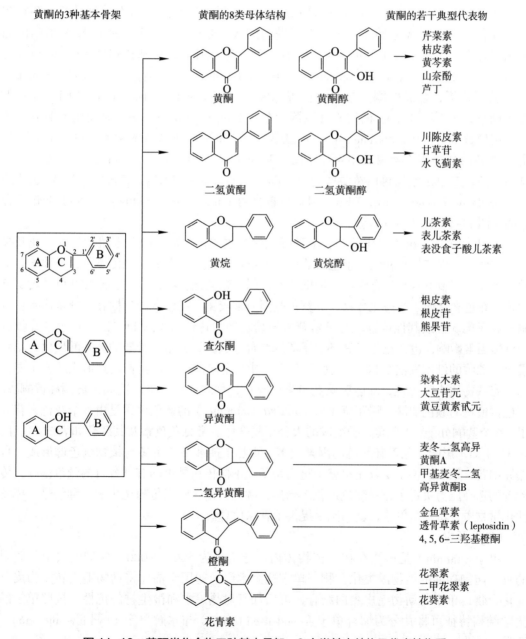

图 11-10　黄酮类化合物三种基本骨架、8 大类基本结构及代表性物质

单糖（葡萄糖、鼠李糖、半乳糖等），双糖（槐糖、芸香糖、龙胆二糖等）、三糖（槐三糖、龙胆三糖等）与酰化糖（2- 乙酰葡糖、吗啡酰葡糖等）。天然黄酮类化合物母核上含有 –OCH$_3$、–OH、–OCH$_2$–CH=C（CH$_3$）$_2$ 等取代基，由于这些助色团的存在，使该类化合物多显黄色。

2. 黄酮类化合物的生物合成途径。黄酮类物质生物合成途径的起始底物是香豆酰辅酶 A 和丙二酰辅酶 A。但是对生成这两种起始底物的直接前体物存在争议，一种观点认为，苯丙氨酸是在苯丙氨酸解氨酶（phenylalanine ammonialyase，PAL）、肉桂酸羟化酶（cinnamate–4–hydroxylase，C4H）和 4- 香豆酸辅酶 A 连接酶（p-4-coumaroyl：CoA-ligase，4CL）等催化下，由香豆酰辅酶 A 与 3 分子丙二酰辅酶 A 在查尔酮合酶（chalcone synthase，CHS）的催化下合成查尔酮（图 11-5）；另一种观点认为查尔酮是莽草酸在相关酶催化下代谢形成起始底物——香豆酰辅酶 A，再与 3 分子丙二酰辅酶 A 在 CHS 的催化下合成查尔酮。查尔酮可在 UDP- 葡糖四羟查尔酮 4′ 葡糖基转移酶（UDP-glucose：tetrahydroxychalcone 4′ glucosyltransferase，THC4′GT）和金鱼草素合酶（aureusidin synthase，AS）的催化下，合成橙酮。查尔酮在查尔酮异构酶（chalcone isomerase，CHI）作用下形成柚皮素（B 环闭合），柚皮素在黄酮合酶（flavone synthase，FS）的催化下形成芹菜素，在异黄酮合酶（isoflavone synthase，IFS）的催化下形成染料木黄酮。更多的黄酮类化合物是由柚皮素在类黄酮 3′- 羟化酶（flavonoid 3′-hydroxylase，F3′H）的催化形成二氢山柰酚，二氢山柰酚再由黄酮醇合酶（flavonol synthase，FLS）、二羟黄酮醇 4- 还原酶（dihydroflavonol 4-reductase，DFR）和花色素合酶（anthocyanid synthase，ANS）催化下合成的（图 11-5，图 11-11）。

3. 花色素苷。花色素苷是具有多种颜色的黄酮类化合物，广布于植物的叶、花及果实上，使其呈现红色、粉色、紫色及蓝色等缤纷色彩，从而吸引动物传播花粉与种子。不同于植物类胡萝卜素是光合作用的辅助色素，属于萜类化合物，呈黄、橙和红色；黄酮类化合物花色素苷属于酚类化合物，其颜色范围通常较宽。花色素苷为糖苷，糖基连接在黄酮三碳桥的 3 位或其他位置。花色素苷去掉糖基即为花色素（图 11-12）。花色素苷颜色受许多因素影响，包括花色素 B 环上甲氧基和羟基数目，分子主骨架的芳香酸酯化，花色素分子贮藏的细胞液泡 pH 等。花色素苷也可能与金属离子、黄酮辅色素形成超分子复合体。有些物质本身无色，却能影响花色素的显色，称之为辅色素，例如，黄酮和黄酮醇，辅色素使花的颜色加深。鸭跖草（Commelina communis）的蓝色色素是由 6 个花色素苷分子，6 个黄酮分子，2 个镁离子组成的大分子复合体。常见花色素及其颜色如表 11-1。由表 11-1 知，影响花色素苷颜色的因素较多，再加上胡萝卜素也参与植物颜色的形成，自然界中花、果实颜色千变万化也就不足为奇了。不同传粉昆虫均有其各自的颜色偏好，传粉者的选择压力决定了花粉颜色进化。当然，颜色只是花吸引传粉昆虫的一种信号，挥发性化学物质，特别是单萜，也为昆虫提供了香味信息。

（四）单宁

单宁（tannin）是广泛存在于植物体内，分子量为 500～3 000，含量仅次于木质素的具有防御功能的植物酚类化合物。单宁这个术语最初用于描述将动物毛皮转变为皮革的化合物，单宁与动物毛皮蛋白结合，可增加其对热、水和微生物的抗性。按照单宁的化学结构特征可将其分为缩合单宁（condensed tannin）与水解单宁（hydrolysable tannin）两类。

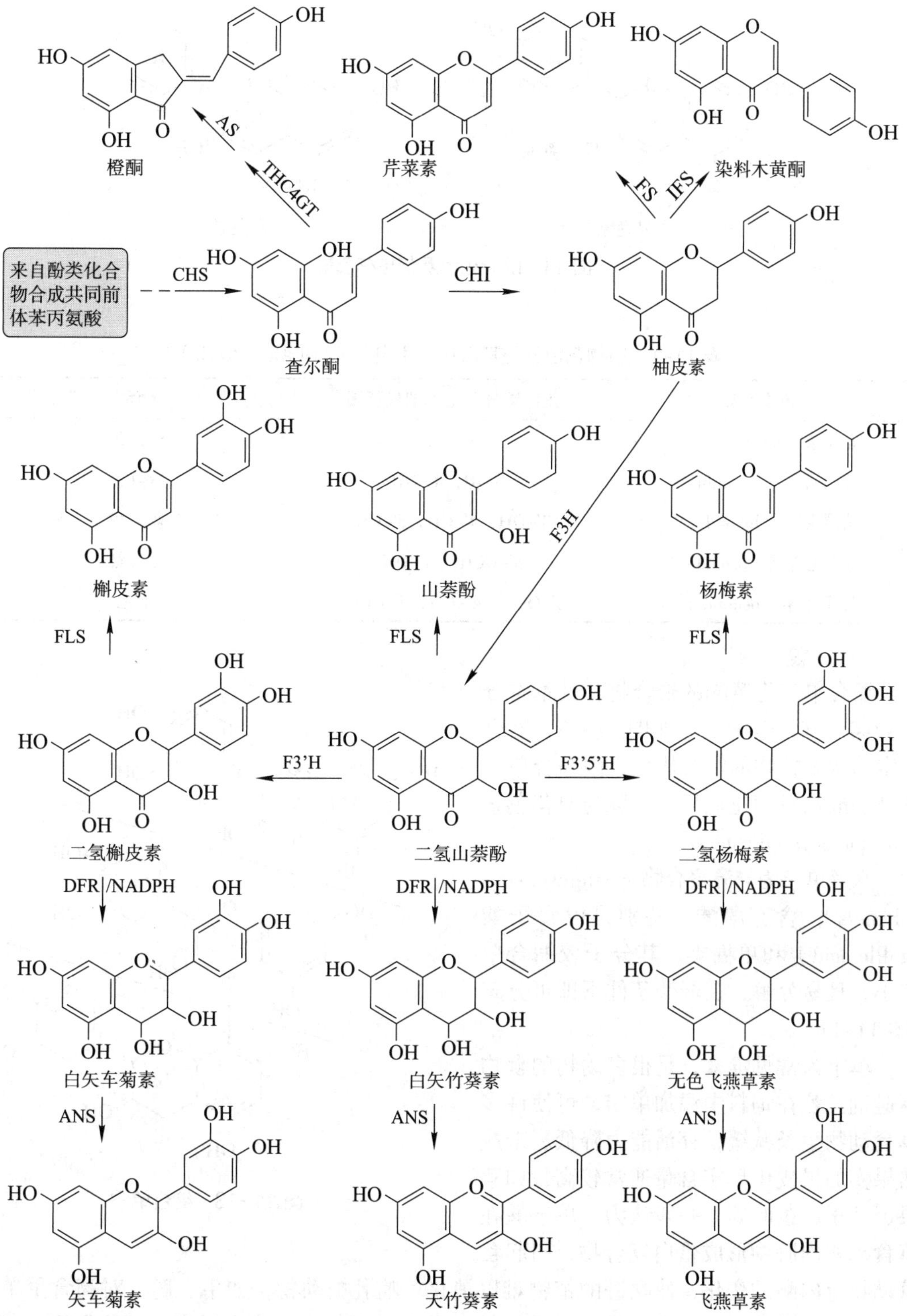

图 11-11 植物中若干黄酮类化合物生物合成途径

ANS. 花色素合酶，AS. 金鱼草素合酶，C4H. 肉桂酸羟化酶，CHI. 查尔酮异构酶，4CL. 4-香豆酰辅酶 A 连接酶，CHS. 查尔酮合酶，DFR. 二羟黄酮醇 4-还原酶，F3H. 黄烷酮-3-羟化酶，F3'H. 类黄酮 3'-羟化酶，F3'5'H. 类黄酮 3'5'-羟化酶，FLS. 黄酮醇合酶，FS. 黄酮合酶，IFS. 异黄酮合酶，PAL. 苯丙氨酸解氨酶，THC4'GT. UDP-葡糖四羟查尔酮 4' 葡糖基转移酶

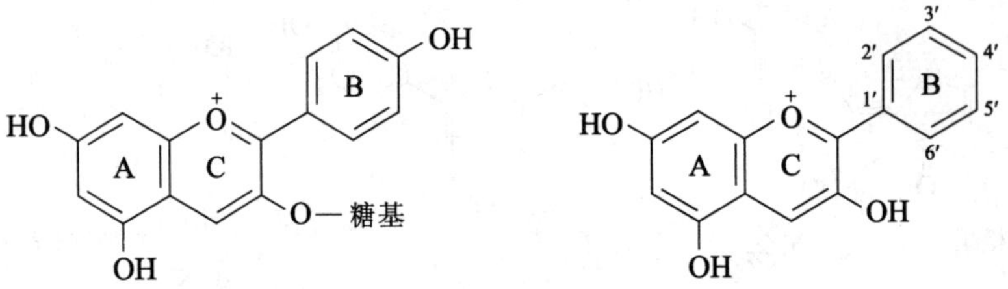

图 11-12　花色素苷与花色素

表 11-1　植物花色素与其颜色（引自 Taiz et al.，2010）

花色素种类	花色素分子上的取代基因	颜色
花葵素（pelargonidin）	4′-OH	橙红色
矢车菊素（cyanidin）	3′-OH，4′-OH	紫红色
花翠素（delphinidin）	3′-OH，4′-OH，5′-OH	蓝紫色
芍药花青素（peonidin）	3′-OCH₃，4′-OH	玫瑰红
矮牵牛素（petunidin）	3′-OCH，4′-OH，5′-OCH₃	紫色

缩合单宁为黄酮的聚合物，其基本分子骨架为 $[C_6–C_3–C_6]_n$，如图 11-13。缩合单宁为木本植物的组成成分，因缩合单宁可被强酸水解为花色素，又称为原花色素（pro-anthocyanidin）。

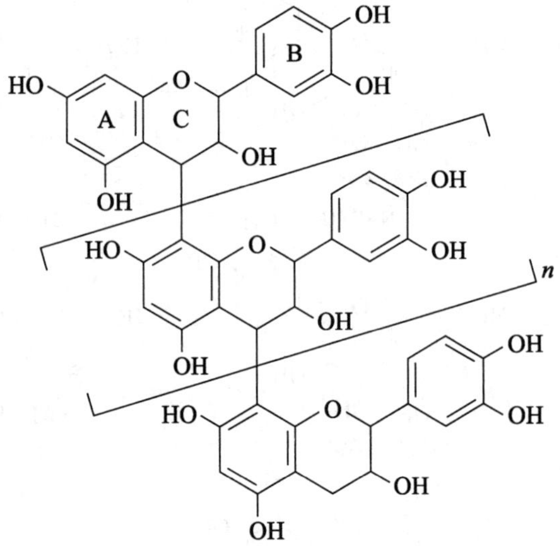

水解单宁为异源聚合物（heterogeneous polymers），含有酚酸，特别是没食子酸（gallic acid）和单糖类，其分子较缩合单宁小，且易分解，在弱酸条件下即可分解（图 11-14）。

单宁为常见毒素，是很多动物的食物驱避剂。若在饲料中添加单宁，可使许多草食动物生长减缓，存活能力降低。未成熟果实的果皮中单宁含量通常较高，如苹果、柿子、茶叶等。一般认为，单宁酸在草食动物内脏中形成蛋白复合物，引起食草动物胃内酶的变化，使吃进的植物难以消化。哺乳类动物，如牛、鹿，对高含量单宁植物或植物器官组织均驱避之。许多木本植物的心材，因单宁含量高，可防御病原菌的侵染。

图 11-13　缩合单宁

三、酚类化合物的生理作用与生态功能

植物酚类化合物广泛存在于所有高等植物和许多低等植物中，具有多方面作用。一般

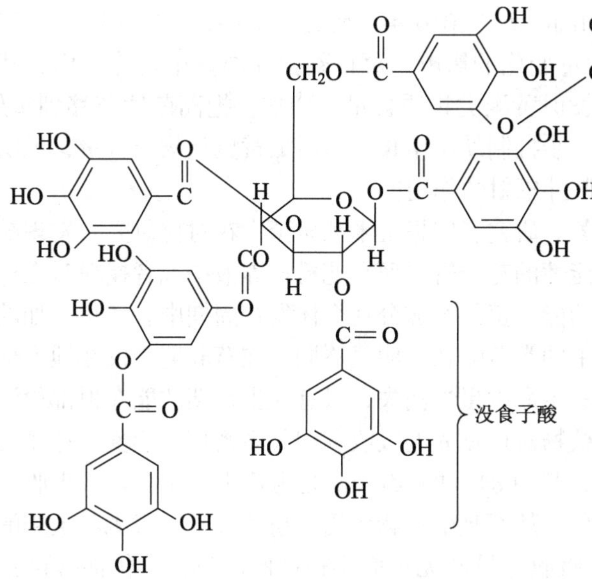

图 11-14　水解单宁

与植物生长发育基本过程有关的化合物分布范围较广，而与植物保护作用有关的酚类化合物随生长环境变化而变化。

木质素是植物细胞壁的重要组成成分，作为结构物质参与植物体的构成，在植物体内起机械支持作用。光合作用电子传递链中的质醌和呼吸作用电子传递链中的泛醌，参与植物的初生代谢过程，这些酚类化合物存在于所有植物中。有些酚类化合物与植物自身保护作用有关。如，呋喃香豆素类物质具有光毒性。植物叶和茎的表皮层的黄酮和黄酮醇，可吸收强紫外线，避免细胞受到伤害，使植物光合作用照常进行。一些酚类化合物具有抗菌剂、拒食剂，防止病原微生物的侵染与食草动物的危害。如，单宁为食草动物拒食剂，这对植物的生存有利。未成熟的果实单宁含量高，可防止未成熟种子的丢失。有的酚类化合物可作为化感物质调节植物与微生物、植物与植物间的关系。

黄酮类化合物是植物在长期的生态适应过程中为抵御恶劣生态条件、动物、微生物等攻击而形成的一大类次生代谢产物，在植物代谢过程中具有组织、发育和环境因子特异性，参与植物生态防御，并担当生殖过程的信使。黄酮类化合物可以作为植物保护素，以异黄酮为代表。植物保护素作为一类低分子量抗菌次生代谢物质，是植物被病原物侵染后，或受到多种物理、化学、生理因子诱导后产生或积累。某些异黄酮是植物受到病原侵染后诱导合成，并且具有广谱抗菌活性。通过研究异黄酮在植物抗病反应中的作用发现，异黄酮在植物过敏反应中含量增加，进而增强植物的抗性。黄酮类化合物还具有抵抗紫外辐射和电离辐射的作用。黄酮类物质在波长 300 ~ 400 nm 紫外光区域吸收很强，所以能作为植物体内滤光剂来保护叶绿体和其他器官免受紫外辐射的伤害。Morales 等（2011）用荧光剂 Dualex 法，测定不同年龄段欧洲白桦叶表皮，在不同类型紫外光下的吸光度值（A 375 nm）的变化确定表皮中类黄酮含量。发现不同位置的叶子对紫外线的反应不同，如果最初未照射 UV-A 或者 UV-A+B，后来暴露于 UV-A+B，可以显著地增加黄酮含量。欧洲白桦通过调节保护性色素来适应环境中紫外线的变化，改变紫外线后表皮吸光度值会受到初始照射紫外线类型的影响。Behn 等（2010 年）研究了 UV-B 照射对欧洲温室莴苣幼苗的生长和莴苣内黄酮类物质含量变化的影响。莴苣幼苗在温室中培养三周，其间用 UV-B 照射，会抑制莴苣幼苗的生长但黄酮类物质含量会增加。把莴苣幼苗移到室外后，经过紫外线照射，一段时间内会进一步抑制幼苗生长，但增加黄酮类物质含量，说明黄酮类物质在莴苣的生长过程中有抵抗紫外辐射的作用。

　　黄酮类化合物与植物的生殖有关。研究者曾把玉米和矮牵牛花对比研究，发现缺乏某些黄酮类化合物的花粉无法形成功能性的花粉管，而在花粉培养液中或者授粉时在柱头上用特定的黄酮醇，花粉又重新恢复功能。黄酮类成分在个体发育周期中有变化，如欧洲火棘在不同年龄段，地上和地下部分中的类黄酮物质明显不同。在营养期，仅在地上部分含有黄酮类物质，且这些物质在植物的生命中慢慢消失，只有在生殖期才能在根部检测到这些黄酮类物质。黄酮类化合物还与植物对可见光的吸收利用关系密切。燕麦胚芽鞘的向光性，对 370 ~ 450 nm 波长的光敏感，其中 84% 的 450 nm 光为黄酮类化合物所吸收。花色素苷使植物的花、果呈现特殊的颜色，从而吸引动物传播花粉和种子。黄酮和黄酮醇常存在于花朵中间，其对紫外线有强烈吸收，虽然无色而不被肉眼所见，却仍能被昆虫所识别，作为花蜜向导，引导昆虫采蜜、传粉。

第四节　植物含氮化合物

　　很多植物次生代谢物分子结构中含氮，这类化合物，如生物碱、生氰糖苷等抗草食动物次生代谢物，由于其药用价值和对人的毒性，而受到广泛关注。大多数含氮化合物由普通氨基酸合成而来。我们将在本节讨论生物碱、生氰糖苷、芥子油苷、非蛋白氨基酸等不同植物含氮化合物的结构与特性。

一、生物碱

　　生物碱（alkaloid）是植物含氮次生代谢物中的大家族，约 20% 维管植物中已发现 15 000 种以上的生物碱。氮原子通常是生物碱杂环分子结构的组成部分。大多数生物碱为碱性。生物碱通常存在于细胞质（pH 7.2）或液泡（pH 5~6）内，通常由普通氨基酸，特别是赖氨酸、酪氨酸和色氨酸合成而来，但有些生物碱含有萜类途径合成的碳骨架。表 11-2 列出了主要生物碱及其氨基酸前体。

　　这些不同类型的生物碱包括烟碱及相关物质（图 11-15）均源于精氨酸合成中间体——鸟氨酸（图 11-16）。烟酸是生物碱吡啶环（六元环）的前体，是电子载体 NAD^+ 与 $NADP^+$ 的结构成分。鸟氨酸是烟碱的吡咯环的前体。

　　有关植物中生物碱的作用已有至少 100 多年的研究历史。生物碱曾被认为是含氮代谢废物（类似如动物的尿素和尿酸）、氮贮藏物或生长调节物质，但相关证据较少。目前认为，生物碱由于其毒性的广谱性和拒食作用，具有防御肉食动物（特别是哺乳动物）的功能。

　　很多草食性家畜或动物因摄食生物碱含量高的植物［如羽扇豆（*Lupinus*）、飞燕草（*Delphinium*）及千里光（*Senecio*）］而死亡。一些生物碱，如马钱子碱、阿托品、毒芹碱［源自毒芹（*Conium maculatum*）］，人若摄食达到一定量也会中毒。一些生物碱低剂量使

表 11-2 主要生物碱及其氨基酸前体

类型	结构	生物合成前体物	例子
吡咯烷 pyrrolidine		天门冬氨酸	烟碱
托烷 tropane		鸟氨酸	阿托品、可卡因
哌啶 pipcridine	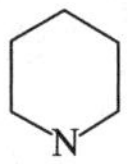	赖氨酸	毒芹碱
吡咯双烷 pyrrolizidine	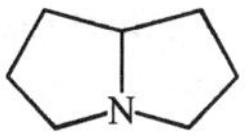	鸟氨酸	倒千里光碱
喹咪啶 quinolizidine	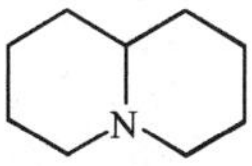	赖氨酸	羽扇豆碱
异喹啉 isoquinoline	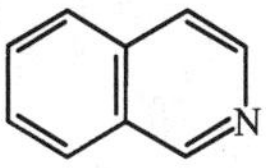	酪氨酸	可待因、吗啡
吲哚 indote	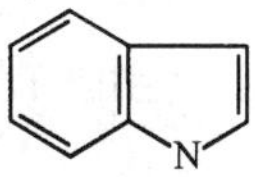	色氨酸	裸盖菇素、利血平、马钱子碱

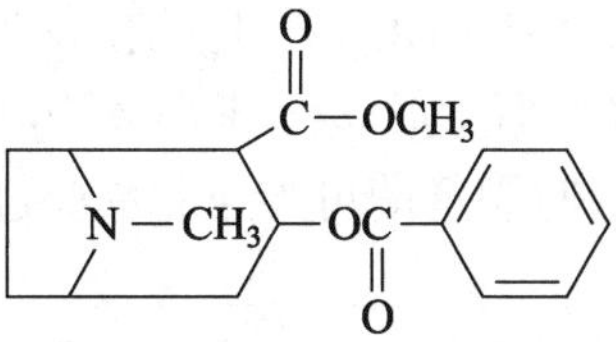

可卡因 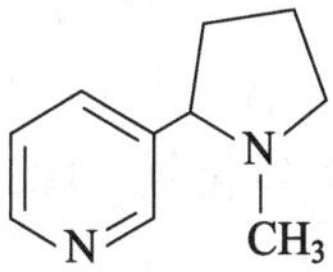　　　　　　　　烟碱

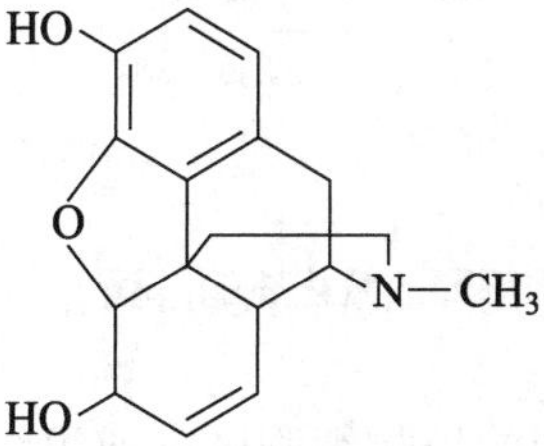

吗啡 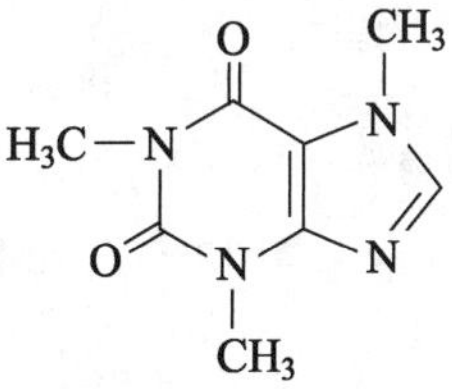　　　　　　　　咖啡因

图 11-15 典型的生物碱

用时具有药用价值。少数植物生物碱，如吗啡、可待因、东莨菪碱，已应用于医药上。

二、生氰糖苷

除了生物碱外，植物中还有许多起保护作用的含氮化合物，包括生氰糖苷（cyanogenic glycosides）和芥子油苷（glucosinolates）。这两种化合物本身并没有毒性，但

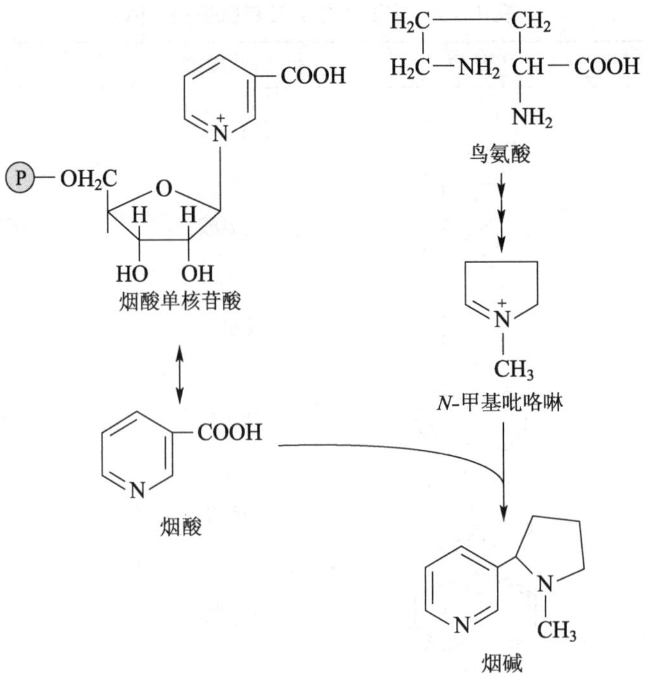

图 11-16 烟碱的生物合成始于烟酸的生物合成（引自 Taiz et al.，2010）

当植物受到挤压，导致区室化结构被破坏，这两种化合物与相应的降解酶混合，分解释放出挥发性有毒物质。生氰糖苷分解后释放氰化氢（HCN）。植物生氰糖苷的分解包括两步酶解过程（图 11-17），第一步生氰糖苷酶解去糖生成 α- 羟腈（α-hydroxynitrile），第二步 α- 羟腈自发缓慢降解为氰化氢（HCN），但羟腈裂解酶可加速此反应过程。

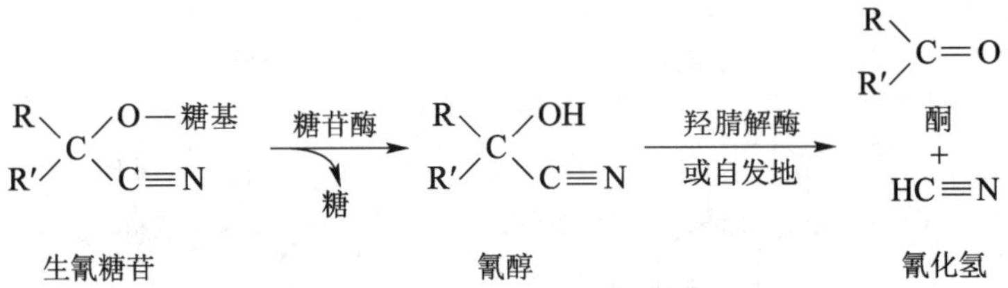

图 11-17 生氰糖苷水解释放氰化氢的过程

由于生氰糖苷和裂解酶空间上分隔在不同的植物细胞区室或组织中，因而在完整植株中，生氰糖苷通常不会降解。例如，高粱中生氰糖苷存在于表皮细胞的液泡中，而水解酶与裂解酶却分布在叶肉细胞中。正常情况下，这种细胞区室化可阻碍生氰糖苷的降解。但若叶片受损，譬如食草动物取食时，不同组织的细胞成分混在一起，生氰糖苷立即与水解酶作用，产生氰化氢。大量的证据表明生氰糖苷对某些植物具有保护作用。氰化氢毒性反应快，可与含铁细胞色素氧化酶及其他呼吸作用关键酶结合，从而阻碍细胞呼吸作用。生氰糖苷可防止昆虫和其他草食动物的摄食。生氰糖苷广泛分布于植物界，常存在于豆科、禾本科和蔷薇科植物中。

三、芥子油苷

芥子油苷（mustard oil glycoside），又名硫代葡萄糖苷（glucosinolate），是一类含氮和硫的植物次生代谢物质，主要分布于十字花科植物中。芥子油苷通常由 β-D- 硫葡萄糖基、硫化肟基团和来源于氨基酸的侧链（R）组成，根据侧链氨基酸来源的不同可把芥子油苷分为 3 种类型：脂肪类（侧链来源于丙氨酸、亮氨酸、异亮氨酸、甲硫氨酸或缬氨酸），芳香类（侧链来源于苯丙氨酸或酪氨酸）和吲哚类芥子油苷（侧链源于色氨酸）。

芥子油苷通常由其代谢产物而非其本身发挥生理功能。在含有芥子油苷的植物体内存在一个特殊的底物 - 酶系统，即芥子油苷 - 黑芥子酶系统（glucosinolate - myrosinase system）。完整植株中芥子油苷存在于细胞液泡中，相对较为稳定，其水解酶黑芥子酶（亦称之为葡糖硫苷酶，myrosinase）则存在于特定的蛋白体中。在正常情况下，酶和底物是分离的，只有当植物受到病虫害侵袭或机械损伤等引起组织、细胞损伤时，芥子油苷和黑芥子酶的区室化分布被破坏，使芥子油苷与黑芥子酶相接触。在黑芥子酶的作用下，芥子油苷发生水解，脱去 1 分子葡萄糖后形成不稳定的糖苷配基。通常情况下，这种不稳定的糖苷配基会自发重排而形成异硫氰酸盐、硫氰酸盐、腈和环硫腈等多种生物活性物质（图 11-18）。芥子油苷释放出来的物质与甘蓝、花椰菜和胡萝卜等蔬菜的香味和口感有关。

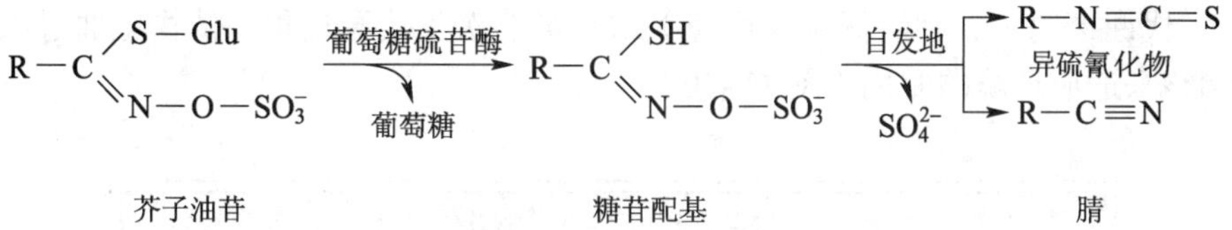

图 11-18　芥子油苷水解过程（引自 Taiz et al.，2010）

研究表明，芥子油苷及其代谢产物通过降低适口性，或引起动物甲状腺肿、肝损伤甚至坏死、生长抑制等毒害作用，直接或间接使植物免被或少被取食，另一方面，植食性昆虫取食还可能诱导芥子油苷的合成与积累，从而提高其含量。目前，有关芥子油苷及其代谢产物对植物的防御机制研究已扩展到植物 - 植食性昆虫 - 植食性昆虫的天敌三级营养关系中。一方面，植物种类和品种以及芥子油苷组分与含量不同，对食草昆虫及类寄生虫的防御能力也不一致。另一方面，室内和田间试验均表明食草昆虫的类寄生虫可以依靠特定的芥子油苷代谢产物异硫代氰酸盐作为引诱剂而找到它们的寄主。芥子油苷、植食性昆虫和类寄生虫三者可能在多级营养水平上存在相互作用的关系。

四、非蛋白氨基酸

自然界中，植物蛋白质主要由 20 种基本氨基酸组成。但也含有不参与蛋白质组成的非蛋白氨基酸。非蛋白氨基酸多为蛋白氨基酸的类似物或取代衍生物，如甲基化、磷酸化、羟化、糖苷化、交联等等，除此之外，还包括 β、γ、δ 氨基酸及 D- 氨基酸。

刀豆氨酸（canavanine）和精氨酸的结构非常类似，铃兰氨酸（azetidine-2-carboxylic acid）和脯氨酸的结构非常接近（图 11-19）。含有刀豆氨酸或铃兰氨酸的植物一旦被昆虫取食，即可通过干扰精氨酸或脯氨酸的合成与利用使昆虫致死。由于含有非蛋白氨基酸的植物在合成蛋白质时能区别非蛋白氨基酸与蛋白氨基酸，非蛋白氨基酸对这些植物本身没

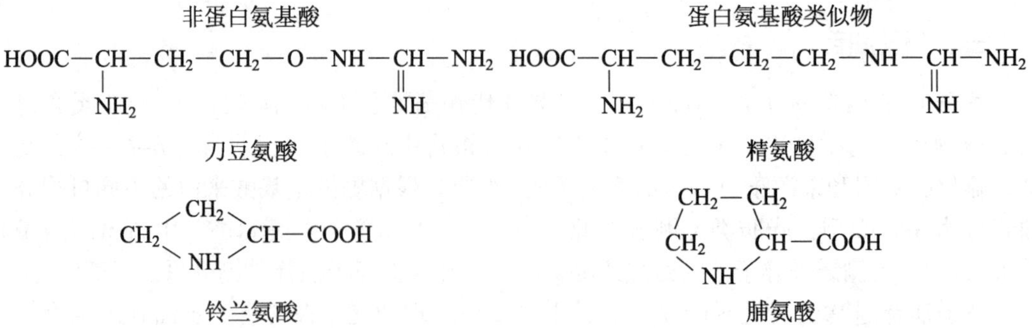

非蛋白氨基酸   蛋白氨基酸类似物

$$HOOC-CH-CH_2-CH_2-O-NH-CH-NH_2 \qquad HOOC-CH-CH_2-CH_2-CH_2-NH-CH-NH_2$$

刀豆氨酸   精氨酸

铃兰氨酸   脯氨酸

图 11-19　刀豆氨酸与铃兰氨酸及其结构类似物精氨酸与脯氨酸（引自 Taiz et al.，2010）

有影响，但对其抗病、抗虫和改善植物矿质营养等方面具有重要作用。

第五节　环境条件对植物次生物质代谢的影响

植物次生代谢过程与植物的其他生理代谢过程一样，时刻都受到植物生存环境的影响。环境因子从细胞生命活动的不同层次——核酸（基因表达）、蛋白质（相关酶合成及酶活性）、代谢产物（各种酶促生物反应）水平影响次生代谢过程，植物也通过次生代谢过程的调整来适应环境的变化（图 11-20）。

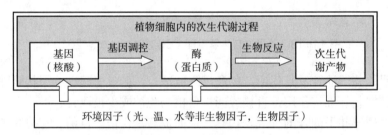

图 11-20　植物次生代谢与环境关系

一般认为，植物的次生代谢是植物在长期进化过程中与环境相互作用的结果。植物次生代谢产物不直接参与植物生长和发育过程，但影响植物与环境相互的关系，在植物提高自身保护和生存竞争能力、协调与环境关系上发挥重要作用，其产生和变化与环境有着密切的关系。因此，植物的药用成分无论是种类还是含量，都与植物的生存环境密不可分。

从植物次生代谢与环境的关系看，次生代谢产物的产生可分为两种类型，即组成型与诱导型。有些次生代谢产物，无论植物处于何种生活状态，都按一定的含量不间断地合成与积累，即组成型。多数次生代谢产物，种类和数量与植物的生存环境和生活状态密切相关，属于诱导型。植物只有在特定的条件下才合成和积累一些特殊的次生代谢产物或显著地增加特定次生代谢产物在体内的含量。

植物生存的环境可大体分为两大类，即非生物环境与生物环境。已有许多研究工作证实环境对植物次生代谢过程及其产物的调控作用，或者说是植物次生代谢过程及其产物对环境变化具有适应性。

一、植物次生代谢与非生物环境

非生物因子如温度、水分、光照、大气、盐分、养分、光强、光质和日照长短等都会对植物的次生代谢产物产生影响。

干旱胁迫下，植物组织中次生代谢产物的浓度常常上升，包括氰苷及其他硫化物、萜类化合物、生物碱、鞣质和有机酸等。干旱胁迫导致喜树叶片中喜树碱的含量增加，高山红景天根中的红景天苷含量也因土壤含水量而变化，轻度的水分胁迫则有利于乌拉尔甘草酸的积累。青蒿素的生物合成由干旱和盐等胁迫诱导，也受 ABA 处理上调。ABA 促进青蒿素生物合成，可能是通过青蒿碱性亮氨酸拉链家族转录因子（AabZIP）激活青蒿中阿摩法 –4,11– 二烯合酶（ADS）和双功能细胞色素 P450 依赖的脱氢酶（CYP71AV1）的表达（Zhang 等 2015）。此外，ABA 响应激酶（AaAPK1），SnRK2 家族的成员，也参与调节青蒿素生物合成。在这个调节过程中 AaAPK1 自身和 AabZIP1 的磷酸化，提高了 AabZIP1 转录因子活性（Zhang 等 2018）。而青蒿 ABA 响应蛋白磷酸酶（AaPP2C1）与 AaAPK1 的物理相互作用，通过 AaAPK1 的去磷酸化负调控青蒿素生物合成。

遮光条件下，欧蟹甲（*Adenostyles alpina*）叶片中的生物碱和一种倍半萜——可可醇三聚体（cacalol-trimer）的含量增加，而其他倍半萜的浓度降低。遮阴导致高山红景天根中的红景天苷含量降低，但却增加了喜树叶片中的喜树碱含量。红光成分增加可提高高山红景天根中的红景天苷含量，而蓝光成分增加则提高喜树叶片中的喜树碱含量。光照通过调节过氧化氢酶的活性显著地影响了长春花愈伤组织中长春多灵（vindoline）和蛇根碱等生物碱的生物合成。

土壤氮素的增加导致植物中非结构糖类含量下降，从而使以非结构糖类为直接合成底物的单萜类化合物减少，但以氨基酸为前体的次生代谢产物水平则提高，反之在使体内非结构糖类增加的条件下，缩合鞣质、纤维素、酚类化合物和萜烯类化合物等含碳次生代谢产物大量产生，当然结果并不完全一致。高山红景天根中红景天苷的合成与积累需要适宜的氮素营养，过高过低都不利，而且在自然条件下红景天苷含量与土壤的有机质含量、pH 以及氮素、磷素、钾素营养均有密切联系。喜树幼苗的喜树碱含量随氮素水平的增加而明显降低，适当的低氮胁迫对获取喜树碱有利，而且氨态氮 / 硝态氮的比例也影响喜树碱的合成与积累。同样，氮素形态也影响黄檗幼苗中小檗碱、药根碱和掌叶防己碱的含量。一些研究工作观察到，伴随大气中 CO_2 浓度的升高，盐生车前叶片中咖啡酸含量和根部 p– 香豆素、毛蕊花苷（verbascoside）含量增加，人参根部总酚酸和类黄酮含量增加。

二、植物次生代谢与生物环境

植物面对的生物环境比较复杂，包括昆虫和草食动物乃至人类的侵害、致病微生物的危害、植物之间的相互竞争和协同进化以及真菌的共生关系等。在植物与这些生物环境的相互作用过程中，一些植物次生代谢产物发挥着重要的作用。很多植物中的次生代谢产物对食草动物、昆虫等具有一定的防御作用，在植物防御反应中具有重要作用的生物碱，同时也是植物药用成分的重要类型。多数植物被取食后产生较强的诱导防御反应，某些次生代谢产物迅速增加以增强防御能力，例如烟草在叶片受到伤害后烟碱的含量增加了 6 倍。植物间的化感作用是近年来颇受重视的研究领域，萜类途径产生的众多复杂化合物通常被认为是高效的化感物质，而其他次生代谢产物如生物碱、非蛋白氨基酸等也被发现具有化感潜势。研究认为咖啡种植园的退化可能与果实中咖啡因对咖啡幼根的自毒作用有关。菌根是自然界中一种极为普遍和重要的共生现象，近年来许多研究表明菌根真菌及共生过程影响植物的次生代谢，导致植物的次生代谢产物发生变化。研究表明菌根共生可显著提高曼陀罗中生物碱的含量，内生菌根也影响喜树幼苗中喜树碱的代谢。有关致病微生物方面，观察到白粉病发生程度影响金银花药材中绿原酸的含量。

三、认识植物次生代谢行为环境适应性的意义

人类利用药用植物来防病治病已有几千年的历史。当今的处方药有 25% 左右来自药用植物。化学合成药物的巨额开发成本、漫长的研制周期以及不可克服的毒副作用，更使植物的天然化学成分处于药物原料的不可取代地位。植物特定次生代谢产物的有效成分含量，直接关系到药材品质。不同环境生长的同一种药用植物，其药材品质常有很大差异，因而有道地药材之说。但是，对于绝大多数药用植物而言，我们并不清楚药用成分的变化与环境的对应关系。虽然目前已经开始制订中药材原料生产的优良农业种植措施（good agricultural practice，GAP）实行标准化种植，但这些标准多是依据药材传统产地的气候条件以及基于植物物候期观测和最佳采收期等经验总结编制的标准，尚缺乏建立在深刻认识植物有效成分与环境因子关系基础上的科学内涵，因而尽管有了规范化的种植标准，却未必能够保证产生规范而恒稳的植物次生物质量。

因此，进行植物次生代谢产物环境调控的基础研究，从植物的生理水平乃至分子水平揭示次生代谢产物与环境因子间的内在相关性，将使我们更清楚地认识到哪些环境要因左右着我们所关心的主要成分，从而阐明道地药材的道地实质，为建立高品质中药材生产管理规范提供真正而有力的理论指导。

植物的次生代谢与初生代谢是密不可分的，次生代谢途径源于初生代谢（图 11–1），但前者与后者之间存在复杂的转化关系。植物生产次生代谢产物，将会消耗大量的由初生代谢生成的物质和能量，从而影响甚至延缓植物的形态建成、生长发育以及生殖繁育。那么，次生代谢对于植物有何意义？一般认为，植物在对环境的适应与进化的过程中，为应对环境变化逐渐演化形成了各种次生代谢途径，并生产相应的次生代谢产物来缓解环境的胁迫。

植物生长在或多或少的逆境之中，因而一些植物也就积累了不同的代谢成分，以适应其在变化的环境中的适应性，并为人类提供不同的用途。然而，对于人工栽培的植物而言，尽管提供了适宜的生长条件，植物也是"枝繁叶茂"，但有效成分常常并不丰厚，药材质量也就远不及野生植物。从植物生理代谢角度来看，生长在优越环境下的植物面临胁迫是最少的，生产次生代谢产物应对逆境的必要性也就大大降低，某些源于次生代谢产物的药用成分自然也就减少。从植物代谢的物质和能量的平衡来看，初生代谢与次生代谢是矛盾的。对于以次生代谢产物为药用成分的药用植物而言，高产与优质似乎也是矛盾的。

一些研究者已经关注这个问题，指出药用植物的环境最适宜性概念与普通植物对环境的最适宜概念并不完全相同。因为有些植物生长发育的适宜条件与次生代谢产物的积累并不一定是平行的，所以在选择药用植物的生态适宜区时，除应考虑生长发育的适宜性外，还应分析研究药材产地与活性成分积累的关系。在充分了解植物的代谢规律，特别是次生代谢与环境的作用规律之上，在栽培管理上有效利用，通过合理的环境调控，尽量实现高

产与优质的兼容，从而获得更大的药材栽培收益。

第六节　植物次生代谢工程

植物次生代谢工程是应用现代生物学原理，借助工程学试验方法或技术，对植物次生代谢途径进行修饰与定向调控，以促进特定次生代谢物的合成与积累，改良植物性状，提高植物产品品质的技术。成熟的基因工程技术与对植物次生代谢途径的精细了解是植物次生代谢工程的前提和基础。

通过基因工程提高控制目标次生代谢物合成的限速酶活性，阻止代谢流向竞争路径发展，阻止代谢产物对限速酶的反馈抑制，减少目标产物的分解，可提高转基因植物特定次生代谢物含量或合成外源次生代谢物。例如，3- 羟基 -3- 甲基戊二酸单酰辅酶 A 还原酶（HMGR）基因在烟草中的组成型表达，导致了甾醇环阿屯醇合成量的提高；色氨酸脱羧酶催化吲哚单萜生物碱的合成，将长春花中编码色氨酸脱羧酶的基因转入油菜后，可以有效阻止 L- 色氨酸参与合成吲哚芥子油苷，从而促进色胺的合成，色氨酸合成方向由吲哚芥子油苷转向色胺，这种转基因油菜的成熟种子中基本不含吲哚芥子油苷，也不积累色胺，从而大大提高了相关产品的安全性与经济价值。基因工程改造富含 β 胡萝卜素的"黄金稻米"（图 11-21），可有效改善因维生素 A 不足引起的人类疾病。我国科学家，诺贝尔奖获得者屠呦呦分离和合成青蒿素，也已能通过基因工程手段合成（图 11-21）。

植物次生代谢工程的另一个策略是在植物中引入新的次生代谢物合成途径。将植物维生素 A 的合成前体 β 胡萝卜素合成途径下游的 4 个酶（八氢番茄红素合成酶、八氢番茄红素去饱和酶、β 胡萝卜素去饱和酶和番茄红素环化酶）基因共转化到不合成胡萝卜素的

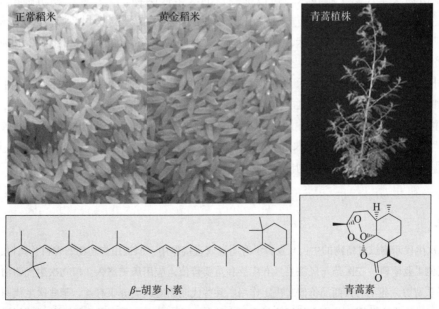

图 11-21　植物次生代谢工程产生高维生素 A 的稻米和合成青蒿素（引自 Buchanan et al., 2015）

水稻中，这四个基因的协同表达可使水稻中的 GGPP 最终合成 β 胡萝卜素和其他具有营养价值的萜类次生代谢物，并在转基因水稻胚乳中积累，使水稻胚乳呈黄色即"黄金稻"。这说明，通过多个基因的协同转化将新的次生代谢物合成支路转入植物的设想，从技术上来说是可能的。

番茄果皮中黄酮类物质含量较高而果肉中含量很低，将来自矮牵牛的黄酮类物质合成途径中的查尔酮异构酶（CHI）基因转入番茄，番茄果皮中积累的黄酮醇含量可提高 78 倍，果肉中积累的黄酮醇含量也有明显提高，在其加工产品中可达到 1.9 mg·g^{-1} 干重，是对照组的 22 倍，转基因番茄加工产品抗氧化保健活性也相应提高。当把上述 CHI 基因和来自大丁草（*Gerbera anandria*）的黄酮合酶（flavone synthase，FNS）基因同时转入番茄时，转基因番茄果皮中积累了多种黄酮和黄酮醇类物质，果皮提取物的抗氧化活性是对照的 3.5 倍。

从咖啡（*Coffea Arabica* L.）中分离得到咖啡因合成途径中 3 个酶的基因，将它们转入烟草，转基因烟草叶片中积累到 3~6 μg·g^{-1} 的咖啡因，并且具有抗烟草地下害虫小地老虎（*Spodoptera litura*，cutworms）的特性。

对于部分不利于营养品质或加工品质提高的植物次生代谢物，可通过反义基因的遗传转化抑制其合成途径中有关基因的表达，减少植物合成特定次生代谢物，从而提高植物产品的品质。例如，薄荷精油主要成分是薄荷醇（menthol），而薄荷呋喃（menthofuran）是一种影响精油品质的副产品。当通过反义基因的手段抑制薄荷呋喃合酶（menthofuran synthase，MFS）基因表达时，精油中薄荷呋喃的含量显著下降，精油品质提高。通过反义基因技术，可降低饲料和树木中木质素含量，从而提高饲料的饲用价值和木材的造纸质量和效益。

由于代谢途径通常有多个限速酶，而且限速步骤很难确定，因此，通过调节转录因子的表达量，从整体调控代谢途径，进而提高目标代谢物的产量，具有诱人前景。例如，在番茄果实中特异表达玉米花青素合成途径转录因子，结果果实中黄酮类的含量增加。

应用植物次生代谢工程技术，可以提高目的次生代谢物含量；使植物防御物质在高水平上表达，增强抗病、抗虫能力；减少植物产品中有害成分的含量，增加有益成分的含量；控制园艺产品的色、香、味，调控植物产品风味物质成分的种类和比例，进而提高其质量和商品价值。

此外，利用微生物转化技术合成植物次生代谢物，逐渐成为高效、环保的可持续发展途径。如利用微生物转化青蒿素类化合物，不仅能够增加青蒿素类化合物的产量，还能增加其衍生物的种类，提高水溶性及转化产物药理活性等，大大增加了生物合成的效率。随着合成生物技术和基因工程技术的发展，通过发掘植物次生代谢物合成、调控关键基因、改造工程菌，可以使更多的植物次生代谢产物通过微生物转化，实现大量生产。

❀ 小结

植物次生代谢物虽对植物的生长与发育没有明显或直接作用，但被用作药物、香料、调料、化妆品、农药和其他工业原料，在医药与经济上具有广泛和重要价值，应用历史悠久。植物次生代谢产品品质关系密切，甚至对其商品价值起决定作用。某些代谢物对人类健康有益，某些次生代谢物对人类健康有害。植物次生代谢物的存在使植物呈现特定的色、香、味，有利于吸引昆虫传粉、授粉、招引动物传播种子；植物次生代谢物是植物抵抗食草动物取食与病原菌侵染的最有效防御武器，在植物化感作用及植物与微生物关系中扮演重要角色，在植物的生态适应与协同进化中具有重要作用。

植物次生代谢物大致分为萜类、酚类及含氮化合物三大类。

依据萜类化合物分子中所含异戊二烯单元的数量，可将萜类化合物分成半萜、单萜、倍半萜、二萜、三萜、四萜和多萜化合物。异戊烯基焦磷酸（IPP）是萜类代谢途径的起始物，也是所有萜类化合物合成的前体物。植物在细胞质中通过甲羟戊酸途径（MVA 途径）合成 IPP，为倍半萜和三萜的生物合成提供 IPP/DMAPP；在质体中通过 2-C- 甲基 -D- 赤藓糖醇 -4- 磷酸途径（MEP 途径）合成 IPP，为单萜、双萜、四萜的生物合成提供 IPP/DMAPP。植物产生的大量萜类化合物，与植物防御有关，属于次生代谢物，在调节植物与环境之间的关系上，具有重要生态功能。

依据基本母核的结构与数量，可将植物酚类化合物分为简单酚类化合物、木质素、类黄酮和单宁等类群。酚类化合物主要通过莽草酸途径和丙二酸途径合成。与化学结构多样性相对应，植物酚类化合物的作用也具有多样性，主要包括防御食草动物取食与病原菌侵染、机械支持作用、吸引昆虫传粉、招引动物传种、吸收紫外线和抑制相邻竞争性植株的生长等。

大多数含氮化合物由普通氨基酸合成而来。生物碱由于其毒性的广谱性和拒食作用，具有防御肉食动物（特别是哺乳动物）的功能。生氰糖苷和芥子油苷这两种含氮化合物本身并没有毒性，但当植物受到挤压，导致区室化结构被破坏，就会分解释放出挥发性有毒物质。非蛋白氨基酸在抗病和抗虫等方面具有重要作用。

应用植物次生代谢工程技术，可以定向调控、修饰植物次生代谢途径，诱导特定次生代谢物的合成与积累，改良植物性状，提高植物产品品质。通过发掘植物次生代谢物合成、调控关键基因，改造工程菌，可以使更多的植物次生代谢产物通过微生物转化，实现大规模生产。

🔍 思考题

1. 简述植物初生代谢物和次生植物代谢物的功能差异。
2. 植物次生代谢物主要有哪些大类?
3. 植物次生代谢物有何生态学功能?
4. 结合植物生产实际，设计 1～2 种提高植物次生代谢物含量的研究方案。

🌐 主要参考文献

Behn H，Tittmann S，Walter A，et al. UV-B transmittance of greenhouse covering materials affects growth and flavonoid content of lettuce seedlings [J]. European J Hort Sci，2010，75：259-268.

Buchanan B B，Gruissem W，Jones R L. Biochemistry and Molecular Biology of Plants [M]. 2nd ed. London：John Wiley and Sons，2015.

Li ZH，Wang Q，Ruan X，et al. Phenolics and plant allelopathy [J]. Molecules，2010，15：8933-8952.

Morales L O，Tegelberg R，Brosché M，et al. Temporal variation in epidermal flavonoids due to altered solar UV radiation is moderated by the leaf position in Betula pendula [J]. Physiol Plant，2011，143：261-270.

Taiz L，Zeiger E. Plant Physiology [M]. 5th ed. Sunderland：Sinauer Associates Inc Publishers，2010.

Zhang F，Fu X，Lv Z，et al. A basic leucine zipper transcription factor，AabZIP1，connects abscisic acid signaling with artemisinin biosynthesis in *Artemisia annua*. Mol Plant，2015，8：163-175.

Zhang F，Xiang L，Yu Q，et al. ARTEMISININ BIOSYNTHESIS PROMOTING KINASE 1 positively regulates artemisinin biosynthesis through phosphorylating AabZIP1 [J]. J Exp Bot，2018，69：1109-1123.

网上更多资源

扩展阅读　　　　教学课件　　　　思考题解析

索引

郑重声明

高等教育出版社依法对本书享有专有出版权。任何未经许可的复制、销售行为均违反《中华人民共和国著作权法》，其行为人将承担相应的民事责任和行政责任；构成犯罪的，将被依法追究刑事责任。为了维护市场秩序，保护读者的合法权益，避免读者误用盗版书造成不良后果，我社将配合行政执法部门和司法机关对违法犯罪的单位和个人进行严厉打击。社会各界人士如发现上述侵权行为，希望及时举报，我社将奖励举报有功人员。

反盗版举报电话　　(010) 58581999　58582371
反盗版举报邮箱　dd@hep.com.cn
通信地址　北京市西城区德外大街4号　高等教育出版社知识产权与法律事务部
邮政编码　100120

读者意见反馈

为收集对教材的意见建议，进一步完善教材编写并做好服务工作，读者可将对本教材的意见建议通过如下渠道反馈至我社。

咨询电话　400-810-0598
反馈邮箱　gjdzfwb@pub.hep.cn
通信地址　北京市朝阳区惠新东街4号富盛大厦1座　高等教育出版社总编辑办公室
邮政编码　100029

防伪查询说明

用户购书后刮开封底防伪涂层，使用手机微信等软件扫描二维码，会跳转至防伪查询网页，获得所购图书详细信息。

防伪客服电话　　(010) 58582300